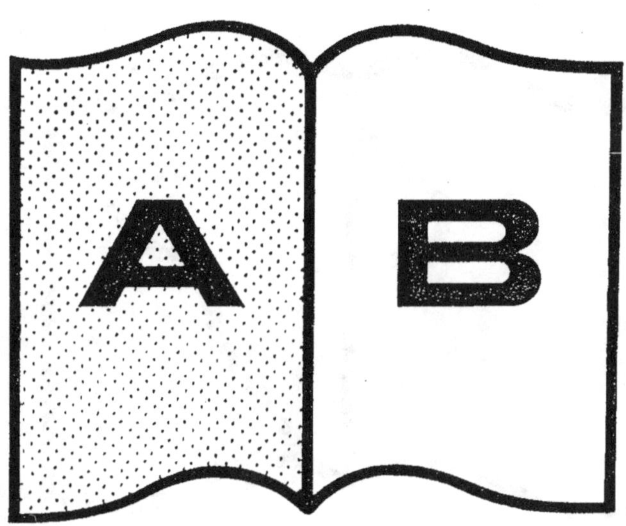

Contraste insuffisant

NF Z 43-120-14

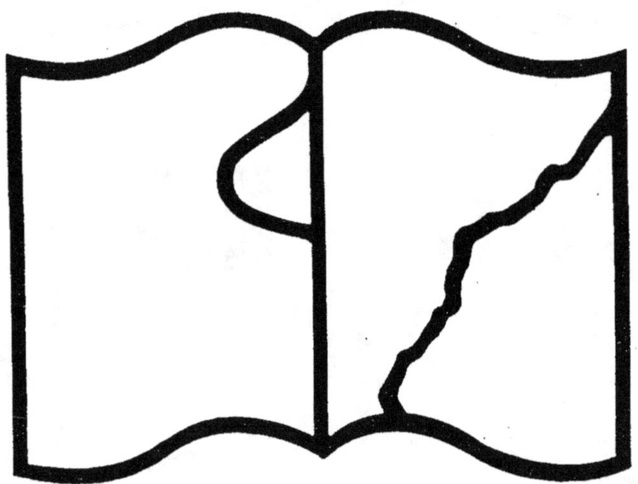

Texte détérioré — reliure défectueuse

NF Z 43-120-11

JEUX
ET
RÉCRÉATIONS SCIENTIFIQUES
LIBRAIRIE
J.B. BAILLIÈRE & FILS

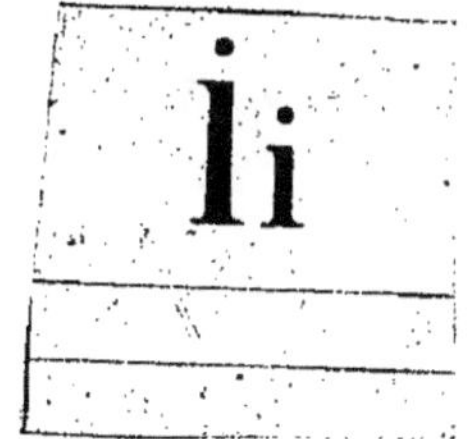

JEUX

ET

RÉCRÉATIONS SCIENTIFIQUES

TRAVAUX DU MÊME AUTEUR

CHEZ LES MÊMES ÉDITEURS

Les secrets de la Science, de l'Industrie et de l'Économie domestique. Recettes, formules et procédés d'une utilité générale et d'une application journalière. 1 vol. in-18 jésus de 650 pages avec 205 figures, cart.. 6 fr.

Dans cet ouvrage, l'auteur a étudié :

En AGRICULTURE, le *foin*, le *fourrage*, la *paille*, l'*orge*, l'*avoine*, les *animaux utiles* et les *animaux nuisibles*, le choix de la *vache laitière*, les soins à donner aux *abeilles*, la culture des *champignons*, du *cresson*, des *truffes*, le *chaulage*, etc.

En CHIMIE PRATIQUE, les *alliages*, les *monnaies*, l'*argenture*, la *dorure*, l'*étamage*, les *ciments*, *mastics*, les *cires à cacheter*, les *encres*, les *cirages*, la *glace artificielle*, l'*incrustation des chaudières*, l'*incombustibilité* des matières organiques, etc.

En ÉCONOMIE DOMESTIQUE, les *étoffes*, les *fourrures*, le *linge*, les *éponges*, les *fleurs d'appartement*, les *aquariums*, l'*éclairage*, le *chauffage*, le *nettoyage* et le *dégraissage des objets tachés*, etc.

En HYGIÈNE, les soins spéciaux de la *bouche*, de la *chevelure*, des *mains*, des *pieds*, de la *peau*, les *cosmétiques*, les *bains*, les *parfums*, la *désinfection des matières organiques* en voie de décomposition.

En MÉDECINE, les *contusions*, les *brûlures*, les *morsures* et les *piqûres des animaux dangereux*, le *coryza*, les *engelures*, les *gerçures de la peau*, l'*ivresse* et autres accidents, en un mot, les *petits maux* et les *petits remèdes*.

En ALIMENTATION, le *pain*, le *blé*, la *farine*, la *viande*, le *poisson*, le *lait*, le *beurre*, les *légumes*, le *café*, le *chocolat*, le *sucre*, le *sel*, le *vin*, la *bière*, le *cidre*, l'*eau-de-vie*, les *liqueurs de table*, les *fruits*, les *sorbets*.

En MÉDECINE VÉTÉRINAIRE, la *rage*, la *météorisation*, les *maladies contagieuses des chevaux*, etc.

Nouveau Dictionnaire des plantes médicinales, description, habitat et culture, récolte, conservation, partie usitée, composition chimique, formes pharmaceutiques et doses, action physiologique, usages dans le traitement des maladies, suivi d'une étude générale sur les plantes médicinales au point de vue botanique, pharmaceutique et médical, avec clef dichotomique, tableaux des propriétés médicales, et mémorial thérapeutique. *Deuxième édition*, 1884, 1 vol. in-18 jésus de XII-590 pages avec 261 figures, cart......... 6 fr.

8521-83. — Corbeil. Typ. CRÉTÉ.

JEUX

ET

RÉCRÉATIONS SCIENTIFIQUES

APPLICATIONS FACILES

DES MATHÉMATIQUES, DE LA PHYSIQUE, DE LA CHIMIE ET DE L'HISTOIRE NATURELLE

Par le Dr A. HÉRAUD

Pharmacien en chef de la marine,
Professeur à l'École de médecine de Toulon.

Avec 297 figures intercalées dans le texte.

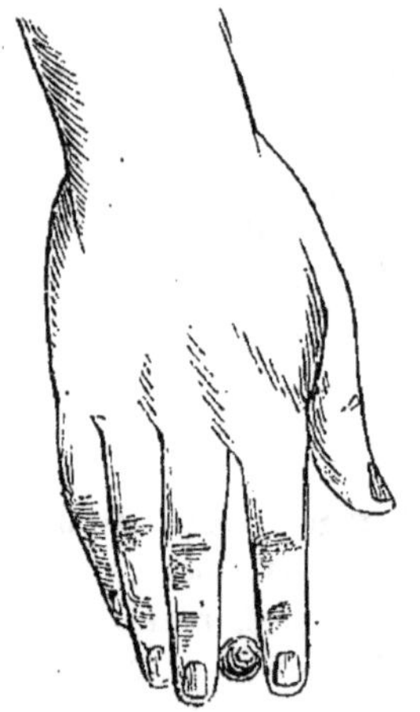
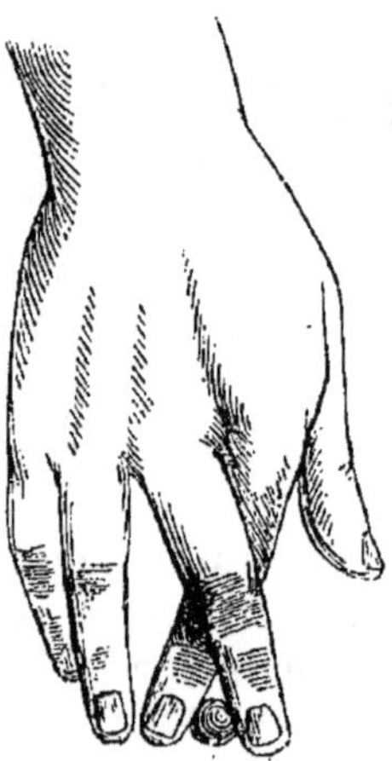

PARIS

LIBRAIRIE J.-B. BAILLIÈRE ET FILS

19, rue Hautefeuille, près du boulevard Saint-Germain

1884

A M. E. H. GIRAUD

COMMISSAIRE GÉNÉRAL

DIRECTEUR DES SERVICES ADMINISTRATIFS DE LA MARINE

OFFICIER DE LA LÉGION D'HONNEUR

ET DE L'INSTRUCTION PUBLIQUE

Hommage d'une reconnaissante amitié

A. HÉRAUD.

PRÉFACE

La science et les arts offrent une multitude de problèmes et de procédés dont la recherche est d'autant plus attrayante, qu'ils semblent se cacher sous le voile du mystère et qu'ils supposent de l'adresse, de la sagacité et de la précision pour les découvrir.

Dict. encycl. des amusements mathématiques et physiques.

Diderot l'a dit quelque part : « En général l'enfant comme l'homme et l'homme comme l'enfant aime mieux s'amuser que s'instruire. » L'aphorisme est-il vrai ? peut-être. Dans tous les cas, si le mal existe, un grand nombre et parmi les plus savants ont essayé d'y porter remède. *Instruire en amusant,* telle était la pensée qui les animait: Bachet, Decremps, Macquer, Nollet, Ozanam, Guyot, Pinetti, les encyclopédistes, Pelletier, Herpin, Lucas, G. Tissandier, Joliet, Ferrand, Tyndall, etc., soit jadis, soit de notre temps, ont écrit sur le sujet que j'aborde aujourd'hui. Je n'ai pris aucun d'eux strictement pour modèle ; je voulais avant tout rendre ce travail pratique en n'indiquant que des expériences simples, faciles, peu coûteuses et par suite à la portée de tous. C'est cette préoccupation qui m'a fait négliger certaines expériences brillantes, mais exigeant des dépenses considérables. C'est à elle que j'obéissais d'ailleurs en écrivant, il y a quelques années, le livre : *Les Secrets de la Science, de l'Industrie, et de l'Économie domestique.*

Faut-il s'excuser d'avoir obéi à cet entraînement en prenant de nouveau la plume aujourd'hui? Faut-il s'accuser, comme le disait le *Neveu de Rameau*, en parlant des joueurs d'échecs et de dames, *d'avoir perdu son temps à pousser le bois?*... Eh bien! non. Tout examen de conscience fait, j'espère, dans la limite de mes moyens, avoir accompli une œuvre utile et s'il fallait me justifier, je m'écrierais avec Ozanam qui, il y a de longues années avait péché comme moi : « La mémoire des grands hommes qui ont fait la même chose que j'entreprends est si glorieuse que leur exemple vaut toutes les justifications que je pourrais apporter. »

Le champ d'étude, limité par cette condition de ne décrire que des expériences faciles, restait néanmoins fort vaste, il a fallu se restreindre.

Quel admirable sujet d'investigations que l'*Histoire naturelle!* Quel monde toujours ouvert aux recherches, soit qu'on observe les corps vivants avec la loupe, le microscope, soit qu'on les interroge dans la campagne ou dans le laboratoire! Ici les faits sont tellement nombreux, attrayants, que je me suis borné, et non sans peine.

La *Physique* est venue alors réclamer ses droits, bien impérieux à cette heure, car cette science tend à métamorphoser le monde.

Sa rivale, la *Chimie*, s'est présentée ensuite et a fait valoir non moins impérieusement ses titres.

Les *Mathématiques* sont accourues à leur tour, arguant des services qu'elles rendent à toutes les sciences, et quand j'ai essayé de les éconduire, en leur faisant observer qu'elles absorbent l'esprit tout entier, elles ont judicieusement répondu que certaines connaissances de leur ressort constituent de véritables délassements intellectuels; leur procès était gagné.

Alors j'ai fermé ma porte à tout solliciteur — *mon siège était fait;* — puis j'ai distribué, dans les seize chapitres qui composent ce travail, les matériaux que m'offraient les *mathématiques*, la *physique*, la *chimie*, l'*histoire naturelle*.

J'ai exécuté toutes les expériences que j'indique, et je puis affirmer que quiconque voudra les tenter, réussira comme moi, à condition de ne négliger aucune des précautions indiquées, et surtout de ne pas se rebuter en cas d'insuccès. Tyndall, cet expérimentateur sans rival, l'a fait remarquer avec raison: la première fois que nous prenons en main une queue de billard, nos mouvements gauches, empruntés, appellent le sourire sur les lèvres de ceux qui nous regardent. Tel qui sera un jour un danseur émérite, conduisant brillamment un cotillon, ne brillait ni par la grâce, ni par l'aisance de ses mouvements à l'époque où le maître de danse entreprit son éducation. L'expérimentation, comme tout exercice, demande de la pratique ; ce n'est qu'à la longue qu'on arrive à faire correctement une expérience.

Mais aussi quelle satisfaction quand le succès vient couronner de patients efforts! L'expérimentateur est largement dédommagé de sa persistance, car il éprouve un de ces plaisirs durables, achevés, que la science, cette amie austère, n'a jamais ménagés à ceux qui essaient de lui dérober ses secrets.

Toulon, 1ᵉʳ décembre 1883.

TABLE DES CHAPITRES

FIN DE LA TABLE DES CHAPITRES.

JEUX

ET

RÉCRÉATIONS SCIENTIFIQUES

CHAPITRE PREMIER

LES INFINIMENT PETITS. — LE MICROSCOPE.

Place de l'homme dans la nature. — L'homme naît sans moyens de défense contre ses ennemis ; il se présente au combat de la vie sans avoir obtenu du Créateur une protection naturelle contre l'intempérie des saisons. Au moment de son apparition sur la terre, il se trouvait, par suite de ces deux particularités de son organisation, dans des conditions défavorables pour maintenir son existence contre les causes incessantes de destruction qui l'assiègent. D'un autre côté, si l'on examine chacune des parties de son corps, on reconnaît que la plupart des animaux ont été infiniment mieux doués que lui, sinon pour l'accomplissement de tous les actes de la vie, du moins pour quelques-uns. La fatigue l'étreint promptement, la privation de sommeil le rend sans force et sans courage, la faim lui est mauvaise conseillère, le froid est son mortel ennemi ; son odorat est grossier si on le compare à ce merveilleux odorat du chien que nous admirons tous les jours ; sa vue, déjà si insuffisante quand le soleil l'éclaire, lui fait presque défaut quand vient la nuit; son goût lui permet à peine de se défendre contre l'ingestion de certaines substances toxiques. Et pourtant, malgré ces causes nombreuses d'infériorité, l'homme a fini par dompter tous les êtres, les forts et les faibles, détruisant les uns, domestiquant les autres. Le milieu qui l'entoure, il l'a transformé, amélioré pour son usage; toutes les forces utiles de la création, il les a asservies, et il a établi, par suite, son incontestable supériorité sur tout ce qui l'entoure.

Comment, parti de si bas, l'homme est-il arrivé si haut? Disons d'abord que l'association avec ses semblables a prodigieusement augmenté ses forces, mais que dans cette longue campagne entreprise pour acquérir la domination des êtres vivants et des forces naturelles, il a été admirablement servi par deux puissants instruments : son intelligence d'une part, sa main de l'autre. L'une a pu concevoir, l'autre exécuter cette collection d'armes, d'outils, d'engins de toute sorte qui lui a permis de s'élancer à la conquête du monde. Décrire tous ces produits de l'industrie serait faire l'histoire de la marche ascendante de l'humanité; telle n'est pas la tâche que je me suis imposée; mon rôle est plus modeste et pour le moment je ne veux examiner qu'un seul des innombrables instruments enfantés par l'intelligence de l'homme, réalisés par son habile main, celui grâce auquel il nous est permis de pénétrer dans le monde des infiniment petits, le microscope.

Le microscope. — Peu d'instruments ont exercé une influence aussi profonde sur nos acquisitions scientifiques. Aujourd'hui le microscope est dans toutes les mains; agriculteurs, chimistes, médecins, naturalistes, physiciens

viennent lui demander la solution de certains problèmes.
Pour celui qui sait, il étend le champ du savoir ; pour celui
qui ignore, il est l'objet de jouissances analogues à celles
qu'éprouve le voyageur qui va au loin, au prix des plus
rudes efforts et des plus redoutables dangers, conquérir de

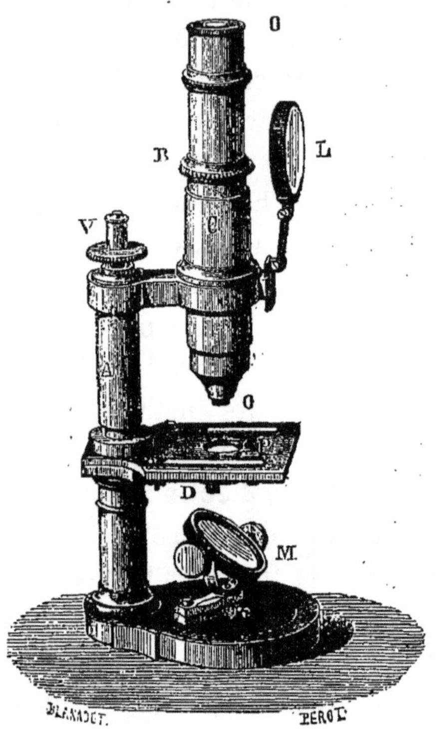

Fig. 1. — Microscope petit modèle droit de Nachet.

nouvelles données à la géographie. Le microscope, on l'a
dit avec raison, nous permet de chercher l'inconnu dans
les parties infiniment petites de ce qui est connu. Ces
découvertes et les jouissances qui en résulteront seront
sans danger pour nous ; notre corps ne se fatiguera pas,
il ne courra aucun péril ; nos yeux et notre intelligence

seront seuls en activité. La campagne est ouverte; qui aime la science me suive!

Nous supposerons nos lecteurs munis d'un microscope convenable. Lequel? me demandera-t-on. La réponse est délicate. Nos constructeurs français fabriquent aujourd'hui des instruments d'un prix très modéré. On trouve, dans le commerce, des instruments dont le prix moyen est de 160 à 190 francs et qui peuvent donner des grossissements de 30 à 1000 diamètres. Avec 85 francs, on aura un excellent microscope procurant un grossissement de 400 diamètres; avec 90 francs, il sera possible d'acquérir un instrument qui, par la substitution d'un objectif plus puissant à celui de l'appareil précédent, produira des amplifications de 560 diamètres. Les constructeurs Chevalier, Hartnack, Nachet, Verick (je cite par rang alphabétique), se sont fait une réputation justement méritée dans ce genre de travaux.

Prenons un de ces instruments, le *microscope petit modèle droit* de Nachet (fig. 1), dont le prix, suivant que les accessoires sont plus ou moins complets, varie entre 135 et 185 francs, et étudions son mécanisme.

Microscope Nachet. — Il se compose d'une platine P percée, à son centre, d'un trou qui laisse passer la lumière réfléchie par un miroir situé au-dessous d'elle. Un diaphragme à ouvertures variables permet d'augmenter ou de diminuer l'éclairage à volonté. Cette platine est le support destiné à recevoir l'objet préalablement déposé sur une lame de verre. De chaque côté de la platine on a disposé deux languettes métalliques appelées *valets* et destinées à empêcher le déplacement des objets pendant l'observation. Au-dessus de la platine, se présente une colonne verticale A munie d'une potence avec une douille de laiton C, dans laquelle glisse un tube également en laiton B. Ce tube est destiné à recevoir les lentilles de l'instrument. Une vis micrométrique V permet d'abaisser ou de relever le tube B d'une quantité très petite, c'est ce qu'on appelle : *mettre au point*. A l'extrémité supérieure O du tube glissant B se place l'oculaire ; les objectifs se vissent à l'autre extrémité. C'est en combinant les objectifs et les oculaires que les fabricants produisent les divers grossissements qu'ils font connaître à l'aide d'une notice accompagnant l'instrument.

Maniement du microscope. — Supposons, par exemple, que l'on veuille observer une aile de mouche. On commencera par choisir une plaque de verre bien propre, et après avoir déposé au centre une goutte d'eau, on y déposera l'aile qu'on vient de détacher du corps de l'insecte ; on recouvrira alors le tout avec une lamelle mince de verre bien essuyée et qu'on aura soin de saisir, non avec les doigts qui pourraient la ternir, mais avec une pince brucelle (les plaques et les lamelles sont vendues ordinairement avec l'instrument). Cela fait, avec la partie non taillée d'un crayon ou de tout autre menu objet en bois, on comprimera légèrement la lamelle de façon à éliminer latéralement l'excès du liquide interposé. On procédera alors à la recherche du meilleur éclairage ; pour cela on fera osciller le miroir en tout sens et, après plusieurs tâtonnements, on s'arrêtera quand l'œil placé à l'oculaire apercevra le champ de l'instrument brillant et éclairé. Ce résultat une fois obtenu, on fixera à l'extrémité inférieure du tube B l'objectif choisi qui varie suivant la nature du grossissement qu'on désire employer. La plaque préparée est alors placée sur le porte-objet et on la met au point ; pour cela on abaisse lentement le tube B jusqu'à ce qu'on aperçoive une image plus ou moins nette. On s'arrête alors et l'on manœuvre, soit dans un sens, soit dans un autre, la vis micrométrique jusqu'à ce que l'image paraisse parfaitement nette.

Il arrive parfois, surtout au début, qu'en manœuvrant trop brusquement le tube glissant, on vient choquer la lame de verre qui se brise; le moyen le plus simple d'éviter cet accident est de mettre au point, non pas en abaissant le tube mobile B, mais en le relevant graduellement Pour cela, on commence par abaisser ce tube, en le regardant, jusqu'à ce que l'objectif touche presque à la lamelle, alors on place l'œil à l'oculaire et on relève graduellement jusqu'à ce qu'on commence à apercevoir l'image; on achève de mettre au point à l'aide de la vis micrométrique.

Dans l'exemple que nous avons choisi, la surface de l'objet présente de telles dimensions, qu'il n'est pas difficile de lui donner, au début, une position telle qu'il soit aisé de rencontrer, dans le champ du microscope, le corps qui fait l'objet de l'étude; mais si nous avions fait choix d'un objet de faible dimension, tel qu'un fil de soie, par exemple, il y aurait beaucoup de chance pour que de prime abord on ne l'aperçût pas. Dans ce cas, on fait lentement, d'une main, osciller la lame de verre portant l'objet et de l'autre on met au point. On peut abréger ces tâtonnements en mettant d'abord au point une plaque de verre préparée avec un objet un peu large et substituant ensuite, à cette plaque, une autre de même épaisseur sur laquelle on a disposé l'objet à étudier.

Certes, on ne sait point se servir du microscope dès le début; il faut en cela, comme en tout, un certain apprentissage, une certaine éducation de l'œil et de la main qui

ne s'acquiert qu'avec le temps. L'emploi de cet instrument offre pourtant moins de difficultés qu'on ne pourrait le supposer. On doit commencer par de faibles grossissements ; au début, Mandl conseille de se servir de
combinaisons de lentilles ne donnant pas plus de 100 diamètres, et d'essayer, en se plaçant dans ces conditions, de
se rendre compte d'une foule de petits détails, de petites
causes accidentelles produisant parfois de singulières illusions capables de tromper l'observateur.

On placera le microscope autant que possible devant
une fenêtre au nord ou au nord-est ; on évitera avec soin
de faire arriver la lumière directe du soleil sur le miroir.
La table sur laquelle reposera l'instrument, sera peinte
en noir mat ou recouverte d'un tapis noir, afin d'éviter
les reflets. Les lentilles de l'objectif et de l'oculaire devront
être nettoyées et essuyées avec le plus grand soin, à l'aide
d'un linge très fin, tel qu'un morceau de mousseline ou de
toile fine usée. Il suffit, en effet, d'une trace laissée par les
doigts, d'un grain de poussière pour faire apparaître sur
l'image des taches ou des ombres qui semblent en faire
partie. L'haleine, si elle vient à se condenser sur l'une ou
sur l'autre des lentilles, produira des images qui peuvent
induire l'observateur en erreur. Il en est de même des
fibres de lin ou de coton, qui s'attachent parfois aux lames
de verre sur lesquelles on place les objets, et des poussières qui seraient en suspension dans la goutte d'eau qu'on
met entre ces lames, pour augmenter la transparence de
la substance soumise à l'observation. Ces lames elles-
mêmes peuvent être une cause d'erreur, si elles présentent des raies qui s'entre-croisent et se ramifient à leur
surface, si elles ont retenu des parcelles de l'émeri ou du
rouge d'Angleterre employés à les polir. Ces images acci-

dentelles, en s'alliant à l'image véritable, la dénaturent plus ou moins profondément.

Bulles d'air. — Les bulles d'air (fig. 2) qui se forment près de l'objet, au milieu de la mince lame d'eau comprise entre les deux verres, doivent également être prises en sérieuse considération. Pour étudier les diverses

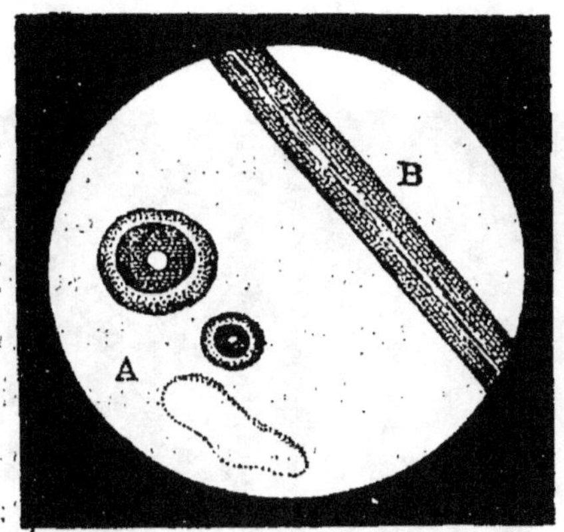

Fig. 2. — A, bulles d'air ; B, un cheveu.

apparences qu'elles peuvent offrir, Mandl conseille de prendre pour objet un peu de blanc d'œuf battu et mousseux ; on aperçoit alors une foule de globules dont le centre est transparent comme le cristal, tandis que le bord est large, noirâtre, composé de deux anneaux distincts ; on croirait aisément que chacun de ces globules est solide et entouré de deux enveloppes de teinte foncée. Lorsqu'ensuite on presse les lames, ces bulles d'air comprimées deviennent des plaques irrégulières et granulées qui voilent la portion correspondante de l'objet.

Illusions de l'œil. — Mouches volantes. — Un autre genre d'illusions a sa source dans l'œil lui-même.

Comme l'organe doit être placé assez près de l'oculaire pour apercevoir toute l'étendue du champ, il arrive que par le mouvement des paupières, les cils se replient devant l'ouverture de la pupille et l'on croit voir l'image traversée par de grandes bandes noires.

D'autres fois, ce sont les humeurs superficielles de l'œil qui font voir des espèces de cordons à nœuds ascendants ou descendants, par le clignement des paupières.

D'autres fois encore (fig. 3), on croit voir des *mouches*

Fig. 3. — Mouches volantes, d'après Ch. Robin (*).

volantes. Ces mouches se présentent sous l'aspect d'un amas de petits globules parfaitement ronds, tous sensiblement de même diamètre. Deux ou trois filaments flexueux très pâles se voient un peu en dehors du centre de l'amas des globules ; quelques-uns de ceux-ci leur adhèrent. Ils se montrent dès qu'on regarde au microscope, mais ils présentent une intensité et des formes

(*) *a*, groupes de globules ; *b*, filaments.

variant avec les individus. En général, lorsque les mouches volantes apparaissent, on s'en débarrasse en tenant quelques instants les yeux fermés, ou en se reposant un peu quand on est fatigué, ce qui semblerait indiquer qu'elles sont le résultat d'une circulation plus active qu'à l'état normal dans certains vaisseaux de l'œil.

Préparation des objets. — Pour être perméables à la lumière, un grand nombre d'objets doivent être réduits en tranches ou en lamelles minces. Avec un peu d'habitude, on finit par obtenir des coupes assez nettes à l'aide d'un rasoir bien affilé, à tranchant droit dans toute sa longueur (1). Pour cela, on saisit, avec deux doigts de la main gauche, l'objet dont on désire séparer une tranche, puis, approchant le rasoir et le faisant pénétrer dans la substance, on le mène parallèlement aux surfaces que l'on découvre. Les coupes obtenues restent sur le rasoir; pour les placer sur la lame de verre, on les fait glisser sur celle-ci avec la pointe d'un pinceau légèrement mouillé. Pour augmenter la transparence de l'objet, on a soin de le recouvrir d'une lamelle, de l'immerger dans une goutte d'eau, à laquelle on substitue parfois une goutte de glycérine ou de solution de chlorure de calcium.

Poussières atmosphériques. — Avant de commencer nos investigations microscopiques, faisons connaissance avec ces innombrables poussières qui voltigent dans l'atmosphère et qui, au bout de quelques jours, viendront se déposer d'une manière très appréciable sur une plaque de verre sèche ou enduite de glycérine que nous aurons abandonnée dans notre cabinet de travail.

Ces poussières (fig. 4) sont répandues dans l'air normal

(1) Voyez Capus, *Guide du Naturaliste préparateur*. Paris, 1883.

dans la proportion de 6 à 8 milligrammes par mètre cube. Elles se composent de nombreux éléments dont le tiers environ est de nature organique. Les poussières minérales

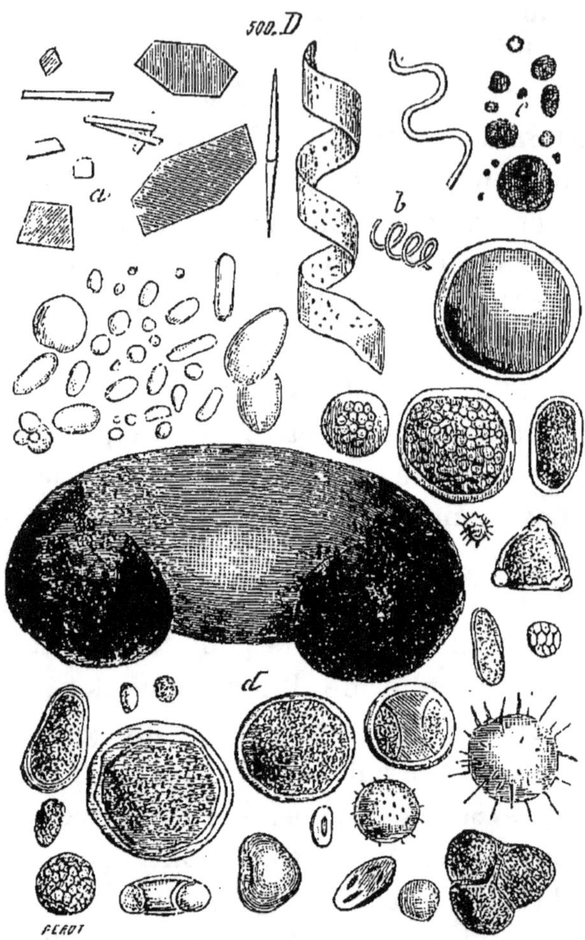

Fig. 4. — Poussières recueillies à l'observatoire de Montsouris (Miquel) (*).

sont formées de charbon, de silex, de sels terreux, alcalins et alcalino-terreux. Parmi ces substances, les unes se mon

(*) *a*, cristaux ; *b*, débris de végétaux fibreux et cellulaires ; *c*, grains d'amidon ; *d*, pollen.

trent à l'état cristallin *a*, d'autres noires, d'une forme sphé-
roïdale, plus ou moins régulières et attirables à l'aimant,
sont formées par des fragments de fer. Les poussières orga-

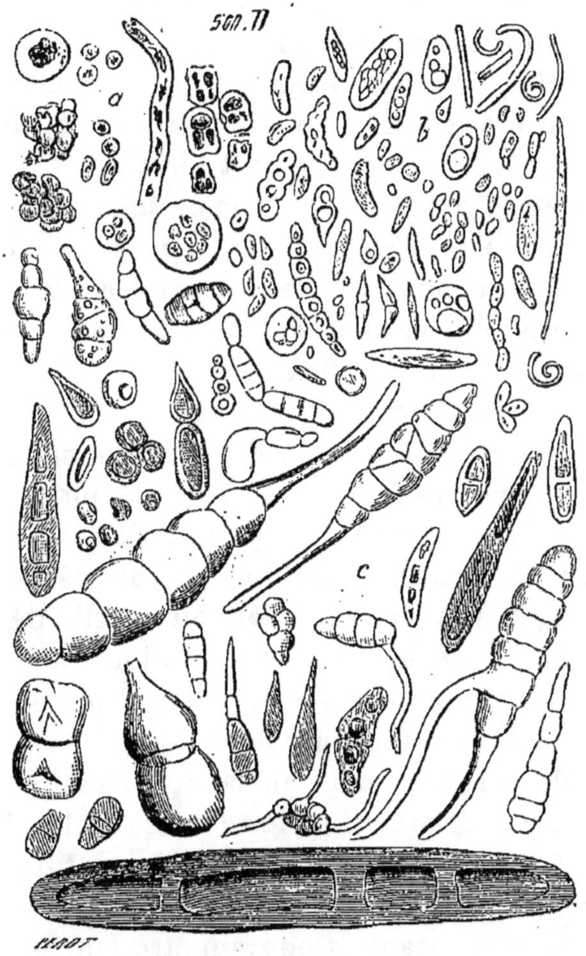

Fig. 5. — Poussières recueillies à l'observatoire de Montsouris (Miquel) (*).

niques peuvent être inanimées ou vivantes. Parmi les poussières végétales de la première classe nous citerons les dé-

(*) *a* et *b*, formes les plus communes des microbes. — *c*, fructifications de cryptogames.

bris de fibres ou de cellules, de pellicules épidermiques de spirales, de trachées, de poils quelquefois rameux *b;* dans l'air des habitations, les fibres de coton, de lin, de chanvre abondent, puis viennent les pollens de toute sorte *d*, dont il y a une extrême abondance aux mois d'avril, de mai et de juin. Enfin, les grains d'amidon *c* qui forment la centième partie de ces poussières organiques. — Les poussières végétales de la deuxième classe sont formées par des corpuscules végétaux organisés que l'on désigne par l'expression générale de *microbes* (fig. 5). Les poussières animales inanimées comprennent des cadavres de petits insectes ou leurs débris, des écailles de papillon, du duvet, des brins de laine, des œufs d'infusoires (Miquel).

Test-objets. — On donne le nom de *test-objets* (du mot anglais *test*, pierre de touche) à des préparations microscopiques, transparentes, faites à l'aide d'animaux ou de végétaux microscopiques ou de parties d'animaux ou de plantes qui présentent une structure compliquée, des contours délicats, mais pourtant parfaitement délimités si l'on emploie un bon instrument. Ces préparations, qu'on peut, pour la plupart, se procurer dans le commerce, constituent un mode commode d'apprécier la puissance d'un microscope; le meilleur instrument étant celui qui montre, avec le plus de netteté et de précision, les détails les plus difficiles à percevoir. Les test-objets ont également l'avantage d'exercer le commençant à l'art de bien mettre au point.

Parmi les corps organisés pouvant être employés à cet usage, nous citerons : les écailles de Forbicine et de Podure, celles de certains papillons, les carapaces de Diatomées.

Écailles de Forbicine et de Podure. — La Forbicine (Lépisme), vulgairement connue sous le nom de *poisson* *d'argent*, est un petit insecte qui habite les caves et les appartements humides. Son corps est couvert d'écailles présentant deux sortes de stries, les unes longitudinales, les autres obliques par rapport aux premières. Ces écailles offrent d'ailleurs deux formes : les unes sont plus ou moins rondes, leurs stries n'apparaissent qu'avec un instrument grossissant de 100 à 150 diamètres ; les autres, dont la forme est une section de cône, se laissent voir avec des grossissements de 30 à 40 diamètres (Ch. Robin).

Un autre insecte appartenant, comme le précédent, à la famille des Thysanoures, donne un très bon test. C'est le Podure gris-commun (*Podura plumbea*, L.). Ce petit animal, à corps allongé, se trouve communément, aux environs de Paris, sur les plantes basses ; quand on veut le saisir, il réagit sur un petit appendice qu'il porte à l'extrémité de l'abdomen et saute à une certaine hauteur. Son corps d'un gris ponctué, luisant et sans taches, est couvert de petites

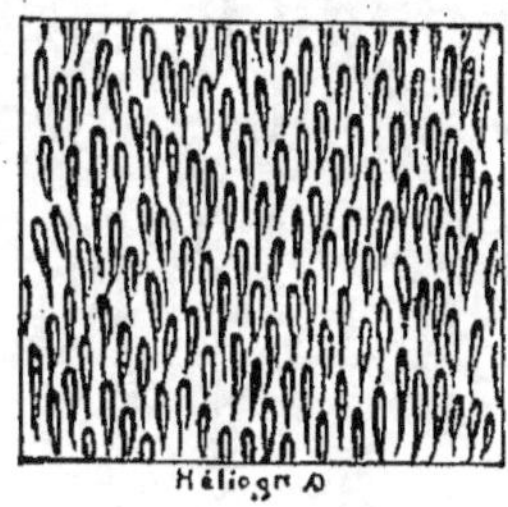

Fig. 6. — Ecailles de Podure.

écailles (fig. 6), qui apparaissent au microscope comme de petites virgules terminées par une pointe fine.

Écailles des papillons. — On se sert également comme est de la poussière qui reste adhérente aux doigts, lorsqu'on touche l'aile du mâle d'un papillon diurne, la Piéride de la Rave (*Pieris rapæ*, Latr.), vulgairement connu sous le nom de *petit Papillon du Chou*. Cette espèce est très répandue, depuis le milieu du printemps jusqu'au mois d'octobre, dans les jardins et les prairies. La poussière qu'elle fournit apparaît au microscope comme formée d'écailles cordiformes portant des stries délicates et un pédicule par lequel elles s'enfoncent dans le tissu de l'aile.

Cuirasse des Diatomées. — On préfère aujourd'hui employer, comme test, les enveloppes siliceuses (cuirasse, carapace) d'Algues microscopiques et monocellulaires

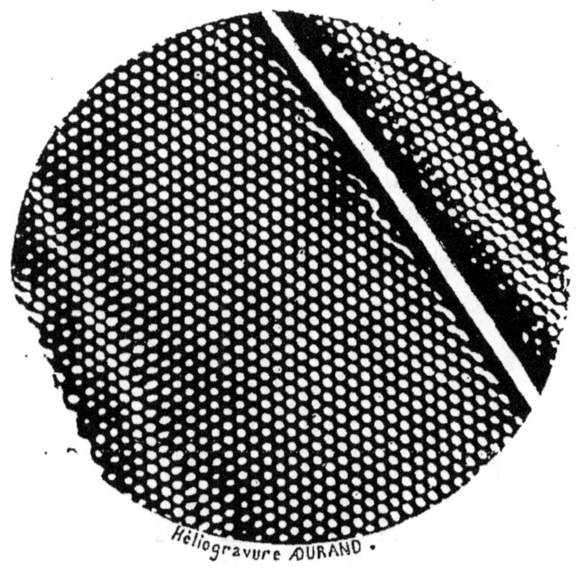

Fig. 7. — Surface du Pleurosigma angulatum.

nommées *Diatomées*, et parmi ces algues, on se sert surtout du *Pleurosigma angulatum* (fig. 7). En examinant ce test, avec des objectifs faibles, on le trouve uni et sans stries ; en se servant d'objectifs plus forts, on voit bientôt que la carapace est sillonnée de lignes transversales et obliques qui, par leur entre-croisement, limitent des espaces paraissant hexagonaux, bien qu'en réalité ce soient des points parfaitement ronds.

Applications du microscope. — Nous voici maîtres de notre instrument, nous savons qu'il est susceptible de nous entraîner dans certaines illusions, mais comme il ne dépend que de nous de pouvoir résister à ces entraînements, interrogeons-le hardiment et les trois règnes de la nature vont nous fournir d'intéressantes révélations.

Cristallisations. — Lorsque nous aborderons les *récréations chimiques*, nous verrons qu'un grand nombre de corps possèdent la propriété de disposer leurs molécules suivant un système de lignes et de plans parfaitement définis dont l'ensemble constitue ce qu'on appelle un *cristal*. Eh bien ! les plus fines parcelles des corps cristallisés ont des formes géométriques aussi régulières que les cristaux plus volumineux que l'œil aperçoit sans peine.

Lorsque les cristaux se montrent sous la forme d'une poussière plus ou moins fine, il suffit pour les observer de les porter sur la lame de verre, de les recouvrir d'une lamelle et placer le tout sur le porte-objet. Lorsqu'ils sont en contact avec les liquides où ils se sont manifestés (*eaux-mères*), on peut les retirer du liquide, en y plongeant, jusqu'à ce qu'elle reçoive leur contact, une baguette de verre arrondie. En retirant cette baguette, il est bien rare que la goutte liquide, qui y est suspendue, ne renferme pas quelques cristaux qu'on déposera sur la lame. Si on ne réussit point ainsi, on se servira d'un tube de verre effilé à l'une de ses extrémités ; ce tube sera plongé dans le liquide jusqu'au voisinage des cristaux ; en aspirant légèrement par l'autre extrémité, on pourra retirer un peu de la solution avec les cristaux qui s'y sont formés.

Si l'on veut opérer rapidement, on fera tomber, sur la

lamelle de verre, une goutte un peu étalée d'une dissolution saline très étendue ; l'eau s'évaporera lentement, les cristaux se formeront aussi lentement, et par suite d'une manière très nette, et il sera facile de constater leur forme. L'expérience est plus curieuse encore si la lame de verre et la solution sont un peu tièdes, alors on suit de l'œil les progrès de l'évaporation sur le porte-objet, on saisit, pour ainsi dire, le mode de formation des cristaux ; on voit ces petites molécules régulières, au moment où elles sont abandonnées à elles-mêmes, par le liquide producteur, se grouper à la file, avec une grande vitesse, pour donner de longues ramifications cristallines. Il est pourtant préférable, pour ne pas ternir la lentille de l'objectif, d'opérer avec des solutions salines froides.

Voici quelques exemples de cristallisations qu'il est très facile de réaliser. Ainsi, le chlorure de sodium, l'iodure de potassium se présentent sous forme de cubes parfaitement réguliers ; le sulfate de potassium se montre sous forme de prismes à 6 pans terminés par des pyramides à 6 pans :

Le sulfate de sodium cristallise en prismes rhomboïdaux droits.
Le nitrate de baryum   —   — octaèdres réguliers.
Le phosphate de sodium —   — prismes obliques à base rhombe.
Le sulfate de fer   —   —   —   —   —   —   —
    —   de cuivre   —   —   —   —   base de parallélogramme obliquangle.
Le sulfate de zinc   —   — prismes droits à base rectangle, avec pointements à quatre faces.
L'alun de potasse ordinaire —   — octaèdres réguliers.

La cristallisation du chlorhydrate d'ammoniaque est des plus curieuses : les cristaux de ce sel se forment avec la plus grande facilité, et en se déposant ils se soudent les uns aux autres de manière à représenter les barbes d'une plume.

Cellules et tissus végétaux. — Les végétaux les plus simples sont composés d'un seul élément anatomique, la *cellule* ou *utricule*, petit sac globuleux qui, en se modifiant, produit trois sortes de tissus élémentaires : 1° le tissu cellulaire ou utriculaire; 2° le tissu fibreux ou ligneux; 3° le tissu vasculaire ou les vaisseaux.

Formes des cellules. — La cellule, en se soudant avec d'autres cellules, produit une agrégation, une matière continue, c'est le tissu cellulaire, qui ne peut être que spongieux, car des corps de forme globuleuse, ne se touchant que par une petite surface, doivent laisser de nombreux vides entre leurs points d'adhérence. Ces vides ont reçu le nom de *méats intercellulaires*. Il est facile de se rendre compte de la forme du tissu cellulaire en examinant la

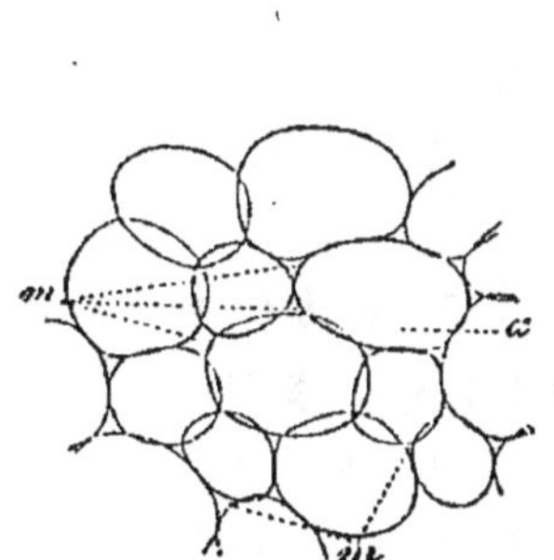

Fig. 8. — Tissu cellulaire d'une plante grasse.

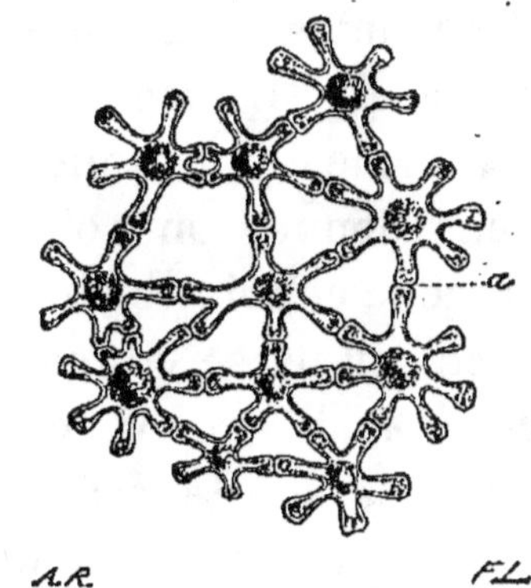

Fig. 9. — Parenchyme étoilé du Jonc épars.

substance de ces plantes charnues, tendres et aqueuses qu'on désigne sous le nom de *plantes grasses*. Coupons, avec un rasoir, une tranche mince d'une tige charnue de ce genre, plaçons-la sur la lame de verre, puis sur le porte-objet, après l'avoir imbibée avec une dissolution de chlorure de calcium. Nous verrons (fig. 8) un nombre plus ou moins considérable de cellules soudées les unes aux autres par leur point de contact; leurs diamètres étant sensiblement les mêmes, les méats intercellulaires *m* se dessinent, sur cette tranche, comme autant de petits triangles à côtés concaves. Une cellule quelconque *a*, pourvu qu'elle n'occupe pas la périphérie, s'y montre embrassée par six autres cellules arrondies ou un peu ovoïdes comme elle.

Parfois les cellules, au lieu de présenter un contour uni, c'est-à-dire sans proéminence ni enfoncement, subissent un accroissement plus ou moins considérable dans les points par lesquels elles adhèrent à leurs voisines. Il en résulte que les méats intercellulaires se trouvent singulièrement amplifiés et le tissu devient très poreux. Cette disposition (fig. 9) est très remarquable dans l'intérieur de la tige des plantes aquatiques telles que le Jonc glomérulé et le Jonc épars. Les cellules qui constituent ce tissu affectent la forme d'une étoile, d'où le nom de *cellules étoilées* qu'on leur donne. On voit, en *a*, le point d'union d'une cellule avec la cellule voisine.

La jeune cellule se compose primitivement d'une seule membrane, mais en avançant en âge, elle s'épaissit au détriment des substances qu'elle contient, sa paroi se double d'une ou de plusieurs membranes qui viennent épaissir la première sous forme d'une couche percée de trous plus ou moins grands, ou de raies. Dans d'autres cas ces substances se déposent sous forme d'anneaux, ou de lames roulées en spirales. On trouvera des cellules *ponctuées* dans la moelle du Sureau, dans la partie inférieure de la tige du Coquelicot; les cellules à raies, les cellules à anneaux (*C. annulaires*), les cellules à spirales (*C. spiralées*) se rencontrent aisément dans le tissu du Gui.

Parfois l'épaississement est tel que. la cellule se remplit

presque entièrement de matières ligneuses. Ce sont ces cellules (fig. 10) qu'on remarque dans les poires, les noyaux des fruits des Amygdalées. On doit, pour les observer, rendre la coupe transparente, par l'emploi de la glycérine.

Dans les plantes de la famille des Conifères (Pin, Sapin,

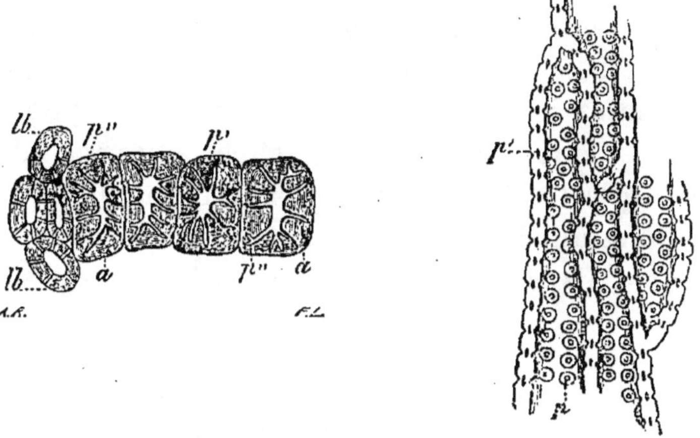

Fig. 10. — Cellules à parois épaisses (*). Fig. 11. — Ponctuations aréolées (**).

Cèdre) on remarque (fig. 11) des cellules allongées, marquées de ponctuations ou aréoles entourées chacune d'une dépression circulaire. Ce caractère permet de reconnaître si un échantillon de bois donné, frais ou fossile, appartient à un arbre de cette famille.

Contenu des cellules. — Tant que les cellules sont jeunes et vivantes, elles ne sont point ridées. Un liquide particulier (*suc cellulaire*) les remplit et dans ce liquide se trouvent une foule de corps dont le microscope révèle

(*) *a*, paroi externe: *lb*, cellules fusiformes à canalicules droits ; *p, p', p''*, canalicules creusés dans la paroi.

(**) *p*, vues de face; *p'*, vues en coupe longitudinale.

l'existence. Ce sont la chlorophylle, les cristaux, le nucléus, le protoplasma.

Chlorophylle. — La chlorophylle est la substance qui colore les parties vertes des plantes ; elle se présente tantôt sous forme de granules arrondis, ovoïdes, ou parfois oblongs, tantôt à l'état amorphe, tantôt enfin sous forme de bandes disposées avec une grande régularité. Sous ce dernier aspect, on l'observe aisément dans les Algues filamenteuses d'eau douce connues sous le nom de Spirogyra, où elle est disposée en longs rubans irrégulièrement dentés à leurs bords et tournant en spirale ; sous la forme amorphe elle remplit certaines cellules intérieures de la feuille de plusieurs Graminées, à côté d'autres cellules qui la montrent à l'état granuleux.

Cristaux. — Ils sont toujours formés par des sels

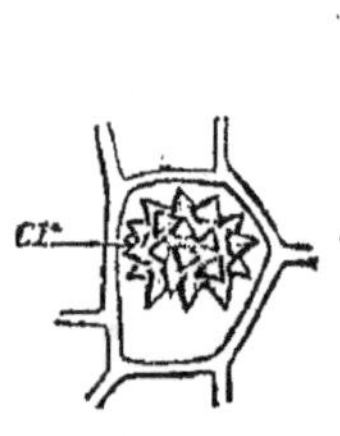

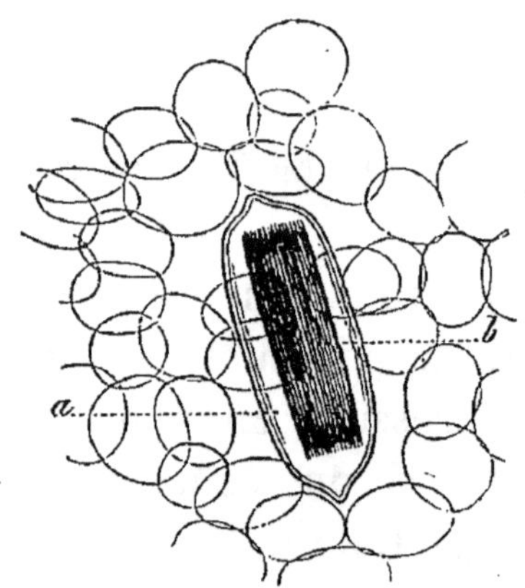

Fig. 12. — Une cellule contenant un groupe de cristaux réunis *cr*.

Fig. 13. — Colocase des anciens (*).

ayant la chaux pour base ; le plus répandu, parmi ces sels, est l'oxalate ; le carbonate est moins fréquent, le

(*) *a*, la cellule ; *b*, les cristaux.

sulfate et le tartrate sont rares. On les rencontre sous deux états différents, tantôt isolés, tantôt réunis en un groupe cohérent (fig. 12) dans lequel on aperçoit seulement l'extrémité plus ou moins aiguë des parties qui se sont soudées. On aperçoit des cristaux isolés dans le bulbe de l'Oignon commun; on trouve des cristaux agglomérés dans le tissu cellulaire de la Betterave. Les deux préparations doivent être rendues transparentes à l'aide du chlorure de calcium.

Raphides. — Ce sont des cristaux d'oxalate de chaux qui se présentent sous la forme d'aiguilles très fines (fig. 13), groupées, côte à côte, en faisceau occupant presque toute la cavité d'une cellule. On avait pris jadis ces cristaux pour un organe végétal, une sorte de poil.

Nucleus et protoplasma. — On trouve, dans certaines cellules, une matière azotée et visqueuse à laquelle on a donné le nom de *protoplasma*. Ce liquide remplit entièrement les cellules très jeunes, il disparaît peu à peu et plus tard on n'y rencontre plus que des filaments se rattachant d'une part aux parois de la cellule, de l'autre au *nucleus* ou *noyau*. Ce dernier est un corps rond, solide, placé dans l'intérieur des cellules vivantes. Il présente souvent une partie centrale globuleuse, plus petite, formée de corpuscules, nommés *nucléoles* et qui sont fortement réfringents. On voit très bien le nucléus, en pratiquant une coupe dans la tige de la Betterave et donnant de la transparence à la préparation, à l'aide d'une solution de chlorure de calcium.

Amidon ou fécule amylacée. — La substance organique la plus abondamment répandue dans les cellules végétales est celle qui est désignée sous le nom d'*Amidon* ou de *Fécule amylacée*. C'est une substance formée de grains blancs, très petits, qui sont disposés sans ordre dans l'intérieur des cellules, comme on peut s'en convaincre en examinant le tissu de la Pomme de terre (fig. 14). Les grains de fécule sont ici si nombreux que la tranche enlevée par le rasoir manquerait de netteté, si on l'examinait telle qu'elle est, au microscope. Il faut enlever une partie de ces grains, en frappant verticalement et à plusieurs reprises la préparation avec un petit pinceau mouillé. L'eau entraînant un certain nombre de grains, le tissu devient transparent et nous apparaît comme formé de grandes cel-

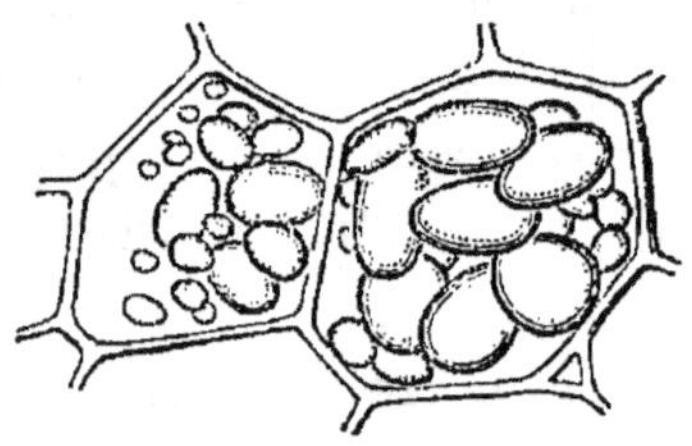

Fig. 14. — Deux cellules prises dans un tubercule de pomme de terre et contenant des grains d'amidon.

Fig. 15.—Un grain de fécule de pomme de terre.

lules à bords irréguliers contenant encore quelques grains de fécule. En ajoutant à la préparation une goutte d'eau iodée, les grains de fécule prennent une belle coloration caractéristique.

Chaque grain isolé (fig. 15) regardé attentivement se montre formé d'une série de couches disposées autour d'un point intérieur nommé *hile*, *h*, qui n'occupe pas le centre, car des deux extrémités *a* et *b* du grain, la dernière est fortement excentrique.

Tissu vasculaire. — Les cellules d'abord égales et uniformes, alors que la plante était dans un état peu avancé et qui, souvent même, constituaient la totalité de la trame végétale, les cellules, dis-je, s'allongent par la destruction des cloisons intermédiaires, pour former des vaisseaux. Leurs parois (fig. 16) se garnissent tantôt de fibres tournées en hélice pour produire des *trachées* ou *vaisseaux spiraux*, v'' v''', v'''', tantôt des *vaisseaux annelés*, v, tantôt des vaisseaux *spiro-annelés*, v', tantôt des *vaisseaux réticulés* v''''', tantôt enfin des vaisseaux *ponctués*. Les vaisseaux ponctués peuvent être aisément étudiés, à l'aide de coupes transversales et longitudinales faites dans la tige de la Clématite des haies, de la

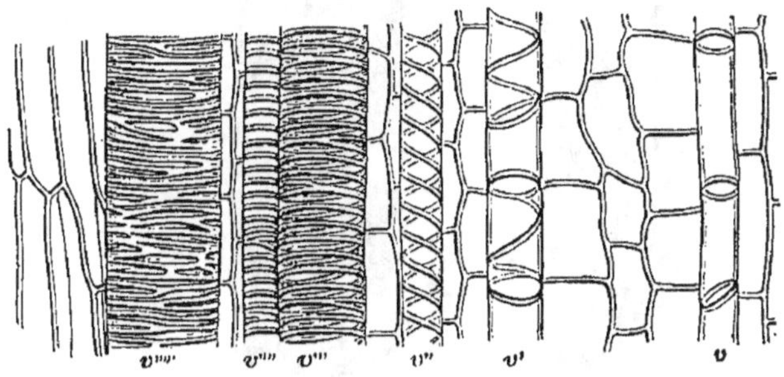

Fig. 16. — Coupe longitudinale d'une portion de tige de balsamine.

racine de Betterave; on trouve des vaisseaux spiraux en faisant des sections dans toutes les parties jeunes des plantes. La coupe longitudinale de la tige des Coquelicots et des tubercules du Dahlia permet d'étudier aisément les vaisseaux réticulés; ces vaisseaux ne sont qu'une modification des trachées. Les *vaisseaux rayés* (fig. 17 et 18) peuvent être aisément observés en faisant une coupe longitudinale de la tige de certaines Fougères, telles que la Fougère mâle, la grande Fougère femelle. Souvent on appelle ces vaisseaux : *scalariformes* ou en *forme d'échelle*, parce que les raies dont ils sont marqués présentent la régularité des échelons d'une échelle. On peut communiquer de la transparence à toutes ces préparations à l'aide de la solution de chlorure de calcium.

Outre ces vaisseaux, on trouve encore, dans les plantes, des tubes complètement clos, à parois minces et transparentes, cylindriques ou anguleux, simples ou rameux et contenant un suc particulier ou *latex*, d'où le nom de vaisseaux *laticifères* qu'on leur donne. Ce suc est le plus souvent blanc et ressemble à du lait : tel est le cas de celui du Figuier (fig. 19), du Pavot, de la Laitue ; mais il

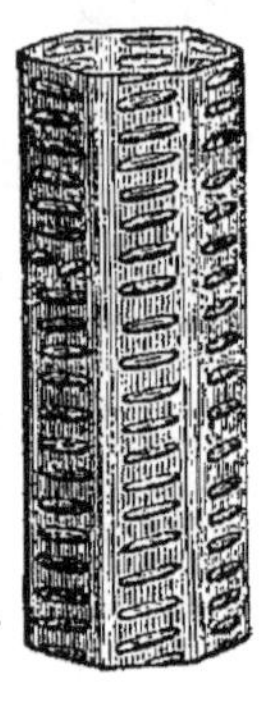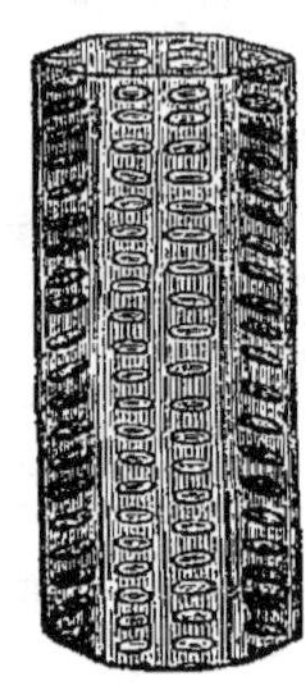

Fig. 17 et 18. — Portions de deux vaisseaux rayés de la fougère mâle.

Fig. 19. — Globules du latex du Figuier cultivé.

peut être jaune comme dans la Chélidoine, orangé comme dans l'Artichaut, verdâtre comme dans la Pervenche. Le Caoutchouc et la Gutta-percha ne sont que des sucs laiteux de ce genre qui se sont concrétés à l'air.

Épiderme des Feuilles. — Stomates. — Toutes les parties du végétal exposées à l'action de l'air et de la lumière sont recouvertes d'une membrane celluleuse, criblée de nombreuses ouvertures excessivement petites. On les voit surtout chez les feuilles, où elles se présentent sous forme de boutonnières à demi ouvertes et bordées d'un léger bourrelet. Ce sont là les *stomates* (fig. 20 et 21) qui empruntent leur nom, dérivé du grec, à leur ressemblance avec de petites bouches. Peu nombreux d'ordinaire sur la face supérieure de la feuille, sauf les plantes aquatiques, les stomates abondent sur la face inférieure, au point qu'on en rencontre quelquefois une centaine répandus sur un espace d'un millimètre carré. C'est par ces ouvertures que l'air peut pénétrer dans l'intérieur des feuilles. Le Laurier-Rose, l'Iris, le Glaïeul, la Jacinthe conviennent très bien pour l'étude des stomates; il suffit pour les apercevoir d'arracher à une de ces feuilles un

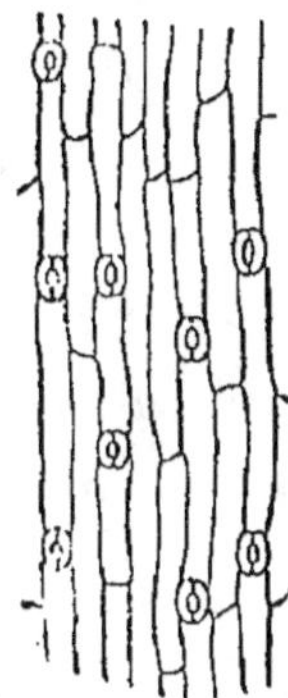

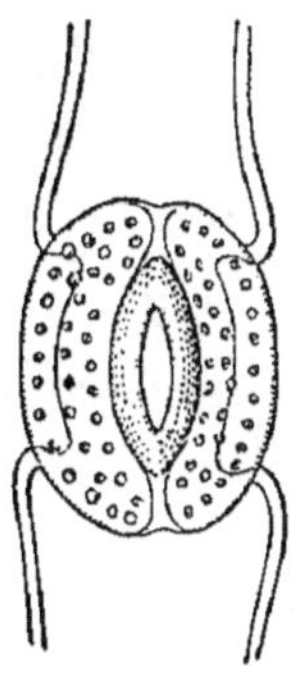

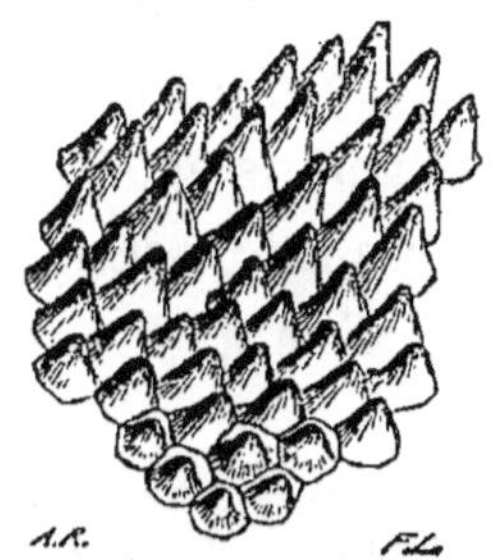

Fig. 20. — Un stomate pris sous une feuille de Jacinthe. Fig. 21. — Lambeau d'épiderme de la feuille de la Jacinthe. Fig. 22. — Fragment d'un pétale de Pensée montrant ses papilles.

lambeau d'épiderme que l'on dispose sur le porte-objet. La figure 21 représente les stomates de la Jacinthe rangés en files longitudinales.

Épiderme des pétales. — Velouté. — Les pétales des fleurs bien qu'étant de nature foliacée et présentant, par suite, les mêmes particularités d'organisation que les feuilles dont elles dérivent, se font souvent remarquer par l'état de leur surface, qui en produisant certaines modifications de lumière, leur communique un aspect variable, terne ou éclatant, uni, rugueux ou velouté. Le velouté se remarque sur un grand nombre de fleurs, la Pensée (fig. 22), les Dahlias, etc.

Le microscope nous en explique la cause, en nous faisant voir que la surface épidermique est, dans ce cas, relevée en manière de papilles plus ou moins proéminentes. La lumière, en se jouant sur ces papilles et la couche d'air retenue entre elles, produit l'effet du velouté et souvent aussi celui du chatoiement.

Pollen. — Dans l'intérieur de la fleur on rencontre des organes de forme variable (*Étamines*), se terminant par des espèces de sachets (*anthères*) remplis le plus ordinairement de petits grains vésiculeux (*pollen*) qui s'échappent de l'anthère du moment qu'elle vient à s'ouvrir. Le volume de ces grains est toujours très petit, et on ne peut les étudier qu'au microscope. La Belle-de-Nuit est une des plantes où le pollen présente les plus grandes dimensions, $0^{mm},130$;

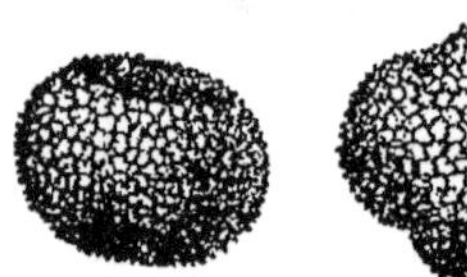

Fig. 23. — Grain de pollen du Pelargonium à feuilles zonées (*).

Fig. 24. — Grain de pollen de la Fumeterre officinale montrant quatre grands pores. — 200/1.

dans la Betterave les grains de pollen ont $0^{mm},020$, et dans certains Myosotis leur diamètre se réduit à $0^{mm},010$.

Le pollen affecte les couleurs les plus diverses suivant la fleur que l'on considère : il est jaune dans le Lis blanc, bleu ou violet dans certaines Tulipes, presque noir dans le Pavot, blanc rosé chez le Froment, rouge dans certains Géraniums,

(*) A, vu de côté ; B, par son extrémité. — 200/1.

orangé chez quelques Lis. Rien n'égale ses variétés de couleur si ce n'est ses variétés de forme ; tour à tour il revêt la forme d'un grain de blé (fig. 25), d'un œuf, d'une sphère, d'un polyèdre plus ou moins régulier (fig. 26), souvent on le dirait formé par trois cylindres unis par un côté (fig. 23). Tantôt sa surface est lisse, tantôt elle présente des pointes, des saillies, des plis.

Il est constitué par une enveloppe le plus souvent double, remplie par un liquide particulier, la *fovilla*. Quand cette enveloppe est double, l'interne porte le nom d'*intine*, l'externe s'appelle *extine*. L'intine est toujours lisse, mince,

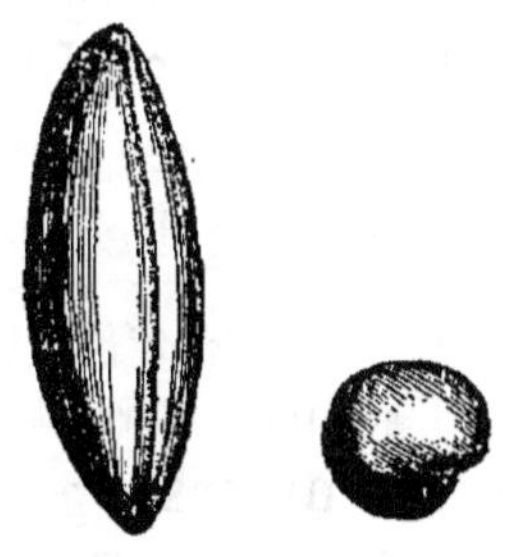

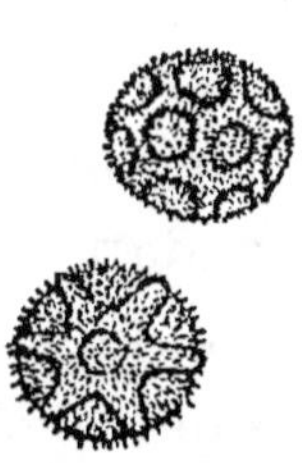

Fig. 25. — Pollen du Lis tigré à un pli (*).

Fig. 26. — Grain de pollen de la Chicorée sauvage, vu de deux côtés différents. — 200/1.

transparente, incolore, très élastique et extensible ; les accidents de la surface sont dus à l'extine. Cette membrane présente parfois des pores ou des plis. Les pores (fig. 24) sont des ouvertures généralement arrondies, en nombre variant avec la plante. Les plis (fig. 23) sont des lignes plus ou moins étendues, dans lesquelles l'extine manque absolument ou bien est réduite à une excessive ténuité. L'intine, dans le pli, est repliée sur elle-même et forme une saillie dans l'intérieur du grain. Les pollens doivent être

(*) A, vu de face : B, par une extrémité — 200/1.

étudiés à sec ou plus commodément dans l'huile de naphte.

Lorsqu'on place un grain de pollen sur le porte-objet et qu'on l'humecte, avec un peu d'eau gommée ou sucrée, il ne tarde pas à se gonfler, les différentes parties de sa surface s'effacent, il devient sphérique ; puis, si cette surface présente des pores ou des plis, l'intine sort à travers ces ouvertures et forme des appendices tubuleux. Ces appendices s'allongent considérablement, et forment un tuyau (*boyau* ou *tube pollinique*) qui finit par crever. On voit alors s'échapper la fovilla sous la forme d'un liquide épais, mucilagineux. Cette fovilla contient de l'eau, des gouttelettes d'huile et des corpuscules très inégaux entre eux, de forme très variable, qui sont animés d'un mouvement rapide. Ce mouvement se remarque d'ailleurs chez toutes les particules excessivement fines du corps, même chez celles de nature inorganique. Il est connu sous le nom de *mouvement Brownien*, du nom de Robert Brown qui l'a découvert.

Organismes végétaux inférieurs. — Le microscope nous a dévoilé, dans les exemples précédents, l'organisation d'un grand nombre de corps de nature végétale ; mais là ne s'arrête pas son pouvoir : en le faisant intervenir dans des conditions définies, il va nous révéler l'existence d'individus que l'on réunissait jadis aux animaux connus sous le nom d'*Infusoires*. Plusieurs d'entre eux possèdent, en effet, la propriété de se mouvoir librement comme les animaux ; mais, d'après des recherches plus récentes, ces organismes paraissent avoir des rapports bien plus intimes avec les Champignons. Ce sont les Schizomycètes. Cette catégorie d'individus renferme les plus petits des êtres vivants, ceux qu'on a réunis sous le nom de *Microbes*.

Microbes. — Malgré leur exiguité, leur rôle dans la nature est des plus importants, car ils possèdent la propriété d'occasionner la putréfaction. Comme, de plus, ils ont la faculté de se multiplier avec une prodigieuse facilité, ils exercent, à cause de ces deux aptitudes redoutables, une action fatale sur l'homme et les animaux.

On a partagé ces Champignons en plusieurs classes, parmi lesquelles nous citerons les Microcoques, les Bactéries, les Bacilles, les Leptothrix, les Vibrions, les Spirilles.

Microcoques. — Les Microcoques sont de petites masses mucilagineuses sphériques ou ellipsoïdes incolores ou faiblement colorées, immobiles, qui se développent à la surface de certaines substances solides ou liquides, ordinairement alimentaires, telles que le pain, le fromage, les œufs durs, la viande, les pommes de terre, le lait.

Bactéries. — Les Bactéries (fig. 27) sont des cellules un peu allongées, en forme de courts bâtonnets et mobiles, leur mouvement est une espèce d'oscillation lente.

La *Bacteria termo* se présente sous la forme de courts cylindres longs de 2 à 3 millièmes de millimètre, souvent réunis par paires, on la rencontre dans différentes infusions animales et végétales. C'est le ferment de la putréfaction.

La Bactérie linéaire se trouve dans l'eau stagnante, dans les infusions, à la surface des matières nutritives solides. C'est probablement cette espèce qui constitue le végétal que Pasteur a désigné sous le nom de *Mycoderme au vinaigre* et qu'il considère comme le ferment de l'acide acétique, ce qu'on nomme vulgairement la *mère du vinaigre*.

Le lait se colore parfois en jaune, parfois en bleu sous l'influence de certaines bactéries ; une autre bactérie colore le pain en vert ; on trouve une bactérie dans les tissus des vers à soie atteints de la maladie connue sous le nom de *Pébrine*.

Bacilles. — Les Bacilles sont constitués par des cellules allongées, cylindriques, tantôt isolées et faciles à confondre avec les Bactéries, tantôt unies bout à bout. Ils sont mobiles ou immobiles suivant les conditions de vie où ils se trouvent. Ils peuvent se rencontrer dans les infusions; une espèce, d'après Pasteur, produirait la fermentation butyrique.

Leptothrix. — Les Leptothrix (fig. 28) sont formés par

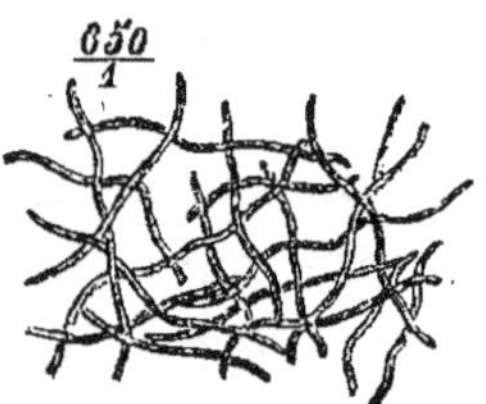

Fig. 27. — Bactérie commune.

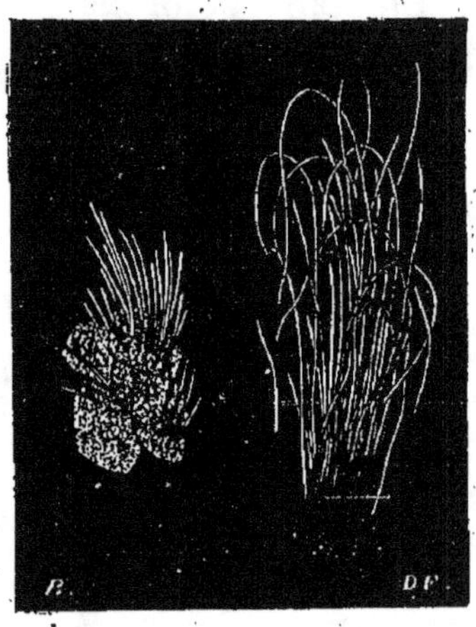

Fig. 28. — Leptothrix buccal.

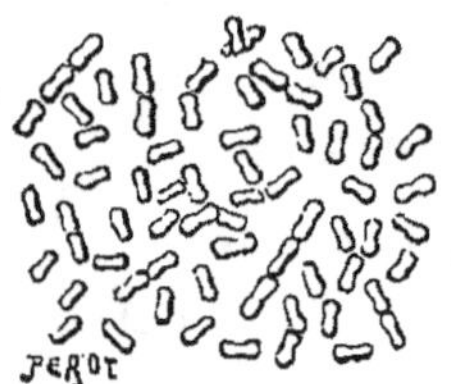

Fig. 29. — Vibrions serpents.

des filaments très allongés, raides, minces, non articulés. On en trouve une espèce dans la matière blanchâtre qui s'accumule entre les dents; ces filaments, connus sous le nom de *Leptothrix buccal* ou algue filiforme de la bouche, se présentent en faisceaux plus ou moins serrés, ils sont généralement réunis, par la base, à une gangue granuleuse et amorphe. Ce Champignon a été considéré comme la cause déterminante de la carie dentaire.

Vibrions. — Les Vibrions (fig. 29) sont des filaments présentant une seule inflexion et susceptibles d'un mouvement ondulatoire comme celui du serpent. Ce sont les premiers organismes qui apparaissent dans les infusions.

Spirilles. — Les Spirilles sont formés par des filaments enroulés en spirale et se mouvant en hélice, on les trouve en grand nombre dans les infusions, les eaux croupissantes.

Tous les petits organismes que nous venons de signaler doivent être recherchés avec de forts grossissements.

Cellules animales, leurs modifications. — Comme les végétaux, les animaux résultent de la réunion d'éléments consistant en cavités closes (*cellules*), limitées par une paroi et renfermant un contenu.

Parfois la cellule reste libre et isolée, elle forme tout l'animal, elle constitue tout l'organisme. Ainsi, prenons

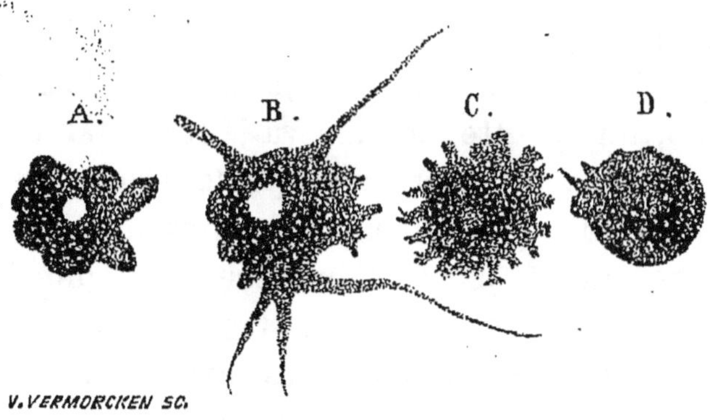

Fig. 30. — Amibe diffluente (*).

l'enduit vaseux que présentent certaines Conferves recueillies, dans la Seine, à la fin de l'été, ou encore de l'eau puisée dans un marais, et déposons-en une goutte sur le porte-objet du microscope. Il n'est pas rare de

(*) A, B, C, D, changements de formes présentés par le même individu pendant un quart d'heure d'observation.

voir ces milieux habités par des êtres de forme singulière.
Ce sont (fig. 30) de petites étoiles irrégulières, à rayons
inégaux et dont la consistance semble se rapprocher
assez de celle de l'huile. Ils glissent, sur la plaque de verre,
soit en allongeant leurs rayons, soit en en formant
d'autres dans le sens de la progression. Leurs formes sont
si mobiles, si fugaces, que si l'on entreprend de les dessiner, on est souvent obligé de finir de mémoire le trait commencé qui limitait leurs contours. Ce sont de véritables
Protées se dérobant par la variété de leurs formes aux investigations scientifiques. Ils vivent, se nourrissent, se
reproduisent et constituent ce qu'on a appelé l'*Amibe
diffluente*.

Globules du sang. — Le sang examiné au microscope, au
moment de sa sortie des vaisseaux, se montre formé d'un
liquide incolore (*plasma*), de globules rouges (*hématies*) et
de globules blancs (*leucocytes*). Piquons-nous le doigt avec
une aiguille, une goutte de sang va jaillir ; étalons-la sur
la lame de verre, et au microscope les globules rouges
vont nous apparaître sous forme de corpuscules de $0^{mm},007$
de diamètre sur $0^{mm},0019$ d'épaisseur. Ils ont l'aspect
d'une lentille biconcave (fig. 31), de façon que, vus de face,
ils représentent un disque circulaire avec une dépression
centrale et de profil un bâtonnet un peu renflé à ses deux
extrémités. Leur couleur est jaunâtre-clair ; ils ne présentent une coloration rouge qu'autant qu'ils sont en grandes
masses. Ils sont très mous, très élastiques ; cette propriété leur permet de traverser des tubes plus fins que leur
diamètre et de reprendre ensuite leur volume primitif. Ils
présentent, en plus, cette propriété singulière de pouvoir
s'empiler les uns sur les autres comme des pièces de
monnaie.

Les globules rouges sont circulaires chez les Mammifères, sauf les Chameaux, les Lamas ; ils sont elliptiques chez les Chameaux, les Lamas, les Oiseaux, les Reptiles (fig. 32), les Poissons ; ils sont circulaires chez les Poissons cyclostomes (Lamproie). Chez les Oiseaux, les globules du sang sont plus grands que chez les Mammifères. C'est

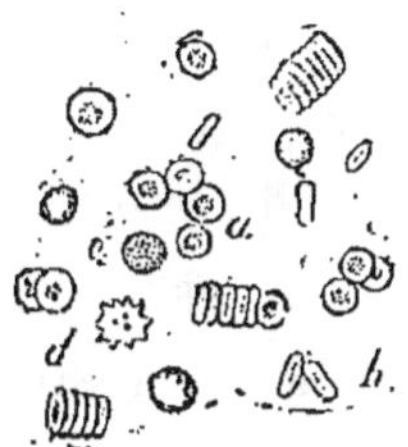

Fig. 31. — Globules sanguins
de l'homme (*).

Fig. 32. — Globules sanguins de
la Grenouille (**).

dans la classe des Reptiles et chez les Batraciens qu'ils atteignent leur plus grande dimension.

Les globules rouges ne sont pas les seuls qu'on découvre dans le sang à l'aide du microscope, les leucocytes y révèlent leur présence ; ils sont pourtant plus difficiles à apercevoir, car ils y sont mélangés dans une quantité innombrable de globules colorés.

Circulation du sang. — Nous venons de montrer le sang à l'état de repos. Il est possible de voir ce liquide à l'état de mouvement et constituant l'admirable phénomène de la circulation. Il est évident que nous ne pouvons songer à apercevoir le phénomène que dans des vaisseaux excessivement ténus et délicats, dans ceux qui établissent la communication entre les artères et les veines.

(*) a, vus de face ; b, vus de profil ; c, globule ; d, globule altéré.
(**) a, vus de face ; b, vus de profil ; c, globule blanc ; d, globule blanc avec prolongements.

La Grenouille, cet instrument si docile entre les mains du savant, va nous permettre de surprendre la nature dans l'accomplissement de ce grand travail. Pour cela, nous attacherons une Grenouille sur une plaque de liège, de façon à rendre le sujet complètement immobile, alors nous amènerons une patte de l'animal au-dessus d'une ouverture pratiquée dans la plaque de liège et, après avoir développé cette patte, nous tendrons la membrane interdigitale en fixant les parties latérales de l'organe, sur le liège, à l'aide d'un nombre d'épingles suffisant. Le procédé est barbare sans doute, mais la science a ses exigences; l'objectif placé à distance convenable va satisfaire la curiosité de notre œil.

Lait. — Quand on étudie ce liquide au microscope, on y aperçoit de nombreux globules en suspension. Le diamètre de ces globules varie entre $0^{mm},002$ et $0^{mm}.008$; ils sont sphériques, homogènes, brillants et à contours très nets. Ces globules paraissent être, pour la plupart, des gouttelettes de graisse enveloppées d'une membrane particulière.

Cheveux, Poils. — Lorsqu'on examine ces corps au microscope, on les voit quelquefois très distinctement comme formés d'une série de petits cornets superposés, de petites lames imbriquées de haut en bas, de sorte qu'il devient alors facile de distinguer l'extrémité libre du cheveu ou du poil de l'extrémité par laquelle il adhérait à la peau. En général ils ont l'apparence d'un tube corné (fig. 2) ayant ses parois et son canal intérieur rempli par une matière pulpeuse.

Organes des Insectes. Aile de mouche. — Nous avons déjà placé une aile de mouche sur le porte-objet du microscope. Voyons quelle est la structure de cet organe. La charpente en est formée par des espèces de tubes solides, résistants, appelés *nervures*, qui se ramifient du bord extérieur où leur diamètre est le plus grand jusqu'à l'autre bord où leur finesse est extrême; des nervures plus fines encore viennent compléter ce réseau, que recouvre au-dessus et au-dessous une membrane très mince.

Yeux des Insectes. — Détachons maintenant, avec pré-

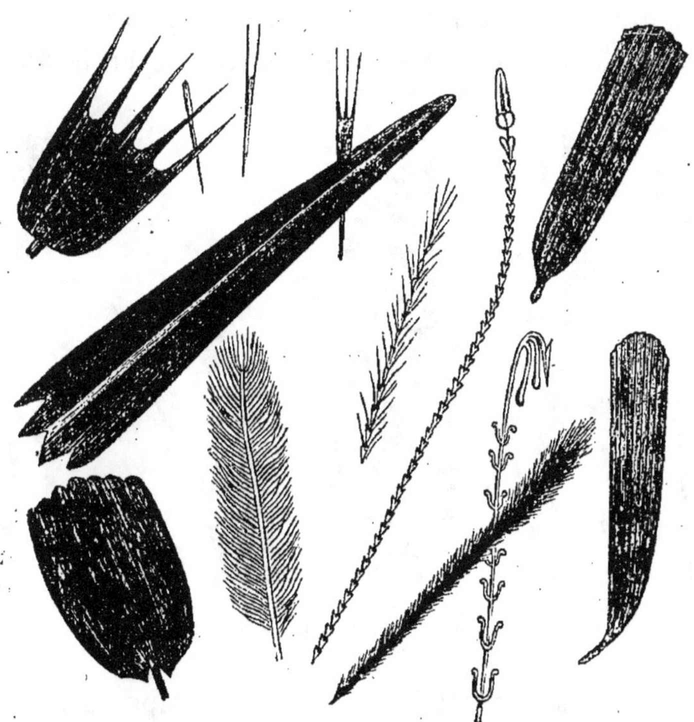

Fig. 33. — Poils et écailles de différents Insectes.

caution, un de ces gros yeux qui semblent former le tiers de la tête de la mouche; à l'aide d'un petit pinceau enlevons la matière rougeâtre qui y adhère, puis plaçons-le ainsi préparé avec une goutte d'eau, entre deux lames de verre, sur le porte-objet. En employant un grossissement de

300 diamètres, nous verrons des séries d'hexagones ou plutôt de lentilles hexagonales d'une grande régularité, qui constituent chacune un œil. Le nombre de ces yeux effraie l'imagination, mais il est probable que leur ensemble forme un organe unique.

Peau des Insectes. — La peau des Insectes se recouvre parfois d'expansions particulières, telles que soies, poils, écailles, pointes ou épines serrées ou espacées. La figure 33 représente un certain nombre de ces organes.

Antennes. — A la partie supérieure et latérale de la tête

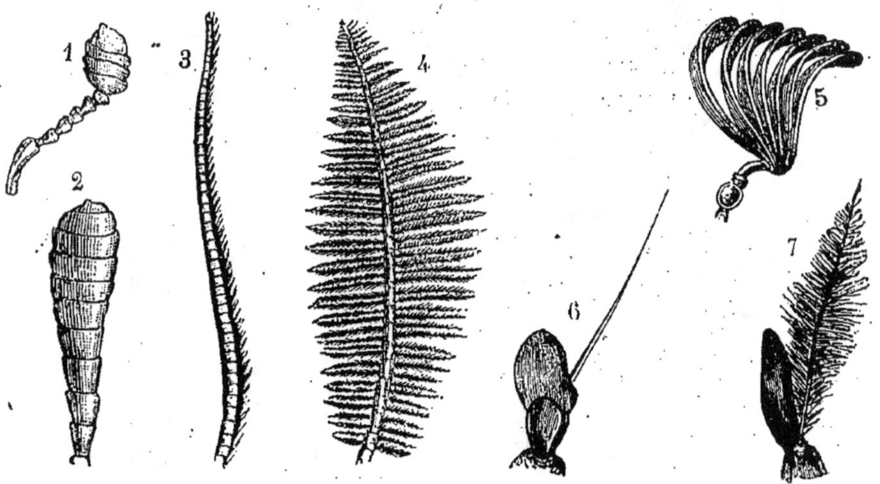

Fig. 34. — Diverses sortes d'antennes (*).

des Insectes se voient des filaments composés de parties ou d'*articles* placés bout à bout. Ce sont les antennes. Ces organes servent au toucher et sont regardés comme étant aussi le siège de l'odorat. Les antennes (fig. 34) affectent les formes les plus différentes. Chez les uns, elles sont

(*) 1, antenne de Nécrophore ; 2, antenne de Machaon ; 3, antenne de Sphinx ; 4, antenne d'Attacus ; 5, antenne de Hanneton ; 6, antenne d'Eristalis ; 7, antenne de Volucelle.

HÉRAUD. — *Récréations scient.* 3

dentées en scie, en peigne, en éventail ; chez d'autres l'extrémité est en massue ; d'autres fois ce sont des lames, des feuillets ; quelquefois enfin les antennes se présentent sous la forme de simples fils.

Pattes des Insectes. — Les pattes présentent une non moins grande variété de formes, toujours admirablement appropriées au rôle que doit remplir l'animal. Citons quelques exemples.

Chez les Mouches, les pattes se terminent par deux crochets et deux renflements ou pelotes dans lesquels existe un appareil pneumatique qui permet à ces Insectes de faire le vide sous leurs pas et de marcher renversés sur les surfaces les plus unies (1).

Chez l'Abeille ouvrière on trouve une dilatation du

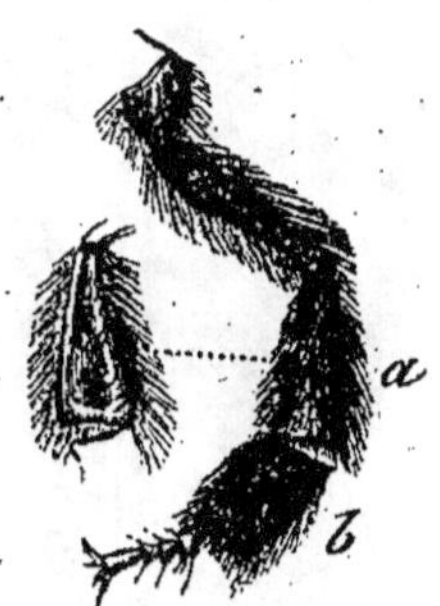

Fig. 35. — Patte d'Abeille (*).

premier article du tarse qui est connue sous le nom de *pièce cornée* (fig. 35). Cette pièce offre à sa surface interne plusieurs rangées transversales de poils raides, parallèles, qui constituent la *brosse*. A la brosse, succède une partie

(*) *a*, corbeille vue du côté convexe (elle est représentée vis-à-vis du côté concave) ; *b*, brosse.

(1) Voyez Brehm, *les Merveilles de la Nature, les Insectes*, édition française par Künckel d'Herculaïs.

dilatée en forme de palette triangulaire qui appartient à la jambe et qu'on appelle *corbeille*.

C'est à l'aide de cet appareil que l'Abeille recueille le pollen des fleurs, qui, s'attachant aux poils de l'animal, est balayé par les brosses, et déposé sous forme de globules dans la corbeille, à l'aide de la deuxième paire de pattes.

Appareil venimeux des Insectes. — Plusieurs Insectes

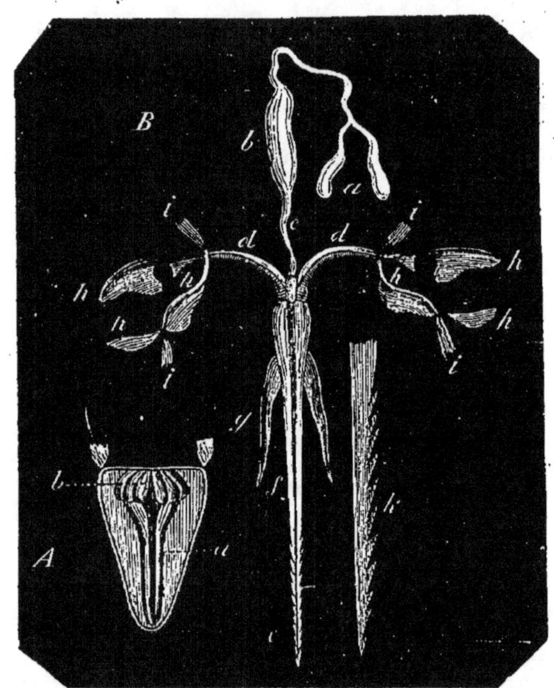

Fig. 36. — Appareil venimeux de l'Abeille (*).

présentent des appareils venimeux dont on ne peut étudier le mécanisme qu'à l'aide du microscope.

Prenons pour exemple celui de l'Abeille (fig. 36). Cet

(*) A, extrémité de l'abdomen avec l'aiguillon *a* non sorti, dont la base *b* est formée de cartilages et de muscles. — B, *a* et *b*, organes sécréteurs et réservoir du venin ; *c*, canal excréteur ; *f*, *g*, gaine de l'aiguillon ; *dd*, racines du dard ; *hdi*, cartilages suspenseurs et muscles moteurs du dard ; *k*, le dard grossi.

appareil est situé à l'extrémité de l'abdomen ; quand on veut l'étudier au microscope, il faut attendre que l'Insecte soit mort depuis un certain temps, car même lorsque l'animal paraît mort depuis quelques instants, son appareil à venin garde toute sa vitalité. Il suffit en effet de toucher, avec un corps solide, l'extrémité de l'abdomen pour voir l'aiguillon sortir avec une grande rapidité.

On pourra étudier, avec intérêt, l'appareil buccal du Cousin si désagréable par les piqûres qu'il produit sur la peau, ainsi que ceux de la Puce, du Pou de la tête et de la Punaise des lits.

L'aiguillon dont les Abeilles sont munies a valu à ces Insectes Hyménoptères le nom de *Porte-Aiguillons*.

Tarière des Insectes térébrants. — Il est d'autres Hyménoptères dont les femelles sont pourvues d'une tarière, ce sont des *Térébrants*. Il n'est aucun de mes lecteurs qui n'ait rencontré des *Galles* sur les Chênes de nos forêts. Ce sont de petites excroissances qui se forment, lorsqu'une partie du végétal a été piquée par un Térébrant, par la femelle d'un Cynips qui dépose ses œufs dans la cavité résultant de la piqûre. Peu à peu les sucs nourriciers abondent autour du corps étranger et y produisent une excroissance au milieu de laquelle se développent les Cynips. Ils en sortent, à l'état parfait, par un petit canal qui fait communiquer l'intérieur à l'extérieur. Rien n'est plus curieux que l'instrument avec lequel les Cynips percent les végétaux. C'est (fig. 37) une tarière placée à l'extrémité du corps, courbée en arc dans l'intérieur de l'abdomen, à sa base ; son extrémité postérieure est logée sous l'anus, dans une cou lisse du ventre, entre deux valvules allongées et ciliées qui lui fournissent chacune un demi-fourreau (Latreille). Cette tarière paraît d'une seule pièce, très déliée ; mais en l'examinant avec un grossissement suffisant, on reconnaît bientôt qu'elle est composée de trois soies capillaires, très pointues, dont l'intermédiaire dépasse un peu les latérales.

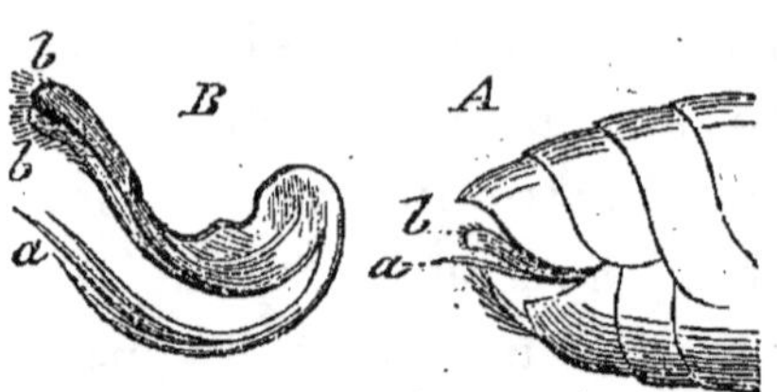

Fig. 37. — Tarière du Cynips (*).

C'est ce petit instrument que le Cynips enfonce dans le parenchyme végétal.

Écailles des Poissons. — Il arrive quelquefois, et l'Anguille en est un exemple, que les écailles des Poissons sont cachées sous la peau et présentent par conséquent une très faible dimension. Le plus souvent ces écailles sont parfaitement apparentes, elles sont disposées comme les tuiles d'un toit, c'est-à-dire *imbriquées*, et elles affectent des formes différentes qui sont employées comme moyens de classification. On en distingue quatre sortes (fig. 38) : 1° les écailles *cycloïdes* formées par des disques minces et flexibles, à surface marquée de sillons concentriques et de stries rayonnantes, à bord lisse et régulier ; 2° les écailles *cténoïdes* qui ne diffèrent des précédentes que par leur bord dentelé et hérissé d'épines sur une portion de son étendue ; 3° les écailles *ganoïdes* formées par une matière osseuse couverte d'une couche superficielle d'émail ; 4° les écailles *placoïdes* également osseuses et sans émail, en forme de tubercules ou de plaques surmontées d'un

(*) A, extrémité de l'abdomen très grossie ; *a*, tarière ; *b*, valvules allongées. — B, tarière isolée encore plus grossie ; *a*, les trois soies de la tarière ; *b,b*, valvules allongées.

crochet, telles sont, par exemple, les écailles de Raie.

Organismes animaux inférieurs. — Foraminifères.
— Les Foraminifères sont de petits animaux le plus souvent microscopiques qui, malgré l'exiguité de leur taille, ont joué un rôle considérable dans les formations géologiques. Comme les Infusoires, les Foraminifères sont for-

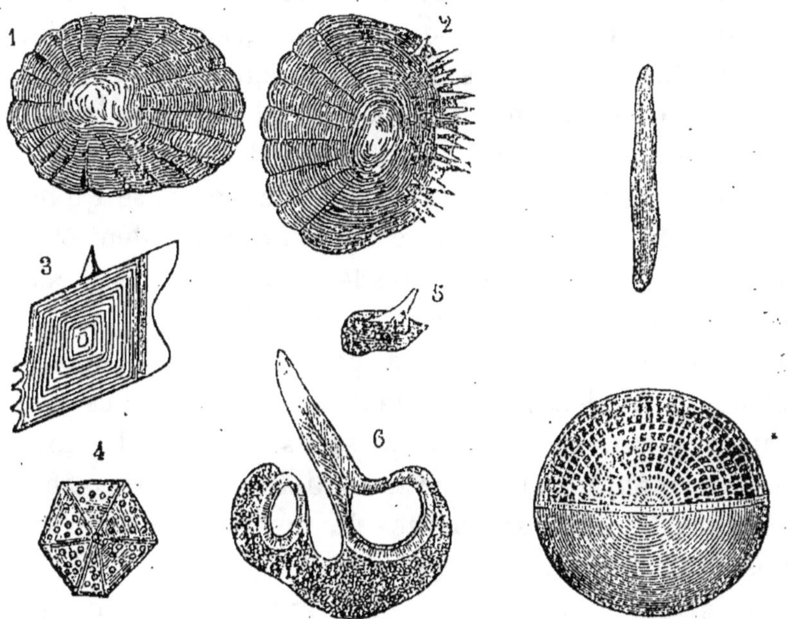

Fig. 38. — Ecailles de Poissons (*).   Fig. 39. — *Nummulites Puschii*.

més d'une sorte de gelée vivante ; mais en plus que les premiers, ils sont enveloppés d'une croûte pierreuse percée de trous nombreux. Une variété de calcaire (le *Calcaire nummulitique*) est presque entièrement constitué par des Foraminifères, à qui leur forme plate et discoïde analogue à celle d'une pièce de monnaie a valu le nom qu'ils por-

(*) 1, écaille cycloïde ; 2, écaille cténoïde ; 3, écaille ganoïde ; 4, écaille placoïde ; 5, écaille en boucle ; 6, coupe de la même grossie.

tent. Un marbre cristallin, très compacte et très abondant sur les deux versants des Pyrénées, est formé d'un de ces Foraminifères, le *Nummulites Puschii* (fig. 39). On rencontre également des Foraminifères dans le calcaire grossier des environs de Paris. Telle pierre extraite des carrières de Gentilly en contient des millions. On les a observées en Égypte, dans les carrières exploitées pour la construction des Pyramides. On les trouve aussi, en grande quantité, dans les sables de certaines plages; leurs dimensions sont si atténuées, qu'un gramme de sable peut en contenir jusqu'à cent cinquante mille.

Infusoires. — On donne ce nom à une immense quantité d'animalcules invisibles à l'œil nu et qui semblent être multipliés en raison inverse de leurs dimensions. Peu après la découverte du microscope, on s'aperçut que les *infusions à froid* ou *macérations* de certaines plantes contenaient des animalcules infiniment petits, de formes très différentes, ayant l'agilité des poissons, et de là le nom d'*Infusoires* appliqué à toute cette population imperceptible qui vit dans les eaux stagnantes de toutes les mares, de tous les marais, de tous les lacs (fig. 40).

Ces animaux se développent, en quantité souvent considérable, dans les infusions artificielles, mais pour atteindre ce résultat, le liquide doit être préservé de la fermentation putride, et pour cela il faut avoir soin que la proportion de substance mise en fermentation ne soit pas trop considérable, surtout si l'on opère pendant les chaleurs de l'été. On devra également favoriser l'accès de l'air et de la lumière sur ces infusions, sinon il s'y développerait des moisissures et non des Infusoires.

L'infusion de Foin produit la plus grande variété d'animalcules. Pour la préparer on tord un peu de foin, on l'entasse dans un verre, un bol, ou tout autre vase, et on le couvre entièrement d'eau. Dans peu de jours, en été, on voit se produire, à la surface, une certaine écume contenant

Fig. 40. — Eau de puits contenant des Infusoires et des Algues microscopiques (*).

des Infusoires dont la taille ira en augmentant, jusqu'à ce qu'ils aient acquis leur entier développement.

On a jadis fortement vanté l'infusion de poivre, comme étant éminemment favorable au développement des Infusoires. Pour la préparer, on place, dans un verre à boire, assez

(*) a, b, e, f, l, p, s, u, infusoires divers ; c, i, carbonate de chaux ; d, g, j, n, v, w, algues diverses ; h, o, cellules et détritus végétaux ; k, mousse ; m, t, z, germes divers ; q, rotifère ; r, anguillule fluviatile.

de poivre noir broyé pour en couvrir le fond, puis dessus deux ou trois centimètres d'eau ordinaire, on agite le tout et l'on abandonne le mélange à lui-même. Peu de jours après, si l'on opère pendant l'été, on constatera à la surface du liquide la formation de l'écume caractéristique. Une seule goutte suffit pour l'observation ; quelquefois même il arrive que les Animalcules y sont si nombreux qu'on est obligé de délayer la goutte pour pouvoir l'étudier convenablement.

Toute autre graine broyée, celle de Chènevis par exemple, peut donner un semblable résultat.

Une infusion végétale qu'on a souvent l'occasion d'observer, c'est l'eau des vases de fleurs, quand la putréfaction n'y est pas encore survenue. Il n'est pas rare alors d'y voir des Infusoires blancs (*Paramécies*) longs de 1/4 de millimètre et par conséquent visibles à l'œil nu, qui viennent former des nuages à la surface du liquide et se répandent visiblement dans toute sa masse, si l'on vient à agiter le vase. L'eau des bassins ou des tonneaux d'arrosage, dans les jardins, deviendra souvent une infusion toute semblable s'il y est tombé, par hasard, une certaine quantité de feuilles et de fleurs (Ch. Robin).

Un procédé commode pour obtenir des Infusoires est celui qui consiste à se munir d'un aquarium en miniature qu'on établit de la manière suivante. On prend un bocal en verre blanc, bien mince, à large ouverture, de la capacité d'un très grand verre à boire, et après l'avoir rempli d'eau de rivière, on y dispose quelques tiges vertes de Persil, de manière qu'elles y trempent complètement et que leur volume représente à peu près 1/10° de la masse liquide, puis on expose le tout à la lumière ; pour éviter l'évaporation trop rapide de l'eau, on place le bocal dans un plateau où l'on entretient une mince couche d'eau, puis on le recouvre d'une

3.

cloche de verre qu'on a soin d'enlever de temps à autre pour renouveler l'air. Au bout de vingt-quatre heures en été, de deux ou trois jours en hiver, l'eau se trouble légèrement, les Infusoires commencent à se montrer.

Anguillule de la colle. — Lorsqu'on examine au microscope de la colle de pâte récente, on n'y découvre aucune apparence de vie, mais au bout de quelques jours, lorsqu'elle est aigre, sa surface est criblée d'une espèce particulière de vers. Pour les examiner, il suffit de prendre avec la pointe d'une aiguille une petite particule de cette surface et de la délayer dans une goutte d'eau. Le microscope montre que le liquide renferme une grande quantité de ces anguillules qui s'agitent d'un mouvement incessant.

Si l'on parvient à couper un de ces animaux en deux à l'aide d'une fine lancette, on en verra sortir plusieurs anguilles vivantes.

La pâte la plus convenable pour produire ces animalcules ne doit être composée que de farine et d'eau, il faut qu'elle soit très épaisse et qu'elle ait bouilli. Quand le temps est chaud, peu de jours suffisent pour produire les Anguillules.

On trouve le même petit ver dans la lie du vinaigre.

Anguillule du blé niellé. — Une autre espèce d'anguillule est celle du blé niellé (fig. 41). Elle est remarquable par sa propriété de se dessécher entièrement sans perdre la vie et de pouvoir même, à plusieurs reprises, passer alternativement de l'état de mort apparente et de dessiccation complète à l'état de vie. On la rencontre sous forme de fibrilles sèches, cassantes, jaunâtres, dans l'intérieur des grains de Blé niellé. Ces fibres humectées avec de l'eau se gonflent peu à peu et se remettent graduellement à s'agiter et à vivre.

Les capitules du Chardon à foulon sont attaqués par une anguillule voisine de celle du blé.

Ces anguillules doivent être étudiées avec de faibles grossissements, 30 à 40 diamètres par exemple.

Rotifères. — Ces Vers (fig. 42) sont célèbres par leur faculté de revivre après avoir été desséchés au soleil et par leurs

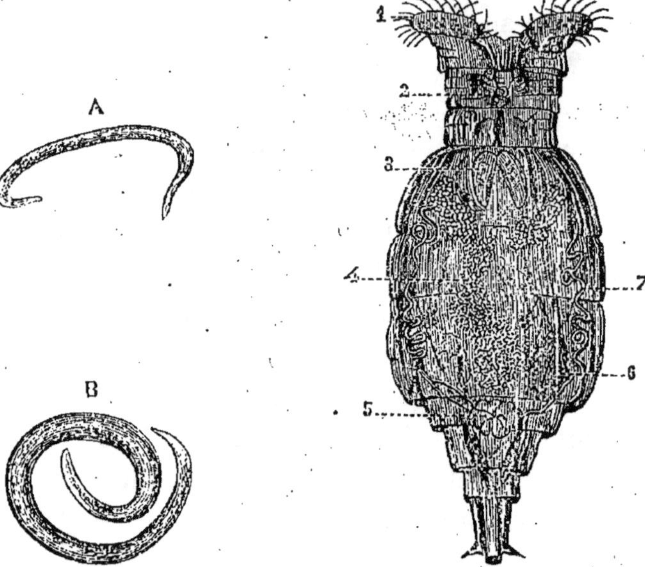

Fig. 41. — Anguillules du blé niellé à l'état jeune (*).

Fig. 42. — Rotifère des toits (**).

appendices ciliés qui sont placés sur la partie antérieure et latérale de leur corps. Ces cils vibratiles permettent à l'animal de se mouvoir; de plus ils produisent dans l'eau des mouvements qui amènent à la bouche les parties nutritives et favorisent la respiration qui s'exécute par toute la surface du corps. On a comparé le mouvement de ces

(*) A, mâle; B, femelle.

(**) 1, organes ciliés; 2, tube respiratoire; 3, appareil masticateur; 4, intestin 5, vésicule contractile; 6, ovaire; 7, canal d'excrétion.

cils vibratiles à ceux des roues d'un bateau à vapeur.

Les Rotifères se rencontrent dans les eaux douces et stagnantes, parmi les herbes submergées; on les trouve également dans les macérations végétales. Lorsqu'on opère sur une infusion de foin, il n'est pas rare, en explorant à la loupe et à contre-jour les parois du vase, de voir ramper sur cette surface de petits vers blancs ou roses, dont la longueur peut atteindre 1 millimètre. On les recueille alors en raclant, avec une plume taillée en cuiller, le point du vase où on les a reconnus. On transporte, sur le porte-objet, la goutte d'eau et l'amas de débris ainsi obtenus. On les trouve également sur les toits alternativement exposés au soleil et à la pluie, où ils subissent tour à tour des périodes de sécheresse et d'humidité, de léthargie et d'activité. Souvent ils se réunissent dans les sables des gouttières, les mousses des toïts, et il suffit de mêler un peu d'eau à la terre sablonneuse que ces mousses ont retenue, pour y voir apparaître au bout de quelques heures des Rotifères vivant en compagnie d'Anguillules et de Tardigrades.

Tardigrades. — Ces animaux, de la classe des Arachnides, partagent avec les Rotifères la propriété de reproduire toutes les manifestations de la vie, sous l'influence de l'humectation, alors que, par suite d'une dessiccation plus ou moins complète, ils semblaient avoir définitivement péri.

On les rencontre fréquemment dans les mousses des toits, des murs, et dans le sable des gouttières. Ils ressemblent à de petits vers blancs ou rougeâtres, longs de $0^{mm},5$ à $0^{mm},8$ et deux ou trois fois plus étroits, contractiles en boule et marchant lourdement au moyen de huit pattes très courtes, pourvues de petits crochets, ou de mamelons portant chacun deux ongles doubles ou quatre ongles simples ou crochus.

Ciron ou Mite du fromage. — La figure 43 représente un autre Arachnide, le Ciron, ou Mite du fromage, qui vit

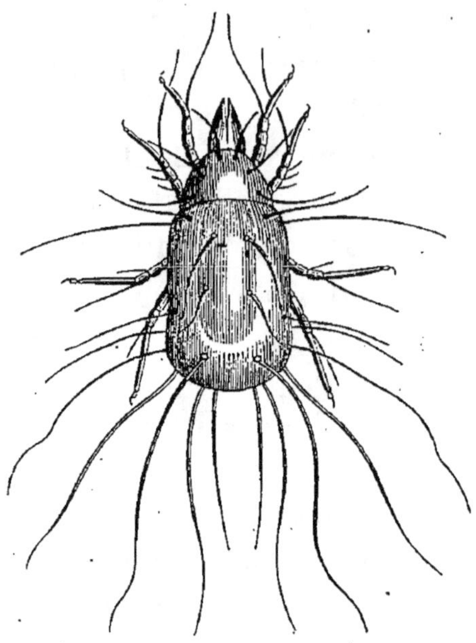

Fig. 43. — Mite du fromage.

sur le fromage un peu vieux et qu'on a longtemps confondu avec l'insecte de la gale.

Un Acarien analogue vit dans la farine.

CHAPITRE II

Dans le chapitre précédent, nous avons emprunté nos exemples aussi bien au règne animal qu'au règne végétal. Ces exemples, nous les avons choisis de telle façon que ceux de nos lecteurs qui ont réalisé les observations indiquées par nous n'ont éprouvé, en les faisant, aucune des impressions pénibles qu'éveille parfois la préparation des objets d'histoire naturelle. A ce titre, la Botanique possède, à notre sens, des charmes refusés à la Zoologie. La plante soumise à l'expérimentation conserve, en effet, sa beauté et sa fraîcheur, alors même qu'elle est lacérée par le canif ou l'aiguille de l'opérateur. Ici, pas de cris, pas de sang, pas d'odeur désagréable, pas de ces convulsions qui précèdent la mort ; l'investigation, en botanique, ne coûte aucun regret au sacrificateur, elle n'arrache aucune plainte à la victime. Par ces motifs, nous aurions voulu multiplier le nombre des récréations botaniques, mais malheureusement un grand nombre d'expériences ne peuvent être tentées par nos lecteurs, tant à cause du temps qu'elles demandent, des dépenses qu'elles entraînent, que de la difficulté qu'on éprouve à se procurer la plante, sujet de l'étude. Il a donc fallu se restreindre et ne faire entrer en scène que des végétaux connus, d'un prix peu élevé, et qu'on peut se procurer aisément.

Germination. — Exemples de germinations singulières. — Plusieurs graines se développent avec tant de facilité qu'il suffit de l'humidité dont elles sont entourées, pour qu'elles entrent en germination, alors qu'elles sont encore contenues dans le fruit et attachées à la plante-mère. C'est ainsi que, pendant les années pluvieuses et lorsque les épis sont couchés sur la terre humide, on voit parfois les graines des Céréales germer dans leurs glumes. Il n'est pas rare de rencontrer des graines germées dans les fruits de certaines Cucurbitacées. On a fait germer des graines dans le tissu d'une Pomme de terre ; on a vu des graines de Pois et de Haricots sortir germées de l'estomac et du tube intestinal, alors qu'elles avaient été ingérées dans l'état de crudité. Les auteurs de livres de médecine citent des exemples de graines qui, après avoir germé dans le conduit auditif ou les narines, avaient jeté des racines assez volumineuses dans ces cavités naturelles.

La terre est néanmoins le milieu le plus convenable pour déterminer la germination des graines. En effet, la jeune plante, outre qu'elle trouve, dans ce milieu, une espèce de régulateur d'arrosement et d'aération, la jeune plante, dis-je, y puise des éléments d'assimilation sans lesquels son développement est toujours incomplet. Sans doute, on peut faire germer des graines avec beaucoup de rapidité sur des éponges fines, du sable, ou tout autre corps imbibé d'eau, mais ce sont là des milieux anormaux, dont l'utilisation, au point de vue de la germination, ne constitue qu'un objet de curiosité.

Vases massifs de verdure. — C'est ainsi qu'on pourra recouvrir certains objets d'une verdure qui, quoique serrée, se moulera exactement sur la forme du support. Pour cela, on choisit une urne, une bouteille, un vase quelconque, peu importe la forme pourvu qu'elle n'ait rien de disgracieux. On enveloppe alors ce vase avec un morceau de molleton neuf, qu'on taille de manière à en faire une espèce de fourreau très collant qu'on coud solidement sur la paroi externe. Alors, avec une tête de chardon à foulon, on hérisse le duvet du molleton ; cela fait, on mouille l'étoffe et on jette dessus soit de la graine de Roquette (*Brassica eruca* L.), soit de la graine de Cresson alénois (*Lepidium sativum,* L.) ; puis on place le vase sur une assiette ou une soucoupe remplie d'eau. De cette façon, le molleton restera toujours humide et sous l'influence de cette humidité, les graines ne tarderont pas à germer et à recouvrir la laine d'un tapis vert d'un effet agréable. Malheureusement, au bout de quelque temps, et par suite des progrès incessants de la végétation, les petites tiges deviennent trop longues et l'enveloppe verte ne présente plus rigoureusement la forme du corps qui lui sert de support. Il faut alors défaire le petit édifice et en construire un autre en ensemençant de nouvelles graines dans le molleton.

Si, au lieu d'un massif d'une forme déterminée, on désire seulement un beau gazon, on placera un lit de coton dans une soucoupe ou une assiette, on y mettra assez d'eau pour le tenir mouillé sans qu'il baigne et l'on sémera dessus les graines précédemment indiquées. On peut même supprimer le coton, disposer des semences de Froment ou de Lentille sur une soucoupe et les recouvrir d'une légère couche d'eau. Au bout de quelques semaines, ce gazon aura acquis plusieurs centimètres de hauteur, sans qu'il soit nécessaire d'employer d'autre précaution que de renouveler l'eau qui baigne les racines. Celles-ci se sont feutrées, entrelacées et remplissent complètement la capacité du vase employé.

Action des anesthésiques sur la germination. — La faculté germinative peut être momentanément suspendue chez certaines plantes où elle est très développée, sous l'influence des agents anesthésiques. Ainsi, prenons, avec Cl. Bernard, deux tubes de verre communiquant l'un avec l'autre. Introduisons dans le premier de la graine de Cresson qui germe du jour au lendemain et dans l'autre de l'éther sulfurique ; la germination sera entravée, mais non d'une manière définitive, car si nous retirons l'éther, la germination va reprendre son cours habituel. La graine n'a n'a donc pas été tuée, mais seulement endormie, elle a subi une simple anesthésie.

Élevage des fleurs sur les cheminées. — Nous venons de voir certaines graines germer et se développer sans autre nourriture que celle qu'elles puisent dans l'air ou dans l'eau. Quelques plantes telles que les Jacinthes, les Narcisses qui ont des racines à oignons, végètent aisément dans l'eau et peuvent produire des fleurs aussi belles, aussi odorantes et presque aussi colorées que si on les eût plantées dans la terre. Cette propriété permet de décorer, pendant l'hiver, les cheminées des appartements.

Si l'on veut se livrer à cette culture, on remplit d'eau, au mois de septembre, les carafes en verre blanc, en porcelaine ou en faïence destinées à cet usage et qu'on trouve aujourd'hui chez tous les marchands de cristaux, puis on pose l'oignon sur la carafe de manière que la couronne seule soit plongée dans l'eau. On place ces carafes dans des appartements où règne une chaleur modérée, une salle à manger, un salon, par exemple, et l'on a soin de remplacer l'eau au fur et à mesure qu'elle s'évapore ou qu'elle est absorbée par la plante. On doit se garder de placer ces vases dans une salle où la température est trop élevée, il faut éviter la chaleur du poêle. Ce mode d'élevage ne peut être adopté, lorsqu'on a un intérêt quelconque à conserver les oignons, car ici ils sont entièrement perdus après la floraison.

Direction de l'axe du végétal. — Le végétal est à peine né, la graine vient à peine d'accomplir sa germination, que déjà les deux parties opposées de l'axe, dont l'une est appelée à devenir la tige, et l'autre la racine, manifestent des tendances à se diriger dans deux directions contraires. La racine va gagner la terre, et on peut le dire, dans l'immense majorité des cas, cette tendance est invincible. Essaye-t-on de la contrarier, en renversant la position de la graine germée, la tige et la racine se retournent d'elles-mêmes, la tige pour tendre vers le ciel, la racine pour gagner la terre. Pour vérifier les tendances opposées de ces deux parties, on peut instituer une expérience bien simple.

Dans un appartement éclairé par une seule ouverture, on dispose du coton en rame sur une assiette pleine d'eau et dans ce coton on place quelques graines de moutarde en voie de germination; au bout de quelque temps, on voit que toutes les petites racines se sont dirigées vers la partie la moins éclairée de l'appartement, tandis que les petites tiges se sont infléchies pour aller chercher les rayons lumineux.

On a invoqué bien des raisons pour expliquer cette espèce de polarité, qui porte les racines vers l'intérieur de la terre et les tiges vers le ciel. L'avidité des racines pour l'eau, leur horreur pour la lumière, l'attraction exercée par la terre, voilà autant de motifs mis en avant pour rendre compte du phénomène. Faisons quelques expériences et nous verrons ce que l'on doit penser de ces explications.

1° Influence de l'humidité sur les racines. Expérience de Duhamel. — Comme l'humidité qui existe dans la terre l'emporte de beaucoup sur celle de l'atmosphère, on pouvait, sans invraisemblance, supposer que l'avidité des racines pour l'humidité était la cause de leur direction. Pour s'assurer de la réalité de cette explication, Duhamel fit germer des graines, entre deux éponges humides et suspendues en l'air, mais les racines, au lieu de se porter soit vers l'une, soit vers l'autre des deux éponges maintenues humides, glissèrent entre ces deux surfaces et vinrent pendre en dessous, en manifestant d'une façon non équivoque l'espèce d'attraction qu'elles subissent de la part de la terre. L'explication basée sur le rôle que joue l'humidité ne peut donc être admise.

2° Horreur des racines pour la lumière. — On ne peut davantage accepter l'horreur de la lumière comme cause déterminante du mouvement des racines. Plaçons, en effet, des graines sur une éponge humide contenue dans un tube de verre dont nous aurons rendu la paroi opaque, et éclairons cet appareil par sa partie inférieure. Dès que les graines auront germé, on verra les petites racines descendre vers le bas du tube et par conséquent se diriger vers la lumière. La conclusion forcée de cette expérience, où nous voyons les racines affluer vers la lumière, est que ce n'est point pour fuir les rayons solaires que ces organes s'enfoncent dans le sol.

3° Action de masse sur les racines. Expérience de Duhamel. — Est-ce la terre qui, par sa nature et sa masse, déterminerait ce mouvement? L'expérience suivante détruit encore cette explication. Prenons, avec Duhamel, une caisse pleine de terre et dont le fond est percé de plusieurs trous; dans chacun de ces trous plaçons une graine de haricot commençant à germer, puis suspendons l'appareil en plein air, à une hauteur de six mètres. Au bout de quelques jours, les graines sont en pleine germination, mais les racines, au lieu d'aller chercher dans la terre l'humidité et les matériaux nutritifs qui leur sont nécessaires, descendent dans l'atmosphère où elles ne tardent pas à se flétrir et à se dessécher.

Racine de Gui. — Cette tendance des racines vers la terre est générale, avons-nous dit, quelques végétaux parasites semblent pourtant s'y soustraire, et entre autres le Gui des Druides, *Viscum album* L., plante parasite sur les vieux arbres tels que le Poirier, le Pommier, le Sorbier, l'Aubépine, le Peuplier, et qui, quoi qu'en dise la légende, est rare sur le Chêne. La graine de cette plante contient deux ou trois embryons placés chacun dans une cavité particulière et ayant leur radicule dirigée vers chacun des angles obtus de la graine. Celle-ci est ovale quand elle a deux embryons, triangulaire quand elle en a trois ; elle peut germer à l'aide de la petite quantité d'eau qu'elle pompe dans l'air ou dans son péricarpe. Elle adhère franchement à tous les corps et surtout aux branches d'arbre, au moyen de la matière visqueuse qui l'entoure et qui sert à la fixer. Tout est bizarre chez cette graine, elle ne perd point sa faculté germinative quand son fruit a été avalé par les oiseaux ; si elle est rejetée avec les excréments, elle se fixe aux arbres et y germe facilement.

Expériences de Dutrochet. — La radicule du Gui en sortant de la graine ne se dirige point vers la terre, comme celle de toutes les plantes, elle se borne à tendre vers le côté le plus obscur. On peut s'en convaincre, en faisant avec Dutrochet les expériences suivantes :

1° On place des graines de Gui revêtues de leur enduit

visqueux sur les vitres d'une fenêtre, soit du côté de l'appartement, soit en dehors; elles y germeront sans difficulté, seulement leurs radicules ne se dirigeront pas vers
le bas. Quand les graines ont été accolées à la face intérieure de la vitre, les radicules se dirigent horizontalement
vers l'appartement; quand ces graines ont été fixées en
dehors, les radicules se retournent contre la vitre et
semblent vouloir la percer pour atteindre le côté obscur.
Cette faculté de la radicule de gagner le côté le moins
éclairé est admirablement appropriée au rôle parasite de
cette plante, qui croît en émettant sa radicule de façon à
se diriger perpendiculairement à l'axe de la branche. C'est
bien là, en effet, qu'elle rencontrera une obscurité relative.

2° On colle une graine de Gui germée à l'extrémité d'une
aiguille de cuivre semblable à une aiguille de boussole, et
jouissant d'une très grande mobilité, grâce à son mode de
suspension sur un pivot suffisamment aigu. Une petite
boule de cire est mise à l'autre extrémité pour former le
contre-poids de la graine. Les choses étant ainsi disposées, on approche latéralement de la radicule une planchette de bois, à environ un millimètre de distance. Cet
appareil est ensuite recouvert d'une cloche de verre, afin
de le garantir de l'action des agents extérieurs. Au bout
de cinq jours, l'axe de l'embryon a éprouvé un mouvement d'inflexion dans sa partie inférieure, c'est-à-dire que
la radicule s'est dirigée vers la planchette placée dans son
voisinage, sans que pour cela l'aiguille soit changée de
position, malgré son extrême mobilité sur le pivot. Deux
jours après, la radicule s'est mise en contact avec la planche, sans avoir exercé la moindre action perturbatrice sur
la direction de l'aiguille.

Mouvements chez les plantes. — 1° Mouvements déterminés dans les feuilles par des actions mécaniques. — A. Direction de la surface des feuilles. — Les feuilles affectent le plus ordinairement la position horizontale, elles ont une face supérieure tournée vers le ciel, et une face inférieure qui regarde la terre. Cette position est si naturelle, que du moment qu'une cause quelconque vient à en déranger une feuille, immédiatement elle y revient. C'est une expérience facile à réaliser, dans une chambre éclairée par une seule fenêtre; on voit bientôt toutes les feuilles diriger leur face supérieure vers la lumière. Si alors on cherche à tordre le support ou *pétiole* de l'une des feuilles de manière à présenter sa face inférieure au ciel et sa face supérieure à la terre, elle tend d'elle-même à reprendre sa position naturelle. C'est ce que Bonnet, qui le premier a observé ce phénomène, a désigné sous le nom de *retournement*. Le temps que les feuilles mettent à exécuter leur retournement varie avec chaque espèce de plante, mais ce retour à la direction première est tellement nécessaire au végétal, que si, pour le fixer dans cette position, on emploie des poids assez forts pour empêcher la feuille d'effectuer son retournement, sa surface inférieure s'altère, devient noire, et cet organe ne tarde pas à mourir.

C'est par la base du pétiole que s'opère d'ordinaire le retournement, bien que sa partie supérieure participe parfois au mouvement. D'ailleurs, si l'on répète souvent l'expérience sur une même feuille, le phénomène est de plus en plus lent à se produire. Une feuille de Vigne peut se retourner, en vingt-quatre heures, la première et la deuxième fois qu'on change sa direction naturelle, tandis qu'après la troisième expérience il lui faudra quatre jours et huit jours après la sixième. La mutilation des feuilles par la main de l'homme, leur lacération par les Insectes n'empêchent pas le retournement de se produire.

B. **Mouvements des Sensitives.** — Une des plantes les plus curieuses, au point de vue des mouvements que peuvent exécuter ses feuilles sous l'influence des actions mécaniques, est la Sensitive (*Mimosa pudica*, L.). C'est une petite plante pouvant atteindre 50 à 60 centimètres de hauteur, annuelle, devenant bisannuelle en serre et qui est très abondamment répandue dans toute l'Amérique tropicale où elle couvre de grands espaces de terrain. C'est dans ces régions, où règne toujours une chaleur humide de 24° à 25°, que les feuilles de cette plante montrent surtout leur extrême sensibilité. Au dire de quelques voyageurs, il suffit de l'ébranlement causé par les pas d'un homme ou mieux encore par ceux d'un cheval, pour déterminer le ploiement de toutes les feuilles des plantes voisines.

Pour bien comprendre la nature des mouvements qu'exécutent les feuilles des sensitives et pour pouvoir exécuter aisément les expériences que nous allons relater, il est indispensable de connaître l'organisation de cette plante. Les feuilles sont composées (fig. 44), et appartiennent à la catégorie de celles que les botanistes appellent *bipennées*, c'est-à-dire que le pétiole commun porte non pas les folioles, mais quatre pétioles secondaires *pennés* ou autrement dit disposés, par rapport au pétiole commun, comme les barbes d'une plume le sont sur la côte. de celle-ci. Ces pétioles secondaires donnent attache aux folioles qui à leur tour sont pennées. Tous les points d'attache de ces différentes parties, du pétiole commun sur la tige, des pétioles secondaires sur le pétiole commun, des folioles sur les pétioles secondaires, présentent à leur base un renflement marqué, dans et par lequel paraissent s'opérer tous les mouvements et auquel on a donné le nom de *renflement moteur*.

Quant au mouvement de la feuille, voici en quoi il consiste. Le pétiole commun s'abaisse de manière à devenir pendant et même parallèle à la tige qui le porte. Les pétioles se relèvent au-dessus de ces derniers en s'imbri-

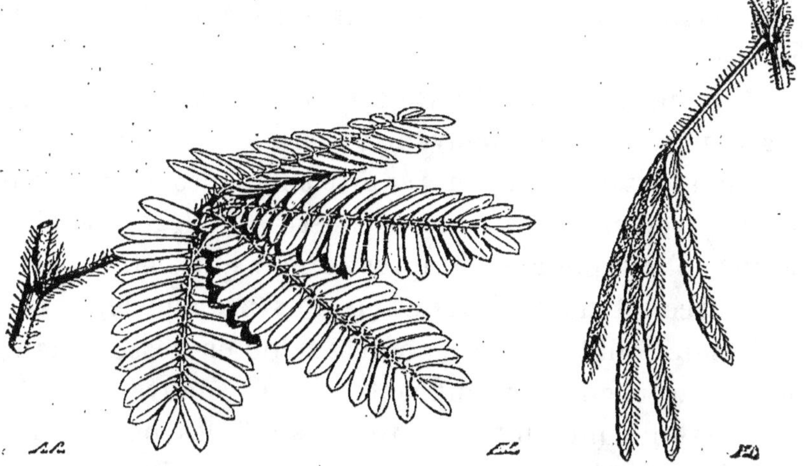

Fig. 44. — Feuilles de Sensitive à l'état d'expansion. Fig. 45. — Feuilles de Sensitive à l'état de ploiement.

quant, c'est-à-dire en se plaçant les uns contre les autres à la façon des tuiles d'un toit. La feuille passe alors de l'état d'expansion représenté par la figure 44, à celui que reproduit la figure 45, où l'on dirait qu'elle est fermée. Un choc suffit pour produire ce résultat; si le choc a été un peu fort, le mouvement ne se borne pas à la feuille qui a été directement influencée, il se propage dans les feuilles voisines, on dirait que cette branche est morte subitement. Cet état de léthargie n'est pourtant que passager; au bout de quelque temps, la branche semble revenir à la vie, les folioles s'étalent de nouveau, les pétioles secondaires s'écartent pour reprendre leur direction normale, le pétiole commun se relève, et les mêmes mouvements inverses se reproduisent dès qu'une nouvelle irritation vient agir de nouveau sur la plante. Cependant, si l'on répète plusieurs fois de suite la même manœuvre, la plante paraît se fatiguer, les mouvements deviennent de plus en plus rares et finissent par disparaître jusqu'à ce que le sujet ait réparé ses forces par le repos.

Lorsque la cause irritante est énergique, toutes les feuilles d'un même pied peuvent se fermer; de même en modérant l'irritation on peut réduire singulièrement l'étendue du mouvement, ainsi une secousse très légère appliquée à une foliole pourra n'impressionner que celle-ci et celle d'en face. Rend-on l'irritation plus prononcée, plusieurs paires de folioles situées en dessus ou en dessous de celle qui a été choquée prendront part au mouvement. L'action est-elle plus forte, toutes les folioles portées par le pétiole secondaire seront impressionnées, les pétioles secondaires pourront se rapprocher, et le pétiole se rabattre le long de la tige.

La Sensitive semble s'habituer au mouvement. — Les Sensitives peuvent jusqu'à un certain point s'habituer au mouvement. Ainsi, Desfontaines ayant mis dans une voiture un vase contenant un pied vigoureux de Sensitive vit la plante fermer et abattre toutes ses feuilles dès que la voiture commença à rouler sur le pavé; peu à peu et malgré le mouvement de la voiture, la Sensitive releva ses feuilles et rouvrit ses folioles, comme si elle était devenue insensible au mouvement. On arrêta alors la voiture, et après quelque temps de repos, on la remit en mouvement, alors la Sensitive se referma, comme la première fois, pour se rouvrir d'elle-même pendant la marche, dès qu'elle fut habituée aux secousses ; et on eut le même résultat, chaque fois qu'on interrompit le mouvement.

Action du froid et de la chaleur sur la Sensitive. — Un changement brusque de température agit aussi sur la Sensitive comme cause irritante. Si l'on place cette plante dans une serre ou dans un châssis, et qu'en ouvrant rapidement le châssis ou une des fenêtres de la serre, on fasse arriver brusquement sur elle de l'air froid, on voit toutes les feuilles se ployer comme si une secousse violente était intervenue. De même, lorsqu'on expose un pied de cette plante aux rayons directs du soleil, pendant les heures les plus chaudes des jours d'été, on voit, de temps en temps, certaines de ses feuilles se ployer et s'abaisser subitement, absolument comme si elles avaient éprouvé une secousse. Peu après la feuille se relève, les folioles reprennent leur position normale. Quelquefois ce phénomène se renouvelle, et même à plusieurs reprises, par le seul fait de la continuation de la chaleur solaire qui semble agir avec une sorte d'intermittence.

Action des brûlures sur la Sensitive. — Les mouvements de la Sensitive peuvent encore se produire à l'aide des brûlures déterminées, soit par une flamme, soit par la concentration des rayons solaires, sur un point déterminé du sujet, à l'aide d'une loupe. Lorsqu'on brûle ainsi les folioles supérieures d'une feuille, l'irritation qui en résulte se propage dans toute la feuille et gagne même les folioles voisines. Le temps nécessaire pour obtenir tout l'effet varie entre cinq et quinze minutes ; dans tous les cas, il est certain que l'ébranlement subi par la plante a été profond, car il faut quatre, cinq et parfois huit heures pour que les feuilles reprennent leur état normal d'expansion et, dans tous les cas, il est impossible de tenter quatre ou cinq fois de suite l'expérience sans compromettre la vie de la plante.

Action des substances caustiques. — Pour expérimenter l'action de ces substances, on commence par s'exercer à placer une goutte d'eau, sur une feuille de sensitive, avec assez de délicatesse pour n'y exciter aucun mouvement; lorsque cette habitude a été prise, on substitue à l'eau une goutte d'acide nitrique, d'acide sulfurique ou de potasse caustique, et l'on voit ces liquides déterminer tous les phénomènes de contraction et d'abaissement à un degré proportionnel à la causticité de la substance employée.

Action des anesthésiques. — Il est possible de paralyser complètement la Sensitive, d'empêcher toutes les causes d'irritation d'influencer cette plante. Il suffit, pour cela, de la soumettre à l'action des vapeurs de l'éther ou du chloroforme. L'expérience pourra être tentée de deux manières différentes : ou bien on rendra la plante complètement insensible à toute irritation en la recouvrant, ainsi que quelques tampons de coton imbibés du liquide anesthésique, en la recouvrant, dis-je, avec une cloche de verre ; ou bien on pratiquera une anesthésie locale, une paralysie partielle en déposant, sans secousse, une goutte d'éther, sur une feuille qu'on rendra ainsi insensible à tout contact.

Mouvements de la feuille du Faux poivrier. — Enfin, quelques feuilles peuvent présenter certains mouvements qui résultent de la nature des liquides contenus dans leur tissu. Ainsi, si l'on place sur l'eau une foliole ou mieux des

fragments de folioles de Faux poivrier (*Schinus molle*, L.),
on voit ces folioles se mouvoir, sur l'eau, avec des mouvements brusques et irréguliers. Ce phénomène est dû à la
présence de gouttelettes d'une huile volatile contenue dans
certaines cellules qui, s'échappant par saccades intermit-
tentes, frappent l'eau et déterminent, dans les folioles, un
mouvement de recul.

C. **Mouvements dans les organes floraux.** — Prenons une
Pariétaire (*Parietaria officinalis*, L.) au moment de sa floraison
son qui arrive de juillet à octobre. Avec un peu d'attention,
nous découvrirons que les fleurs, dont la coloration est
verte, ne présentent pas toutes la même organisation. Dans
un groupe de ces fleurs, celle qui occupe le centre est femelle, celles de la périphérie sont mâles ou hermaphro-
dites. Ce sont ces dernières qu'il convient d'examiner. Elles
présentent quatre étamines dont les supports ou *filets* sont
bombés en dedans. Si l'on vient à toucher ces filets avec
un corps délié, tel qu'une lame de canif, une épingle, il
se produit, en dehors, un mouvement rapide de l'organe, et
sous cette influence les anthères, c'est-à-dire les petits sacs
qui terminent le filet, s'entr'ouvrent et lâchent leur pollen.

Dans l'Épine-vinette (*Berberis vulgaris*, L.) la fleur, qui apparaît en mai-juin, présente six étamines, munies d'anthères à deux loges (fig. 48) s'ouvrant par des espèces de
petites valvules qui se soulèvent de la partie inférieure
vers la partie supérieure. Lorsqu'on vient à toucher, avec
la pointe d'une épingle, la base des étamines, elles se replient et viennent gagner l'organe central ou *pistil;* souvent même elles entraînent avec elles les pétales, et la
fleur se referme. Les anthères, qui jusqu'alors étaient fer-
mées, s'ouvrent ; tout un côté de la paroi de la loge se
détache et se soulève comme une soupape, une *valvule*, en

restant fixé par un point, à la manière d'une charnière. Les ouvertures, qui se sont ainsi produites, s'appliquent en dessous du bord de l'organe discoïde, qui termine le pistil et qu'on nomme *stigmate*. Cette irritabilité de l'étamine de l'Épine-vinette commence à être apparente un peu au-dessous du point où l'anthère s'attache au filet, elle est très marquée à sa base, elle est nulle au point d'insertion de l'étamine.

Dans le Mahonia à feuilles de Houx (*Mahonia aquifolium*, Nutt.) on constate un phénomène analogue; seulement, ici, les pores qui se sont ouverts sur l'anthère viennent s'appliquer au-dessus du stigmate glanduleux.

Dans la Sparmannie d'Afrique (*Sparmannia africana*, L.), grand et bel arbuste de la famille des Tiliacées, qui se couvre au printemps de fleurs blanches, à filets jaunes et rouges, les étamines sont très nombreuses, les unes fécondes, les autres stériles; elles forment autour de l'organe femelle quatre faisceaux qui alternent avec les pièces de la corolle. Or, vient-on à irriter d'une manière quelconque une des étamines d'un faisceau, soit par le frottement d'un corps étranger, soit par une brûlure, soit par l'action d'un acide, toutes les étamines d'un même faisceau se meuvent ensemble. Les étamines les plus extérieures s'incurvent au point d'atteindre presque la corolle, les plus intérieures conservent à peu près leur position, les moyennes prennent une position intermédiaire. Au bout d'un certain temps de repos, elles se rapprochent peu à peu du centre, et quand on opère dans une serre dont la température est de 23°, les mêmes mouvements alternatifs peuvent se reproduire un certain nombre de fois de suite.

Dans les Opuntias, dont une espèce, la Raquette ordinaire (*Opuntia vulgaris*, L.) aujourd'hui répandue tout le long du bassin de la Méditerranée, donne un fruit sucré connu sous le nom de *Figue de Barbarie*, de *Figue d'Inde*, les étamines se rejettent vers le centre de la fleur lorsqu'on vient à les piquer.

D. **Mouvements des fruits.** — Voilà des exemples de mouvements bien constatés dans les parties florales ; il en est

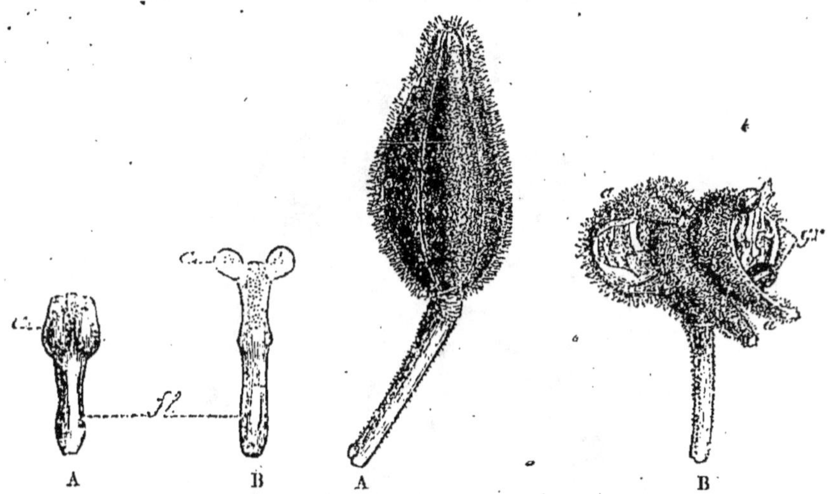

Fig. 46. Étamines (*).   Fig. 47. — Balsamine des jardins (**).

d'autres de non moins remarquables que l'on peut apercevoir chez les fruits. Certains fruits, en effet, lorsqu'ils sont arrivés à la maturité, s'ouvrent brusquement et leurs valves, animées d'un vif mouvement, projettent au loin les semences. L'exemple le plus curieux de ce genre de mouvement nous est donné par la Balsamine des jardins (*Balsamina hortensis*, Desp.) dont la figure 47 représente le fruit de grandeur naturelle. Lorsque ce fruit est encore jeune A,

(*) A, étamine entière montrant en *a* les deux valvules par lesquelles s'ouvriront les deux loges. — B, *a*, étamine avec l'anthère ou verte et les deux valvules soulevées ; *fl*, filet.

(**) A, fruit entièrement clos. — B, fruit ouvert ; *aa*, valves recourbées sur elles-mêmes ; *gr*, deux graines qui n'ont pas été lancées.

il est de forme ovoïde, allongée; quand il est arrivé à la maturité B, pour peu qu'on touche à la tige, on voit cette espèce de capsule se contracter subitement et lancer les graines en dehors avec une certaine force.

Un autre exemple de mouvement chez les fruits nous est fourni par une Cucurbitacée très commune dans tout le Midi, où on la rencontre le long des routes et des fossés,

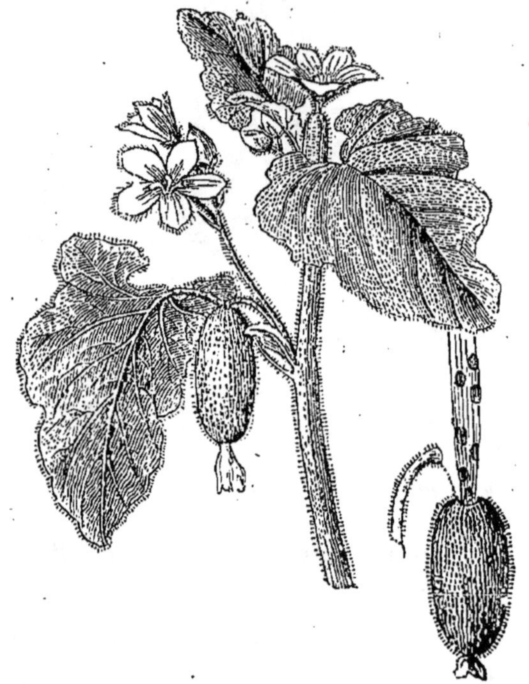

Fig. 48. — Concombre sauvage.

dans les environs des habitations. C'est la Momordique élastique ou Concombre sauvage (*Ecbalium agreste*, R.) (fig. 48). Lorsqu'à la fin de l'été le fruit a pris une coloration jaunâtre, il suffit de le toucher, avec l'extrémité d'une canne, pour qu'il s'ouvre immédiatement et qu'il lance, avec force, ses graines, au milieu d'un jet de liquide.

Respiration chez les végétaux. — Quand on place des

feuilles vertes dans un vase plein d'eau de source et qu'on expose le tout au soleil, on voit de nombreuses bulles d'air traverser la masse du liquide et venir crever à sa surface. Quelle est l'origine de ces bulles? Est-ce la feuille qui les a laissé échapper? Est-ce l'eau qui a abandonné l'air qu'elle tenait en dissolution? Pour résoudre cette question, refaisons la même expérience, en nous servant d'eau privée d'air par l'ébullition. Dans ce cas, le dégagement gazeux s'arrête, et en ne tenant compte que de cette circonstance on arriverait à cette conclusion que le phénomène est purement physique, en un mot que l'air dégagé provenait de l'eau dans laquelle il était dissous.

Cette explication est très logique en apparence. En réalité, elle est erronée. En effet, il peut parfaitement arriver ici, et c'est en effet ce qui a lieu, que le dégagement de gaz cesse de se produire parce que l'eau, privée d'air par l'ébullition, s'est emparée, avec avidité, de la substance gazeuse exhalée par la feuille.

Les expériences suivantes vont nous révéler la cause et la nature de l'exhalaison gazeuse. Prenons une cloche de verre ou, ce qui revient au même, un bocal renversé ; remplissons ce vase avec de l'eau tenant en dissolution de l'acide carbonique (Voyez *Récréations chimiques*) et introduisons, dans cette cloche, une branche feuillée que nous allons laisser y séjourner pendant quelques heures. Un gaz montera, peu à peu, à la partie supérieure de la cloche et l'on verra, par l'analyse chimique, ou simplement par l'introduction d'une allumette présentant quelques points en ignition, que le gaz ainsi recueilli est de l'oxygène presque pur. L'expérience doit être exécutée pendant le jour ; elle réussira surtout si les rayons solaires viennent frapper la cloche servant à contenir les feuilles.

Maintenant plaçons une plante entière ou bien encore un rameau couvert de ses feuilles dans un ballon plein d'air ne pouvant se renouveler, et abandonnons le tout, à l'obscurité, pendant douze à quinze heures ; on reconnaîtra qu'au bout de ce laps de temps la composition de l'atmosphère est complètement changée, elle renferme une quantité d'acide carbonique supérieure à celle qu'elle contenait au début de l'expérience.

Terminons par une troisième expérience ; prenons le ballon qui vient de subir l'influence de l'obscurité et plaçons-le au soleil. Quelques heures après, l'air du ballon aura perdu une notable quantité de son acide carbonique et se sera enrichi en oxygène. Ainsi, sous l'influence de l'obscurité, les feuilles ont exhalé de l'acide carbonique, et si nous donnons à cette exhalaison le nom de *respiration*, nous verrons là un phénomène entièrement analogue à la respiration des animaux, acte physiologique qui vicie toujours le milieu dans lequel il s'effectue. Quant à l'exhalaison qui se manifeste pendant le jour, faut-il lui conserver le nom de *respiration*? Le botaniste ne voit aucun inconvénient à cette appellation, mais à condition d'établir une distinction entre la respiration diurne et la respiration nocturne.

Étiolement. — La lumière est donc indispensable à la vie végétale. C'est sous son influence que la plante fixe la majeure partie de son carbone constituant, en décomposant l'acide carbonique. La lumière vient-elle à manquer, les parties vertes ne tardent pas à perdre de leur couleur, le végétal se décolore ; ce résultat de l'obscurité est connu sous le nom d'*étiolement*. L'étiolement peut produire des phénomènes singuliers qu'il est facile de vérifier.

La tige de la pomme de terre atteint à peine quatre à six décimètres, mais on peut lui faire acquérir une hauteur plus considérable. Pour cela, il suffit d'enfermer la plante, du moment où elle commence à sortir du sol, dans une caisse formée de quatre planches et fermée, à sa partie supérieure, par un couvercle présentant une ouverture circulaire de quatre à cinq centimètres. La tige, privée de lumière, montera jusqu'à ce qu'elle ait atteint l'ouverture, y passera et commencera alors activement à végéter à l'extérieur. On peut, dans ces conditions, faire arriver la tige d'une pomme de terre à telle hauteur qu'on désire, il suffit d'avoir une caisse d'une hauteur convenable.

Dans les caves, on voit les pommes de terre, placées dans des parties fort éloignées du soupirail, allonger démesurément leur tige et n'entrer dans la phase normale du développement qu'au moment où elles subissent l'action bienfaisante du soleil. On peut mettre à contribution cet amour des plantes pour la lumière et leur faire exécuter les évolutions les plus bizarres.

Ainsi plaçons, entre une tige naissante et le soleil, une large feuille de carton percée seulement d'un trou; la tige obéissante se dirigera vers cette ouverture et s'y engagera. Le lendemain, changeons la position de la plante et de la feuille de carton en plaçant dans l'ombre le sommet de la tige. Si préalablement nous avons pratiqué, dans le carton, une nouvelle ouverture permettant l'arrivée des rayons solaires, la plante, toujours docile, se portera vers cette nouvelle ouverture et ne se lassera pas d'abandonner l'obscurité pour chercher la lumière. En employant une lame mince de bois dans laquelle on a pratiqué des trous formant un dessin et qu'on bouche ensuite avec de la cire, on peut obtenir un résultat qu'il est facile de prévoir. Il suffit d'engager l'extrémité de la plante dans un de ces trous, puis de déboucher successivement les autres, en ménageant les alternatives d'ombre et de lumière, pour forcer la tige à dessiner sur la planchette des arabesques aussi élégantes que compliquées.

Culture de la pomme de terre. — Malgré l'étiolement que la pomme de terre subit lorsqu'elle est placée dans l'obscurité, elle n'en reste pas moins capable de développer de nombreux tubercules. Il est donc possible, dans les villes, de cultiver les pommes de terre à la cave et d'avoir à sa disposition, pendant toute l'année, une provision de cette précieuse substance alimentaire.

Pour cela, on place, dans une cave, un ou deux mètres cubes de sable de rivière et à l'aide de planches, destinées à le maintenir dans une position donnée, on en forme une couche de 25 à 30 centimètres de hauteur. Au mois d'octobre ou de novembre, on plante dans ce sol factice de petites pommes de terre de la grosseur d'une noix, en les plaçant à 12 centimètres environ de profondeur et en les espaçant de 20 centimètres environ. Chaque tubercule est recouvert de terre et arrosé. Bientôt des tiges longues et étiolées sortent du sable ; en même temps les racines se chargent de tubercules, et l'on examine, de temps en temps, s'ils ont acquis une grosseur convenable. Dans ce cas, on prélève les tubercules les plus gros et on replante les plus petits qui ne peuvent être utilisés pour les usages domestiques. En procédant ainsi méthodiquement, les plantes examinées en premier lieu auront donné des produits en quantité suffisante pour qu'on puisse les arracher de nouveau, quand on est arrivé à l'autre extrémité de la couche. Si la cave est un peu humide et chaude, la couche pourra n'être renouvelée qu'au bout de dix-huit mois.

Utilisation de l'étiolement dans la culture. — L'influence de l'étiolement est utilisée pour développer et blanchir certaines feuilles alimentaires, telles que celles de la chicorée sauvage (*Cichorium intybus*, L.). On se sert pour cela d'un vieux tonneau défoncé que l'on place debout sur le fond restant. On perce le pourtour de ce récipient de trous ronds, d'un centimètre à un centimètre et demi de diamètre, et disposés de la manière suivante. La première rangée sera à 15 centimètres de terre ; au-dessus et à une distance de 10 centimètres, on percera une deuxième rangée, puis, toujours à la même distance, une troisième rangée et ainsi de suite jusqu'au sommet du tonneau qu'on portera alors à la cave et qu'on remplira de sable de rivière jusqu'à la hauteur de la première rangée de trous. Tout étant ainsi disposé, on plante, dans ce premier lit de sable, des racines de chicorée dont on fait passer les collets par les trous, en les laissant déborder d'environ un demi-centimètre ; on ajoute alors un second lit de sable jusqu'à la hauteur de la deuxième rangée de trous, puis une deuxième rangée de racines et l'on continue à pratiquer ainsi des lits alternatifs, jusqu'à ce que le tonneau soit plein ; le sable doit être employé humide pour qu'il ne se produise pas d'affaissement. Si le sable était trop gros, on pourrait le mélanger d'un peu de terreau. Cette plantation doit se faire au mois d'octobre ou de novembre ; elle donne, pendant tout l'hiver, une récolte de salade qu'on peut couper tous les huit ou dix jours, c'est-à-dire un rang tous les jours.

Influence des rayons solaires sur la coloration des fruits. — Enfin, on peut expliquer, par l'influence de l'étiolement, l'expérience suivante qui est d'une réalisation facile. Lorsqu'un fruit a acquis à peu près tout son développement, sa surface contracte, sous l'influence de la lumière,

des colorations variées; vient-on à le soustraire à cette
action, il conservera sa couleur primitive; il est possible
par suite de permettre à telle ou telle partie d'un fruit de
conserver ou de perdre la coloration qu'elle présentait avant
la maturité. Il suffit pour cela de coller, sur la partie que
l'on veut soustraire à l'influence des rayons solaires, un
morceau de papier dont on aura, à l'aide de ciseaux,
frangé les bords de manière à ce qu'il s'applique exactement sur la surface qu'il doit recouvrir. Si ce fragment de
papier a été préalablement découpé, la lumière, en pénétrant par ces intervalles, exercera son action habituelle, et
les lettres, les dessins tracés en creux sur le papier se
manifesteront, en teintes plus ou moins foncées, sur le
reste de la surface peu impressionnée.

CHAPITRE III

ILLUSIONS DES SENS.

Erreurs du sens du toucher. — Appréciation de la température. — Le toucher ne nous donne que des notions inexactes sur la température des corps. Un morceau de fer, une lame de marbre, sur lesquels nous appliquons la main, nous apparaissent comme plus froids qu'un morceau de bois qui présente la même température. C'est que, dans le premier cas, le corps touché est meilleur conducteur du calorique que dans le second. D'ailleurs, les sensations de chaud et de froid sont d'un caractère essentiellement personnel, car il n'est pas rare de voir une personne souffrir de la chaleur, là où une deuxième personne se plaint du froid. Ces sensations résultent le plus souvent d'une comparaison; une température de 8 à 10 degrés qui, pendant l'été, succède à des jours très chauds, produit une sensation de froid, tandis que pendant l'hiver elle donne lieu à une sensation inverse.

On peut même faire à ce sujet une expérience fort simple. On prend trois cuvettes; dans la première, on place de l'eau à 0°; dans la deuxième, de l'eau à $+ 10°$; dans la troisième, de l'eau à $+ 40°$. Cela fait, on plonge la main droite dans l'eau à $+ 40°$, la gauche dans l'eau à 0°, et on les y laisse une minute environ; alors on les retire vivement toutes les deux et on les plonge simultanément dans l'eau à + 10°, la main gauche éprouve alors une sensation de chaleur, la main droite une sensation de froid, et pourtant elles sont impressionnées par un même milieu. Quant à l'explication, elle est bien simple. La main droite plongée dans de l'eau à 40°, c'est-à-dire dans un milieu dont la température est plus élevée que celle du corps, a absorbé du calorique, d'où la sensation de chaleur; lorsqu'on la place dans l'eau à + 10°, elle perd du calorique, d'où la sensation de froid; l'effet inverse se produit sur l'autre main qui perd de la chaleur pendant la première partie de l'expérience et qui en gagne dans la deuxième partie.

Donc les mots *chaud* et *froid* n'ont rien d'absolu dans leur signification, ils font connaître l'état de notre corps par rapport aux objets extérieurs, en ce qui concerne l'absorption ou la soustraction de la chaleur. Pénétrons, pendant l'été, dans une cave, nous en trouverons la température fraîche; si nous entrons, au milieu de l'hiver, dans le même local souterrain, nous trouverons que sa température est chaude, et pourtant la température de la cave reste sensiblement uniforme pendant l'été et pendant l'hiver. Nous jugeons de la température du milieu par l'impression qu'il produit sur nous, au moment où nous y pénétrons.

De même quelques corps peuvent paraître chauds quand on les applique sur certaines parties de la peau, et froids quand on les met en contact avec d'autres points de nos téguments. Nous pourrons apprécier d'une manière différente la température de notre main que nous trouverons chaude, par exemple, par rapport au visage, froide si nous la plaçons dans le creux de l'aisselle. Nous n'apprécions que des différences et les jugements qui en résultent sont, le plus ordinairement, en désaccord avec les constatations rigoureuses et absolues que nous obtenons par l'emploi du thermomètre.

Illusions sur la nature du corps. — Expérience d'Aristote. — Si l'on place sur une table une petite boule d'un centimètre environ de diamètre, et si l'on vient à la faire rouler entre le médius et l'index (fig. 49), on ne sent qu'une boule; mais si on entrecroise les doigts de manière à ce que la boule ne touche que leur bord externe (fig. 50),

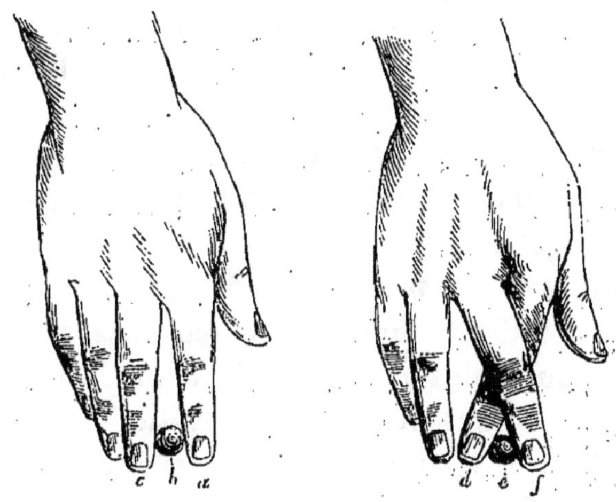

Fig. 49 et 50. — Expérience d'Aristote.

on croit sentir deux boules au lieu d'une seule. L'illusion est parfois si parfaite, que si l'on opère sur une boulette de mie de pain, en détournant les yeux, on croit à chaque instant que l'on a rompu cette boule en deux autres qu'on sent à la fois.

On explique cette singulière sensation en remarquant que notre esprit rapporte involontairement les sensations éprouvées par les différents points de notre corps à la position où se trouvent ordinairement placés ces points. Dans la position qui résulte du croisement, chaque doigt éprouve au contact de la boule la même sensation que si chacun d'eux occupait sa position naturelle. Or, comme dans la position naturelle il est impossible que le contact puisse exister simultanément entre une boule et le bord externe de deux doigts voisins, si un contact simultané se produit par le croisement des doigts, il en résulte forcément la sensation de deux boules.

Toute altération dans la conformation d'une partie de notre corps déterminera de même des erreurs sur la nature des sensations. Ainsi, qu'une enflure considérable survienne dans la lèvre inférieure d'un malade, les verres à boire qu'il mettra en contact avec cette partie, bien que cylindriques, produiront la sensation d'un corps à courbure irrégulière. C'est la lèvre qui a été déformée par l'enflure, le malade sera tenté d'attribuer la déformation à la paroi du gobelet.

Expériences de Weber. — Si l'on applique légèrement sur la peau les deux pointes d'un compas, il faudra les écarter plus ou moins pour que le contact donne lieu à une sensation unique ou à deux sensations. Moins le tact sera délicat, plus il faudra écarter les deux pointes pour rencontrer des fibres nerveuses capables de transmettre la double sensation au cerveau.

Weber, à la suite de nombreuses expériences, a vu que pour obtenir une sensation double il fallait employer les écartements suivants, entre les deux pointes du compas :

Pointe de la langue...........................	1^{mm},13
Face palmaire de la phalange unguéale des doigts...	2 ,26
Surface rouge des lèvres, pulpe de la deuxième phalange..	4 ,50
Bout du nez, face palmaire de la main près des doigts.	6 ,76
Dos et bords de la langue à environ trois centimètres de la pointe. Peau des lèvres.....................	9 ,00

Paume de la main. Joues. Paupières................	11^{mm},28
Palais....................................... ...	13 ,53
Pommettes, plante du pied près du gros orteil......	15 ,79
Dos de la main près des doigts.....................	18 ,00
Gencives....................................	20 ,30
Partie inférieure du front.......................	22 ,60
Partie inférieure de l'occiput...................	27 ,70
Dos de la main.............................	31 ,10
Cou au-dessous de la mâchoire...................	33 ,90
Épaule, avant-bras, genou.....................	40 ,60
Poitrine au-devant du sternum...................	44 ,12
Reins, partie supérieure du dos et du cou sur la ligne médiane..................................	54 ,20
Région moyenne du dos, du cou, du bras et de la cuisse..................................	66 ,18

Mouvements involontaires. — Expérience de Chevreul. — Les physiologistes distinguent plusieurs sortes de mouvements qu'on peut classer en deux catégories, les mouvements volontaires et les mouvements involontaires. Laissons les premiers de côté et signalons, comme se rapportant aux seconds, un mouvement singulier observé par Chevreul qui a parfaitement analysé son mode de production.

On appuie le coude sur une table et l'on saisit, entre le pouce et l'index, un pendule formé par un anneau attaché à un fil, et alors, en regardant fixement l'anneau, on ne tarde pas à voir le système exécuter des oscillations, bien qu'en apparence le bras soit immobile. Le plan d'oscillation peut rester le même ou varier d'orientation, suivant le désir mentalement formulé par l'expérimentateur et sans mauvaise foi de sa part, sans mouvement consenti par lui. Mais si l'on vient à placer un support sous la main ou un bandeau sur les yeux de la personne, les oscillations s'arrêtent ; elles étaient causées par un mouvement involontaire et presque imperceptible de l'avant-bras ou de la main, sous l'influence des yeux regardant le pendule et la direction qu'il devait prendre.

Baguette divinatoire. — Dans l'expérience de Chevreul, tout se passe par complicité de la pensée, complicité involontaire, inconsciente. Ce fait, bien reconnu, nous permet de donner l'explication de certains mouvements qui ont, à plusieurs reprises, et notamment pendant le dix-huitième siècle, vivement excité la curiosité publique. Je veux parler de la baguette divinatoire que l'on a vue, tour à tour, soi disant appelée à découvrir les criminels, à faire connaître les trésors cachés, à indiquer les couches ou les cours d'eau souterrains.

La baguette divinatoire, au dire de ceux qui croient à ses vertus, doit être en bois de coudrier et, à défaut, en saule, en aune, en frêne et même en tout autre bois, pourvu qu'elle soit de grosseur uniforme, un peu flexible, bien ronde, bien polie. Sa longueur doit être d'environ 60 centimètres, on la ploie en lui faisant prendre la courbure d'un cercle qui aurait 60 centimètres de rayon ; mais on peut aussi ne pas l'incurver préalablement. Afin de la rendre plus pesante et par conséquent plus apte à prendre un mouvement de rotation, on y adapte trois viroles de métal, une dans le milieu, les deux autres à chaque extrémité. Pour la mettre en mouvement, l'expérimentateur la tient parallèle à l'horizon, les deux bouts entre les mains qui pressent sur elle et la courbent légèrement. On la fait poser, par ses deux extrémités, soit sur l'index, soit entre l'index et le pouce de chaque main. C'est en rapprochant et en écartant alternativement les mains que l'on arrive à faire tourner la baguette. Il convient d'imprimer aux mains le moins de mouvement possible, pour cela il est nécessaire de diminuer les frottements aux points de contact avec les doigts, résultat auquel on arrive en choisissant la baguette d'un petit diamètre et en l'appuyant sur la partie du doigt qui présente le moins de surface.

Et voilà tout ce qui se produit dans la baguette divinatoire ! une vibration des mains; tout se passe comme dans l'expérience de Chevreul; la baguette tourne entre les mains des gens de bonne foi, en vertu d'un acte intellectuel, sans qu'ils aient conscience de cette action secrète de leur volonté. Des indices naturels, tels que la présence d'un gazon vert, l'inclinaison du terrain, l'humidité des lieux parcourus, mais bien plus souvent encore le désir involontaire de réussir l'expérience, l'idée que le phénomène va se produire, déterminent, à l'insu de l'expérimentateur, de petits mouvements musculaires suffisants pour réaliser, en s'ajoutant, un léger effet mécanique qui, troublant l'équilibre de la baguette, lui fait exécuter un premier mouvement suivi de bien d'autres, sous l'influence des mêmes causes.

Illusions de la vue. — Description succincte de l'œil. — Avant d'exposer les nombreuses illusions de la vue, il est indispensable pour l'intelligence des faits de connaître sommairement la structure de l'œil. L'œil est un corps globuleux, dont la charpente est essentiellement formée (fig. 51) par une membrane fibreuse, opaque, résistante, blanchâtre, la *sclérotique* [1]. Cette membrane présente, en avant, une ouverture dans laquelle vient s'enchâsser, comme un verre de montre, la *cornée transparente* [6]. La sclérotique est tapissée par une membrane immédiatement appliquée sur elle, c'est la *choroïde* [2]. En dedans de la choroïde est appliquée contre elle la *rétine*, membrane de nature nerveuse qu'on peut considérer comme étant l'épanouissement du nerf optique, lorsque celui-ci a traversé en arrière les deux membranes précédentes. Cette rétine nous donne une sensation particulière lorsqu'un rayon de lumière vient la frapper. Au point d'union de la cornée et de la sclérotique et dans l'intérieur de l'œil, il existe deux replis s'étendant perpendiculairement à l'axe de l'œil : l'un situé en avant et qu'on aperçoit, par transparence, à travers la cornée, constitue l'*iris* [7], diaphragme contractile percé au centre d'une ouverture susceptible d'agrandissement ou

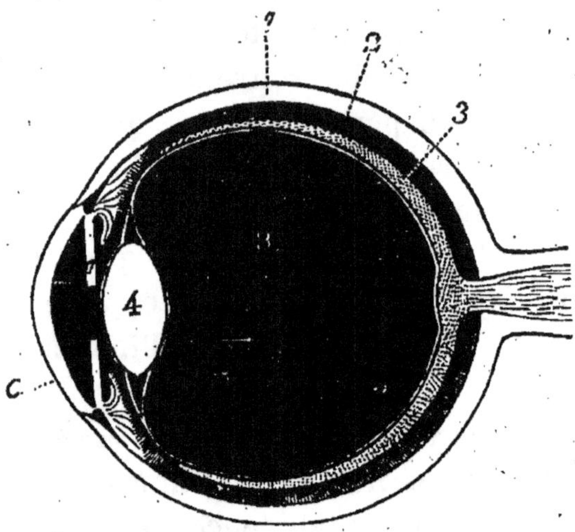

Fig. 51. — Ensemble du globe de l'œil.

de rétrécissement, c'est la *pupille ;* l'autre disposé en arrière est le *corps ciliaire*, il présente des replis ou *procès* et sert pour ainsi dire de chaton au *cristallin* [4].

Ce cristallin est une lentille transparente placée de champ et un peu en arrière de l'iris. L'espace compris entre la cornée et le cristallin est rempli par l'*humeur aqueuse ;* entre la face postérieure du cristallin et la rétine existe une autre humeur transparente demi-solide, c'est l'*humeur vitrée* B enveloppée par la *membrane hyaloïde* [5].

5.

On peut donc considérer l'œil comme un composé de milieux diversement réfringents, terminé par des surfaces courbes ; ces milieux ont pour effet de faire converger les rayons incidents sur la rétine. C'est au cristallin que ce rôle est particulièrement dévolu. Mais, comme dans une lentille biconvexe, le point où vient se former l'image dépend de la position du point lumineux, il est évident que la rétine ne pourrait recevoir des images également nettes de corps situés à des distances différentes, si l'œil ne jouissait d'une propriété spéciale, l'*accommodation*. C'est en vertu de l'accommodation, ou autrement dit à la suite de certains changements de forme subis par le cristallin, que des rayons émanant de points situés à des distances différentes peuvent être ramenés sur la rétine. Une autre conséquence des propriétés d'une lentille biconvexe (Voyez *Récréations optiques*, chap. VIII) est que l'image formée en arrière de ce milieu transparent est renversée ; il en résulte que les images sont renversées sur la rétine.

Cercles de diffusion. — Il peut se faire pourtant qu'en se plaçant dans certaines conditions on aperçoive un point lumineux, lors même que son foyer se fait en avant ou en arrière de la rétine, pourvu que la distance ne dépasse pas certaines limites. Dans ce cas, chaque point lumineux donne naissance sur la rétine non plus à un point lumineux, mais à un petit cercle éclairé dont l'action suffit pour produire une impression s'il n'a pas de trop grandes dimensions. L'existence des cercles de diffusion est rendue sensible par les expériences suivantes :

Expérience de Scheiner. — On perce, dans une carte, deux trous dont la distance est moindre que le diamètre de la pupille (de 2 à 4 millimètres environ), et la plaçant devant l'œil, on regarde un objet éloigné et clair, un mur blanc par exemple, puis on place, près de la carte, un objet délié tel qu'une pointe d'épingle, de manière qu'elle se trouve dans la partie qui semble commune aux deux ouvertures faites dans la carte. L'épingle paraît confuse, ce qui n'a rien d'extraordinaire, car l'œil n'est pas accommodé pour les petites distances, mais en outre elle paraît double.

Voici l'explication du fait : Soit (fig. 52) l'épingle en a, si on la regarde elle paraît simple, car tous les rayons qui en émanent vont opérer leur intersection en a' sur la rétine. Si maintenant on place l'épingle en b et si l'on

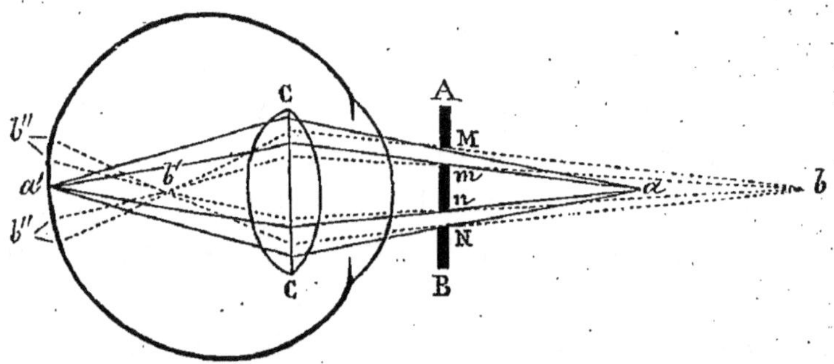

Fig. 52. — Expérience de Scheiner.

regarde par les deux ouvertures Mm, Nn, comme dans le premier cas, les deux cônes lumineux qui ont traversé ces deux ouvertures viendront s'entre-croiser en b', ils ne rencontrent donc pas la rétine, mais ils peuvent la rencontrer plus en arrière, lorsqu'ils se sont séparés de nouveau (b'', b''). Il est donc évident que b doit paraître double. L'inverse arriverait si l'on fixait d'abord attentivement b, alors a apparaîtrait double.

Expérience de Mile. — Perçons une carte d'un trou et regardons, par ce trou, une épingle, tandis qu'on imprimera un mouvement de va et vient à la carte, l'épingle paraîtra immobile. Maintenant fixons un point plus éloigné, l'épingle paraît se mouvoir en sens inverse de la carte. Regarde-t-on un objet plus rapproché, elle se meut dans le même sens. La figure 53 donne l'explication de ce fait. Le trou de la carte se place successivement en A et en B. Quand il se meut de B en A, si l'on suppose la rétine en F, l'image va de a'' en a', c'est-à-dire dans le même sens sur la rétine, et par conséquent paraît aller en sens contraire à cause du renversement des images. Si la ligne D représente la position de la rétine, l'image rétinienne va de a' en a'', c'est-à-

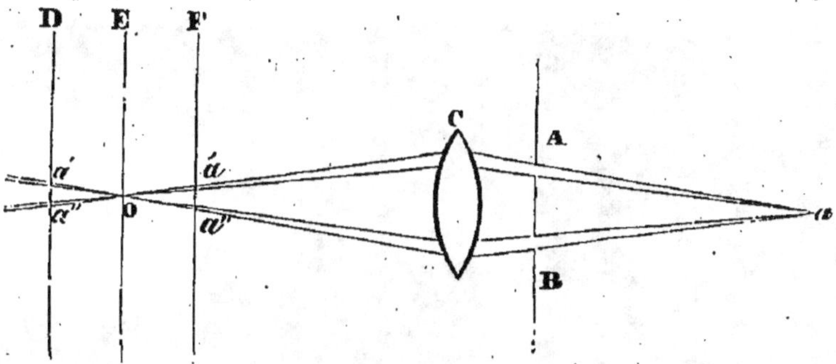

Fig. 53. — Expérience de Mile.

dire en sens contraire du mouvement de la carte et semble par conséquent aller dans le même sens.

Punctum cæcum. — Expérience de Mariotte. — Tous les points de la rétine ne sont pas également impressionnés par la lumière. Il y a au fond de l'œil un point insensible, le point aveugle (*punctum cæcum*) sur lequel la lumière ne cause aucune impression. C'est le petit espace circulaire (*papille*) occupé par l'extrémité du nerf optique et d'où partent tous les filaments nerveux qui, par leur entre-croisement, constituent la rétine.

L'expérience peut être faite de plusieurs manières, voici

la façon la plus facile de la réaliser. On ferme l'œil gauche et l'on fixe, avec l'œil droit, la croix blanche de la figure 54. Si l'on approche ou si l'on éloigne l'œil du plan du papier, on voit qu'à une distance d'environ 30 centimètres, le cercle blanc disparaît complètement et le fond noir paraît continu. On peut modifier l'expérience, en disposant, sur le cercle blanc, un objet quelconque coloré ou non ; on verra qu'en se plaçant dans les mêmes conditions ces objets disparaissent. Il est indispensable, pendant toute la durée de l'observation, de tenir l'œil droit fixé sur la croix

Fig. 54. — Expérience de Mariotte.

blanche. Cette expérience faite pour la première fois, en 1688, par le physicien français Mariotte porte le nom de son auteur. L'insensibilité de la rétine dans le *punctum cæcum* n'est point absolue comme les faits précédents pourraient le faire croire, d'autres observations démontrent qu'en ce point la sensibilité est seulement obtuse.

On peut donner à cette expérience la forme suivante : On place les deux pouces dressés l'un à côté de l'autre de façon à ce qu'ils se touchent par leur bord extérieur, en tenant les autres doigts fermés sur la paume de la main.

Les pouces restant dans cette position, on étend les bras horizontalement, en avant, loin du corps. Alors on ferme l'œil gauche et avec l'œil droit on regarde le pouce gauche, puis, tout en maintenant le regard fixé dans cette position, on sépare lentement le pouce droit de son voisin. Eh bien ! quoique l'œil droit reste fixé sur le pouce gauche, on voit néanmoins l'autre doigt se mouvoir, s'écarter progressivement jusqu'à ce qu'il arrive à une certaine distance (15 centimètres environ) de l'autre, et alors on le perd de vue. En continuant à faire mouvoir ce pouce, il va redevenir visible ; il apparaîtra également si on le hausse ou si on le baisse. Il est évident que si l'opérateur ferme difficilement l'œil gauche, il pourra renverser l'expérience, regarder le pouce droit et faire mouvoir le pouce gauche.

Arbre vasculaire de Purkinje. — La rétine est parcourue par de nombreux vaisseaux, dont on peut mettre l'existence en évidence, à l'aide de l'expérience suivante connue sous le nom d'arbre vasculaire de Purkinje. On se place dans une chambre complètement noire, en ayant soin de regarder une muraille de couleur foncée, on approche alors une bougie du côté externe de l'œil, de façon à ce que la lumière y pénètre obliquement. On aperçoit alors dans le champ visuel éclairé d'un rouge jaunâtre, un réseau sombre formé de lignes divergentes. Si l'on élève ou si l'on abaisse la bougie, on voit le réseau se déplacer. Ces apparences sont dues aux vaisseaux de la rétine qui projettent leur ombre sur les couches postérieures de cette membrane. Or nous ne percevons pas normalement ces ombres, c'est seulement en les projetant sur des points autres que les points habituels qu'on parvient à les rendre visibles.

Le schéma représenté par la figure 55 rend compte du phénomène.

Soit B la bougie placée à côté de l'œil, c'est-à-dire aussi latéralement que possible par rapport au centre de la cornée. Les rayons lumineux émanés de cette source, après avoir traversé le cristallin qui agit à la façon d'une véritable lentille, iront se concentrer sur une portion latérale de la rétine où ils se réfléchiront. Si le rayon lumineux, ainsi réfléchi et dont l'intensité est relativement assez grande, vient à rencontrer un vaisseau rétinien tel que C

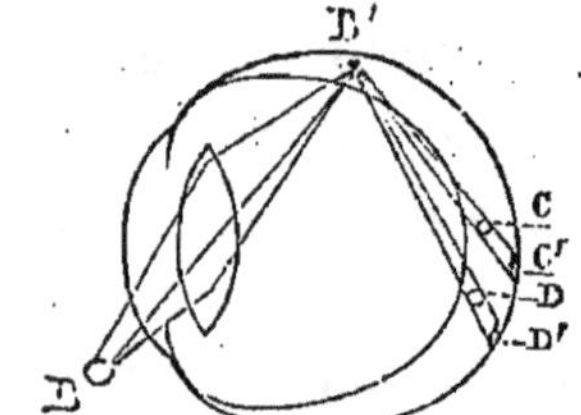

Fig. 55. — Expérience de Purkinje.

ou D, ceux-ci projettent leur ombre sur les couches postérieures en C' et D', c'est-à-dire du même côté que la bougie.

Persistance des sensations lumineuses. — Si l'on fait tourner rapidement un charbon dont une des extrémités est incandescente, on voit que plus le mouvement de rotation devient rapide, plus l'arc lumineux augmente d'amplitude. Si l'on arrive à un certain degré de vitesse, on aperçoit une circonférence lumineuse entière. Or, comme le charbon n'a pu être simultanément sur tous les points de la circonférence, il faut en conclure que des impressions lumineuses, répétées avec une rapidité suffisante, produiront le même effet sur l'œil qu'un éclairage continu. Pour obtenir ce résultat il faut que la répétition de l'impression ait été assez rapide pour que l'effet consécutif à chaque impression n'ait point sensiblement diminué lorsque l'impression suivante se produit. Cette persistance de la sensation lumineuse explique un grand nombre d'illusions du même genre ; une corde tendue par ses deux extrémités le long d'une planche et qu'on met en vibration se présente sous la forme d'un fuseau ; on voit disparaître les rais d'une roue qui tourne rapidement ; une étoile filante laisse derrière elle une longue traînée lumineuse.

C'est sur la persistance des impressions rétiniennes que sont fondés les appareils suivants.

1° **Thaumatrope**. — Le thaumatrope de Paris (fig. 56 et 57) consiste en un disque de bois ou de carton auquel on

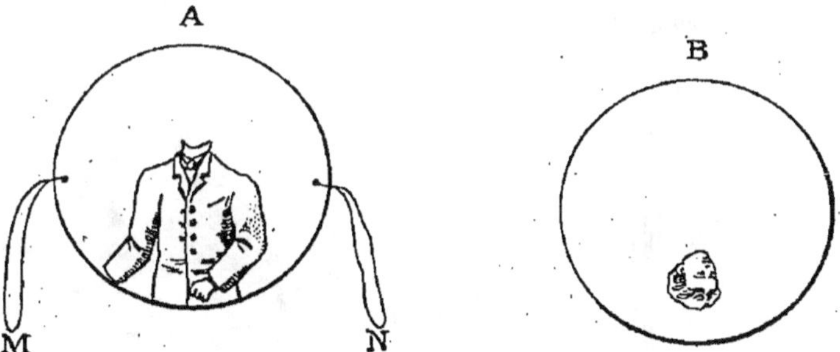

Fig. 56 et 57. — Thaumatrope.

peut communiquer un mouvement, autour d'un de ses diamètres, à l'aide des cordons M et N que l'on tord et que l'on détord de la même façon que lorsqu'on veut mettre en mouvement le jouet connu sous le nom de *loup*. Sur l'une des faces (fig. 56), on représente un sujet tel qu'un homme sans tête, par exemple, et sur l'autre (fig. 57) on dessine la tête séparée du corps, mais dans une position renversée. Le thaumatrope étant mis en mouvement, la tête vient se placer sur les épaules et le buste paraît complet.

On peut varier les dessins de plusieurs manières, pourvu

que le double dessin soit disposé de manière à ce que les impressions qu'il produit donnent naissance à un ensemble régulier. Nous citerons : un oiseau d'un côté et une cage de l'autre, un cheval et un cavalier, une corde tendue et un danseur, un tableau et son cadre, une bougie et une flamme.

2° **Anorthoscope.** — L'anorthoscope de Plateau est essentiellement composé (fig. 58) de deux petites poulies

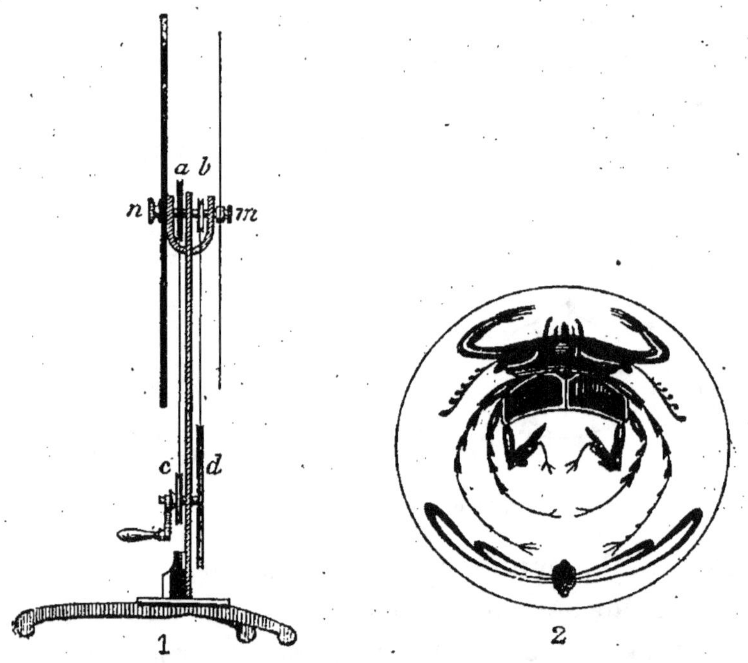

Fig. 58 et 59. — Anorthoscope de Plateau.

métalliques inégales a et b, montées sur deux axes m et n distincts, mais placées dans le prolongement l'une de l'autre. Elles sont mises en mouvement au moyen de cordons sans fin qui s'enroulent sur deux poulies également métalliques c, et d, ayant le même axe quoique présentant des diamètres différents et commandées par une manivelle ; le tout est monté sur un arbre vertical supporté par trois pieds.

Sur l'axe on fixe en *m*, au moyen d'un écrou, un disque transparent couvert d'un dessin déformé (fig. 59) ; sur l'autre extrémité *n*, on place un disque noir, présentant quatre fentes longitudinales. Il résulte de cette disposition qu'on peut faire mouvoir les deux disques dans des plans parallèles. Pour se servir de l'instrument, on le place devant une fenêtre ou la flamme d'une bougie, et l'on met les disques en rotation. On voit alors la figure difforme se détacher nettement et bien noire en reproduisant le dessin sous sa forme exacte. Ainsi, a-t-on dessiné sur le papier transparent un coléoptère et un papillon (fig. 59, on voit trois images régulières du coléoptère et quatre papillons placés symétriquement autour du centre. Quant aux dessins à tracer sur le papier transparent, nous indiquerons, en nous occupant des anamorphoses, les moyens usités pour les tracer. L'effet de l'anorthoscope s'explique à l'aide de l'expérience suivante due à Zöllner.

Expérience de Zöllner. — On trace un cercle sur une feuille de papier blanc, et dans une feuille de carton noir, peu flexible, qu'on place sur la précédente, on découpe une fente dont la longueur est plus grande que le diamètre du cercle et dont la largeur est sensiblement les 2/5 de ce diamètre. Alors, tenant immobile le carton noir, on donne à la feuille de papier un mouvement de va et vient dirigé perpendiculairement à la fente, de manière à apercevoir, à chaque oscillation, toutes les parties du cercle. Or, dans ces conditions, le cercle apparaît déformé et l'œil l'aperçoit comme une ellipse dont le grand axe est perpendiculaire à la direction du mouvement. Si donc la figure représentée sur le papier était déformée dans le sens du mouvement, si c'était une ellipse dont le grand axe serait placé dans le sens horizontal, l'œil opérerait un raccourcissement dans le sens horizontal et reconstituerait un cercle. Dans cette expérience, l'œil se meut d'une manière inconsciente pour suivre la figure mobile, tandis que la fente est immobile. L'anorthoscope réalise la même expérience; seulement, ici, l'œil est immobile, tandis que la fente se déplace ; mais le résultat est le même ; c'est un raccourcissement apparent de la figure, suivant la direction du mouvement et par suite la reconstitution de la figure déformée.

3° **Phénakisticope.** — Le Phénakisticope de Plateau consiste (fig. 60) en un axe métallique ab tournant, très facilement, dans une tige de laiton tg, recourbée deux fois à angle droit, qu'il traverse à frottement doux. La tige se termine inférieurement par un manche de bois m qu'on peut saisir de la main gauche. Un disque circulaire en carton, partagé (fig. 61) en plusieurs secteurs égaux et percé vers sa circonférence de trous, régulièrement espacés, en nombre égal à celui des secteurs, est fixé sur l'axe ab. Sur chacun des secteurs sont disposées des figures peintes dans diverses attitudes. On fixe le disque sur l'axe tournant en enlevant d'abord la vis v et engageant le disque dans l'axe, le côté des figures tourné vers a. En remettant la vis en place, le disque se trouve alors maintenu contre un appui que porte cet axe. On saisit ensuite le manche, on fixe l'œil à la hauteur des ouvertures percées dans le disque, et l'on se place devant une glace pour y regarder l'image réfléchie. Si l'on imprime alors au disque un mouvement de rotation rapide, en agissant avec la main droite sur le bouton b, les figures vues par réflexion sur la glace, au lieu de se confondre, comme cela arriverait si l'on regardait, de toute autre manière, le disque tournant, semblent au contraire cesser de participer à la rotation de ce disque, s'animent et exécutent des mouvements qui leur sont propres.

Le principe sur lequel repose cette illusion est très simple. Voici l'explication qu'en donne l'inventeur de l'instrument. « Si plusieurs objets différant graduellement

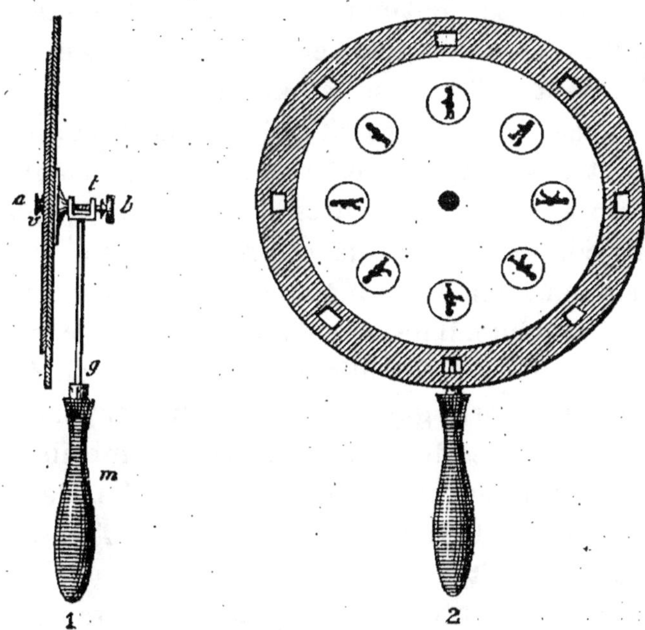

Fig. 60 et 61. — Phénakisticope de Plateau.

entre eux de forme ou de position se montrent sucéssivement devant l'œil, pendant des intervalles de temps très courts et suffisamment rapprochés, les impressions successives qu'ils produisent sur la rétine se lieront entre elles sans se confondre, et l'on croira voir un seul objet changeant graduellement de forme ou de position. C'est une conséquence toute naturelle du phénomène bien connu de la durée de la sensation de la vue et que l'instrument en question réalise, comme on va le voir, de la manière la plus simple. En effet, chaque fois qu'une ouverture passe devant l'œil, elle laisse voir, pendant un temps très court, l'image du cercle ou disque et des figures qu'il porte, et comme, pendant ce passage, le cercle ne peut exécuter qu'une très petite partie de sa révolution, on le voit sensiblement de la même manière que s'il était immobile dans ce petit intervalle de temps. Maintenant le même effet se reproduisant pour chacune des fentes, il en résulte une suite d'images qui se montrent successivement devant l'œil, pendant des instants très courts et aussi rapprochés qu'on le veut, chacune de ces images présentant les figures distinctement ou avec très peu de confusion, puisque, comme je viens de le faire voir, elle est sensiblement la même que si elle appartenait à un cercle immobile. Il ne reste donc plus, pour se trouver entièrement dans les conditions du principe posé plus haut, qu'à faire en sorte que les figures qui occupent, dans ces images successives du cercle, des places semblables par rapport à l'œil, diffèrent graduellement entre elles de forme ou de position, condition facile à remplir et d'où résulte l'illusion dont il s'agit. »

« Éclaircissons tout ceci par quelques exemples. On veut représenter des danseurs faisant des pirouettes. Eh bien! il suffit de disposer symétriquement autour du centre un nombre de figures égal à celui des fentes et dessinées de telle manière qu'en suivant dans un même sens la série de ces figures, l'une quelconque d'entre elles soit dans une période plus avancée de la pirouette que celle qui la précède, jusqu'à ce qu'on retrouve celle d'où l'on est parti. Alors il est clair que lorsqu'on soumettra ce cercle à l'expérience, les petites figures qui viendront successivement occuper la même place, par rapport à l'œil, se présenteront comme de plus en plus tournées d'un même côté, et l'œil liant toutes ces impressions successives entre elles, les petites figures auront parfaitement l'air de tourner sur elles-mêmes. »

« Maintenant veut-on représenter des hommes qui marchent ? Alors les petites figures successives ne doivent plus venir occuper des places identiques par rapport à l'œil ; elles doivent au contraire être disposées de telle manière que les positions qu'elles viennent successivement remplir devant l'œil soient de plus en plus avancées dans un même sens, résultat que l'on obtiendra en prenant le nombre des figures un peu plus grand ou un peu moindre que celui des ouvertures, suivant qu'on voudra faire avancer ces figures dans un sens ou dans un autre. Quant au mouvement des jambes, il sera aisé de le produire d'après le même principe. Il suffira de concevoir un pas comme divisé en plusieurs positions successives et de donner ces positions à la série des petites figures. »

« On peut, en se conformant aux préceptes précédents, tracer soi-même des dessins qui feront naître l'apparence de tous les mouvements périodiques, pourvu qu'ils ne soient pas trop lents. D'ailleurs, pour que l'illusion soit complète la vitesse de rotation doit être comprise entre certaines limites. Si cette vitesse est trop faible les images successives cessent de se lier entre elles ; il en résulte une apparence discontinue. Si elle est trop grande, plusieurs des impressions qui se forment successivement continuent de subsister ensemble sur la rétine avec une intensité à peu près égale, il en résulte que des positions qui devaient être successives se voient simultanément et que l'apparence est confuse. La vitesse doit être telle que les impressions successives se lient entre elles, mais sans pourtant se confondre. »

Le *Zootrope* n'est qu'un perfectionnement du Phénakisticope.

Irradiation. — On donne ce nom à une série de faits qui ont ceci de commun, que les surfaces fortement éclairées paraissent plus grandes qu'elles ne le sont en réalité. Ceci s'explique par cette circonstance que la sensation

Fig. 62. — Irradiation.

umineuse n'est pas en rapport avec l'intensité de la lumière objective. Ces phénomènes d'irradiation se montrent sous des formes très diverses et sont surtout plus prononcés quand l'accommodation est incomplète. Voici les principaux cas d'irradiation.

1° Les surfaces lumineuses paraissent plus larges. — Dans la figure 62, le carré blanc sur fond noir nous paraît plus grand que l'autre, quoique les deux carrés aient exactement les mêmes dimensions. Aussi ne jugeons-nous jamais exactement les dimensions des fentes ou des trous étroits par lesquels s'échappe une vive lumière ; ils nous paraissent toujours plus larges qu'ils ne sont réellement. De même si l'on place, dans un bouchon de liège, de grosses aiguilles à coudre à égales distances les unes des autres et dans des conditions telles que les vides soient exactement égaux aux pleins, les vides paraissent toujours plus larges que les pleins, si nous tenons cette espèce de gril entre l'œil et la lumière.

Il semble, dans ces expériences, que l'objet lumineux est entouré d'une auréole de même couleur qui augmente sa dimension apparente. On constate aisément la vérité de cette explication en regardant la lune pendant le premier quartier. On dirait que la partie éclairée de notre satellite appartient à une sphère plus grosse que celle qui est dans l'ombre. C'est par un effet d'irradiation que le disque du soleil, vu à l'œil nu, nous paraît beaucoup plus grand que si nous le regardons à travers un verre enfumé qui en obscurcit en partie l'éclat.

L'irradiation est rendue très sensible dans l'expérience suivante due à Plateau.

Sur un carton blanc rectangulaire ABCD (fig. 63), d'environ 20 centimètres de hauteur sur 15 centimètres de largeur, on trace dans le sens de la longueur deux lignes droites parallèles, distantes entre elles d'un demi-centimètre, et on les coupe à angle droit dans leur moitié par une troisième ligne droite GHI. On a donc ainsi six rectangles, deux grands et un petit supérieurs, deux grands et un petit inférieurs. On peint en noir le petit rectangle supérieur EH et les deux grands rectangles inférieurs, on a par suite dans le prolongement l'une de l'autre, deux bandes formées par les petits rectangles, l'une blanche sur un fond noir, l'autre noire sur un fond blanc. Si maintenant on éclaire fortement ce contour à l'aide de la lumière solaire, ou bien si, après avoir découpé les deux grands rectangles blancs qui comprennent entre eux la bande noire, on expose la partie restante au jour, et

si, dans ce cas, on s'éloigne de quatre à cinq mètres, la
bande blanche paraîtra notablement plus large que la bande

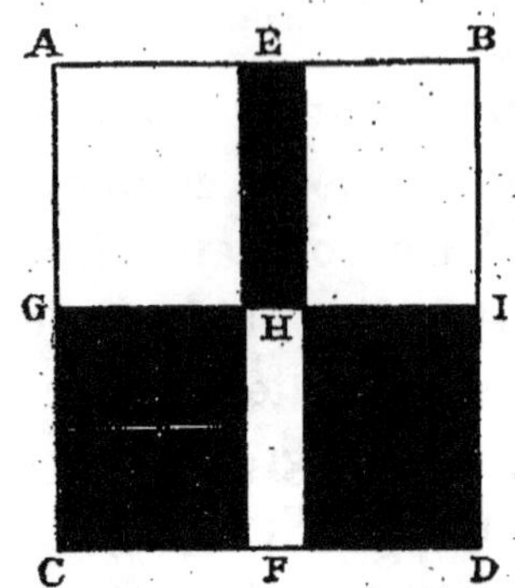

Fig. 63. — Expérience de Plateau.

noire, et cette différence augmentera avec la distance.

2° **Les surfaces lumineuses très voisines se confondent.**
— Si l'on place un fil métallique fin, tel qu'une aiguille
d'acier plantée dans un bouchon, par exemple, entre l'œil
et le soleil ou la lumière d'une forte lampe, le fil disparaît.
En effet, les surfaces latérales du corps étant vivement
éclairées débordent l'une sur l'autre et se confondent.

3° **Les lignes noires paraissent interrompues.** — Si
l'on tient l'arête d'une règle entre l'œil et la lumière d'une
lampe qui éclaire fortement ou bien la lumière solaire,
on voit se produire une échancrure sur le bord de cette
règle et à la partie correspondant au corps éclairant. Si
l'on fait usage d'une lampe à mèche cylindrique, l'échancrure paraît plus profonde aux bords de la flamme. Ici
encore les bords éclairés paraissent s'avancer dans le
champ visuel, ils empiètent sur les surfaces obscures qui
les avoisinent, et d'autant plus que l'accommodation de
l'œil est moins exacte.

Sensations de couleur. — Lorsque l'œil est excité par

un rayon lumineux d'une certaine manière, il se produit
en nous une sensation particulière à laquelle on a donné
le nom de *couleur*. Si, dans un son, l'oreille parvient à
distinguer la *hauteur*, qui dépend du nombre des vibrations
sonores, l'*intensité*, qui résulte de l'amplitude des vibrations, de même l'œil est apte à juger du nombre des
vibrations lumineuses causes de la *nuance*, ainsi que de
l'énergie du mouvement vibratoire cause de l'*éclat*.

Une couleur est dite *simple*, quand elle résulte d'un
seul et même mouvement lumineux; il y a une infinité
de couleurs simples, homogènes, correspondant à des du-
rées différentes de vibrations. Mais si une même portion
de la rétine vient à être frappée simultanément par deux
ou plusieurs rayons d'oscillation inégale, il se produit une
couleur, sans que l'œil le plus exercé puisse reconnaître
quelles sont les couleurs simples contenues dans cette
lumière composée. L'œil se comporte donc tout autrement que l'oreille, qui, on le sait, est habile à discerner
deux sons de même intensité et de même hauteur, lorsqu'ils sont émis par deux instruments différents, une flûte
et un violon, par exemple.

Pour obtenir une couleur composée on peut faire tourner rapidement, dans leur plan, des disques qui portent
des secteurs différemment colorés, ou bien se servir de
disques (fig. 64) recouverts uniformément d'une couleur
et munis d'une fente suivant l'un des rayons. Si on super-
pose ces disques par deux, par trois, en les engageant les
uns dans les autres par leurs fentes, on obtient des secteurs dont il est facile de faire varier à volonté la largeur.
On peut ainsi modifier d'une manière continue les proportions des couleurs et obtenir des combinaisons qu'il est
possible de varier d'une foule de manières.

Ainsi, parties égales de rouge et de bleu donnent du violet ou un ton violacé ;

De rouge et de jaune.......... de l'orangé.
De rouge et de blanc.......... du rouge clair.
De bleu et de blanc........... du bleu clair.
De bleu rouge et de blanc..... du violet léger.

Du jaune, du rouge et du bleu en certaines proportions donnent une teinte neutre. Il est bon d'exécuter toutes ces expériences avec la lumière du jour.

Ces disques sont quelquefois mis en mouvement par

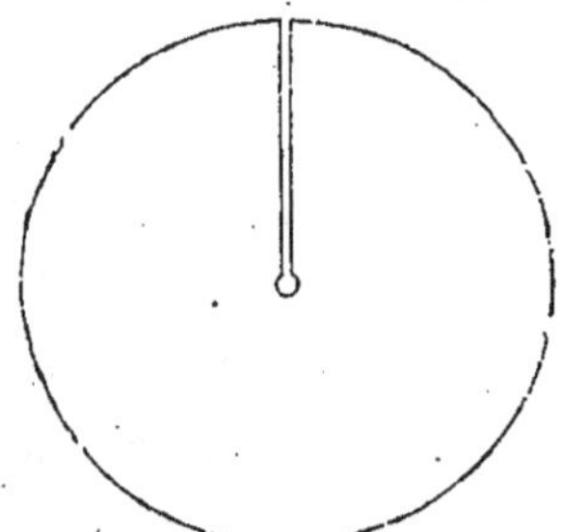

Fig. 64. — Disques colorés, en papier fort, avec fente.

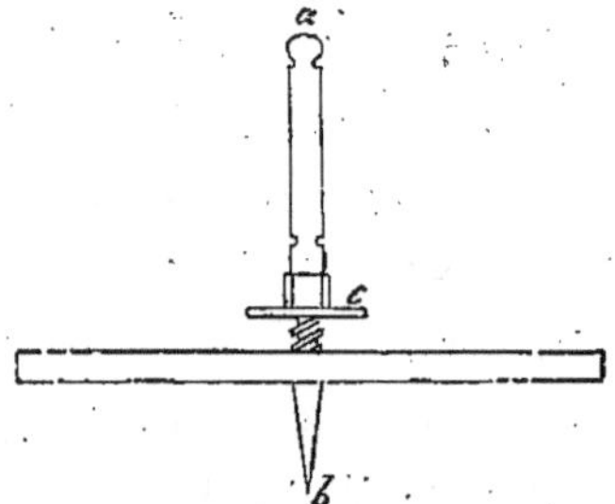

Fig. 65. — Toupie chromatique de Maxwell.

une toupie qui reçoit un mouvement de rotation avec la main, et que l'on désigne sous le nom de *toupie chromatique de Maxwell* (fig. 65). Mais il est préférable de mettre la toupie en mouvement à l'aide d'un cordon enroulé autour de sa tige. La disposition la plus simple consiste à employer un manche semblable à celui de la *toupie d'Allemagne*. C'est un cylindre creux de bois fixé à un manche, et qui présente, suivant un de ses diamètres, deux trous circulaires et, à angle droit avec ces trous, une entaille destinée au passage d'un cordon. Après avoir engagé la tige de la toupie dans les trous du cylindre, on fixe l'extrémité du cordon dans un petit trou que présente cette tige et on l'enroule en faisant tourner la toupie à la main. Par suite de l'enroulement du fil, la tige devient assez épaisse pour que la toupie reste suspendue au manche, quand on soulève l'instrument d'un centimètre environ au-dessus d'une table. Alors, on tire vivement le cordon et l'instrument prend un mouvement de rotation rapide, puis tombe sur la table où il continue à tourner longtemps. La toupie est d'ailleurs disposée de manière qu'on puisse fortement serrer entre le tore et la tige *ab*, à l'aide d'un écrou mobile *c*, les disques de papier fort représentés par la figure 58.

Multiplication des images par la persistance des couleurs sur la rétine. — Pour que ces expériences donnent le maximum d'effet, il convient d'employer une table recouverte d'un drap noir. On visse sur la toupie, entre l'axe et le tore, un disque soit d'une seule couleur, soit de deux couleurs d'étendue égale, et l'on met la toupie en mouvement. On place alors horizontalement sur le manche de la toupie un disque à secteurs découpés, véritable écran qui ne tarde pas à tourner lui-même, et dont on peut faire varier la position relative, en le touchant légèrement avec les doigts ou en soufflant dessus. Si l'on regarde verticalement l'écran, on voit les découpures multipliées et formant des figures symétriques illuminées de couleurs très vives. On augmente l'effet en ombrageant avec la main la surface du disque supérieur, tout en laissant tomber le plus de lumière possible sur le disque coloré.

Un procédé facile pour arriver à ce résultat consiste à attacher au bord du disque découpé un fil de quelques centimètres de longueur. Ce deuxième disque continue, il est vrai, a être entraîné par son frottement sur l'axe, mais sa rotation est moins rapide à cause de la grande résistance qu'oppose l'air au fil qui reste flottant tout en participant au mouvement de la toupie. Si le disque inférieur porte plusieurs secteurs différemment colorés, on voit se multiplier les ouvertures du disque supérieur, et l'on obtient essentiellement des images kaléidoscopiques très bariolées.

Teintes dégradées. — On taille, dans un carton coloré, un cœur que l'on perce, sur la ligne médiane et vers la partie échancrée d'une ouverture destinée au passage du manche de la toupie. Ce cœur soumis à un mouvement de rotation rapide représente une double spirale. On a soin de le faire reposer sur un fond coloré, et en changeant la couleur du cœur et celle du fond on obtient les couleurs adoucies ou teintes graduées que les artistes nomment *teintes fondues*. Les pétales des fleurs, le velouté de certains fruits présentent ces passages délicats et insensibles d'une teinte à l'autre.

On obtient également une teinte dégradée, en traçant sur un disque coloré un point, d'une autre couleur, de 2 ou 3 millimètres de diamètre. Ainsi, en traçant un point blanc sur un disque noir, on voit, lorsque le disque noir entre en rotation, au lieu d'un point tournant, un cercle gris semblable à lui-même en tous ses points et où l'on ne peut découvrir aucun signe de mouvement.

Couleurs complémentaires. — Par le procédé des disques rotatifs on arrive à mélanger un nombre quelconque de couleurs. Ainsi, en disposant sur le disque des secteurs colorés correspondant aux sept couleurs du spectre (fig. 66), la sensation résultante est celle de la lumière blanche. Seulement ici les secteurs n'ont pas la même dimension, leurs angles doivent avoir une valeur que le calcul a fait connaître.

Dans cette expérience pourtant, le blanc que l'on obtient est toujours un peu gris, parce qu'en réalité on n'a employé que sept couleurs distinctes et non une série de couleurs graduées comme celles que présente le spectre solaire. Néanmoins, on peut dire que le blanc résulte de la combinaison des sept couleurs : violet, indigo, bleu, vert, jaune, orangé, rouge.

On appelle *couleurs complémentaires* celles qui, mélangées deux à deux, produisent du blanc. On trouve aisé-

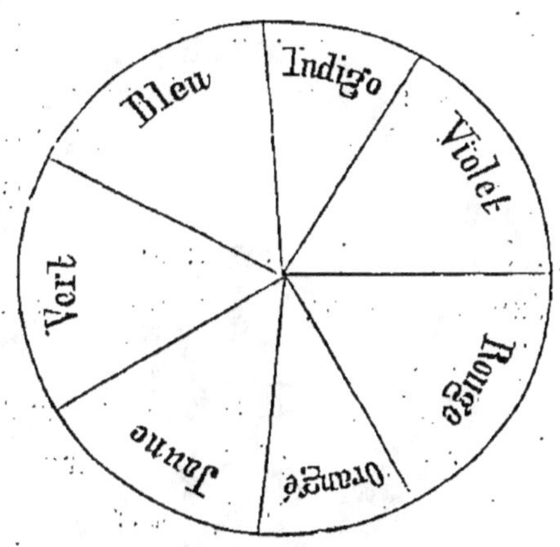

Fig. 66. — Disque pour les couleurs complémentaires.

ment la couleur complémentaire d'une couleur donnée à l'aide des disques rotatifs.

Pour cela, on visse sur la toupie la silhouette noire de la figure 67, en ayant soin de l'appliquer sur deux demi-cercles rouge et blanc. Cette silhouette est formée de deux demi-circonférences ABC, DEH de diamètre différent, mais ayant un centre commun. L'ouverture O destinée au passage du manche a été pratiquée autour de ce point central. Il faut avoir soin que l'une des circonférences de la silhouette recouvre exactement une des couleurs. Vient-on à faire tourner la toupie, on voit une circonférence rouge foncé et une autre vert très clair se projetant sur un fond rose. La teinte verte de cette circonférence est la couleur complémentaire du rouge.

On peut obtenir de la même façon la couleur complémentaire d'une couleur donnée : le vert évoque le rouge, le bleu évoque l'orangé, le violet évoque le jaune.

Dans la théorie due à Brewster et qui a été admise jusqu'à ce jour, les couleurs autres que le bleu, le rouge et

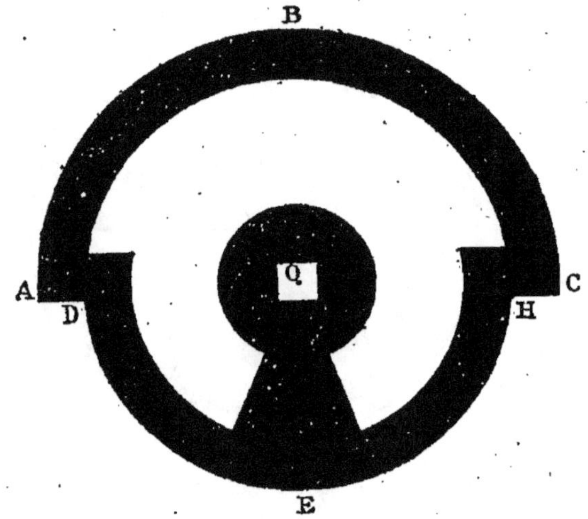

Fig. 67. — Silhouette pour les couleurs complémentaires.

e jaune proviennent du mélange de deux autres couleurs : ainsi la lumière verte proviendrait d'un mélange de lumière bleue et de lumière jaune. Or, avec un disque jaune de chrome d'un côté et un disque bleu d'outremer de l'autre, engagés par leurs fentes et reposant sur la toupie de Maxwell, on n'obtient pas du vert, mais un gris jaunâtre ou rougeâtre suivant la proportion des deux couleurs mélangées ; et on a beau faire varier la proportion des deux couleurs, jamais on n'obtient une teinte verte, ni rien qui en approche.

Couleurs et auréoles accidentelles. — On donne ce nom, ou encore celui d'*images consécutives colorées*, aux apparences qui succèdent à la contemplation d'objets vivement colorés.

Sur une feuille de papier blanc, on colle un pain à cacheter rouge, et après l'avoir regardé fixement pendant une demi-minute environ, en dirigeant particulièrement les deux yeux sur un de ses points, on remarque que la couleur rouge devient moins brillante. Si l'on regarde alors le plafond au-dessus de sa tête, au bout de quelques secondes on aperçoit, en vert, l'image rouge du pain à cacheter, et cela à plusieurs reprises.

Avec des pains à cacheter de diverses couleurs on observe des spectres diversement colorés.

Couleurs des figures primitives.	Couleurs des spectres.
Rouge.	Vert bleuâtre.
Orangé.	Bleu.
Jaune.	Bleu indigo.
Vert.	Rouge violâtre.
Bleu.	Orangé rouge.
Indigo.	Orangé jaunâtre.
Violet.	Jaune.
Blanc.	Noir.
Noir.	Blanc.

Il résulte de là que si l'on peint un portrait de couleur verdâtre, avec les cheveux blancs, les prunelles blanches et les dents noires, on le verra avec des couleurs ordinaires, quand après l'avoir longtemps regardé on portera les yeux sur un fond blanc.

Les spectres blancs et noirs s'obtiennent aisément avec les rectangles de la figure 68. On recouvre l'un d'eux avec une feuille de papier et l'on regarde attentivement l'autre; en fixant, par exemple, le rectangle de gauche qui présente un carré blanc sur un fond noir, on voit apparaître sur le plafond le grand carré en blanc avec le carré central en noir. Si l'on fait l'expérience avec le carré de droite, on voit très distinctement un petit carré lumineux se produire au plafond.

D'autres couleurs accidentelles peuvent se manifester, non plus après avoir regardé, mais pendant qu'on regarde certains corps. Ainsi, supposons que l'on regarde fixement un disque coloré, un pain à cacheter rouge, par exemple,

Fig. 68. — Spectres blancs et noirs.

appliqué sur un fond blanc, au bout de quelque temps, on voit apparaître autour du disque une auréole de couleur verte, qui ne s'étend d'ailleurs qu'à une assez faible distance. C'est ce que l'on nomme les *auréoles acciden- telles*.

Expérience de Prieur (de la Côte-d'Or). — L'expérience suivante due à Prieur (de la Côte-d'Or) permet de constater aisément la formation des auréoles accidentelles. On place entre une fenêtre et l'œil un morceau de soie colorée et assez transparente, puis on applique sur cette soie une petite bande de papier blanc de quelques millimètres de largeur. Aussitôt le papier se teint de la couleur complémentaire de celle que présentait l'étoffe. La soie est-elle verte, on voit le papier rose ; l'étoffe est-elle rouge, le papier revêt une couleur verte. Prieur fait de plus observer qu'en répétant ces expériences il faut, tout en se procurant une clarté favorable, se tenir en garde contre les reflets des corps voisins, contre les doubles entourages. Ainsi quand la lumière vive transmise par la fenêtre environne le papier transparent, elle peut augmenter très sensiblement l'éclat de la couleur complémentaire ou y nuire, en apportant une autre nuance suivant les couleurs des corps mis en observation. Au reste, on peut toujours écarter cette influence, en masquant les objets incommodes par une étoffe ou un carton noir, ou en regardant par un tube noirci, qui restreint le champ de la vision à l'étendue nécessaire.

Si la petite bande de papier est colorée, sa couleur se combine avec la couleur complémentaire de la soie. Ainsi une bande bleue paraîtra violette sur de la soie verte, une bande jaune paraîtra verte sur de la soie orange.

Ces auréoles sont évidemment *subjectives*, c'est-à-dire qu'elles ne résultent pas de l'action directe de la lumière, elles sont nées dans l'œil même, en dehors de toute action extérieure.

Contraste simultané des couleurs. — La formation des auréoles accidentelles prouve que deux teintes ou deux couleurs voisines doivent s'influencer par leur juxtaposition et produire un effet autre que celui qu'on constaterait si elles étaient éloignées. C'est là le phénomène connu sous le nom de *contraste simultané des couleurs*.

Voici plusieurs moyens de le constater.

On juxtapose sur du papier blanc des bandes couvertes d'une teinte plate à l'encre de Chine, de façon que cette teinte soit de plus en plus foncée, quand on passe d'une bande à l'autre. Si alors on vient à considérer une bande dans son ensemble, elle paraît irrégulière; il semble qu'elle est plus foncée du côté de la bande voisine qui est plus claire, tandis qu'elle nous apparaît plus claire du côté de la bande suivante qui est plus foncée. On dirait que le voisinage d'une teinte foncée a éclairci une teinte claire et réciproquement. Or il est évident que c'est là une illusion, car en isolant, à l'aide d'écrans, la bande dont on s'occupe, on constate que, vue seule, elle est parfaitement uniforme. On comprend dès lors pourquoi, quand on trace sur un fond blanc de larges lignes parallèles, elles paraissent plus foncées sur leurs bords et plus grises en leur milieu. Inversement les bandes blanches auront plus d'éclat à leur contact avec les noires et paraîtront ternes dans leur partie moyenne.

Au lieu de bandes lavées à l'encre de Chine, on peut superposer des bandes minces de papier blanc, de telle manière que chacune déborde un peu la précédente, et les placer entre l'œil et la lumière. Ici, chaque bande devrait paraître uniforme, car dans toute son étendue elle présente la même épaisseur, or elle montre les mêmes apparences de dégradation de teinte que nous venons d'indiquer.

Voici une autre expérience de contraste simultané des couleurs qu'on peut exécuter avec la toupie de Maxwell. Sur le tore de la toupie on applique un disque dont les secteurs alternativement blancs et noirs présentent la forme représentée par la figure 69. On voit se former, pendant la rotation, des cercles gris concentriques qui sont d'autant plus foncés qu'ils approchent du centre. Ces cercles concentriques paraissent inégalement lumineux dans toute leur longueur. La bande semble plus claire à sa partie interne où elle confine à une couronne plus foncée, et plus foncée à sa partie externe où elle confine à une couronne plus claire. Si, au lieu d'un disque blanc et noir, on prend deux couleurs différentes, chaque couronne présentera deux colorations distinctes à ses deux bords. Ainsi, par exemple, dans le cas du bleu et du jaune, chaque cou-

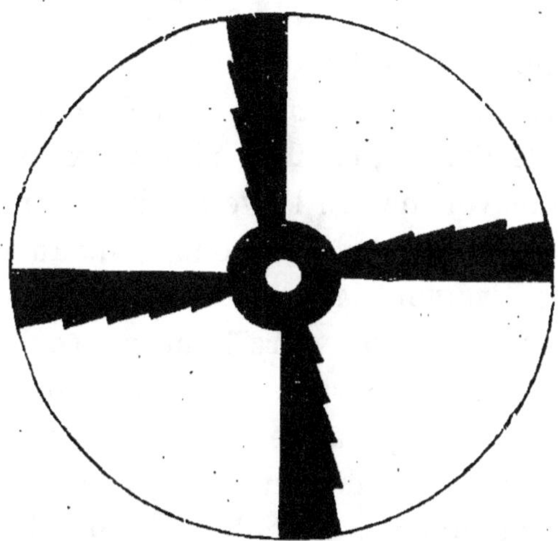

Fig. 69. — Disque pour le contraste des couleurs.

ronne paraît jaune à son bord extérieur, bleue à son bord intérieur.

Vision simple avec les deux yeux. — Il n'est personne qui n'ait remarqué que pour regarder à des distances diverses les yeux se disposent spontanément de la manière la plus favorable à la vision. De plus, si un corps devient l'objet d'une attention toute particulière de notre part, les corps voisins qui sont situés sur des plans plus rapprochés de l'observateur ne sont aperçus que d'une façon plus ou moins confuse. Ainsi vient-on, par exemple, à examiner un objet placé derrière un grillage à une distance égale à la moitié de l'intervalle qui existe entre l'œil et ce grillage, on n'aura qu'une perception confuse du grillage. Regarde-t-on, au contraire, attentivement ce grillage, l'objet placé derrière apparaîtra d'une façon peu distincte.

Si cette observation est faite avec soin, on reconnaît facilement que dans les deux cas l'image de l'objet vu confusément est double. On peut rendre plus manifeste cette duplication des objets à l'aide de l'expérience suivante :

On regarde, avec les deux yeux, deux épingles plantées, à des distances différentes, dans une règle et sur le prolongement l'une de l'autre ; en fixant les yeux sur la première qui est la plus voisine, on la verra simple, mais en même temps on verra double la seconde ; si, au contraire, on regarde attentivement la deuxième, on la verra simple, mais en même temps on verra la première double.

On sait de plus que lorsqu'on regarde un objet, il suffit, pour que cet objet paraisse double, d'exercer, avec le doigt, une légère pression latérale sur le globe de l'œil.

Tous ces phénomènes sont d'une explication facile. Dans l'état normal, quand on regarde avec les deux yeux, on ne perçoit qu'une seule image des objets, parce que chacune des images formées sur les rétines tombe en des points correspondants, et par habitude nous rapportons cette perception double à une cause unique. Mais quand les yeux sont disposés pour regarder à une certaine distance, les deux images formées par un objet placé plus loin ou plus près ne tombent plus sur des points correspondants de la rétine et chacune d'elles est rapportée par l'observateur à un objet différent. Il en est de même quand l'un des deux yeux est momentanément déplacé.

Le *Magasin pittoresque* a décrit un appareil dû à Loke et qui repose sur ces propriétés.

Fantascope de Loke. — Il consiste (fig. 70) en une

planchette MN de 25 à 30 centimètres de longueur qui
sert de base à l'instrument; on y fixe verticalement une
tige cylindrique en métal, de 35 à 40 centimètres de hauteur, sur laquelle peuvent monter et descendre deux
anneaux susceptibles d'être fixés à diverses hauteurs, à
l'aide de vis de pression. Chacun de ces anneaux soutient

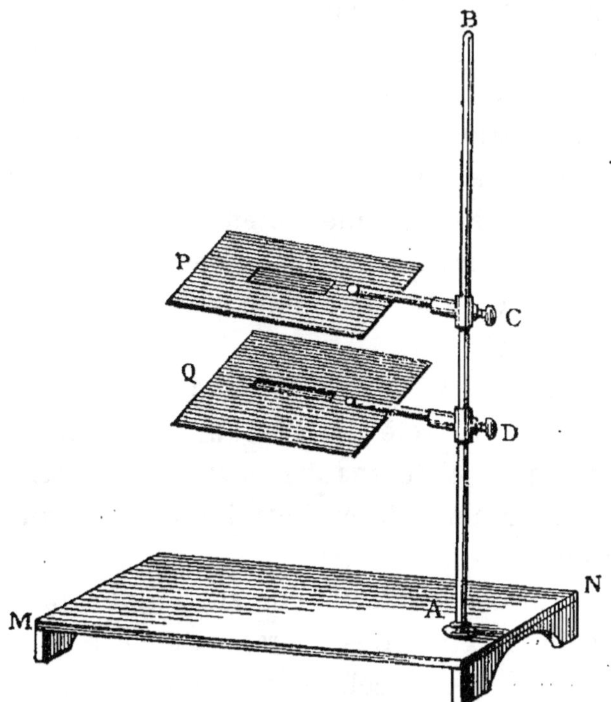

Fig. 70. — Fantascope de Loke.

un rectangle en bois mince ou en carton de 12 à 15 centimètres de longueur et d'une largeur quelconque. Le
plateau supérieur P, qui est le plus étroit des deux, est
muni d'une fente longitudinale d'environ 5 à 6 millimètres
de largeur et de 7 centimètres environ de longueur, de manière à obtenir un intervalle supérieur à celui qui sépare les
centres de deux pupilles. Le plateau inférieur Q est percé

d'une fente de même longueur, correspondant verticalement à la première et de 2 à 3 centimètres de largeur. La face supérieure de ce plateau ou *écran* porte, au milieu de la fente, un index tranversal.

Les choses étant ainsi disposées, si l'on arrête le plateau supérieur en abaissant l'écran et si l'on place sur la planchette inférieure, au-dessous des deux fentes, deux objets semblables, deux A par exemple, écartés l'un de l'autre de 6 à 7 centimètres, ces deux objets pourront être vus directement à travers la fente de l'écran, lorsqu'on regardera avec les deux yeux, par la fente du plateau supérieur. Mais si l'on relève graduellement l'écran en regardant l'index avec persistance, la vision des A deviendra confuse, l'image de chacun se dédoublera et l'on verra quatre A ainsi disposés :

AA   AA

A mesure que l'on relèvera l'écran, les deux images intérieures iront en s'éloignant des images extérieures et il arrivera un moment où les deux images intérieures se superposeront.

Si l'on continue à fixer la vue sur l'index, on apercevra, entre ses deux extrémités, l'image d'un A à peu près aussi distincte que le serait celle d'une lettre semblable placée à l'échelle convenable dans le plan même de l'écran.

On voit donc un véritable fantôme, une vaine image d'un corps qui n'existe pas. Si l'on cesse de fixer l'index, l'illusion disparaît et l'on n'aperçoit plus que les deux A placés sur la base de l'instrument, dans la position qu'on leur a donnée.

Il est facile de remarquer, en faisant cette expérience, que si les deux objets destinés à produire l'image fantastique ont le même écartement que les pupilles, l'écran devra partager, en deux parties égales, la distance du plateau supérieur à la base de l'instrument. Dans tous les cas, les distances de l'écran au plateau supérieur et à la base doivent être, entres elles, dans le même rapport que celui qui existe entre l'écartement des pupilles de l'observateur et celui des deux objets.

Ceci posé, l'expérience pourra être variée d'une foule de manières. On remplacera, par exemple, les deux A par deux fleurs semblables, en dessinant sur l'écran un vase de fleurs avec un bout de tige qui sert de repère; on amène l'image fantastique des deux fleurs à l'extrémité de cette tige. Si l'on a fait choix de deux fleurs de couleurs différentes, le spectre participera de l'une et l'autre couleur. Ainsi une fleur bleue et une fleur rouge donneront lieu à une fleur violette; le spectre sera orangé, si l'une des fleurs est rouge, l'autre jaune; dans le cas d'une fleur bleue et d'une fleur jaune, le spectre est vert.

Avec deux traits, l'un horizontal — et l'autre vertical | , on obtient une croix +. Enfin, les deux parties complémentaires d'une même figure placées à côté l'une de l'autre reproduisent dans le spectre la figure complète. Que l'une des parties soit, par exemple, un buste sans tête et l'autre une tête séparée du buste, en les plaçant en regard, à la hauteur qui convient pour le raccordement, on reconstruira le buste complet.

Illusions de l'estimation de la grandeur et de la direction. — Il est certaines figures qui, du moment qu'on les regarde, déterminent toujours une illusion dans l'estimation soit de leur grandeur, soit de la direction de leurs parties. Ces erreurs d'estimation ont été résumées par Helmholtz; nous indiquons ici les principales.

1° Traçons, sur le papier, une ligne horizontale à laquelle nous donnerons une longueur de 42 millimètres ; divisons cette ligne en deux parties inégales, l'une à gauche, de 22 millimètres de long, l'autre à droite, de 20 millimètres. Maintenant, partageons cette dernière en dix parties égales : les parties de droite et de gauche nous apparaîtront égales.

On peut encore considérer deux intervalles d'égale lon-

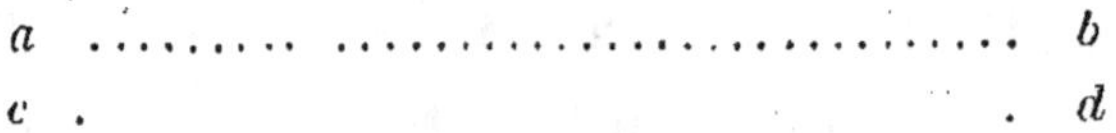

a .... b

c .   . d

Fig. 71. — Illusions de grandeur.

gueur (fig. 71), l'un continu, l'autre présentant des points intermédiaires, on verra que cd paraît plus petit que ab.

2° Traçons, sur le papier, onze lignes horizontales séparées les unes des autres par des intervalles égaux, à un millimètre et demi par exemple, et donnons à chacune de ces lignes 15 millimètres de longueur. Faisons la même opération avec des lignes verticales espacées de la même façon et présentant une hauteur égale à 15 millimètres. Il est évident que les deux surfaces sont égales, et pourtant la première figure nous semblera plus haute que large, la deuxième plus large que haute.

3° La figure 72 représente un carré parfait, composé de losanges très allongés dont la grande diagonale mesure le côté du carré, tandis que la petite n'est que la dixième partie de ce carré. Or, ce dessin nous paraît plus haut que large d'un dixième environ. Si on le coupe, en deux parties, par une ligne qui se confond avec la série des petites diagonales, ou, ce qui revient au même, si on en recouvre la moitié, avec une feuille de papier dont le bord sera disposé suivant cette ligne de diagonales, on verra que le côté du carré formé par les pointes des losanges produit une légère sensation d'épanouissement en éventail.

4° Traçons sur le papier deux droites qui soient rigoureusement perpendiculaires, les quatre angles droits devraient paraître tels, lorsqu'on les examine avec les deux yeux ; il n'en est rien, l'angle gauche supérieur et l'angle droit inférieur paraissent aigus, les deux autres obtus.

5° Si après avoir construit un triangle équilatéral on mène des parallèles à la base, à égale distance les unes des autres, le sommet paraît se relever et il semble que le triangle n'est plus équilatéral. Si l'on mène des parallèles

Fig. 72. — Carré à losanges de Prompt.

à un des côtés du sommet, le côté droit, par exemple, le sommet du triangle paraît dévié à droite.

6° Traçons sur le papier deux traits parallèles de manière à limiter une bande de 5 millimètres de largeur, ou mieux encore traçons une bande noire de la même dimension, puis menons, sous un angle de 45°, une ligne noire plus ou moins déliée, qui sera ainsi interrompue sur sa continuité, pendant une étendue assez grande. Les deux portions de la ligne déliée vont nous apparaître comme déviées dans leur direction commune primitive ; elles semblent être, non plus la continuation l'une de l'autre, mais fournir deux parallèles de chaque côté des

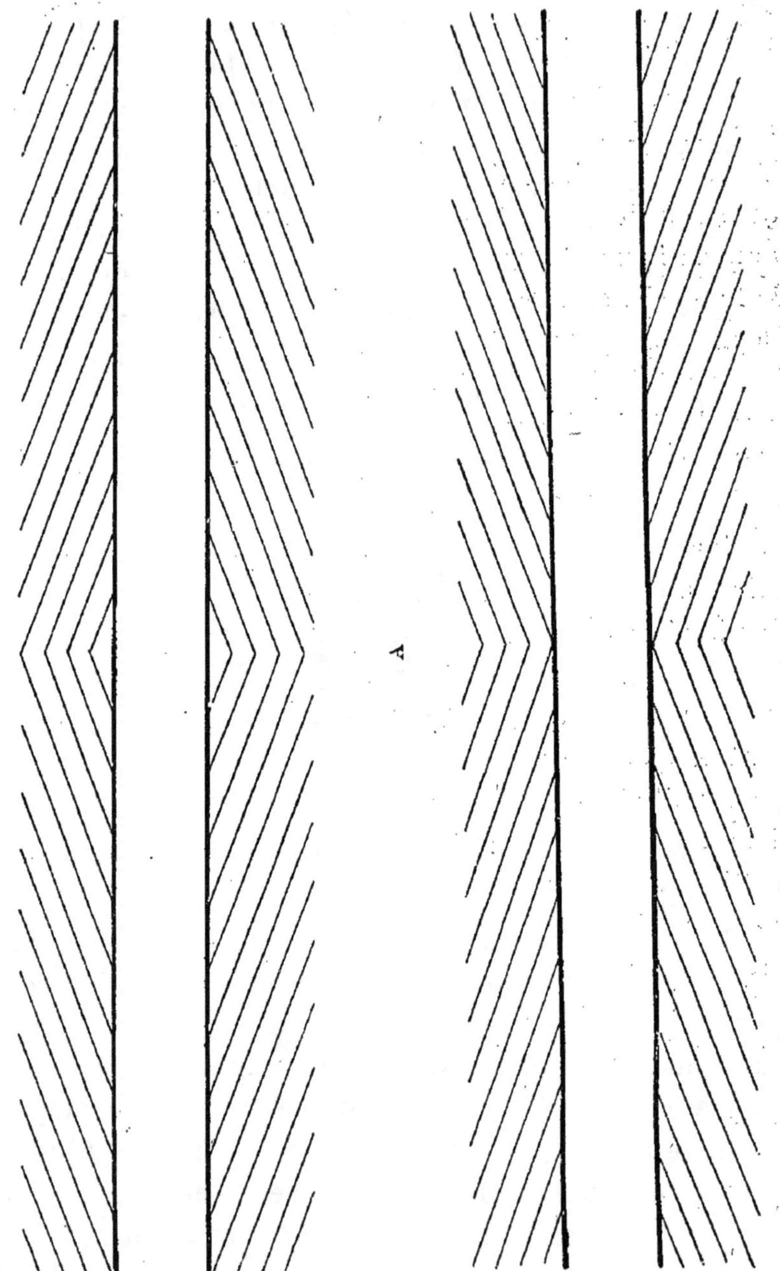

Fig. 73. — Lignes parallèles de Hering.

bords de la bande qu'elles rencontrent, on dirait que le trait fin est brisé.

7° Hering a indiqué les deux particularités suivantes (fig. 73). Traçons deux séries de lignes parallèles A et B. Prenons le milieu de ces lignes et à partir de ces points traçons, en dessus et en dessous, des hachures parallèles qui, dans la figure A, iront en divergeant du milieu et qui, dans la figure B, convergeront vers le milieu. On verra que dans le premier système les parallèles semblent se rapprocher à leurs extrémités, tandis que dans le deuxième système elles semblent s'éloigner.

8° On peut réunir ces deux expériences en une seule comme l'a fait Zöllner. Pour cela (fig. 74), on trace, sur le papier, trois traits parallèles et épais de quatre millimètres. Le premier A et le troisième C sont traversés par des hachures de 2 millimètres d'épaisseur environ, d'égale longueur, obliques de haut en bas et de droite à gauche, sous un angle de 45°. Les hachures du troisième trait B sont dirigées en sens contraire.

On voit alors les deux moitiés des traits obliques respectivement déplacées ; de plus les deux premières lignes verticales paraissent converger vers le bas, la deuxième et la troisième vers le haut. Cette dernière particularité est surtout visible quand, après avoir placé le livre dans la position voulue pour lire, ou lui fait subir un mouvement de rotation de 45°. Au contraire les hachures étant devenues les unes verticales, les autres horizontales, leur déviation est moins apparente.

Vision avec les deux yeux. — Relief. — C'est grâce à la vision binoculaire que nous apprécions le relief des objets. En effet, un dessin tracé sur un mur ou sur un papier ne change aucunement d'aspect, qu'on le regarde avec l'un ou l'autre œil, en ayant soin de tenir fermé celùi qui ne

Fig. 74. — Lignes parallèles à croisillons coupés, de Zöllner.

sert pas. Il n'en est pas de même si l'on regarde, avec un

7.

seul œil, un corps présentant les trois dimensions. Prenons, par exemple, un livre relié et après l'avoir placé debout sur une table, le dos tourné vers nous, regardons-le en nous plaçant à 40 ou 50 centimètres de distance. L'impression que nous recevrons sera tout autre suivant que nous fermerons l'un ou l'autre œil. Avec les deux yeux, nous verrons le dos et les deux plans fuyants de la couverture; avec un seul œil nous ne verrons que le dos et un des côtés de la couverture, le droit ou le gauche suivant que nous nous servirons de l'œil droit ou de l'œil gauche. Les images produites, par un même objet, dans les deux yeux sont donc différentes.

C'est à l'action simultanée de ces deux sensations distinctes, à la superposition des perceptions correspondantes à ces deux images disymétriques qu'il faut attribuer la notion du relief des corps.

Un tableau, quelque réussi qu'il soit, ne procurera jamais la sensation de relief, car les deux images formées par les yeux sont identiques; mais on comprend qu'on puisse arriver à obtenir cette sensation à l'aide de deux figures planes, convenablement dessinées, représentant l'aspect différent sous lequel un corps est vu par chacun des yeux. Les dessins ainsi obtenus, placés l'un à côté de l'autre et regardés chacun par l'œil correspondant donneront la sensation du relief, pourvu que les yeux regardent exclusivement chacun une image et que cependant on puisse superposer les deux images produites.

Cette ingénieuse théorie est due à Wheastone; elle est confirmée par les effets d'un instrument connu de tous aujourd'hui, le *stéréoscope*, qui fait voir, en relief, des dessins plans d'objets à trois dimensions. Le dispositif du stéréoscope a surtout pour but de permettre à l'observateur la recherche et le maintien de la position convenable des yeux, pour faire coïncider les deux images provenant de deux figures planes.

Stéréoscope. — Dans l'appareil primitif, la coïncidence des deux images était obtenue par la réflexion sur deux miroirs plans inclinés à 45°, c'est-à-dire de la moitié de l'angle droit. Brewster opéra la coïncidence par réfraction, au lieu de se servir de la réflexion.

Le stéréoscope à prisme (fig. 75) se compose de deux

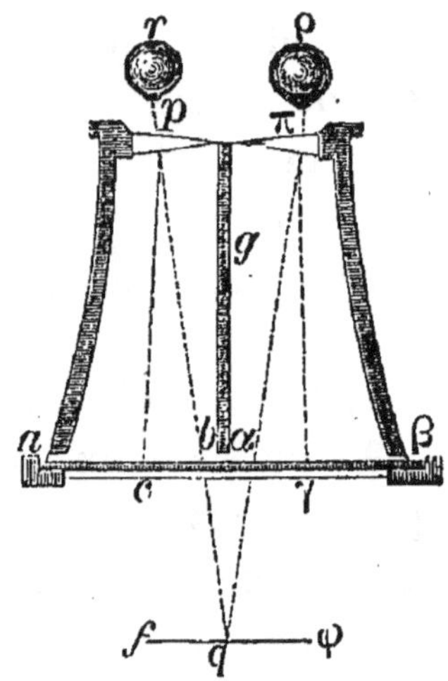

Fig. 75. — Stéréoscope à prismes.

prismes très aigus p et π opposés par leurs sommets. Il résulte de là que les rayons lumineux partis des deux points c et γ des dessins ab et $\alpha\beta$ subissent, en traversant les points correspondants, une déviation telle qu'ils semblent émaner d'un même point q. Les images des deux points c et γ vont ainsi se peindre, sur les deux surfaces rétiniennes, en des points correspondants, de sorte que leurs impressions se fusionnent et font voir un point unique q. Il en est de même pour tous les autres points des dessins ab et $\alpha\beta$

qui, pris deux à deux, confondent leurs impressions, et au lieu de voir deux images distinctes, on n'en aperçoit qu'une seule ; mais comme les dessins plans *ab* et *αβ* sont eux-mêmes des représentations d'un objet unique, vu de deux points différents, on a la sensation d'une image en relief comme si on regardait l'objet lui-même.

Un écran *g* sépare en deux la caisse de l'instrument et empêche que le dessin correspondant à l'œil droit ne soit vu par l'œil gauche et réciproquement. Si les prismes n'existaient pas, il faudrait, pour atteindre le même résultat, que l'œil *r* fixât le point *c* et l'œil *ρ* le point *γ*, c'est-à-dire que les axes des yeux fussent parallèles. On arrive, avec un peu d'exercice, à obtenir ce parallélisme tout en regardant des objets rapprochés, mais ce n'est pas sans un certain effort qu'on parvient ainsi à dissocier les mouvements des yeux. On remplace souvent les prismes par des demi-lentilles ; pour cela on coupe en deux une lentille biconvexe et on place la moitié droite devant l'œil gauche et la moitié gauche devant l'œil droit, le bord épais tourné en dehors. Ces deux moitiés de lentilles sont préférables aux prismes, car les surfaces courbes produisent un certain grossissement qui est favorable à la clarté de la vision.

Pour que la coïncidence soit absolue et l'illusion complète, il est nécessaire de se servir d'une photographie, car il est impossible d'exécuter à la main une reproduction exacte d'objets un peu compliqués. La photographie lève cette difficulté, et si l'on regarde, dans le stéréoscope, deux images photographiques de la même personne, on verra les yeux, les lèvres, le nez, toutes les parties saillantes du visage et du corps, se détacher nettement du fond de l'épreuve avec leurs dimensions proportionnelles, si bien que l'illusion sera complète. Les deux épreuves photographiques accolées ne doivent pas être rigoureusement identiques, elles doivent être prises en photographiant deux fois le même objet, à partir de deux points de vue un peu différents.

Pourtant lorsqu'il s'agit de figures purement géométriques, on peut avoir recours au dessin pour obtenir des perspectives différentes du même objet prises à des points de vue différents. Bien que les figures ainsi obtenues ne soient que des réunions de simples traits sans ombre, l'impression qu'elles produisent est très vive et très nette.

Quand on regarde au stéréoscope une double épreuve photographique, la sensation de relief qu'on éprouve est parfaitement distincte de celle à laquelle donne lieu une perspective exacte. Vient-on à fermer un œil, la sensation change : c'est alors le relief dû à la perspective, c'est le genre d'illusion qu'on éprouve devant un décor de théâtre bien exécuté, ou bien quand on regarde, dans un diorama, à l'aide de verres grossissants, des objets en perspective. Il suffit d'ouvrir l'autre œil pour que l'image semble s'animer d'un mouvement particulier, et alors le relief se produit. Il y a des personnes qui ne peuvent parvenir à superposer les images stéréoscopiques et à obtenir la sensation du relief. Arago était dans ce cas. Cette inaptitude tient probablement à l'inégale sensibilité des deux yeux.

CHAPITRE IV

Corps vivants et corps inertes. — Dans un des chapitres précédents nous avons étudié un certain nombre de faits propres à une catégorie de corps, les végétaux, qui partagent avec les animaux l'appellation de *corps vivants*. A côté de ces corps vivants, l'observation constate l'existence d'un nombre prodigieux de corps dits *inertes* qui se dérobent aux influences vitales, et lorsqu'on recherche les différences qui séparent ces deux catégories d'individus, on est frappé par la présence constante du caractère suivant. Quelle que soit la nature de la substance inerte, qu'elle soit simple ou composée, c'est-à-dire formée par un corps élémentaire ou par une réunion de corps élémentaires, elle sera ou entièrement solide, ou entièrement liquide, ou entièrement gazeuse. Au contraire, dans un même corps vivant on rencontre à la fois des solides, des liquides, des gaz.

Les trois états de la matière. — C'est le toucher qui nous donne les notions les plus exactes sur ces trois états de la matière (solide, liquide, gazeux). Au contact des corps, la main éprouve des résistances différentes qui nous les font reconnaître.

Les solides ont une forme spéciale qui ne peut être modifiée que par un certain effort ; un morceau de sucre, par exemple, conservera sa forme tant qu'un choc plus ou moins énergique ne viendra pas le faire tomber en poussière.

Les liquides n'ont point de formes spéciales ; ils empruntent celles qu'ils présentent au moment de l'observation, au vase où ils sont contenus. L'eau dont une carafe est remplie en emprunte la forme, elle prendra celle d'un verre à boire du moment qu'elle sera versée de la carafe dans le verre. Il faut donc que chez les liquides les molécules constituantes possèdent une grande mobilité unie à la faculté de se souder aisément les unes aux autres.

La mobilité des gaz est plus grande encore que celle des liquides ; quelque grand que soit l'espace qu'on lui offre, un gaz tendra toujours à l'occuper. Pour le démontrer, on prend une petite poche en caoutchouc (celles qui constituent l'enveloppe du jouet connu sous le nom de *ballon captif* sont très convenables), on y insuffle une certaine quantité d'air, de manière à la rendre légèrement turgide, puis on en ferme hermétiquement l'ouverture avec un lien. Cela fait, on introduit cette espèce de boule d'air dans un bocal à large ouverture préalablement rempli d'acide carbonique (Voyez chapitre XI, *Récréations chimiques*) et muni d'un bon bouchon de liège dont on a obturé tous les pores, en le plaçant dans la cire fondue. On verse alors rapidement, dans le vase, une dissolution faible de potasse, de manière à le remplir à moitié, on ferme vivement et l'on agite. Le vide se produit plus ou moins complètement dans le bocal, et l'on voit le volume du ballon augmenter considérablement par suite de l'expansion du gaz. Quand l'effet produit a cessé, on perce le bouchon avec un poinçon, l'air entre dans le vase et la boule reprend son volume primitif.

Ces trois états solide, (liquide, gazeux) de la matière n'ont d'ailleurs rien d'absolu.

L'eau qu'emploie le mécanicien dans la locomotive passe à l'état de gaz sous l'influence de la chaleur. Cette eau prendrait la forme solide dans la grue hydraulique qui sert à alimenter le tender, si elle subissait un abaissement de température suffisant, si pendant l'hiver on n'avait soin d'empêcher cette solidification en entourant les tuyaux avec de la paille ou du feutre.

Propriétés des corps. — Les corps inertes et les corps vivants possèdent plusieurs manières d'impressionner nos sens, ce que l'on exprime, dans le langage scientifique, en disant qu'ils ont une foule de *propriétés*. Quelques-unes de ces propriétés sont spéciales au corps que l'on considère, ainsi la saveur du sucre est douce, celle du sel de cuisine est salée, celle du vinaigre acide ; la neige est blanche, l'encre est noire ; la forme extérieure d'un oiseau n'est pas la même que celle d'un poisson. Ces propriétés constituent pour ainsi dire le signalement de l'individu et par suite ne sauraient être étudiées d'une manière générale. Il en est d'autres, au contraire, qui sont l'apanage de tous les corps et qui à ce titre peuvent être examinées ici.

Ce sont : 1° l'étendue ; 2° l'impénétrabilité ; 3° la divisibilité ; 4° la porosité ; 5° la compressibilité ; 6° l'élasticité ; 7° la dilatabilité ; 8° la mobilité ; 9° l'inertie ; 10° la pesanteur.

1° Étendue. — Lorsque la surface d'un corps est parfaitement régulière, il est facile de la mesurer à l'aide des méthodes qu'enseigne la géométrie ; ces méthodes deviennent insuffisantes quand il s'agit des surfaces irrégulières. La physique intervient alors et supplée à l'impuissance du calcul. S'agit-il, par exemple, d'apprécier la surface d'un corps irrégulier tel qu'un fragment de papier, une lame de métal, le physicien pèse la feuille ou la lame, puis il découpe dans ces corps un carré d'un centimètre de côté, et il pèse la surface régulière ainsi obtenue. Alors, en divisant le premier poids par le second, le quotient obtenu lui fait connaître, en centimètres carrés, la surface du corps irrégulier.

Veut-il connaître la longueur d'un paquet de fil de fer sans dérouler ce fil, car cette opération est souvent longue et ennuyeuse, il pèsera le paquet, en détachera une longueur d'un mètre qu'il pèsera exactement ; le quotient du premier nombre par le deuxième indiquera le nombre de mètres de fil contenus dans le paquet.

2° **Impénétrabilité.** — Un corps, du moment qu'il existe, exclut forcément tout autre corps du lieu qu'il occupe. Cette vérité semble d'abord en contradiction avec certains faits journaliers : un clou pénètre dans une planche sous l'influence du choc du marteau ; la hache fend le bois ; une pierre qu'on laisse tomber dans un puits gagne le fond de l'eau ; mais le clou, la hache n'ont fait que refouler le bois et se loger à sa place, la pierre a écarté progressivement toutes les molécules liquides rencontrées sur son passage. Ces objections et bien d'autres encore qu'on pourrait soulever n'ébranlent en rien, par suite, le principe de l'impénétrabilité des corps.

L'impénétrabilité et l'étendue réunies peuvent servir à définir les corps, mais l'étendue seule ne suffirait pas. L'ombre d'un objet produite par le soleil est étendue, mais elle n'est pas impénétrable : ce n'est pas un corps. De même, lorsqu'on place, devant un miroir concave en métal poli, un objet dont les dimensions sont en rapport avec celles du miroir, il se forme, à quelque distance de cette surface réfléchissante, une image fort ressemblante de l'objet. Cette image peut être aperçue avec une grande netteté pourvu qu'on soit placé à une distance convenable ; elle est étendue, mais non impénétrable. On peut y plonger la main sans éprouver la moindre résistance, les parties que l'on touche ne se déplacent pas, elles s'évanouissent. En disposant convenablement un deuxième miroir, il est possible de faire arriver au même lieu l'image d'un deuxième objet, sans que la première soit déplacée ou dérangée. Toutes ces images sont des *formes* et non de la matière sensible.

L'impénétrabilité des substances solides et liquides est tellement évidente qu'il ne viendra à l'esprit de personne de la mettre en doute. Celle des gaz est moins facile à constater, on la rend sensible en enfonçant dans l'eau un verre à boire, dont l'ouverture est tournée vers le liquide. On voit que malgré l'effort que l'on exerce sur le verre, un moment arrive, où il devient impossible de faire pénétrer davantage l'eau dans le vase, ce qui démontre que l'air emprisonné s'oppose à l'entrée de l'eau, et que par suite ce gaz est impénétrable comme les solides et les liquides.

Faisons deux autres expériences. Au goulot d'une bouteille adaptons un entonnoir dont la douille s'applique bien exactement aux parois du vase, et versons de l'eau dans l'entonnoir. Au bout d'un moment, l'écoulement s'arrêtera, il faudra soulever un peu l'entonnoir, ou mettre un peu de côté, entre lui et le goulot, un petit morceau de papier plié en plusieurs doubles ou une petite cheville en bois, pour permettre à l'air contenu dans la bouteille de sortir et de faire place au liquide.

Plaçons une petite bougie allumée sur un morceau de liège que nous ferons flotter sur l'eau d'une cuvette, puis recouvrons le tout d'une cloche de verre (une cloche à fromage ou à melon). Enfonçons un peu cette cloche dans l'eau, jusqu'à ce que nous éprouvions une certaine résistance, et alors si la bougie a été préalablement allumée, elle brûlera quelque temps au fond de l'eau, tant que l'air n'aura pas perdu ses propriétés comburantes.

Cloche à plongeur. — C'est sur le principe de l'impénétrabilité qu'est fondée *la cloche à plongeur* qui permet de descendre dans la mer ou dans les fleuves à une grande profondeur, et d'y séjourner aussi longtemps qu'il est nécessaire soit pour aller chercher les objets submergés, soit pour pêcher les perles et le corail, soit pour faciliter les constructions sous-marines.

La cloche à plongeur a rendu de grands services, mais elle présente cet inconvénient que l'ouvrier renfermé dans un espace relativement étroit ne peut travailler que sur une étendue très limitée.

Scaphandre. — Le scaphandre a étendu les limites des investigations qui s'exécutent au fond de la mer et des rivières. Voici en quoi consiste un des plus employés, le scaphandre Cabirol. Il se compose (fig. 76) de deux parties essentielles : 1° l'ensemble des objets à revêtir le plongeur ; 2° la pompe chargée de lui envoyer l'air nécessaire. La première partie comprend, d'une part, le casque et la pèlerine de métal qui y fait suite, d'autre part le vêtement imperméable. Le casque est en cuivre étamé, il porte quatre fenêtres en verre à la partie antérieure, l'une au milieu A, deux par côté B, et la quatrième C, en haut. Ces fenêtres sont protégées contre les chocs par des treillis en fil de cuivre. A l'arrière, vient aboutir le tuyau de conduite d'air E. En face, de l'autre côté, se trouve la soupape qui donne issue à l'air expiré et à celui fourni en excès par la pompe. De plus, un robinet D, dit de secours, placé sur la partie antérieure

Fig. 76. — Scaphandre Cabirol.

du casque devant la bouche du plongeur, permet d'augmenter encore l'issue réservée aux gaz. La pèlerine est munie de crochets destinés à suspendre les poids nécessaires à la stabilité du travailleur, elle se visse avec le casque ; deux boulons à oreille s'opposent à la séparation.

Le vêtement en coton croisé ou en forte toile, doublé d'une couche épaisse de caoutchouc, est d'une seule pièce, depuis le haut jusqu'en bas. Il s'attache à la pèlerine de métal, à l'aide d'un morceau de cuir ; le tout est fortement réuni par des écrous. Des manchettes et des lanières en caoutchouc vulcanisé ferment hermétiquement le vêtement aux poignets. L'accoutrement est terminé par un plastron G, en plomb, par une paire de brodequins à semelle de plomb et par une ceinture de cuir portant un fourreau en cuivre dans lequel est placé un poignard dont le plongeur se sert pour trancher ce qui pourrait faire obstacle à ses mouvements et au besoin pour se défendre contre les agressions des habitants de la mer. C'est aussi à cette ceinture que l'on attache la corde I, avec laquelle le plongeur communique avec la surface de l'eau. Le tube qui fournit l'air au travailleur est indiqué par la lettre F.

3° **Divisibilité**. — On sait que, sous l'influence de certaines actions mécaniques, les corps peuvent être divisés en fragments d'un volume moins considérable. Ainsi la pierre se casse sous l'influence du marteau, en donnant des parties plus ou moins volumineuses, et ces parties elles-mêmes peuvent se traduire en particules de plus en plus fines. De prime abord, il semblerait que la divisibilité de la matière est infinie ; en effet, un corps, par cela même qu'il est perceptible à nos sens, doit pouvoir être fractionné. Néanmoins il est démontré aujourd'hui que cette divisibilité a une limite et que l'on doit considérer les corps comme résultant de la réunion, en nombre illimité, d'éléments insécables, d'une petitesse incalculable et d'une forme inconnue ; ce sont les *atomes*. Dans le langage ordinaire, on fait souvent le mot *molécule* synonyme d'atome ; dans le langage scientifique, ces deux mots ont aujourd'hui des acceptions différentes.

Un moment arrive où les particules solides se présentent dans un tel état de division qu'elles échapperaient à nos sens, si nous ne faisions intervenir certains moyens d'investigation. Ainsi les innombrables particules solides qui voltigent dans l'atmosphère ne sont point visibles ; mais si, pendant le jour, après avoir rendu une chambre complètement obscure, nous perçons, à l'aide d'une vrille, le volet d'une des fenêtres, de façon à permettre à un rayon de soleil de pénétrer dans cet espace, nous verrons voltiger une foule de *grains de poussière*, dans la traînée lumineuse que nous avons ainsi formée. Ces grains de poussière, nous pouvons également les apercevoir lorsqu'ils sont déposés, en certaine quantité, sur la surface d'un corps poli, une glace, un meuble verni, dont ils auront terni l'éclat.

Ces poussières sont tellement fines qu'il faudrait empiler, les uns sur les autres, des centaines des petits corps qui les composent, pour arriver à faire l'épaisseur d'un millimètre. Eh bien ! la main de l'aveugle en constate l'existence. Sans avoir une délicatesse aussi exquise du toucher, une main ordinaire appréciera la présence ou l'absence d'un fil de laine ou d'un fil de soie, et pourtant les fibres de laine ordinaire n'ont qu'un 5/100 de millimètre de diamètre, celles de laine mérinos 2/100, celles de la soie 1/100. Voilà une merveilleuse divisibilité à laquelle atteint la nature ; nous pourrions en citer d'autres exemples. A l'aide du microscope, par exemple, nous avons appris à constater dans les eaux stagnantes, dans les infusions, la présence d'êtres vivants dont les dimensions sont telles qu'on a calculé qu'il faudrait cinq cents milliards de certains de ces animaux, pour remplir un espace de dix millimètres cubes, de sorte qu'il pourrait en tenir plusieurs milliers sur la pointe d'une épingle. Or, chacun de ces êtres possède des organes appropriés à la dimension de son corps, et dans ces organismes il existe forcément des liquides, dans un état de division extraordinaire.

L'homme peut arriver à produire une grande division de la matière. Prenons, par exemple, dix centigrammes de cuivre métallique, dissolvons-le dans l'acide azotique étendu d'eau et versons de l'ammoniaque dans le liquide : on aura une eau d'un bleu céleste ; ajoutons-y de l'eau distillée, de manière à compléter un litre. Or, un litre contient mille grammes d'eau, un gramme d'eau peut être partagé aisément en vingt gouttes ; il y aura donc, dans un litre, vingt mille gouttes dont la couleur bleue est parfaitement appréciable ; chacune contiendra par suite 1/200,000 de gramme de cuivre.

Les *bulles de savon*, dont nous aurons plus tard l'occasion d'étudier la formation, sont des lames d'eau excessivement minces ; à leur sommet, elles ont 1/10,000 de millimètre, et elles n'ont plus que 1/100,000 lorsqu'elles sont sur le point d'éclater et qu'elles présentent une tache noire.

L'expérience suivante est d'une réalisation facile. On prend un tube de verre creux de 5 millimètres de diamètre environ et de 10 à 12 centimètres de longueur, on le présente, par son milieu, à la flamme d'une lampe à alcool, en le faisant rouler avec précaution, entre le pouce et l'index de chaque main, et quand il est chauffé au rouge blanc, dans sa partie centrale, on l'étire doucement comme si on voulait séparer les deux moitiés. Alors, on voit progressivement se développer un fil, dont la longueur peut dépasser un mètre, et qui comme finesse et souplesse peut rivaliser avec la soie, et pourtant ce tube est creux, il a des parois et un canal intérieur, dans lequel il est possible de faire passer des liquides.

Lorsque les corps sont divisés par des procédés mécaniques, il arrive parfois que la matière acquiert une ténuité telle que ses particules agitées dans l'eau y restent suspendues, pendant plusieurs heures et même pendant plusieurs jours, avant de se déposer. De là un procédé de pulvérisation qui est connu en pharmacie sous le nom de *lévigation* et qui est employé, dans les arts, pour se procurer des substances dans un grand état de division. Ainsi le *smalt* est un silicate de potasse et de cobalt qui se présente sous la forme d'un verre bleu, lequel, réduit en poudre et délayé avec de l'eau, donne les différentes variétés d'*azur*. Pour obtenir ces variétés, on broie le verre ; la poussière qui résulte de l'opération est ensuite agitée avec de l'eau. Au bout de quelque temps, les particules les plus grossières se sont déposées et l'on tire le liquide au clair. On le laisse ensuite se reposer pendant une heure, puis on le transvase de nouveau pour le laisser reposer pendant une autre heure et ainsi de suite jusqu'à quatre fois. Le dépôt qui se forme après la quatrième heure se nomme *azur des quatre feux;* les autres dépôts portent le nom d'azur des *troisième, deuxième* et *premier feu.*

On se procure, par un procédé semblable, les diverses variétés d'*émeri* qui existent dans le commerce. Pour cela, on commence par pulvériser l'émeri sous des pilons de fonte, on le broie ensuite dans des moulins d'acier, puis on délaye la masse dans l'eau et on laisse reposer

plus ou moins longtemps. Pour avoir l'émeri le plus fin,
on délaye la masse broyée dans de l'eau, on laisse reposer le tout pendant une demi-heure, et quand ce temps
est écoulé, on transvase le liquide dans un autre vase où il
achève de laisser déposer les particules solides qu'il tenait
encore en suspension. Voilà l'*émeri de trente minutes*, le
plus fin de tous. On recommence la même opération,

Fig. 77. — Vaporisateur.

on transvase au bout d'un quart d'heure et l'on sépare
l'émeri qui est susceptible de flotter dans l'eau pendant
quinze minutes. On obtient ainsi une poudre beaucoup
moins fine que la précédente et l'on va alors en diminuant,
jusqu'à ne plus attendre qu'une demi-minute pour répéter
l'opération. On a ainsi des émeris pouvant servir à divers
usages. Le gros émeri (*émeri de trente secondes*) sert à

tailler les corps durs, l'*émeri de trente minutes* est destiné à les polir.

Les liquides, lorsqu'ils sont mélangés d'air et dans un grand état de division, affectent parfois la forme d'une véritable poussière. Le procédé employé pour obtenir ce résultat consiste à forcer le liquide, contenu dans un réservoir dont les parties sont très résistantes, à s'échapper de cette capacité sous forme d'un filet extrêmement mince, en obéissant à la pression d'une plus ou moins grande quantité d'air refoulé dans le réservoir. Si ce filet liquide, qui est animé d'une certaine vitesse, rencontre, à sa sortie du vase, une surface résistante qu'il frappe obliquement, il va se diviser en donnant naissance à une fine poussière.

Un procédé commode pour pulvériser ainsi les liquides consiste à faire usage d'un de ces appareils connus sous le nom de *vaporisateurs*. Dans celui qui est représenté par la figure 77, on détermine la pulvérisation en introduisant de l'eau ou tout autre liquide, dans un flacon en cristal surmonté d'une boule en caoutchouc munie d'un tube de verre qui descend jusqu'au fond du flacon. En comprimant la boule de caoutchouc avec la main, on détermine l'ascension du liquide qui s'échappe, mélangé d'air, sous la forme d'un léger brouillard.

4° **Porosité.** — On appelle *pores* d'un corps les intervalles qui existent entre les diverses parties qui le composent. Les vides que présente une éponge ne sont que des pores de grandes dimensions. Le tissu de cette éponge est formé de mailles qui sont des pores un peu plus petits, et enfin la substance qui forme ces mailles présente elle-même des vides, des pores qui échappent à la vue.

Il y a donc lieu de considérer, dans tous les corps, deux sortes de porosités : l'une (pores visibles) qui dépend du mode d'agrégation ou d'organisation des particules matérielles et d'une multitude de circonstances accidentelles; l'autre (pores intermoléculaires) est inhérente à la nature même des corps et peut exister concurremment avec la première.

C'est en vertu des pores visibles qu'un grand nombre de corps se laissent traverser par les substances liquides ou gazeuses. Chacun connaît la facilité avec laquelle les étoffes et les papiers non collés sont pénétrés par l'eau. Un monceau de sable, dont la base est baignée par un liquide, ne tardera pas à être imbibé jusqu'au sommet. Si le feu se conserve sous la cendre, c'est parce que l'air peut pénétrer jusqu'au charbon incandescent. En plaçant sur une assiette une poignée de sel de cuisine et versant, sur cette substance, un peu d'eau colorée par de l'indigo en dissolution dans l'acide sulfurique, on voit la couleur bleue pénétrer peu à peu dans la masse. Une légère solution de sulfate de cuivre ammoniacal communique au sel une couleur plus belle et plus visible.

Un cube d'acajou sec, de trois à quatre centimètres de côté, placé dans une soucoupe contenant un peu d'essence de térébenthine est rapidement imbibé par cette huile essentielle, ce dont on peut se convaincre en mettant le feu à la partie supérieure du morceau de bois.

Cette porosité varie d'ailleurs avec les corps. Ainsi certains grès, certaines pierres calcaires, laissent passer l'eau avec une grande facilité ou s'en imbibent promptement quand ils sont plongés dans ce liquide, aussi sont-ils employés pour la construction des fontaines filtrantes. Plaçons un morceau de craie dans un vase rempli d'eau, nous verrons l'eau, absorbée par les pores, pénétrer dans l'intérieur de la masse solide, tandis qu'une infinité de pe tites bulles gazeuses s'en élèveront. Avec un morceau de marbre, on ne constatera rien de semblable ; l'eau qu'on jette sur sa surface n'est point absorbée. Aussi quand on vient à briser le morceau de craie qui a séjourné dans l'eau, on le trouve pénétré par le liquide jusqu'au centre, tandis que chez le marbre une couche superficielle a été seule mouillée. Cette immunité du marbre, vis-à-vis de l'imbibition, n'est point aussi grande qu'on pourrait le croire, car un bloc de marbre qu'on laisserait séjourner, pendant longtemps, au fond d'une rivière ou de la mer en sortirait plus ou moins pénétré par l'eau. Ici, c'est la pression qui a déterminé la pénétration du liquide. Ajoutons que cette pression serait sans effet sur certains corps plongés dans l'eau ; le verre par exemple, se laissera briser si la pression est suffisante, mais jusque-là il opposera un obstacle infranchissable à la pénétration de l'eau.

Lorsque, par suite de leur porosité, les corps se sont laissés pénétrer par un liquide, lorsqu'ils se sont imbibés en un mot et que l'imbibition est prononcée, on constate qu'il se produit des changements de volume, de forme, de consistance. Tous les liquides ne sont pas aptes à produire ces phénomènes ; ainsi les huiles grasses, en pénétrant dans les corps n'en augmentent pas le volume, elles ne les ramollissent pas, comme fait l'eau. Aussi lorsqu'on veut graisser, avec de l'huile, le cuir des chaussures, par exemple, afin de lui conserver sa mollesse et sa flexibilité, il faut d'abord le ramollir en le mouillant avec un éponge humide et le graisser pendant qu'il sèche ; l'huile se loge alors dans les pores ouverts par l'eau et donne de la souplesse à la substance animale.

C'est à cause de leur porosité que certaines substances telles que la terre de pipe, la terre à foulon, la stéatite ou craie de Briançon, sont employées pour faire disparaître les taches d'huile répandues sur le papier, les vêtements, les bois, les pierres mêmes. On recouvre la tache avec de la terre de pipe délayée dans de l'eau ou de l'alcool. Pendant la dessiccation, l'argile absorbe l'huile et au bout d'un certain temps il n'en reste plus trace; on peut même enlever, avec la craie de Briançon, des taches d'huile sur des objets qui, comme le papier, ne doivent pas être mouillés. Nous ferons remarquer que l'effet n'est produit qu'autant que la tache n'est pas ancienne, car l'huile altérée n'est pas absorbée par l'argile.

Toutes les expériences suivantes sont fondées sur la porosité et l'imbibition.

Etanchement des tonneaux. — On sait que les tonneaux vides, abandonnés à eux-mêmes, se dessèchent, se disjoignent et deviennent incapables de contenir des liquides. Pour les rendre propres à remplir leur destination, il suffit de les plonger dans l'eau et de les y laisser séjourner pendant quelque temps, alors les bois se gonflent et toutes les ouvertures qui s'étaient manifestées se bouchent d'elles-mêmes.

Gonflement des portes et des fenêtres. — Lorsque des boiseries telles que les portes et les fenêtres sont exposées, pendant un certain temps, à l'air humide, elles se gonflent, au point que souvent il devient impossible de les ouvrir ou de les fermer. La cause de ce gonflement n'est autre chose que l'imbibition résultant de la porosité; donc pour empêcher ce gonflement, il suffira d'appliquer sur le bois, une couche de peinture ou de bitume qui obturera les pores et qui remplira d'autant mieux le but désiré que le liquide aura pénétré davantage.

Tension du papier. — Lorsqu'un corps a été imbibé

d'humidité et qu'il vient à se dessécher, il tend à revenir, en tout ou en partie, à sa première dimension. On met cette propriété à contribution lorsqu'on veut tendre une feuille de papier sur un cadre. On la mouille d'abord avec soin, puis on colle ses bords sur ceux du cadre. Sous l'influence de l'humidité, la feuille de papier s'est agrandie dans toutes ses dimensions. Par la dessiccation, elle va revenir à sa première grandeur, mais comme par ses bords elle est retenue de tout point, elle se tend et reste parfaitement unie. Il est vrai que parfois elle se déchire ou se décolle, cet effet provient de ce qu'on l'a trop tendue, alors qu'elle était encore mouillée. Un phénomène analogue se manifeste dans les boiseries qui ont été confectionnées avec du bois humide ou vert ; par la dessiccation, elles se disjoignent ou même se fendent, si les jointures sont trop solides pour céder.

Allongement et rétrécissement des cordes. — Il peut arriver que, sous l'influence de l'imbibition d'une part et d'un certain arrangement des parties de l'autre, un corps s'allonge dans un sens et se rétrécisse dans l'autre. C'est ce qui arrive pour les cordes. Plongeons une corde dans l'eau, nous la verrons diminuer de longueur et augmenter de diamètre. Ces deux effets sont dus à la même cause, l'obliquité des fibres que la torsion a disposées en lignes spirales. La corde, en se desséchant, reprendra bien un peu de sa longueur, mais elle ne reviendra jamais à son état primitif, car les molécules, dans ces nouvelles conditions, ont à vaincre un frottement trop considérable pour pourvoir glisser les unes contre les autres. Les cordes à boyau, par suite de la torsion qu'elles ont subie, se rétrécissent, sous l'influence de l'humidité, comme les cordes en fibres végétales. Il existe donc une différence essentielle entre les cordes d'une part et les substances telles que le papier, le parchemin, qui n'ont pas éprouvé des torsions et qui se dilatent quand elles subissent l'action de l'humidité.

Resserrement des toiles. — Les toiles sont constituées par des fils tordus disposés suivant deux directions, les uns, *fils de chaîne*, forment la longueur de l'étoffe, tandis que les autres, *fils de trame*, en font la largeur. — Il résulte de là que lorsqu'une toile neuve reste plongée dans l'eau, pendant quelque temps, elle subit un rétrécissement dans tous les sens. Lorsqu'une toile a été mouillée plusieurs fois, elle ne se rétrécit plus. Au contraire, lorsqu'une toile est vieille et qu'on la plonge dans l'eau, elle s'élargit dans tous les sens, absolument comme une feuille de papier, puis elle revient à ses dimensions primitives, par suite de la dessiccation. On comprend qu'il en soit ainsi, car, par un long usage, tous les fils constituants de l'étoffe se sont détordus et toutes leurs parties sont alors dans un parallélisme plus ou moins complet.

Incurvation sous l'influence de l'humidité. — Lorsque, par imbibition, l'humidité ne pénètre pas également dans toutes les parties d'un corps, il en résulte une déformation qu'il est facile de constater par l'observation d'une part et l'expérience de l'autre. — Ainsi, très souvent les lambris qui sont placés contre une muraille humide se courbent, se voilent. Cela tient à ce que ordinairement on se contente de faire peindre à l'huile la surface extérieure de ces boiseries, tandis que le côté qui regarde la muraille reste tel qu'il sort des mains du menuisier. L'imbibition se faisant par cette face tend à l'agrandir, tandis que la première reste intacte, de là une incurvation.

Pour déterminer l'incurvation d'un feuille de papier épais, il suffit de la mouiller avec une éponge sur une face seulement, cette face s'agrandit, la seconde reste telle quelle, de là une incurvation. Pour courber une pièce de bois, on est dans l'usage d'allumer du feu sous la face qui doit présenter une concavité, tandis qu'on mouille la face opposée. Par l'action du feu, on enlève l'humidité d'une face qui se rétracte, tandis que l'eau d'imbibition dilate la seconde. Ces deux actions opposées courbent la pièce de bois quelque volumineuse qu'elle soit.

Expérience de Bonnet. — Feuille artificielle. — Une substance animale telle que le parchemin, se dilate, avons-nous dit, sous l'influence de l'humidité et se contracte en se desséchant, tandis qu'une toile neuve de lin ou de chanvre, placée dans les mêmes conditions, subira les mêmes modifications en sens inverse. Pour expliquer le sommeil des feuilles, Bonnet admettait que la face supérieure des feuilles se contractait, pendant le jour, sous l'influence de la sécheresse, tandis que la face inférieure se contractait, pendant la nuit, par l'effet de l'humidité. Partant de cette idée, il construisit une feuille artificielle dont la lame supérieure était en parchemin et se contractait par la sécheresse, tandis que la lame inférieure était en toile et se resserrait par l'humidité. Cet appareil exposé à une forte chaleur d'abord et ensuite à l'humidité, exécute des mouvements. Il est curieux à ce point de vue ; mais les botanistes savent aujourd'hui que cette expérience ne peut servir, en rien, à expliquer les mouvements singuliers qui constituent le sommeil des plantes et les mouvements inverses qui amènent leur réveil.

Écriture en relief sur le bois. — L'augmentation de volume que subit le bois, sous l'influence de l'humidité, permet de tracer à sa surface des lignes, des lettres, en relief. Pour cela, à l'aide d'un poinçon, d'un matoir ou de tout autre instrument analogue, on enfonce le bois suivant les lignes qu'on désire obtenir, puis on rabote la surface jusqu'à disparition des creux qu'on a produits. En plongeant le bois dans l'eau, la matière se gonfle et les parties qui avaient été comprimées, reprenant leur volume primitif, se montrent en relief.

Porosité des solides par rapport aux gaz. — Les gaz aussi bien que les liquides sont susceptibles de traverser les solides, grâce aux pores de ces derniers; nous n'en voulons pour preuve que la facilité avec laquelle se dégonflent *les ballons captifs* si recherchés par les enfants. Lorsque la cloison qui sépare les gaz est poreuse, le passage s'effectue avec une grande vitesse.

Expérience de Jamin. — On prend un vase poreux A d'une pile de Bunsen (fig. 78),, on le ferme avec un bouchon de liège bien mastiqué. Dans ce bouchon, on fixe un tube droit C en verre de 1 mètre de hauteur, dont l'extrémité libre plonge dans l'eau. Ce bouchon porte également un tube B recourbé à angle droit et pénétrant jusqu'au fond du vase poreux. L'appareil étant disposé comme le montre la figure, on fait passer à travers le cylindre un courant de gaz hydrogène qui entre par B et sort par l'extrémité du tube C, en barbotant dans l'eau. Si l'on a eu soin de disposer vers B un robinet, et si au bout de quelques instants, alors que l'hydrogène a entraîné tout l'air atmosphérique, on ferme brusquement la communication du réservoir A avec l'appareil producteur du gaz hydrogène (voy. chapitre XI, *Récréations chimiques*), on voit aussitôt l'eau s'élever, dans le tube C, sous l'influence d'une forte diminution de la force élastique du gaz intérieur. Cette diminution de pression ne peut s'expliquerque par l'écoulement rapide de l'hydrogène, à travers les pores du cylindre. Cet écoulement, se faisant plus rapidement que la rentrée de l'air, produit dans le vase poreux un vide momentané qui détermine l'ascension de l'eau dans le tube vertical. — Peu à peu l'air ayant remplacé l'hydro-

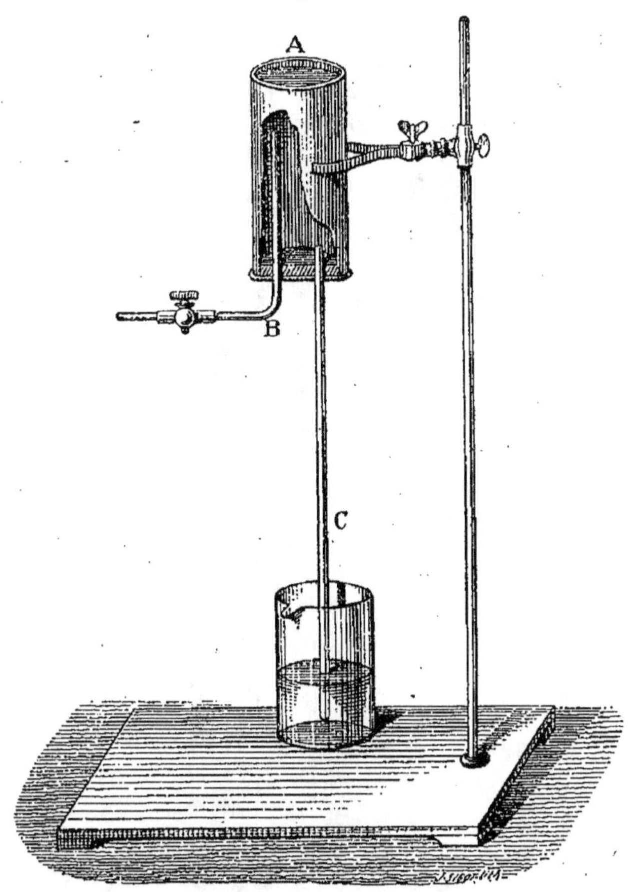

Fig. 78. — Expérience de Jamin.

gène, l'équilibre se rétablit et l'eau retombe : à défaut du vase de Bunsen, on peut se servir d'un de ces pots en terre cuite qui servent à transporter les fraises, mais le mouvement ascensionnel est moins prononcé.

L'expérience suivante est l'inverse de la première :

On prend un flacon de verre F (fig. 79) que l'on remplit, à moitié, d'eau colorée par un peu de fuchsine. L'ouver-

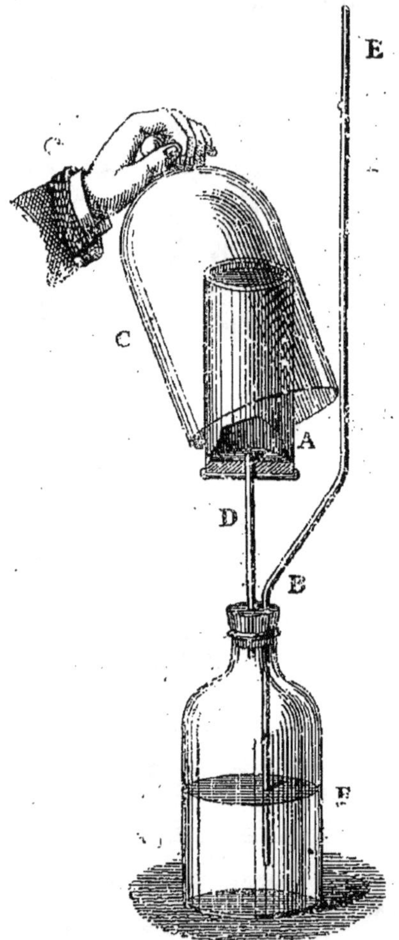

Fig. 79. — Diffusion de l'hydrogène.

ture de ce flacon est fermée par un bouchon B, percé de deux trous, le premier donne passage à un tube D qui pénètre dans un vase poreux A disposé comme dans l'expérience précédente ; le deuxième E, long d'un mètre environ, descend jusqu'au fond du flacon F, et après s'être coudé deux fois, remonte parallèlement au cylindre A. Si l'on enveloppe le cylindre A d'une atmosphère d'hydrogène en le coiffant avec une cloche C pleine de ce gaz, aussitôt l'hydrogène pénètre dans ce vase, augmente la force élastique du gaz qu'il contient, et par suite de cet accroissement de pression sur la surface du liquide contenu en F, on voit ce liquide coloré s'élever dans le tube BE.

Pores intermoléculaires. — Expérience de Réaumur. — Tous les corps, lorsqu'on les soumet à des pressions suffisamment énergiques, diminuent de volume, tous se contractent lorsqu'ils subissent l'influence du froid ; or, de pareils effets ne peuvent se produire qu'autant que les molécules constituantes de ces corps ont pu se rapprocher. Il faut donc que ces molécules ne se touchent pas, et que même dans les substances les plus homogènes, comme les métaux par exemple, il existe toujours un certain nombre de vides entre les parties constituantes, un certain nombre de pores intermoléculaires. Ce résultat du raisonnement est confirmé par l'expérience ; souvent le volume d'un alliage formé de deux métaux est moindre que la somme des volumes des corps constituants ; la chimie démontre que deux volumes de vapeur d'eau sont formés par deux volumes de gaz hydrogène et un volume de gaz oxygène. Il semble donc que les molécules de l'un des corps se sont insinuées dans les pores qui séparaient celles de l'autre. L'expérience suivante due à Réaumur est facile à réaliser et démontre cette pénétration.

On prend un long tube de verre fermé à l'une de ses extrémités, puis on le remplit d'eau à moitié et alors on y verse jusqu'au bord de l'alcool aussi concentré que possible. On ferme exactement l'orifice avec le pouce, on agite pour mélanger les deux liquides superposés, puis on .retourne le tube : on voit alors un vide se former à la partie supérieure. Le volume du composé est donc moindre que la somme des volumes des composants.

5° Compressibilité. — Tous les corps possèdent la propriété de se réduire à un moindre volume lorsqu'on les presse énergiquement, c'est là une conséquence de la porosité, et on peut même dire qu'elle en est la preuve. Sans l'existence des pores, la compressibilité ne serait pas possible, les molécules des corps ne pourraient être rapprochées.

Du moment qu'un corps est très poreux, il est très compressible. En pressant, dans la main, une éponge mouillée, on en diminue considérablement le volume apparent ; il en est de même du foin soumis à l'action de la presse hydraulique. Sous l'influence de ce puissant moyen de compression, le coton-poudre devient semblable au carton par sa dureté et sa compacité et contracte une densité supérieure à celle de l'eau. La compressibilité est parfaitement évidente chez certains métaux : une lame de plomb ou d'étain conserve indéfiniment l'empreinte du marteau qui l'aura choquée. On sait que les monnaies, les médailles, se façonnent, sous la pression du balancier, absolument comme l'argile sous la pression de la main. Cette compressibilité a pourtant une limite ; suivant la nature de l'alliage employé et la violence du coup de balancier, le *flan* ou disque de métal peut être réduit en poussière. Pour certains métaux tels que le bismuth, l'antimoine, la compressibilité est assez peu développée pour que ces substances s'écrasent lorsqu'on vient à les frapper, à coups de pilon, dans un mortier de fer ou de bronze.

Les liquides sont infiniment moins compressibles que

les solides. Ainsi, lorsqu'on emprisonne de l'eau dans une pièce de canon et qu'on la comprime énergiquement, le métal éclate avant que le volume de l'eau ait diminué d'un dixième. Ceci n'a rien d'extraordinaire quand on songe que l'eau se comprime seulement de la dixième partie de son volume, sous l'influence d'une pression de deux mille atmosphères, pression suffisante pour déterminer la rupture de l'enveloppe.

L'air et les gaz, sont de tous les corps, ceux qui sont les plus faciles à comprimer, à réduire à un moindre volume ; nous donnerons quelques preuves de cette compressibilité en étudiant l'élasticité des gaz, joignons-y la suivante.

Canonnière. — La canonnière est un cylindre creux en bois ; souvent le cylindre n'est autre chose qu'un fragment de tige de sureau dont on a extrait la moelle, en la refoulant avec une tige de fer. Dans le tube à parois résistantes ainsi obtenu on chasse d'abord, à l'aide d'une baguette, un tampon de chanvre ou de papier, et quand ce tampon est arrivé à l'extrémité du canal, on y introduit un deuxième tampon. Alors, en enfonçant vivement la baguette, le premier tampon part avec force et en produisant une détonation plus ou moins vive. Dans quelques provinces, on donne à ce jouet le nom de *pétard*, de *bombardelle*, de *canne pitoine*.

On construit également des canonnières avec des tuyaux de plumes, à l'aide desquels on découpe des bouchons dans des disques de pomme de terre. Quoi qu'il en soit, le but que l'on se propose de réaliser avec cet instrument est d'emprisonner entre deux obstacles une certaine quantité d'air ; en rapprochant le deuxième tampon du premier on comprime ce fluide, si bien que son volume diminuant, sa force élastique augmente et alors il sort du tube avec impétuosité en lançant, comme un véritable projectile, le tampon qui est devant lui. Si, au lieu d'abandonner le premier tampon à lui-même, on le maintient en place en l'assujettissant, fortement avec le doigt, on verra que lorsque la baguette ayant pénétré d'une certaine quantité, on veut l'enfoncer davantage, on sentira, dis-je, une notable résistance qui ira en augmentant à mesure que l'espace diminuera. En cessant de refouler la baguette, elle reprendra sa position. Cette particularité permet d'établir une distinction entre les gaz et l'air d'une part, qui reprennent leur volume primitif quand la pression a cessé, et les métaux, qui conservent le volume qu'ils ont acquis quand on les a soumis à une pression énergique.

6° **Élasticité.** — Cette tendance de certains corps à revenir à leur premier état quand une cause matérielle a fait subir certains déplacements à leurs molécules constitue l'*élasticité*. Tel est, par exemple, le cas d'une lanière de caoutchouc qui, après avoir été étirée entre les doigts, reprend sensiblement sa longueur primitive, si on l'abandonne à elle-même par une de ses extrémités.

Nous examinerons cette propriété chez les solides, les liquides et les gaz.

A. **Élasticité dans les solides.** — Elle peut être développée par compression et tension, par torsion, par flexion.

I. **Élasticité par compression et tension.** — Le choc, en comprimant les corps, met en évidence l'élasticité de quelques-uns. Nous disons de quelques-uns, car si une bulle de savon qui rencontre un corps dur rebondit souvent sans se briser, une boule d'argile humide lancée contre un mur ne rebondira pas et restera écrasée. Une bille d'ivoire ou de marbre est, au contraire, suffisamment élastique et convient très bien pour étudier l'élasticité provenant de la compression. Pour cela on prend un plan de marbre noir (fig. 80), ou encore un plan de glace posé sur une feuille de papier noir. On ternit la surface de ce plan en y projetant l'haleine, ou bien en l'enduisant d'une légère couche de noir de fumée obtenue par l'exposition à une flamme de térébenthine. Ce plan étant ainsi préparé, si l'on y dépose avec précaution une bille d'ivoire ou de marbre, on verra, en enlevant cette bille avec soin, qu'elle n'a été ternie ou

Fig. 80. — Plan de marbre et bille d'ivoire.

noircie que sur un point très limité et que par suite le plan n'a repris son éclat que sur une très petite étendue. On laisse ensuite tomber la bille sur le plan, d'une certaine hauteur, elle y rebondit plusieurs fois avec une force décroissante, et alors si l'on examine, soit la bille, soit le marbre, on voit que les empreintes produites sont d'autant plus larges que le corps est tombé de plus haut. Or, comme la bille est restée complètement sphérique et le plan parfaitement uni, il faut nécessairement que l'aplatissement de la première ait été instantané et qu'après chaque choc, les molécules, un instant refoulées, aient repris leur position primitive en vertu de l'élasticité.

Pour bien comprendre ce qui s'est passé ici, on peut se servir d'un cercle formé d'une bande d'acier (fig. 81) dont

on a rivé les deux bouts l'un à l'autre, par l'intermédiaire
d'un petit bouton de cuivre. Plaçons verticalement ce
cercle sur une table et tirons, sur le petit bouton, dans le
sens vertical, aussitôt le cercle s'aplatit et devient un véritable ressort qui, abandonné à lui-même, rebondit et
s'élève à une certaine hauteur. Mais, pendant la durée de ce
mouvement ascensionnel, la lame a repris d'abord sa forme

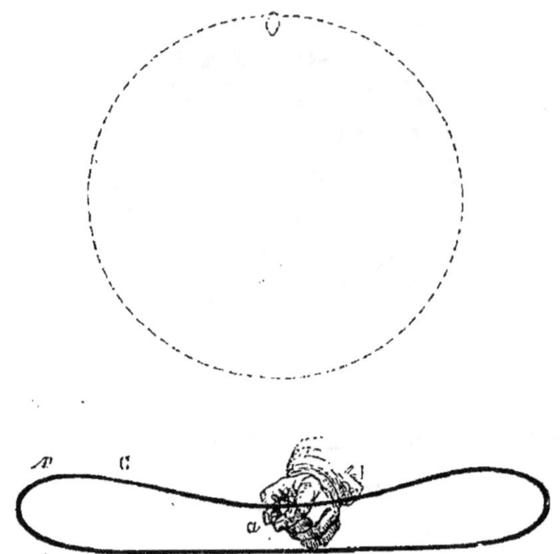

Fig. 81. — Cercle en ressort d'acier.

circulaire, puis la forme d'un ellipsoïde dont le grand
axe est vertical. Après une série de bonds et d'oscillations,
elle revient au repos et reprend sa forme primitive.

De même la bille, au moment du choc, prend la forme
d'un ellipsoïde dont le petit axe est vertical. Dès que le
choc a eu lieu, les molécules, en vertu de leur élasticité,
reviennent à leur position première, puis, s'en écartant en
vertu de la vitesse acquise, elles se disposent en un ellipsoïde dont le grand axe est aussi vertical. C'est seulement

après une série d'oscillations analogues que la forme sphé-roïdale est définitivement reprise par le corps.

C'est par suite de l'élasticité de compression qu'un coin enfoncé dans du bois, qu'un écrou serré réagissent avec force et déterminent, par pression, des adhérences qui les empêchent de reculer en glissant.

II. **Élasticité de torsion.** — Personne n'ignore que si l'on vient à fixer un fil ou une verge métallique par un bout et à les tordre par un effort, on développe dans ces corps une force qui augmente avec l'angle dont on les a tordus.

III. **Élasticité de flexion.** — On peut développer, dans une verge métallique, une autre élasticité, celle dite de flexion; pour cela, on la fixe, par une de ses extrémités, dans un étau et on l'écarte de sa position; alors on l'abandonne à elle-même. Après une série d'oscillations, la verge revient à sa position primitive. C'est cette élasticité que l'on met à contribution dans la plupart des ressorts, dans les arcs des-tinés à lancer les traits. C'est en vertu de l'élasticité parti-culière de la laine, de la plume, du crin que les matelas, les coussins confectionnés avec ces substances animales doivent de reprendre, en grande partie, leur forme primitive lorsque la pression qu'ils subissent vient à disparaître.

Larmes bataviques. — On trouve un exemple remar-quable de l'élasticité de flexion dans les *larmes bataviques* ou *de Hollande* (fig. 82). On donne ce nom à des gouttes de verre fondu que l'on a fait tomber dans l'eau où elles se sont solidifiées. Leur nom vient de leur forme et du pays d'où elles ont été importées en France. On peut, avec un marteau, frapper assez fortement ces petits corps par le gros bout, sans les briser; mais vient-on, fût-ce avec la main, à casser la partie effilée, toute la masse tombe en poussière; en même temps, si l'on opère dans l'obscurité,

on aperçoit une petite lueur. En plongeant la larme dans
un petit flacon rempli d'eau et rompant la queue, qu'on a
eu soin de laisser préalablement en dehors, la masse de
verre se brise avec une telle force que le choc transmis
suffit pour déterminer la rupture du flacon.

On peut quelquefois user, sur une meule de grès, la
partie effilée d'une larme batavique sans en déterminer la
rupture. Vient-on à gratter avec la pointe d'une aiguille la
partie usée, on détermine l'explosion. La larme éclate
également quand, après avoir percé la partie renflée à
l'aide d'un foret, on atteint les molécules internes.

Quant à l'explication du phénomène, elle est bien simple.

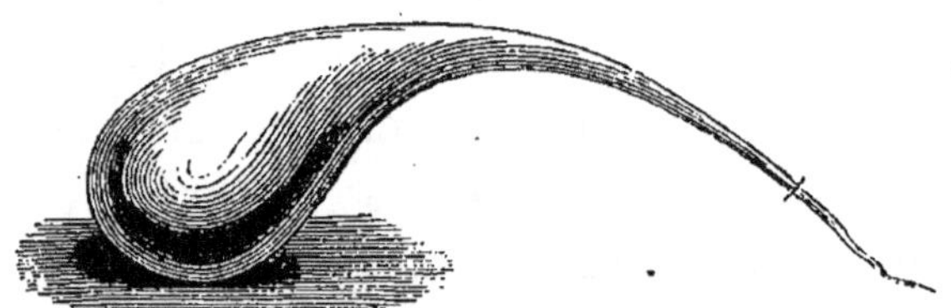

Fig. 82. — Larme batavique.

Par suite du refroidissement brusque des molécules extérieures, les molécules intérieures adhérentes à l'enveloppe
solide qui vient de se former n'ont pu subir la contraction
provoquée par le refroidissement. De là, pour ces molécules, un état d'équilibre instable qui ne peut persister
qu'autant que l'enveloppe, elle-même subsistera. Mais cette
enveloppe, dont la structure est aujourd'hui parfaitement
connue, peut être considérée comme un ressort tendu qui
pour se débander n'attendrait que l'action d'une détente.
En effet, les couches qui constituent l'enveloppe se joignent
au col, c'est-à-dire à l'endroit où la queue quittant la forme conique s'épanouit pour former la partie renflée, de
sorte que si on les rend libres, en brisant la queue, elles

se détendent comme des ressorts et la masse éclate. Il en est encore ainsi quand on rend libres les mêmes couches, à l'extrémité opposée, en sciant le gros bout ou en l'usant sur une meule.

Ce phénomène avait excité, au plus haut degré, la curiosité des physiciens du dix-septième siècle ; à cette époque l'heureux possesseur d'une larme batavique réunissait les savants de son entourage pour la briser solennellement en leur présence. Aujourd'hui, il est facile de jouir à peu de frais de ce spectacle. Le prix d'une larme batavique n'excède pas dix centimes.

Limite d'élasticité. — Un fil métallique, soumis à l'action d'un poids considérable, garde, après l'étirement, une partie de l'allongement qu'il avait reçu ; ses molécules ont pris un autre état d'équilibre. On a dans ce cas dépassé la limite d'élasticité. De même, quand on fait fléchir un ressort, si l'on exagère l'effort, le ressort se déforme. On peut tordre une verge d'une certaine quantité, mais au delà d'une limite donnée, elle reste tordue. On sait que lorsqu'une tige peu flexible est fixée par une de ses extrémités et qu'une force agit normalement à l'autre extrémité, il peut se faire que la verge ne revienne pas à sa position primitive, si elle a été l'objet d'un effort trop considérable. On a dépassé la limite d'élasticité, on a *forcé* la verge. Lorsque l'effort devient suffisant la rupture peut se produire.

On sait, depuis Galilée, que de deux colonnes de même hauteur et formées d'une même quantité de matière, mais dont l'une est pleine, tandis que l'autre est creusée d'un canal central, c'est la dernière qui est la plus résistante ; en d'autres termes, à égale quantité de matière, la forme canaliculée offre plus de résistance que la forme pleine. Les organes ainsi constitués réunissent, par suite, la force à la légèreté, aussi dans tous les êtres vivants, au lieu de corps massifs, ce sont le plus ordinairement des corps creux qui sont chargés de supporter les différents efforts. Il nous suffira de citer : la forme tubulaire qu'affectent les plumes des oiseaux, les os longs des animaux, la tige creuse de certaines plantes. Ici, la nature a ménagé la quantité de matière sans que pourtant la solidité soit compromise. C'est sur ce principe que s'appuie l'industrie moderne, lorsqu'aux colonnes pleines en fonte elle substitue des colonnes creuses du même métal, lorsqu'au lieu d'employer du bois, elle confectionne en fer creux des mâts, des vergues de navire.

On peut, à l'aide de l'expérience suivante qui est d'une exécution facile, constater l'avantage que l'on obtient, au point de vue de la solidité, en donnant, à une quantité définie de matière, la forme canaliculée au lieu de la forme prismatique par exemple. On prend une feuille d'étain de seize centimètres de long sur dix centimètres de large et on la replie sur elle-même de façon à ce que chaque pli présente une largeur d'un centimètre. Cela fait, on suspend cette espèce de barre par ses deux extrémités, en les faisant reposer sur deux livres reliés, de même hauteur et convenablement éloignés l'un de l'autre. Ce pont est tellement peu rigide qu'abandonné à lui-même, il s'incurve et qu'il abandonne complètement ses points d'appui sous l'influence d'une charge d'un gramme déposée sur sa partie centrale.

Maintenant donnons la forme canaliculée à la même quantité de matière; pour cela, prenons deux feuilles d'étain semblables à celles de l'expérience précédente. La première sera enroulée sur un crayon de sept millimètres de diamètre; en retirant le crayon qui a servi de mandrin,

9.

on obtient un cylindre creux dans lequel l'espace central vide l'emporte de beaucoup sur l'espace annulaire plein qui le limite. La deuxième feuille est enroulée sur une aiguille à tricoter d'un millimètre de diamètre ; quand ce mandrin a été retiré, on a un cylindre creux dans lequel le volume de la paroi est beaucoup plus considérable que le volume du vide intérieur.

Si maintenant après avoir appuyé, sur des livres, les deux extrémités du premier cylindre, on suspend par son milieu, à l'aide d'une anse de ruban d'un à deux centimètres de large, un petit plateau de carton susceptible de recevoir des poids, on verra que c'est seulement sous une charge de cinquante-quatre à cinquante-cinq grammes environ que le tube d'étain se plie suffisamment pour abandonner ses points d'appui, tandis que le deuxième, placé dans les mêmes conditions, ne pourra supporter qu'une charge de vingt-huit à vingt-neuf grammes.

B. **Élasticité dans les liquides.** — Pour démontrer l'élasticité dans les liquides, il suffit de placer un petit globule de mercure sur une carte dont les bords sont relevés à angle droit et de le faire rouler, successivement, d'un bord à l'autre ; aussitôt que le petit globule a touché la paroi verticale il revient sur ses pas avec une certaine vitesse. Une petite quantité de mercure qu'on fait tomber d'une hauteur d'un mètre sur le carreau d'un appartement se partage en une infinité de globules qui rebondissent à une certaine hauteur. Chacun a pu voir que les gouttes de pluie en tombant sur une surface salie par la poussière s'y divisent en particules qui rebondissent avec une certaine force.

C. **Élasticité dans les gaz.** — On la constate à l'aide des expériences suivantes. Une vessie remplie d'air rebondit quand on la jette par terre; ici le choc détermine une déformation, une diminution de volume, à la suite desquelles une certaine répulsion se manifeste entre les molécules, d'où rupture d'équilibre. Mais le choc ayant cessé d'agir, l'élasticité se manifeste et le corps revient à sa forme primitive. Lorsqu'on comprime légèrement un de ces petits ballons remplis de gaz hydrogène qui servent de jouet aux enfants, il se déforme, mais revient à sa forme primitive dès que la pression cesse d'agir. Si l'on enfonce dans l'eau un verre à boire plein d'air, l'ouverture en bas, on voit, en vertu de la compressibilité du gaz, le liquide monter dans le verre au fur et à mesure que ce vase descend, mais cesse-t-on d'exercer cet effort et abandonne-t-on le verre à lui-même, en le maintenant légèrement, les niveaux intérieur et extérieur de l'eau se placent sur le même plan horizontal. Dans toutes ces expériences, on démontre, tout à la fois, la compressibilité du gaz et son élasticité.

7° **Dilatabilité**. — C'est la propriété que possèdent tous les corps d'augmenter de volume quand on les échauffe, de se contracter quand on les refroidit.

A. **Dilatation des gaz.**—Pour la démontrer, on prend une vessie contenant de l'air et bien fermée à l'aide d'un lien, et on l'approche du feu; on la voit grossir peu à peu et se gonfler. Or, ici, comme l'air emprisonné n'a aucune communication avec l'atmosphère, c'est à la chaleur seule que nous pouvons attribuer ce changement d'état. En effet, si avant de fermer ce vase membraneux, nous avons eu la précaution d'y introduire un thermomètre, dont la boule descendra jusqu'au centre et dont nous aurons lié la tige sur le col de la membrane, nous verrons que pendant l'expérience, la température de l'air intérieur a varié.

Si maintenant nous éloignons la même vessie du feu, elle se dégonflera, se refroidira, et reprendra son volume primitif, tandis que le thermomètre baissera. Ces deux phénomènes d'augmentation de volume et d'élévation de

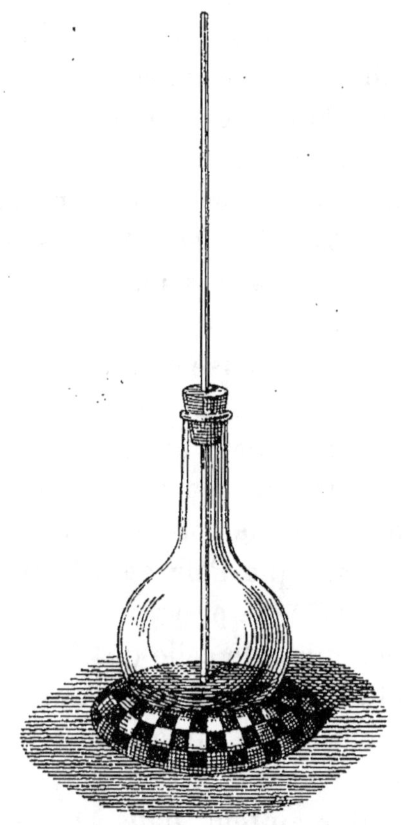

Fig. 83. — Dilatation de l'air par la chaleur.

température sont donc corrélatifs, l'un est un effet de l'autre.

Au lieu d'emprisonner de l'air dans une enveloppe à parois extensibles, nous pourrions employer un réservoir résistant, dont le volume resterait sensiblement le même pendant l'expérience, et nous obtiendrions des effets ana- logues. Prenons, par exemple (fig. 83), un grand ballon contenant de l'air et une couche d'huile, fermons-le avec un bouchon traversé par un tube de verre creux qui plonge dans l'huile. En chauffant le ballon, on voit l'huile monter dans le tube et d'autant plus que la température du gaz est plus élevée. Quant au gaz, son volume s'est accru du volume de l'huile élevé dans le tube et de celui qui correspond à la dilatation de l'enveloppe.

Lorsque la paroi d'un vase contenant de l'air n'est pas suffisamment résistante, elle pourra se rompre sous l'effort qu'exercera le gaz, au cas où l'on élèvera sa température. Avec un vase peu résistant, l'expérience n'est pas sans danger, mais on peut la faire sans inconvénient, en adoptant la disposition suivante.

On prend une sphère creuse en laiton (une de celles qui servent à orner la rampe des escaliers est très convenable) et on la chauffe dans un bain de sable après avoir préalablement fermé solidement, avec un bouchon de liège, l'ouverture qu'on aura eu soin de ne pas recouvrir de sable. Or, du moment que l'air emprisonné aura atteint la température de 272°, la pression que subira la paroi à l'intérieur sera le double de celle qu'elle supporte à l'extérieur. Il en résulte que le bouchon qui ferme un pareil vase subit, par centimètre carré, une pression de 1 kilogramme dirigée de dedans en dehors, et si par suite il n'est pas fortement maintenu dans l'orifice, il sera lancé au dehors avec violence ; une certaine quantité de l'air contenu dans le vase participera à ce mouvement, et de là un ébranlement qui sera la cause du bruit que nous aurons entendu.

B. **Dilatation des solides.** — Sous l'influence de la chaleur les solides se dilatent ; les changements de volume qu'ils éprouvent ainsi sont peu considérables, si on les considère en eux-mêmes, ils sont énormes si l'on songe aux efforts qu'il aurait fallu employer pour les réaliser, au cas où l'on aurait fait intervenir une autre force que la chaleur. Ainsi, un décimètre cube de fer porté de 0° à 100° prend, sur chacune de ses arêtes, un allongement de douze centièmes de millimètre environ. Or, on a calculé que pour produire un semblable résultat, à l'aide d'une traction exercée sur ce cube, il aurait fallu employer un effort représenté par deux cent cinquante mille kilogrammes.

Voici quelques exemples des effets mécaniques considérables que la chaleur produit en dilatant les corps.

Pour fretter les roues des voitures, on entoure la jante d'un cercle de fer chauffé et prenant bien juste. Par le refroidissement, cette bande de fer se contracte et serre fortement la roue dont toutes les parties sont ainsi solidement maintenues. C'est le même procédé qui est employé pour entourer les roues des voitures de chemin de fer, avec des cercles à rebord qui les forcent à suivre les rails.

La dilatation de ces rails, pendant l'été, leur contraction pendant l'hiver est telle que s'ils étaient contigus, sur une longueur de cent kilomètres, l'allongement total de l'hiver à l'été, c'est-à-dire de — 20° à + 40°, serait de soixante-douze mètres, or, comme ces pièces de fer sont solidement fixées en terre, elles ne pourraient subir un tel changement de température, sans déformations, si l'on n'avait soin de les disposer de telle façon qu'elles ne se touchent pas, si on ne laissait entre elles un petit intervalle.

Les pierres des parapets sont quelquefois brisées par les barres de fer scellées à la partie supérieure pour les lier les unes aux autres. Les tuyaux de conduite exposés à l'air se disjoindraient, se contourneraient, si l'on n'avait soin de les disposer de telle façon que, de distance en distance, une partie puisse rentrer dans l'autre, à travers une boîte à étoupe qui empêche les fuites.

La force de dilatation ou de contraction amène la rupture des corps mauvais conducteurs de la chaleur, quand ils sont soumis à un brusque changement de température. Dans un vase en verre épais exposé brusquement au feu, la dilatation se produisant d'abord dans les parties extérieures, les parties non chauffées sont écartées jusqu'à la rupture. Le même effet a lieu si l'on touche le verre avec un corps excessivement froid, ou bien si l'on appuie un métal froid sur du verre brûlant. Cette fois, la rupture est due à la contraction brusque des parties touchées.

On utilise la propriété qu'a le verre froid de se rompre par le contact d'un corps très chaud, pour découper des vases de verre. Pour cela, à l'aide d'une lime, on fait un trait sur le vase et sur ce point, on applique un charbon incandescent ; la rupture a lieu dans le sens du trait, on promène ensuite le charbon en avant de la fente, dans la direction qu'on désire donner à la découpure et la fente se continue régulièrement dans cette direction, si le verre ne présente pas d'irrégularité de structure.

Certains corps semblent faire exception à la propriété que les substances solides possèdent de se dilater par la chaleur. Citons quelques exemples : un petit cylindre d'argile ou de kaolin bien desséché et placé dans un foyer intense de chaleur s'y contractera, mais cette contraction est due à la nature des éléments constituants de ce cylindre qui se combinent chimiquement en partie, en éprouvant une vitrification plus ou moins complète. Ce qui prouve bien qu'il y a eu changement dans la nature chimique de la substance, c'est qu'elle ne reprend pas son volume après le refroidissement. Le bois se contracte aussi quand on l'échauffe, c'est qu'il diminue de poids en perdant de l'humidité.

C. Dilatation des liquides. — Pour constater la force de dilatation dans les liquides, il suffit de remplir un vase résistant avec le liquide sur lequel on veut opérer, de le boucher hermétiquement et de le chauffer, le verre sera brisé, si le bouchon ferme bien.

8° Mobilité. — C'est la propriété dont jouissent les corps de pouvoir être mis en mouvement.

Communication du mouvement entre les solides. — Pour comprendre de quelle manière le mouvement se

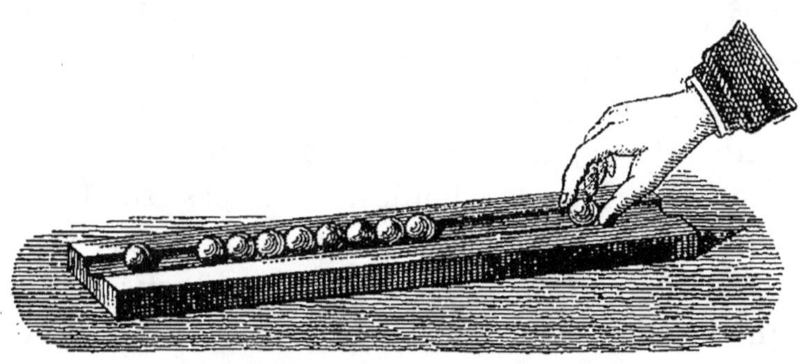

Fig. 84. — Rigole avec billes.

communique entre les solides, supposons une rangée de billes de marbre ou d'ivoire que l'on dispose dans une rigole en bois ou en métal (fig. 84), de façon que chacune soit en contact avec ses voisines. Si l'on vient à lancer la dernière contre l'avant-dernière, le mouvement se transmet de proche en proche, chaque bille revient au repos après avoir cédé son mouvement à la suivante, à l'exception de la dernière qui seule se détache de la rangée. La transmission s'est donc faite de bille à bille, et si les intermédiaires restent immobiles, c'est qu'elles ont transmis le choc reçu à la bille suivante, en ramenant la précédente à son état primitif. Seule la dernière n'a pas transmis le choc et par conséquent a subi tout l'effet. Si le nombre des boules est peu considérable, la transmission paraît instantanée, mais si l'on opère sur une longue file de billes, il faudra un certain temps pour qu'elle puisse se produire.

Au lieu d'une impulsion, d'un choc, supposons une traction, et pour cela imaginons plusieurs boules réunies les unes aux autres par des ressorts et suspendues dans une position verticale. Si nous exerçons, sur la première, une traction dirigée de haut en bas, le premier des ressorts va se bander; alors si nous continuons à tenir la première boule fixée dans la main, ce ressort agira sur la deuxième boule qui à son tour communiquera la traction dont elle est l'objet, et au bout d'un temps variable dépendant du nombre des boules, tous ces solides auront éprouvé le même mouvement que le premier.

Cas d'une action brusque. — Supposons maintenant qu'une traction énergique soit brusquement donnée à un corps, dont nous pouvons considérer toutes les parties comme unies les unes aux autres, par une espèce de lien immatériel. Pour que le mouvement puisse se transmettre des molécules directement atteintes aux molécules voisines, il faudra un certain temps ; dès lors on comprend que les premières pourront se séparer des autres avant que le mouvement aiteu le temps de se transmettre. Suspendons, par exemple (fig. 85), une masse B à un support à potence S, par l'intermédiaire d'un cordon f. A la partie inférieure de cette boule fixons un deuxième cordon f', identique au premier. Si nous tirons brusquement le cordon f', il se brisera et le mouvement n'aura pas le temps de se propager dans la boule ; si nous exerçons, au contraire, des tractions progressives sur le fil, ce sera le cordon f qui se brisera, car il supporte de plus que le cordon f' le poids de la boule B. On peut faire cette expérience en suspendant une boule de bilboquet à l'espagnolette d'une fenêtre.

L'expérience suivante confirme celle que nous venons d'indiquer. On suspend, à l'extrémité d'un fil de chanvre ou de lin une masse métallique assez lourde pour déterminer

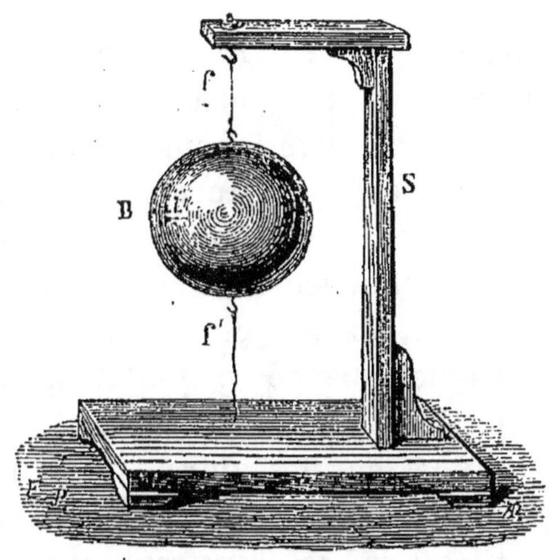

Fig. 85. — Boule suspendue pour la transmission du choc.

la tension du fil, mais trop faible pourtant pour en produire la rupture. Essaye-t-on de soulever lentement le poids au moyen du fil, ce lien résiste; il se brise, au contraire, si l'on essaye de soulever le poids brusquement. En effet, dans ce cas, la résistance que la masse métallique oppose au mouvement qu'on lui imprime s'ajoute à l'action de la pesanteur, et sous l'influence combinée de ces deux forces la rupture se produit.

Choc brusque agissant horizontalement. — Supposons maintenant qu'au lieu d'une traction il s'agisse d'un choc agissant horizontalement. Les molécules, qui ont subi cette influence, pourront se séparer des molécules voisines avant que le mouvement ait eu le temps de se communiquer à ces dernières ; cela est si vrai, que si à la boule de bilboquet de l'expérience précédente nous substituons une boule de verre suspendue à un fil, avec un peu d'adresse, il nous sera facile de briser la boule, par un coup de marteau dirigé horizontalement, sans que le fil suive l'impulsion.

On sait qu'on casse une baguette de verre ou d'acier trempé qu'on tient à la main par une des extrémités, en la frappant brusquement, vers le milieu, sur le bord d'une enclume. Dans ces cas, la rupture provient de ce que la partie que tient la main reste immobile tandis que l'autre moitié continue son mouvement et se détache du reste.

Une tige de plante flexible peut être coupée d'un vigoureux coup de baguette lancé horizontalement, avec rapidité. Si l'on empile des dames de trictrac ou des pièces de cinq francs, les unes sur les autres, on pourra, avec un peu d'adresse, faire sortir de la pile une ou plusieurs des pièces qui sont vers le bas, sans renverser les autres, en fouettant vivement ces pièces, avec une baguette, dans le sens horizontal.

Voici une expérience d'un autre genre qui nous a très bien réussi. Sur le pied d'un verre à vin de Bordeaux renversé, on place une carte de visite et sur cette carte une bille pesante en plomb ou en marbre. On a soin de faire déborder la carte d'un côté et de rapprocher le plus possible la bille de cette extrémité (un centimètre environ) sans que pourtant elle cesse d'être supportée par le verre. Alors on donne bien horizontalement une forte chiquenaude sur le bord de la carte. Celle-ci, qui a reçu le choc directement, se trouve projetée à une certaine distance, mais la bille, à qui l'impulsion n'a pas eu le temps de se transmettre, reste immobile sur le support.

C'est en vertu du même principe qu'une balle de pistolet peut traverser un carreau de vitre sans le briser et en y faisant simplement une ouverture circulaire, comme celle que donne un emporte-pièce dans une feuille de métal ; qu'un boulet traversera une porte entr'ouverte sans la faire rouler sur ses gonds. Dans le cas d'une balle de pistolet, la forme circulaire de l'ouverture provient non pas de la forme arrondie du projectile, mais bien de sa vitesse, car si on jetait, à la main, une sphère de plomb de même poids sur la vitre, le verre volerait en éclats. Ici la vitesse imprimée par la poudre au projectile est telle que les molécules touchées sont enlevées sans qu'elles aient eu le temps de transmettre sur les côtés le mouvement qu'elles reçoivent ; tout se limite au cercle que frappe la balle. On expliquerait de la même façon ce fait, souvent constaté, d'un boulet coupant en deux le fusil d'un fantassin sans que celui-ci ressente le moindre choc.

Choc brusque suivant la verticale. — Un choc très brusque dirigé suivant la verticale produit aussi de curieux effets. Une verge de sapin (fig. 86), un manche à balai, par exemple, est appuyé par ses deux extrémités sur deux verres à boire, par l'intermédiaire de deux aiguilles enfoncées dans le bois, suivant la direction de l'axe. Ces deux verres sont placés sur deux billots de bois ou sur deux chaises. Si alors on donne un fort coup de sabre, ou un violent coup de bâton sur le milieu de la verge, on la brisera, sans casser ni même renverser les verres qui la supportaient. Ici, la force a été appliquée d'une manière si prompte, si instantanée que du centre de la verge elle n'a pas eu le temps de se communiquer aux verres servant de support.

Quand la vitesse dont un corps est animé est considérable, il peut se faire qu'il entame un corps plus dur que lui. Cela se comprend. Certainement, au moment du choc, la vitesse du corps en mouvement est ralentie, mais les parties choquées reçoivent une impulsion assez grande pour être brusquement portées à des distances telles des molécules voisines que la cohésion n'a pas d'action. On

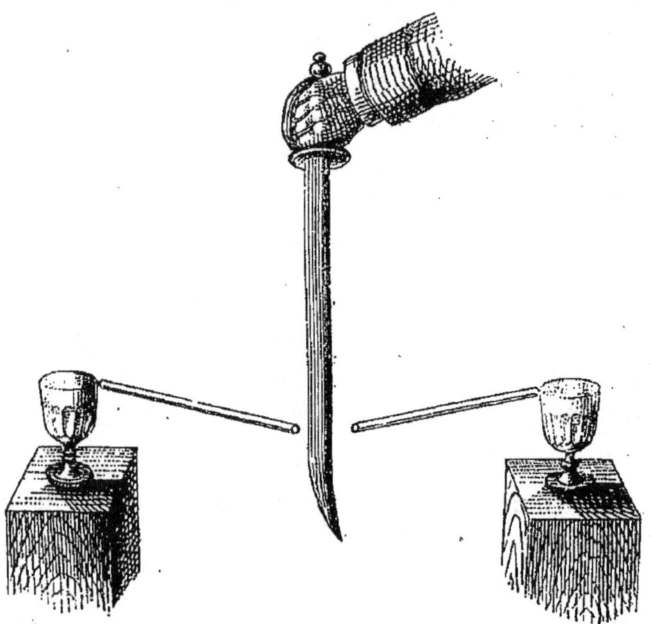

Fig. 86. — Rupture d'un bâton reposant sur deux verres.

explique ainsi : comment une chandelle de suif, lancée par une arme à feu, peut traverser une planche de sapin ; comment on peut entamer une lame de marbre avec un disque de carton tournant rapidement, ou bien encore, couper une lime avec un disque de fer doux animé d'un vif mouvement de rotation.

9° **Inertie.** — C'est l'inaptitude de la matière à ne pouvoir altérer en rien soit son état de repos, soit son état de mouvement. En effet, nous voyons tous les jours les corps à l'état de repos, s'y maintenir indéfiniment tant qu'une cause extérieure ne tend pas à les faire sortir de leur immobilité. De même, un corps en mouvement y persisterait indéfiniment s'il n'était soumis à certaines influences perturbatrices. Ces causes sont au nombre de trois : la *résistance du milieu*, les *frottements*, la *pesanteur*. Une balle de plomb fixée à un fil et qu'on fait osciller dans l'air exécutera ses mouvements de va-et-vient pendant un certain temps ; vient-on à approcher de ce pendule une cuvette pleine d'eau, de façon à ce que l'extrémité inférieure du mobile puisse effleurer à un instant donné la surface libre de l'eau, le mouvement se ralentira et ne tardera pas à s'arrêter. Le frottement est une des causes qui viennent le plus ordinairement détruire les effets de la force acquise ; aussi plus le frottement sera-t-il considérable, plus vite sera détruit le mouvement. Une bille qu'on lance sur un plan poli, sur le tapis d'un billard ou sur le sol, s'arrêtera d'autant plus vite que la surface offrira plus d'aspérités et par suite produira plus de frottement. Une voiture roule plus aisément sur les bandes de fer du tramway que sur une route ordinaire. Une expérience facile consiste à faire tourner rapidement une pièce de monnaie sur elle-même et à varier les surfaces sur lesquelles se produit la rotation ; moins la surface présente d'aspérités et plus le mouvement se prolonge.

L'influence de la pesanteur sur le mouvement nous apparaît d'une manière bien évidente lorsqu'on étudie la marche des boulets lancés par la poudre à canon ; quelle que soit la vitesse initiale d'un projectile, il est toujours rappelé sur la surface du sol, au bout d'un temps peu considérable.

L'inertie dans le mouvement rend compte d'une foule de faits : l'homme qui veut franchir un fossé prend toujours instinctivement de l'élan, pour que la vitesse dont son corps est animé par la course vienne se joindre à celle qu'il développe par une vigoureuse contraction des muscles au moment où il accomplit le saut. L'enfant peut glisser sur la glacé en vertu de l'inertie ; il commence, à cet effet, à se donner en courant un mouvement rapide qu'il conserve encore en touchant le plan de glace poli sur lequel il effectue la glissade. Le cavalier emporté par un cheval au galop, s'il ne se tenait sur ses gardes, passerait infailliblement, en vertu de l'inertie, par-dessus la tête de sa monture, au cas où elle viendrait à s'arrêter brusquement. Le voyageur enfermé dans une voiture participe au mouvement du véhicule, si bien que s'il veut descendre, alors que la voiture est en marche, il est obligé, au moment où il touche le sol, d'imprimer à son corps un mouvement en sens contraire, sinon il serait renversé dans la direction qu'il suivait primitivement. Dans un train en mouvement, lorsqu'un arrêt brusque se produit, les voyageurs sont projetés dans le sens du mouvement, en vertu de la vitesse qui les animait au moment où l'arrêt a eu lieu.

Jouets fondés sur le principe de l'inertie. — Plusieurs jouets sont fondés sur le principe de l'inertie. Nous citerons :

1° **Le moulin à vent** dont les ailes sont mises en mouvement, en déroulant une ficelle fixée à un axe horizontal. L'impulsion communiquée au système persiste, tant qu'elle peut triompher des frottements et de la résistance de l'air.

2° **L'émigrant.** — Ce jouet consiste en deux disques de bois unis l'un à l'autre par un petit axe sur lequel s'enroule un cordon, on peut également dire que c'est une poulie dont la gorge est très profonde. Lorsqu'on lâche l'émigrant, en retenant toutefois la ficelle au moyen d'un nœud coulant passé dans le doigt, il s'échappe, descend de toute la longueur du cordon et remonte, en tournant en sens inverse, vers la main qui le supporte; il redescend, puis remonte encore et continue ce mouvement à volonté. Il convient de ne pas imprimer à l'émigrant un mouvement brusque au moment où toute la ficelle est déroulée, car ce choc détruirait sa force ascensionnelle et l'empêcherait de s'enrouler de nouveau.Dans le maniement de ce jouet, il est possible de faire remonter la poulie autour du cordon sans enroulement préalable, il suffit de procéder par petites secousses qui déterminent l'enroulement d'un tour de cordon, puis de deux et ainsi de suite jusqu'à l'extrémité que tient la main. On a comparé, non sans raison, le mouvement de l'émigrant à celui d'une roue, qui en descendant une pente, acquiert une quantité de mouvement suffisante pour pouvoir remonter la pente opposée.

CHAPITRE V

LES FORCES. — LA FORCE CENTRIFUGE. — LA PESANTEUR. — L'ÉQUILIBRE. — LES ACTIONS MOLÉCULAIRES.

Les forces. — Puisqu'en vertu de l'inertie un corps ne peut modifier, par lui-même, son état de repos ou de mouvement, il faut qu'il existe des causes étrangères à ce corps et capables de produire ces effets. Ces causes ont reçu le nom de *forces*. Toute force peut être définie par trois éléments.

1° Son point d'application, c'est-à-dire le point du mobile où elle exerce directement son action ;

2° Sa direction ou autrement dit la ligne suivant laquelle le mobile tend à se mouvoir sous l'influence de la force ;

3° Son intensité, c'est-à-dire l'énergie avec laquelle la force agit.

On a coutume, pour étudier les forces, de les représenter par des lignes droites, partant du point d'application dans leur direction, et contenant autant de fois l'unité de longueur que la force contient l'unité de force.

Quand deux ou plusieurs forces agissent, sur un même point, dans la même direction et le même sens, ces forces peuvent être remplacées par une force unique produisant le même effet que les autres réunies. Cette force s'appelle la *résultante*, elle est la somme des *composantes*. Quand deux forces inégales agissent sur le prolongement l'une de l'autre, mais dans des directions opposées, la résultante sera égale à la différence des composantes et dirigée dans le sens de la plus grande. Enfin deux forces peuvent agir sur un mobile, en faisant un certain angle, dans ce cas elles ont encore une composante.

Parallélogramme des forces. — Soit (fig. 87) deux forces, MP et MQ, agissant sur un mobile M, suivant deux directions différentes ; la résultante est évidemment appliquée au point M et dirigée dans l'angle PMQ. On l'obtient par la règle du parallélogramme des forces. On prend sur les droites MP et MQ deux longueurs MP' et MQ' proportion-

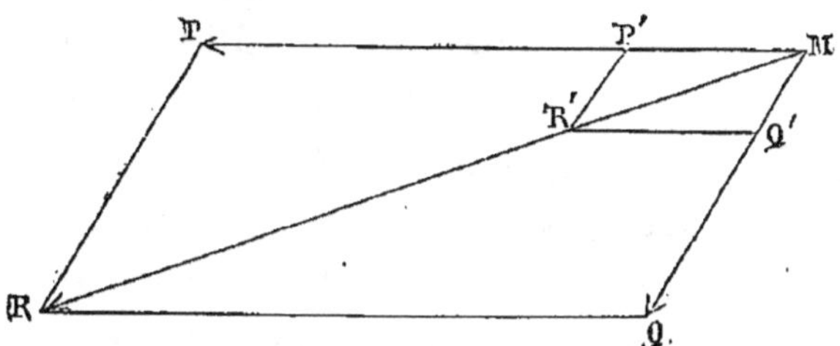

Fig. 87. — Parallélogramme des forces.

nelles aux forces, puis on forme le parallélogramme P'MQ'R' sur ces deux longueurs. La diagonale MR' de ce parallélogramme représente la résultante en grandeur et en direction.

Réciproquement, une force représentée en grandeur et en direction étant donnée, on peut toujours décomposer cette force unique en deux composantes suivant des directions angulaires, mais telles que la direction de la force donnée soit comprise entre la direction des deux composantes. Si, par exemple, on veut décomposer la force MR en deux forces dirigées suivant les lignes MP, et MQ, on mène par le point R des parallèles à ces lignes et les longueurs MP et MQ ainsi obtenues représentent les grandeurs respectives des deux composantes de la force MR.

L'examen de la manière dont agissent les forces est une question qui se présente constamment en physique. Il est inutile d'insister sur l'avantage que l'on trouve, dans certains cas, à substituer une force unique à plusieurs autres forces, mais on ne voit pas aussi aisément de prime abord l'utilité de la décomposition d'une force en deux autres. Cette manière de procéder présente pourtant des avantages incontestables, quand il s'agit d'examiner les résultats obtenus par l'application d'une force à un corps dont les mouvements sont gênés par certaines liaisons physiques. On peut, ainsi, faire intervenir deux composantes dont l'une est détruite par les conditions dans lesquelles le système se trouve placé, tandis que l'autre agit d'une façon parfaitement appréciable. Voici plusieurs exemples :

Mouvement rétrograde d'une bille de billard. — Si, du bord de la main, on frappe une bille de billard, en tête et perpendiculairement au tapis, elle fuit d'abord en avant, mais au bout d'un certain temps, elle revient sur son point de départ. Ce double mouvement est facile à expliquer. Le choc imprimé à la bille a fait naître deux sortes de mouvements : un mouvement direct qui s'est manifesté par la progression en avant et un mouvement de rotation, de sens opposé, qui n'est point manifeste tant que la bille fuit la main qui l'a frappée. Du moment que cette propulsion en avant s'est éteinte, sous l'influence des aspérités du tapis, la rotation dont le mobile est animé le ramène vers le point de départ.

Mouvements sous l'influence de forces angulaires. Exemples divers. — Les mouvements suivants se produisent sous l'influence de deux forces dirigées suivant des directions angulaires.

A. L'oiseau qui vole s'avance droit devant lui, si les mouvements de ses deux ailes sont égaux. Veut-il changer la direction du vol, il frappe l'air d'un côté plus fortement que de l'autre. Le nageur exécute instinctivement le même mouvement.

B. En faisant abstraction de l'effet produit par les nageoires, la progression chez le poisson résulte du mouvement de la queue qui frappe alternativement l'eau à gauche et à droite. C'est sous l'influence d'un effet analogue qu'un canot peut s'avancer en ligne droite, quand il est actionné par un aviron placé à l'arrière. L'embarcation suit la direction moyenne qui lui est imprimée par les deux coups de rame opposés. Les reptiles nous offrent un exemple de ce mode de progression ; le serpent ne marche en avant que par des mouvements obliques opposés les uns aux autres.

C. Un bateau, traîné sur un canal, à l'aide de deux cordes sur chacune desquelles tire un homme placé sur chaque berge s'avance suivant l'axe du canal. Un noyau de prune, encore humide, qu'on comprime fortement entre deux doigts, prend une direction moyenne aux deux pressions latérales qu'il subit et s'échappe en ligne droite.

D. Un canot qui traverse une rivière, dont le courant est assez prononcé, ne s'avance pas suivant la direction que lui imprimeraient les rames, s'il naviguait sur une eau dormante ; il ne suit pas non plus la direction du courant, mais il marche suivant une ligne qui est la résultante des deux forces qui le sollicitent.

Jeu du zigzag. — On trouve un exemple du parallélogramme des forces dans le jouet d'enfant connu sous le nom de zigzag. Ce jouet est formé de plusieurs planchettes de bois, articulées de manière à pouvoir se plier les unes sur les autres, en forme d'X. Le mouvement est rectiligne et alternatif, il se produit, à une des extrémités où l'on a fixé un oiseau, un bonhomme de bois, avec une vitesse croissant en raison du nombre d'éléments parallèles, par suite de la conversion du mouvement circulaire alternatif des deux branches inférieures du premier X. En fixant, à chaque axe de rotation, une petite figure de soldat, on voit leur ensemble produire des espèces d'évolutions.

Jeu du ricochet. — Il consiste, comme on le sait, à jeter une pierre, une ardoise, une coquille plate sur l'eau, de manière à faire rebondir ces projectiles, le plus grand nombre de fois possible. Or, le mobile rebondit ici sous l'influence de deux forces, d'une part l'impulsion qu'il a reçue, de l'autre celle que lui communique l'élasticité de l'eau qu'il vient frapper. En effet, le caillou arrive toujours à la surface de l'eau en faisant un certain angle avec la normale, il devrait par suite s'éloigner du point choqué en faisant un angle de réflexion égal à l'angle d'incidence; mais comme l'élasticité de l'eau le force à rebondir, dans une direction qui se rapproche, plus ou moins, de la normale, il prend une direction moyenne, qu'il suit *avec une force plus considérable que celle dont il était animé au moment de sa chute.* Le même phénomène peut se produire un grand nombre de fois, tant que la résistance de l'air d'une part, l'attraction exercée par la pesanteur de l'autre, n'auront pas anéanti la force qui animait le projectile.

Cerf-volant. — Chacun connaît le jouet désigné sous le nom de cerf-volant. C'est une sorte de grande raquette (fig. 88), dont le cadre est formé au moyen de baguettes légères et de cordes. Ces baguettes sont au nombre de deux, la première, *ab*, bien droite, porte le nom d'*épine*, la deuxième doit être sans nœud et faite avec du bois à cerceau non courbé, une baguette de châtaignier, par exemple, à peu près de la même longueur que l'épine. On l'amincit un peu vers ses extrémités, pour pouvoir la courber plus aisément. Après en avoir déterminé le milieu, soit avec un compas, soit avec une ficelle de même longueur repliée en deux, soit encore en la mettant en équilibre sur le doigt, on l'attache solidement, sur l'épine, au point *f*, à

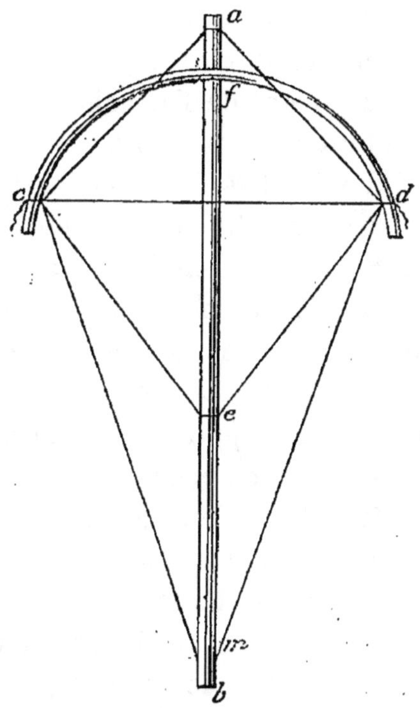

Fig. 88. — Cerf-volant.

une distance de quatre centimètres environ de l'extrémité *a* de l'épine. On entaille alors les deux extrémités *c* et *d* de l'arc, on attache une ficelle à l'extrémité *c*, on la fait passer par une petite échancrure qu'on a pratiquée dans le bas de l'épine ; alors, attachant l'extrémité de la ficelle à la coche *d*, on donne à l'arc la courbure indiquée par la figure. On vérifie ensuite, en plaçant l'épine sur le doigt, si les deux ailes se font équilibre, ce qui a lieu lorsque le plan reste sensiblement horizontal.

Pour terminer le châssis, on noue, en *d*, un autre bout de ficelle et on le fait passer de *d* en *c*, en lui faisant faire un tour sur l'épine ; de *c*, la ficelle revient presque à l'extrémité *a* de l'épine où elle s'enroule une deuxième fois, puis elle descend s'attacher en *d*; enfin, de *d* on la conduit un peu au-dessous du milieu de l'épine, en *e*, où on lui fait faire un nouveau tour, avant de l'attacher définitivement en *c*.

Le châssis étant ainsi préparé, il faut l'habiller. Pour cela, on étend des feuilles de papier sur une table unie et on les colle avec de la colle de pâte, en les faisant mordre, de dix à douze millimètres environ, les unes sur les autres, de manière à constituer une surface plus grande que celle du cerf volant. Lorsque ce collage est assez sec pour que l'adhérence des feuilles soit intime, on encolle une des faces du papier, on y applique le châssis et, à l'aide de ciseaux, on coupe tout ce qui déborde parallèlement à son contour, en laissant une marge de deux centimètres tout autour, à l'exception de la marge de l'arc, à laquelle on donne trois centimètres. La marge est repliée en dessus et fixée avec de la colle, puis on laisse sécher le tout.

On fait ensuite deux trous dans l'épine, l'un à peu près au cinquième de la longueur totale de cette baguette, au-dessous du sommet, l'autre à peu près au tiers de cette même baguette, en partant de l'extrémité inférieure ; on y passe, en travers, une ficelle que l'on fixe solidement, par un nœud fait aux deux bouts, c'est l'*attache* ou la *corde ventrière*.

On admet habituellement dix grandeurs différentes pour le cerf-volant :

N° 10	1^m,30 de hauteur sur 0^m,96 de largeur.		
9	1 ,20	—	0 ,87	—
8	1 ,15	—	0 ,77	—
7	0 ,95	—	0 ,70	—
6	0 ,87	—	0 ,61	—
5	0 ,75	—	0 ,57	—
4	0 ,63	—	0 ,51	—
3	0 ,53	—	0 ,44	—
2	0 ,40	—	0 ,30	—
1	0 ,36	—	0 ,28	—

Pour trouver le point où l'on doit fixer, sur l'attache, la corde servant à maintenir le cerf-volant, on étend l'attache sur la surface, à gauche ou à droite, de manière à former un triangle dont le sommet soit placé sur la corde de l'arc qui constitue la partie supérieure du cerf-volant. On marque ce point sur l'attache et c'est un peu au-dessous du point marqué qu'on noue solidement le peloton de ficelle qui doit empêcher le jouet d'être emporté par le vent. Si alors on suspend le cerf-volant, en le tenant par cette partie de l'attache, les côtés doivent rester parfaitement équilibrés et la partie inférieure s'abaisser un peu au-dessous de la tête. Si le nœud était placé trop bas, le cerf-volant *donnerait des têtes.*

La queue doit avoir au moins douze fois et au plus vingt fois la longueur du cerf-volant, mais tout dépend du poids de la ficelle et des fragments de papier qui constituent cette queue. Elle se fait en attachant, sur une ficelle, des flocons de papier. La longueur de chaque flocon doit être d'environ neuf centimètres et sa largeur de quatre centimètres; on les plie en quatre, dans le sens longitudinal, on laisse entre chaque flocon un intervalle de sept à huit centimètres. La queue se termine par un gros gland de papier frisé et découpé.

Les *oreilles* ou *ailes* sont des touffes de papier que l'on

attache en *c* et *d*; ces appendices ne sont pas indispen-
sables. Ils ne servent qu'à rétablir l'équilibre de la machine,
au cas où celui-ci laisserait quelque chose à désirer.

Pour *lancer* le cerf-volant dans les airs, on choisit un
jour où le vent est modéré; il n'est pas nécessaire de lui
faire quitter la terre à l'aide d'une impulsion. Il suffit de
poser sa pointe sur le sol, de placer sa queue en ligne
droite devant lui et de courir contre le vent, après avoir
développé une partie du peloton de ficelle. Le cerf-volant
s'élève; on file de la corde tant que la main éprouve une
certaine traction et que ce lien est convenablement tendu.
Lorsque le vent est faible, il faut courir, pour déterminer
l'ascension, en traînant le cerf-volant; quand le vent est fort
cet expédient n'est pas nécessaire. Il est bon d'enrouler la
ficelle sur un morceau de bois, il sera ainsi plus commode
de la rouler et de la dérouler. Lorsqu'on veut ramener la
machine sur le sol, il suffit d'enrouler peu à peu la ficelle
qu'on avait déroulée.

Voyons maintenant comment le cerf-volant peut rester
presque immobile, à une certaine hauteur, après avoir
quitté la terre dans une direction oblique. Soit V la direction du vent (fig. 89). Cette force, agissant obliquement
sur la surface du papier, peut se décomposer en deux
autres forces, l'une BA perpendiculaire à cette surface,
l'autre parallèle. La première agit seule, tant que l'on file
de la ficelle au cerf-volant, et tend à l'entraîner dans la direction BA. Mais du moment qu'on exécute une traction
sur la ficelle OM, une nouvelle force intervient. Voyons ce
qui résultera de ce double effet. Ces deux forces agissent
l'une suivant OA, l'autre suivant OC; on voit que le cerf-
volant ne pourra obéir à aucune d'elles exclusivement, et
qu'il s'élèvera suivant la diagonale OD du parallélogramme

construit sur les lignes qui représentent ces deux forces. La machine va donc monter sous cette influence, jusqu'au moment où le poids de la corde, joint à celui de l'appareil, deviendra égal à la force du vent qui agit sur la surface de la raquette. A ce moment, le cerf-volant reste en repos, tant que la force du vent ne diminue pas. Quant au rôle de la queue, il consiste à maintenir la tête de l'appareil tournée vers le vent ; elle abaisse le centre de gravité du système, lui donne plus de stabilité, règle sa position relativement à

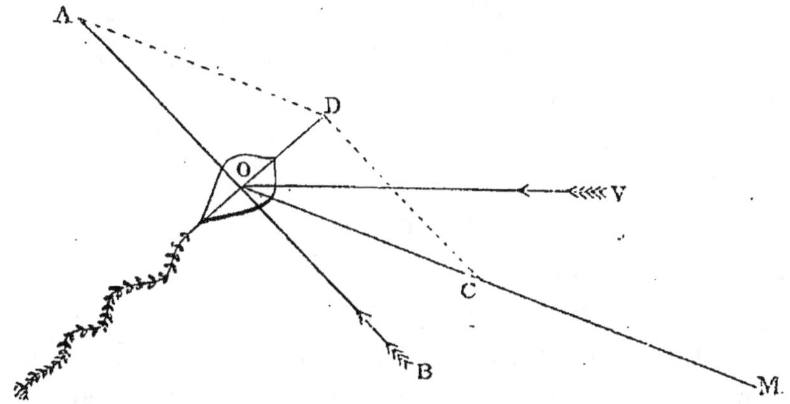

Fig. 89. — Théorie du cerf-volant.

la ficelle et conserve l'angle que celle-ci fait avec la surface exposée au vent.

Force centrifuge. — C'est la force en vertu de laquelle les corps animés d'un mouvement de rotation tendent à s'éloigner du centre de rotation. Pour produire cette force, il suffit de faire tourner rapidement une pierre ou une balle de plomb attachée à l'extrémité d'une corde, dont on tient l'autre extrémité dans la main ; on voit alors la corde se tendre et d'autant plus que le mouvement de rotation est plus rapide.

Recherchons la cause de cet effet. Si la pierre était abandonnée à elle-même, il est évident qu'à ce moment elle suivrait l'impulsion dont elle est animée, mais elle ne peut fuir, maintenue qu'elle est par la corde. D'un autre côté, puisque la corde se tend, il faut bien qu'à son tour la pierre exerce une certaine traction sur cette corde, absolument comme si elle était soumise à l'action d'une force qui tendrait à l'éloigner du cercle qu'elle décrit. Cette force se nomme, par suite, la *force centrifuge*.

Si la corde, qui force la pierre à décrire un cercle, vient à se briser, la force centrifuge est subitement anéantie et le mouvement, qui anime alors la pierre, n'est que la continuité de celui qui l'entraînait au moment où elle a cessé de décrire le cercle. On peut démontrer l'existence de cette force centrifuge par un grand nombre d'exemples dont nous citerons les plus intéressants.

Fronde. — Chacun connaît la fronde, qui sert à lancer les pierres. On sait qu'elle consiste en une lanière de cuir assez large au milieu et se rétrécissant graduellement aux extrémités auxquelles sont attachés deux cordons; on emprisonne une pierre dans la lanière, puis, passant le doigt du milieu dans la boucle formée par un des cordons, on maintient l'autre avec le pouce et l'index. Alors, on imprime à l'appareil un mouvement rapide de rotation autour de la main. Les cordons se tendent, sous l'influence de la force centrifuge, et lorsqu'on juge l'impulsion suffisante, on lâche un des cordons; la pierre abandonne la circonférence et s'échappe par la tangente; mais en vertu de la pesanteur, elle ne tarde pas à décrire l'espèce de courbe désignée, par les mathématiciens, sous le nom de parabole et à aller tomber à une certaine distance du point de départ. Toute l'adresse du frondeur consiste à abandonner la pierre à un instant convenable, pour qu'elle puisse gagner le point qu'il s'est proposé d'atteindre.

A. Emploi de l'eau pour démontrer l'existence de la force centrifuge. — On prend un pinceau un peu fort et on le trempe dans l'eau; lorsque le crin a été suffisamment imbibé, on retire le pinceau de l'eau et l'on roule le manche entre les deux mains, de manière à produire un mouvement circulaire; on voit alors l'eau abandonner le crin, en produisant une espèce de gerbe à convexité supérieure. Cette expérience s'exécute d'une manière plus élégante en employant le procédé suivant. On suspend, à trois cordons d'égale longueur, un vase hémisphérique, on tord ces cordons, on les maintient dans la position qui leur a été communiquée par la torsion et, pendant ce temps-là, on remplit le vase d'eau jusqu'au bord. Si alors on vient à abandonner les cordons, ils se détordent et communiquent au vase un mouvement de rotation, sous l'influence duquel le liquide abandonne le vase, en formant une gerbe qui se précipite vers le sol. Le mouvement que contracte l'eau, dans ces deux expériences, permet d'expliquer les étourdissements que déterminent certains exercices où l'on tourne rapidement, tels que le jeu de bague, l'escarpolette, car alors le sang tend à s'éloigner du centre de rotation.

B. Rotation de certains corps solides. — On démontre encore l'existence de la force centrifuge, en faisant tourner rapidement dans les doigts une ombrelle ou un parapluie fermé. Sous l'influence de ce mouvement de rotation, les baleines du parapluie s'élèvent le long du manche dont on les voit s'éloigner d'autant plus que le mouvement de rotation est plus vif. On augmente l'effet en attachant une balle de plomb à l'extrémité de chaque baleine. On aurait pu se servir d'une baguette de bois carrée, d'un

mètre de longueur environ, arrondie à son extrémité inférieure et donnant attache, par sa partie supérieure, à
l'aide d'une petite charnière, à deux pièces latérales égalc-
ment en bois présentant la même section et une longueur
de vingt-cinq centimètres. Ces deux règles s'élèvent immé-

Fig. 90. — Parapluie s'ouvrant sous l'influence de la force centrifuge

diatement en formant un angle plus ou moins prononcé
avec la tige centrale, si l'on vient à communiquer au système un vif mouvement de rotation entre les deux mains.

C. **La force centrifuge rend compte de l'expérience
suivante.** — Suspendons un seau plein d'eau à l'extrémité d'une corde et faisons-le tourner comme une fronde,
le vase restera plein, quoiqu'il soit complètement renversé

quand il est en haut du cercle. Pour que l'eau soit ainsi soustraite à l'action de la pesanteur, il faut qu'une force au moins égale et de sens contraire intervienne; c'est la force centrifuge.

D. **Chemin de fer aérien à force centrifuge**. — Le jouet suivant est un exemple curieux des effets de la force centrifuge. C'est un petit chemin de fer (fig. 91) formé par deux rails parallèles qui forment d'abord une pente assez raide, puis se contournent en une hélice, dont l'axe est horizontal. Un

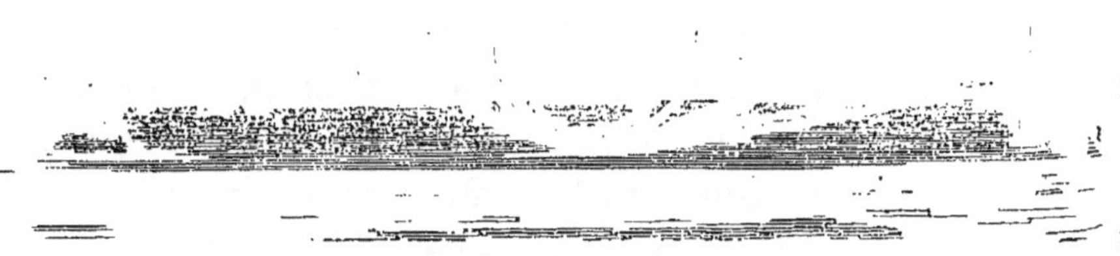

Fig. 91. — Chemin de fer aérien à force centrifuge.

petit chariot dans lequel on peut placer soit un vase plein d'eau, soit une pièce de monnaie, part du point le plus élevé et roule sur la pente, mais il est bientôt obligé de suivre les rails courbés qui lui sont offerts, et alors il les presse de dedans en dehors par l'effet de la force centrifuge. On a donné au point de départ une hauteur suffisante pour que cette force centrifuge puisse équilibrer le poids du chariot qui, en sortant de la spire, remonte sur une deuxième pente où sa vitesse est bientôt détruite.

Toupie. — Tout le monde connaît la toupie, elle a charmé les loisirs de notre enfance à tous, et que de fois nous nous sommes complu à la voir *dormir*, sans chercher à découvrir les causes de son mouvement ! On sait que ce jouet consiste en un morceau de bois tourné en forme de poire, qu'on enveloppe d'une corde roulée en spirale. Lorsque, lançant la toupie vers le sol, l'extrémité la plus déliée en bas, on la détache en même temps de la corde, elle se met à tourner, en sens opposé à celui de l'enroulement, sur la pointe dont elle est armée en ce bout.

Ce mouvement est le résultat des deux forces, savoir : celle qui a mis la toupie en mouvement et la pesanteur. Il s'explique, en sachant que les vitesses de rotation se composent, comme les vitesses de translation, par la règle du parallélogramme. Lorsque la toupie est lancée sur un plan horizontal, son axe ne tarde pas à se placer perpendiculairement à ce plan, et elle reste en équilibre dans cette position. Cela doit être, car en cherchant la résultante de la pesanteur qui tend à la faire tomber et de la force centrifuge qui agit tangentiellement à sa surface, on voit que cette dernière force triomphe de la pesanteur. Dans cette situation, la toupie semble ne plus bouger, elle *dort*, mais son mouvement doit forcément s'arrêter, car : 1° la pointe de fer subit un certain frottement sur le sol ; 2° l'air oppose, au mouvement du mobile, une résistance dont on peut se rendre compte, en sachant qu'on a vu une toupie, lancée dans le vide, n'abandonner son mouvement qu'au bout de deux heures.

La vitesse de rotation venant à diminuer, la force centrifuge contre-balance, de moins en moins, l'influence de la pesanteur ; l'axe se déplace de plus en plus et décrit un cône autour de la verticale, jusqu'au moment où le jouet se penche tout à fait et roule sur le sol.

Un fait important se dégage de cette expérience, c'est que l'axe de la toupie est resté parallèle à lui-même tout le temps que le mouvement de rotation a été suffisamment prononcé, et c'est à la rotation qu'il faut attribuer cette direction constante de l'axe, puisque la toupie se renverse immédiatement dès que ce mouvement cesse. Ce fait est désigné, en mécanique, sous le nom de : *conservation du parallélisme des couples* ou *du parallélisme des axes de rotation*. C'est grâce à cette persistance que le *cerceau* tourne sous le coup de baguette de l'enfant. Personne n'ignore qu'il est impossible de faire tenir ce jouet dans un plan vertical, s'il est immobile ; mais vient-on à le lancer, à lui communiquer un vif mouvement de progression, il roule sur sa circonférence sans tomber. Si l'impulsion s'affaiblit, si la force centrifuge qui agissait tangentiellement au cercle vient à diminuer, le cerceau exécute encore quelques évolutions, puis s'incline et tombe.

Cette persistance des axes de rotation, qui semble soustraire les corps tournants à l'action de la pesanteur, se produit dans certaines circonstances remarquables, tels sont les cas de ces objets, en équilibre sur l'extrémité d'une baguette, que les équilibristes font tourner, avec vitesse, à la grande admiration des spectateurs ; tels sont les cas de la toupie gyroscopique et du vélocipède.

Toupie gyroscopique (fig. 92). — C'est un disque métallique très lourd, monté sur un axe et formant une sorte de toupie, qu'on fait reposer, par une de ses extrémités sur le socle S, tandis que l'autre extrémité est tenue à la main. A l'aide d'une ficelle, on donne au disque un mouvement très rapide de rotation, absolument comme à une toupie ordinaire, puis on l'abandonne à lui-même, en retirant le doigt qui supportait une des extrémités. Or, si dans cette position la masse T était immobile, elle ne manquerait pas de tomber; loin de là, on voit la toupie continuer son mouvement de rotation sur elle-même, en tournant autour du point d'appui; son axe reste incliné en décrivant lentement, autour de la verticale, une surface conique régulière, jusqu'à ce que, le premier mouvement venant à se

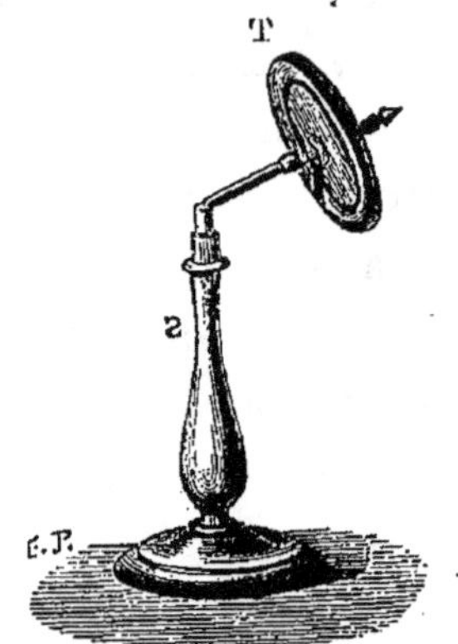

Fig. 92. — Toupie gyroscopique.

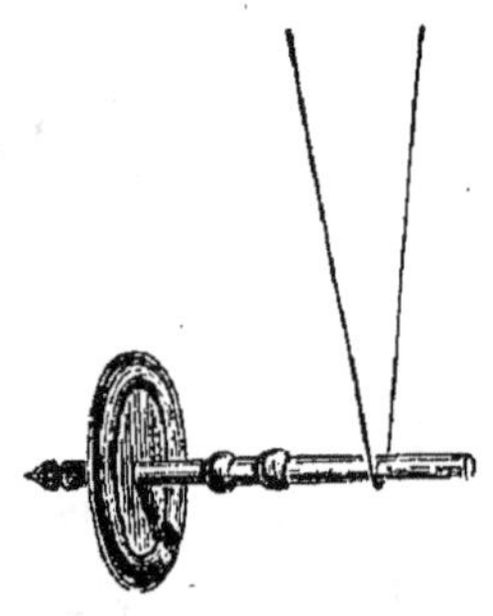

Fig. 93. — Toupie gyroscopique
suspendue en l'air.

ralentir et la pesanteur prenant le dessus, il s'incline progressivement et finisse par tomber.

On peut suspendre la toupie d'une autre façon ; ainsi l'axe étant placé dans l'anse d'une corde, la toupie reste suspendue dans l'espace (fig. 93) comme si elle était soustraite à la pesanteur.

Vélocipède ou bicycle. — C'est un appareil propre à transporter une personne seule ou chargée d'un fardeau peu considérable, au moyen des effets musculaires qu'elle développe, en faisant tourner les roues d'une petite voiture réduite à sa plus simple expression.

Il se compose (fig. 94) de deux roues, une grande, R, placée en avant et réunie à une petite, R', par le moyen d'une
espèce de fourche métallique entre les branches de laquelle la petite roue accomplit son évolution. La grande
roue tourne elle-même, dans une semblable fourche, mais
celle-ci est perpendiculaire et se termine à son extrémité
supérieure par une traverse M sur laquelle le cavalier appuie les deux mains pour diriger la roue R : c'est le *gouvernail*.

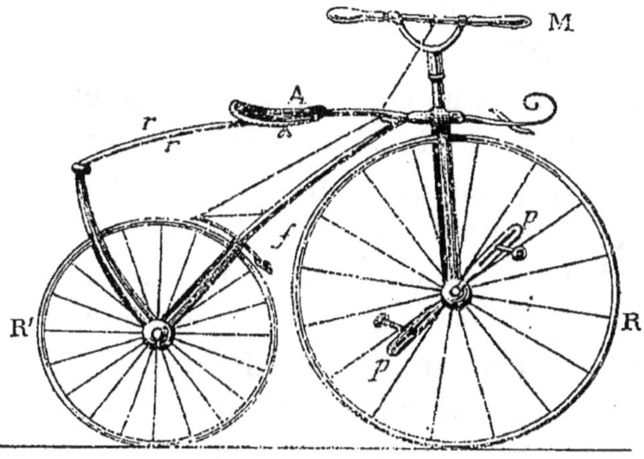

Fig. 94. — Vélocipède.

L'axe, qui traverse la roue, est rivé sur les deux branches
de la fourchette ; de chaque côté de cet axe sont fixés les
supports des pédales, *p*, où le cavalier pose les pieds, acti-
vant ou diminuant la vitesse de la course, suivant qu'il
appuie avec plus ou moins de force sur ces pédales. En
portant la masse en avant, il tire pour ainsi dire la petite
roue après lui. Pour cela, il est assis sur une sorte de petite
selle, A, rembourrée de crin ou de laine et supportée par
une mince et flexible lame d'acier, *rr*, tendue horizontalement afin d'éviter les secousses et les cahots. Un frein per-

met d'arrêter ou de modérer une allure trop rapide, sur une pente. Le diamètre de la grande roue varie entre soixante et cent dix centimètres ; les dimensions les plus ordinairement adoptées sont de quatre-vingt-dix centimètres. On comprend d'ailleurs que ces dimensions puissent varier avec la taille du cavalier. La manette M sert en même temps à manier le frein *f*, c'est un ressort suspendu par une chaînette; si l'on tourne la manette, la chaînette s'enroule et applique, sur la roue R', une portion plus ou moins longue du frein.

Le mot *équilibre* résume toute la théorie du vélocipède. Mais cet équilibre ne s'acquiert qu'au bout d'un certain temps; on ne parvient à le posséder, à manier cette monture, qu'après quelques tâtonnements, quelques exercices que l'on peut résumer ainsi :

Il convient de choisir une grande route bien unie et ayant une légère pente, au sommet de laquelle on place le vélocipède, de manière à ce qu'il ait, devant lui, une carrière en pente de vingt à trente mètres. Alors, on serre le frein, on enfourche l'instrument, on saisit des deux mains les deux extrémités du gouvernail, en laissant pendre les jambes de manière à ce que l'extrémité du pied touche presque la terre. Puis on desserre le frein et on laisse le vélocipède franchir doucement l'espace en pente qu'il a devant lui, sans changer de position. Le véhicule avancera d'abord avec une vitesse insignifiante, qui s'accroîtra en raison de la longueur du chemin franchie, mais qu'il sera toujours possible de réduire en serrant le frein.

Lorsqu'après avoir répété plusieurs fois cet exercice, on sera familiarisé avec la position d'équilibre qu'il convient de garder, on pourra, mais seulement alors, placer les pieds sur les pédales et continuer le même travail dans cette nouvelle position. Quant au gouvernail, c'est un véritable balancier qui sert à régulariser l'équilibre. Cet équilibre vient-il à manquer au cavalier, est-il menacé d'une chute plus ou moins dangereuse? Il n'a qu'à tourner brusquement la roue de devant au moyen du gouvernail, car l'angle qu'a décrit le corps de l'expérimentateur, au moment où il a cessé d'être en équilibre, étant peu considérable, un déplacement du gouvernail, même léger, suffit pour détruire la cause perturbatrice. Un peu d'exercice suffit pour rendre cette pratique familière, on l'exécute naturellement au bout d'un certain temps, et même d'une façon inconsciente, quand l'occasion se présente.

Quand on est arrivé à ce degré d'instruction, on place le vélocipède de manière que la pédale droite se trouve en dessus, et alors la jambe gauche restant à terre, on passe la jambe droite par-dessus la sellette, et l'on engage le pied droit dans la pédale droite. Pendant cette manœuvre, un ami complaisant a maintenu le vélocipède en place en appuyant légèrement sur la partie postérieure du ressort. Si, alors, on exerce une pression avec le pied droit sur la pédale qui le supporte, celle-ci s'abaissera et fera mouvoir la roue de devant, mais l'autre pédale s'étant élevée, on y engagera le pied gauche et on y exercera un effort qui la fera descendre, pendant que la droite remontera. Il est important, en ce moment, que la jambe gauche ne se raidisse pas, car elle paralyserait l'impulsion donnée par la jambe droite. On continuera alternativement ces pressions. Le pied doit être placé sur la pédale, de manière à faire porter le talon.

Lorsqu'on a à gravir une pente un peu raide, il arrive qu'on est obligé de *descendre de cheval*. On arrive à diminuer le travail nécessaire pour pousser le vélocipède devant soi et la fatigue qui en résulte, en posant son coude sur la selle et continuant à diriger l'instrument à l'aide du gouvernail. Cette fatigue est d'ailleurs compensée lorsqu'il faudra descendre une pente : si l'inclinaison est suffisante, les jambes n'ont rien à faire, et le cavalier, entraîné par son propre poids, n'a qu'à régler sa marche à l'aide du gouvernail et du frein. La fatigue produite par le vélocipède est à peu près égale à celle de la marche pendant le même temps, mais comme on fait beaucoup plus de chemin, cette fatigue se trouve être moindre relativement à la distance parcourue.

Pesanteur. — La pesanteur est une force qui fait tomber tous les corps vers le centre de la terre, dès qu'ils ne sont plus soutenus. Si quelques corps tels que la fumée, les nuages, paraissent faire exception, c'est qu'ils sont soutenus dans l'atmosphère, de la même façon qu'un bouchon de liège est soutenu par l'eau, et quelque paradoxale que la chose paraisse, on peut dire que c'est sous l'influence de la pesanteur, qu'ils s'élèvent au lieu de tomber.

Tous les corps ne tombent pas également vite sous l'influence de la pesanteur. Ainsi, une balle de plomb, une feuille de papier, une plume, tombent avec des vitesses inégales. Quelle est la cause qui produit cette inégalité dans la chute ? La physique démontre que tous les corps tombent avec la même vitesse dans le vide, et que si, par suite, une inégalité se remarque dans le temps nécessaire pour que les corps, tombant de la même hauteur, gagnent le sol, cette perturbation ne peut être attribuée qu'à l'air. L'influence perturbatrice de l'air peut être mise en évidence par les expériences suivantes :

A. **Expérience de Bénédict Prévost.** — On prend une

pièce de monnaie et l'on taille dans une feuille de papier une rondelle égale en diamètre au disque métallique. Quand on fait tomber les deux disques séparément, on voit la monnaie descendre plus rapidement que la rondelle. Mais vient-on à appliquer le papier sur le métal, et à abandonner le tout, l'air ne réagit plus sur la rondelle qui suit le métal jusqu'au moment où il touche le sol.

B. Influence de la surface. — Si l'on abandonne une feuille de papier à elle-même, après l'avoir placée à une certaine hauteur au-dessus du sol, elle n'arrive à terre qu'au bout d'un certain temps, par secousse et après plusieurs déviations. Si l'on roule une feuille de papier, de même grandeur et de même épaisseur, en boule aussi serrée que possible, elle mettra pour gagner le sol un temps bien moins considérable, car sa surface est moindre et par conséquent l'action retardatrice de l'air est en partie conjurée.

C. Marteau d'eau. — On prend un tube creux de laiton d'un centimètre environ de diamètre intérieur et d'un mètre environ de longueur; on le ferme à l'extrémité inférieure, et on adapte un robinet à la partie supérieure. Alors on le remplit d'eau, à peu près au tiers, puis le robinet étant ouvert, on soumet l'eau à l'ébullition. Lorsqu'on juge, par la quantité de vapeur qui s'est échappée, que tout l'air a été expulsé, on ferme le robinet et on laisse refroidir. Quand le refroidissement est complet, si l'on renverse brusquement ce tube, l'eau ne rencontrant aucune résistance de la part de l'air, ne se divise pas, elle tombe en une seule masse et produit un son semblable à celui qui résulterait du choc d'un cylindre de métal contre une paroi métallique. Si maintenant on ouvre le robinet pendant un instant, on entend un sifflement provenant de la rentrée de l'air, et alors le son métallique que produit le retournement s'affaiblit. Ce son cesse complètement et fait place au bruit bien connu qui accompagne l'eau qui tombe, quand on a permis la rentrée complète de l'air.

Équilibre. — On appelle *centre de gravité* d'un corps le point d'application de toutes les forces qui attirent les différentes parties de ce corps vers le centre de la terre. Un corps est *en équilibre* quand son centre de gravité est soutenu.

Supposons un disque de métal parfaitement homogène et régulier, perçons-le de trois trous égaux, l'un au centre, les deux autres à égale distance du centre et sur un même diamètre. Prenons d'un autre côté une broche ou cheville métallique pouvant être placée à volonté dans l'une des trois ouvertures. Si nous introduisons la broche dans l'ouverture centrale, et si nous la tenons horizontalement à la main, nous verrons que le disque persistera dans l'immobilité quelle que soit la position qu'il affecte par rapport à la broche. Ce sera là un *équilibre indifférent.*

Si nous portons maintenant la broche dans le trou supérieur, le disque restera encore immobile; mais si on le déplace soit à gauche soit à droite, on relèvera son centre de gravité, et si on l'abandonne de nouveau à lui-même, il oscillera jusqu'à ce que ce centre de gravité vienne se placer dans le plan vertical du point de suspension. C'est l'*équilibre stable.*

Enfin, si la broche est placée dans le trou inférieur, le disque pourra encore être en équilibre, mais il faut pour cela que son centre de gravité se trouve bien exactement dans le plan vertical de la broche; car, si cette condition n'est pas remplie, la masse métallique se déplace de sa position d'équilibre pour ne plus y revenir; c'est l'*équilibre instable*.

Il est évident qu'un cylindre métallique homogène, pourvu qu'il ait une certaine hauteur, pourra toujours rester en équilibre indifférent lorsqu'on viendra à le coucher, par sa tranche, sur un plan horizontal. Mais si au lieu d'un cylindre homogène, on emploie un cylindre en bois, par exemple, dont le centre de gravité aura été amené très près de la circonférence, par une masse de plomb qu'on y aura incrustée, il est évident qu'il n'y aura que deux positions d'équilibre possibles pour un pareil système. C'est quand le centre de gravité et le point de contact du cylindre seront sur la même verticale; l'équilibre sera instable ou stable suivant que le centre de gravité sera au-dessus du point d'appui ou coïncidera avec lui.

Cylindre remontant un plan incliné. — Supposons maintenant qu'on place un pareil cylindre au bas d'un

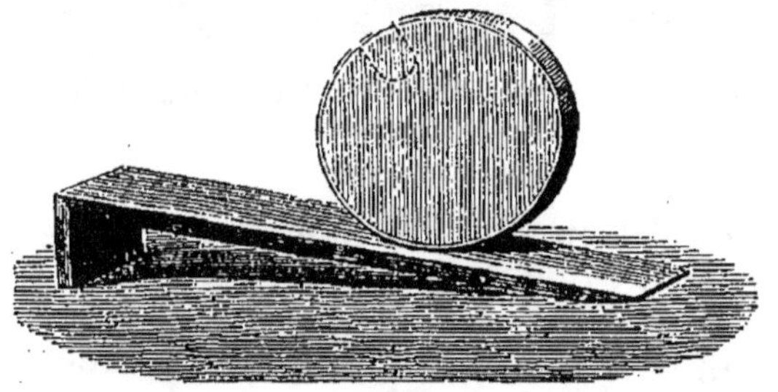

Fig. 95. — Cylindre remontant un plan incliné par le déplacement du centre de gravité.

plan incliné (fig. 95), de manière que son centre de gravité soit le plus loin possible de ce plan; si l'on pousse légèrement ce cylindre vers la gauche, on le voit rouler en remontant jusqu'à ce que son centre de gravité soit arrivé aussi bas que possible, ou, ce qui revient au même, jusqu'à ce que le plomb soit en contact avec le plan incliné. Malgré les apparences, le cylindre tombe dans cette expérience. En effet, un corps tombe toutes les fois que son centre de gravité se rapproche du centre de la terre. Or, dans le cylindre, le centre de gravité avoisinant la masse de plomb et le mouvement ascensionnel tendant à rapprocher cette masse du centre de la terre, ce n'est point un mouvement ascendant, mais bien un mouvement descendant que subit le système.

On peut faire cette expérience à peu de frais, en se servant d'un coulant de serviette dans l'intérieur duquel on

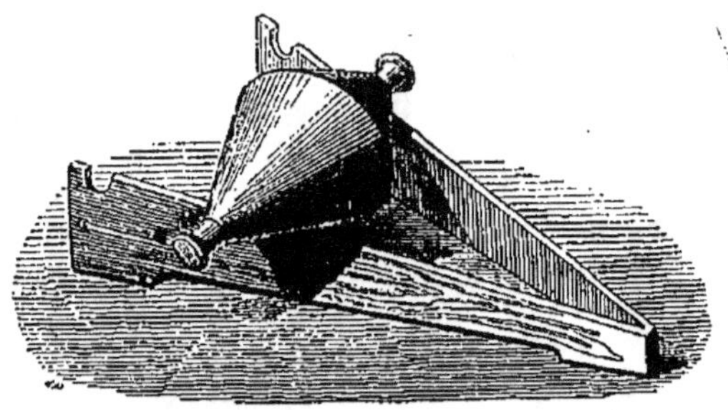

Fig. 96. — Double cône remontant un plan incliné par le déplacement du centre de gravité.

fixera, à l'aide d'un peu de cire molle, une petite balle de plomb ; il sera facile de faire remonter le coulant ainsi lesté le long d'une planchette qu'on placera dans une position plus ou moins oblique par rapport à l'horizontale.

L'expérience suivante est encore plus singulière : elle consiste à remplacer le cylindre par un double cône homogène en bois et placé sur deux planchettes triangulaires posées de champ (fig. 96) et réunies sous un certain angle par la partie la plus basse. Dans le double cône, le centre de gravité est placé sur la ligne qui joint les deux sommets : or si l'on place cette masse sur le point le plus bas de l'appareil, elle se met spontanément à rouler en remontant la pente des deux planchettes. Mais ce mouvement ascensionnel, ici encore, n'est qu'apparent ; en effet, les deux cônes s'appuient, sur les deux bandes, par des points qui sont de plus en plus éloignés de la base commune, c'est-à-dire de plus en plus rapprochés de leur axe ; or, puisque cet axe contient le centre de gravité, ce point s'abaisse réellement si les bandes font un angle suffisamment ouvert.

On peut réaliser une expérience analogue sur un billard quelconque. Pour cela (fig. 97) on prend deux queues et

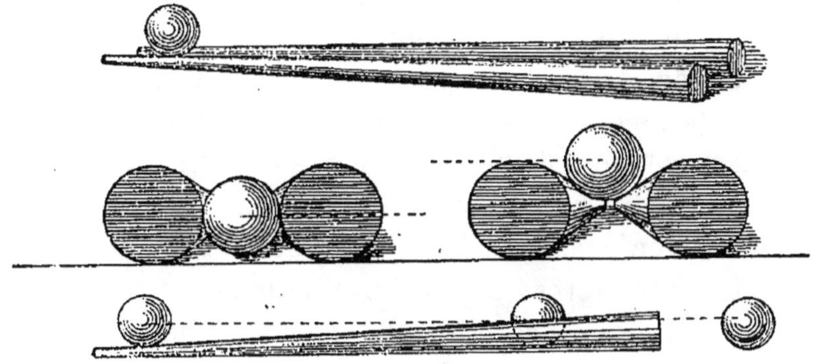

Fig. 97. — Bille d'ivoire remontant le long de deux queues de billard formant un angle.

on les rapproche, par leur petit bout, en leur faisant faire un certain angle en rapport avec le diamètre de la bille. On place ensuite cette bille vers le sommet de l'angle et on l'abandonne à elle-même. On la voit alors glisser du petit bout vers le gros bout, comme si elle remontait un plan incliné. En réalité, le centre de figure de la bille et le centre de gravité, points qui se confondent, se sont, pendant toute la durée du mouvement, rapprochés du sol, et par conséquent c'est à un mouvement descendant qu'a obéi le mobile. Mais comme l'œil suit les lignes montantes des queues il semble que ce mouvement ait été ascendant.

Supposons maintenant qu'au lieu du disque métallique qui a été le point de départ de ces considérations sur l'équilibre, nous ayions affaire à un corps quelconque suspendu, mais pouvant exécuter certains mouvements autour de son point de suspension, la loi précédente sera encore vraie et l'on pourra dire : que l'équilibre est instable, si le centre de gravité est situé verticalement au-dessus du point de suspension, qu'il est stable si ce centre de gravité est placé verticalement au-dessous de l'axe. Ainsi, par exemple, enfonçons dans un morceau de liège deux couteaux dont les directions forment un angle aigu ; puis, après avoir piqué une épingle dans le bouchon d'une bouteille fermée au liège, plaçons le système des deux couteaux sur la tête de cette épingle. Avec quelques tâtonnements on finira par trouver une position d'équilibre telle que le système écarté de la position qu'on lui a donnée y revient toujours après quelques oscillations.

On peut dire que l'équilibre est d'autant plus stable que le centre de gravité est placé plus bas ; cependant quelques faits semblent en contradiction avec cette vérité. Chacun connaît la difficulté qu'il y a à faire tenir un bâton debout en équilibre sur le doigt, l'équilibre est ici très instable, on ne parvient à maintenir l'objet, pendant quelque temps, dans une position voisine de la verticale qu'en contrariant, avec le doigt, les oscillations du centre de gravité. Pourtant, chose singulière, si on vient à charger l'extrémité supérieure du bâton avec un certain poids, du plomb par exemple, il sera plus facile de réaliser l'équilibre que si le poids se trouvait à l'extrémité inférieure, et voici pourquoi. Au fur et à mesure que le centre de gravité s'éloigne du point d'appui mobile que lui présente le doigt, il décrit des arcs d'un moins grand nombre de degrés pour un même chemin parcouru, et la force qui tend à faire tomber le bâton croît seulement avec le nombre de degrés que décrit son centre de gravité en dehors de la verticale. Une épée (fig. 98) s'équilibre beaucoup mieux quand elle

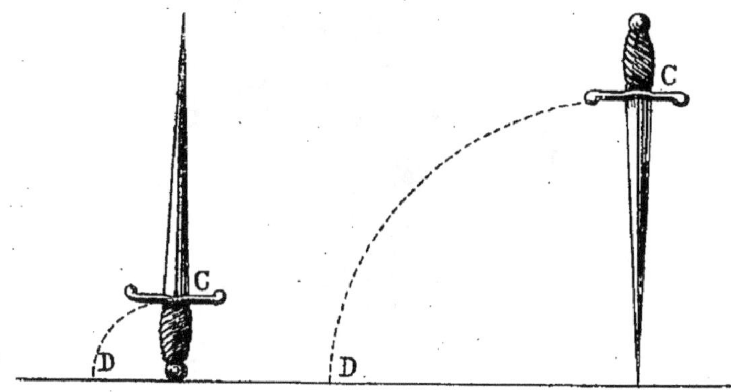

Fig. 98. — Deux épées en équilibre.

repose sur l'extrémité de la lame, que sur le pommeau de la poignée.

Dans tout autre cas, il y a avantage à placer le centre de gravité aussi bas que possible, afin d'obtenir une plus grande stabilité. Ainsi dans le petit cavalier en bois ou en carton représenté par la figure 99, le centre de gravité se trouve à peu près au milieu du groupe. Si nous plaçons les jambes de derrière du cheval sur le bord d'une table, il est évident que l'équilibre est impossible. Pour obtenir cet équilibre il suffit de planter, dans le ventre du cheval, un fil de fer recourbé pouvant s'engager sous la table et muni à son extrémité d'une petite masse de plomb. En opérant ainsi, on a reporté le centre de gravité plus près de la table, et les pieds de derrière de l'animal deviennent le point de suspension du jouet. On a donc pu dire assez paradoxalement que, lorsqu'un corps avait une tendance à tomber d'un côté sous l'influence de son propre poids, on pouvait prévenir sa chute en lui ajoutant un autre poids de ce même côté.

Fig. 99. — Paradoxe mécanique.

Les deux expériences suivantes appartiennent au même ordre de faits.

A. On place sur une table AB (fig. 100) un bâton DC de

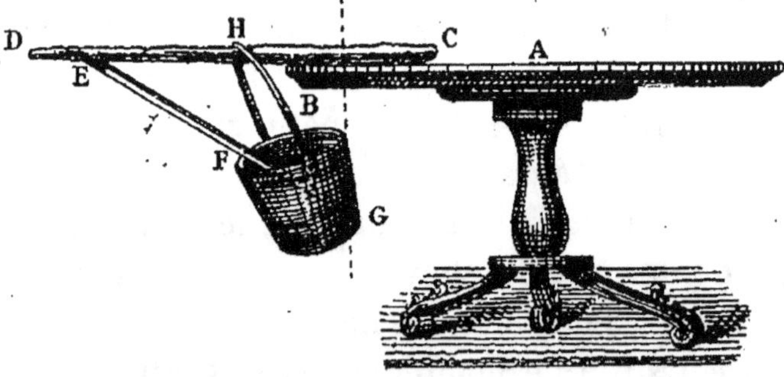

Fig. 100. — Un bidon suspendu à l'aide de deux bâtons sur le bord d'une table.

telle façon qu'une moitié repose sur la table, tandis que l'autre déborde ; puis on passe dans une coche pratiquée, en H, dans ce bâton, l'anse d'un bidon vide. Il est évident que si l'on abandonnait ce système à lui-même, le bâton

entraîné par le bidon ne tarderait pas à quitter la table.
Maintenant remplissons le bidon d'eau, sans arriver au
bord pourtant, et à l'aide d'une légère modification dans
sa position nous allons parvenir à maintenir le bâton dans
sa position horizontale malgré le poids supplémentaire
dont nous l'avons chargé. Il suffit pour cela de creuser
dans la partie inférieure du bâton une autre coche E et d'y
engager un deuxième bâton qui repousse sous la table le
fond du bidon. Ce vase se maintient alors dans la position
qu'on lui a donnée, car la verticale passant par l'obstacle
fixe contient le centre de gravité au-dessous de ce point.

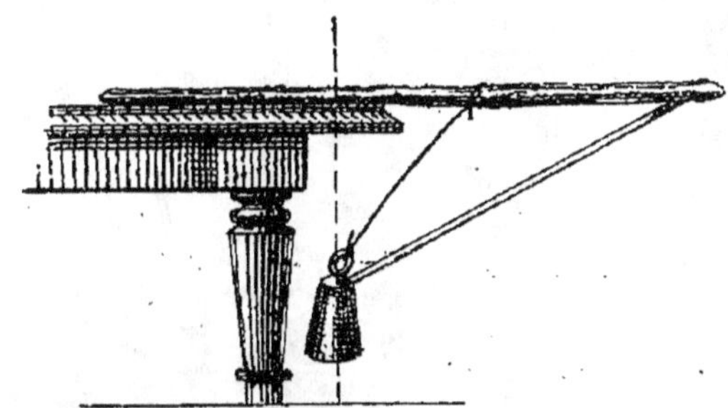

Fig. 101. — Un poids suspendu à l'aide d'une corde et de deux bâtons sur le bord
d'une table.

On a dit avec raison que cet équilibre n'avait rien d'extraordinaire, car le bidon et les deux bâtons suspendus à la
table constituent un ensemble ressemblant à une cuiller
à pot retenue à un clou par son crochet.

B. On peut au lieu d'un bidon employer un poids d'un
ou de plusieurs kilogrammes, une corde et un bâton
comme le montre la figure 101.

C. Voici encore une expérience d'équilibre indiquée par
le *Magasin pittoresque*, qui est de nature à exciter l'intérêt,
car de prime abord on ne voit pas où se trouve la verticale
du centre de gravité. L'expérience consiste à faire tenir

une pièce de cinq francs en équilibre (fig. 102) par sa circonférence extérieure, contre le bord extérieur d'un verre à
boire. Pour maintenir la pièce de cinq francs dans cette

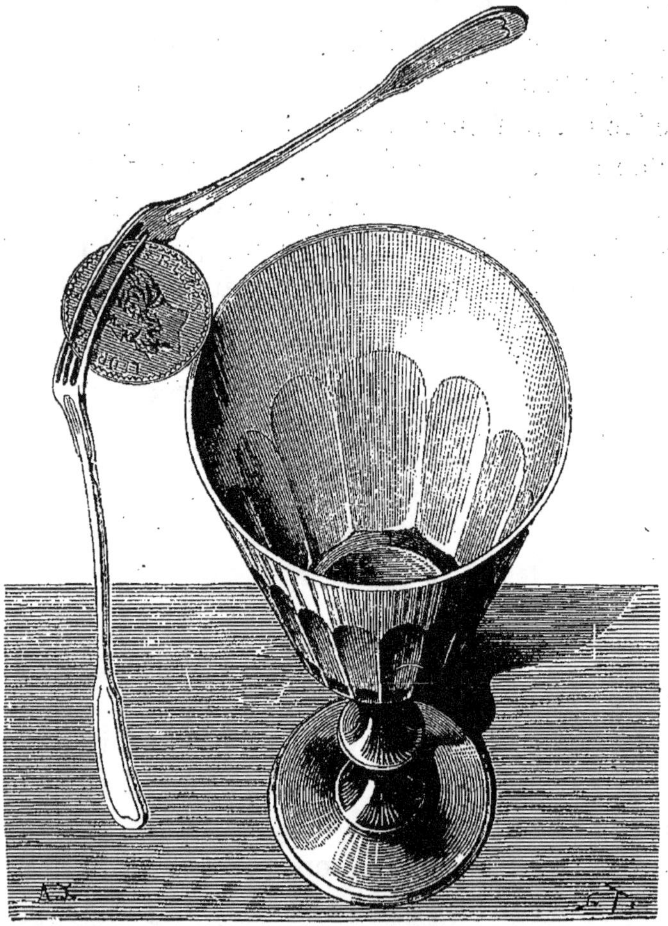

Fig. 102. — Une pièce de cinq francs en équilibre sur le bord d'un verre à boire.

position, on la passe entre les dents de deux fourchettes,
après l'avoir posée contre le bord du verre; on incline plus
ou moins la direction des fourchettes jusqu'au moment où
celles-ci seront presque au bord de la pièce, on finit ainsi

par arriver à l'équilibre. Le centre de gravité du système formé par les deux fourchettes et la pièce de cinq francs tombe au centre de la circonférence formée par le bord du verre.

Lorsque le corps au lieu d'être suspendu est directement en contact avec le sol, les conditions d'équilibre sont encore les mêmes ; il faut que la verticale menée par son centre de gravité passe dans la surface qui est en contact avec le sol et qu'on appelle *la base de sustentation*. Ainsi il est malaisé de faire tenir une canne verticalement parce que la base de sustentation est très étroite et qu'il est

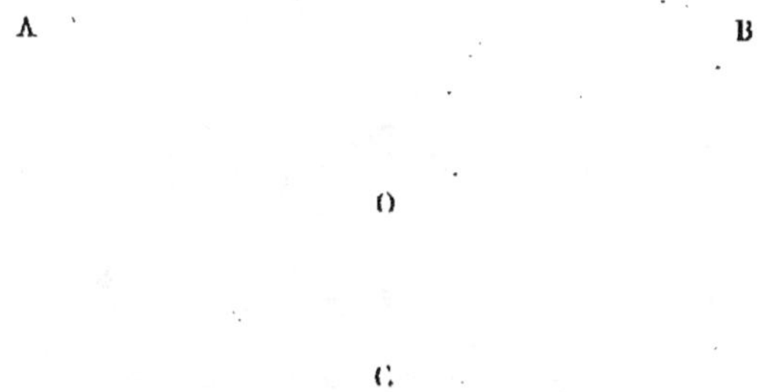

A   B

O

C

Fig. 103. — Pont de planches.

par suite difficile de faire tomber, dans cet espace, la verticale qui passe dans le centre de gravité ; tandis qu'au contraire, en couchant la canne sur le sol, elle reste immobile, car on agrandit la base. Ainsi encore, étant donnés les trois points ABC (fig. 103) formant les trois sommets d'un triangle, il sera possible de les relier par un pont commun à l'aide de trois planches moins grandes que la distance d'un de ces points à l'autre. Il suffit pour cela de croiser deux planches partant de A et de B, de façon qu'elles se rencontrent en O, on fait ensuite passer la planche qui part de C sur la planche qui part de A et sous celle qui part de B, on a ainsi un pont qui relie les trois points.

Pont de fourchettes. — Au lieu des trois points et des trois planches de la figure précédente, on pourrait se servir de trois verres à boire, de trois fourchettes et se proposer de jeter avec ces fourchettes un pont sur les verres. Pour cela (fig. 104) on prend la fourchette A, on appuie ses dents sur un des verres, en tenant l'autre extrémité élevée, de manière à former avec l'horizontale un angle fort aigu. On applique ensuite, de la même manière, la fourchette C, sur le deuxième verre, en l'engageant par son manche sous la fourchette A ; puis, après avoir fait reposer par ses dents

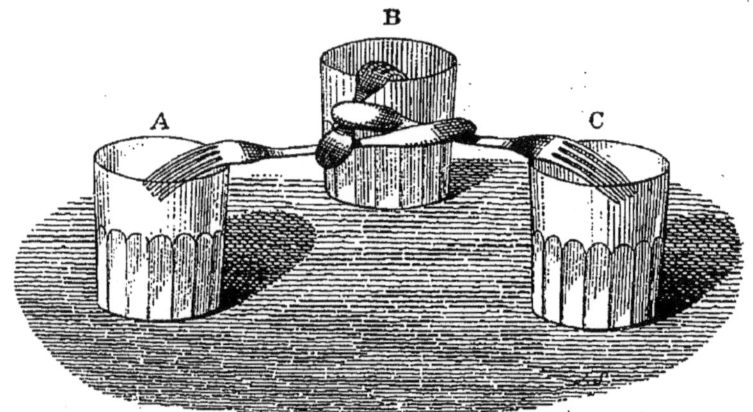

Fig. 104. — Pont de fourchettes.

la troisième fourchette B sur le verre restant, on l'engage, par son manche, sous C d'une part, et sur A de l'autre. Les trois fourchettes sont ainsi liées l'une à l'autre, de telle façon que leurs manches restent en l'air, en se supportant les uns les autres. On aura soin de placer, préalablement, les verres de telle manière qu'ils occupent les trois sommets d'un triangle équilatéral. On peut substituer aux fourchettes trois autres corps tels que des couteaux, des bâtons, dont une extrémité reposerait sur une table ou sur le sol.

Culbuteur chinois. — Lorsque le centre de gravité d'un corps se déplace, ce qu'on peut obtenir en mettant des liquides en mouvement dans l'intérieur de ce corps, et que par certains artifices de mécanique on parvient à cacher au spectateur ces mouvements, on réalise plusieurs effets assez curieux.

C'est ce qui a lieu dans les *Culbuteurs chinois* (fig. 105). Ces figures, importées de la Chine, exécutent les tours d'équi-

Fig. 105. — Culbuteur chinois.

libre familiers aux acrobates, en s'élançant successivement sur tous les degrés d'un escalier depuis le plus haut jusqu'au plus bas. Ici les mouvements sont dus, d'une part, à la mobilité des parties constituantes du corps du personnage et de l'autre à l'écoulement d'une certaine quantité de mercure qui, passant alternativement de la partie supérieure du corps dans la partie inférieure, change les positions des parties, de degré en degré, jusqu'à ce que le centre de gravité trouve un point d'appui. Tous ces mouvements présentent une certaine lenteur qui résulte du temps nécessaire pour que le mercure puisse passer de la cavité supérieure dans la cavité inférieure.

Balances. — A l'étude de l'équilibre se rattache une

question d'une haute importance pour les physiciens et les chimistes, je veux parler de la balance.

Faraday, dans son *Traité des manipulations chimiques*, a indiqué deux procédés pour suppléer à ces instruments dont le prix est toujours très élevé lorsqu'ils doivent servir à peser de très petites quantités de matière.

Balance de Bevan. — Le premier procédé est dû à Bevan : il consiste à se servir d'un arc muni de sa corde. Cet arc peut au besoin être fait avec un morceau de baleine, une baguette flexible ou toute autre matière; alors, le suspendant par son milieu, on attache le corps, que l'on veut peser, au milieu de la corde, on observe la courbure qu'il y occasionne, ou ce qui est mieux encore, on marque le point où descend la partie de la corde à laquelle l'objet est suspendu. Otant alors la substance et la remplaçant par des poids connus jusqu'à ce qu'ils produisent la même courbure, on obtient le poids de la substance. Une baguette, un bâton ou tout autre corps élastique solidement fixé par une de ses extrémités, et chargé à l'autre d'une substance quelconque, pourra aussi donner une indication du poids de cette dernière. Les moyens d'adapter, à une semblable balance, un plateau temporaire pour recevoir la substance et les poids, et une échelle pour mesurer le point où ils descendent, sont si simples et si aisés à trouver qu'il est inutile d'en parler.

Balance de Black. — Le deuxième procédé imaginé par Black donne une balance d'une grande précision et d'une construction facile. Voici la description que l'auteur a donnée de son instrument, nous la transcrivons avec quelques modifications et en réduisant les mesures anglaises en mesures françaises.

On prend une planche mince en bois de sapin de 1 à

2 millimètres d'épaisseur, de 30 centimètres de longueur et de 8 centimètres de largeur au milieu, tandis que les extrémités A et B (fig. 106) ne présentent que 4 centimètres de large. On la divise par des lignes transversales en vingt parties, c'est-à-dire en dix parties à compter du milieu. Chacune de ces divisions principales se subdivise en moitiés et en quarts. Au milieu et pour servir d'axe, on place une aiguille à coudre aussi fine que possible, *mn*, et on l'ajuste sur la petite planche au moyen d'un peu de cire à cacheter. Les numéros des divisions partent du milieu et vont en augmentant au fur et à mesure qu'on se rapproche des extrémités de la planchette. Le support con-

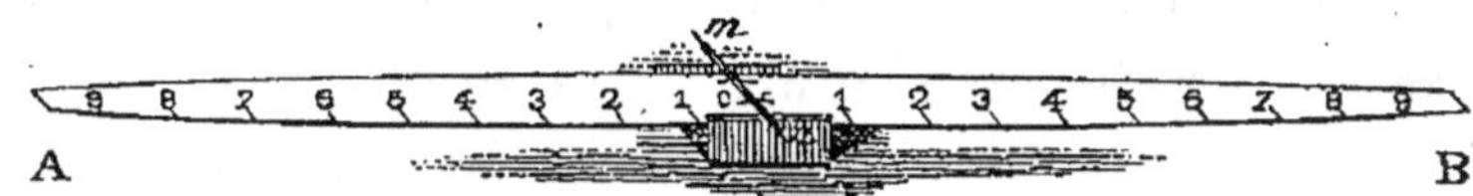

Fig. 106. — Balance de Black.

siste en une plaque de laiton posée à plat sur une table et dont deux extrémités se relèvent à angle droit.

La plaque reposant sur un plan horizontal, les deux parois verticales ou rebords, ainsi obtenus, doivent avoir rigoureusement la même hauteur : pour cela on les dresse exactement à la lime et on donne le poli à leur extrémité, à l'aide d'une pierre à aiguiser très fine. Ces rebords doivent être suffisamment distants l'un de l'autre pour que l'aiguille étant en place, il reste, entre eux, l'espace voulu pour permettre le libre mouvement de la planchette; d'ailleurs cette hauteur ne doit pas dépasser 4 millimètres, car le mouvement doit être très limité.

Les poids, dont on se servira avec cette balance, seront naturellement en rapport avec le faible volume des objets qu'elle est destinée à peser. On choisira un poids maximum,

5 centigrammes par exemple. Ce poids pourra être obtenu en prenant un fil de platine dont on mesurera soigneusement une longueur d'un mètre. On déterminera le poids de ce mètre avec une bonne balance et puis on en coupera une longueur représentant un poids de 5 centigrammes. Ce petit cylindre divisé en dix parties égales donnera des parties représentant chacune 5 milligrammes.

Quant aux poids moindres, on les construira de la façon suivante, indiquée par Lewis. On choisira un gros fil de fer ou de cuivre aussi régulier que possible, et sur cette espèce de mandrin, on enroulera un fil très fin de laiton ou mieux de platine, de manière que les spires soient pressées les unes contre les autres et parfaitement contiguës. On prend un poids déterminé de ce fil ainsi roulé en spirale, on le remet sur la tige qui a servi de mandrin, on serre le tout dans un étau, on applique un couteau bien tranchant dans le sens de l'axe de la tige, de manière que les deux extrémités de la spirale se trouvent sur la lame, puis on frappe sur le dos de cette lame un coup sec, avec un marteau. On obtient ainsi plusieurs anneaux du même poids dont le nombre indiquera la fraction de poids qu'ils représentent isolément. Si, par exemple, la spire primitive pesait 5 centigrammes, et si elle fournit cinquante anneaux, chacun de ces anneaux pèsera 1 milligramme.

En plaçant ces petites masses sur différents points de la planchette, on pourra apprécier le poids des plus petits objets depuis 5 centigrammes jusqu'à un demi-milligramme. Si, en effet, l'objet dont on veut reconnaître le poids pèse 5 centigrammes après l'avoir placé à l'extrémité A, il équilibrera le cylindre de platine en plaçant celui-ci à l'autre extrémité B du fléau. S'il pèse 25 milligrammes il équilibrera le même cylindre placé au numéro 5. S'il pèse 30 milligrammes, l'équilibre s'obtiendra en plaçant le cylindre sur le numéro 5 et un des petits cylindres de 5 milligrammes à l'extrémité B. Si l'objet pèse seulement 1/2 milligramme, ou 1/3 de milligramme, ou 1/4 de milligramme, il sera contre-pesé par un des petits anneaux placés à la moitié, au cinquième, au quart de la planchette en comptant les longueurs à partir du centre. Si, au contraire, il pèse 5 centigrammes et une fraction, il sera contrepesé par le grand cylindre de platine placé à une extrémité et par un ou plusieurs des petits placés sur une autre division du fléau.

Actions moléculaires. — En étudiant l'élasticité, nous avons vu que si l'on soumet une lanière de caoutchouc à une traction suffisante, elle s'allonge et que si cette traction vient à cesser, à un instant donné, les molécules momentanément éloignées les unes des autres se rapprochent et le corps reprend sa forme primitive. Il faut donc qu'il existe, entre ces molécules, une *force attractive* tendant à les rapprocher et à s'opposer à leur séparation. Si, au contraire, nous comprimons fortement entre les doigts une de ces tablettes de caoutchouc qui servent à effacer, sur le papier, les traits produits par le crayon, on ne tarde pas à éprouver une résistance insurmontable; la tablette abandonnée à elle-même revient à sa forme primitive. Les mêmes effets se produisent, à un degré moindre, pour tous les corps; ils peuvent s'allonger, se comprimer sous l'influence de forces convenables, puis revenir à leur premier état, et l'on peut conclure, de ces deux séries d'expériences, qu'il y a, dans tous les corps solides, une *force répulsive* antagoniste de la *force attractive* et lui faisant équilibre quand les corps sont abandonnés à eux-mêmes. La force attractive ou, si l'on aime mieux, l'*attraction moléculaire*, porte différents noms suivant les circonstances où elle se manifeste. S'agit-il d'une attraction au contact de deux corps solides distincts, ou d'un solide et d'un liquide, etc., c'est l'*adhésion ;* s'agit-il de la force qui maintient réunies les molécules d'un même corps, c'est la *cohésion*. Nous nous occuperons d'abord de l'adhésion.

Adhésion des solides entre eux. — On la met en évidence à l'aide des expériences suivantes. On fond, dans un moule à balle, deux sphères de plomb. Par chacun des trous de coulée, et avant l'entier refroidissement, on engage dans la masse une tige de laiton recourbée, puis avec un instrument tranchant, on coupe le plomb de manière à produire deux calottes sphériques de petite dimension. La partie restante doit présenter une section bien nette qu'il faut éviter de toucher avec les doigts. Alors et tandis que la section est encore fraîche et brillante, on applique les deux sections l une contre l'autre, en les faisant glisser de manière à chasser l'air, qui pourrait rester interposé, et l'on obtient une adhésion telle, que ces deux fragments de balle ne peuvent être séparés, qu'en suspendant un poids de plusieurs kilogrammes, au crochet inférieur. Deux gâteaux de cire blanche qu'on fait glisser l'un contre l'autre de manière à expulser la couche d'air qui était interposée entre eux contractent une adhérence considérable. On peut arriver au même résultat, en employant deux plans de marbre parfaitement dressés ou deux plans de verre bien unis. Cette propriété adhésive des surfaces sert à expliquer un phénomène qui se produit souvent dans les manufactures de glaces. Lorsque ces lames de verre ont été polies, si on les place de champ les unes contre les autres, il leur arrive de contracter une telle adhérence qu'on ne peut les séparer qu'à l'aide d'un effort puissant qui détermine leur rupture.

Adhérences entre les liquides et les solides. — Cette propriété se manifeste dans un grand nombre de faits dont nous sommes journellement témoins. Si l'on plonge, par exemple, un doigt dans un vase rempli d'eau, du moment où l'on viendra à retirer le doigt, en le plaçant dans une position verticale, une goutte d'eau adhérera à l'extrémité de la dernière phalange et n'abandonnera cette phalange qu'au bout d'un certain temps, c'est-à-dire quand la goutte ayant augmenté de volume, par suite de l'adjonction d'innombrables petites gouttelettes primitivement adhérentes à la peau, la pesanteur l'emportera sur les forces moléculaires.

Le contact des corps solides avec les liquides produit une série de phénomènes fort remarquables qui sont dits *phénomènes capillaires*, parce qu'on les observe surtout quand on plonge, dans les liquides, des tubes creux de verre de faible diamètre. Nous citerons les suivants.

Phénomènes capillaires. — Lorsque, dans un vase rempli d'eau, on plonge un corps susceptible d'être mouillé par ce liquide, un crayon par exemple, on voit le liquide se soulever, autour des parois du corps plongé, en produisant une espèce d'anneau concave, dont l'épaisseur augmente du sommet à la base où la courbure se confond avec la surface plane du liquide. Si, au contraire, le corps plongé n'est pas mouillé par le liquide, on voit se former tout autour du corps plongé une dépression ; il suffit, pour s'en convaincre, de graisser légèrement un crayon avec de l'huile ou du suif et de le plonger dans un verre d'eau, on constate alors une dépression du liquide autour de la tige de bois.

La partie comprise au-dessus ou au-dessous du niveau général du liquide se nomme *ménisque ;* ce nom appartient également aux surfaces courbes qui limitent ces anneaux. Par suite, dans le cas d'une surface mouillée, on dit qu'il se forme un ménisque concave, c'est un ménisque convexe dans le cas contraire.

A la production des ménisques se rattachent quelques expériences intéressantes.

Sphères flottantes (fig. 107). — Prenons quatre masses de liège façonnées en forme de boules. On peut, pour cela, se servir de bouchons convenablement travaillés. Deux de ces boules a et a' sont laissées dans leur état naturel,

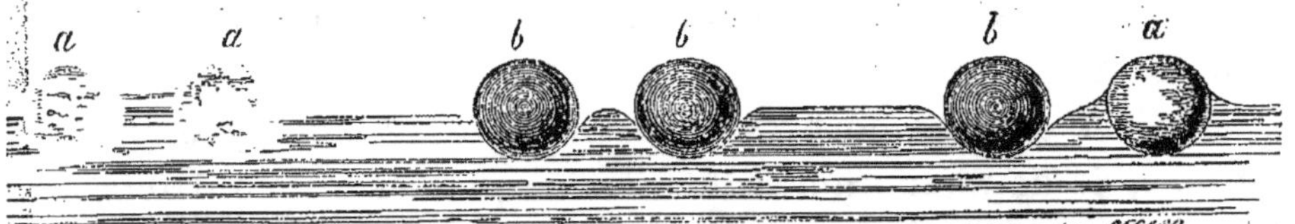

Fig. 107. — Sphères flottantes.

les deux autres b et b' sont recouvertes d'une légère couche de noir de fumée. Il suffit, pour cela, de les graisser légèrement et de les exposer à la flamme fuligineuse qu'on obtient en allumant un morceau de colophane.

Les boules à l'état normal sont mouillées par l'eau, les boules enduites de noir de fumée ne le sont pas. Si l'on prend deux boules à l'état normal et si, après les avoir placées sur l'eau contenue dans une cuvette, on vient à les rapprocher de façon à ce que les ménisques concaves qu'elles produisent puissent se réunir, on voit les deux boules se précipiter l'une sur l'autre et s'accoler. De même si l'on fait flotter les deux boules noircies bb', qui ne sont pas mouillées par l'eau, on les verra se juxtaposer, comme dans l'expérience précédente.

12.

Mais vient-on à mettre en présence une boule à l'état naturel et une boule noircie, de manière à ce que le ménisque concave de l'une *b* se réunisse au ménisque convexe *a* de l'autre, il y aura répulsion et les deux boules s'éloigneront l'une de l'autre, avec une certaine vivacité. On peut conclure de là que les ménisques de même nom s'attirent et que les ménisques de nom contraire se repoussent.

On donne quelquefois à cette expérience la forme suivante. On dépose une des boules de liège sur l'eau d'une cuvette, et l'on pique l'autre à l'extrémité d'une aiguille à tricoter. Alors, si les deux boules sont de même nature, on peut, en présentant une aiguille armée de sa boule à la boule mobile, la forcer de suivre tous les mouvements que l'on voudra. Si, au contraire, les boules sont de nature différente, on peut poursuivre la boule flottante, sans parvenir à la toucher.

Expérience de Salis. — On prend une lame de verre bien polie et, sur cette surface, on dispose un verre de montre suffisamment bombé, en ayant soin de déposer préalablement une goutte d'eau, sur la lame, au point où l'on doit placer le verre. On incline alors la lame, et l'inclinaison peut aller jusqu'à 26° ou 27°, et même au delà sans qu'il se manifeste de glissement. Mais quand on est arrivé à un certain angle, le verre de montre prend un mouvement de rotation sur lui-même et s'échappe suivant une ligne qui s'écarte de l'horizontale. Si l'on fait varier la position de la glace de manière à toujours éloigner le segment de ses bords, on peut continuer l'expérience indéfiniment.

Propriétés de la poudre de lycopode. — On donne le nom de lycopode aux spores ou corps reproducteurs d'une plante de la famille des Lycopodiacées, le *lycopode en* *massue*. Vus au microscope, ces spores affectent les formes représentées par la figure 108, et constituent une poussière très fine, très légère, sans odeur, ni saveur, d'un jaune très pâle, appelée parfois *soufre végétal*, à cause de sa propriété de s'enflammer, quand on la projette sur une flamme, propriété qui est mise à contribution, sur le théâtre, toutes les fois qu'on veut figurer les éclairs. Cette poussière s'attache fortement à l'épiderme et se fait remarquer par son action répulsive sur l'eau. Aussi la

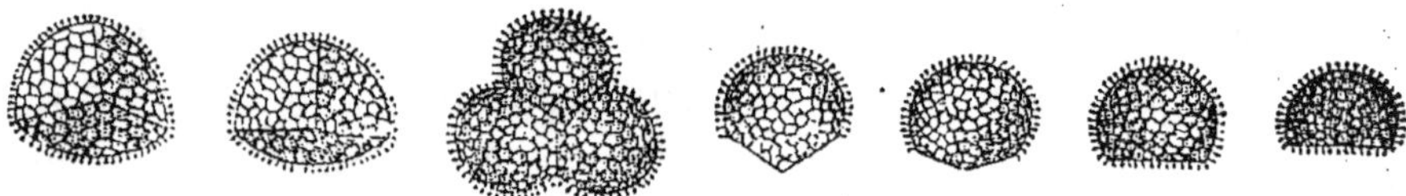

Fig. 108. — Poudre de lycopode.

main préalablement frottée avec cette substance peut pénétrer dans un vase rempli d'eau sans se mouiller. Il sera donc possible, avec cette espèce de gant, d'aller chercher au fond d'une cuvette remplie d'eau une pièce de monnaie qu'on y aura déposée, et d'en retirer la main parfaitement sèche.

Adhésion des solides entre eux par l'intermédiaire de l'eau. — Tire-pavé (fig. 109). — C'est un disque de cuir, au centre duquel on attache une ficelle, après avoir ramolli le cuir en le faisant tremper dans l'eau; on l'applique contre une pierre dont la surface est unie, puis on l'y presse à l'aide des deux pieds. En tirant alors sur la corde, on peut soulever ce pavé. Un cuir sec n'adhérerait pas; lorsqu'il est au contraire gonflé d'eau, les petites rugosités qu'il présente à la surface s'atténuent, et l'adhésion peut alors se produire.

Cohésion. — Nous avons déjà défini cette force. C'est

celle qui tient réunies les molécules similaires. Les expériences suivantes pourront prouver l'existence de cette force. On frotte la surface d'une feuille de papier avec un peu de poudre de lycopode, et on y laisse tomber de l'eau par petite portion. A l'instant même où le contact a lieu, l'eau prend la forme de petites sphères qui ne touchent

Fig. 109. — Tire-Pavé.

le lycopode que par une portion très limitée de leur surface et qui roulent sur le papier, avec une étonnante rapidité, sans se rompre. On s'explique ce qui s'est produit ici, en considérant que la cohésion entre les particules du liquide l'emporte sur l'adhésion qui se manifeste entre le liquide et le solide qui le touche. On dirait que les molécules liquides éprouvent une espèce de répulsion de la part du solide, il semble que par suite de cette répulsion elles sont momentanément soustraites à l'action de la pesanteur; alors elles obéissent seulement aux forces attractives et contractent la forme d'une sphère.

Expériences de Plateau. — Pour observer ce qui se passe dans une masse abandonnée à la seule attraction de ses molécules et soustraite à l'action de la pesanteur, on peut employer le procédé suivant :

Les huiles grasses sont moins denses que l'eau, et plus denses que l'alcool; l'huile d'olive, par exemple, présente une densité qui, suivant la température, varie entre 0,907 et 0,923, tandis que la densité de l'alcool absolu est représentée à 0° par 0,8095. Si donc on fait un mélange d'eau et d'alcool ayant une densité égale à celle de l'huile d'olive, c'est-à-dire marquant de 63° à 56° centésimaux, et si l'on introduit, dans le mélange ainsi formé, une quantité quelconque d'huile d'olive, il est évident que l'action de la pesanteur sera complètement détruite, car par suite de l'égalité de densité, l'huile ne fera que tenir la place d'une masse égale du liquide ambiant. Si l'on n'obtient pas du premier coup un liquide hydro-alcoolique d'une densité exactement semblable à celle de l'huile, on arrive par quelques tâtonnements, par l'adjonction d'un peu d'eau ou d'un peu d'alcool, à réaliser deux liquides présentant l'égalité de poids sous l'égalité de volume.

D'un autre côté, l'huile d'olive n'étant pas miscible à l'eau alcoolisée, une masse de cette huile, plongée dans un pareil milieu, y demeurera isolée et suspendue, et se comportera comme si elle n'était soumise qu'à l'excès de sa propre attraction sur celle qu'elle éprouve de la part du mélange ambiant. Cette masse d'huile se trouvera par conséquent dans les mêmes conditions qu'un liquide sans pesanteur suspendu librement dans l'espace et soumis à ses propres attractions moléculaires, et elle prendra alors exactement la forme sphérique.

L'appareil servant à l'expérience consiste (fig. 110) en un vase à parois épaisses formées de plaques de verre rectangulaires, assemblées dans un châssis métallique ; de cette manière, la figure d'équilibre produite est vue à tra-

Fig. 110. — Appareil de Plateau.

vers des parois planes et se montre sous sa véritable forme. Le mélange hydro-alcoolique préparé d'avance est placé dans l'appareil ; pour introduire l'huile dans ce liquide, on se sert d'un entonnoir à long bec qu'on engage jusqu'à une certaine profondeur dans le vase ; on verse l'huile avec précaution. Alors si le mélange est constitué dans des proportions convenables, l'huile forme, à l'extrémité de la douille de l'entonnoir, une sphère dont le volume augmente graduellement à mesure qu'on ajoute ce dernier liquide. Lorsque la sphère a atteint le volume qu'on désire, on retire l'entonnoir avec précaution, la sphère d'huile l'accompagne et lorsqu'elle est près d'atteindre la surface du mélange alcoolique, une petite secousse la détache de l'entonnoir.

Cette sphère est immobile, mais si l'on fait passer par son centre un axe vertical auquel on communique, à l'aide d'une petite manivelle, un mouvement de rotation, elle prend peu à peu le mouvement de cet axe et on la voit s'aplatir progressivement vers les pôles. Le mouvement de rotation continuant à s'accélérer, la région équatoriale se renfle de plus en plus, et à un instant donné un anneau se sépare, qui continue à tourner autour de la sphère centrale. On reproduit ainsi le phénomène remarquable que présente la planète Saturne entourée de son anneau.

En augmentant encore la vitesse, l'anneau s'agrandit et bientôt il se brise ; l'huile, ainsi séparée de la masse principale, contracte la forme d'une petite sphère, et ce satellite se met à graviter autour de la planète en miniature dont il est sorti. Cette expérience des plus attrayantes permet donc d'expliquer comment, sous l'influence d'un mouvement de rotation, et en les supposant primitivement à l'état fluide, les planètes ont pu produire soit des anneaux comme Saturne, soit des satellites comme Jupiter et la Terre.

Figures d'équilibre de Plateau. — En poursuivant ses travaux sur les liquides soustraits à l'action de la pesanteur, Plateau a réalisé un grand nombre d'expériences fort remarquables relatives à la cohésion entre les solides et les liquides. Ainsi, si l'on applique sur une sphère d'huile en suspension dans l'alcool un cercle de fer plus large que la sphère et soutenu par trois griffes qui se réunissent à une tige verticale, on voit la sphère s'aplatir et se transformer en une lentille biconvexe dont les deux surfaces ont le même rayon. La charpente métallique doit être préalablement graissée avec de l'huile.

Veut-on produire un cylindre terminé par deux calottes sphériques, on dispose l'une au-dessus de l'autre deux circonférences en fil de fer huilé, l'une portée par un trépied et reposant sur le fond de la cuve, l'autre fixée à une tige qui traverse verticalement le couvercle. On fait adhérer la sphère aux anneaux métalliques qui sont en regard, en ayant soin d'employer un volume d'huile plus considérable que celui du cylindre qui aurait ces deux surfaces pour bases, puis on augmente graduellement la distance des deux anneaux jusqu'à ce qu'on atteigne la forme cylindrique.

On peut, en employant des charpentes métalliques de formes différentes, arriver à donner à la sphère liquide d'autres formes géométriques ; de plus, en introduisant l'extrémité effilée d'une petite seringue dans ces formes massives et leur soustrayant une certaine quantité d'huile, Plateau est parvenu à composer des figures formées par des lames très minces adhérentes aux arêtes des charpentes en fil métallique. Mais comme ces expériences sont difficiles à réaliser, le même savant a eu l'idée de constituer ces figures dans l'air, au moyen de lames minces formées par un liquide visqueux et tellement minces que leur poids est négligeable.

Liquide glycérique de Plateau. — Le liquide visqueux pourrait être, à la rigueur, de l'eau de savon, mais à cause de la rapide évaporation de l'eau savonneuse, les lames qu'elle forme ne tardent pas à disparaître. Si l'on veut obtenir des figures persistantes, il faut faire usage d'un mélange de glycérine et d'eau de savon. Pour préparer ce mélange, on doit opérer en été et lorsque la température extérieure est au moins de 19°. On dissout, à une douce chaleur, une partie en poids de savon de Marseille, préalablement taillé en minces copeaux, dans quarante parties d'eau distillée, et quand la dissolution est refroidie, on la filtre. Cela fait, on mêle soigneusement dans un flacon, par une agitation forte et prolongée, deux volumes de glycérine avec trois volumes de la dissolution de savon, puis on laisse reposer. Au bout de quelques heures, le mélange qui était primitivement limpide se trouble, il s'y forme un léger nuage qui gagne la partie supérieure du vase où il finit par former une couche bien nette; on sépare le liquide inférieur en décantant avec un siphon.

Le liquide glycérique ainsi obtenu peut se conserver pendant un an environ, il donne des figures d'une très grande persistance. Ces expériences sont fort curieuses, et c'est avec raison que l'auteur a dit « qu'on contemplait avec un charme particulier ces légères figures, presque réduites à des surfaces mathématiques, qui se montrent parées des brillantes couleurs de l'arc-en-ciel et qui, malgré leur extrême fragilité, persistent pendant longtemps. »

Indiquons quelques-unes des expériences de Plateau.

L'expérience la plus simple à réaliser consiste à souffler, avec le liquide glycérique, au moyen d'une pipe commune de terre, une bulle d'un décimètre de diamètre qu'on dépose doucement sur un petit cercle C (fig. 111) de sept centimètres de diamètre, soutenu par trois pieds et préalablement mouillé du même liquide. Cette bulle, lorsqu'elle est dans un milieu bien tranquille, peut se maintenir pendant trois heures environ. Quand ces bulles sont préservées de l'agitation de l'air, en les emprisonnant dans une cloche, on distingue à leur surface des bandes irisées. Ces irisations changent d'aspect, à mesure que, par l'action de la pesanteur, les liquides glissant vers les parties inférieures, l'épaisseur de la paroi diminue dans les parties supérieures ; le phénomène persiste tant qu'une teinte noire n'apparaît pas au sommet ; alors la bulle se brise. Ces couleurs brillantes se montrent toutes les fois que la lumière frappe une lame très mince ; c'est ainsi qu'on les observe sur les lames minces de mica, sur les ampoules de verre soufflées au point d'éclater, à la lampe d'émailleur, sur la couche d'oxyde qui se forme sur l'acier que l'on recuit après la trempe, sur les verres à vitre altérés par l'humidité, sur les ailes membraneuses de certains insectes. On

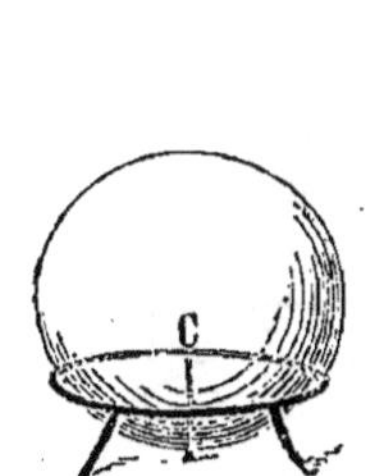

Fig. 111. — Bulle de savon sur un trépied.

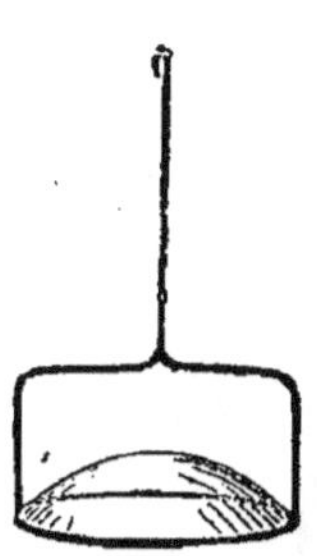

Fig. 112. — Cercle métallique pour étirer la bulle.

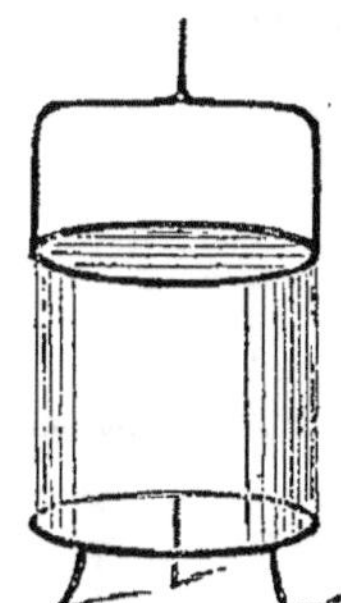

Fig. 113. — Cylindre liquide.

les constate également dans les fissures du verre fêlé, entre deux plaques de verre pressées l'une contre l'autre, dans les couches minces de vernis, dans l'huile et l'éther répandus en couche imperceptible sur l'eau. Il arrive parfois que les eaux stagnantes se recouvrent d'une pellicule grasse irisée.

Pour transformer la bulle de savon en cylindre, on appliquera légèrement sur sa partie supérieure un autre cercle métallique de sept centimètres de diamètre, tel que celui qui est représenté par la figure 112 et muni d'une tige verticale. On étirera ainsi la bulle et insensiblement la sphère se convertira en un cylindre parfaitement régu-

lier présentant des bases convexes et semblable à celui de
la figure 113. Il est bon ici, et dans toutes les expériences
de ce genre, de communiquer préalablement aux charpentes métalliques une légère oxydation, en les immergeant, pendant deux minutes, dans l'acide azotique faible
et les lavant ensuite avec de l'eau pure.

Une autre ingénieuse application du procédé de Plateau
est la suivante. On fait fabriquer des charpentes en fil de
fer, dont chacune représente l'ensemble des arêtes d'un
polyèdre, par exemple d'un cube, d'un octaèdre régu-

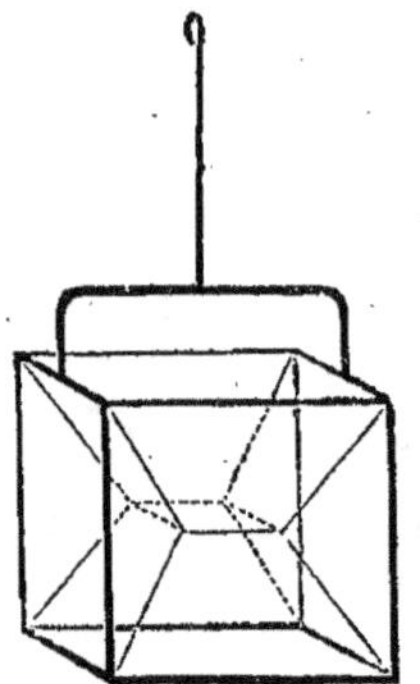

Fig. 114. — Cube normal.

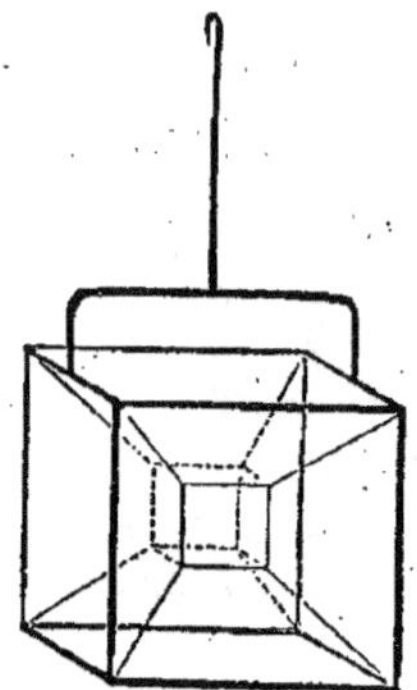

Fig. 115. — Cube avec petit
cube intérieur.

lier, d'un prisme droit à base triangulaire, pentagonale, etc.
Le fil de fer doit avoir un peu moins d'un millimètre
d'épaisseur, les arêtes ont des dimensions qui varient avec
la nature du solide représenté. Pour le cube, l'arête présente environ sept centimètres de côté. Chacune de ces
charpentes est portée par une fourche fixée à deux de ses
arêtes.

Si l'on plonge complètement la charpente cubique, à
l'exception de la partie supérieure de la fourche, dans le
liquide glycérique, puis qu'on la retire, on obtient invaria-

blement un assemblage de douze arêtes solides (fig. 114) et aboutissant toutes à une treizième lame beaucoup plus petite, de forme quadrangulaire et occupant le milieu du système.

Si, après avoir ainsi formé cette figure, on replonge de quelques millimètres seulement, dans le liquide, la face inférieure de la charpente, lorsqu'on la retirera, la figure aura subi un changement, elle renfermera en son milieu (fig. 115) un petit cube à faces et à arêtes liquides. Si, avec une pointe de papier joseph, on crève une des faces de ce petit cube, la première figure reparaît aussitôt.

Avec une charpente en forme d'octaèdre régulier, on obtient une étoile formée par six plans qui ont un point commun au centre de l'octaèdre et se réunissent aux douze autres plans formés par les douze arêtes du solide. A chaque forme de charpente correspond une disposition particulière, mais cette disposition ne dépend nullement du hasard, elle est constante et déterminée pour chaque figure géométrique ; les systèmes laminaires sont d'une régularité parfaite, les arêtes liquides qui unissent entre elles les lames composant l'ensemble ont une finesse extrême, et la disposition de ces lames est un sujet intéressant d'étude pour les personnes désireuses d'approfondir les lois qui président à leur formation.

CHAPITRE VI

ÉQUILIBRE ET MOUVEMENT DES FLUIDES.

La science de l'équilibre des liquides a reçu le nom d'*hydrostatique ;* toutes ses lois sont fondées sur un principe unique qui peut se formuler ainsi : « Les liquides transmettent également dans tous les sens les pressions qu'on exerce sur un point quelconque de leur masse ou de leur surface. »

On peut démontrer ce principe, avec suffisamment d'approximation, en employant la pompe servant à l'arrosage des jardins et connue sous le nom de *pompe à main*. L'instrument consiste en un cylindre métallique, à deux compartiments, dans lequel on fait mouvoir un piston plein. Une ingénieuse disposition de soupape permet d'obtenir le jet continu nécessaire à l'expérience. Si l'on visse l'ajutage se terminant en pomme d'arrosoir, on voit jaillir le liquide par tous les trous, du moment qu'on met le piston en mouvement, et l'on remarque que tous ces jets sont sensiblement égaux. La démonstration serait plus complète encore, si à cet ajutage on substituait une sphère creuse, en laiton, percée de trous de petites dimensions, en divers points de sa surface.

Pour faire voir avec quelle facilité cette pression se transmet, il suffit de prendre une bouteille de verre, de la remplir presque complètement d'eau, sauf un demi-centimètre, puis d'engager, dans ce vide, un bouchon de liège de manière à ne pas laisser d'air au-dessous. Si alors, saisissant le goulot de la bouteille avec la main entourée d'un linge, on enfonce vivement le bouchon à l'aide d'un maillet, le vase se brise inévitablement, dans un point ou dans un autre, sous l'influence du choc transmis par le liquide.

Si donc on suppose, pour un instant, qu'on puisse soustraire un liquide à l'action de la pesanteur et qu'après l'avoir enfermé dans un espace limité, une boîte en métal, par exemple, on vienne à exercer une pression sur la surface de ce liquide, cette pression se répandra dans tous les sens, et chacun des éléments de surface de la boîte sera pressé de la même façon. En réalité, il n'en est point ainsi, la pesanteur ne perd point ses droits ; outre les pressions étrangères, le liquide exercera sur les parois du vase et sur les molécules liquides intérieures une pression due à son poids et variable d'un point à l'autre. Ces deux genres de pressions, l'une égale pour tous les points et dans tous les sens, l'autre variant avec la profondeur du liquide, s'ajoutent en chaque point pour former la pression totale.

Les conditions d'équilibre des liquides peuvent se résumer ainsi :

1° Il faut que sur une même tranche horizontale, la pression soit la même sur des portions de surfaces égales. Il résulte de là que, lorsqu'un liquide n'est soumis à aucune autre force qu'à l'action de la pesanteur, la *surface libre doit être horizontale*. En effet, un liquide pesant contenu dans un vase est toujours terminé par une surface plane et horizontale; aussi lorsqu'on vient à pencher un vase incomplètement rempli, le niveau de l'eau finit-il par arriver au bord du vase, et si l'inclinaison augmente, le liquide tombe et s'écoule.

2° Une tranche horizontale prise à volonté dans l'intérieur d'une masse liquide doit nécessairement éprouver, dans tous les sens, des pressions égales et contraires qui se détruisent. Par suite, toutes les parties d'une tranche horizontale supportent, de bas en haut, une pression égale à celle qui s'exerce de haut en bas.

Pour le démontrer, on prend (fig. 116) un gros tube de

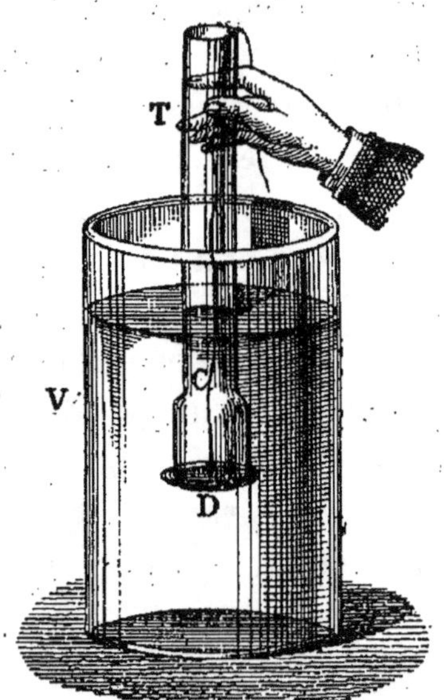

Fig. 116. — Appareil pour la pression de bas en haut.

verre ouvert à ses deux extrémités, un verre de lampe modérateur, par exemple, on en use une des extrémités, avec du sable ou de l'émeri, contre une lame de verre, D, de façon à ce que celle-ci ferme exactement le tube, sans l'interposition d'aucun mastic. La lame de verre ainsi disposée constitue ce qu'on appelle un *obturateur*. A l'aide d'un peu de cire à cacheter ou de toute autre substance adhésive, on fixe un fil au centre de cette plaque et à l'aide de ce fil on maintient l'obturateur appliqué contre le tube.

L'appareil étant ainsi disposé, on en plonge l'extrémité fermée dans un vase V rempli d'eau. Quand le tube est arrivé à une certaine profondeur, on abandonne le fil ; l'obturateur ne tombe pas ; il faut donc qu'il soit poussé de bas en haut par une certaine force. Pour apprécier l'intensité de cette force, on verse de l'eau dans le tube, et l'on voit que lorsque le niveau en dedans est à peu près le même qu'en dehors, l'obturateur se détache et tombe. S'il se détache un peu plus tôt, c'est uniquement en vertu de l'excès de son poids sur le poids du liquide déplacé.

Quand un liquide est contenu dans un vase, il va exercer sur la paroi des pressions dont il est facile de déterminer expérimentalement la nature.

1° Pression verticale de haut en bas. — Le fond du vase subira une pression verticale de haut en bas; on le prouve aisément en prenant un verre de lampe un peu long et fermant une des extrémités au moyen d'un morceau de vessie ramollie et bien tendue. En versant de l'eau dans le vase, on voit la vessie se gonfler en dehors, prendre une convexité croissante, ce qui prouve qu'elle est poussée, de dedans en dehors, d'autant plus que le niveau du liquide est plus élevé.

2° Pression de bas en haut. — Si l'on considère un vase de la forme EFABCD (fig. 117), il résulte, de ce qui a été dit précédemment, que le fond supérieur AD de ce vase éprouve, de bas en haut, une pression égale au poids d'une colonne liquide ayant pour base la surface de la paroi et pour hauteur la hauteur EF du niveau au-dessus de cette

paroi. Cette pression est d'ailleurs indépendante du diamètre du tube EF, de sorte qu'avec un simple filet d'eau, d'une
hauteur suffisante, on pourra exercer, contre les parois

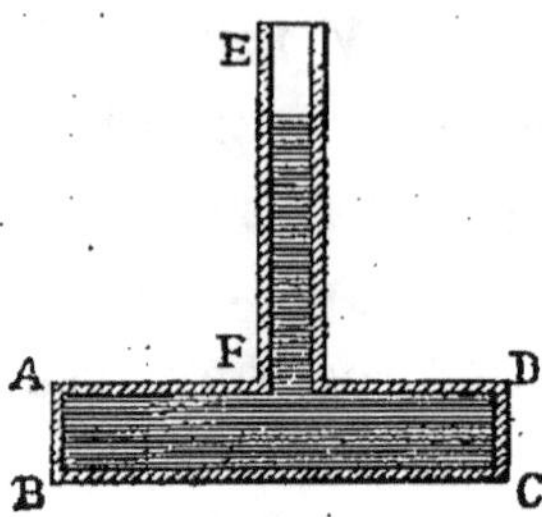

Fig. 117. — Pression de bas en haut.

du réservoir ABCD, des pressions énormes. C'est là l'expérience du *crève-tonneau*.

Crève-tonneau. — On dresse un tonneau, sur un de ses
fonds, de manière à ce que la base ainsi choisie repose
bien sur la terre. De cette façon, la pression que cette
partie est appelée à subir sera détruite par la résistance
du sol. A l'aide d'une mèche anglaise et d'un vilebrequin
on perce, dans le fond supérieur, une ouverture de 2 à
3 centimètres de diamètre, dans laquelle on adapte un tube
métallique présentant à peu près le même diamètre et
une hauteur de quatre à cinq mètres. Le tube devra être
soigneusement fixé au bois, soit à l'aide d'un pas de vis
dont il sera muni, soit à l'aide de filasse et d'une substance agglutinative, la poix par exemple. Cela fait, on
charge, avec des poids, le fond supérieur du tonneau, de
manière qu'il soit sensiblement bombé en bas, puis on
remplit ce vase d'eau, ainsi que le tuyau qui le surmonte.
Sous l'influence de la pression de bas en haut, les poids,
qui tiennent le fond supérieur bombé en bas, sont soule-
vés, et souvent cette paroi est relevée et courbée en sens

inverse; on pourrait même arriver à la faire crever, en donnant plus de hauteur au tuyau.

Il résulte du phénomène de la pression de bas en haut qu'un seau au moyen duquel on puise de l'eau peut tout aussi bien être rempli par la partie inférieure que par la partie supérieure. Il suffit pour cela de le munir au fond d'une soupape qui s'ouvre de bas en haut, et qui se ferme ensuite par le poids du liquide qui s'est répandu dans le vase. On emploie cette disposition lorsque les puits ont une grande profondeur et qu'on se sert de deux grands seaux attachés aux extrémités d'une corde s'enroulant sur un treuil; pendant qu'un des deux seaux monte, l'autre descend.

3° **Pressions latérales.** — La pression des liquides sur les parois des vases ne s'exerce pas seulement de bas en haut et de haut en bas, mais aussi latéralement. Ces pressions dépendent, comme les pressions verticales, de la hauteur du liquide et de la surface pressée. Aussi, si l'on pratique une ouverture, en un point quelconque de la paroi d'un vase, le liquide qu'il contient jaillit à l'instant.

Pendule à réaction. — D'un autre côté, si l'on considère, sur les parois d'un vase contenant un liquide, deux points opposés situés sur un même plan horizontal, les pressions exercées sur ces deux points, étant égales et contraires, se font équilibre; mais si l'on donne issue au liquide, par un de ces deux points, l'équilibre sera aussitôt rompu. C'est ce que l'on démontre à l'aide de l'appareil représenté par la figure 118. C'est un flacon A rempli d'eau, présentant, à sa partie inférieure, une ouverture fermée par un bouchon, et suspendu en O, par un fil assez long; tant que l'ouverture inférieure reste fermée, le flacon demeure dans la verticale et dans un état d'immobilité parfaite. Vient-on à enlever le bouchon, la pression que la paroi subissait en ce point est immédiatement détruite, la pression opposée agit seule et pousse en B le flacon qui s'écarte ainsi de la verticale et n'y revient que peu à peu, au fur et à mesure de l'écoulement de l'eau.

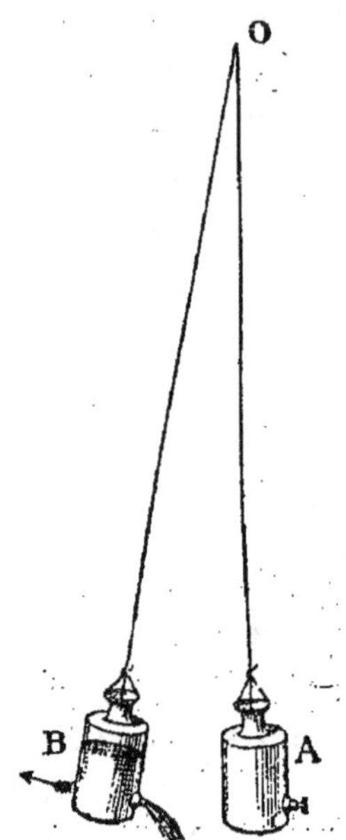

Fig. 118. — Pendule à réaction.

Flotteur à réaction.—Le flotteur à réaction (fig. 119) sert également à démontrer les pressions exercées par les liquides sur les parois latérales des vases. Il consiste en une éprouvette de verre E portée sur un morceau de liège FF′ muni inférieurement d'une lame métallique faisant l'office d'une quille de bateau. On a percé, dans la partie inférieure et latérale de l'éprouvette, une petite ouverture circulaire O qu'on ferme avec une cheville de bois. On remplit ce vase d'eau et on le pose sur une grande bassine

pleine d'eau où il flotte par l'intermédiaire du morceau de
liège. Tant que l'ouverture reste fermée, le vase demeure
immobile, mais vient-on à l'ouvrir, la pression, qui agissait
sur cette partie de la paroi, cessant de faire équilibre à la
surface opposée, le vase E se met en mouvement et glisse
sur la surface du liquide dans une direction opposée à

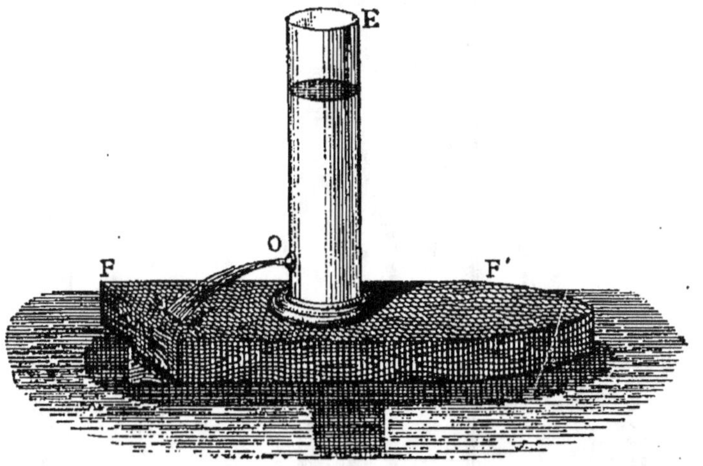

Fig. 110. — Flotteur à réaction.

celle du jet qu'on a eu soin de faire couler suivant le
prolongement de la quille. Le mouvement ne tarde pas
à s'arrêter dès que le liquide a fini de couler.

Tourniquet hydraulique. — Le mouvement de recul
produit par l'écoulement d'un liquide se vérifie encore à
l'aide du tourniquet hydraulique. C'est un cylindre vertical terminé inférieurement par deux tubes horizontaux
ouverts à leur extrémité et recourbés en sens contraire,
de façon à représenter à peu près un Z allongé. L'appareil
étant rempli d'eau et mobile autour d'un axe vertical, on
le voit, aussitôt que l'écoulement a lieu, prendre un mouvement rapide de rotation en sens contraire.

Les souffleurs de verre donnent au tourniquet hydraulique la forme suivante, qui est aussi simple qu'élégante.
Un entonnoir de verre A (fig. 120) est soudé, par sa partie
inférieure, à deux tubes égaux AB et AC, tous deux également
ment inclinés sur l'axe de l'entonnoir et compris dans le
même plan que lui. Les deux extrémités B et C se recourbent perpendiculairement au plan BAC, l'une en avant,

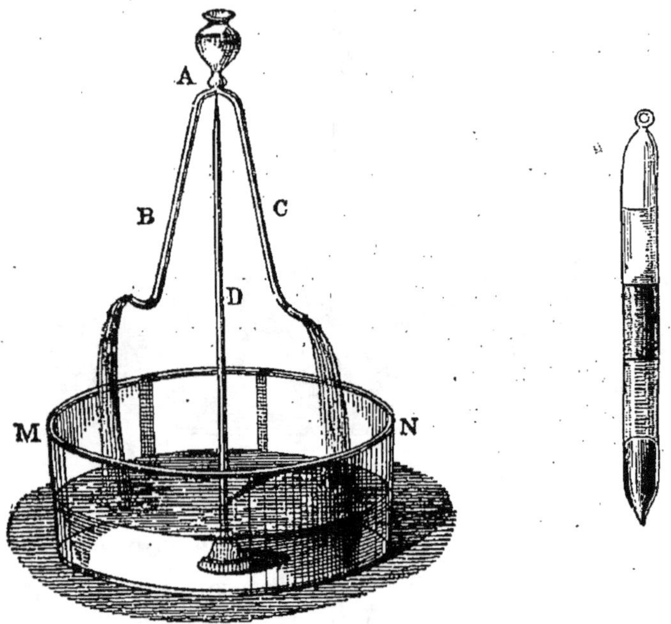

Fig. 120. — Tourniquet hydraulique.   Fig. 121. — Fiole aux quatre éléments.

l'autre en arrière et on les effile de façon à ce qu'elles se
terminent par une petite ouverture.

Tout l'appareil peut exécuter un mouvement de rotation sur l'extrémité effilée d'une tige D, placée au centre
d'un vase destiné à recevoir le liquide. Quand on verse de
l'eau dans l'entonnoir, elle s'écoule par les ouvertures
B et C et l'appareil se met à tourner en sens inverse de
l'écoulement.

Liquides superposés. — Fiole aux quatre éléments. —
Quand plusieurs liquides de nature et de densité différentes sont contenus dans le même vase, ces liquides se disposent, les uns au-dessus des autres, par tranches horizontales. Cette condition est nécessaire pour l'équilibre, qui, nous le savons, ne peut exister qu'autant que tous les points d'une même tranche éprouvent la même pression. On démontre ce principe à l'aide de l'instrument suivant connu sous le nom de *fiole aux quatre éléments.*

Le nom de cet instrument fait allusion aux quatre éléments dont les anciens physiciens prétendaient faire dériver tous les autres. Ces éléments étaient : la terre, l'eau, l'air et le feu. Lorsqu'on agite la fiole, les éléments qu'elle contient se mélangent, et avec un peu de bonne volonté représentent l'image du chaos, mais si la fiole reste tranquille, tous les corps reprennent la place que leur assigne leur différence de densité.

Pour représenter la terre, on prendra du mercure, l'eau sera représentée par une dissolution saturée de carbonate de potasse légèrement colorée en vert par un peu d'acétate de cuivre. L'alcool ne dissolvant pas le carbonate de potasse, on s'en servira pour représenter l'air et on lui communiquera une faible teinte bleue avec un peu de teinture de tournesol. Enfin on prendra, pour représenter le feu, de l'essence de térébenthine ou du pétrole légèrement colorés par de l'orcanette.

La fiole consistera en un tube de verre de deux centimètres de diamètre intérieur et de quinze à vingt centimètres de long ; on le ferme hermétiquement, à la lampe, par une de ses extrémités et on l'étire par l'autre bout, de manière à en diminuer considérablement le diamètre. On introduit alors le mercure, de façon à en remplir la cin-

quième partie, les trois autres cinquièmes suivants sont
successivement occupés par le carbonate de potasse,
l'alcool et l'essence ; le dernier cinquième restera vide.
On ferme alors l'extrémité supérieure ; on peut l'étirer et
la contourner en forme d'anneau, comme le représente
la figure 121 et se servir de cet anneau pour suspendre
l'appareil, ou bien encore mastiquer le tube dans un pied
en bois, de façon à le placer dans une position verticale.
On aura beau agiter la fiole, au bout d'un moment de
repos, les quatre substances se sépareront, pour se superposer toujours dans le même ordre.

Liquides miscibles. — Cette propriété que possèdent
les liquides de se superposer d'après leur ordre de densité
ne peut se vérifier qu'autant que les liquides ne sont pas
susceptibles de se dissoudre mutuellement ou à plus forte
raison d'agir chimiquement l'un sur l'autre. Ainsi l'eau et
l'huile n'étant pas miscibles se superposent aisément.
C'est ce que l'on vérifie tous les jours, lorsqu'on veut allumer une veilleuse et que le vase, dont on se sert, est trop
grand, pour la quantité d'huile dont on dispose : on sait
que, dans ce cas, on verse d'abord de l'eau dans le vase,
puis par dessus une couche d'huile, sur laquelle on dépose
le petit flotteur destiné à supporter la mèche.

On peut pourtant, avec quelques précautions, superposer deux liquides miscibles, l'eau et l'alcool par exemple.
Il suffira de verser d'abord de l'eau dans un verre, puis
peu à peu l'alcool, en le faisant couler le long d'une baguette de verre ou d'une petite cuillère ; si l'on a eu soin
de colorer l'alcool par un peu d'orcanette, les deux liquides seront séparés par une couche horizontale. On peut,
de la même manière, superposer de l'eau au vin et obtenir
un liquide à deux couches bien distinctes. Pour y arriver

on place, sur l'eau qui occupe la partie supérieure du vase, une croûte de pain ; en faisant tomber le vin, goutte à goutte, le long d'une petite cuillère sur le rond de pain, le mélange ne se produit pas et le vin finit par former, sur l'eau, une couche parfaitement distincte.

Passe-vin. — On démontre également, à l'aide de cet appareil, que les liquides même miscibles se superposent par ordre de densité. Le verre V (fig. 122) présente à sa partie inférieure un renflement sphérique, qui communique avec la partie supérieure par une ouverture de 2 à 3 millimètres de diamètre. On commence par verser dans cette partie supérieure du vin ou de l'alcool coloré en rouge, le liquide descend peu à peu dans la boule et la remplit. Cela fait, on verse dans le vase une certaine quantité d'eau qui obéissant à sa plus grande densité traverse le vin, sous forme d'un filet mince et va se réunir au fond du vase sphérique. En même temps, le vin déplacé forme, à travers la masse de l'eau, un filet ascendant qui vient s'étaler à la surface ; aussi, au bout de quelques heures, l'eau et le vin se sont mutuellement remplacés dans les parties de l'appareil qu'ils occupaient au début de l'expérience. Quelquefois, on renferme l'ampoule inférieure dans une caisse en bois et alors on voit insensiblement s'opérer la substitution dans le vase supérieur.

Vases communiquants. — Lorsque deux vases, de forme et de grandeur quelconque, communiquent entre eux, ils peuvent contenir un liquide homogène ou plusieurs liquides de différentes densités.

Premier cas. — Liquide homogène. — Pour qu'un liquide homogène soit en équilibre, dans deux vases communiquants, il faut que les niveaux de ce liquide, dans les deux vases, soient sur un même plan horizontal.

On le démontre à peu de frais, en se servant de deux
entonnoirs de verre ou de métal d et e, de même forme ou
de forme différente, qu'on réunit par leur douille à l'aide

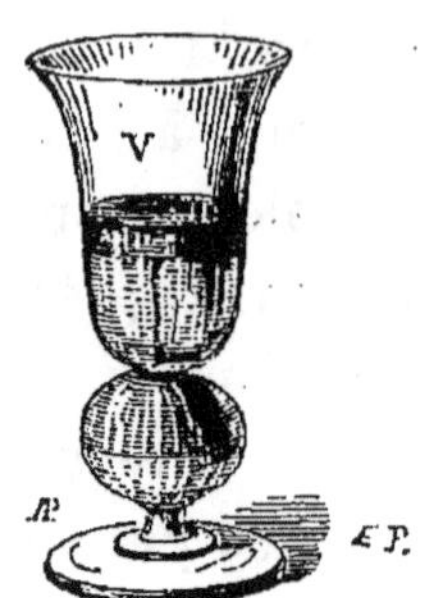

Fig. 122. — Passe-vin.

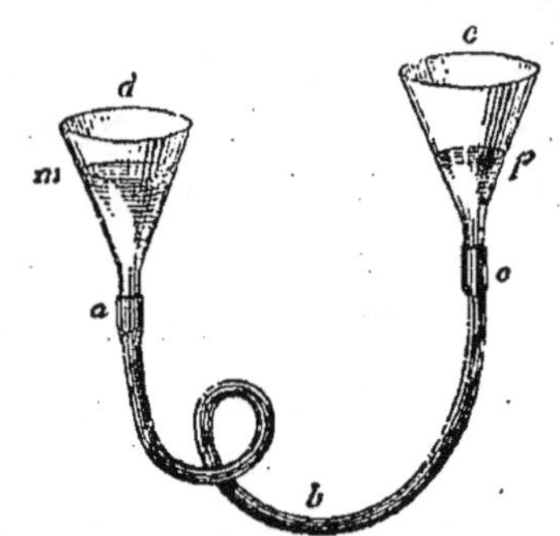

Fig. 123. — Vases communiquants.

d'un tube de caoutchouc a, b, c (fig. 123). On fait tenir les
entonnoirs par un aide, et l'on verse de l'eau dans l'un
d'eux; immédiatement l'eau remplit l'autre, par l'intermédiaire du tube, quand on cesse de verser; au bout

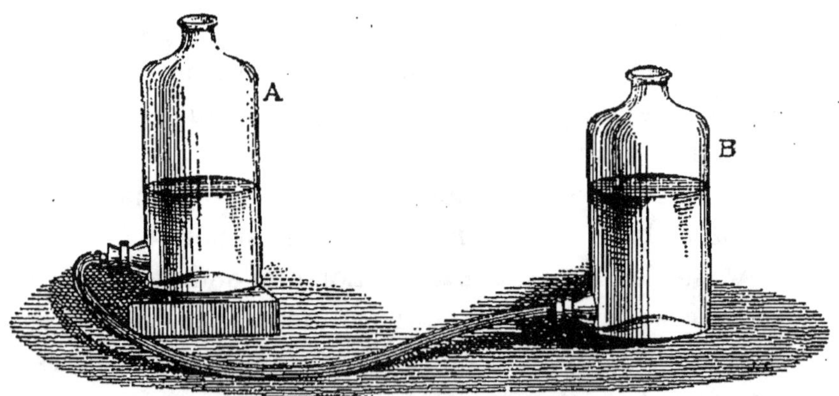

Fig. 124. — Vases communiquants.

d'un instant, l'équilibre s'est établi, et les deux niveaux m
et p sont sur le même plan horizontal. On aura beau déplacer la position relative des deux entonnoirs, toujours

le liquide viendra, dans chacun de ces réservoirs, se placer dans un même plan horizontal.

On peut également, si l'on veut opérer avec plus de précision, se servir de deux flacons à tubulure inférieure réunis par un tube de caoutchouc. On remplit les deux flacons avec de l'eau qui immédiatement se place sur le même plan horizontal dans chaque vase (fig. 124). Vient-on à soulever le vase A et à le maintenir dans cette position, par un support, le liquide baisse dans A et monte dans B.

Deuxième cas. — Liquides hétérogènes. — Lorsque deux liquides hétérogènes sont contenus dans des vases

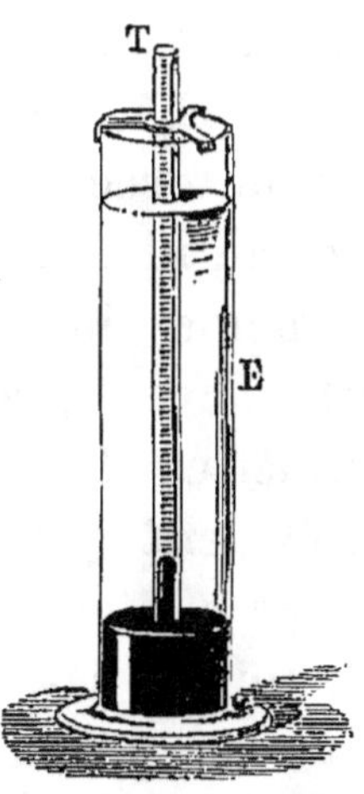

Fig. 125. — Vases communiquants pour les liquides hétérogènes.

communiquants, les hauteurs des colonnes liquides qui se font équilibre sont en raison inverse de leur densité. L'appareil le plus simple pour démontrer cette proposition consiste (fig. 125) en un large tube de verre T, un verre de lampe cylindrique, par exemple, qu'on fait plonger, par celle de ses extrémités dont le diamètre est le plus petit, dans du mercure placé dans une éprouvette de verre E. Cet ensemble constitue, en réalité, deux vases communiquants, l'un est représenté par la capacité du tube T, l'autre par l'espace annulaire compris entre le tube et l'éprouvette. En versant de l'eau dans cet espace, le mercure montera dans le tube et si l'on mesure la distance des niveaux supérieurs du mercure et de l'eau à la surface de séparation des deux liquides, on trouve que les hauteurs des deux colonnes liquides sont entre elles comme 1 et 13,6, nombres qui représentent l'inverse des densités des deux liquides mis en œuvre dans cette expérience.

Jets d'eau. — Si, au lieu de réunir les deux entonnoirs par un tube de caoutchouc, nous nous servions seulement d'un de ces deux ustensiles, et si nous laissions ouverte l'extrémité du tube recourbé, l'eau s'écoulerait par l'extrémité ouverte avec une force d'autant plus grande que la distance de l'orifice, au niveau du liquide dans l'autre entonnoir, serait elle-même plus considérable. Au lieu de laisser cette extrémité ouverte, adaptons-y un tube de verre de 5 à 6 centimètres de long et effilé à l'une de ses extrémités; il est évident que théoriquement le jet du liquide doit s'élever à la hauteur du niveau de l'eau dans le réservoir qui a produit ce jet, mais il existe plusieurs causes qui s'opposent à ce qu'il en soit ainsi.

En première ligne, il faut compter la résistance de l'air au milieu duquel le jet s'élance, et elle est d'autant plus considérable que la vitesse est plus grande. Une deuxième cause, qui s'oppose à l'élévation du jet, provient de ce que les particules liquides, en retombant, choquent directement celles qui s'élèvent et diminuent leur vitesse, et ceci est si vrai, qu'en inclinant un peu le jet, il s'élève plus haut que quand il est exactement vertical. La hauteur du jet est encore diminuée par le frottement qui a lieu dans le tuyau de conduite et par celui qui se manifeste à l'orifice de sortie ; elle dépend aussi de la forme de l'ajutage et de son diamètre par rapport à celui du tuyau.

Quoi qu'il en soit, une conséquence majeure découle de ce qui vient d'être dit : c'est que jamais un jet d'eau ne pourra, dans les circonstances normales, s'élever plus haut que le niveau du réservoir. On peut pourtant, par l'intervention de l'air, arriver à un résultat autre que celui que nous indiquons. Ainsi, en faisant arriver un courant d'air au centre de l'ajutage, il y a mélange des deux fluides, formation d'un mélange spécifiquement plus léger, le jet s'élève alors plus haut que le niveau de l'eau dans le réservoir en produisant un son analogue à celui de l'harmonica, mais plus doux.

Principe d'Archimède. — Bien que la pesanteur exerce son action sur tous les corps, quelques-uns pourtant paraissent, dans des circonstances données, se soustraire à cette influence. Ainsi le bois léger, le liège remontent à la surface quand ils sont plongés dans l'eau, un boulet de fer surnage le mercure, les nuages restent suspendus dans l'atmosphère, à peu près comme les vaisseaux restent flottants à la surface de l'eau. Tous ces phénomènes sont régis par une loi connue sous le nom de principe d'Archimède et qu'on peut formuler ainsi : tout corps plongé dans une masse fluide perd une partie de son poids égale au poids du fluide déplacé.

Démonstration théorique. — On sait que les molécules liquides exercent les unes contre les autres ou contre les parois des vases qui les supportent une pression précisément égale à celles qu'elles ont elles-mêmes à supporter ; elles se comportent de la même manière à l'égard des corps solides qui viennent à être plongés dans une masse liquide.

Or, la pression qu'un point quelconque du corps immergé éprouve de la part du liquide dépend uniquement de la hauteur de la colonne liquide placée au-dessus du point considéré. La face supérieure du corps *abcd* (fig. 126), par exemple, supporte une pression égale au poids de la colonne *adpq*, la face inférieure *bc* est pressée de bas en haut par une force égale au poids de la colonne *bcpq*.

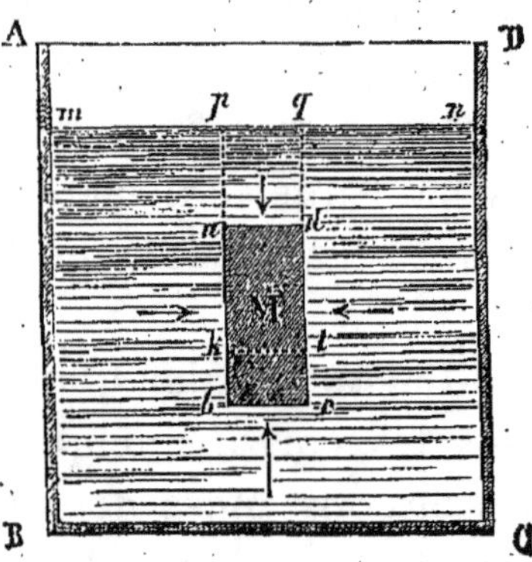

Fig. 126. — Démonstration théorique du principe d'Archimède.

De même, tout point des faces latérales, tel que *k* ou *l*, est soumis à une pression dont la grandeur est déterminée par la distance de ce point au niveau du liquide dans le vase ; ces pressions latérales sont d'ailleurs, comme les pressions qui s'exercent sur les faces supérieure ou inférieure, dirigées normalement à l'élément de surface considéré. Il s'en suit que toutes les pressions latérales se font équilibre de deux à deux et qu'on n'a plus qu'à tenir compte des pressions qui portent sur la face supérieure et sur l'inférieure ; or, ces dernières étant opposées l'une à l'autre et de grandeur inégale ont une résultante égale à leur différence ; cette résultante dirigée de bas en haut agit sur le corps en sens contraire de la pesanteur et lui fait perdre une partie de son poids précisément égal au poids du liquide déplacé.

Démonstration expérimentale. — Personne n'ignore qu'il est plus facile de soulever un corps, lorsqu'il plonge dans l'eau que lorsqu'il est placé dans l'air. Ainsi, on soulève assez aisément une poutre de bois un peu volumineuse qui se trouve immergée dans un bassin rempli d'eau, tandis qu'il est parfois impossible de la déplacer si elle est étendue sur le sol. C'est que dans l'eau elle a perdu de son poids ce que pèse le volume du liquide qu'elle déplace. Ce n'est que quand on a amené cette pièce de bois à la surface de l'eau et qu'elle est en partie sortie, qu'on commence à éprouver l'action de son poids.

De même, tout le monde a pu remarquer que quand, penché sur le bord d'un puits, on en tire un seau d'eau, on n'a qu'un effort minime à exercer tant que le seau est submergé ; on ne commence à sentir son poids que quand il sort de l'eau. Ceci se comprend ; l'eau du seau, pendant qu'elle fait partie de la masse aqueuse, n'a pas de poids sensible pour nous, car si elle presse de haut en bas, elle est pressée de bas en haut, et d'un autre côté le seau lui-même a perdu une partie de son poids. Du moment que le seau a quitté l'eau pour l'air, un effort musculaire plus considérable devient nécessaire, puisqu'il faut soutenir tout à la fois le poids du seau et celui de l'eau qu'il contient.

Ainsi, il est établi que tout corps plongé dans un liquide a perdu une partie de son poids ; il reste à démontrer que l'eau gagne ce que le solide a perdu. Pour cela, on place sur le plateau d'une balance un vase plein d'eau et un solide, une masse de plomb par exemple ; en équilibrant l'autre plateau, on voit que le poids ne varie pas, que le plomb soit dans le vase ou à côté. Or, puisqu'en pénétrant dans l'eau, le solide a perdu de son poids, il faut que l'eau ait exactement gagné ce qu'il a perdu. Sans doute le volume total de l'eau est le même avant et après l'introduction de la masse de plomb, mais sur le fond du vase les pressions ont augmenté, puisque le niveau s'est élevé ; cette pression neutralise la perte provenant de l'immersion du corps solide.

Corps plongés dans un liquide. — Il résulte du principe d'Archimède que, quand un corps est plongé dans un liquide, il est soumis à deux forces : l'une égale à son poids est appliquée à son centre de gravité, elle tend à le faire descendre, l'autre égale au poids du liquide déplacé et qui passe par le centre de gravité du volume du liquide déplacé se nomme *centre de pression ;* elle tend à faire monter le corps. Dès lors trois cas peuvent se présenter :

1º Le poids du corps est plus grand que celui du liquide déplacé, et dans ce cas, le corps immergé se précipite au fond du vase : tel est le cas d'un morceau de plomb qu'on abandonne dans l'eau.

2º Le poids du corps est moindre que celui du liquide déplacé, et dans ce cas, le corps immergé s'élève partiellement sur le liquide jusqu'à ce que le poids du liquide déplacé soit égal au sien. C'est pour ce motif qu'un morceau de liège flotte sur l'eau.

3º Enfin le poids du corps est égal au poids du liquide déplacé ; dans ce cas, les deux forces contraires sont égales, le corps plongé se place dans une position convenable où il se maintient en équilibre. Tel est le cas de l'ambre et des résines en poudre qui restent en suspension dans l'eau ordinaire ou légèrement salée.

Expériences. A. — On peut au moyen d'un œuf vérifier

les trois propositions précédentes. 1° On place l'œuf dans un vase de verre rempli d'eau, on le voit immédiatement descendre au fond du vase. 2° A l'eau ordinaire on substitue de l'eau salée, l'œuf flotte à la surface du liquide. 3° On verse avec précaution de l'eau ordinaire sur l'eau salée, les deux liquides en contact se mélangent, et en plaçant l'œuf dans la partie supérieure on le voit descendre, puis après quelques oscillations, se fixer dans une couche où il déplace un volume de liquide dont le poids est égal au sien.

B. — Lorsqu'on verse du vin de Champagne dans un verre de forme conique, le liquide se met immédiatement à *mousser*, mais au bout d'un certain temps la couche d'écume qui s'est formée à la surface du liquide s'affaisse et toute la masse redevient calme. Si alors on introduit, *dans la flûte*, un biscuit à la cuiller, l'effervescence recommence, et elle se manifeste autour du corps étranger. La raison de ce dégagement gazeux est facile à comprendre : chaque molécule gazeuse est retenue à la place qu'elle occupe par les molécules d'eau voisines, tout est parfaitement symétrique de la part de la molécule retenue et de celles qui la retiennent. Vient-on à rompre cet équilibre, en substituant, à une molécule d'eau, une molécule d'un corps étranger, immédiatement la molécule gazeuse tend à arriver à la surface, par suite de sa légèreté spécifique, et comme elle ne pourra atteindre ce point qu'en rompant l'équilibre des couches superposées, elle y arrivera grossie d'autres bulles. Le même effet se produisant sur plusieurs molécules gazeuses, on comprend que dans un verre de vin de Champagne qui a jeté sa première mousse, l'introduction d'un corps étranger ait pour effet de déterminer la formation d'un deuxième mouvement plus tumultueux.

Au biscuit de l'expérience précédente substituons, avec

Delaunay, un grain de raisin, et voyons ce qui se passera
au moment où, abandonnant à lui-même ce grain de raisin, nous l'aurons vu tomber au fond du liquide. A ce moment, l'attraction entre les molécules liquides et les molécules gazeuses sera rompue ; une foule de bulles vont se
dégager et un grand nombre s'arrêteront autour du grain
où elles formeront une espèce de chapelet qui va augmenter le volume du solide. Sous leur influence, le grain de
raisin va monter jusqu'à la surface du liquide. Dans cette
nouvelle position, la moindre secousse suffira pour séparer
les bulles gazeuses adhérentes à la pellicule du fruit. Alors
la pesanteur spécifique du solide l'emportant sur celle du
liquide, le grain descend au fond du verre, mais au bout de
quelque temps, il remonte de nouveau en vertu des mêmes
causes et l'expérience dure tant que le liquide contient de
l'acide carbonique en dissolution.

Ludion. — Ce petit appareil qui, du cabinet du physicien, a passé sur la table de l'escamoteur, est destiné à
montrer, sous une forme amusante, les différences de position que peut affecter, dans un liquide donné, un corps
dont on fait varier les densités. Il se compose (fig. 127)
d'une boule de verre creuse, au bas de laquelle est pratiquée une petite ouverture. Une figurine en émail est fixée à
la boule et se trouve lestée de telle façon qu'une faible augmentation de poids suffit pour l'immerger tout à fait. Le
tout flotte dans l'eau que renferme une éprouvette, dont l'ouverture est fermée par un morceau de vessie mouillée que
l'on a tendu sur cet orifice. Si on appuie la main sur cette
membrane, on comprime l'air et la pression, se transmettant de proche en proche, détermine l'entrée du liquide dans la boule par la petite ouverture dont elle est
munie. Le système devient plus lourd et par suite de cet

accroissement de poids, il se produit un mouvement descendant du ludion. Dès que la compression cesse, l'équilibre se rétablit ; de l'eau sort de la boule et le ludion remonte. Il convient de faire remarquer que l'éprouvette ne doit pas être trop profonde, sinon l'eau continuerait à pénétrer dans la boule, par suite de l'accroissement de pression et le système ne pourrait plus remonter.

Phénomènes en contradiction avec le principe d'Archimède. — Une des conséquences rigoureuses du principe

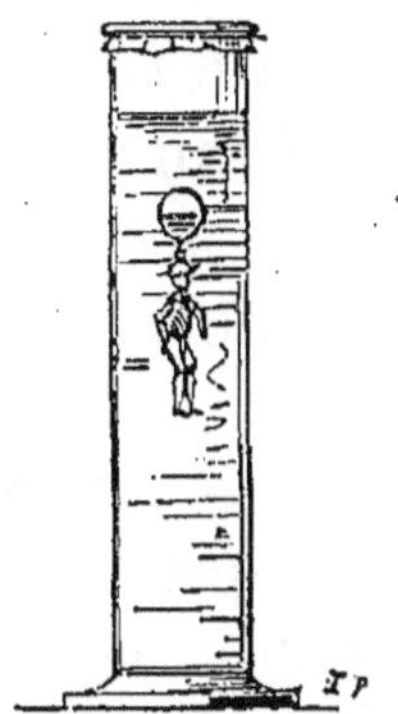

Fig. 127. — Ludion.

Fig. 128. — Gyrin des étangs.

d'Archimède est que les corps ne peuvent flotter, sur un liquide, qu'autant que leur densité est plus faible que celle du liquide lui-même. Or, cette déduction paraît en opposition avec certains faits parfaitement établis : ainsi les fines aiguilles d'acier, légèrement recouvertes d'un corps gras, flottent à la surface de l'eau. Si l'on pose un fil de platine, sur du mercure, on le verra flotter quoique le platine soit beaucoup plus dense que le mercure. Quand on examine ce qui se passe, dans ces cas singuliers, on voit que le corps flottant n'est pas mouillé, qu'il s'est formé, autour de lui, une sorte de bassin au fond duquel il repose. Cette dépression, ce *ménisque concave* est de telle nature que le volume du liquide déplacé, soit par le corps, soit par l'effet capillaire, pèse autant que le corps lui-même, d'où il résulte qu'il ne s'enfonce pas. Or, l'explication est juste, car si, reprenant l'aiguille d'acier, on lui enlève toute la matière grasse déposée à sa surface, en la frottant avec un chiffon mouillé saupoudré de cendre de bois, le phénomène capillaire cesse de se reproduire et le petit cylindre métallique gagne le fond de l'eau.

Certains insectes peuvent courir sur l'eau sans s'y enfoncer, tels sont : l'hydromètre des étangs, le gyrin des étangs (fig. 128); ils doivent cette faculté à la matière grasse qui enduit les tarses allongés qui terminent leurs pattes. L'eau déplacée par les pattes et par l'effet capillaire suffit pour compenser le poids de l'animal, poids qui est d'ailleurs très faible.

Conditions d'équilibre des gaz. — Les gaz partagent avec tous les corps de la nature la propriété d'être pesants. La pesanteur de l'air a été complètement ignorée des anciens. A l'époque de la Renaissance elle est à peine entrevue et n'est constatée, d'une manière définitive, qu'au milieu du XVII° siècle, et pourtant que d'effets qui démontrent surabondamment cette pesanteur! Mentionnons seulement l'énergie avec laquelle le vent, c'est-à-dire l'air en mouvement, peut déraciner les arbres, renverser les édifices. En rapportant l'effet à la cause, il n'eût pas été impossible de découvrir que, seul, un corps matériel animé d'une certaine vitesse pouvait produire des résultats aussi remarquables. Donc, l'air est pesant; à ce titre il va exercer une certaine pression sur les corps dont il a le contact, ainsi que le démontre l'expérience suivante :

Expérience. — Prenons (fig. 129) un verre rempli d'eau, appliquons, à la partie supérieure de ce vase, une feuille de papier que nous maintiendrons avec la main, puis renversons le tout. Nous pouvons abandonner la feuille de papier; rien ne tombe, ni liquide, ni feuille de papier. Comment expliquer ce fait, sans l'intervention d'une pression agissant, sur la feuille de papier, d'une manière opposée à celle qu'exerce le liquide? Le rôle de la feuille de papier est

Fig. 129. — Expérience du verre d'eau renversé.

surtout d'empêcher le mouvement individuel des molécules qui, sans elle, obéiraient séparément à l'action de la pesanteur, en même temps que l'air s'introduirait dans le verre.

L'explication est bien exacte, car si l'ouverture est suffisamment petite, l'adhérence du liquide contre la paroi produit le même effet et la feuille devient inutile. Chacun sait, en effet, que lorsqu'on pratique une petite ouverture dans un tonneau plein, le liquide ne s'écoule pas, et pour que l'écoulement se produise, il *faut donner de l'air* à la partie supérieure, en y pratiquant une ouverture. On peut, au lieu d'un tonneau, faire l'expérience avec le flacon à réaction de la figure 119. On le place sur une table, on le remplit entièrement d'eau et on le ferme, avec un bon bouchon de liège, dans lequel on a pratiqué une deuxième ouverture obstruée avec un bouchon plus petit. En ouvrant l'ouverture inférieure, l'écoulement ne se produit pas, tandis qu'il se manifeste immédiatement si l'on permet l'action de l'air, en enlevant le petit bouchon supérieur.

Le principe de Pascal est applicable aux gaz, c'est-à-dire que, chez ces fluides, les pressions exercées, en un point quelconque d'une masse gazeuse en équilibre, se transmettent, dans tous les sens, avec la même intensité, sur des surfaces d'égale étendue. On le démontre, à l'aide des deux expériences suivantes.

A. — On prend une vessie de cochon, V, ou un sac en toile imperméable (fig. 130) que l'on munit d'un robinet.

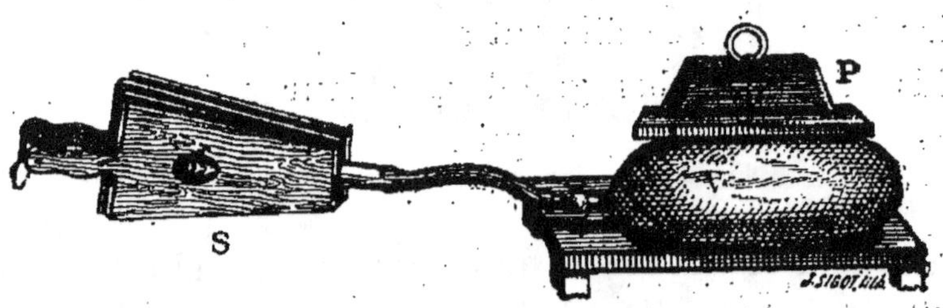

Fig. 130. — Transmission de la pression chez les gaz.

Le sac étant placé sur une table et étant à demi plein d'air, on pose dessus une planche un peu large et un poids assez considérable, P, dix kilogrammes, par exemple. A l'aide d'un tube de caoutchouc, on adapte au robinet la tuyère d'un soufflet S. En manœuvrant convenablement le soufflet, on soulève le poids. La force résultant de la pression

14.

de l'air intérieur est certainement bien faible, elle ne dépasse pas quelques grammes, mais cet effet, en se transmettant sur chaque élément de la paroi du sac, se trouve accru dans une proportion assez forte pour vaincre l'action du poids qui presse sur la planche.

B. — On prend trois vessies de porc convenablement apprêtées, et après avoir pratiqué une deuxième ouverture sur la partie opposée à l'ouverture naturelle de cet organe, on attache, avec une ficelle bien serrée, ces vessies humides, sur des bouts de tubes de verre d'un centimètre environ de diamètre intérieur et de huit à dix centimètres de long, de manière à former le chapelet représenté par la figure 131. La vessie B′ porte, à sa partie inférieure, un crochet auquel on suspend un poids, la vessie supérieure B est fixée à un robinet qu'on met en communication avec un tube de caoutchouc un peu fort ou un tube de verre destinés à insuffler de l'air. Les vessies étant flasques et vides, ou suspend l'appareil à une potence, on ouvre le robinet et avec la bouche ou un fort soufflet on insuffle de l'air ; les vessies se dilatent alors et peuvent supporter un poids d'autant plus grand que leur volume deviendra plus considérable ou, ce qui revient au même, que la surface pressée sera plus grande.

Extension du principe d'Archimède aux gaz. — Le principe d'Archimède est parfaitement applicable aux gaz, à l'air, par exemple, et lorsqu'un corps est plongé dans l'air, trois cas peuvent se présenter : 1° Le corps plongé pèse plus que l'air sous le même volume et il tombe avec une force égale à l'excès de son poids sur la poussée du fluide. 2° Ou bien le corps plongé pèse autant que l'air qu'il déplace. Alors la poussée du fluide fait équilibre au poids du corps qui reste suspendu dans l'atmosphère. 3° Le corps plongé pèse moins que l'atmosphère. Dans ce cas, le corps plongé s'élève et sa force ascensionnelle a pour mesure l'excès de poids de l'air déplacé sur le poids du corps plongé. C'est ce dernier cas qui se réalise pour l'air chaud,

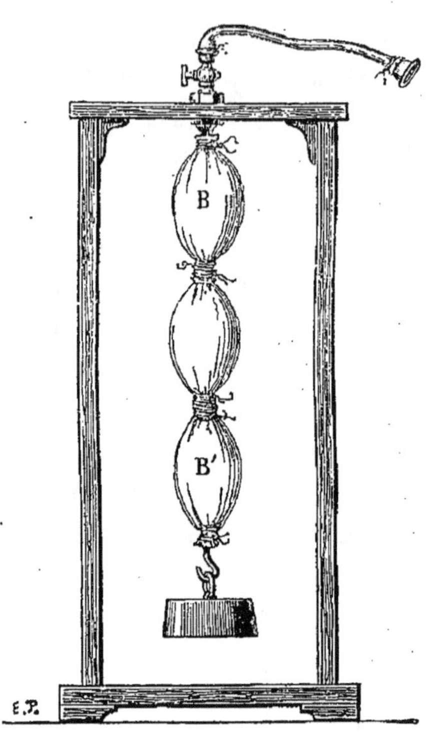

Fig. 131. — Chapelet de vessies pour démontrer la transmission de la pression chez les gaz.

la fumée, la vapeur d'eau. C'est ce qui arrivera pour des bulles de savon remplies de gaz hydrogène ou pour des globes de papier rempli d'air chaud.

Bulles d'hydrogène. — Expérience de Cavallo. — La densité du gaz hydrogène rapportée à celle de l'air étant 0,0692, c'est-à-dire cette densité étant quatorze fois et demie moindre que celle de l'air, on comprend très bien que de minces enveloppes remplies de ce gaz doivent s'élever dans l'atmosphère. Pour réaliser cette expérience, on emploie une vessie à robinet pleine de gaz hydrogène (Voy. chap. XI, *Récréations chimiques*), et se terminant par un tube effilé, qui permettra de faire arriver le gaz dans de l'eau de savon ou dans le liquide glycérique de Plateau. En appuyant légèrement sur la vessie, après avoir ouvert le robinet, on verra s'élever dans l'atmosphère des bulles d'un certain volume. On peut aussi se servir, pour plus de facilité, d'un flacon producteur de gaz hydrogène dont le tube abducteur se recourbera à angle droit. C'est l'extrémité de ce tube abducteur que l'on plongera dans le liquide savonneux; on l'en retirera immédiatement, entraînant avec lui une certaine quantité de liquide qui fournira les éléments d'une bulle, sous l'influence du gaz qui se dégagera. Quand le volume de la bulle sera devenu suffisant, on la détachera du flacon par une légère secousse et on la verra s'élever dans l'atmosphère. Tout autre gaz plus léger que l'air, contenu dans une légère enveloppe, peut monter à une certaine hauteur dans l'atmosphère. Tel est le principe des aérostats ou ballons, mais il est évident qu'au lieu d'un gaz plus léger que l'air, on peut employer cet air lui-même en le portant à une température plus ou moins élevée, en le dilatant, en lui donnant un poids spécifique moins considérable que celui du milieu qui l'entoure. Il suffit, pour atteindre ce résultat, d'emprisonner ce fluide dans une enveloppe convenablement construite, où nous pourrons, pendant un certain temps, maintenir sa température à un degré convenable. Les ballons aérostats en papier réalisent très bien ce but.

Ballons aérostats en papier. — L'enveloppe devant être

fort légère, il convient de n'employer à sa confection que du papier fort léger et peu cassant. Le papier Joseph remplit très bien ces conditions, il ne pèse guère plus de 150 grammes par mètre carré. Le papier à calquer dit papier végétal est fin, souple, résistant ; il est également propre à cet usage ; il est plus léger que le papier Joseph. Supposons que l'on opère avec ce dernier, il convient d'en coller bout à bout un certain nombre de feuilles, et c'est dans les feuilles ainsi préparées qu'on découpe les fuseaux

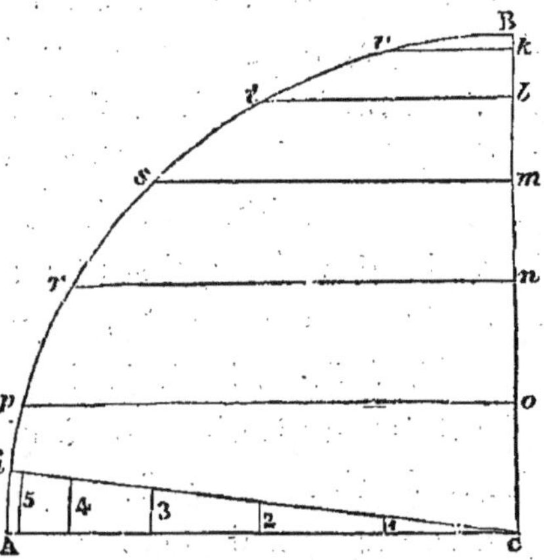

Fig. 132. — Tracé des ballons en papier.

dont la réunion constituera une enveloppe de forme cylindrique. On donne ordinairement au ballon au moins 1ᵐ,20 de diamètre, sinon le poids de l'enveloppe serait par trop considérable par rapport au volume de l'air déplacé. On peut également construire des aérostats de 1ᵐ,50, de 1ᵐ,80 et de 2ᵐ,10 de diamètre. Le nombre des fuseaux doit être de seize pour les ballons de 1ᵐ,20 à 1ᵐ,50, de vingt-quatre pour ceux de 1ᵐ,80 à 2ᵐ,10. Pour tracer les fuseaux, on mène deux lignes à angle droit AC et CB (fig. 132) et du point C, comme centre, avec un rayon égal à celui du ballon qu'on veut construire, on trace le quart de cercle BA.

On porte alors la longueur du rayon de A en
t, on prend le milieu v de l'arc tB, on porte
vB de B en A; il devra être contenu six fois
dans AB. Par chacun des points de division
v, t, s, r, p, on mène parallèlement à AC les
lignes vk, tl, sm, rn, po, et l'on joint le milieu i
de Ap au point C. De ce point C, comme
centre, avec des rayons égaux à po, rn, sm,
tl, vk, on trace les arcs de cercle 5, 4, 3, 2. 1.

Cela fait (fig. 133), on trace la ligne ZW
du fuseau, d'une longueur égale à douze fois
Ap. Du milieu Q de ZW et des points de séparation des douze parties comme centre, on
trace les portions de circonférence XY, 5, 4,
3, 2, 1, et celles qui sont semblablement placées dessous, avec des rayons égaux aux lignes A i, 5, 4, 3, 2, 1, de la figure, puis on
décrit tangentiellement à ces arcs la courbe
ZXWY. Alors il suffira de juxtaposer vingt-
quatre fuseaux de cette sorte, assemblés par
leurs bords, pour former un ballon sensiblement sphérique. Si le ballon devait n'avoir
que seize fuseaux on diviserait l'arc AB
(fig. 132) en quatre parties égales au lieu de
six.

Lorsqu'on aura tracé un fuseau, on en fera
un modèle en carton, qui servira à tailler les
autres fuseaux d'une manière uniforme. Pour
que le ballon soit régulier, on a soin de couper ces morceaux de papier de 3 centimètres
trop larges; de cette façon leur dimension
n'est point diminuée quand ils ont été collés.

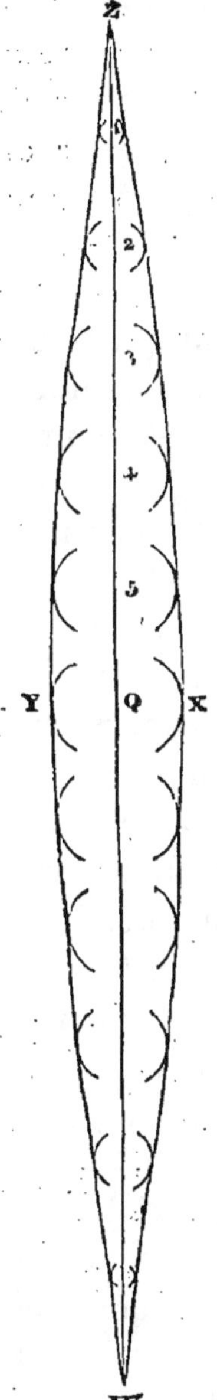

Fig. 133. — Fu-
seau de ballon.

Pour les réunir les uns aux autres, on en pose deux exactement l'un sur l'autre et on les colle par l'un des bords, on prend ensuite un troisième fuseau, on le pose sur le second, on le colle par le côté opposé et ainsi de suite jusqu'au dernier. Tout étant bien sec, on développe la réunion de tous ces fuseaux et on colle ensemble le premier et le dernier.

L'aérostat est alors terminé; si l'on y aperçoit quelque fissure, quelque trou, on les ferme en collant dessus une petite bande de papier et on laisse sécher complètement. Le globe présente seulement une ouverture à laquelle on fixe avec une couture ou un peu de papier collé, soit un ruban, soit un fil métallique destiné à suspendre le fourneau. Ce fourneau N (fig. 134) est constitué par un treillis en fil de fer très fin, contenant un corps combustible, tel que de la paille hachée, de la laine, du papier, ou bien encore une éponge imbibée avec 120 grammes d'esprit-de-vin. Avant de mettre le feu à ce combustible, on suspend l'aréostat de manière à ce qu'il soit en grande partie vide d'air. Le combustible étant enflammé, l'air chaud qui l'environne monte de lui-même, pénètre dans le globe et en remplit bientôt toute la capacité. A volume égal, l'air chaud pesant moins que l'air froid, il en résulte que le poids du globe de papier est moindre que le poids de fluide qu'il déplace et qu'il doit s'élever par l'excès d'énergie de la poussée du fluide. Aussitôt que le globe est suffisamment gonflé, on le lâche en liberté. En s'élevant, il emporte avec lui le combustible enflammé qui produit sa puissance ascensionnelle, il ne s'arrêtera qu'en arrivant dans des couches d'air assez raréfié pour que la différence des poids de l'air déplacé et de l'air chaud intérieur soit justement égale au poids de l'enveloppe. Ces sortes d'aérostats vont souvent à deux ou trois lieues, et se soutiennent en l'air à une grande élévation, tant qu'il y a du feu dans le fourneau. On évitera de lancer des aérostats, lorsqu'il y aura lieu de supposer que, dans leur chute, ils pourront

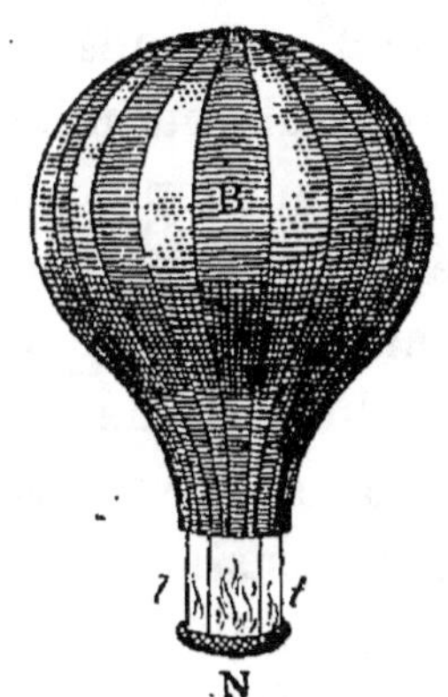

Fig. 134. — Aérostat en papier gonflé.

mettre le feu. Ce danger est pourtant minime, car ordinairement ils ne tombent qu'au moment où le feu est éteint.

Force ascensionnelle. — Un mètre cube d'air à la température ordinaire pèse 1,300 grammes; un mètre cube d'air à la température de 200° pèse 800 grammes.

La différence de 500 grammes représente donc la force ascensionnelle d'un ballon d'un mètre cube. Mais, dans un grand appareil l'air chaud n'atteignant que 60° à 70°, la force ascensionnelle, par mètre cube, n'est plus que de 260 grammes.

Or, un ballon de $1^m,20$ de diamètre cube $0^{mc},904$.

La surface est de $4^m,52$.

Le poids de l'enveloppe de papier est égale à 226 grammes environ.

La force ascensionnelle est représentée par $1,300 \times 0,904 - 600 \times 0,904$, c'est-à-dire par $1,175 - 723 = 452$

grammes, moins le poids 226 grammes de l'enveloppe, soit 226 grammes. En raisonnant de la même manière, on verrait que pour un ballon de 2^m,10 de diamètre, le cube serait de 4^m,846 ; la surface de 13^m,85 ; le poids de l'enveloppe de 692 grammes, la force ascensionnelle de 2,423 grammes, moins 692 grammes ; soit 1,731 grammes.

Parachute. — Les corps abandonnés à eux-mêmes ne peuvent tomber qu'à la condition de déplacer l'air qui les environne et par conséquent de perdre une partie de leur mouvement, en le partageant avec le milieu ambiant. Plus la vitesse augmentera, plus grande sera la résistance de l'air, si bien que lorsqu'une masse pesante vient à tomber d'une grande hauteur, la résistance de l'air devient suffisante pour transformer, en mouvement uniforme, le mouvement accéléré que la pesanteur imprime au corps. D'un autre côté, la résistance augmente avec la surface des corps qui tombent. Cette surface est-elle large, le mouvement uniforme tend à s'établir peu après que la chute a commencé et par suite la vitesse du corps qui descend est considérablement diminuée. On a calculé qu'un développement de surface de cinq mètres suffit pour rendre très lente la descente d'un poids de cent kilogrammes.

C'est sur ce principe qu'est fondée la construction de l'appareil connu sous le nom de *parachute*. C'est une sorte de parasol dont la concavité regarde la terre ; il est formé de fuseaux d'étoffe cousus ensemble et réunis au sommet à une rondelle de bois. Lors de l'ascension l'appareil est fermé, mais seulement aux trois quarts environ ; un cercle de bois léger, concentrique au parachute, le maintient un peu ouvert de manière à favoriser, au moment de la descente, l'ouverture et le développement de l'appareil par suite de la résistance de l'air. Au sommet, on ménage une ouverture permettant à l'air comprimé de s'échapper rapidement, sans nuire pourtant à la résistance qui va modérer la vitesse de la chute. Les baleines du parasol sont ici remplacées par des cordes sur lesquelles on coud les bords dés deux fuseaux voisins, ces cordes se prolongent au delà du bord des fuseaux et servent à fixer à la partie inférieure du parachute un objet léger tel qu'une cage ou un panier contenant un oiseau.

On suspend ce parachute au ballon au moyen d'une forte ficelle à laquelle on a adapté une fusée placée dans une position horizontale. Lorsque le ballon sera sur le point de s'enlever, on met le feu à la fusée qui doit brûler au moins pendant une minute. Quand l'aérostat est parvenu à une certaine hauteur, la fusée qui est en feu jusqu'à son extrémité brûle la ficelle à laquelle elle se trouve attachée, le parachute tombe alors, se déploie et arrive doucement à terre avec les objets qui y sont attachés. Pour qu'il ne décrive pas de trop grandes oscillations pendant la descente, sous l'influence de l'air qui s'échappe par le bas, il convient de ménager une ouverture dans la pièce de bois qui réunit les fuseaux. Le parachute doit présenter un développement d'environ un mètre carré. Son poids, ainsi que celui des objets qu'il est destiné à supporter, doit être calculé de manière à ne pas s'opposer à la force ascensionnelle de l'aérostat.

Nous avons dit que lorsque le corps plongé pèse plus que l'air sous le même volume il tombait avec une force égale à l'excès du poids sur la poussée du fluide. Ceci n'est vrai que lorsque l'air ou l'eau sont à l'état de repos, car on peut les forcer à soutenir un corps plus lourd, à la condition de leur communiquer une vitesse suffisante. Prenons, par exemple (fig. 135), une balle de sureau à travers la-

quelle nous passerons deux épingles à angle droit et avec
un **peu** de cire à cacheter formons une légère pelote à l'extrémité pointue de l'épingle de manière à ce qu'elle soit
complètement mousse. Cela fait, plaçons la balle à l'extrémité d'un petit tube de verre ou de laiton plié à angle droit,
ou d'un tube de caoutchouc, introduisons l'autre extrémité

Fig. 135. — La balle dansante.

dans la bouche et soufflons modérément. La balle s'enlève
et flotte dans l'atmosphère tant que dure l'insufflation. C'est
par son mouvement que le vent dans certains pays soulève
sur les chemins des quantités énormes de poussière qu'il
transporte au loin dans la campagne. C'est à cause du mouvement dont elle est animée que l'eau des jets d'eau peut,
à l'aide d'un ajustage convenable, élever à une certaine

hauteur un œuf, un morceau de bois taillé en figurine. Le choc de l'eau sur le solide détruit à chaque instant l'action de la pesanteur.

Écoulement d'un liquide en communication avec une masse limitée d'air. — Lorsqu'un liquide est en communication avec une masse d'air dont la pression peut varier, la vitesse de l'écoulement est elle-même variable. Supposons, en effet, un vase métallique à moitié rempli de liquide et hermétiquement clos, supposons de plus que la paroi inférieure de ce vase présente une ouverture de petit diamètre

Fig. 136. — Arrosoir magique.

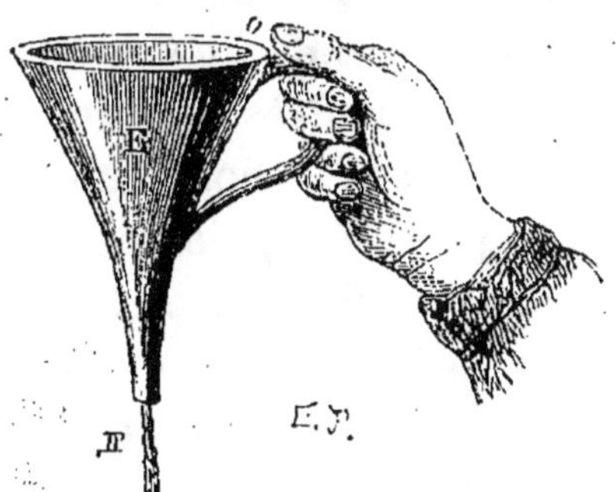

Fig. 137. — Entonnoir magique.

qu'on puisse ouvrir et fermer à volonté avec une cheville de bois. Si l'on enlève la cheville, l'écoulement du liquide aura lieu, mais l'air se raréfiant à la partie supérieure, un moment arrivera où sa pression augmentée de celle de la colonne liquide fera équilibre à la pression atmosphérique. A ce moment, l'écoulement s'arrêtera. Il se manifestera de nouveau si, par un artifice quelconque, on permet la rentrée de l'air dans l'espace fermé. De là des phénomènes d'équilibre qui se rencontrent dans diverses expériences.

Arrosoir magique. — C'est un vase cylindrique (fig. 136) dont le fond est criblé de petits trous. La partie supérieure est munie d'une anse et d'une douille g qu'on peut fermer avec le pouce. Pour remplir l'arrosoir magique, on le plonge entièrement dans l'eau ; on obture la douille et on le retire lorsque tout l'air est expulsé. La pression atmosphérique agissant sur le fond de l'entonnoir, dans un sens opposé à celui de la pesanteur, il est évident que le vase ne laissera rien échapper ; mais vient-on à lever le doigt, le liquide s'écoule sous forme de pluie. Ferme-t-on de nouveau l'ouverture supérieure, l'air qui est emprisonné se raréfie et un moment arrive où l'écoulement s'arrête pour recommencer de nouveau, du moment qu'on débouche le goulot de l'arrosoir.

Entonnoir magique. — Cet entonnoir E (fig. 137) est à double paroi. Près de l'anse se trouve une petite ouverture o mettant en communication, avec l'extérieur, la partie comprise entre les deux entonnoirs et qui peut être aisément bouchée avec le pouce. Cet orifice étant ouvert, on plonge l'entonnoir dans du vin, le double fond se remplit de ce liquide, on l'empêche de s'écouler en fermant l'ouverture o. On enlève l'entonnoir, on verse de l'eau dans le cône central, et ce liquide s'écoule seul ou mêlé avec le vin suivant que le doigt maintient fermé ou ouvert l'orifice d'entrée de l'air. Dans le second cas, l'eau étant colorée par du vin, c'est ce dernier liquide qui paraîtra s'écouler, et il semblera que l'opérateur puisse à volonté faire couler de l'eau ou du vin.

Bouteille inépuisable. — C'est sur le même principe qu'est fondée la bouteille inépuisable de Robert Houdin que l'on voit parfois figurer dans certaines représentations dites de physique amusante. Cette bouteille (fig. 138) est en tôle ou en fer blanc peints de manière à imiter le verre ou en gutta-percha. Elle est divisée intérieurement en cinq compartiments mis en communication avec l'extérieur par cinq petites ouvertures qu'on peut fermer avec les cinq doigts de la main. De plus, chacun de ces compartiments est muni d'un petit goulot qui vient se rendre dans le goulot de la bouteille. On commence par remplir les fioles de cinq liqueurs différentes et la partie comprise entre elles avec un sirop simple. Si maintenant on soulève le doigt qui ferme l'orifice correspondant à un compartiment donné, il s'écoulera, en inclinant la bouteille, un mélange de sirop et de liqueur qui pourra représenter la liqueur elle-même. Cet artifice, combiné avec d'adroites

Fig. 138. — Bouteille inépuisable.

substitutions d'une bouteille à une autre, permet de se rendre compte de l'intérêt qu'excite cette expérience quand elle est exécutée par un habile prestidigitateur.

Tâte-vin. — Chacun connaît l'instrument connu sous le nom de tâte-vin (*tâte-liqueurs, chante-pleure, pompe des celliers, pompe des tonneliers*) dont on se sert pour puiser du vin dans les fûts, en ouvrant seulement la bonde. Il consiste en un tube de fer-blanc terminé en cône dans le bas et dont l'orifice supérieur peut cependant être obturé avec la pulpe du doigt. Pour puiser du vin avec cet appareil, les deux orifices étant ouverts, on le plonge verticalement dans la futaille, le liquide ne tarde pas à remplir l'instrument en déplaçant de l'air jusqu'à ce que les deux niveaux intérieur et extérieur soient sur le même plan. Alors il suffit de fermer l'orifice supérieur et de retirer l'instrument, le vin y demeure suspendu jusqu'à ce que, retirant le doigt, on permette de nouveau l'intervention de la pression atmosphérique. Somme toute, à l'aide du tâte-vin, on a élevé un liquide à un niveau supérieur à celui qu'il occupait, on peut arriver au même résultat par l'emploi de la canne hydraulique (*tube à soupape*).

Canne hydraulique (fig. 139). — Elle consiste en un tube de verre T ou de métal ouvert à sa partie supérieure et terminé à sa partie inférieure par une garniture de cuivre S, munie d'une soupape C, et représentée à part à droite du tube. Cette soupape s'ouvre de bas en haut. Si l'on plonge ce tube dans l'eau, ce liquide y pénètre en ouvrant la soupape qui se ferme aussitôt par son propre poids. Il est évident que tout s'arrêterait là, si l'on n'avait soin d'agiter le tube, dans le sens vertical, de haut en bas et de bas en haut. Toutes les fois que le tube descend, il frappe l'eau, la soupape s'ouvre, le liquide monte sous l'influence de l'impulsion reçue, mais il ne peut sortir, car la soupape l'emprisonne en retombant sous l'influence de son poids. Le même effet se renouvelle à chaque secousse, l'eau finit par remplir complètement le tube et même par déborder.

Nous savons que par suite de la tendance des liquides *à prendre leur niveau*, un jet d'eau peut au plus *théoriquement* atteindre le niveau qu'occupe ce liquide dans le réservoir dont il provient. Des raisons, que nous avons indiquées, s'opposent à ce que cette hauteur théorique soit atteinte ; on peut pourtant disposer l'appareil de manière à obtenir un jet s'élevant plus haut que l'eau du réservoir, au moyen de l'air comprimé et en faisant servir le liquide à obtenir cette compression.

Ce résultat est celui qu'on obtient dans la fontaine de Héron et dans la fontaine de circulation.

Fontaine de Héron. — On peut l'exécuter d'une façon bien simple : il suffit de prendre une bouteille, de la fer-

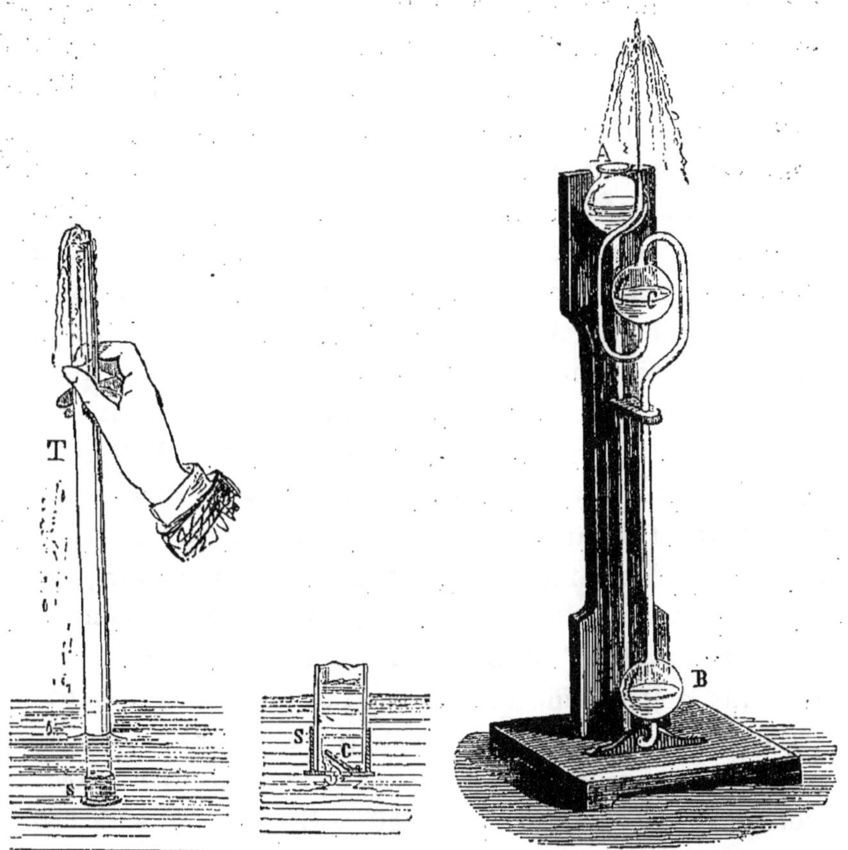

Fig. 139. — Canne hydraulique.   Fig. 140. — Fontaine de Héron.

mer avec un bouchon de liège percé d'un trou dans lequel on engage un tube de verre qui descend à peu près jusqu'au fond. On aura soin d'effiler préalablement, à la lampe, la partie supérieure du tube, de façon à ce que cette ouverture soit de 2 millimètres environ. Le vase ayant été rempli d'eau, on le ferme, puis on y insuffle de l'air avec la bouche de manière à augmenter la force élastique du gaz contenu dans la partie supérieure du réservoir; on bouche rapidement l'ouverture avec le doigt avant de cesser de souffler; l'eau s'élève à une certaine hauteur quand on débouche l'ouverture.

Du moment qu'on voudra forcer l'eau à produire la compression, on emploiera la disposition suivante, ou une disposition analogue :

L'appareil représenté par la figure 140 est entièrement en verre, il consiste en trois boules ABC réunies par un tube plusieurs fois contourné dont une des extrémités est soudée à la boule A destinée à servir d'entonnoir, tandis que l'autre extrémité effilée vient se rendre à peu près au niveau de l'ouverture de cet entonnoir. Le tout est appliqué sur une planchette verticale. On verse d'abord par l'entonnoir de l'eau qu'on fait couler dans la boule C, en retournant l'appareil. Cela fait, on verse de nouveau de l'eau dans l'entonnoir, le liquide, en arrivant en B, comprime l'air de cette boule. La pression se transmettant alors en C oblige l'eau contenue dans cette boule à remonter dans le troisième tube, et la fait jaillir à une hauteur presque égale à celle qu'elle atteindrait sous l'influence de la pression directe de la colonne d'eau comprise entre les deux niveaux du liquide en B et en C.

L'expérience suivante n'est qu'une autre forme donnée à l'écoulement d'un liquide sous l'influence de la pression d'un gaz.

Cruche de Cana. — Un vase cylindrique MNOP (fig. 141) est divisé en trois parties A,B,C, par deux cloisons horizontales *mn* et *op*. Le réservoir supérieur communique librement avec l'air, il est mis en relation avec le com-

15.

partiment C par le tube *ab*. Un autre petit tube *cd* fait communiquer B et C. A ce compartiment sont adaptés un robinet R, de faible diamètre, permettant l'écoulement lent d'une certaine quantité de vin qu'on aura introduite par le tube latéral D, susceptible d'être fermé hermétiquement à l'aide d'une rondelle de cuir et d'un bouchon à vis. En versant de l'eau en A, elle s'écoule lentement en C, l'air déplacé vient peser sur le vin, et alors, en ouvrant le robinet R, ce liquide s'écoule peu à peu. Au bout d'un certain

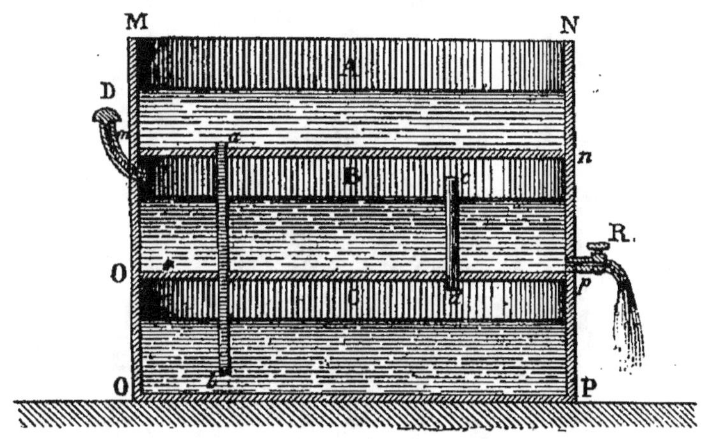

Fig. 141. — Cruche de Cana.

temps, cet écoulement s'arrête. Si alors on verse de l'eau en A, la pression augmentant en B, le vin recommence à couler et il semble que, par son passage à travers l'appareil, l'eau se soit transformée en vin, d'où le nom de *Cruche de Cana* que l'on donne quelquefois à cet appareil, par allusion au miracle relaté par l'Écriture sainte.

Fontaine de circulation. — Elle consiste en deux boules de verre B et B′ communiquant ensemble (fig. 142) par deux tubes, l'un droit et d'assez grand diamètre, l'autre très délié et présentant de nombreuses circonvolutions.

Le gros tube pénètre dans la boule B′ et se relève en une petite pointe effilée J qui vient affleurer l'orifice du tube lui-même. Cette boule B′ est munie à sa partie inférieure

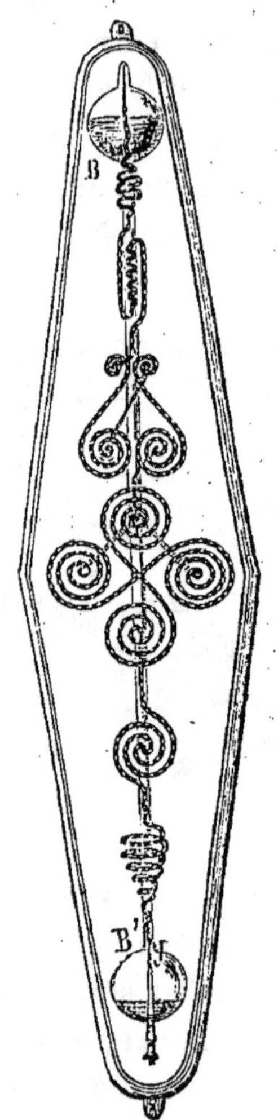

Fig. 142. — Fontaine de circulation.

d'une tubulure, par laquelle on introduit un liquide coloré et qu'on ferme ensuite avec un bouchon.

Tout ce système est fixé sur une planche munie à ses

deux extrémités d'une boucle par laquelle on peut la fixer à la muraille. Pour mettre l'appareil en marche, on le suspend de manière que la boule B′ soit en haut ; rien de particulier ne se manifeste, le liquide s'écoule et se rassemble dans le tube droit et dans la boule. Quand le mouvement a cessé, on retourne la fontaine, le liquide redescend alors avec vitesse, jaillit par le bec effilé J et monte dans le tube contourné ; mais l'air de la chambre B′, qui est déplacé, exécute aussi le même mouvement ascensionnel, se mélange avec le liquide, et l'on voit circuler, dans tous les contours, une série de bulles d'air qui alternent avec les gouttelettes liquides et transmettent, de proche en proche, la pression de la colonne contenue dans la boule supérieure et dans le tube droit, si bien que le liquide s'élève plus haut que le niveau du réservoir et qu'il en revient tomber une partie dans la boule supérieure B, ce qui fait durer l'expérience plus longtemps.

Siphon. — Il n'est pas besoin de décrire le siphon ; cet instrument est trop connu pour que nos lecteurs ignorent que c'est un tube à deux branches, l'une plus courte, l'autre plus longue, qui plongent, la première dans le liquide à transvaser, la deuxième dans le vase qui doit recevoir ce liquide. Ce tube est construit soit en verre, soit en métal ; il s'amorce généralement par la bouche, par voie de succion.

Mais au lieu de tubes en métal ou en verre, on peut se servir de bandelettes de papier joseph, s'il s'agit de transvaser une petite quantité de liquide, de faire passer, par exemple, le contenu d'un verre de montre dans un récipient de même nature. Il est également possible de se servir de mèches de coton et voici une expérience curieuse qu'on réalise avec leur secours. On prend (fig. 143) trois

verres à boire placés sur des plans convenablement étagés.
Le vase supérieur A renferme une dissolution d'acétate de
plomb, il est mis en communication, par l'intermédiaire
d'une mèche de coton préalablement imbibée d'eau de
pluie ou d'eau distillée, avec le vase moyen B qui reçoit la
partie la plus longue de cette mèche. Le verre B renferme
une solution faible d'acide sulfurique. En arrivant dans ce

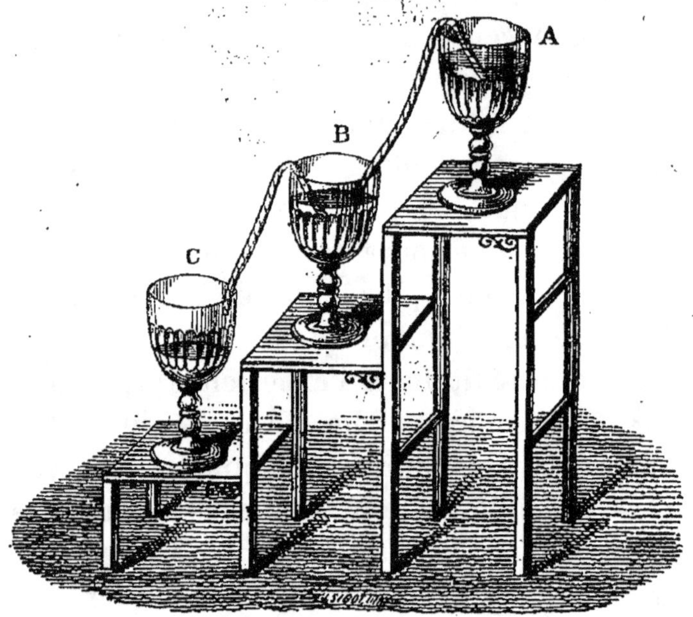

Fig. 143. — Série de siphons à mèche de coton.

vase B, l'acétate de plomb y détermine la formation d'un
trouble blanchâtre dû à la production du sulfate de plomb,
sel insoluble, de couleur blanche. On sépare le sulfate de
plomb des deux liquides qui lui ont donné naissance, en
établissant la communication entre le vase B et le vase
inférieur C, à l'aide d'une deuxième mèche de coton. Le
liquide parfaitement limpide descend dans le troisième
verre, le solide reste dans le verre intermédiaire.

Un siphon assez original est celui représenté par la figure 144 et imaginé par le duc de Sussex. Il consiste à se servir d'une écrevisse, dont on déploie la partie postérieure en éventail et qu'on place, la tête en bas, dans un verre

Fig. 144. — Siphon du duc de Sussex.

plein d'eau. Le liquide semble s'écouler par la tête de l'ani-mal.

Siphon intermittent ou vase de Tantale. — On appelle ainsi un vase qui se vide de lui-même dès que le liquide dont on cherche à l'emplir a atteint un certain niveau.

On peut le construire de plusieurs manières : tantôt (fig. 145) le fond d'un verre a été percé d'une ouverture dans laquelle on a mastiqué un tube recourbé en siphon, dont la petite branche s'ouvre près du fond du vase, tandis que la plus grande le traverse et se rend au dehors. Quand on vient à verser de l'eau dans le vase, elle pénètre en même temps dans le tube de verre, et lorsque le sommet de la courbure est couvert par le liquide, le siphon est amorcé et l'appareil se vide.

D'autres fois (fig. 146), le siphon est constitué par un tube droit recouvert par une petite cloche renversée qui laisse passer le liquide entre son bord et le fond du vase, l'écoulement commence dès que la cloche est recouverte par le liquide et ne s'arrête que quand le vase est entièrement vide. Quelquefois enfin, la petite cloche et le tube central sont placés dans l'intérieur d'une statuette représentant un

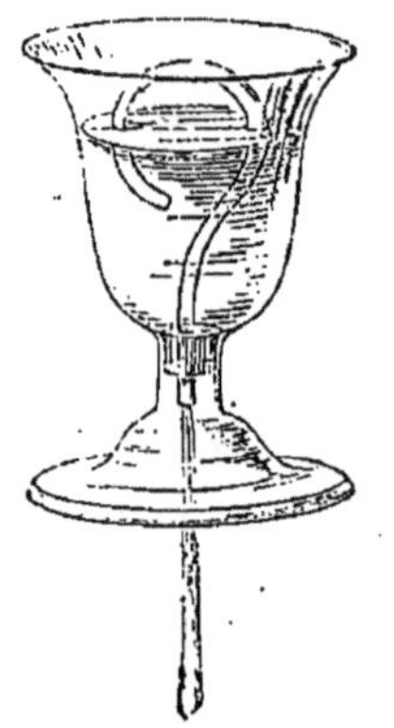

Fig. 145. — Vase de Tantale
à tube recourbé.

Fig. 146. — Vase de Tantale
à tube droit.

homme qui se penche pour boire l'eau qui, dans son mouvement ascendant, tend à s'approcher de sa bouche, mais les hauteurs relatives de cette ouverture et du sommet de la cloche sont telles que le siphon s'amorce et que le liquide s'écoule avant d'avoir atteint les lèvres de la figurine. Dans cet appareil, comme dans le supplice d'un personnage mythologique, l'eau fuit la bouche du patient après s'en être approchée, d'où le nom de *vase de Tantale* qu'on donne quelquefois à cette disposition de siphon.

CHAPITRE VII

LA CHALEUR. — LE SON.

Modes de production de la chaleur. — Toutes les fois que les molécules d'un corps sont vivement déplacées les unes par rapport aux autres, il y a production de chaleur. C'est surtout quand de puissantes actions chimiques interviennent que les molécules éprouvent des mouvements relatifs considérables et qu'on observe, par suite, l'apparition de plus grandes quantités de chaleur. Négligeons, pour le moment, ce mode de production et ne nous occupons que du déplacement moléculaire dû au frottement et de ses conséquences.

Frottement. — Toujours, dans ce cas, une quantité notable de chaleur se manifeste ; personne n'ignore que le frottement des deux mains l'une contre l'autre suffit pour les échauffer. Un bouton d'habit en métal, frotté sur une table, ne tarde pas à brûler les doigts qui le tiennent. En frottant l'un contre l'autre deux alliages formés l'un d'une partie de mercure et de deux parties de bismuth, l'autre d'une partie de mercure et de quatre parties de plomb, ils fondent simultanément, comme si on les passait sur un fer chaud.

De même, quand on frotte vivement deux morceaux de bois l'un sur l'autre, il se produit une élévation de température qui peut aller jusqu'à la destruction du bois, comme l'indique la fumée épaisse dont on constate parfois l'apparition dans cette circonstance. On exécute aisément l'expérience en faisant tourner, à l'aide d'un archet, un fuseau de bois. Une des extrémités du fuseau s'appuie sur une planche appliquée sur la poitrine de l'expérimentateur, tandis que l'autre est fixée dans un trou ménagé dans une deuxième planche appliquée contre un mur. L'élévation de température se manifeste d'autant plus rapidement que la pression supportée par le fuseau est plus forte et par suite le frottement plus énergique. C'est à l'aide du frottement que les tourneurs en bois obtiennent ces filets bruns ou noirs à l'aide desquels ils décorent certaines pièces. Ils exécutent ces ornements en appliquant fortement un morceau de bois dur sur la pièce qui tourne rapidement, jusqu'à ce que la partie touchée se fonce et se charbonne légèrement.

Dans le briquet à pierre, les étincelles sont dues à la chaleur qui résulte du frottement énergique, du choc de l'acier trempé, contre le tranchant de la pierre à fusil. Il en est de même des étincelles que le fer des chevaux fait jaillir des pavés, et de celles qui s'échappent de la meule sur laquelle le rémouleur appuie un outil. Séparation de fines parties métalliques, élévation de température suffisante pour déterminer la combustion dans l'air, avec production de lumière, voilà l'explication commune aux trois phénomènes.

Quand on lime un morceau de fer, la lime s'échauffe; il en est de même de la limaille qui s'est détachée. On donne à cette expérience une forme saisissante, en remplaçant le morceau de fer par un alliage particulier d'antimoine et de fer. Pour préparer cet alliage, on place, dans un creuset de Hesse, dont on élève graduellement la température, une partie d'antimoine et, quand ce métal est fondu, on y ajoute, par petites portions, deux parties de fer réduit en lames minces ; on remue de temps avec une tige de fer et lorsque la masse est complètement fluide, on la coule dans une petite cavité creusée dans du sable bien sec ou dans une petite auge en tôle. Le lingot une fois refroidi, on le fixe dans un étau et on le lime en appuyant fortement l'outil ; on voit alors, à chaque passe de la lime, une gerbe d'étincelle jaillir du métal. Parmi ces étincelles, les unes de couleur rouge se forment sans bruit, les autres blanches, scintillantes, produisent une légère crépitation, au moment de leur apparition. Ce résultat est facile à expliquer. L'antimoine est un métal oxydable, capable de s'enflammer et de brûler au contact de l'air, pourvu toutefois qu'il ait été porté à une température suffisamment élevée. D'un autre côté, il est peu dur et le choc de la lime ne l'entamerait pas ; la présence du fer le rend dur et cassant ; le frottement en élève la température et lui permet de brûler, de s'oxyder avec production de lumière ; une partie des parcelles détachées échappe pourtant à l'oxydation.

L'alliage de potassium et de bismuth est assez oxydable pour s'enflammer quand on le coupe avec des ciseaux. On obtient cet alliage en calcinant au rouge, pendant plusieurs heures, un mélange de bitartrate de potasse et de bismuth, réduits en poudre fine, dans un creuset parfaitement luté.

Expérience de Tyndall. — Pour démontrer la transformation du frottement en chaleur, Tyndall se sert d'un tube de cuivre, auquel il imprime, à l'aide d'un volant et d'une corde sans fin, un mouvement de rotation autour de son axe. Ce tube est plein d'eau ; en le comprimant à l'aide d'une pince en bois, à mors un peu larges, ce physicien amène l'eau à l'ébullition. Voici comment on peut disposer l'expérience à peu de frais : on prend un tube de cuivre fermé à l'une de ses extrémités ; on le serre entre les mâchoires d'un étau après l'avoir rempli d'eau chaude, mais non tout à fait bouillante ; le petit espace vide qu'on réserve à la partie supérieure du tube sert à loger un bouchon de liège bien ajusté qui va obturer complètement cette ouverture. Alors, saisissant avec les deux mains les extrémités d'un ruban de fil, de 2 centimètres environ de largeur, dont on a entouré le tube, on exécute de vifs mouvements de traction alternatifs qui ont pour effet d'élever la température du métal au point frotté. La chaleur ne tarde pas à se communiquer à l'eau qui entre en ébullition et projette, au loin et avec bruit, le bouchon qui s'opposait à l'expansion de la vapeur.

Vibration. — Lorsqu'au lieu du frottement on fait intervenir la vibration, on voit apparaître la chaleur, si l'on dispose l'expérience dans certaines conditions définies. Fixons, par exemple, dans un étau, une lame de bois par une de ses extrémités, tandis que nous ferons osciller l'extrémité opposée, nous verrons la partie fixée dans l'étau devenir brûlante.

Percussion. — Toutes les fois qu'on déforme un métal, on développe de la chaleur : ainsi un petit lingot d'étain, que l'on replie plusieurs fois sur lui-même en sens inverse, s'échauffe d'une manière notable. C'est surtout par la percussion qu'on déforme le plus aisément les corps, et qu'on obtient une quantité de chaleur considérable. Quelques coups de marteau appliqués sur une lame de plomb l'amènent à une température suffisante pour que, projetée dans une petite quantité d'éther, elle détermine l'ébullition du liquide. En battant, sur une enclume, une baguette de fer ou d'acier, on parvient à la rendre rouge de feu ;

en opérant de la même façon sur un lingot de plomb, on arrive à le fondre et à le forcer à s'éparpiller en gouttelettes.

Compression. — Lorsque, dans la canonnière (Voy. p. 146), un des bouchons d'étoupe vient à être chassé par l'air comprimé, on voit qu'au moment de son expulsion, il est suivi par une légère colonne de fumée, ce qui indique qu'une partie de l'humidité des bouchons s'est traduite en vapeur, sous l'influence de la chaleur développée par la compression, et cette vapeur devient visible en se condensant dans l'air froid ambiant, auquel elle cède sa chaleur. La quantité de chaleur cédée par la vapeur d'eau à l'air, au moment de sa condensation, peut d'ailleurs être assez grande pour qu'il en résulte, pour la vapeur, un abaissement de température très appréciable. Ainsi, quand la vapeur sort d'une chaudière à haute pression, à des températures bien supérieures à 100°, elle se refroidit tellement qu'en y plongeant la main, on éprouve une sensation de fraîcheur, tandis que si la pression de cette vapeur ne dépassait pas une atmosphère, elle sortirait à la température de 100°, et l'on se brûlerait cruellement si l'on y plongeait la main.

Pourquoi l'homme peut-il souffler le chaud et le froid. — On peut donc, à volonté, faire sortir de la vapeur froide ou chaude d'une chaudière à vapeur en ébullition. De même, l'homme pourra à volonté souffler de l'air chaud ou froid. La température du corps étant de 36°, il n'y a rien d'étonnant que l'air qui sort des poumons puisse réchauffer les doigts si la température ambiante est dans le voisinage de 0°, mais il importe de remarquer que lorsqu'on souffle sur ses doigts pour les réchauffer, instinctivement on ouvre largement la bouche, et on laisse glisser doucement l'air sur les mains, de manière à mélanger, aussi peu que possible, l'air chaud provenant de la poitrine à l'air froid de l'atmosphère. C'est une expérience analogue à celle de la chaudière qui laisse écouler la vapeur à la température où elle s'est formée. Au contraire, si l'on souffle sur un liquide chaud pour le refroidir, on entr'ouvre à peine la bouche, et l'on comprime dès lors l'air qu'elle contient, au moment où l'on expulse ce gaz. Celui-ci se dilate à sa sortie; par suite, en venant tomber sur le liquide, il en provoque l'évaporation, d'où résulte un abaissement de température.

La flamme. — Propriétés des toiles métalliques. — Lorsque la chaleur est produite par une combinaison chimique, souvent on constate l'apparition de la *flamme*. La flamme n'est autre chose qu'un gaz devenu lumineux, sous l'influence d'une température très élevée, provenant le plus ordinairement de sa combinaison avec l'oxygène. Un grand nombre de corps, les huiles, les graisses, le bois, la houille peuvent produire, en se décomposant, des gaz capables de brûler avec flamme : c'est sur cette propriété qu'est fondée la pratique de l'éclairage.

Dans quelles conditions la flamme se produit-elle? Pour le savoir, soufflons brusquement sur une bougie allumée. le cône lumineux disparaît instantanément, car on a dispersé le gaz inflammable dans une grande masse d'air, ce qui l'a refroidi assez pour que la combustion s'arrête. Pourtant la mèche fournit encore du gaz qui s'élève sous la forme d'une petite colonne blanchâtre. Si l'on vient à allumer la partie supérieure de cette colonne gazeuse, on voit la flamme se propager en descendant jusqu'à la mèche qui se rallume. Cette expérience prouve qu'il se dégage un gaz inflammable de la mèche tant qu'elle reste chaude, à plus forte raison tant qu'elle brûle, et il semble qu'il est

impossible de modifier, en quoi que ce soit, la forme de la
colonne lumineuse, tant cette forme paraît liée à celle de
la mèche, à la production du gaz dans cette petite colonne
de fibres tressées, et enfin à l'influence que l'air exerce
sur la combustion des gaz.

On y parvient pourtant, en faisant intervenir une toile
métallique présentant environ dix ouvertures par centimètre carré. On la place horizontalement dans la flamme
d'une bougie, de manière à couper le cône lumineux par
le milieu, alors on voit disparaître complètement la partie
supérieure de la flamme sans que pourtant la partie inférieure perde de sa forme, de son étendue ou de son éclat.
De plus, si l'on regarde de haut en bas, à travers la toile
métallique, la flamme interceptée, on voit qu'autour de la
mèche il y a une sorte de cylindre arrondi et obscur envi-
ronné d'une couche lumineuse et très mince.

Si au-dessus de la toile métallique on présente la flamme
d'un papier allumé on verra renaître la partie supérieure
de la flamme, car les gaz provenant de la combustion, qui
auront traversé la toile, prendront feu au contact du papier enflammé. Il existera pourtant un intervalle sensible
entre les deux parties de la flamme. En regardant par
dessus ce segment de flamme, on voit la couche extérieure
lumineuse et le milieu formant une sorte de coupe renversée.

En plaçant, sur la toile métallique, un fragment de papier
trempé dans l'alcool, on ne constatera aucune inflammation, il en sera de même si l'on saupoudre la toile de poudre
à canon grossière ; il faut donc que la toile métallique ait
absorbé tout le calorique du gaz qui brûle en dessous,
qu'elle ait suffisamment refroidi la flamme, pour que, du
côté opposé à la mèche, les gaz résultant de la décompo-

sition de la cire ou de l'acide stéarique n'offrent point une température assez élevée pour déterminer la combustion.

On peut varier l'expérience, soit en interceptant par une toile métallique T la flamme d'un bec de gaz enflammé B (fig. 147), soit en faisant traverser cette toile par un jet de gaz non enflammé qui sort du bec B′. Si alors on porte un corps enflammé au-dessus de la toile, la flamme se produit

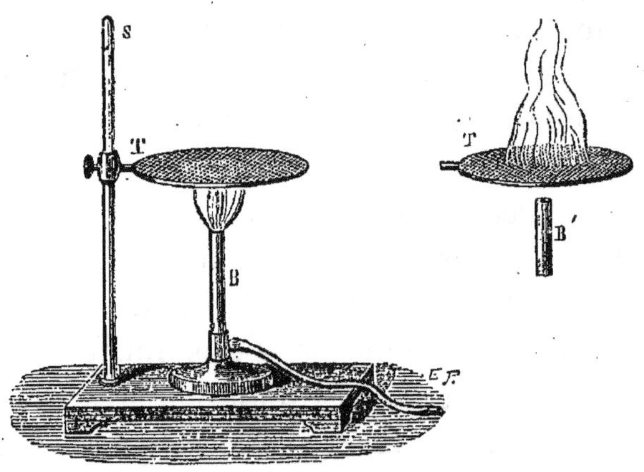

Fig. 147. — Action des toiles métalliques sur les flammes.

aussitôt, mais elle se trouve limitée par la toile et ne se manifeste pas au-dessous.

Lampe de Davy. — Cette propriété des tissus métalliques découverte par Davy a été utilisée par ce physicien dans la lampe qui porte son nom et qu'il a construite pour l'usage des mineurs. On sait qu'il se dégage, dans les mines de houille, un gaz particulier ou hydrogène carboné auquel les mineurs donnent le nom de *grisou* et qui, quand il est mélangé avec huit ou dix fois son volume d'air, détone avec une violence extraordinaire au contact d'un corps enflammé. Grâce à la toile métallique qui enveloppe la flamme dans la lampe de Davy, la détonation se produit à l'intérieur de la lampe, elle ne se propage pas au dehors et l'ouvrier averti peut abandonner la mine où sa vie est en danger. Malheureusement, quand l'explosion de grisou se produit, la lampe s'éteint d'ordinaire et il serait impossible à l'ouvrier de fuir, au milieu de l'obscurité. Pour remédier à cet inconvénient, le physicien anglais disposa, dans la flamme de son appareil, une hélice en fil de platine qui reste incandescente quand la lampe s'éteint, pendant tout le temps que l'appareil reste plongé dans une atmosphère inflammable. Cette spirale répand assez de lumière pour permettre au mineur de se diriger dans la galerie qu'il occupait.

Voici sur quelle expérience repose cette heureuse modification de la lampe primitive.

Lampe aphlogistique de Davy (*lampe sans flamme*). — On prend un fil de platine d'un quart de millimètre de diamètre environ, on le roule en spirale à une de ses extrémités et l'on fait rougir à la flamme d'une bougie la partie ainsi contournée. Quand le fil est assez refroidi pour avoir perdu sa coloration rouge, sans être pourtant trop froid, on le plonge dans un verre à boire ordinaire où l'on a placé une vingtaine de gouttes d'éther sulfurique, en ayant soin de le maintenir à cinq ou six millimètres au-dessus de la surface du liquide. On voit alors le fil de platine s'échauffer parfois jusqu'à l'incandescence et persister dans cet état, tant qu'il reste de l'éther dans le verre ; on facilite la production de chaleur, lorsqu'elle commence à se ralentir, en agitant le verre de façon à déterminer l'évaporation du corps volatil. En opérant dans l'obscurité, on aperçoit près du fil une lumière pâle, phosphorescente qui est surtout visible quand le fil cesse d'être en ignition. On constate, pendant l'expérience, la production d'une vapeur d'odeur irritante qui excite fortement le larmoiement et qui devient plus visible en approchant du verre une baguette trempée dans l'acide chlorhydrique.

On peut substituer l'alcool à l'éther, ou bien encore se servir d'un fragment de camphre placé sur un support convenable, le fil devient aussitôt incandescent et reste dans cet état jusqu'à entière volatilisation du camphre. Lorsqu'on se sert d'alcool, voici comment on opère. Sur le porte-mèche d'une lampe à alcool (fig. 148), on fixe un fil de platine enroulé en spirale, de manière toutefois que la

Fig. 148. — Lampe sans flamme de Davy.

partie supérieure de la spirale dépasse la mèche. La lampe étant allumée, le fil ne tarde pas à devenir rouge de feu, alors on éteint la lampe avec précaution, la spirale reste incandescente et cela tant qu'il y a de l'alcool dans la lampe. Cet effet provient de ce que le fil de platine détermine la formation lente de la vapeur d'alcool qui brûle au contact de ce fil et le maintient à la chaleur rouge. La lueur de cette lampe est faible, elle permet pourtant de lire l'heure à une montre. On arrive au maximum d'effet en enroulant six tours de la spirale autour de la mèche et neuf ou neuf et demi au-dessus d'elle. La lumière qu'elle donne est alors suffisante pour permettre de lire des caractères manuscrits ou imprimés.

Conductibilité des liquides. — Convection. — Les liquides, le mercure excepté, sont faiblement conducteurs de
la chaleur. On le démontre facilement pour l'eau, à l'aide
de l'expérience suivante. On prend un tube de verre
(fig. 149), on y introduit une petite quantité de glace sur laquelle on verse de l'eau. On chauffe ensuite, avec une lampe
à alcool, la portion moyenne du tube en le tenant incliné,
sous un angle de 45°, de manière à n'échauffer que la par-

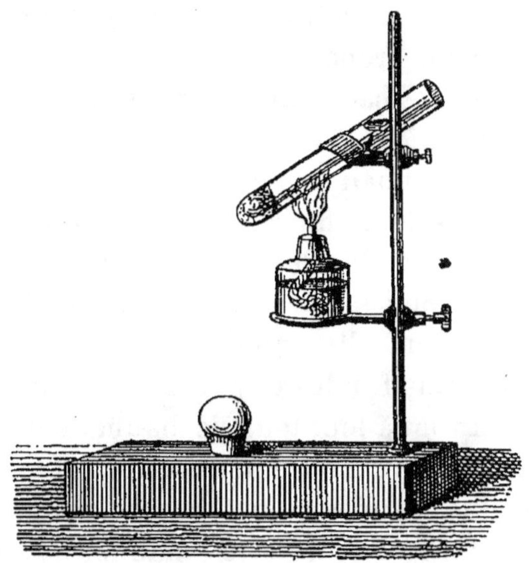

Fig. 149. — Ébullition de l'eau au-dessus de la glace.

tie supérieure du liquide, et sans fondre la glace qui est à
la partie inférieure.

Comme la glace est plus légère que l'eau et que par suite
elle tend à se porter à la partie supérieure du liquide, le
mieux est de la préparer dans le vase même où doit avoir
lieu l'expérience, de façon à ce qu'elle reste fixée à la paroi.
Pour cela, on prend un tube de verre, fermé à une de ses
extrémités, d'un diamètre intérieur d'un centimètre et

d'une longueur de 20 à 25 centimètres, on y introduit une quantité d'eau suffisante pour y occuper une hauteur de 5 centimètres environ et l'on porte l'extrémité fermée dans un mélange réfrigérant. La congélation une fois obtenue, on remplit à peu près complètement le tube d'eau, et l'on procède à l'expérience comme il a été dit dans le paragraphe précédent.

Le calorique se transmettant avec peine dans les liquides par voie de conductibilité, on peut se demander quel est son mode de propagation. Quand on chauffe, par sa partie supérieure, l'eau contenue dans un vase, les couches gardent leur position et l'échauffement est très long à se produire. Le plus ordinairement on n'opère point ainsi, c'est par la partie inférieure du vase qu'on chauffe les liquides ; dans ce cas, les molécules des couches les plus rapprochées du foyer de chaleur deviennent plus légères, par le fait de la dilatation, elles montent et sont remplacées par les molécules plus froides et plus lourdes des couches supérieures qui vont à leur tour s'échauffer à la source. C'est donc par suite d'un mouvement continuel d'ascension des molécules plus chaudes et de descente des molécules plus froides que la masse finit par s'échauffer également. Pour le démontrer, il suffit de chauffer, dans un vase cylindrique en verre, de l'eau tenant en suspension de la sciure de bois. On voit alors s'établir un double courant, l'un ascendant, formé par les couches liquides immédiatement échauffées, et l'autre descendant, constitué par les couches latérales moins échauffées et plus denses, et le phénomène dure tant que l'eau n'est pas arrivée à la température de l'ébullition ; il est désigné sous le nom de *convection de la chaleur*.

Convection des gaz. — On remarque des mouvements analogues dans une masse gazeuse, lorsqu'on vient à échauffer une portion de la paroi du récipient qui renferme le gaz. On arrive au même résultat, en élevant la température d'un corps solide plongé dans une masse gazeuse. L'expérience est facile à réaliser à l'aide d'un poêle dont le tuyau présente une certaine longueur verticale, avant de s'infléchir pour gagner l'extérieur. Du moment qu'on allume du feu dans le poêle et que le tuyau s'est échauffé, un courant d'air ascendant se produit tout autour, et il est facile de s'en assurer lorsque le soleil, venant à frapper le

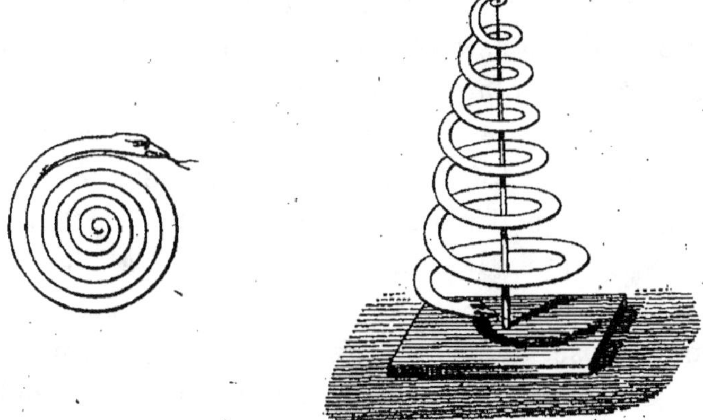

Fig. 150 et 151. — Spirale tournant sous l'influence d'un courant d'air chaud ascendant.

tuyau, projette une ombre sur la muraille voisine. On voit alors, de part et d'autre de l'ombre opaque, des ombres légères qui voltigent avec rapidité, et qui résultent du jeu de lumière dans les couches d'air qui se déplacent successivement.

On peut rendre la démonstration plus évidente à l'aide du petit appareil suivant. Dans une carte, ou dans une feuille de papier très épais on trace une spirale semblable à celle de la figure 150, puis avec des ciseaux on la découpe suivant la ligne courbe tracée à la surface ; alors on élève le centre au-dessus du plan de la base, et on la place sur une tige verticale se terminant par une pointe mousse et fixée sur une planchette en bois (fig. 151). On obtient ainsi une spirale rampante ayant la forme d'un serpent, dont les anneaux iraient en diminuant. En plaçant le petit appareil sur la tablette d'un poêle, on voit la spirale excessivement mobile, prendre un mouvement de rotation, sous l'influence de l'air ascendant qui vient frapper la face inférieure du système.

C'est en vertu du mouvement qui leur est communiqué par l'air chaud ascensionnel que l'on voit tourner les petites roues formées de plaques de tôle disposées obliquement, réunies par une de leurs extrémités à un axe mobile, qu'on dispose parfois dans les cheminées de cuisine. Lorsqu'on allume du feu au-dessous de l'appareil, l'air échauffé va frapper les surfaces obliques, et de là résulte une rotation qui, par le moyen d'un engrenage convenablement disposé, communique le mouvement à une broche à rôtir. Le mouvement de rotation de la broche est d'autant plus vif que l'air chaud se meut avec plus de rapidité.

Chaleur de fusion. — Lorsqu'on permet à la chaleur de prolonger, pendant un certain temps, son action sur un corps solide, un moment arrive où l'état physique de ce corps subit une modification : il passe de l'état solide à l'état liquide. Ce phénomène, qui porte le nom de *fusion*, se produit à une température déterminée et constante pour chaque corps; ainsi la glace fond à 0°, le plomb à 320°, l'or pur à 1250°. Pendant tout le temps que la fusion s'accomplit, la température demeure constante. Ainsi plaçons un thermomètre dans un vase contenant de la glace et portons ce vase sur un foyer de chaleur, puis servons-nous de ce thermomètre comme d'un agitateur pour permettre un contact intime entre l'eau et la glace, nous verrons que la colonne mercurielle accusera invariablement la température de 0° tant qu'il y aura de la glace non fondue. Or, puisqu'ici le foyer fournissait d'une façon permanente une certaine quantité de chaleur qui n'est pas accusée par le thermomètre, il faut que cette chaleur ait été employée à produire le changement d'état, à exécuter le travail nécessaire pour rompre l'attraction qui existe entre les molécules du corps. On comprend donc que tant que ce travail n'aura pas été accompli, il n'y aura pas de chaleur disponible dans les environs de ce corps, et que dès lors il soit possible d'expliquer la singulière expérience suivante.

On enveloppe une balle de plomb avec du papier bien lisse et on expose le papier au-dessus de la flamme d'une bougie ; or, ce papier ne s'enflamme pas tant que le plomb reste solide, mais dès que le métal est fondu, l'action préservatrice cesse, la flamme reprend son action destructrice. L'expérience réussit également quand, au lieu de papier, on se sert de mousseline ou de toile, seulement, ici encore, on n'obtient le résultat annoncé qu'autant que l'enveloppe est très exactement appliquée sur le métal, sinon l'inflammation se produit dès qu'on chauffe la balle.

Ébullition des liquides. — Lorsqu'un liquide placé dans un vase en métal, en terre ou en verre, est soumis à l'action d'une source de chaleur appliquée à la partie inférieure du récipient, il se transforme graduellement en vapeur qui se dissipe dans l'atmosphère. Cette transformation est d'abord limitée à la surface, mais un moment arrive où des bulles de vapeur se forment dans le liquide, s'élèvent jusqu'à la partie supérieure, en imprimant à la masse un mouvement plus ou moins vif accompagné d'un bruit caractéristique. C'est ce phénomène que l'on désigne sous le nom d'*ébullition*.

Si l'on examine ce qui se passe quand on fait bouillir de l'eau dans un vase de verre, on voit qu'au début l'air dissoūs dans l'eau s'en sépare sous forme de fines bulles; plus tard des bulles plus fortes se forment vers le fond du récipient et sur les parois directement en contact avec la flamme. Ces bulles tendent à s'élever en vertu de leur légèreté; mais en rencontrant des couches plus froides du liquide, elles se condensent et retournent à l'état d'eau. De là un mouvement particulier de trépidation, une vibration qui produit ce bruit particulier de l'eau qui va bouillir. On dit alors que le liquide *frémit*. Le phénomène dure tant que la masse est assez froide pour produire la condensation des bulles, mais du moment où la température du liquide est suffisamment élevée pour que la condensation soit impossible, la vapeur se produit, les bulles viennent crever à la surface qu'elles soulèvent successivement. L'eau est en pleine ébullition et si, dans le liquide, on a introduit un thermomètre à mercure avant de faire intervenir la chaleur, on verra la colonne mercurielle monter progressivement, puis se fixer dans un point sensiblement voisin de 100° et s'y tenir tant que le liquide continuera de bouillir.

Il faut donc admettre, puisque malgré l'action continue du foyer de chaleur, la colonne mercurielle n'accuse aucune variation de température, que toute la chaleur dépensée a été employée à transformer le liquide en vapeur, de même que dans l'expérience relative à la fusion du plomb, nous avons vu tout le calorique servir exclusivement à déterminer le passage de l'état solide à l'état liquide.

Il résulte de là que le fond d'un vase, dans lequel bout un liquide, n'est pas relativement très chaud. On peut impunément toucher le fond d'un vase de fer qui contient de l'eau en ébullition. Ce fond est une espèce de tamis qui ne garde pas la chaleur, mais qui la cède au fur et à mesure qu'il la reçoit. Au contraire, le couvercle du vase incessamment frappé par de la vapeur à 100° est assez chaud pour brûler l'imprudent qui le soulève sans précaution.

La faible élévation de température que présente le fond d'un vase contenant un liquide en ébullition permet même de se servir d'un vase de bois, à fond et à parois très minces, pour faire bouillir de l'eau, sans que la flamme détruise le récipient. Ainsi on peut couper en deux, dans le sens de l'axe, une de ces variétés de Courges connues sous le nom de Calebasses (*Cucurbita lagenaria* L.) et, après l'avoir vidée de ses graines, l'employer comme une véritable marmite pour exécuter cette expérience. On peut également confectionner, avec du papier ordinaire, une de ces *auges* rectangulaires dont la construction ingénieuse a si souvent charmé notre enfance à tous et s'en servir comme d'un vase. Après l'avoir remplie d'eau, on la place sur un petit trépied, on dispose au-dessous d'elle quelques charbons ou une lampe à alcool; l'ébullition se produira au bout de peu de temps. Le fond de l'auge restera intact, seuls les bords, qui n'ont pas été entièrement préservés par l'eau, présenteront quelques signes de destruction.

Expérience de Franklin. — Tant que le baromètre indique une pression voisine de 760 millimètres, l'ébullition se manifeste toujours à une température qui est sensiblement égale à 100°; mais l'ébullition peut se produire à une température inférieure à 100°, si la pression barométrique est inférieure à 760 millimètres. Pour le démontrer, on fait bouillir de l'eau, dans un ballon de verre, pendant assez longtemps pour que l'air contenu dans le ballon soit expulsé, au moins en très grande partie. On retire alors ce vase du feu, on le bouche avec un bon liège, et pour que la fermeture soit aussi exacte que possible, pour que l'air n'y

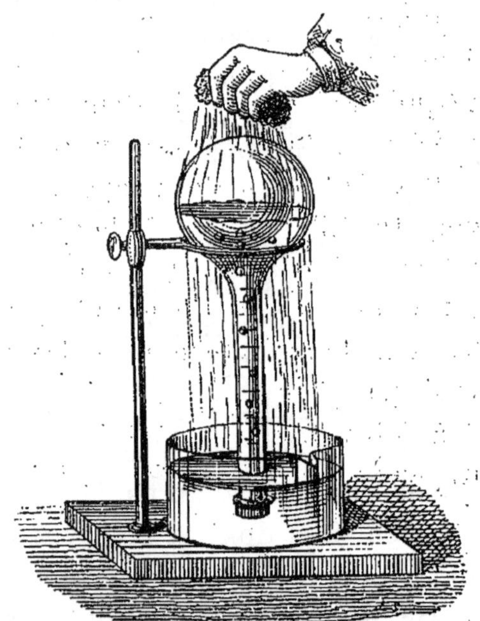

Fig. 152. — Expérience de Franklin.

puisse pénétrer de nouveau, on le renverse dans un vase contenant lui-même de l'eau bouillie (fig. 152). Au bout de quelque temps, et par le refroidissement des liquides, l'ébullition s'arrête ; si, alors, on verse de l'eau froide sur le ballon, ou mieux encore, si l'on applique sur sa surface de la glace, l'ébullition recommence et peut même durer assez longtemps. Ce fait s'explique aisément, car en plaçant de la glace ou de l'eau froide sur le fond du ballon, nous avons abaissé la température de la vapeur qui pressait la surface du liquide. Or, comme la tension de la vapeur d'un liquide en ébullition est égale ou supérieure à celle de l'atmosphère qui est au-dessus de lui, si nous condensons, par l'application de la glace ou de l'eau froide, la vapeur d'eau qui existe à la surface du liquide soumis à l'expérience, nous diminuerons la pression qu'il supporte. Par suite nous lui permettrons de bouillir de nouveau, bien que nos affusions d'eau l'aient refroidi, car la tension de sa vapeur fera équilibre à celle qui est en contact avec elle ou lui sera supérieure. Au contraire, verse-t-on de l'eau chaude sur le ballon, la tension de la vapeur contenue dans l'intérieur augmente et l'eau cesse de bouillir, car elle est impuissante à former de nouvelles vapeurs.

Production des vapeurs. — Un grand nombre de substances liquides à la température ordinaire ou susceptibles de le devenir par l'application de la chaleur passent graduellement à l'état de vapeur et finissent par disparaître ; telles sont, par exemple, l'eau, l'alcool, l'éther. Il n'est pourtant pas indispensable qu'un corps soit liquide pour se transformer en vapeur ; ainsi le camphre, l'iode, passent directement de l'état solide à l'état gazeux. Lorsque la vapeur produite est colorée, il est facile de la rendre apparente ; ainsi en plaçant quelques fragments d'iode au fond d'un ballon de verre et en déterminant la volatilisation de cette substance, par l'application d'une flamme d'alcool ou de quelques charbons incandescents, le verre se remplit d'une vapeur violette. Mais lorsque la vapeur est incolore, on est obligé, pour mettre sa formation en évidence, de recourir à l'artifice suivant.

Supposons qu'il s'agisse de la vapeur d'éther par exemple.

On introduit dans un ballon à long col ou matras, deux ou trois cuillerées à café d'éther sulfurique, on remplit le reste du vase avec de l'eau froide, on le bouche avec le pouce ou la paume de la main, et on le renverse dans une terrine pleine d'eau. L'éther, obéissant à sa pesanteur spécifique moindre que celle de l'eau, viendra occuper la partie supérieure de la sphère liquide. Si alors on verse de l'eau chaude sur le ballon, l'éther va se traduire en vapeur dont la force expansive chassera l'eau hors du ballon. Lorsque cet effet sera produit, il suffira de pratiquer avec une éponge des affusions d'eau froide (Voy. fig. 152) sur la partie abandonnée par le liquide pour amener de nouveau le liquide de la terrine dans le ballon. On pourra ainsi faire alternativement occuper le ballon par la vapeur d'éther ou l'eau de la terrine pourvu qu'on ait introduit dans le ballon une quantité d'éther inférieure à celle voulue pour remplir entièrement ce vase de vapeur. Tout autre liquide peu miscible à l'eau, capable de la surnager et de se volatiliser à des températures inférieures à l'air bouillant, donnerait les mêmes résultats.

Froid produit par l'évaporation. — Le passage de l'état liquide à l'état de vapeur donne lieu à un travail mécanique considérable ; il y a en effet ici : un travail extérieur ayant pour résultat de déplacer la surface pressée par l'atmosphère, et un travail intérieur déplaçant les molécules et déterminant le changement d'état. Il résulte de là que toutes les fois qu'un liquide se traduit en vapeur, sans qu'on fasse intervenir l'action d'un foyer calorifique, on constate un abaissement de température qui est souvent fort grand. Ainsi, on éprouve une sensation très marquée de froid lorsqu'on verse dans le creux de la main de l'alcool et surtout de l'éther, et qu'on laisse évaporer ces liquides. Le froid produit par l'évaporation de l'éther est même tel, qu'on peut arriver à congeler de l'eau par ce moyen.

Congélation de l'eau par la vaporisation de l'éther. — Pour cela (fig. 153), on place environ 2 à 3 centimètres d'eau dans un tube de verre mince, fermé à l'une de ses extrémités. On met ensuite ce tube dans un verre à expérience contenant de l'éther sulfurique, puis à l'aide d'un soufflet

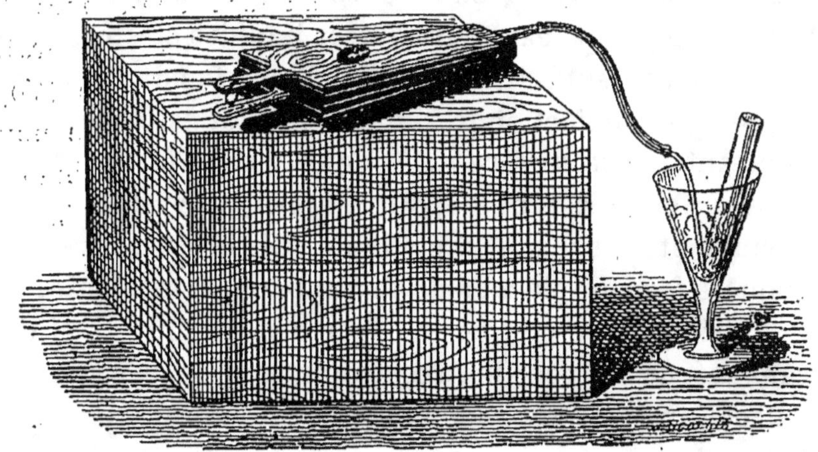

Fig. 153. — Congélation de l'eau par la vaporisation de l'éther.

et d'un bout de tube en caoutchouc, on dirige un courant d'air dans l'intérieur de la masse d'éther. L'évaporation marche assez rapidement et détermine assez de froid pour qu'au bout de quelques minutes l'eau contenue dans le tube soit transformée en un petit glaçon.

État sphéroïdal. — Lorsqu'on laisse tomber une goutte d'eau sur une plaque de fer polie et chaude, celle-ci s'étale sur la plaque et disparaît d'autant plus vite, sous forme de vapeur, que la température du métal est plus élevée. La loi ne se vérifie pourtant que dans une certaine limite, car à partir de 150° environ, on voit la goutte d'eau affecter la forme d'un globule qui se plisse, en présentant partout des contours arrondis, tourne sur lui-même et ne s'évapore que lentement. Si au lieu de maintenir la plaque à la température que nous venons d'indiquer, on lui permet de se refroidir, l'ébullition ne tarde pas à se manifester, le liquide s'évapore et disparaît rapidement en faisant entendre un bruissement particulier.

Les phénomènes de ce genre sont connus sous le nom de *caléfaction*, et l'on appelle *état sphéroïdal* la forme globulaire qu'affectent l'eau et les autres liquides en contact avec des surfaces suffisamment chauffées. Pendant toute la durée de la caléfaction le liquide ne bout pas, à condition pourtant que la surface métallique soit parfaitement lisse et unie ; chose singulière, il n'y a pas de contact entre le globule et la surface métallique. On le démontre d'une manière fort simple à l'aide de l'expérience suivante.

A l'aide d'une pipette, à ouverture très étroite et d'une capacité de 10 centimètres cubes environ, on aspire de l'alcool un peu tiède, en quantité suffisante pour remplir la boule, puis on le laisse tomber par gouttes en filet mince sur de l'alcool chaud et contenu dans une soucoupe. Les gouttes qui tombent de la pipette se mettent à rouler, pendant quelques secondes, dans toutes les directions sur la surface de l'alcool. En effet, ici, chaque goutte est emprisonnée dans une atmosphère gazeuse qui empêche le contact avec le liquide.

Incombustibilité des tissus vivants. — A la suite des nombreuses recherches qu'il avait entreprises sur l'état sphéroïdal, Boutigny (d'Évreux) est parvenu à donner une explication rationnelle de certains phénomènes d'incombustibilité humaine qui ont de tout temps excité l'admiration ; il a fait voir que certains faits historiques, considérés jusqu'à ce jour comme entachés d'erreur, pouvaient être parfaitement vrais. Je laisse la parole à ce savant :

« En France, en Italie, en Angleterre, partout où j'ai eu l'occasion de parler des corps à l'état sphéroïdal, j'ai rencontré des personnes qui m'ont fait cette question : N'y aurait-il pas quelques rapports entre ces phénomènes et celui que présentent les hommes qui courent nu-pieds sur des coulées de fonte encore incandescentes, qui plongent la main dans du plomb fondu? A tout le monde j'ai répondu : Oui, je crois qu'il y a une relation intime entre tous ces faits et l'état sphéroïdal. Et puis à mon tour, je faisais cette question : Avez-vous vu le fait que vous me rapportez? La réponse était invariablement négative. »

Après de nombreuses recherches, Boutigny fut assez heureux pour apprendre d'un témoin oculaire la vérité du fait; plus tard il put le vérifier à plusieurs reprises. Voici comment il s'exprime : « J'ai divisé ou coupé avec ma main, un jet de fonte de 5 à 6 centimètres de diamètre qui s'échappait par la *percée*, puis tout aussitôt j'ai plongé l'autre main dans une poche pleine de fonte incandescente qui était vraiment effrayante à voir. Je frissonnais involontairement, mais l'une et l'autre mains sont sorties victorieuses de l'épreuve, et aujourd'hui, si quelque chose m'étonne, c'est que ces expériences ne soient pas plus vulgaires.

« Assurément, on me demandera quelles précautions il faut prendre pour se préserver de l'action désorganisatrice de la matière incandescente? Je réponds : aucune. N'avoir pas peur, faire l'expérience avec confiance, passer la main rapidement, mais pas trop cependant, dans la fonte en pleine fusion. »

« Autrement, si l'on faisait l'expérience avec crainte,

qu'on opérât avec une trop grande vitesse, on pourrait vaincre la force répulsive qui existe dans les corps incandescents, établir ainsi le contact avec la peau qui y resterait indubitablement dans un état facile à comprendre.

« L'expérience réussit surtout quand on a la peau humide, et l'effroi involontaire que l'on éprouve en présence de ces masses de feu, met presque toujours toute l'habitude du corps dans cet état de moiteur si nécessaire au succès. Mais en prenant quelques précautions, on devient véritablement invulnérable. »

Voici ce qui réussit le mieux : on se frotte les mains avec du savon de manière à leur donner une surface polie, puis au moment de faire l'expérience, on plonge la main dans une solution froide de sel ammoniac saturée d'acide sulfureux ou tout simplement dans de l'eau contenant du sel ammoniac et à son défaut dans de l'eau ordinaire.

L'expérience suivante a été indiquée par M. Dumas comme étant connue dans les verreries de temps immémorial ; elle peut s'expliquer également par le passage de l'eau à l'état sphéroïdal. Elle consiste à couler, dans un seau d'eau une masse de verre en fusion et à la malaxer quoique incandescente avec les deux mains. Boutigny a fait remarquer que dans cette expérience il y a deux temps bien marqués ; dans le premier, la masse de verre est isolée au milieu de l'eau, dans le deuxième elle est recouverte d'une couche solide et transparente qui laisse voir la masse incandescente. La durée du premier temps est très courte, et c'est pendant le second seulement qu'on peut impunément pétrir le verre en fusion.

En résumé, ajoute Boutigny, « en passant la main dans un métal en fusion, elle s'isole, l'humidité qui la recouvre passe à l'état sphéroïdal, réfléchit le calorique rayonnant et ne s'échauffe pas assez pour bouillir, voilà tout! Cette expérience dangereuse en apparence est presque insignifiante en réalité. Je l'ai répétée souvent avec du plomb, du bronze, etc., et toujours avec le même succès. »

Et tout cela est parfaitement vrai! Est-ce à dire que j'engage mes lecteurs à tenter l'expérience? Je n'oserais encourir une pareille responsabilité, et si j'avais à intervenir, ce serait plutôt pour dissuader que pour encourager.

Tension des vapeurs. — La vapeur, du moment qu'elle se forme, occupe un espace bien plus considérable que le liquide dont elle émane. Un gramme d'eau, en se transformant en vapeur à 100°, et à la pression de $0^m,76$ de mercure, prend un volume 1,700 fois plus grand qu'à l'état liquide. D'un autre côté, les vapeurs partagent avec les gaz la propriété d'exercer sur les parois des vases qui les contiennent des pressions plus ou moins considérables. Si l'enveloppe, dans laquelle on chauffe un liquide, est complètement close et suffisamment résistante, on pourra élever, dans une certaine limite, la température de l'eau contenue dans un vase, sans qu'il se produise rien de visible à l'extérieur. Mais si l'on a ménagé, dans la paroi, une ouverture qu'on puisse ouvrir à volonté, du moment qu'on établira la communication avec l'extérieur, un jet de vapeur s'élancera au dehors avec un bruit plus ou moins vif. Si cette vapeur est inflammable, on pourra la diriger sur la flamme qui l'a produite, et de là une double combustion qui déterminera un accroissement de température considérable. Tel est le principe de l'éolipyle, instrument qui, depuis quelques années, rend de si grands services aux plombiers, gaziers, etc.

Cet appareil consiste en une chaudière en cuivre, soutenue au-dessus d'une lampe à alcool, par un anneau fixé à un support vertical. Cette chaudière est percée d'une tubulure que ferme un bouchon à vis, muni d'une petite soupape de sûreté, elle porte en outre à son sommet, un tube, qui redescend verticalement, puis se termine par un bec horizontal, dirigé sur la flamme de la lampe. Celle-ci étant allumée, l'alcool contenu dans la chaudière entre en ébullition, sa vapeur projetée par le bec sur la lampe s'enflamme à son tour et forme un long dard, dont la température est très élevée. Cet instrument peut être modifié de plusieurs façons, suivant le but auquel on le destine; mais le principe sur lequel repose sa construction et les principaux détails sont toujours les mêmes.

Si, au lieu de chauffer le liquide dans un vase à parois résistantes, nous employons un vase à paroi peu épaisses, le vase se brisera aisément et le liquide se réduira instantanément en vapeur. Prenons, par exemple, de l'éther sulfurique enfermé dans une ampoule de verre soufflée à la lampe, ou bien encore contenu dans une enveloppe de gélatine (*perles d'éther de Clertan*); à l'aide d'une pince, faisons arriver avec précaution cette petite sphère dans une cloche pleine d'eau à 60° ou 80°, et placée dans une cuvette également pleine d'eau chaude; au bout d'un instant l'enveloppe se brisera et toute la partie supérieure de la cloche se remplira de vapeurs d'éther. De même, remplissons exactement un ballon de verre avec de l'eau bouillie et encore chaude, fermons hermétiquement ce vase avec une lame mince de caoutchouc fortement serrée autour du col, puis soumettons ce ballon à l'action de la chaleur, nous verrons la lame de caoutchouc se bomber, de plus en plus, sous l'influence de l'effort exercé par la vapeur, puis se briser avec un bruit sec.

Analogie entre la chaleur et le son. — Dans l'état actuel de la science, on admet que le calorique n'est qu'un mouvement moléculaire, imperceptible sans doute pour chaque molécule prise isolément, à cause de la ténuité des parties, mais devenant appréciable par l'ensemble des résultats obtenus. Quand un corps chaud est en contact avec un corps froid, il voit diminuer le nombre de ses vibrations moléculaires et le corps qui s'échauffe bénéficie de cette perte. Quand l'échauffement a lieu à distance, on l'explique en admettant que tout espace, y compris les vides des corps matériels, est rempli par un fluide éminemment subtil et impondérable, l'*éther*, intermédiaire par lequel s'exécute cet échange incessant de vibrations. Il résulte de là que la chaleur présente l'analogie la plus complète avec le son, des deux côtés le phénomène est le résultat de vibrations : dans le premier cas, c'est un milieu impondérable, l'éther, qui propage le mouvement ; dans le deuxième, c'est l'air qui transmet la vibration.

Son. Sa nature. — Le son est le résultat d'un mouvement vibratoire dans le corps qui le produit.

Pour le démontrer, on commence par percer de part en part, avec une alène, un plomb de chasse (numéro 00, de Paris), on passe un fil de soie dans le trou ainsi produit, et on attache le plomb au fil. Cela fait, à l'aide d'un peu de cire jaune, on attache le fil à la paroi intérieure d'un gobelet en cristal et à pied, que l'on tient obliquement, l'ouverture en bas. Si alors, à l'aide d'un couteau à papier ou d'une règle de bois, on frappe le verre dans la partie opposée à celle où repose la petite masse de plomb, on verra celle-ci s'agiter et on entendra une multitude de battements distincts qu'elle exerce sur la paroi du verre, et dont la rapide succession met en évidence l'état vibratoire du vase.

On a pu le dire avec raison : le son est le mouvement qui

devient sensible à distance. Le repos est muet, tout bruit annonce un mouvement (Radau.)

C'est le plus ordinairement par l'intermédiaire de l'air que le son se transmet jusqu'à l'oreille, qui le perçoit, bien que les corps solides et liquides puissent servir de pont à la vibration, pour franchir l'espace qui sépare notre oreille du corps. L'air qui transmet la vibration vibre lui-même. Si le tambour qui passe sous nos fenêtres en ébranle les vitres, c'est que l'air a apporté aux lames de verre la vibration de l'instrument. Dans un concert, il suffit de tourner l'ouverture d'un chapeau du côté de l'orchestre et de toucher, du bout des doigts, le fond de cette coiffure pour y sentir les frémissements de l'air ébranlé par les différents instruments de musique.

Propagation du son. — Nous avons indiqué (chapitre IV, *Mobilité*) de quelle manière le mouvement se propage dans une série de molécules solides. C'est ainsi que le son se transmet à travers l'air, chaque tranche exécute une petite oscillation et revient à sa position centrale. Tyndall a complété cette ingénieuse représentation du son, à travers les couches de l'air, par la comparaison suivante.

Supposons cinq enfants rangés en file et tels que chacun appuie ses mains sur le dos de celui qui le précède. Si l'on a imprimé une forte poussée aux épaules du premier, la pression se transmettra de proche en proche, et chaque enfant, après avoir communiqué la pression qu'il a subie, reprendra sa première position. Seul, le dernier de la file n'aura personne sur qui s'appuyer et sera projeté le visage en avant. Telle sera la nature de l'ébranlement dans une série de tranches d'air mises en mouvement par la vibration d'un corps.

Milieux capables de transmettre le son à l'oreille. —

L'air est le milieu le plus habituel de la transmission du son à l'oreille, avons-nous dit, mais les parties osseuses de la tête l'y conduisent avec une très grande facilité. On entend par le front, par les dents. Deux personnes qui parlent très bas, en tenant entre leurs dents les deux extrémités d'une longue tige de bois, ou les deux bouts d'un long fil tendu, s'entendent à une distance considérable. Le résultat est le même si la personne qui parle appuie la tige sur sa gorge ou sur sa poitrine.

Lorsqu'on frappe sur un corps sonore, tel qu'une cuiller d'argent, un timbre de verre ou de métal, une baguette d'un fusil de guerre, une pincette de cheminée, suspendus à un fil dont on introduit l'extrémité libre dans le conduit auditif (on peut aussi le saisir entre les dents et se boucher les oreilles), on entend un son grave et plein comme celui d'un bourdon éloigné. Un médecin danois, Herhold, a fait cette expérience avec une cuiller attachée à un fil d'une longueur de 200 mètres, dont une extrémité était fixée à un pieu, pendant qu'on tenait l'autre avec les dents (Radau).

Analyse des sons. — Malgré sa sensibilité, l'oreille n'est pas l'appareil le plus convenable pour faire l'analyse des sons. Ce n'est que grâce à des instruments où les phénomènes se simplifient, que l'on parvient à connaître les éléments qui entrent dans la composition d'un son donné. En effet, un son est rarement simple ; le plus souvent il s'accompagne d'un cortège de notes supérieures plus ou moins affaiblies. Si l'on place un diapason sur une caisse sonore, on étouffe les notes accessoires et l'on enfle le son fondamental. Une membrane tendue sur un tambour se comporte de la même manière que la caisse sonore ; il résulte de là qu'une membrane convenablement disposée est un véritable analyseur des sons, *un résonnateur*.

Résonnateur. — Pour faire un résonnateur, il suffit de couper horizontalement une bouteille, vers la moitié de sa hauteur, de prendre le haut de cette bouteille coupée, et de tendre un fragment de peau sur la plus large ouverture. Quelle que soit la vibration qui pénètre dans le goulot, la membrane ne frémira que si sa vibration naturelle peut s'harmoniser avec la vibration reçue ; une seule pourra, par suite, la faire sortir de son immobilité, toutes les autres la laisseront insensible.

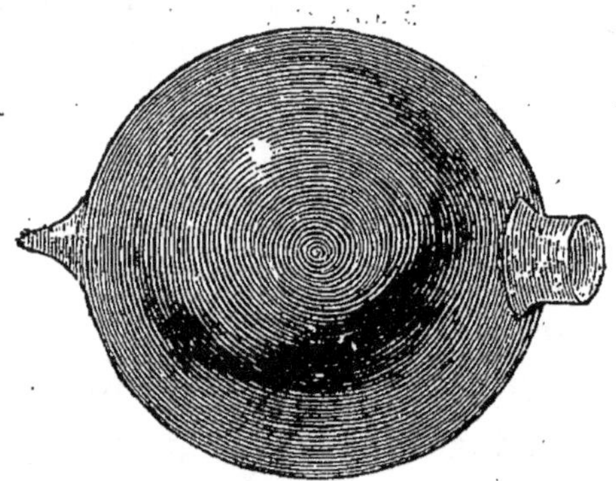

Fig. 154. — Résonnateur d'Helmholtz.

Ce résonnateur peut être construit par chacun, mais il vaut mieux employer, comme résonnateurs, des globes creux, de verre ou de cuivre. Ils sont munis (fig. 154) d'un orifice circulaire, pour l'accès de l'air, tandis que l'extrémité opposée se termine en pointe percée et mousse, destinée à être introduite dans l'oreille ; c'est la membrane du tympan qui va remplacer ici le lambeau de peau de l'instrument primitif. On comprend que le diamètre de la boule, d'une part, celui de son ouverture, de l'autre, pouvant varier considérablement, chacun de ces résonnateurs doit posséder sa note fondamentale.

17.

Maintenant, vient-on à introduire la pointe de l'instrument dans une oreille, en ayant soin de boucher l'autre, on se condamne à ne percevoir d'autre son que celui recueilli par le résonnateur. On l'a dit avec raison, dans ce cas, l'expérimentateur n'a plus qu'une seule oreille construite pour un son unique. Au milieu du bruit, comme au milieu d'un concert, cette oreille d'un nouveau genre est sourde ou n'entend que des bruits étouffés, mais la note du résonnateur vient-elle à se produire, elle éclatera avec force dans l'intérieur du globe, fournissant ainsi le moyen de discerner toujours le son propre au résonnateur.

Verres à boire brisés avec la voix. — Le résonnateur nous conduit à signaler une expérience singulière qui consiste à briser un gobelet en verre, avec la voix. On sait que chaque verre à boire est susceptible de donner une note qui lui est propre et qu'il fait entendre lorsqu'on le choque avec la lame d'un couteau et aussi lorsqu'il se brise. Eh bien ! il paraît que si un homme ayant la voix forte et juste entonne cette note en se penchant sur l'orifice du verre, il peut le faire éclater au bout de quelques instants. Il suffirait quelquefois de donner l'octave de la note en question ; les verres minces et bombés seraient les plus propres à faire réussir l'expérience, le son d'un violon produirait le même effet, tandis qu'on ne l'obtiendrait pas avec une trompette. D'après Radau, un physicien allemand raconte avoir vu exécuter ce tour, par un homme qui en faisait son métier. Il rangeait plusieurs verres, devant lui, sur une table, les frappait l'un après l'autre avec une petite clef, afin de reconnaître leur note, puis, se penchant dessus, il donnait cette même note d'une voix forte et brève ; *le verre éclatait toujours*. Je n'ai point, pour ma part, l'oreille assez juste pour avoir contrôlé ce dire ; rien ne prouve d'ailleurs que les verres n'eussent point été préparés par ce *physicien* qui opérait dans un cabaret ; peut-être les avait-il préalablement entamés par un léger trait au diamant.

Génération du son. — Il existe un grand nombre de procédés pour déterminer la formation du son. Nous avons vu qu'on pouvait le produire en ébranlant, à l'aide d'un choc léger, les parois d'un verre de cristal à pied. Ici le choc était unique, une succession de chocs répétés produira le même résultat.

Expérience de Trévélyan (*harmonica thermique*). — Cette proposition est mise en évidence dans l'expérience

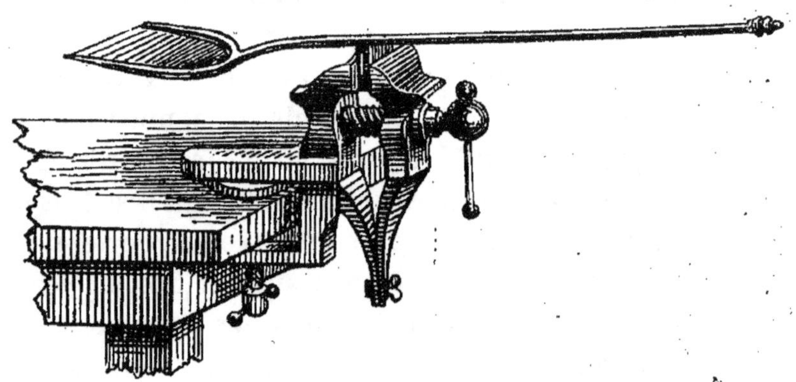

Fig. 155. — Expérience de Trévélyan.

suivante. On serre dans un étau (fig. 155) deux lames de plomb, qu'on a soin de séparer, à l'aide d'une cale de bois d'environ 1 centimètre et demi d'épaisseur, et qu'on fait déborder les mâchoires de 2 centimètres environ. On place, en équilibre, sur ce point d'appui, une pelle à feu qu'on a préalablement fait fortement chauffer, mais pas assez pourtant pour déterminer la fusion du plomb, une température un peu plus élevée que celle de l'eau bouillante est très convenable. Alors la pelle communique une partie de sa chaleur au plomb, qui, en se dilatant, produit un soulèvement soudain du manche de l'instrument lequel en retombant touche le plomb par un autre point. Le même effet se manifeste, tandis que le point primitivement touché se refroidit et revient à son état initial. Il en résulte une série de dilatations et de contractions successives, c'est-à-dire un petit balancement à droite et à gauche, une vibration qui produit un son plus ou moins musical et qui se continue aussi longtemps que la pelle est suffisamment chaude.

Expérience de Rijke. — On peut également produire

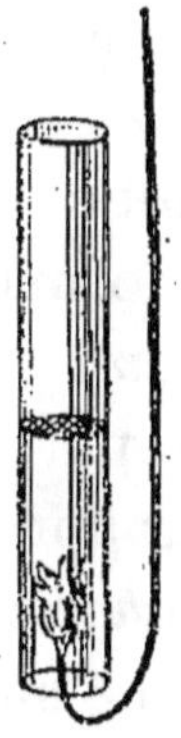

Fig. 156. — Expérience de Rijke.

des vibrations sonores en forçant un courant d'air à s'échauffer et à se refroidir périodiquement. Ces alternatives de dilatation et de contraction suffisent, on le comprend sans peine, pour engendrer un son plus ou moins agréable. C'est ce qu'on réalise avec l'appareil de Rijke.

Il consiste (fig. 156) en un tube de verre de 50 centimètres de long et de 4 centimètres de diamètre intérieur, auquel on a fixé, vers son milieu à peu près, une petite toile métallique qu'on échauffe à l'aide d'un petit morceau d'éponge trempée dans l'alcool et qu'on enflamme, après l'avoir fixée au bout d'un fil métallique. Quand la toile est rouge de feu au centre, on retire la flamme, et au bout de quelques instants, un son d'abord plaintif se manifeste, puis s'enfle, s'accroît, et finit par disparaître quand la toile s'est refroidie. Il est facile de se convaincre que le son est bien dû à la vibration de l'air qui s'est échauffé en passant par la toile métallique, puis qui s'est refroidi un peu plus haut; en effet, du moment qu'on vient à placer horizontalement le tube, le courant s'arrête et le son cesse de se produire.

Il arrive parfois qu'une flamme de gaz se met à chanter quand le bec de sortie est gêné par un obstacle quelconque. L'écoulement du gaz cessant alors d'être continu, il y a des alternatives de dilatation et de contraction suffisantes pour déterminer la formation d'un son.

Harmonica chimique (*lampe philosophique*). — On a un exemple de vibrations sonores se produisant par suite de petites explosions très rapprochées, dans l'expérience de *la lampe philosophique* ou *harmonica chimique*. On donne ce nom (fig. 157) à une fiole surmontée d'un tube effilé et dans laquelle on a introduit les matières voulues pour produire du gaz hydrogène (Voy. chapitre XI, *Récréations chimiques*). Mettons le feu à ce gaz, après avoir toutefois attendu que l'air soit complètement expulsé de l'appareil, afin d'éviter une explosion qui pourrait être dangereuse, nous verrons l'hydrogène brûler tranquillement avec une flamme peu brillante, qui ira en augmentant quand l'extrémité du tube aura rougi. Alors introduisons le tube effilé, dans un tube plus large et tenu verticalement, de façon à ce que la flamme ne puisse toucher la paroi : aussitôt un son musical va se manifester, et, en faisant varier la hauteur relative des tubes, nous déterminerons une modification dans le son.

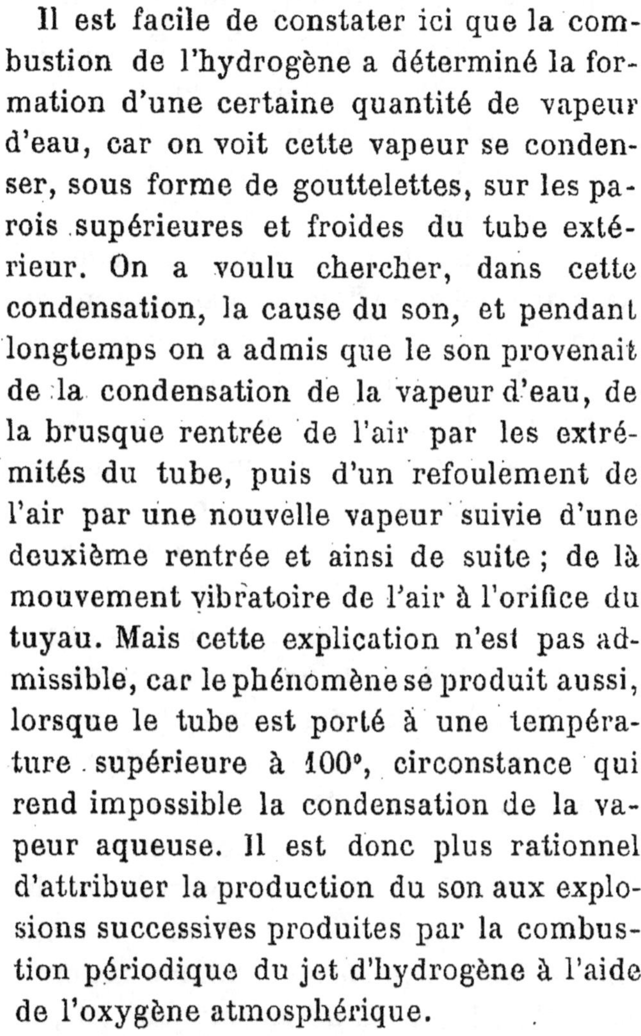

Il est facile de constater ici que la combustion de l'hydrogène a déterminé la formation d'une certaine quantité de vapeur d'eau, car on voit cette vapeur se condenser, sous forme de gouttelettes, sur les parois supérieures et froides du tube extérieur. On a voulu chercher, dans cette condensation, la cause du son, et pendant longtemps on a admis que le son provenait de la condensation de la vapeur d'eau, de la brusque rentrée de l'air par les extrémités du tube, puis d'un refoulement de l'air par une nouvelle vapeur suivie d'une deuxième rentrée et ainsi de suite ; de là mouvement vibratoire de l'air à l'orifice du tuyau. Mais cette explication n'est pas admissible, car le phénomène se produit aussi, lorsque le tube est porté à une température supérieure à 100°, circonstance qui rend impossible la condensation de la vapeur aqueuse. Il est donc plus rationnel d'attribuer la production du son aux explosions successives produites par la combustion périodique du jet d'hydrogène à l'aide de l'oxygène atmosphérique.

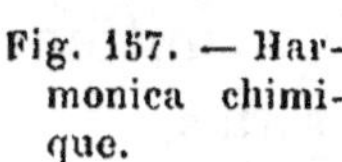

Fig. 157. — Harmonica chimique.

Flammes chantantes. — Lorsqu'une flamme de gaz d'éclairage est placée dans un tube, le courant d'air qui passe sur la flamme est mis en vibration et il en résulte des sons musicaux ; on donne à ces flammes le nom de *flammes chantantes* ou *sonores*. Le gaz doit sortir d'un bec de cuivre effilé, et après l'avoir enflammé, on règle le robinet de manière à avoir une flamme dont la hauteur n'excède pas un centimètre. On introduit cette flamme dans un tube de verre de 30 centimètres de long et d'un centimètre et demi environ de diamètre intérieur. Après avoir placé le bec dans le tube, on cherche et on ne tarde pas à trouver, à une petite distance de l'ouverture inférieure du tuyau, une position de la flamme telle qu'un minime déplacement de cette flamme, dans le sens vertical, la rend à volonté silencieuse ou chantante. Supposons-la silencieuse. Or, si maintenant s'adressant à cette flamme, on parvient à donner à sa voix l'intonation voulue ; si l'on produit la note propre au tuyau, cette flamme, dis-je, fera spontanément entendre un son agréable et elle continuera de chanter aussi longtemps que le gaz brûlera. Si en émettant un son, la flamme ne répond pas, il faut essayer un autre son jusqu'à ce qu'elle réponde. On se tait, elle se tait aussi, et ce phénomène se manifeste à distance et à la volonté de l'expérimentateur. La voix a fait vibrer l'air et ces vibrations se sont communiquées à un corps éminemment sensible à leur action.

Il est démontré, ici encore, que les vibrations de la flamme, pendant l'émission du son, consistent en une série d'extinctions périodiques, totales ou partielles, dans les intervalles desquelles la flamme recouvre une partie de son éclat. Il y a là une pulsation du gaz, une intermittence que nous retrouvons dans les expériences suivantes.

Sifflet de Cagnard-Latour. — C'est un tube ab (fig. 158 et 159), dans lequel on fait arriver un courant d'air par l'orifice inférieur. Un disque c, mobile autour d'un de ses diamètres, tourne rapidement sous l'influence de ce courant, qu'il intercepte quand il se place dans le sens longitudinal.

Fronde musicale. — C'est une bande mince en bois ou en métal *bc* (fig. 160, A) attachée à un fil et pouvant tourner sur elle-même autour d'un axe dirigé suivant le prolongement du fil, grâce au petit système de raccord représenté à part en B, avec lequel on établit la communication entre la fronde proprement dite et le cordon qui la met en mouvement. Si l'on met en mouvement l'appareil, en le faisant tourner autour du poignet, on entend un son sourd dont

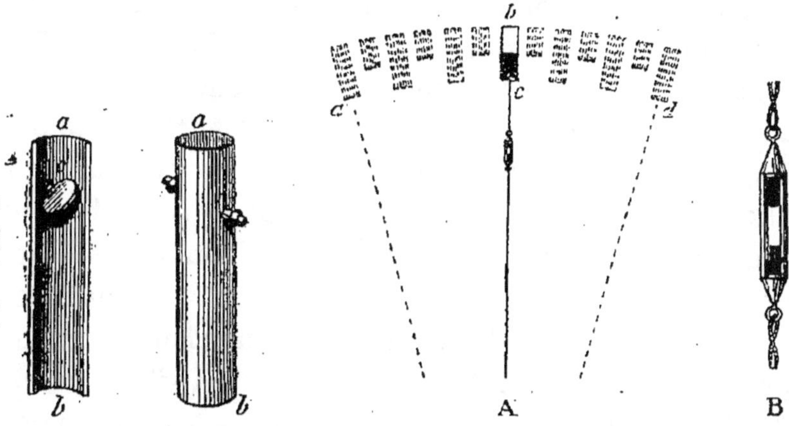

Fig. 158 et 159. — Sifflet de Cagnard-Latour.

Fig. 160 et 161. — Fronde musicale.

l'acuité augmente à mesure que le mouvement de rotation s'accélère. Le fait est facile à expliquer; en effet la résistance de l'air fait tourner cette lame sur elle-même; par suite, l'air est frappé, tantôt par la surface, tantôt par le tranchant du bois; il y a donc d'abord une compression, puis une dilatation de l'air. Le son résulte de cet ébranlement. Pour démontrer que la lame tourne sur elle-même, on a soin d'en peindre une moitié en blanc, l'autre en noir, et alors pendant le mouvement de rotation, on voit se dessiner la figure *ad*.

Sons produits par la vibration de l'air. — Tous les corps sont susceptibles de vibrer. C'est en vibrant, avons-nous dit, que l'air nous transmet les sons, mais là ne se borne pas son rôle. En effet, lorsqu'une portion d'air est limitée ou séparée de l'atmosphère par des parois solides, on peut lui imprimer un mouvement propre absolument comme à un corps solide. Tantôt on met la colonne d'air en mouvement en dirigeant un courant d'air contre le tranchant d'une lame taillée en biseau, c'est ce qui a lieu dans certains tuyaux d'orgue, dans le flageolet, dans le sifflet ordinaire. On obtient un son à l'aide d'une clef forée ; il suffit, pour faire vibrer l'air contenu dans le tube creux qu'elle présente, de souffler vivement sur le bord de ce tube. Dans la flûte ordinaire, le biseau est représenté par l'ouverture ovale sur laquelle le musicien dirige son souffle. On peut également ébranler les colonnes d'air au moyen de lames élastiques appelées *anches* qui sont fréquemment employées dans les jeux d'orgue. La clarinette est un instrument dont l'anche est formée par une lame de roseau qu'on fait vibrer par le souffle. Dans le hautbois, le basson, l'anche est formée de deux lames minces et élastiques entre lesquelles on souffle. Dans d'autres instruments dits *à bocal*, tels que le cor, la trompette, le clairon, le trombone, l'ophicléide, ce sont les lèvres du musicien qui vibrent dans un cône creux, ou dans un hémisphère terminé par un tube s'adaptant au corps de l'instrument.

Sons produits par la vibration des liquides. — Expérience de Savart. — Le frottement d'un liquide contre les bords de l'orifice par lequel il s'écoule est apte à produire des sons musicaux. Pour le démontrer, on prend un tube de verre de six à huit centimètres de diamètre et de deux mètres de long et on le ferme avec une plaque de métal percée d'un trou dont le diamètre est égal à l'épaisseur de la plaque; on bouche cet orifice avec une cheville de bois. On remplit le tube d'eau, puis on enlève la cheville, l'eau s'écoule, et, à mesure qu'elle s'abaisse dans le tube, il se produit une note musicale d'une grande douceur. Quand le son apparaît, il est d'abord faible et confus, puis il acquiert graduellement de la force à mesure que la hauteur du liquide diminue, mais seulement jusqu'à un certain point où le son redevient très faible et confus ou même cesse complètement. La hauteur du liquide continuant à décroître, le son reprend de la force et devient plus grave, il atteint bientôt un nouveau maximum d'intensité, après quoi il s'affaiblit encore, pour ensuite croître de nouveau et ainsi de suite toujours en s'abaissant à mesure que la charge diminue. La face de la plaque qui est en contact avec le liquide doit être rodée à l'émeri et parfaitement polie, les parois du trou également doivent être parfaitement unies.

Vibrations des corps solides. — Les corps solides peuvent vibrer de plusieurs manières, transversalement, longitudinalement et par torsion.

Les corps que l'on peut faire vibrer transversalement sont très nombreux, tantôt ils sont élastiques par eux-mêmes, comme les verges rigides, les plaques, ou bien ils sont élastiques par tension, comme les cordes flexibles, les membranes. Le plus ordinairement on fait vibrer les cordes à l'aide d'un archet, quelquefois à l'aide de la percussion comme dans le piano, ou bien en les pinçant comme dans la harpe, la guitare.

On donne, en acoustique, le nom de verges à des tiges de métal, de bois, de verre, etc., dont l'épaisseur est assez forte pour qu'elles restent droites et sans flexion notable, quand on les tient horizontalement et dont deux dimensions sont très petites par rapport à la troisième. On détermine la vibration de ces verges de plusieurs façons. Dans le glasschorde ou *harmonica à lames de verre*, instrument formé de bandes de verre de même épaisseur, mais de longueur inégale, et qui s'appuient sur deux cordons tendus horizontalement ; dans le glasschorde, dis-je, on détermine la vibration du verre, en le frappant avec un marteau de liège. Ici la verge vibrante est fixée par les deux bouts. Parfois la verge n'est fixée que par un bout, c'est ce qui a lieu dans les boîtes à musique, où de petites lames d'acier ou de laiton sont ébranlées par des chevilles d'une dimension appropriée et distribuées dans un ordre convenable, sur un cylindre mû par un mouvement d'horlogerie. Dans les orgues expressifs, les harmoniums, les accordéons, le son est dû à des lames métalliques fixées par une extrémité et mises en mouvement par l'air qui leur est envoyé par un soufflet.

Dans le jouet connu sous le nom d'*harmonium* et formé de petites lames, vibrant dans les ouvertures ménagées dans une plaque métallique, c'est l'air qui, en sortant de la bouche, produit la vibration des lames. C'est également dans la catégorie des instruments à lames vibrantes qu'il faut placer le petit instrument de musique, en acier, nommé *guimbarde*. La guimbarde se compose de deux pièces le *corps* et la *langue*. La première présente à peu près la forme d'un demi-cercle dont les branches prolongées vont en se rapprochant un peu. A la partie supérieure de ce demi-cercle se fixe la *langue*. C'est une petite lame qui est engagée entre les deux branches du corps, sans pourtant les toucher. L'extrémité libre de cette languette métallique est recourbée de manière à être saisie aisément par les doigts. On joue de la guimbarde en mettant les deux branches entre les dents et en touchant la languette avec le bout du doigt,

Le son est produit par le courant d'air que l'on chasse de la bouche et qui est brisé par la languette. La pression des lèvres, l'augmentation ou la diminution de volume de la cavité buccale sont les causes qui influent sur la nature du son. Dans tous les exemples que nous venons de citer, la verge destinée à entrer en vibration était droite, mais on peut également obtenir des vibrations avec des verges courbes, tel est par exemple le cas du *diapason*, qu'on fait vibrer soit au moyen d'un archet, soit en faisant pénétrer, entre ses branches, un cylindre qui les force à s'écarter.

Vibrations des plaques. — Les plaques, en acoustique, sont des corps rigides dont deux dimensions sont très grandes par rapport à la troisième que l'on prend pour épaisseur. On peut les construire en verre, en bois, ou en laiton.

Figures acoustiques. — **Expériences de Chladni.** — Pour faire vibrer transversalement une plaque, on l'ébranle, par un archet, sur un point de son contour; le moyen le plus simple de maintenir la plaque horizontale, pendant cette opération, consiste, si ses dimensions ne sont pas trop grandes, à la saisir entre le pouce et l'index, ou bien, si ses dimensions s'y opposent, à la faire reposer sur trois doigts. Quand on veut la fixer par son centre de figure, on la saisit (fig. 162, A) entre l'extrémité garnie de liège d'une vis *a* et celle d'un cône de liège *b* faisant partie d'une pince en bois que l'on adapte sur le bord d'une table.

Lorsque la plaque a été placée horizontalement et avant de l'ébranler, on projette sur sa surface du sable fin; dès qu'elle se met à vibrer, sous l'influence de l'archet, dès que le son se manifeste, les grains de sable sautent d'abord tumultueusement, puis viennent se ranger en figures régulières et symétriques (fig. 163, B). On peut conclure de cette expérience que du moment qu'une plaque résonne, il s'y forme des parties vibrantes, séparées par des *lignes de repos* ou *lignes nodales*. En frottant, avec l'archet, un des points du contour de la plaque et en appuyant fortement le doigt sur un autre point, on obtiendra, pour une même plaque, certains sons déterminés auxquels correspondent aussi des figures déterminées. Les plaques peuvent d'ail-

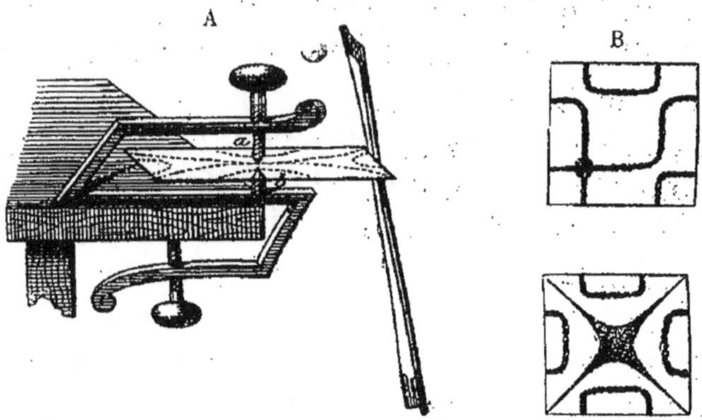

Fig. 162 et 163. — Expérience de Chladni.

leurs présenter une foule de formes; on peut les faire carrées, triangulaires, polygonales, circulaires, elliptiques.

Vibrations des surfaces de révolution. — Les surfaces de révolution telles que les timbres, les cloches, les gobelets de verre, vibrent à la façon des plaques, c'est-à-dire que, quand on les force à produire un son, elles se subdivisent en parties vibrantes séparées par des lignes nodales. On le démontre aisément, en plaçant dans leur intérieur un liquide qui reste immobile au contact des *nœuds*, c'est-à-dire des lignes de repos, tandis qu'il est vivement projeté aux *ventres*, c'est-à-dire aux points où la vibration se produit.

On peut faire l'expérience, à peu de frais, avec un verre à boire à pied, rempli aux trois quarts d'eau et dont on attaque, à l'aide d'un archet, un des points du bord supérieur; on voit alors se former des lignes de repos dans l'in-

tervalle desquelles le liquide s'agite vivement. On peut
également déterminer la vibration du verre, en l'affermis-
sant d'une main et en passant, sur le bord, l'index un peu
mouillé, un son se produit, l'eau frémit et ondule suffisamment pour faire rejaillir de petites gouttes.

Harmonica de Franklin. — Il consiste en une série de
verres à pied qu'on met en vibration en promenant les
doigts mouillés sur les bords. On accorde les vases en usant
leurs bords ou bien en y versant plus ou moins d'eau. On
peut obtenir ce dernier résultat d'une façon définitive, en
perçant un léger trou, dans la paroi du verre, au point
d'affleurement du liquide. On est sûr, de cette façon, de
toujours remplir les verres de la même manière quand on
veut faire l'expérience. Le son de l'harmonica de Franklin
est pénétrant, mais il est lent à se produire, ce qui ne permet pas de jouer des airs à mouvement un peu vif.

Vibrations longitudinales. — Pour produire ce genre
de vibrations dans une verge, on la tient par le milieu entre les doigts et on la frotte avec du vieux drap enduit de
colophane ; peu importe le sens, il se produit un son aigu.
S'agit-il de verges en verre, on les frotte avec les doigts ou
avec du drap mouillé avec de l'eau acidulée par quelques
gouttes d'acide chlorhydrique. Quand il s'agit d'une barre métallique et qu'elle présente de grandes dimensions, on y fixe
à l'extrémité et parallèlement à ses arêtes, avec du mastic,
une petite baguette de métal dans laquelle on détermine
des vibrations qui se communiquent aisément à la barre.
On peut également, si la verge est en métal, la saisir avec deux
doigts par son milieu et la frapper normalement sur une
de ses bases avec un marteau ; le son se produit alors. Dans
ces expériences, les deux extrémités de la verge sont libres,
mais on peut également fixer la verge par l'une de ses

extrémités. On comprend qu'en combinant la longueur d'un certain nombre de verges en bois, des verges de sapin, par exemple, on puisse arriver à obtenir les différentes notes de la gamme. En réunissant ces verges sur un même support, on aura un intrument de musique qu'on fera résonner en passant, le long de ces baguettes, les doigts saupoudrés de résine. C'est également en frottant les cordes, dans le sens de leur longueur, avec du drap couvert de colophane, qu'on y détermine des vibrations longitudinales.

Outre les vibrations longitudinales et transversales, on peut développer dans les verges d'autres vibrations dites *tournantes* qu'on fait naître en tenant la verge par son milieu et la frottant avec un archet dirigé perpendiculairement à la longueur.

Expérience de Wheastone. — Caléidophone. — Ces trois genres de vibration peuvent existe simultanément, et il en résulte que les molécules des corps vibrants parcourent, dans leurs vibrations, non des lignes droites, mais des courbes plus ou moins compliquées. Pour le démontrer avec Wheastone, on attache, au sommet de la verge métallique mise en vibration, une perle en verre légère et argentée à l'intérieur; puis on fait tomber, sur cette espèce de miroir, la lumière d'une lampe ou d'une bougie qui y fait naître un point lumineux très brillant. Quand on fait vibrer la verge, le point brillant décrit une ligne à courbures variées. Le moyen le plus simple de réaliser cette expérience consiste à placer, dans un étau, l'extrémité d'une aiguille à tricoter et à fixer sur l'autre extrémité, soit avec de la glu marine, soit avec un lien en fil d'archal, un petit bouton d'acier poli; en pinçant la verge, on la fait vibrer et on voit le bouton brillant décrire les courbes bizarres du *caléidophone*.

CHAPITRE VIII

LA LUMIÈRE.

Définitions. — Corps transparents, translucides, opaques. — Les corps non lumineux par eux-mêmes ne se comportent pas de la même manière quand ils reçoivent de la lumière. Il en est quelques-uns, l'air, l'eau, le verre, par exemple, qui la laissent passer sans presque l'affaiblir ou l'éteindre, surtout si leur épaisseur n'est pas trop grande. Ces substances interposées entre l'œil et un corps éclairé permettent d'en distinguer la forme. Ce sont les corps *transparents* ou *diaphanes*.

D'autres possèdent cette propriété à un moindre degré, la lumière les traverse ; mais vient-on à les placer entre l'œil et un objet éclairé, on ne peut distinguer, même à une faible distance, la forme, le contour de ces objets. Ce sont les corps *translucides ;* parmi eux nous citerons : le verre dépoli, le papier en feuille mince, la corne débitée sous forme de lames.

D'autres enfin, tels que les métaux, le bois, les pierres, arrêtent complètement la lumière ; ils l'éteignent et ne laissent passer aucun rayon : on les désigne sous le nom de corps *opaques*. Cette distinction n'a d'ailleurs rien de bien absolu : les nuages formés de gouttelettes d'eau peuvent acquérir une opacité suffisante pour arrêter les rayons solaires ; une feuille d'or appliquée sur une lame de verre laisse passer un peu de lumière qui présente une teinte verdâtre.

Ombre et pénombre. — La lumière étant complètement arrêtée par un corps opaque placé à une certaine distance de la source lumineuse, il en résulte que derrière le corps opaque, il y aura une partie de l'espace qui sera complètement privée de lumière, cet espace sera dans l'*ombre*. Un écran opaque qui rencontrera cette ombre, présentera une partie obscure qui est l'*ombre portée* ou *projetée* par le corps, ainsi nommée par opposition à l'*ombre propre*, c'est-à-dire à l'espace situé derrière le corps opaque et ne recevant pas de lumière.

Lorsqu'une source lumineuse présente une certaine étendue, le passage de l'ombre absolue à la lumière ne se fait pas brusquement. Si, par exemple, entre une bougie et un mur servant d'écran, on vient à interposer un corps opaque, nous verrons que l'ombre de ce corps sur le mur n'est jamais nettement tranchée, ses contours sont vagues, et cela d'autant plus que le corps opaque est plus éloigné du mur et plus rapproché de la bougie. L'ombre qui était de petite dimension lorsque le corps opaque se trouvait près du mur, a augmenté au fur et à mesure que le corps s'est rapproché de la bougie ; elle s'est entourée de parties qui ne sont ni dans l'obscurité complète, ni en pleine lumière. Cet espace, où les teintes vont en se dégradant de la plus foncée à la plus claire, constitue la *pénombre*.

Effets de clair-obscur. — On fait de la pénombre d'ingénieuses applications pour produire certains effets de clair-obscur. Pour cela, on dessine, sur un carton mince, un objet quelconque, un vase par exemple ; après l'avoir découpé avec des ciseaux sur son contour, on ouvre à l'aide de la pointe d'un canif des jours correspondant aux parties qui doivent être complètement éclairées. Si l'on place le carton entre une bougie et un mur et très près du mur, les pleins et les jours donneront sur cette surface, la figure 164 A, où l'on ne voit que du blanc et du noir ; trop près de la bougie, l'image est confuse ; à une distance convenable, la pénombre se manifeste et les teintes se fondent suffisamment pour qu'on ait l'apparence d'un dessin à l'estompe (fig. 165, B).

Pour produire des figures humaines, on choisit des portraits gravés contenant de grandes ombres, on les dessine

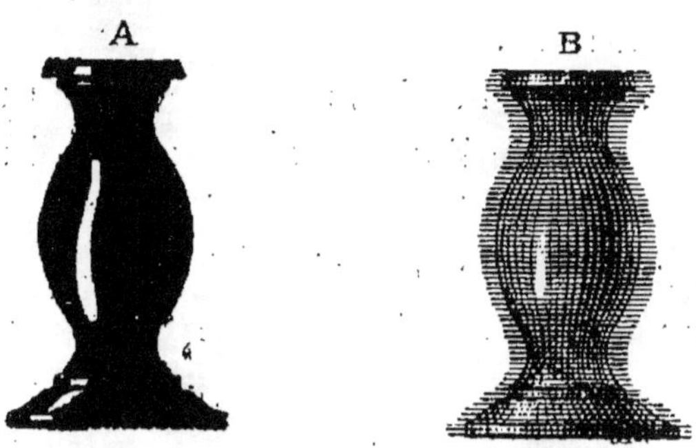

Fig. 164 et 165. — Ombre et pénombre.

sur du carton et on enlève les parties claires, en ne laissant subsister que le moins possible de demi-teintes. Alors, on place le carton entre la bougie et le mur, d'abord très près du mur pour s'assurer que le dessin et la découpure sont faits dans de bonnes conditions, puis on se rapproche graduellement de la bougie, jusqu'à ce que l'on soit arrivé à produire un effet convenable.

Pour être exécutées d'une manière satisfaisante, ces découpures exigent une attention soutenue, elles entraînent une dépense notable, tandis qu'en interposant les mains, d'une certaine façon, entre une bougie et une muraille, on arrive, au bout de quelques essais, à obtenir des figures

Fig. 166.

Fig. 167.

Fig. 168.

Fig. 169.

Fig. 170.

Fig. 171.

Fig. 166 à 171. — Les ombres de la main.

Fig. 166. — Le sergent de ville.
Fig. 167. — Le chamois.
Fig. 168. — Le chameau.

Fig. 169 — L'oie.
Fig. 170. — Le lapin.
Fig. 171. — La chèvre.

qui, bien que grossières, sont des démonstrations complètes

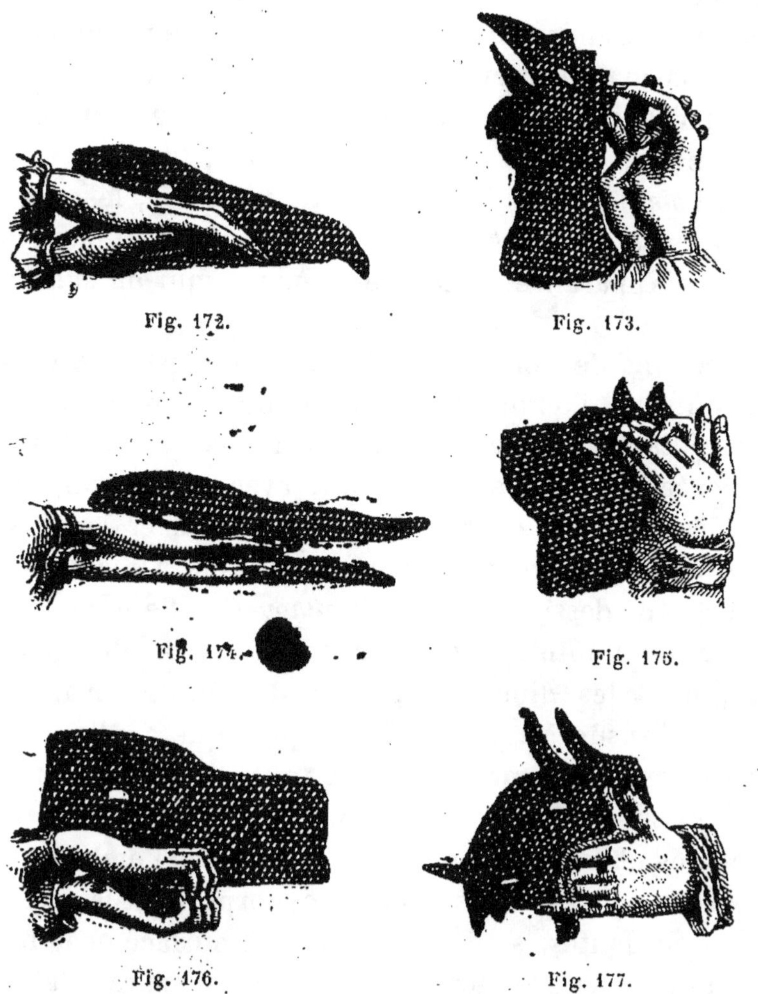

Fig. 172.   Fig. 173.

Fig. 174.   Fig. 175.

Fig. 176.   Fig. 177.

Fig. 172 à 177. — Les ombres de la main.

Fig. 172. — Le tapir.	Fig. 175. — Le dogue.
Fig. 173. — Le coq.	Fig. 176. — L'hippopotame.
Fig. 174. — Le crocodile.	Fig. 177. — Le rhinocéros.

des propriétés de l'ombre et de la pénombre. Décrire la disposition à donner aux mains et aux doigts, serait chose

longue et difficile, l'examen des figures 166 à 177, sup-
pléera avantageusement aux descriptions détailllées qu'il
faudrait entreprendre pour mettre chacun à même de réaliser ces charmantes récréations, joies des longues soirées
d'hiver. Il n'est en effet aucun de nos lecteurs qui ne recon-
naisse dans ces figures : le *sergent de ville*, le *chamois*, le
chameau, l'*oie*, le *lapin*, la *chèvre*, le *tapir*, le *coq*, le *croco-
dile*, l'*hippopotame*, le *rhinocéros*, et qui ne soit en mesure
de les faire apparaître rapidement sur un mur ou sur un
écran.

Nous venons de voir que lorsque l'objet est trop rapproché du mur, l'ombre seule existe, on comprend donc
qu'en projetant, sur un écran, l'ombre du visage d'une personne posée de profil, et en suivant, avec un crayon, sur
l'écran, les contours de l'ombre, on puisse fixer les contours du visage et obtenir un portrait grossier. On a donné
à ces sortes de dessins, le nom de *silhouettes*. Ce nom rappelle celui d'un ministre des finances de la fin du siècle
dernier, dont les différents projets de réforme n'abou-
tirent qu'à l'insuccès. La malignité publique appliqua le
nom du réformateur malheureux à tout ce qui présentait
alors un caractère raide, guindé, imparfait, sans grâce, et
entre autres choses aux portraits obtenus par l'ombre.

Ombres chinoises.—Les ombres des corps, dans les expériences précédentes, sont reçues sur une surface opaque ;
mais vient-on à les projeter sur un écran transparent, elles
pourront encore être aperçues par des spectateurs placés
de l'autre côté de l'écran. Si, à l'aide de quelques artifices,
d'ailleurs bien simples, on imprime certains mouvements à
des personnages en carton, destinés à projeter l'ombre sur
l'écran, si ces apparences se manifestent dans un milieu
approprié à la nature des sujets qu'elles représentent, si

enfin divers accessoires interviennent, tels que le dia-
logue, le chant, la musique, etc., on comprendra aisément
que ce genre de spectacle puisse éveiller la curiosité
publique et justifier l'engouement dont il fut l'objet, lorsqu'en 1784, Séraphin l'introduisit à Paris.

Pour établir un théâtre d'ombres chinoises, il n'est point
nécessaire de se mettre en grands frais : on choisit l'embra-
sure d'une porte pratiquée dans la cloison qui sépare deux
chambres ; dans l'une se placent les spectateurs, dans
l'autre les opérateurs. La baie de la porte est la scène.

Dans cette ouverture, on dispose un cadre de bois de
$2^m,35$ de hauteur et de $1^m,20$ de largeur, à la partie interne
duquel on pratique deux rainures de $0^m,70$ de long, destinées
à recevoir des châssis mobiles. Ce cadre est supporté par
des tasseaux cloués légèrement et fixés contre la porte ; il
est opaque sur une hauteur de $1^m,75$ à partir du sol, le
reste est recouvert avec une toile claire très fine ou avec
de la gaze d'Italie blanche vernie au copal.

Les châssis ont une hauteur de $0^m,70$ et une largeur
convenable pour pouvoir glisser entre les deux rainures,
disposition qui permet d'exécuter tel changement que l'on
désire. Sur ces châssis, on tend une toile de gaze, puis, sur
ces surfaces, on dessine au simple trait des sujets, tels
que maisons, paysage, pont, bateau, rivière, appartement, en rapport aux scènes qu'on fera jouer aux
personnages. On forme les ombres de ces tableaux par
l'application de papiers fort minces et découpés. On
obtient les clairs en en appliquant un ou deux ; pour les
demi-teintes, il en faudra trois ou quatre, et pour les
ombres cinq ou six. On donne à ces découpures la forme
voulue en les calquant sur les traits tracés sur les châssis,
on les y colle successivement avec le plus de soin possible :

on peut d'ailleurs corriger ce que ce tableau aura de défectueux à l'aide d'une teinte de bistre. Ce bistre se prépare aisément en faisant bouillir, dans l'eau, de la suie de cheminée, et en passant le tout à travers un linge. La teinte s'applique au pinceau, on juge de l'effet produit en exposant le tableau au grand jour.

Les personnages ou acteurs de ce théâtre en miniature sont des figures de carton mince, à articulations mobiles. Ils ont été dessinés puis découpés pour être vus de profil. Pour les préparer, on colle, sur du carton mince, ces feuilles de papier à dessin complètement noires, moins quelques lignes blanches, qu'on trouve aisément dans le commerce et qui représentent des figures de personnages, d'animaux, etc. Ces cartons, une fois secs, sont découpés, sur leur contour, avec un canif ou des ciseaux. On enlève aussi les blancs de l'intérieur des bras et des jambes, puis avec des aiguilles plus ou moins grosses, on pique des trous pour les yeux, ainsi que pour les traits laissés en blanc qui dessinent les cheveux, les plis du vêtement, etc.

Pour rendre mobiles les parties de la figure appelées à se mouvoir, bras, jambes, etc., on les découpe d'abord, puis on colle derrière elles des languettes de carton qui en augmentent la longueur, enfin on les rapporte au corps des personnages, où on les fixe en piquant les deux parties superposées avec une aiguille enfilée. Le fil est arrêté de chaque côté, de manière à fixer la partie mobile tout en permettant les mouvements. Pour communiquer le mouvement à ces parties mobiles, on y attache des petits fils de fer qu'on dirige tous vers les pieds de la figure et qu'on termine en forme d'anneau, afin de pouvoir les passer dans les doigts de la main droite. La main gauche sert à maintenir dans une position convenable les personnages mis en scène; elle tient un fil de laiton qu'on fixe à l'aide de trois points d'aiguille au corps ou à la jambe du sujet. Ce fil de laiton maintient la figure parfaitement droite; on doit le terminer par un crochet pour qu'il ne puisse se dépasser. Ces figures ne seront visibles qu'autant qu'elles seront devant les parties peu ombrées du tableau, on peut ainsi les faire apparaître à volonté; on les fait mouvoir derrière le châssis et très près de lui, l'ombre vient alors se peindre très nettement sur la toile transparente.

Les châssis s'éclairent par derrière, à l'aide d'une lampe à réflecteur placée à 1^m,50 du centre du tableau. C'est entre la lumière et le châssis que se tiennent les opérateurs; ils sont dissimulés par la partie opaque du cadre. Quant aux spectateurs, la pièce qui leur est réservée est plongée dans l'obscurité.

Diffraction. — Quand les rayons émis par un corps lumineux rasent un corps opaque, une sphère de bois, par exemple, ils continuent à marcher en ligne droite, et l'ombre projetée derrière ce corps est limitée par la surface d'un cône enveloppant, ayant son sommet au point lumineux; cette surface est la limite de l'*ombre géométrique*. Il n'en est plus ainsi quand la source lumineuse présente une faible dimension, quand elle est réduite à un point; alors il pénètre de la lumière dans l'intérieur de l'ombre géométrique, et certains points de l'espace, extérieurs à cette ombre, sont obscurs. On dirait que la lumière en passant à travers ces ouvertures étroites, s'est brisée, s'est inclinée vers le bord de l'ouverture : d'où le nom de *diffraction* que l'on a donné au phénomène.

Quand on dispose d'une chambre noire, voici de quelle façon on réalise l'expérience. Dans le volet de la chambre, on perce une ouverture très étroite, ce sera un trou prati-

qué, avec une épingle, dans une lame d'étain avec laquelle
on aura fermé l'ouverture habituelle (Voy. plus loin la
description de la chambre noire simple). Alors, on verra
apparaître un cône lumineux un peu plus divergent que si
les rayons conservaient rigoureusement leur direction
géométrique. Puis, si l'on reçoit ce rayon sur une deuxième
plaque percée aussi d'une fine ouverture, les côtés du cône
iront en divergeant davantage.

Place-t-on, dans le premier cône lumineux, un fil très fin
et reçoit-on l'ombre de ce fil sur un papier blanc placé à
une distance convenable, les côtés de l'ombre se trouvent
bordés par trois franges colorées dont la largeur décroît à
mesure qu'elles s'éloignent des bords, et de plus, dans
l'intérieur de l'ombre, apparaissent une ou deux raies lumineuses. L'expérience est très élégante si le fil métallique
placé dans le cône lumineux est une aiguille à coudre. En
projetant l'ombre sur un écran, on voit que l'image du
chas est obscure au centre et lumineuse dans son contour,
tandis que la pointe paraît grossie.

Si après avoir forcé le rayon, qui a pénétré dans la chambre, à traverser une ouverture très étroite percée dans une
lame métallique, nous recevons le faisceau transmis sur un
papier blanc convenablement éloigné, nous verrons que le
centre de la tache lumineuse est tantôt brillant, tantôt
obscur, suivant la valeur du rayon de l'ouverture, et que
des anneaux alternativement brillants et obscurs envelop-
pent la tache centrale.

Perçons maintenant, dans la plaque de métal interposée,
une deuxième ouverture à une distance de 1 à 2 millimètres de la première, et recevons encore les rayons lumineux sur un écran, à une distance telle que les deux
cercles extérieurs brillants puissent partiellement se super-

poser, le segment lenticulaire commun aux deux cercles est plus sombre que le restant des deux cercles générateurs. *La lumière du premier segment ajoutée à celle du second a produit de l'obscurité.*

A la diffraction se rapportent encore les expériences suivantes. Dans une carte à jouer, on découpe, par deux traits de canif parallèles, une fente très étroite de 1/4 de millimètre de largeur environ; puis on place cette carte préparée devant l'œil, de manière à ce que la fente soit verticale, et l'on regarde, à travers cette mince ouverture, la flamme d'une bougie située devant un fond noir, à une distance de deux à trois mètres. Aussitôt, on voit apparaître une série de bandes irisées qui environnent la flamme et s'étendent à une assez grande distance. Leur éclat diminue au fur et à mesure qu'elles s'écartent de la bougie; nettes au voisinage de la flamme, elles empiètent les unes sur les autres à mesure qu'elles s'en éloignent, et leur aspect, leur ensemble est d'autant plus brillant que la fente est plus étroite.

On obtient un résultat analogue, en substituant à la fente étroite un fil très fin tendu verticalement près de l'œil. Quand on regarde la flamme d'une bougie un peu éloignée, en plaçant ce fil entre l'œil et la lumière, on aperçoit, de chaque côté du fil, des bandes alternativement sombres et brillantes. Le fil doit être très délié : un crin, un cheveu, un fil métallique très fin conviennent fort bien pour cette expérience; un fil à coudre ordinaire ne donnerait aucun résultat, car le phénomène cesse dès que le corps opaque acquiert une certaine dimension. Il n'est personne qui n'ait fait cette expérience d'une manière inconsciente, lorsque surpris par la flamme d'une bougie, dans une pièce obscure, on cligne fortement les yeux. Les cils agissent comme le fil délié dont il vient d'être question et des bandes lumineuses apparaissent autour de la flamme. Il est possible de modifier l'expérience de bien des façons encore, car une plume d'oiseau, un tissu de soie, une lame de verre recouverte de poussière constituent autant d'appareils propres à déterminer la formation de franges lumineuses, variables dans leurs formes sans doute, mais que l'on peut toutes rapporter à la même cause, la diffraction de la lumière.

Chambre noire simple. — Quand on place une source lumineuse devant un corps opaque percé d'une petite ou-

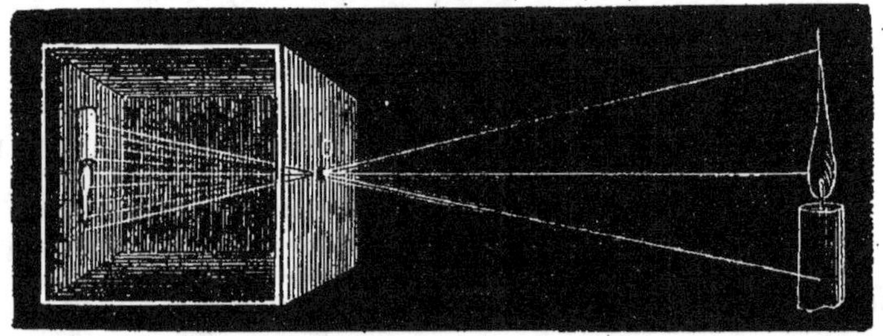

Fig. 178. — Chambre noire simple.

verture, les rayons qui traversent cette ouverture iront former, sur un deuxième écran placé en arrière du premier, une image renversée du corps lumineux. Si, par exemple, devant l'ouverture O d'une boîte (fig. 178) dont la paroi opposée à l'ouverture est formée par une glace dépolie, on vient à placer une bougie, l'image de la flamme ira se peindre sur cette paroi. Or, en suivant la marche des rayons extrêmes provenant de la bougie, on voit que cette image est renversée et que ses dimensions augmenteraient de grandeur avec la distance qui sépare le verre dépoli de l'ouverture O. Tel est le principe sur lequel repose la construction de la chambre noire simple.

En réalité, c'est une chambre dont on a hermétiquement fermé toutes les ouvertures, avec des volets, de manière à produire, dans l'intérieur, l'obscurité la plus complète, Si, alors, on pratique une petite ouverture à l'un des volets de cette chambre, on verra sur le mur opposé au volet, ou sur un écran vertical, la représentation en petit des objets extérieurs, avec leurs formes, leurs positions relatives, leurs couleurs, mais dans une position renversée. Cette image sera d'autant plus nette, que le trou du volet sera plus petit et les objets plus éclairés. Si l'ouverture était un peu trop grande, les images des parties voisines empiète-raient les unes sur les autres, et si l'ouverture augmentait encore de dimension, on ne distinguerait plus rien. De

Fig. 179. — Tube en carton pouvant servir de chambre noire.

même, si l'ouverture était trop étroite, l'image serait con-fuse, peu apparente.

Au lieu d'une salle complètement obscure qu'il n'est pas toujours facile de disposer convenablement, on peut se servir de l'appareil représenté par la figure 179. Il consiste en deux tubes de carton épais, de 20 centimètres de long sur 6 centimètres environ de diamètre intérieur, AB et CD. Le tube CD présente un diamètre un peu moindre, de ma-nière à pouvoir entrer dans le tube AB, à la façon des tuyaux de lunettes d'approche. Tous les deux sont recouverts à l'intérieur de papier noir non verni. L'extrémité A du tube le plus large est fermée par un couvercle de carton présen-tant, à son centre, une ouverture circulaire de deux millimètres de diamètre, le deuxième tube est muni en C d'une feuille de papier à calquer tendue sur son pourtour. En regardant par le bout ouvert D, on voit, sur cette feuille de papier, l'image des objets bien éclairés vers lesquel on a dirigé cette longue-vue sans verre. Cette image est renversée.

Une autre expérience curieuse, qu'on peut exécuter à l'aide de la chambre noire, consiste à faire varier la forme de l'ouverture. Que cette ouverture soit circulaire, carrée, rectangulaire, triangulaire, pourvu qu'elle soit étroite, l'image sera toujours semblable à l'objet. Si l'on y fait passer les rayons du soleil, ces rayons formeront sur le mur opposé une tache lumineuse plus ou moins large, qui sera toujours sensiblement ronde, si l'écran n'est pas trop rapproché du volet. Cela se comprend : en effet, chaque point de la source lumineuse émet un pinceau de lumière qui va fournir, sur l'écran, une petite surface semblable à l'ouverture, mais comme il y a une infinité de petites images de l'ouverture, très rapprochées les unes des autres, elles se recouvrent en partie et leur ensemble reproduit la forme du corps lumineux. Cette forme arrondie de la tache lumineuse se remarque fréquemment lorsque les rayons du soleil passent entre les feuilles des arbres, on voit sur le sol, une multitude de petits cercles lumineux. On sait que, pendant les éclipses, ces cercles sont remplacés par des croissants ou des anneaux offrant encore ici la forme de la partie du disque solaire qui est restée visible.

Réflexion de la lumière. — Lorsque la lumière rencontre, sur son trajet, une surface de séparation entre deux milieux, elle éprouve un changement dans sa marche, une partie est réfléchie, c'est-à-dire renvoyée dans le premier milieu, avec une déviation dans sa direction primitive, sauf le cas d'incidence normale. Ce phénomène, qui est connu sous le nom de *réflexion de la lumière*, s'observe aisément quand on reçoit un rayon lumineux, dans une chambre noire, sur un miroir de glace ou de métal. Pour peu qu'il y ait quelque poussière en suspension dans l'air, il est aisé de suivre de l'œil le rayon avant et après sa déviation, avant son *incidence*, après sa *réflexion*. Il est facile de le renvoyer dans toutes les directions possibles, en inclinant convenablement le miroir par rapport au rayon incident.

Toute surface suffisamment polie et opaque pour réfléchir régulièrement presque toute la lumière qui la rencontre, porte le nom de *miroir*. Au point de vue de la forme, on les distingue en miroirs *plans* et en miroirs *courbes*. Au point de vue de la nature de la surface réfléchissante, on les différencie en miroirs *métalliques* et *miroirs étamés*. Les miroirs métalliques sont parfois construits avec un alliage susceptible d'un beau poli (*alliage des miroirs de télescope*), dont nous donnons plus loin la préparation. Les miroirs étamés qu'on emploie exclusivement dans la décoration, ou miroirs d'appartement, sont formés d'une mince couche d'amalgame d'étain (*tain des glaces*) appliquée à la partie postérieure d'une lame de verre plus ou moins épaisse. Le tain d'une glace constitue un deuxième miroir appliqué sur le premier; on a donc en réalité, ici, deux images superposées, ce qui n'est pas sans inconvénient dans certaines expériences d'optique. Aussi dans ce cas substitue-t-on les miroirs métalliques aux miroirs étamés.

Réflexion sur un miroir plan métallique. — Soit SR (fig. 180) une surface réfléchissante; DE, un rayon incident contenu dans le plan de la figure; EG, la perpendiculaire au miroir, qui est contenue dans le même plan. L'expérience démontre que les angles d'incidence et de réflexion sont égaux entre eux et que le rayon réfléchi est contenu tout entier dans le plan d'incidence. Ceci posé, abaissons du point D, sur le miroir, la perpendiculaire DS et prolongeons-la, derrière le miroir, jusqu'à sa rencontre, en *d*, avec le prolongement du rayon réfléchi, on verra sans peine que les points D et *d* sont symétriquement placés par rapport au miroir. D'un autre côté, on peut faire la même construction, pour un autre rayon quelconque parti du

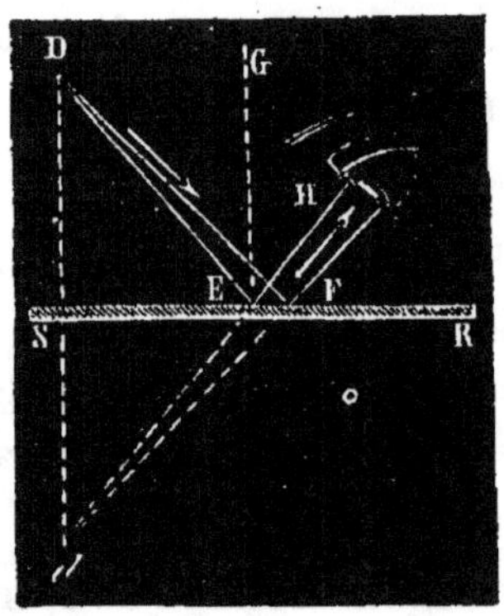

Fig. 180. — Réflexion sur un miroir plan métallique.

point D, le rayon DF, par exemple; ici encore le prolongement du rayon réfléchi passera par le point *d*. Ce point de rencontre des rayons réfléchis, est ce qu'on nomme un *foyer*, et ici il est *virtuel* ou *imaginaire*. L'œil, s'il est placé de manière à recevoir un certain nombre de rayons réfléchis par le miroir, les verra en *d*, il apercevra en ce point une image du point D, absolument comme si ce dernier occupait en réalité la position *d*.

Spectres. — On donne, en optique, le nom de *spectres* à certaines illusions de la vue qui font croire qu'il y a une réalité, là où il n'y a qu'une image.

Les spectres impalpables ou fantômes qui, pendant un certain temps, ont si vivement impressionné la curiosité publique, ont pour origine la réflexion sur des surfaces planes. Pour comprendre ce qui se passe dans ce genre d'expériences, il suffit de se rappeler certains faits que chacun a pu observer. Supposons un voyage de nuit, dans un wagon de chemin de fer, dont les glaces sont levées et la lampe allumée. Si l'on regarde, à l'extérieur, par la glace de la portière, on aperçoit l'image intérieure du wagon et de toutes les personnes qui y sont assises. Ces images, invisibles pendant le jour, commencent à se former à l'approche de la nuit ; elles flottent suspendues dans l'atmosphère et, véritables fantômes, se mêlent aux personnes qu'on rencontre sur la voie. Quiconque s'est trouvé, un soir d'hiver, dans un café brillamment éclairé, à la devanture fermée par d'épaisses glaces sans tain, a pu voir son image et celle des consommateurs réfléchies dans ces glaces et se mêler dans la rue, moins éclairée que le café, à celles des passants.

Les spectres des théâtres ont la même origine. On les obtient à l'aide d'une glace sans tain, un peu inclinée, placée en avant de la scène et montrant derrière elle l'image réfléchie et symétrique d'un personnage placé sous le plancher des premiers plans, et caché aux yeux du spectateur. Ce dernier voit à travers la glace sans tain, non seulement les personnages réels, mais aussi l'image immatérielle qu'on peut faire disparaître instantanément en plongeant dans l'obscurité l'objet qui la produit. On comprend qu'à l'aide de certaines précautions apportées dans l'éclairage, dans la pose du sujet destiné à jouer le rôle de spectre, on puisse obtenir, avec ces images, des effets fortement dramatiques, mais néanmoins assez difficiles à réaliser, car les spectres sont invisibles aux acteurs placés de l'autre côté de la glace, et ces sortes de scènes sont toujours exécutées à tâtons.

On peut réaliser en petit l'expérience des spectres de la manière suivante. On prend une caisse dont on noircit une paroi latérale, on enlève la paroi qui fait face et on la remplace par une vitre inclinée ou disposée de façon à prendre

Fig. 181. — Spectrographe.

telle inclinaison qui sera nécessaire. Dans la caisse on place une souris et en face de la paroi vitrée un chat, mais plus bas que la caisse, de façon qu'il ne puisse être vu. Alors les mouvements du chat se réfléteront dans la caisse qui laissera voir également la souris. Si l'on permet au chat de voir cette dernière, il s'élancera dans la direction qu'elle prendra et l'on aura le spectacle d'une souris véritable poursuivie par l'ombre d'un chat.

Spectrographe. — C'est un petit appareil fondé sur la

formation des images virtuelles à travers les lames de verre, et qui, dans une certaine limite, peut favoriser l'étude du dessin. Il consiste en une lame de verre BD, maintenue verticalement dans les coulisses F et CH (fig. 181) par deux pitons en bois fixés sur une planchette de bois noircie. On dispose l'appareil de façon que le dessinateur reçoive, du côté gauche, le jour arrivant par une fenêtre. Le dessin à copier est placé en K sur la planchette, à gauche de la lame, où on le fixe d'une manière permanente ; alors plaçant la tête dans la position indiquée par la figure, on aperçoit nettement l'image du dessin de l'autre côté du carreau de verre. Il devient ainsi facile de reproduire le dessin sur une feuille de papier blanc : on n'a qu'à suivre avec un crayon les traits de l'image. Pour exercer les commençants, on peut substituer au papier blanc du papier-ardoise, mais il faut, dans ce cas, se servir d'un crayon spécial.

Entre des mains habiles, le spectrographe peut donner des résultats avantageux ; il a pourtant l'inconvénient de ne fournir que des images symétriques du dessin primitif, circonstance qui quelquefois n'est pas sans inconvénient.

Les glaces étamées, surtout lorsqu'elles sont très brillantes, peuvent produire des illusions qui présentent un certain intérêt. Nous citerons les suivantes : le *décapité parlant*, la *lunette magique*, les *miroirs trompeurs*, la *bille remontante*.

1° Décapité parlant. — Cette expérience qui a vivement excité la curiosité, il y a quelques années, est facile à comprendre. Supposons une salle peu éclairée, au fond de la salle une table toute nue, reposant sur le sol par quatre pieds, sur cette table une tête humaine s'agitant plus ou moins, en avant, en arrière, à droite et à gauche, et répondant aux interrogations des spectateurs. Voilà le spectacle, et si la mise en scène ne présente pas de grandes difficultés, l'explication est plus facile encore. La voici.

La table est percée d'un trou par lequel, le soi-disant décapité passe sa tête; le reste du corps diparaît, car il est masqué par deux glaces, placées devant les pieds de table. Ces glaces forment entre elles un angle de 90° et avec les murs latéraux un angle de 45°; il résulte de cette disposition que le spectateur reçoit les deux images des murs latéraux qui étant parfaitement symétriques se confondent en une seule et, dès lors, se figurant apercevoir le mur du fond, il en conclut que le dessous de la table est parfaitement vide. La mystification est complète, mais le spectacle ne laisse pas que d'intriguer celui qui ne connaît pas les conditions dans lesquelles se fait l'expérience.

2° Lunette magique. — En disposant convenablement deux ou plusieurs miroirs plans, on peut changer à volonté la direction des rayons lumineux partis d'un point et arriver à produire des illusions parfois singulières. Soit (fig. 182) un tube en bois ou en carton ABD, recourbé à angle droit, et une lunette XY au milieu de laquelle existe une solution de continuité assez grande pour y passer soit la main, soit tout autre corps opaque Q. Malgré l'interposition de cet écran, l'œil appliqué en V, ne cessera pas d'apercevoir les objets placés dans la direction OV.

Il est facile de se rendre compte de cet effet, quand on connaît la structure de l'instrument. En effet, la partie recourbée renferme quatre miroirs $d\,c\,b\,a$; les deux situés d'un même côté, a et b d'une part, c et d de l'autre, sont parallèles et inclinés de 45° sur l'axe OV. Il résulte de là que les rayons lumineux partis d'un point O se réfléchissent successivement sur les miroirs, en suivant la direction indiquée par le trait blanc qui marche parallèlement aux différents axes du tube ; le dernier rayon réfléchi en *d* ar-

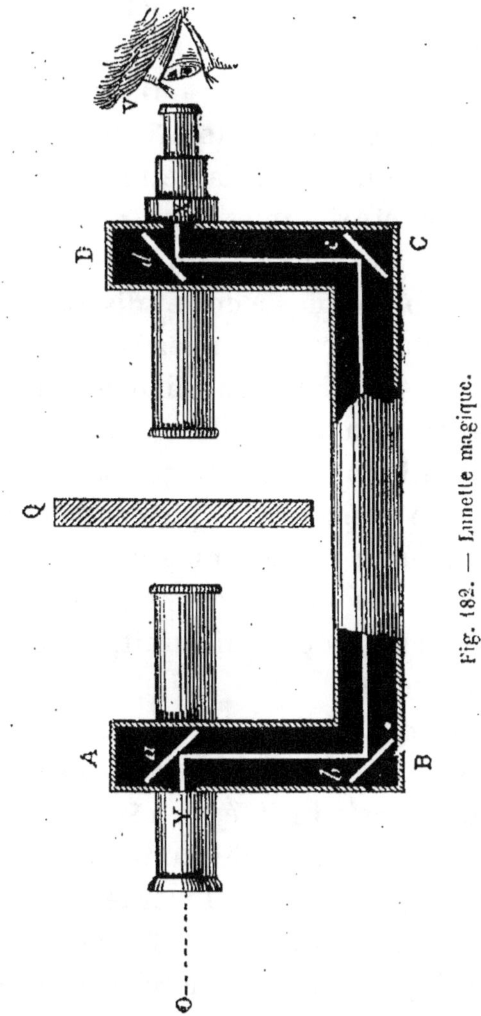

Fig. 182. — Lunette magique.

rive dans l'œil, absolument comme s'il avait suivi la direction OV et traversé le corps opaque.

Si l'on place en O un objectif biconvexe et en V un oculaire biconcave, et si l'on ajuste ces deux verres, l'un sur l'autre, de manière à rendre la vision distincte à travers leur axe commun, l'écran apparaîtra comme percé à jour, surtout si l'on éloigne un peu l'œil de l'oculaire, et l'objet semblera vu à travers un corps opaque.

3° **Miroirs trompeurs.** — Dans une caisse cubique de $0^m,30$, peinte en noir à l'intérieur, on perce quatre trous ovales dont le plus grand diamètre est de $0^m,15$. Ces ouvertures peuvent être munies d'un verre transparent. Dans l'intérieur de cette caisse, on dispose, suivant la diagonale, deux miroirs placés dos à dos et disposés verticalement. Si maintenant plusieurs personnes regardent simultanément dans cette caisse, chacun au lieu de voir l'observateur qui fait face, apercevra celui qui est à son côté. Ce phénomène paraît d'autant plus singulier que si, avant de faire l'expérience avec le concours de plusieurs personnes, un seul expérimentateur avait examiné la boîte, chacune des ouvertures lui aurait semblé diamétralement opposée à celle par laquelle il regarde et lui aurait, par suite, paru occuper sa place naturelle.

4° **Bille remontante.** — Dans une boîte en bois, munie sur un de ses côtés d'une ouverture fermée par une glace, on place un miroir incliné de 45°, et sur le côté vertical opposé à la surface réfléchissante on perce une petite ouverture par laquelle on peut voir le miroir sans apercevoir pourtant le fond de la boîte ; ce fond est légèrement incliné vers la paroi par laquelle on regarde et il est creusé, en son milieu, d'une rigole sinueuse. En posant une bille blanche sur le haut de la rigole, elle descendra vers le côté jusqu'à une ouverture de sortie ménagée dans la paroi, mais comme l'image de la rigole vue dans le miroir sera verticale, la bille semblera remonter dans le sens vertical.

Réflexion sur les miroirs rectangulaires. — Lorsqu'un

19.

point lumineux est placé entre deux miroirs qui font un angle, il se produit plusieurs images. Examinons d'abord le cas le plus simple.

Soit (fig. 183) un point lumineux O placé entre deux miroirs AC et BC placés à angle droit. Par réflexion, il se formera une première image O' derrière AC et O'' derrière BC. L'image O'', considérée comme objet, produira derrière AC une nouvelle image O''' symétrique de O'', de même l'image O', considérée comme objet, produira der-

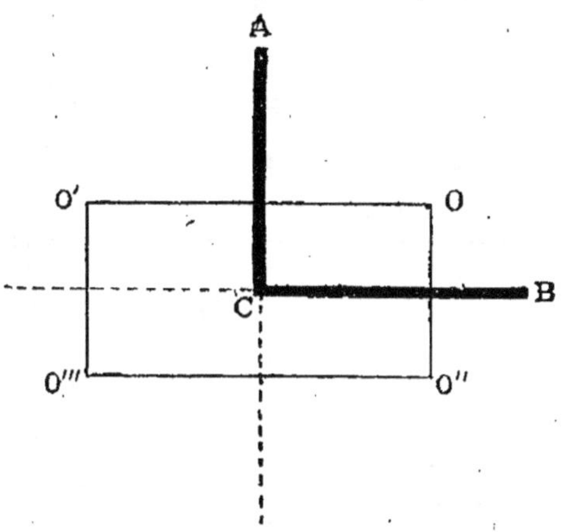

Fig. 183. — Réflexion sur les miroirs rectangulaires.

rière CB une image symétrique de O', qui viendra coïncider avec O'''. Il y aura donc en tout trois images, quatre en comptant le point lumineux.

Réflexion sur les miroirs inclinés. — Supposons maintenant que l'angle ABC, formé par les deux miroirs plans AB et BC (fig. 184) soit de 60°. D'après ce qui vient d'être dit, le point P donnera dans AB une image 1 ; celle-ci faisant l'effet d'un objet, par rapport à BC, donnera dans BC l'image 2. Cette dernière étant devant AB, formera une image 3, mais 3 étant derrière BC sera impuissante à pro-

duire une nouvelle image. Ainsi, les rayons venant directement de P sur AB d'abord, puis se réfléchissant alternativement sur chaque miroir, auront produit trois images. De
même P fera une première image 4 dans BC, cette image 4
donnera 5 dans AB et enfin 5 formera 6 dans BC. Cette
dernière image étant derrière BC sera improductive. Toute
image qui se formera dans l'angle C'BA' des deux miroirs
n'en fournit donc plus. Tout compte fait, nous avons les

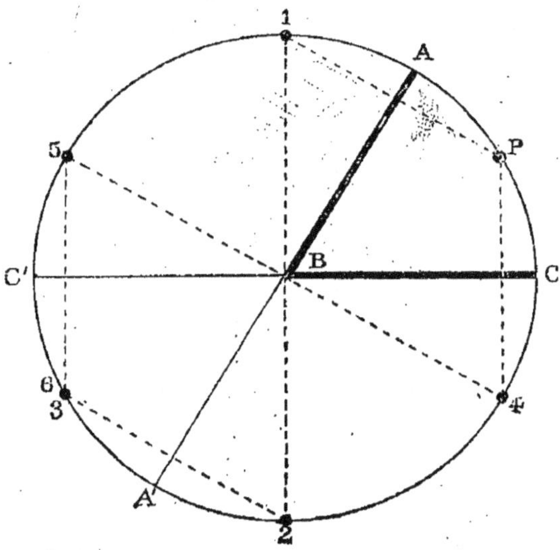

Fig. 184. — Réflexion sur les miroirs inclinés.

images 1, 4, 2, 3, 6, 5 disposées sur une même circonférence; il est facile de voir que les images 6 et 3 se confondent en une seule. Nous avons donc en tout cinq
images qui, avec l'objet, constitueront le nombre 6.

Kaléidoscope (fig. 185). — C'est un jouet fondé sur les
effets de deux miroirs inclinés. Il consiste en un tube de
carton contenant deux glaces longues et étroites inclinées
de 60° l'une sur l'autre et disposées de telle façon que leur
ligne d'intersection coïncide avec la génératrice du cylindre

creux. Une des extrémités de ce cylindre est fermée par
une plaque de carton percée à son centre d'un trou qui
sert à appliquer l'œil à l'appareil; à l'autre extrémité se
trouvent deux lames de verre formant boîte, la plus intérieure est transparente, l'extérieure dépolie. On place,
dans cette boîte, des substances demi-transparentes et
colorées, telles que du verre, des grains de chapelets, des

Fig. 185. — Kaléidoscope.

coquilles, de la mousse, de la dentelle, mais pas trop à la
fois. L'image de ces objets est répétée symétriquement de
part et d'autre des lignes qui divisent le champ de la vision
en six secteurs; quelle que soit la façon dont ils sont placés,
les deux miroirs donnent six images régulièrement disposées et produisant par suite un dessin régulier. En tournant légèrement l'instrument entre les doigts, les morceaux de verre, etc., se déplacent, les uns par rapport
aux autres, d'où résulte un changement subit et total de

l'image. Quelquefois, pour plus de commodité, l'instrument est monté sur un pied, il suffit alors pour obtenir le déplacement d'imprimer un mouvement de rotation à la boîte à l'aide des chevilles que présente son pourtour.

Supposons maintenant que l'angle formé par les miroirs soit de 45°, il y aura, en comptant l'objet, huit images

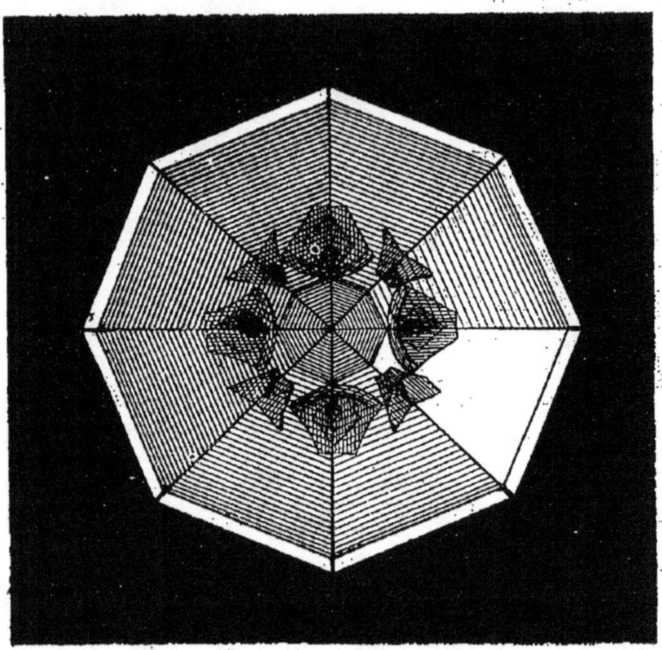

Fig. 186. — Dessin de kaléidoscope.

placées circulairement et situées chacune dans un des secteurs qui se partagent la circonférence. La figure 186 représente un dessin obtenu avec un kaléidoscope dont les miroirs sont inclinés l'un sur l'autre de 45°.

Réflexion sur les miroirs courbes. — La réflexion de la lumière sur une surface courbe est soumise aux mêmes lois que la réflexion sur un plan. Suivant que ces surfaces présentent leur convexité ou leur concavité aux rayons incidents, on les dit *convexes* ou *concaves*. La forme de cette surface peut d'ailleurs varier : de là la distinction en miroirs *sphériques*, *paraboliques*, *cylindriques*, *coniques*. Occupons-nous d'abord des miroirs sphériques concaves et convexes. Les premiers sont des calottes sphériques polies à l'intérieur ; les secondes, des calottes sphériques polies à l'extérieur.

On nomme *axe principal* d'un miroir concave ou convexe la ligne droite menée par le centre de figure de la calotte

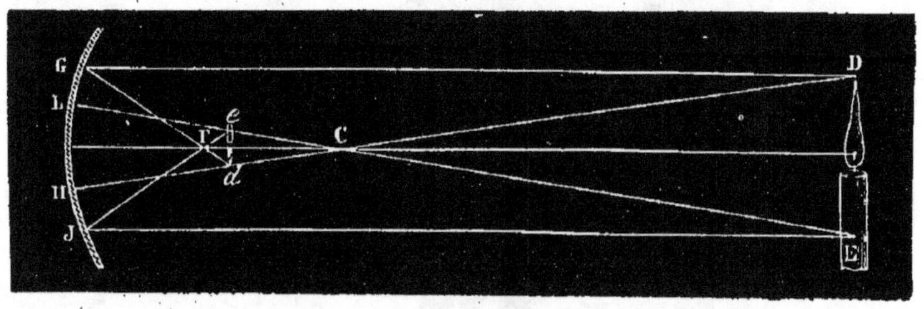

Fig. 187. — Formation des images réelles sur les miroirs concaves.

et le centre de courbure ou centre géométrique *c* (fig. 187) de la sphère. Tout rayon lumineux tel que DG ou EJ tombant sur un miroir concave dans une direction parallèle à son axe principal ira, après sa réflexion, couper sensiblement l'axe en un point F situé au milieu du rayon et qu'on appelle le *foyer principal*. Ceci posé, voici comment se comportent les miroirs concaves vis-à-vis de la lumière.

Disposons, dans une chambre obscure, une bougie allumée et cherchons à l'aide d'un petit écran de papier le lieu où l'image se forme avec la plus grande netteté ; nous verrons que si la flamme est éloignée du miroir, il faudra amener l'écran très près du foyer principal pour recueillir l'image. Cette image est d'ailleurs renversée, très petite et très brillante. Si l'on approche graduellement la bougie du centre du miroir, il faut aussi successivement rapprocher l'écran de ce point, l'image grandit alors par degrés, mais en restant plus petite que l'objet.

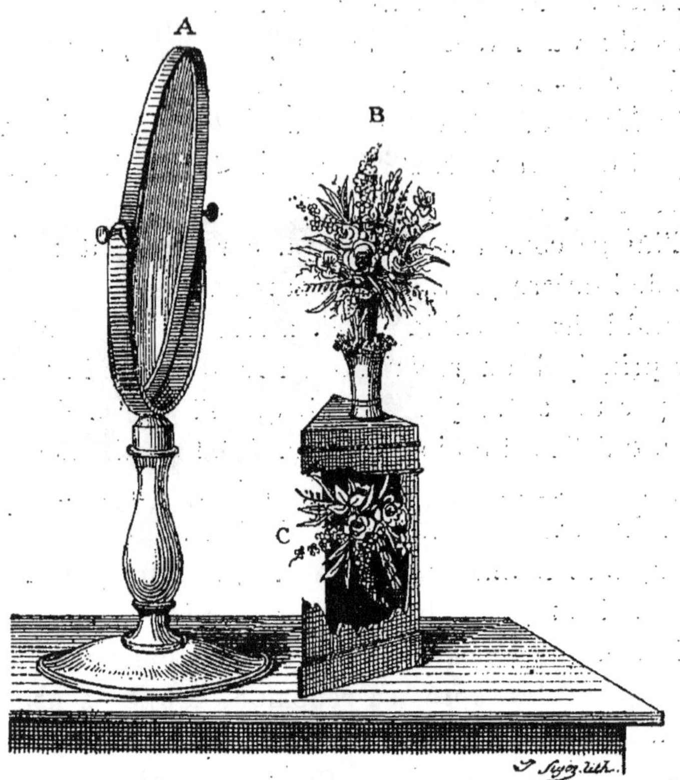

Fig. 188. — Expérience du bouquet renversé.

Lorsqu'on atteint le centre, si l'on a soin d'abaisser suffisamment la flamme au-dessous de l'axe, on peut constater que l'image toujours renversée se trouve à la même distance du miroir et qu'elle est égale en grandeur à l'objet. On peut donner à cette expérience une forme assez piquante.

On place au-devant d'un miroir concave A et à peu près vers le centre (fig. 188) une caisse formée de deux parois opaques entre lesquelles on dispose un bouquet renversé. On place sur la partie supérieure de la caisse un vase à fleurs et l'on a soin d'incliner suffisamment le miroir pour que l'image du bouquet vienne se reproduire en B juste au-dessus du vase. Comme le bouquet a été placé dans une position renversée, son image sera droite et une personne placée à une certaine distance au-delà de la caisse voit le bouquet dans le vase. Pour que l'illusion soit complète, il faut choisir pour bouquet des fleurs à couleurs vives, afin que l'image conserve encore un certain éclat malgré la perte de lumière provenant de la réflexion.

Quand la flamme de la bougie arrive entre le centre et le foyer principal, on reconnaît, en remplaçant l'écran primitif par un autre plus grand, que l'image a dépassé le centre, qu'elle est toujours renversée et d'ailleurs d'autant plus grande et plus éloignée du miroir que la flamme se rapproche davantage du foyer principal.

Lorsque la flamme atteint le foyer principal, l'image disparaît, les rayons réfléchis par le miroir forment alors un faisceau qui est sensiblement parallèle à l'axe principal.

Enfin quand la flamme dépassant le foyer principal se trouve entre ce point et le miroir, un observateur placé en avant du miroir voit apparaître derrière la surface réfléchissante une image virtuelle et droite, cette image très grande d'abord et très éloignée se rapproche et diminue graduellement à mesure que l'on approche la flamme elle-même de la surface du miroir.

On comprend dès lors de quelle façon on doit se voir dans un miroir concave. Quand l'observateur est placé au-delà du centre, il se voit plus petit et renversé ; son image est réelle et aérienne ; il la voit comme un objet matériel. S'il se rapproche du miroir, son image renversée s'agrandit. Elle disparaît lorsqu'il a atteint le centre jusqu'à ce qu'il soit arrivé au foyer principal ; car dans toutes ces diverses positions, son image est située derrière lui. Lorsque l'observateur est plus près du miroir concave que le foyer principal, il se voit droit et plus grand. C'est à cause de cet agrandissement que les miroirs concaves sont quelquefois employés comme miroirs à barbe. Lorsque les miroirs concaves présentent des dimensions suffisantes pour qu'ils puissent réfléchir la totalité du corps d'un expérimentateur, les apparences auxquelles il donne lieu sont fort curieuses. Il est singulier de voir son image aérienne flotter au-devant du miroir et se rapprocher quand on s'approche soi-même de la surface réfléchissante.

Si l'on vérifie les propriétés des miroirs convexes par le même procédé, on verra que les images formées par une bougie sont toujours droites, virtuelles et d'autant plus grandes que l'objet est plus rapproché du miroir ; de telle sorte que, lorsque la bougie est presque au contact du miroir, l'image et l'objet sont sensiblement égaux. Il résulte de là que, quand on regarde dans un miroir convexe, on se voit toujours plus petit et droit. Les boules argentées que l'on utilise parfois pour la décoration des jardins sont de véritables miroirs convexes dans lesquels viennent se refléter tout le paysage d'alentour. L'observation prouve que ces boules déforment considérablement les images, car leur courbure au lieu d'être légère, comme celle des miroirs convexes dont il vient d'être question, est au contraire très prononcée. Les images qui en résultent prennent même une sorte d'empreinte sphérique.

Miroirs coniques et cylindriques. — Dans un miroir cylindrique dont l'axe est vertical, les dimensions verticales d'un objet sont vues dans leur vraie grandeur, absolument comme dans un miroir plan, tandis que les dimensions horizontales seront vues comme dans un miroir sphérique convexe; elles seront donc plus petites, par suite l'image de l'objet est aplatie dans le sens horizontal. Vient-on à faire tourner le cylindre de 60°, la déformation de l'image se produira dans le sens vertical. Dans un miroir conique l'image sera rapetissée de plus en plus vers le sommet; en se regardant dans un pareil miroir le visage se termine en pointe.

Anamorphoses. — Ainsi, dans le cas des miroirs cylindriques ou coniques, les images deviennent difformes; elles s'allongent ou s'élargissent et ne sont plus qu'une représentation grotesque de la vérité. Il y a, dans ce cas, *anamorphose*, c'est-à-dire destruction des formes. Un problème assez intéressant est celui qui consiste à rechercher quelle est la disposition géométrique qu'il convient de donner aux différentes parties d'un dessin tracé sur un carton plan pour que vu, par réflexion, au moyen d'un miroir d'une forme spéciale, il y détermine sur l'œil, placé dans une position donnée, l'apparence d'un dessin régulier.

Nous examinerons d'abord le cas des miroirs coniques.

Anamorphoses dans les miroirs coniques. — Pour préparer une anamorphose pour un miroir conique, on commence par tracer, sur le papier, un cercle dont la surface puisse embrasser complètement la surface du dessin que l'on se propose d'exécuter. Soit (fig. 189) ce cercle dont le centre est en E, on le divisera en un nombre quelconque de secteurs, huit par exemple; ces secteurs seront eux-mêmes partagés en parties inégales par des cercles concentriques et équidistants. Plus ces cercles seront nombreux, plus la construction de l'anamorphose sera facile. C'est sur le papier ainsi préparé qu'on dessinera l'objet dont on se propose d'altérer les contours.

Le miroir conique doit avoir une hauteur égale au diamètre de la base ; il est mastiqué sur un pied de bois tourné de 6 à 8 millimètres d'épaisseur.

Pour préparer la surface destinée à recevoir l'anamorphose, on trace sur un papier (fig. 190) un triangle isocèle

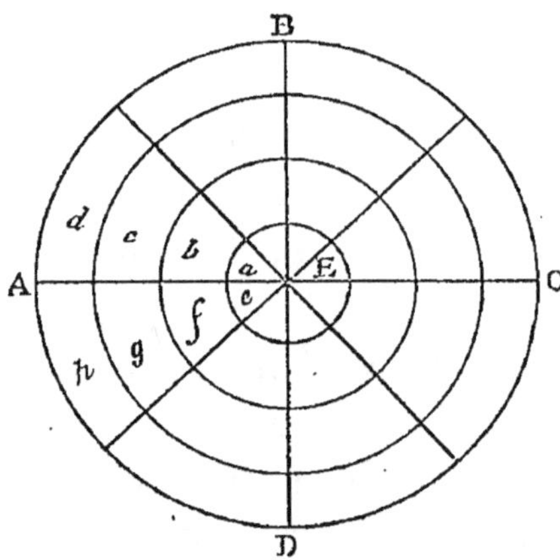

Fig. 189. — Prototype du dessin de l'anamorphose conique.

XML ayant pour base le diamètre du cône et pour hauteur celle du cône, on prolonge cette hauteur jusqu'à N, par exemple, où l'œil devra être placé pour apercevoir les traits irréguliers de l'anamorphose réfléchis, en forme régulière, par le miroir. On divise alors la demi-base KL en autant de parties égales qu'en contient le demi-diamètre AE du prototype et l'on joint les points P, Q, R ainsi obtenus au point N ; ces lignes en coupant le côté ML du triangle donneront les points S, T, V. Prolongeons alors le côté ML, et du point M comme centre, avec une longueur MN, traçons

un arc de cercle indéfini NZ sur lequel on prendra XZ égal
à XN. Puis par ce point Z et par les points M, S, T, V on mè-
nera différentes obliques et l'on aura les points 1, 2, 3, 4.

Maintenant sur une feuille de carton, on trace (fig. 191).
une circonférence dont le rayon OG doit être égal à la
ligne K,L de la figure 190; on divise le cercle en huit sec-

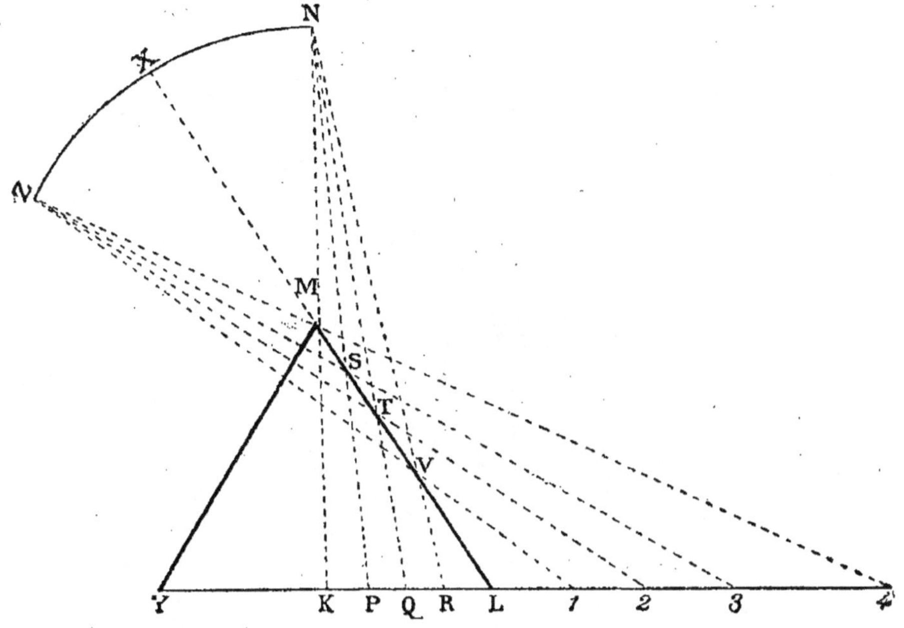

Fig. 190. — Tracé de l'anamorphose conique.

teurs égaux qu'on partage à leur tour, eux-mêmes, par
des portions de cercles concentriques. Ces cercles concentriques sont obtenus en portant sur un des diamètres, OA
par exemple, les distances K1, K2, K3, de la figure précédente ; on voit donc que la surface disposée pour recevoir
l'anamorphose se composera de rayons et de cercles concentriques, mais les segments ainsi obtenus bien que correspondants à ceux du prototype (fig. 189) ne lui res-

semblent en rien. On procède alors au tracé du dessin.

Pour cela, on transporte dans les divisions du cercle (fig. 191) tous les traits du prototype, en remarquant toutefois que ceux qui, sur le prototype, sont les plus éloignés

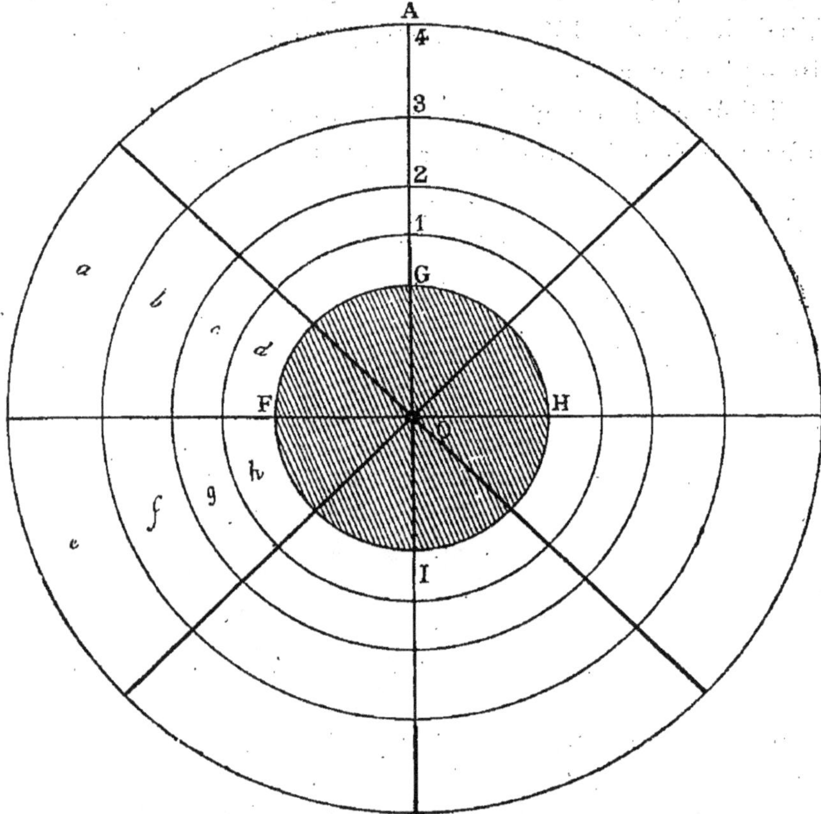

Fig. 191. — Surface disposée pour recevoir l'anamorphose.

du centre E doivent être les plus rapprochés de la base FGHI du miroir conique. Les lettres *a*, *b*, *c*, *d*, *e*, *f*, *g*, *h*, qui occupent, dans les deux figures 189 et 191, des places inversement symétriques indiquent de quelle manière on doit procéder à cette inversion.

Les objets les plus simples sont ceux qu'il est le plus

facile de montrer dans ce miroir. On pourra représenter sur
le papier, un cor de chasse, un papillon, une harpe,
un colimaçon, par exemple, sans que de prime abord et
sans le secours du miroir il soit possible de reconnaître
à quel objet régulier se rapportent ces figures difformes.
Ainsi la figure 192 représente le dessin anamorphique
du sept de carreau.

Si l'on avait un miroir parfaitement régulier, on pourrait y représenter un portrait; mais il est bien difficile d'ob-

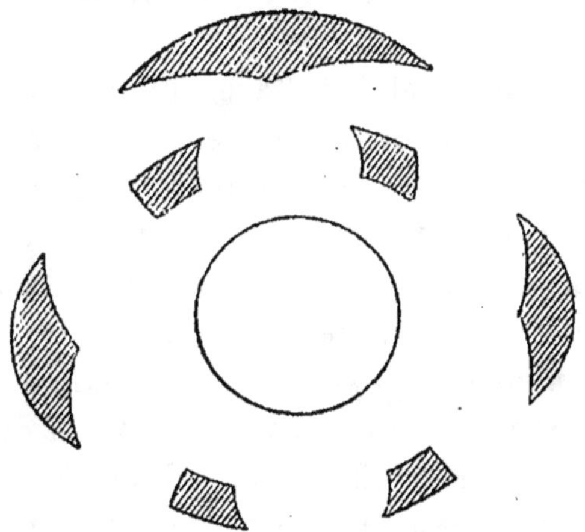

Fig. 192. — Anamorphose du sept de carreau.

tenir des miroirs présentant la perfection voulue pour arriver à ce résultat. Afin d'apercevoir les anamorphoses dans
leur plus grande régularité, il convient de placer constamment l'œil au point de vue N qui a été choisi pour le tracé
de la figure 190. Pour ne pas avoir la peine de chercher
constamment ce point de vue, on place le carton présentant l'image difforme sur une planchette munie d'une
légère tringle de fer droite d'abord, coudée ensuite et portant, à l'extrémité du coude, une petite plaque ronde de
cuivre, percée à son centre d'une ouverture de 4 à 5 milli-

mètres de diamètre. La tringle aura une hauteur telle que la plaque indiquera exactement le point où l'œil doit être appliqué. Le carton dont on se servira pour les dessins à anamorphoses sera ferme et non sujet à se voiler.

Les miroirs destinés aux anamorphoses doivent être renfermés dans des étuis de bois ou de carton pour les empêcher de perdre leur poli, sous l'influence du frottement ou de toute autre action mécanique. On doit éviter de les ternir par le contact des doigts et par suite ne les saisir que par le pied sur lequel ils ont été mastiqués. Il faut avoir grand soin de les préserver de l'humidité.

On les construit généralement avec l'alliage des miroirs de télescope. Cet alliage est formé de 20 parties de cuivre, 9 d'étain et 8 d'arsenic. Pour le préparer, on fait fondre le cuivre dans un creuset et, lorsqu'il commence à entrer en fusion, on verse dans le creuset l'étain qu'on a fondu dans un vase à part. On mélange le tout avec une tige de fer rougie au feu, on enlève les scories surnageant et alors on jette dans la masse en fusion, et à trois reprises différentes, l'arsenic que l'on avait eu soin de distribuer préalablement en trois portions égales. On agite la masse à chaque adjonction d'arsenic ; on chauffe alors pendant quelques instants l'alliage après avoir placé le couvercle sur le creuset ; puis on le coule dans le moule qui a été préparé et qui doit être fort chaud. Il faut avoir soin de se garantir de la vapeur d'arsenic qui est dangereuse. Le métal est alors travaillé sur le tour, usé avec de l'émeri de plus en plus fin ; on finit de le polir avec du rouge d'Angleterre et enfin à sec avec de la potée d'étain.

Anamorphoses dans les miroirs cylindriques. — Proposons-nous maintenant de tracer, sur une surface plane et horizontale, une figure difforme qui paraisse régulière en la regardant, par réflexion, dans un miroir cylindrique.

On commence par enfermer dans un carré ABCD (fig. 193), le dessin qu'on veut rendre difforme et on divise ce carré, en seize autres petits carrés, par des lignes parallèles et équidistantes. Ces petits carrés serviront à transporter la figure du prototype sur des segments de cercles concentriques, dont voici la construction.

Sur une feuille de carton (fig. 194), traçons le cercle FGHI, dont le diamètre sera égal à celui du miroir cylin-

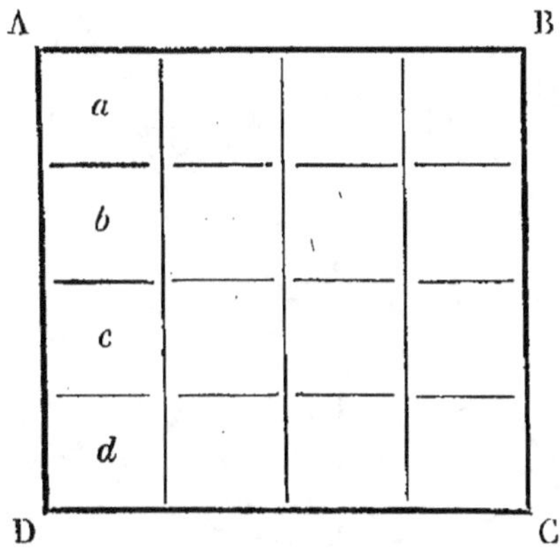

Fig. 193. — Prototype de l'anamorphose cylindrique.

drique. Soit K l'assiette de l'œil, c'est-à-dire le point qui répond perpendiculairement à l'œil, sur le plan horizontal représenté par la feuille de papier. L'œil doit être éloigné du miroir cylindrique de 30 à 60 centimètres et placé un peu plus haut que le cylindre, afin qu'il puisse voir, par réflexion, toutes les parties du plan horizontal.

Menons, par le centre, la droite EK que nous diviserons en L en deux parties égales. Du point L avec un rayon EL décrivons l'arc FEH, soit F et H les points d'intersection de ce cercle avec le cercle primitif FGHI; menons par le point K les tangentes en F et en H. Divisons ensuite les deux arcs FE et EH en deux parties égales, en joignant les points M et N ainsi obtenus au point K, on aura sur le cercle primitif les points O et P.

Le rayon réfléchi au point O, correspondant au rayon incident KO, sera OQ ; le rayon réfléchi au point P, correspon-

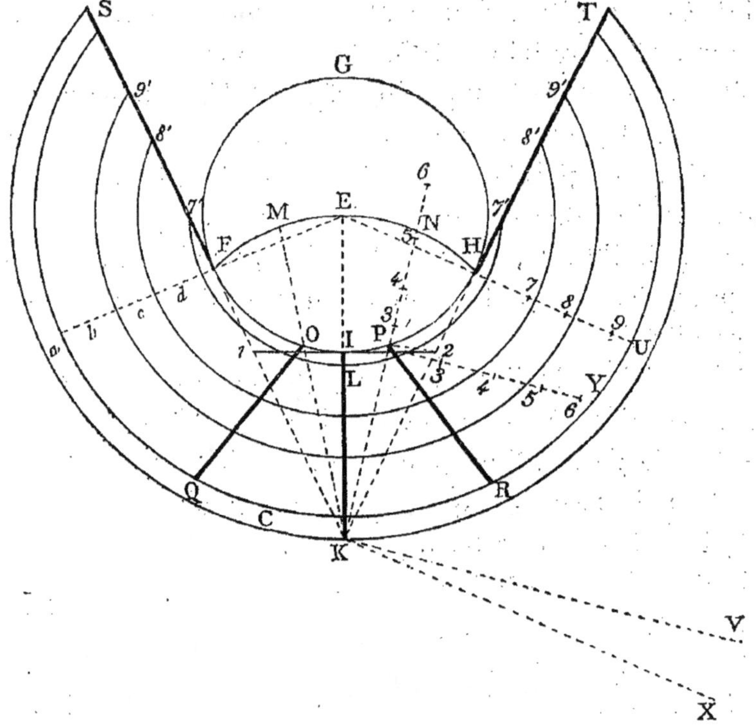

Fig. 194. — Tracé de l'anamorphose cylindrique.

dant au rayon incident KP sera PR ; alors les lignes OQ, IK, PR, représenteront les lignes du prototype qui sont parallèles aux côtés AD, BC (fig 193), représentés eux-mêmes par les tangentes FS et HT.

Il ne reste plus qu'à diviser ces lignes en quatre parties, égales en représentation aux espaces limités dans dans le carré du prototype par les parallèles à base. Pour cela, par le point I où KE coupe la demi-circonférence FIH, menons 1, 2, perpendiculaire à KE jusqu'à sa rencontre avec les deux tangentes KF et KH. Par le centre E et le point H, menons la droite HU que nous ferons égale à 1, 2, et divisons-la en parties égales aux points 7, 8, 9. Menons, par le point K, la droite KX que nous ferons égale à la hauteur de l'œil et parallèle à HU. Appliquons une règle bien droite au point X et aux points 7, 8, 9, U, et marquons les points d'intersection de ces différentes droites avec la ligne HT. Ces points seront 7′, 8′, 9′ et T, la ligne HT se trouvera ainsi divisée en parties égales en représentation à celles de la ligne 1, 2, qui est divisée, par les lignes tirées du point K, en quatre parties qui sont presque égales entre elles.

Pour diviser la ligne PR, en quatre parties, égales en représentation à celles de la ligne 1, 2, menons par le point P, la ligne PY perpendiculaire à la ligne KP et égale à 1, 2. Divisons-la en quatre parties égales par les points 3, 4, 5 ; menons par K, la ligne KV égale à la hauteur de l'œil et qui sera parallèle à PY. Appliquons, comme précédemment, une règle au point V et aux points de division 3, 4, 5, 6, et marquons sur KP prolongé les points d'intersection 3, 4, 5, 6, puis portons les divisions de la ligne PN sur chacune des lignes PR, OQ, et faisons passer par les points également éloignés de la circonférence FGHI et qui ont été marqués sur les quatre lignes FS, OQ, PR, HT, quatre circonférences de cercles, qui avec les lignes droites FS, OQ, IK, PR, HT formeront seize carrés difformes dans lesquels on transportera la figure du prototype ABCD (fig. 193). Cette figure sera difforme sur le plan horizontal, mais apparaîtra, sans déformation, sur la surface convexe

du miroir cylindrique posé sur la base FGHI (fig. 194)
quand elle sera vue, par réflexion, par un œil élevé perpendiculairement sur le point K, à une hauteur égale à la
ligne KV ou KX.

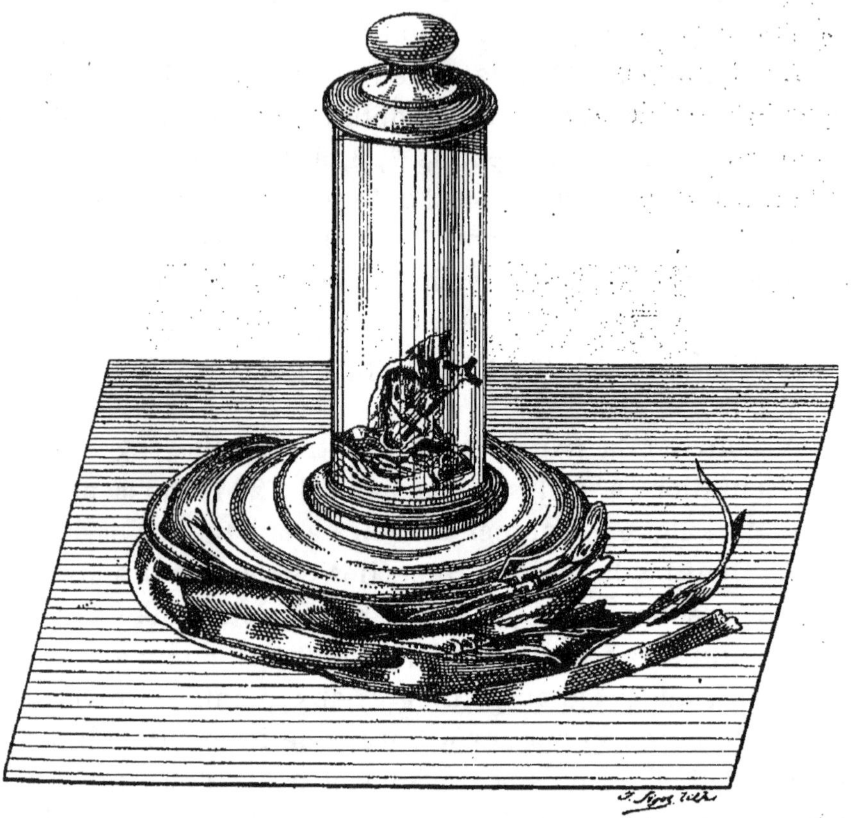

Fig. 195. — Anamorphose d'un moine en prière.

On devra avoir soin en transportant, sur le plan horizontal,
la figure du prototype ABCD, de remarquer que les parties
les plus éloignées du centre E doivent être les plus rapprochées de la base du miroir, disposition qu'indique l'ordre
des lettres *a b c d* du plan horizontal et du prototype. La
figure 195 représente l'anamorphose d'un moine en prière.

Lorsqu'on veut peindre les anamorphoses, il faut avoir la précaution, en les coloriant, de moins charger en couleur les parties du tableau difforme qui sont les plus étendues, car en paraissant en raccourci, dans ce miroir, le ton qu'on leur a donné devient plus foncé à cause de leur diminution apparente.

Les figures destinées à l'anorthoscope (p. 90) se tracent par le procédé qui vient d'être indiqué pour les anamorphoses.

Réfraction. — On appelle réfraction le changement de

Fig. 196. — Réfraction d'un rayon lumineux à travers l'eau.

direction que subit un rayon lumineux lorsqu'il passe d'un milieu transparent dans un autre, de l'eau dans l'air, de l'air dans le verre. Lorsque le rayon lumineux est perpendiculaire à la surface de séparation des deux milieux, il continue sa route en ligne droite et n'éprouve aucune déviation; il n'y a, en effet, aucune raison pour que ce rayon soit dévié d'un côté plutôt que d'un autre; mais s'il se présente obliquement, il se brise et tantôt il se rapproche, tantôt il s'éloigne de la normale au point d'incidence.

Pour le démontrer, on fait entrer obliquement (fig. 196) un rayon de soleil dans une chambre obscure dans laquelle on a disposé une cuve pleine d'eau légèrement opalisée par un peu de savon de manière à ce que le rayon SB pénètre par la surface supérieure. Soit DC la normale au point B. Ce rayon lumineux se rapproche un peu de la perpendiculaire CD à la surface du liquide. Si le fond de la cuve est en

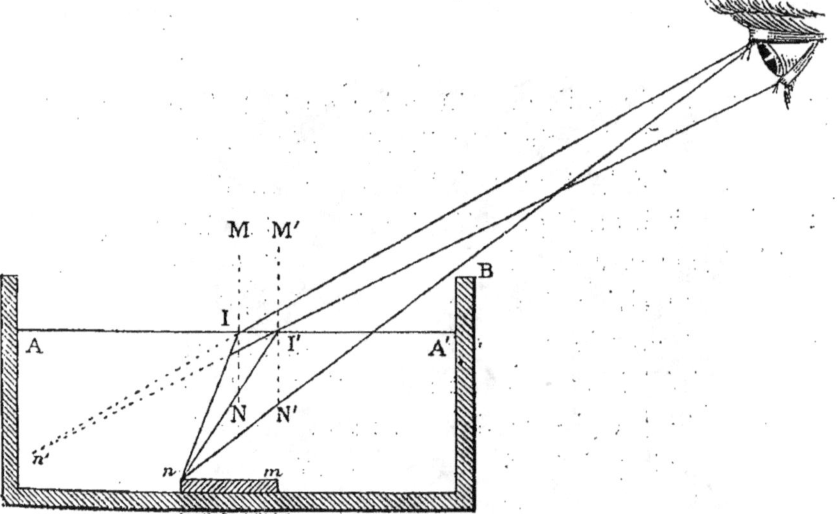

Fig. 197. — Expérience de la pièce de monnaie.

verre, le rayon continue sa marche en se relevant et en reprenant une direction AL parallèle à celle qu'il présentait avant son immersion, et en s'éloignant de la perpendiculaire IF à la face d'émergence. Quand un rayon en passant d'un milieu dans un autre se rapproche de la normale, on dit que le second milieu est *plus réfringent* que le premier ; il est *moins réfringent* lorsque le rayon lumineux s'éloigne de la normale.

On peut également démontrer la réfraction à l'aide de

20.

l'expérience suivante : on place une pièce de monnaie *mn* (fig. 197) au fond d'un vase opaque, de manière qu'une ligne droite partant du bord *n* de la pièce et rasant le bord B du vase, atteigne l'œil. Dans cette position, l'œil ne peut apercevoir la pièce. Si alors on verse de l'eau dans le vase jusqu'à AA′, en ayant soin de ne pas déplacer la pièce (on peut même, pour plus de sûreté, la fixer avec un peu de cire) l'œil l'apercevra très distinctement en *n′*. Or, pour expliquer cet effet, il faut admettre qu'un faisceau de rayons lumineux ayant pour sommet géométrique le point *n′* a pénétré dans l'œil, mais comme en réalité ces rayons sont partis de *n*, ils ont dû subir en I et I′ une déviation qui les a fait aboutir à l'œil. D'un autre côté, cet organe rapportant l'objet au point de concours des rayons qu'il reçoit, le voit en *n′* plus élevé qu'il n'est réellement.

C'est par la réfraction que l'on explique ce fait, que le fond d'une rivière limpide nous paraît toujours plus élevé qu'il n'est en réalité, et qu'un bâton plongé dans l'eau, paraît brisé à la surface de séparation de l'air et de l'eau ; l'extrémité qui plonge dans l'eau nous semble soulevée ; or, comme le point d'émergence n'a éprouvé aucun déplacement, la portion plongée paraît avoir une direction autre que sa direction réelle.

Angle limite; réflexion totale.—L'expérience démontre que pour deux milieux considérés, il existe un rapport constant entre le rayon incident et le rayon réfracté. Or, la plus grande valeur que l'on puisse attribuer à l'angle d'incidence est de 90°, alors ce rayon est parallèle à la surface de séparation des deux milieux, et l'angle réfracté est le plus grand possible, c'est l'*angle limite*. Réciproquement, si un rayon qui tend à passer d'un milieu plus réfringent dans un milieu moins réfringent se présente à la surface de séparation des deux milieux sous un angle plus grand que l'angle limite, ce rayon ne trouve point de rayon réfracté qui lui corresponde, il ne peut émerger et subit alors le phénomène de la *réflexion totale*, c'est-à-dire qu'il est totalement réfléchi à l'intérieur du milieu, sans perte de lumière.

Vient-on à plonger une cuiller d'argent dans un vase contenant de l'eau qu'on élève au-dessus de l'œil, on voit la surface du liquide brillante, comme un métal poli, à sa partie inférieure et une portion de la cuiller y former son image comme dans un miroir. Regardons la flamme d'une bougie à travers un verre rempli d'eau. Si l'on place l'œil un peu au-dessous de la surface du liquide, on arrive, à l'aide de quelques tâtonnements, à trouver une position dans laquelle apparaîtra une image brillante et renversée de la bougie. Ici, les rayons obliques ont rencontré la surface de séparation de l'air et de l'eau sous un angle tel qu'ils n'ont pu émerger et, par suite, ils ont subi la réflexion totale. Ce phénomène se manifeste souvent dans les aquariums d'appartement. Les images des coquilles, des plantes, des poissons contenus dans le vase viennent se montrer à la surface du liquide; si l'œil est convenablement placé, on peut voir tout à la fois l'objet et son image par réflexion totale.

Prisme à réflexion totale. — En optique, on donne le nom de prisme à un milieu diaphane tel que celui dont la section est représentée par la figure 198 en DEF. Le prisme se termine par deux surfaces polies et inclinées entre elles et dont la trace, sur le plan de la figure, est DE et DF. Le sommet D est la ligne suivant laquelle se rencontrent les deux faces; l'*angle réfringent* est l'angle formé par les deux faces du prisme. Une *section principale* est une section faite par un plan perpendiculairement à l'arête des deux faces et suivant que le triangle ainsi obtenu est rectangle, isocèle, équilatéral ou scalène, le prisme est dit lui-même rectangle, isocèle, etc.

Supposons un prisme dont l'angle E est de 90°, et soit un rayon A perpendiculaire à la face d'entrée EF, ce rayon va pénétrer sans déviation dans le prisme; il arrivera ainsi jusqu'à la face DF en I, sous un angle de 45°. Là, il sera réfléchi et prendra une direction IO rectangulaire avec la première; puis il arrivera jusqu'à la face DE, en faisant ainsi un angle de 90° avec sa position primitive.

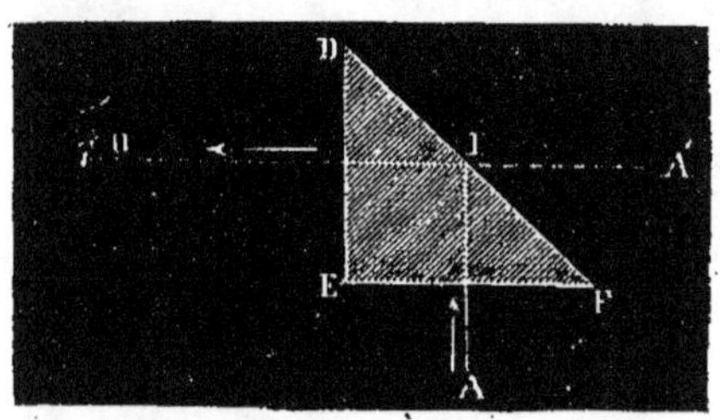

Fig. 198. — Prisme à réflexion totale.

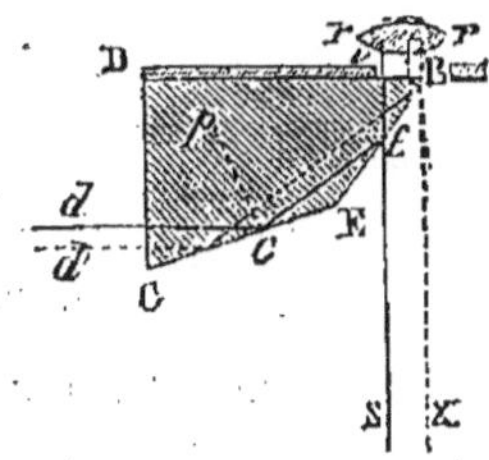

Fig. 199. — Chambre claire de Wollaston.

Le prisme se sera conduit comme un miroir ayant reçu les rayons incidents sous un angle de 45°; mais dans le cas d'un miroir, une partie de la lumière aurait été absorbée par le corps réfléchissant, tandis qu'ici il y a réflexion totale. L'œil placé en O pourra voir dans la direction OIA' un objet placé en A.

Chambre claire. — La chambre claire, instrument fort employé dans l'art du dessin, est fondée sur le phénomène de la réflexion totale. On peut lui donner des dispositions assez diverses. La figure 199 représente celle qui est due à Wollaston. Cette chambre claire se compose essentiellement d'un prisme à quatre faces, dont deux DB et BC

sont perpendiculaires entre elles, tandis que les deux faces CE et EB se coupent sous des angles de 135°, les deux
autres angles sont sensiblement égaux à 67°,5.

L'une des faces perpendiculaires DC est tournée vers les
objets extérieurs ; un rayon tel que *dc*, pénétrant normalement par cette face, la traverse sans déviation, puis, ren-

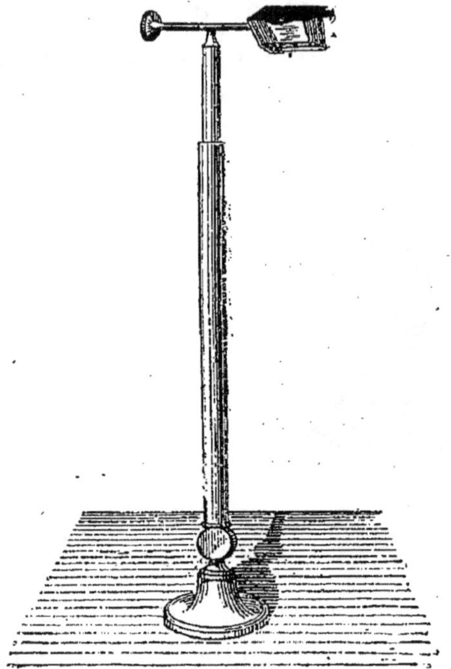

Fig. 200. — Chambre claire montée sur un pied.

contrant la face CE sous un angle supérieur à l'angle
limite, il subit la réflexion totale suivant *cf*. Là il éprouve
une deuxième réflexion totale qui le renvoie verticalement
dans la direction *fi* et de là dans l'œil de l'observateur qui
la projette en dehors suivant *fs*. On peut placer l'arête du
prisme de telle façon que l'une des moitiés de la pupille
recouvre le faisceau *d* venant des objets extérieurs, et l'autre moitié un autre faisceau provenant d'une feuille de

papier blanc placée au-dessous. Il sera donc possible de voir à la fois, projetée sur la feuille de papier, l'image virtuelle des objets extérieurs ainsi que la pointe d'un crayon avec laquelle on pourra les dessiner. Pour plus de commodité, le prisme est porté horizontalement sur un pied (fig. 200) et peut tourner aisément autour de son axe, la face supérieure est couverte d'un écran percé d'une ouverture de quelques millimètres de largeur, placée dans le voisinage de l'arête B, elle déborde le prisme d'une quantité variable.

Le plus souvent l'œil ne parvient pas à distinguer nettement l'image S de l'objet et la pointe du crayon, qui sont à des distances différentes. On force les rayons qui ont ces deux origines à arriver en *rr*, sensiblement, avec le même degré de convergence, par l'emploi des lentilles. L'opérateur est-il myope, on placera entre le prisme et l'objet une lentille concave; s'il est presbyte, on disposera entre le prisme et le papier une lentille convexe. On excave aussi quelquefois la face BD du prisme dans la partie voisine B, on obtient ainsi le même résultat qu'avec une lentille divergente placée, en avant du prisme, sur le trajet des rayons.

Lentilles. — La réfraction présente des phénomènes particuliers lorsqu'elle se produit à travers des milieux transparents et solides terminés par des surfaces courbes placées en regard l'une de l'autre et très rapprochées. Ces milieux portent le nom de *lentilles*. On les partage en lentilles *convergentes* et en lentilles *divergentes*. Les premières augmentent toujours la convergence de la lumière : elles produisent, suivant la position des objets, des images réelles et virtuelles ; les images réelles peuvent être plus grandes ou plus petites que l'objet, mais toujours renversées ; les secondes sont constamment amplifiées. Les lentilles divergentes donnent toujours dés images virtuelles et réduites. Nous nous occuperons seulement des lentilles convergentes.

L'*axe* d'une lentille est la ligne droite qui passe par le centre des deux surfaces sphériques qui la terminent. Le *centre optique* est le point central intérieur également distant des deux faces de la lentille ; il jouit de cette propriété que les rayons lumineux qui le traversent n'éprouvent pas de déviation. Quand les rayons qui tombent sur une lentille convergente sont parallèles à l'axe optique, leur point de concours porte le nom de *foyer principal*.

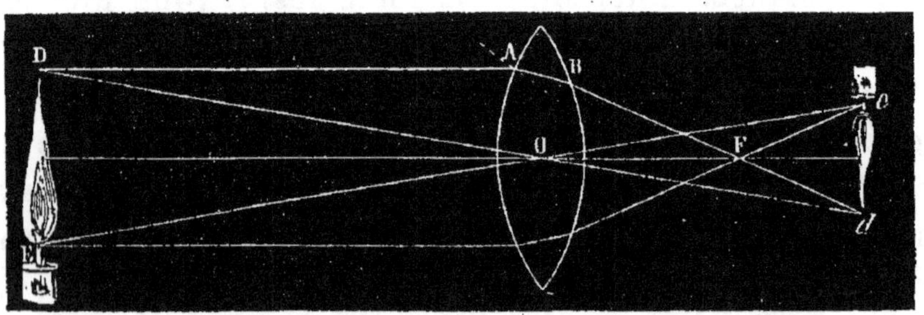

Fig. 201. — Formation des images réelles dans les lentilles convergentes.

Voyons maintenant comment se forment les images au foyer des lentilles convergentes.

Soit un objet lumineux DE (fig. 201), placé devant une lentille à une distance plus grande que le double de la distance focale principale : il se formera de l'autre côté, au delà du foyer, une image *réelle renversée* et *plus petite* que l'objet. L'objet vient-il à s'éloigner, son image se rapprochera du foyer principal F et deviendra plus petite. Elle se fera en ce point quand l'objet lumineux est à l'infini. Supposons, au contraire, que l'objet se rapproche de plus en plus de la lentille, l'image correspondante s'éloignera du foyer principal F, tout en restant réelle et renversée. Quand l'objet sera à une distance de la lentille égale au double de la distance focale principale, l'image aura la même grandeur que l'objet. Si cet objet est à une distance moindre que le double de la distance focale principale, l'image sera plus grande que l'objet, mais de moins en moins éclairée. Enfin, si l'objet est au foyer principal, il n'y a plus d'image réelle; elle serait infiniment loin, infiniment grande.

Supposons maintenant que l'objet lumineux DC (fig. 202)

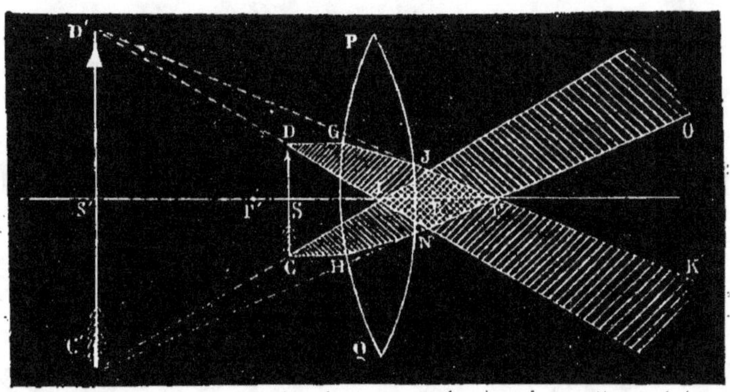

Fig. 202. — Formation des images virtuelles dans les lentilles convergentes.

soit placé entre la lentille convergente PA et son foyer principal F'. Dans ce cas, les rayons lumineux partis de chacun des points de l'objet conserveront, après la réfraction, un certain degré de divergence et il en résultera une image D'C' *virtuelle*, *droite* et *amplifiée*. L'image située du même côté de la lentille que l'objet est d'autant plus éloignée et plus grande que l'objet est placé lui-même plus près du foyer F'.

Il résulte de ce qui précède qu'en employant les lentilles convergentes, on peut obtenir des images amplifiées ou diminuées suivant la distance à laquelle se trouve l'objet. Ainsi l'on peut, par exemple, comme dans la chambre noire composée, obtenir des images réduites d'objets éloignés ; on peut, comme dans la lanterne magique, obtenir des images très amplifiées d'objets placés près de la lentille.

Chambre noire composée. — La chambre noire composée (fig. 203) est formée d'une caisse rectangulaire A, noircie à l'intérieur ; la face antérieure est percée d'une ouverture circulaire dans laquelle s'engage un tube mobile portant à son extrémité une lentille convergente l,

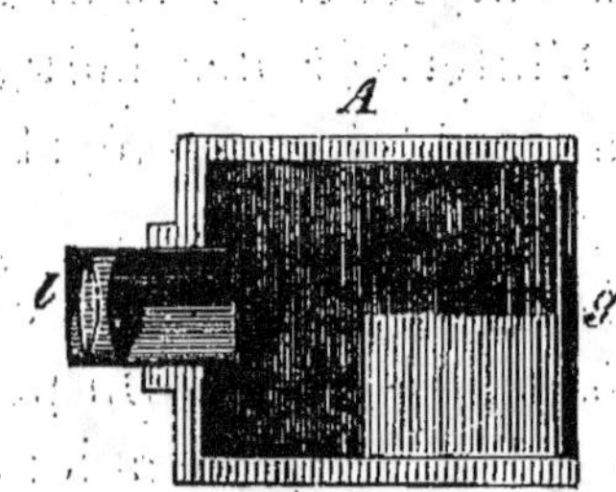

Fig. 203. — Chambre noire composée.   Fig. 204. — Loupe Stanhope.

la paroi antérieure g est formée par une lame de verre dépoli. En dirigeant la lentille l vers un objet éloigné, de manière à ce qu'elle reçoive les rayons lumineux qui en partent et en tirant le tube jusqu'à ce que l'image vienne se peindre sur l'écran de verre, on voit se former, sur ce dernier, une image renversée et rapetissée de l'objet, qu'on pourra calquer sur une feuille de papier transparent.

Il est d'ailleurs facile de construire une chambre noire à peu de frais. On se munit d'une petite lentille convexe, celle d'une lanterne magique, par exemple, et on en détermine la distance focale. Pour cela, on tient la lentille devant une bougie allumée et l'on cherche à l'aide d'une feuille de papier que l'on éloigne ou que l'on rapproche, le point où l'image se produit avec le plus de netteté. La distance entre la lentille et le foyer une fois connue, on construit deux boîtes en bois susceptibles de glisser l'une dans l'autre. La lentille est fixée sur la partie antérieure de la boîte interne, et elle projette l'image sur un miroir placé dans la boîte externe et incliné à 45°. Sur le haut de la boîte externe, on découpe une ouverture carrée, où l'on fixe une glace de verre dépoli, qui sert à copier, à calquer le paysage de l'objet réfléchi par le miroir. On dispose au-dessus de la glace dépolie un écran formé d'un drap noir fixé sur un cadre et destiné à empêcher la lumière de venir frapper le verre dépoli. L'intérieur des boîtes doit être peint en noir, afin de donner de la netteté et de la clarté à l'image.

Loupe. — La figure 201 représente la marche des rayons lumineux dans la *loupe* ou *microscope simple*. On peut se procurer économiquement de fortes loupes en fondant, au chalumeau, l'extrémité d'une mince tige de verre. La matière fondue s'amasse en forme de petite sphère qu'il n'y a plus qu'à sertir dans une monture métallique. Le microscope Stanhope présente une disposition analogue à celle de la loupe.

Loupe Stanhope. — La loupe ou microscope Stanhope (fig. 204) consiste en un cylindre de verre dont une des surfaces, la plus plate des deux, est au foyer de l'autre ; on y applique l'objet qui s'y maintient de lui-même. Voici comment on procède à l'observation. On s'assure d'abord que les deux surfaces de la lentille sont bien propres, puis on applique le corps transparent sur le côté le plus près du manche. Si l'objet à examiner est solide, tels sont les pollens des plantes, les poussières des ailes des papillons, on soufflera légèrement sur cette surface, de manière à la ternir par l'haleine. On l'appliquera alors sur le corps lui-même ; les poussières y resteront adhérentes en quantité suffisante pour qu'on puisse les observer.

Pour les liquides, on essuiera d'abord la lentille avec soin, à l'aide d'un morceau de mousseline, de manière à enlever toute tache de graisse qui pourrait s'opposer à l'adhérence. Veut-on observer les animalcules qui forment souvent une pellicule à la surface des liquides, on y plonge le côté plat, de manière à le mouiller exactement, et par une petite secousse on force l'excédent du liquide à abandonner la lentille.

Veut-on examiner des animaux visibles à l'œil nu, tels que l'anguillule de la colle de pâte, l'anguillule du vinaigre, on mouillera légèrement la surface plate, puis avec la barbe d'une plume on y fera adhérer les corps à examiner qui y seront vus avec d'énormes proportions. S'il s'agit d'un corps membraneux, d'une aile de mouche par exemple, il est bon de le mouiller ; cette pratique, outre qu'elle augmente la transparence du corps, rend son adhérence facile. Désire-t-on étudier la cristallisation d'un sel, on déposera sur la surface plate une goutte de la dissolution saline, on laissera l'évaporation se produire, et lorsqu'il ne restera plus ainsi qu'une mince pellicule adhérente, on poura voir des cristaux aussi réguliers qu'élégants.

On peut observer, soit avec une lampe ou une bougie, soit avec la lumière ordinaire, en interposant l'instrument entre l'œil et une fenêtre. Dans ce cas, il est indispensable d'appliquer la main fermée en forme de cornet, devant la lentille, l'ouverture la plus étroite du cône devant être la plus éloignée de la lentille. Par cette disposition, on évite la lumière diffuse et les rayons qui arrivent à la surface sont presque parallèles. L'ouverture devra être d'autant plus étroite que les corps sont plus transparents. La pratique apprend rapidement à trouver les circonstances les plus favorables. Les agrandissements obtenus par cet appareil, dont le prix est minime, sont de 100 diamètres. On peut adapter à la lentille un écran pour l'œil et un tube qui ne laisse arriver sur la lentille que les rayons parallèles.

Somme toute, la lentille Stanhope n'est qu'un bout de baguette de verre dont les deux extrémités ont été fondues et arrondies au chalumeau. Avec un peu d'habileté, on peut construire soi-même cet appareil, mais il est possible de faire servir toute autre substance que le verre à la construction d'un microscope rudimentaire. Ainsi, on peut employer comme lentille une goutte d'eau, une goutte d'huile, ou mieux une goutte de baume de Canada qui possède un grand pouvoir réfringent. Dans le cas d'une goutte d'eau, voici comment on procède. On prend une plaque de plomb de faible épaisseur, on y pratique avec une pointe d'aiguille un trou bien net. Cela fait, on prépare une infusion de foin ou de poivre, comme il a été dit au chapitre I, puis à l'aide d'une pointe de bois, on porte une goutte du liquide dans le trou de la plaque de plomb. On regarde, à travers cette goutte d'eau, la flamme d'une bougie et l'on voit de nombreux infusoires se mouvoir dans le liquide, tant que la goutte d'eau ne se sera pas desséchée et n'aura pas perdu la forme sphérique. On peut fixer la plaque de plomb à l'extrémité d'un tuyau de carton, pour que la lumière solaire ne nuise pas à celle de la bougie.

Lanterne magique. — « La lanterne magique, réduite il y a trois siècles à être dans les mains des sorciers et des nécromanciens un talisman mystérieux qu'ils maniaient habilement, avec la prétention d'être en possession d'un pouvoir surnaturel, occupe aujourd'hui un rang élevé parmi les outils intellectuels appelés à amuser utilement l'enfance, à instruire très efficacement la jeunesse et même à fournir, dans les mains du philosophe, la démonstration sensible des phénomènes les plus brillants de la nature et de la science. Grâce à elle, la monotonie des soirées d'hiver fait place à une récréation pleine d'instruction et de charmes. Elle inspire des idées nouvelles, elle engendre la bonne humeur et ajoute beaucoup, sans fatigue aucune, aux connaissances acquises. Qu'elles sont délicieuses ces réunions dans lesquelles l'enfance, la jeunesse et l'âge mûr prennent, pour différents motifs, un intérêt égal aux scènes, même comiques, si vivement projetées sur l'écran. Quel doux spectacle que celui d'enfants si agréablement transportés par ces changements rapides de forme et de couleur, par ces poses grotesques, et dont les éclats de rire naïvement contagieux trouvent, dans la jeunesse et dans la vieillesse, des échos spontanément sympathiques. » Voilà comment le savant auteur de l'*Art des projections*, M. l'abbé Moigno, s'exprime sur la lanterne magique. Il serait difficile de mieux dire, et nous n'avons pu résister au plaisir de citer complètement. Brewster, à qui l'optique doit de si élégants travaux, n'est pas moins élogieux :

« La lanterne magique, qui pendant si longtemps n'a servi qu'à amuser les enfants et à étonner les ignorants, a reçu aujourd'hui une destination nouvelle. On la dispose de telle sorte qu'elle aide puissamment à l'enseignement des sciences, et l'on s'en sert aujourd'hui généralement dans les leçons populaires d'astronomie qui représentent les phases et les mouvements des corps célestes, reproduits avec une grande exactitude, sur des tableaux transparents. En Angleterre, la lanterne magique est employée dans l'enseignement de presque toutes les branches des sciences,

Fig. 205 et 206. — Deux modèles de lanterne magique.

elle rend d'immenses services en faisant passer, sous les yeux d'un grand auditoire, les vues très distinctes et très agrandies des phénomènes qu'il s'agit de décrire. »

En somme, la lanterne magique n'est autre chose qu'un appareil optique contenu dans une caisse ou lanterne complètement fermée. Un système de lentilles adapté à la boîte projette, sur un mur ou sur un écran, les images agrandies des dessins transparents placés en avant de la lumière qui les éclaire.

La figure 205 représente la lanterne magique élémentaire qu'on trouve dans le commerce. Sur le côté opposé au système optique se trouve une porte qui s'ouvre et qui se ferme à volonté et permet l'introduction d'une lampe. Une cheminée en tôle, adaptée à la partie supérieure de la boîte, donne issue à la fumée, tandis que, grâce à des ouvertures ménagées dans le socle, l'air nécessaire à la combustion peut pénétrer dans l'intérieur de l'appareil.

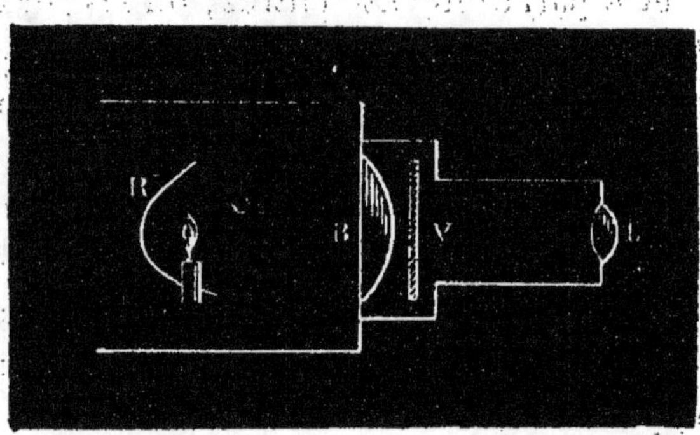

Fig. 207. — Coupe de la lanterne magique.

La figure 207 représente la coupe intérieure de la lanterne, R est un miroir concave, B le condenseur ou lentille collective, V la coulisse où glissent les dessins sur verre qu'on veut projeter. On renverse ces dessins pour que leur image soit droite, ils doivent être peints d'une manière aussi correcte que possible et les sujets qu'ils représentent seront de petite dimension.

Les trois figures précédentes montrent que la lanterne magique a été construite de manière à ne laisser pénétrer, dans la chambre obscure occupée par les spectateurs, d'autre lumière que celle qui a traversé le tableau. Pour que cet instrument donne des projections nettes il faut employer une lumière vive et sans fumée. Lorsqu'on se sert d'une lampe à huile, il convient de la remplir avec de l'huile bien limpide et légèrement chauffée, la mèche doit être nettement coupée. Le réflecteur sera parfaitement poli et brillant. On lui rendra, de temps en temps, son éclat primitif, en le frottant doucement avec du tripoli humecté d'eau ou d'huile et l'essuyant ensuite avec une peau de chamois. Dans les lanternes magiques d'un prix élevé, le système optique est formé de deux verres (fig. 206); ceux-ci doivent être parfaitement centrés; on les fera sortir de temps en temps de leur monture et on les essuiera avec une peau de chamois. Le plus souvent, lorsque la lampe vient d'être mise en place et le tableau transparent installé dans la coulisse, l'image offre un contour mal arrêté et le centre du disque lumineux présente une tache noire. Pour remédier au premier inconvénient, on fera avancer ou reculer la lentille objective dans son tube, jusqu'à ce que l'image soit nette ; pour obvier à la tache centrale, on fera avancer ou reculer la lampe, ou bien on la déplacera latéralement. La tache ne se forme point, lorsque le constructeur a eu le soin de disposer sur le socle de la lanterne une excavation dans le bois, ou une petite galerie métallique qui indique d'une façon permanente la place que doit occuper la source de lumière. Souvent, pendant l'hiver, lorsqu'on n'a pas eu soin de chauffer préalablement les tableaux transparents et les lentilles, les verres se recouvrent d'une buée plus ou moins considérable qui cache la partie centrale de l'image et donne une tache. La buée se dissipe au bout d'un certain temps, mais il vaut mieux ne pas s'exposer à sa formation, en prenant les précautions que nous venons d'indiquer.

Quant aux verres, ils sont fournis avec le reste de l'appareil, mais si l'on est familiarisé avec le dessin, on peut se donner le plaisir de les fabriquer soi-même. Pour cela, on prépare des lames de verre à vitre d'une dimension telle qu'elles puissent glisser dans la coulisse, puis après avoir dessiné, sur du papier, le sujet qu'on veut représenter, on calquera le tout sur une lame de verre avec une plume chargée de noir délayé dans du vernis. Quand le tout est sec, on applique les couleurs transparentes telles que le bleu, le rouge et le jaune. Pour le bleu, on emploiera l'outremer foncé et le bleu de Prusse; pour les rouges, la cochenille et la laque de garance; pour les jaunes, la gomme gutte délayée dans l'alcool et les laques jaunes. En combinant ces couleurs deux à deux on obtiendra l'orangé, le violet et le vert; celui-ci peut être avantageusement remplacé par le vert de Scheele. Les noirs et les bruns sont fournis par le noir de fumée et le bitume. Toutes ces matières colorantes doivent être isolément réduites en poudres impalpables, puis délayées dans le vernis. Pour appliquer les couleurs on se sert soit de vernis à l'alcool, soit de vernis copal. Le premier sèche plus rapidement que le second, mais il a l'inconvénient de s'écailler. Les verres une fois peints, on les laisse sécher à l'ombre, en les mettant à l'abri de la poussière, puis on en entoure les bords d'une petite bande de papier qu'on y colle avec soin.

La lanterne magique doit être disposée sur une table ou tout autre support convenable, à une des extrémités de l'appartement. L'axe de l'instrument sera dirigé suivant celui de la pièce qui ne contiendra d'autre lumière que celle qui se trouve renfermée dans la lanterne. Sa distance à l'écran varie avec la nature de la lentille. Quant aux images, on peut les recevoir, soit sur un mur blanc et uni, soit sur une toile de calicot bien tendue, sans plis et sans coutures, soit sur une large feuille de papier, soit sur un écran transparent formé d'un papier huilé. Quand la dimension des projections est peu considérable, on peut employer un verre dépoli. Les écrans transparents ont l'avantage de fournir des images que les spectateurs peuvent apercevoir des deux côtés, si par suite de la faible distance focale de l'objet, on a été obligé de rapprocher beaucoup l'écran de la lanterne. Pour un instrument donné, plus la distance entre l'appareil et l'écran est considérable, plus les images seront grandes, mais moins aussi elles seront nettes et éclairées.

Depuis quelques années, les fabricants de lanterne magique sont dans l'usage d'adjoindre à l'appareil un petit instrument, c'est le *chromascope* ou *chromatrope*. Il est formé de deux disques sur lesquels on a peint, avec de brillantes couleurs, des dessins géométriques ou autres. En tournant une manivelle on fait glisser rapidement les deux disques l'un sur l'autre, les dessins se combinent et, par suite de la persistance de l'impression de la rétine, produisent de curieux effets.

Fantasmagorie. — C'est une lanterne magique montée sur un support à roulettes, de façon à ce que l'on puisse à volonté l'éloigner ou la rapprocher de l'écran. Le but que l'on se propose, avec cet instrument, est de produire la sensation du rapprochement ou de l'éloignement d'un objet à l'aide d'images qui en réalité ne font que se dilater ou se contracter. Ce résultat s'obtient à l'aide de la mobilité de l'appareil d'une part et de l'autre en faisant varier la distance de l'objet à la lentille, de manière que l'image se fasse toujours exactement sur l'écran.

La figure 208 représente l'appareil. La lanterne est

montée sur un support à roulettes. Une de ces roulettes transmet son mouvement, à l'aide d'une corde sans
fin C, à une roue à gorge munie d'un excentrique B.
Cet excentrique en agissant sur le levier D fait mar-

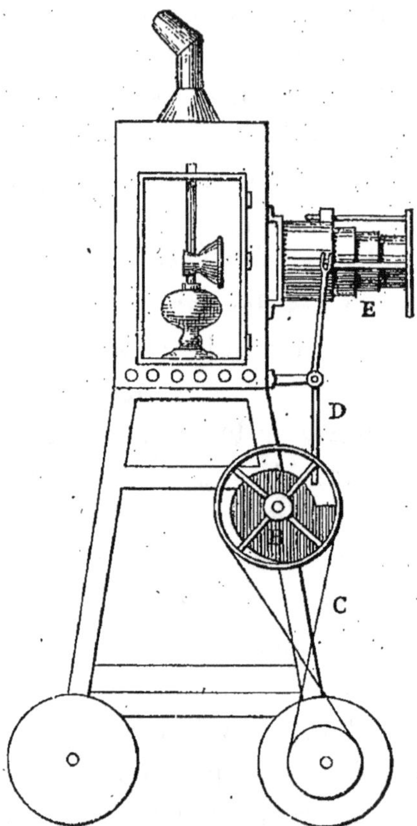

Fig. 208. — Fantasmagorie.

cher les tubes E soit en avant, soit en arrière. Toutes
les manœuvres doivent s'exécuter dans l'obscurité et
sans bruit pour que les spectateurs ne puissent s'apercevoir de la cause des effets que l'on met sous leurs yeux.

Aussi faut-il avoir soin de clouer, sur le plancher de la

chambre, une bande de tapis ou une toile blanche, dans le sens de la chambre obscure, pour que l'opérateur puisse guider convenablement la lanterne. Afin de rendre l'illusion plus complète, on fait varier l'intensité de la lumière qui tombe sur l'objet, pour qu'elle soit de plus en plus faible à mesure que l'image, devenant plus petite, semble s'éloigner. Pour cela, on recouvre l'ouverture de la lentille de plusieurs doubles de crêpe, puis quand la lanterne s'éloigne, on diminue le nombre des épaisseurs de crêpe pour compenser l'effet de la diminution d'éclat causé par la répartition de la lumière sur une plus large surface. Aujourd'hui, on se sert de lanternes plus perfectionnées dans lesquelles un diaphragme à secteur mobile permet de rétrécir de plus en plus l'ouverture, de façon à ce que l'intensité de la lumière diminue quand l'image paraît s'éloigner. Ces secteurs se rapprochent ou s'écartent par le mouvement même de l'appareil optique.

Les spectateurs sont placés derrière l'écran, dans une obscurité absolue. Ils ne peuvent, par suite, juger de la distance qui les sépare des images. Celles-ci grandissent-elles, ils s'imaginent qu'elles s'avancent vers eux ; diminuent-elles, ils croient qu'elles s'éloignent. L'écran est formé par un châssis couvert de calicot ou de mousseline dont on augmente la transparence en la mouillant avec de l'eau. Les objets sont peints sur des lames de verre noircies sur toutes les parties non occupées par la peinture, de manière à ce que celle-ci se détache vivement sur un fond obscur.

Dissolving views. — En juxtaposant deux lanternes magiques on peut projeter tour à tour, à la même place, les images d'un même objet, d'une même vue, d'un même paysage, mais dans des phases différentes d'aspect, de mouvement ou d'illumination. Les deux lanternes peuvent être placées sur une même base, soit à côté, soit l'une au-dessus de l'autre comme dans la figure 209, de manière que leurs

Fig. 209. — Dissolving views.

axes convergent vers un même point de l'espace, afin qu'elles puissent produire, sur l'écran, des disques lumineux qui se superposent. Il faut, en outre, pour que l'une des phases de l'objet succède à l'autre, que l'une des deux images diminue d'éclat et s'éteigne pendant que l'autre augmente et atteint son maximum d'effet. On a imaginé pour arriver à ce résultat d'ingénieuses combinaisons. Le procédé le plus commode est basé sur l'emploi de la lumière oxhydrique. L'oxygène et l'hydrogène arrivent, par des tubes séparés, au bec qui les projette enflammés sur un morceau de chaux. On ferme peu à peu le passage de l'hydrogène quand on veut diminuer l'éclat d'une image, pour augmenter l'éclat de l'autre, en ouvrant le robinet d'accès de l'oxygène. Le volume de la flamme permanente peut être réglé de telle façon qu'elle n'apparaisse nullement sur l'écran et que cependant elle suffise à empêcher les crayons de chaux de se refroidir entièrement dans l'intervalle de deux tableaux.

Ce mode ingénieux de mise en expérience de la lanterne magique est dû aux Anglais. Ils l'ont désigné sous le nom de Dissolving views (*vues qui s'éteignent ou se dissolvent par le regard*). « A l'aide des lanternes à deux corps, on peut présenter les objets dans des phases diverses qui contrastent l'une avec l'autre, de manière à exciter vivement l'imagination, sans la froisser, par des transitions insensibles. Supposons, par exemple, que l'on ait mis, dans les coulisses, les vues d'hiver et d'été du même paysage, et que la vue d'été soit seule éclairée, la campagne apparaîtra revêtue de ses vivés couleurs. Mais si, en fermant peu à peu le robinet, la lumière qui produit l'effet d'été diminue progressivement, tandis que l'effet d'hiver commence à poindre, la neige semble tomber, les bois et les arbres blanchissent. Bientôt l'été a disparu, l'hiver a tout envahi. Si alors on remplace le tableau d'été par un tableau d'incendie et que l'on continue à tourner les robinets, les flammes envahissent peu à peu les chaumières, l'effet sera de nouveau entièrement changé. »

« Pour produire des effets de mouvement, on a recours à des tableaux mobiles avec figures habilement découpées que l'on fait glisser, dans l'une des coulisses, tandis que le tableau principal, placé dans l'autre, reste éclairé sur l'écran, on imite ainsi les passages des trains de chemin de fer, ou des bateaux à vapeur, on anime les paysages par des moulins à vent ou à eau, ou par l'apparition de cygnes fendant l'eau. » (Moigno.)

Mégascope. — Il sert à faire des copies amplifiées de

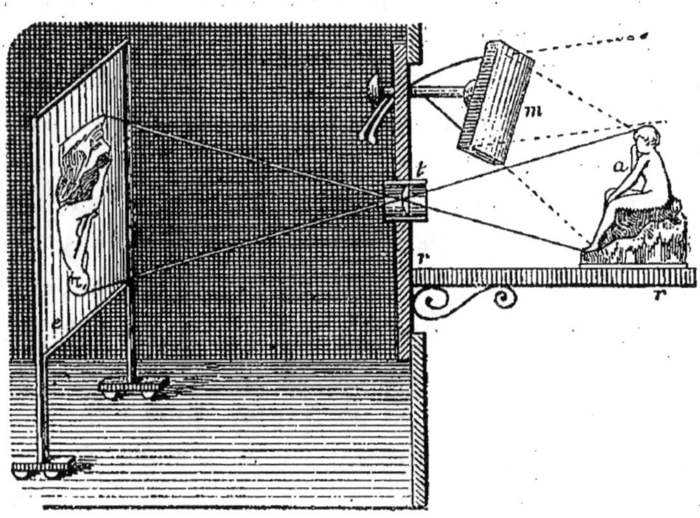

Fig. 210. — Mégascope.

statuettes, de bas-reliefs, de tableaux. C'est une chambre noire (fig. 210), de grande dimension, où peuvent entrer le dessinateur et des spectateurs, munie d'une lentille t à laquelle on peut donner telle distance des objets qu'il sera nécessaire pour obtenir une image d'une grandeur déterminée, dont il n'y a qu'à suivre les contours, avec un crayon, sur l'écran où on l'aura recueilli. La lentille objective *t* est montée sur la paroi antérieure de la chambre obscure, où elle est ajustée dans un tube horizontal. L'objet *a* est placé en dehors du volet et peut glisser sur de petits rails *rr* à l'aide de tractions exercées sur des cordons dont l'extrémité est dans la chambre obscure ; on peut ainsi faire varier la distance de cet objet à la lentille.

L'image renversée de l'objet va se peindre sur un écran translucide, on peut ainsi la dessiner en se plaçant par derrière, pour ne pas intercepter les rayons lumineux. Si l'on veut que cette image soit droite, on renverse l'objet. Comme, par suite de l'agrandissement de l'image, la lumière qui la forme est répartie sur une grande surface, ce qui en affaiblit l'éclat, il faut, pour remédier à cet inconvénient, que l'objet soit fortement éclairé. On arrive à ce résultat, en renvoyant les rayons solaires sur les parties tournées du côté de la lentille, à l'aide d'un miroir plan *m*, que l'on dirige convenablement, soit à l'aide de cordons, soit en faisant tourner sur lui-même le support horizontal auquel il est articulé. Pour rendre l'éclairage aussi complet que possible, on donne un grand diamètre à la lentille, dix centimètres environ. Des diaphragmes, c'est-à-dire des plaques percées de trous de différentes dimensions, limitent le champ et permettent d'éviter la production d'images dont l'éclat va en s'affaiblissant vers les bords, et qui résultent du phénomène connu des physiciens sous le nom d'*aberration de sphéricité*. La découverte de la photographie a restreint considérablement l'emploi de cet instrument.

CHAPITRE IX

L'ÉLECTRICITÉ STATIQUE.

Avant d'exposer les expériences relatives à l'électricité, il convient d'indiquer brièvement les faits qu'elles ont pour but d'interpréter.

L'électricité tire son nom du mot grec ἤλεκτρον, que les anciens donnaient à l'ambre jaune ou succin. C'est sur cette substance que l'on constata, il y a tantôt vingt-cinq siècles, la propriété d'attirer les corps légers, tels que les barbes de plume, la moelle de sureau, les brins de paille. On peut définir l'électricité, une force physique qui donne lieu à des phénomènes nombreux : attraction, répulsion, bruit, lumière, commotions, contraction des différentes parties du corps de l'homme et des animaux, décompositions et recompositions chimiques. Cette force peut se manifester sous deux états différents : tantôt en repos à la surface des corps (*électricité statique*), tantôt à l'état de mouvement dans un circuit déterminé (*électricité dynamique*).

Pour faciliter l'explication des phénomènes électriques, on est dans l'usage de distinguer deux espèces d'électricité, deux espèces de fluides électriques, *le fluide vitré ou électricité vitreuse, le fluide résineux ou électricité résineuse.* Rien ne prouve d'ailleurs que ces deux électricités aient une existence propre; c'est là une hypothèse, un symbolisme, un moyen commode de faciliter la démonstration. Le nom d'électricité vitrée provient de ce fait, qu'elle a été d'abord mise en évidence en frottant, avec de la soie, un bâton de verre poli ; on l'appelle aussi *électricité positive*. Le nom d'électricité résineuse a son origine dans la propriété que possède un bâton de résine de la produire, sous l'influence du frottement exercé à sa surface, par une étoffe de laine, on la nomme aussi *électricité négative*. Quand les deux électricités sont réparties en quantité égale dans un même corps, elles s'unissent, se neutralisent, dissimulent leurs propriétés ; le corps est alors dit à l'*état neutre*.

Instruments propres à l'étude de l'électricité statique. — On l'a dit souvent et avec raison, le prix élevé des instruments nécessaires pour rendre les matières scientifiques sinon séduisantes, du moins compréhensibles, est le motif principal qui s'oppose à la diffusion de ce genre de connaissances. C'est là une vérité incontestable pour quiconque essaye une de ces tentatives de vulgarisation à laquelle nous nous sommes laissé aller en écrivant ce livre. C'est surtout lorsqu'il s'agit de l'électricité que cette vérité s'impose avec toute sa rigueur. Pourtant, ce qui était impossible il y a quelques années est devenu facile en électricité statique, grâce aux efforts de Tyndall. Peu de savants ont poussé aussi loin que cet ingénieux professeur le talent de l'expérimentation en public, aussi avons-nous largement puisé dans le livre qu'il a publié sous le titre de : *Leçons faites à un jeune auditoire pendant les vacances de la Noël.*

Le matériel nécessaire pour entreprendre toutes les expériences d'électricité statique est peu coûteux. Voici en quoi il consiste ;

1° Quelques bâtons de cire à cacheter ; nous les appellerons souvent des bâtons de résine.

2° Deux morceaux de tube en gutta-percha d'environ 40 centimètres de long et de 15 millimètres de diamètre.

3° Deux ou trois tubes pleins en verre de 40 centimètres de long et de 15 millimètres de diamètre.

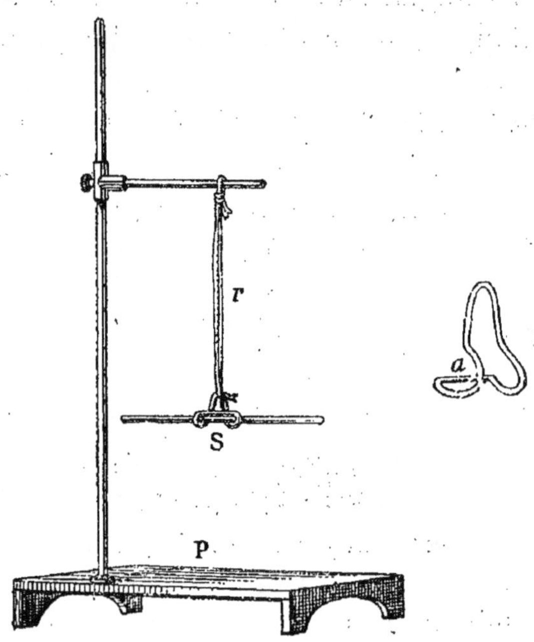

Fig. 211. — Support à étrier.

4° Deux ou trois morceaux de flanelle bien propres, susceptibles d'être pliés en un petit coussin comprenant deux ou trois épaisseurs, avec une surface de 30 à 40 centimètres carrés.

5° Deux coussins composés de deux ou trois feuilles de soie de 20 à 30 centimètres carrés.

6° Un ruban étroit de soie *r* (fig. 211), auquel on fixe un support en fil métallique dont les extrémités se recourbent à la rencontre l'une de l'autre et forment un tout continu à l'aide d'une soudure pratiquée en *a*. Cet *étrier*, qui est représenté à part, à droite de la figure principale, est fixé par l'intermédiaire du ruban *r* à un support quelconque à potence P. Il servira, dans nos expériences, à suspendre les bâtons de cire, les tubes de gutta-percha ou de verre. Le ruban de soie, par suite de sa texture, ne se tord ni ne se détord. Nous donnerons à cet appareil le nom de *support à étrier*.

7° Une paille PP' (fig. 212) placée sur la pointe d'une

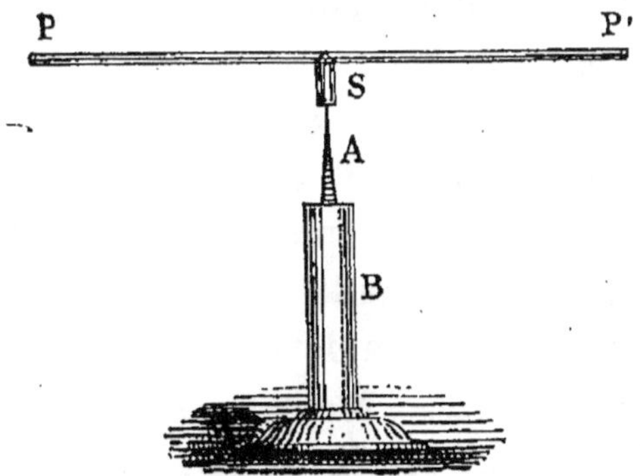

Fig. 212. — Aiguille électrique.

aiguille à coudre A ou de tout autre corps métallique bien aigu. On chauffe l'extrémité de cette aiguille à la flamme d'une bougie, et quand elle est encore chaude on l'enfonce dans un bâton de cire à cacheter. Ce bâton est lui-même fixé sur un plateau circulaire en métal qui lui sert de pied. On fixe au centre de la paille PP', avec un peu de cire, un petit fragment de paille S qui va servir de chape pour maintenir le tout au sommet de l'aiguille. Cet appareil remplace l'*aiguille électrique* des physiciens ; nous lui en conserverons le nom.

8° Une certaine quantité d'amalgame d'étain et de zinc.

On le prépare avec six parties de mercure, deux parties de zinc, une partie d'étain. Pour cela, on fait fondre, dans un petit creuset de terre, le zinc et l'étain ; quand la fusion est complète, on ajoute peu à peu le mercure, en ayant soin d'agiter avec une tige de fer. Un simple fourneau de cuisine suffit pour assurer la fusion. Quand elle est complète, on coule la matière sur une plaque de fer ou sur une brique. Alors on broie l'alliage dans un mortier, ou bien on le martèle jusqu'à ce qu'il soit tout à fait pulvérulent. Cet alliage est destiné à enduire les frotteurs en soie, on l'y fait adhérer à l'aide d'un peu de saindoux.

9° Enfin une peau de chat.

Autant que possible, c'est pendant les belles et froides journées d'hiver qu'il conviendra d'entreprendre les expériences d'électricité ; c'est l'époque de l'année où elles réussissent le mieux ; on a de la peine à les exécuter pendant les jours chauds et humides.

Attractions et répulsions électriques. — On commence par dessécher complètement les bâtons de résine, les tubes de caoutchouc, la flanelle, les frotteurs de soie, à l'aide d'une douce chaleur ; les tubes de verre et la flanelle devront même être chauds. Alors on passe vivement la flanelle une ou deux fois sur la résine ou sur la gutta-percha, et ces substances acquièrent immédiatement la faculté d'attirer l'aiguille électrique. On peut répéter l'expérience sur du son, des fragments de papier, une feuille d'or légère, des bulles de savon ; l'attraction se manifestera toujours, que l'on emploie de la gutta-percha ou de la résine frottées avec de la laine, ou du verre frotté avec de la soie.

On peut même réaliser ces attractions sur des corps relativement lourds, pourvu qu'ils soient convenablement rendus mobiles. Ainsi, en plaçant une baguette de bois dans le support à étrier, on la forcera à osciller dans un plan horizontal et même à décrire un cercle entier·en lui opposant un tube de verre frotté avec de la soie, une baguette de résine ou un tube de caoutchouc frottés avec de la laine. De même, si après avoir disposé un œuf O dans un coquetier (fig. 213), on se sert du tout comme support, pour une règle plate en bois RR, qu'on y place horizontalement de façon à ce qu'elle soit en équilibre, on verra la règle suivre docilement le verre, la gutta-percha, le caoutchouc frottés qu'on en approchera.

On peut encore varier cette dernière expérience de la façon suivante : on passe à plusieurs reprises, dans ses

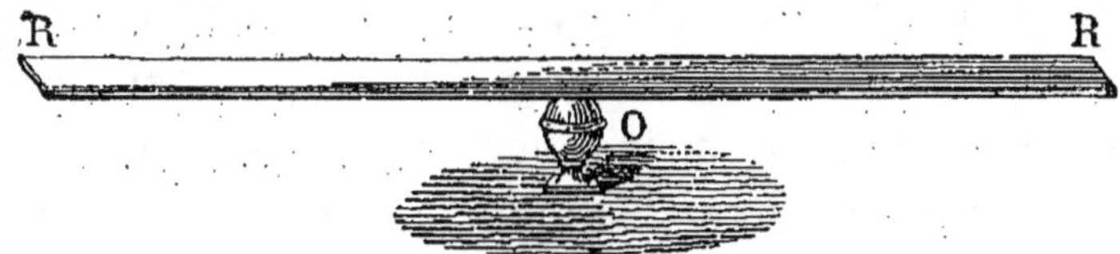

Fig. 213. — Règle électrique.

cheveux, un peigne en caoutchouc durci (*ébonite* ou *vulcanite*) et on l'approche de la règle ; aussitôt l'équilibre est troublé. Il faut donc qu'au contact des cheveux le peigne d'ébonite se soit électrisé, qu'il ait acquis la propriété d'attirer les corps légers. Cette électrisation du peigne par frottement s'accompagne d'un bruit de crépitation, lorsque le temps est bien sec; elle se manifeste alors même que les cheveux sont enduits de pommade ou de toute autre substance grasse; elle cesse complètement de se produire si les cheveux ont été mouillés avec de l'eau.

Réciproquement, si l'on place le peigne électrisé en équilibre sur l'œuf, et qu'alors on lui présente la règle de bois, celle-ci à son tour attirera le peigne. Si l'on dispose, sur le support en étrier, les baguettes de verre, de résine, etc., préalablement frottées, ces corps seront à leur tour attirés par la règle comme ils l'attiraient eux-mêmes.

Maintenant, prenons une planche de bois de sapin de 20 à 22 centimètres de large sur 45 centimètres de longueur et 1 centimètre d'épaisseur, puis une feuille de papier fort ayant sensiblement les mêmes dimensions, plaçons-les devant le feu et élevons-en convenablement la température, puis étendons le papier sur la planche placée sur une table. Aucun effet attractif ne se produira entre la planche et le papier. Cela fait, frottons vivement le papier avec un de ces pains en caoutchouc qui servent à effacer le crayon ; au bout de deux ou trois passes le papier adhérera fortement à la planche. Si on l'arrache vivement et qu'on le tienne à la main, il tendra à se rapprocher de tous les corps suffisamment voisins, vers la poitrine de l'expérimentateur, vers un mur, vers une porte, et il y restera fixé. Avec ce papier électrisé on pourra attirer, à grande distance, la règle mise en équilibre sur l'œuf.

Voici encore une expérience d'attraction facile à réaliser. On remplit d'huile un verre de montre de faible dimension, de manière à ce que l'huile forme un ménisque convexe qui s'élève un peu au-dessus du bord de ce petit vase. On en approche un tube de verre fortement électrisé par la soie et il se manifeste non seulement une éminence dans le liquide, mais encore plusieurs monticules, dont chacun produit sur le tube qui les attire une infinité de petites gouttes. Le verre de montre doit reposer non sur une table de grande dimension, mais sur un petit support, un verre à vin de Bordeaux renversé par exemple.

Au cours de ces expériences on aura pu constater certains phénomènes intéressants. C'est ainsi qu'en frottant le tube de verre dans l'obscurité, on aura parfois aperçu ce que les anciens physiciens appelaient le *feu électrique*. On aura pu également constater le *sifflement* et le *craquement* qui excitèrent si souvent la surprise des premiers électriciens. On aura perçu une odeur spéciale, celle de l'*ozone*, et enfin si, par hasard, l'expérimentateur a approché le tube électrisé de son visage, sans pourtant toucher la peau, il aura ressenti une sensation analogue à celle que produit sur la figure le contact d'une toile d'araignée.

Corps conducteurs. — Corps isolants. — Prenons un bouchon de liège percé d'un trou suivant son axe et introduisons, dans cette espèce de manchon, l'extrémité de la baguette de verre que nous frotterons sur toute sa longueur jusqu'au niveau du bouchon. Celui-ci attirera immédiatement la règle en équilibre. Dans ce cas, l'attraction observée est-elle bien le fait du bouchon? Oui, car si l'on enfonce un porte-plume ordinaire dans le bouchon et qu'on frotte le tube comme précédemment, l'extrémité libre du porte-plume agira sur la règle équilibrée. Remplaçons le porte-plume par une baguette de sapin d'un mètre de long, son extrémité agira sur la règle équilibrée quand on frottera le tube ; par conséquent, l'électricité s'est propagée tout le long de la baguette.

Électroscope. — Pour révéler l'électricité ou plutôt la nature du fluide développé dans les expériences qui vont suivre, il est nécessaire d'avoir à sa disposition un appareil spécial, l'*électroscope*. Tyndall le réalise à peu de frais, en employant les dispositions suivantes. On prend un ballon de verre B (fig. 214), qu'on bouche avec un bouchon traversé par un gros fil de laiton F. La partie du fil qui plonge dans le ballon, après s'être incurvée légèrement, se recourbe à angle droit, sur une longueur de deux centimètres environ. A l'aide d'un peu de cire, on fixe, sur la courbure, deux petites feuilles d'or *c* et *c'* présentant une longueur de sept à huit centimètres, sur une largeur de quinze millimètres. Ces feuilles abandonnées à elles-mêmes tombent, par leur poids, au contact l'une de l'autre. Avec

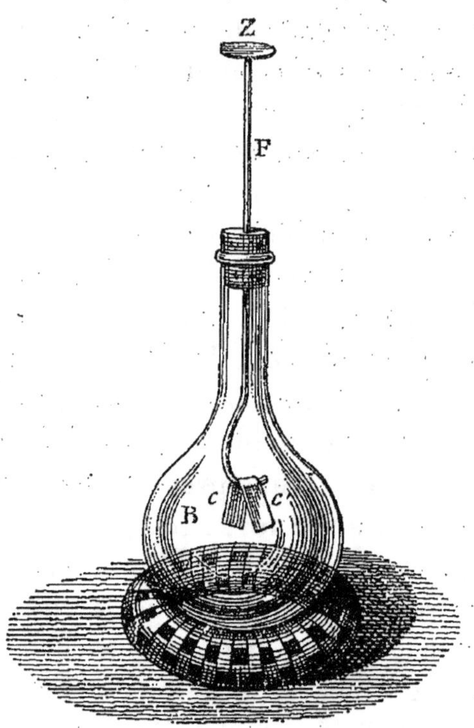

Fig. 214. — Électroscope de Tyndall.

un grain de soudure, on fixe, à l'extrémité supérieure du fil, un petit disque de zinc Z de cinq centimètres de diamètre. Le ballon, avant d'être fermé avec son bouchon, doit être soigneusement nettoyé et parfaitement séché, soit devant le feu, soit à l'aide de sable chaud.

Maintenant, approchons le bâton de résine ou le tube de

verre frottés dans le voisinage du plateau métallique Z. les feuilles *c c'* divergeront, et voici pourquoi. Le bâton de résine a développé, par *influence*, de l'électricité dans la tige métallique, il y a eu appel vers le plateau du fluide positif, et accumulation, dans les lames d'or, du fluide négatif repoussé par le bâton résineux. Ces deux feuilles divergeront, car elles sont chargées toutes les deux du même fluide. Éloignons le bâton de résine, les deux fluides se reconstitueront, toute divergence cessera, et cette expérience nous aura seulement servi à constater que le corps était électrisé.

Pour savoir de quelle électricité un corps est chargé, on communique préalablement à l'électroscope une électricité donnée, la positive, par exemple, à l'aide d'un bâton de résine frotté. Pour cela, on commence par approcher le bâton de résine, de manière à produire la divergence des lames. On touche alors le plateau avec le doigt, le fluide négatif s'écoule dans le sol ; vient-on à retirer le doigt puis le bâton de résine, les lames restent chargées d'électricité positive, c'est-à-dire d'une électricité de nom contraire à celle qui existait sur le bâton frotté.

Approchons maintenant de l'électroscope un corps chargé d'électricité résineuse, le même bâton de résine, par exemple. Nous constaterons d'abord un *rapprochement* des lames, puis une *divergence*. Cela se comprend. En effet le *rapprochement* est dû à ce que l'électricité positive a été appelée dans le plateau. La *divergence* tient à la décomposition d'une nouvelle quantité de fluide neutre et au refoulement dans les lames d'une nouvelle portion de fluide négatif. Au contraire, approchons un corps chargé d'électricité positive, il se produira une divergence, car il y aura décomposition du fluide neutre, appel dans le plateau du fluide négatif, refoulement du fluide positif dans les lames.

Donc, tout corps approché graduellement de l'électroscope, qui, après avoir donné un rapprochement des feuilles, détermine un nouvel écart, est chargé d'une électricité contraire à celle de l'instrument. Pour que les résultats soient nets, il convient de présenter le corps électrisé de très loin et de l'approcher lentement, car en se plaçant trop près on pourrait n'apercevoir que l'écartement des lames et être induit en erreur. Dans tous les cas, il importe de ne pas oublier qu'un corps à l'état naturel communiquant avec le sol détermine toujours un rapprochement, jamais une divergence, si on vient à l'approcher de l'électroscope.

Expériences de Gray. — A l'aide de cet instrument, on peut se livrer à un certain nombre d'expériences qui ne sont que des modifications de celles qu'exécuta, en 1729, le physicien anglais Stephen Gray.

Mettons en contact le plateau Z de l'électroscope avec l'extrémité d'un long fil métallique dont l'autre bout est enroulé sur un tube de verre, et frottons celui-ci vivement, en étendant la friction presque jusqu'au fil métallique. Une simple passe suffira pour faire diverger les feuilles de l'électroscope, ce qui prouve que l'électricité a parcouru toute la longueur du fil métallique pour arriver à l'instrument. On observera encore une divergence, en substituant au fil métallique un fil de chanvre, une ficelle, seulement le passage de l'électricité à travers la ficelle se faisant moins rapidement, il faudra plus de temps pour que la divergence se produise. Remplaçons le fil de chanvre par un fil de soie, on n'observera aucune divergence, quelque active et prolongée que soit la friction exercée sur le tube de verre. L'électricité n'a pu s'écouler à travers le fil de soie. Il en serait pourtant tout autrement, si après avoir humecté le fil de soie avec de l'eau, puis après l'avoir tordu dans les doigts pour séparer l'eau en excès, on l'avait enroulé sur le tube de verre. Ici l'électroscope, par la divergence de ses feuilles, nous ferait nettement connaître que la soie, incapable par elle-même de conduire l'électricité, a acquis cette propriété sous l'influence de l'eau dont nous l'avons imbibée.

Corps conducteurs. — Corps isolants. — Cette expérience permet de voir qu'il existe des corps bons conducteurs et des corps mauvais conducteurs ou *isolants*. On pourrait former une ligne assez exacte des uns et des autres, en touchant successivement l'électroscope chargé, avec une série de substances diverses. On verrait qu'il est des corps tels que les métaux, le charbon fortement calciné, l'eau, le papier imbibé d'eau, d'acide étendu ou de sel marin, qui déchargent immédiatement l'électroscope; que d'autres corps, tels que le papier sec, la soie, le verre, la poix, la résine, la gomme-laque, les pierres ne le déchargent point, ce sont des *corps isolants*.

Corps électriques et corps non électriques. — Nous avons vu que la résine, le verre, etc., convenablement frottés s'électrisaient aisément. Tentons la même expérience avec un tube de laiton, une carotte, un navet, que nous aurons frottés avec la peau de chat. Aucun de ces corps, après frottement, ne s'électrisera, ce sont des *corps non électriques*, et pourtant, si au lieu de les saisir avec la main nue, nous prenons certaines précautions, ils vont pouvoir acquérir de l'électricité par frottement. Il suffira de fixer le tube de métal à l'extrémité d'un tube de verre convenablement chauffé, de saisir la carotte avec la main gauche enveloppée de plusieurs doubles de soie, tandis que la main droite la frappe avec la peau de chat. Immédiatement, ces corps réagissent sur la règle en équilibre, car, par l'interposition du verre ou de la soie, nous avons empêché l'électricité de s'écouler directement dans la terre, à travers notre corps; le fluide, une fois développé, ne trouvant aucune voie pour s'échapper, a pu influencer la règle.

Le corps humain est une substance non électrique. Pour le prouver, plaçons-nous dans la station verticale et prions un ami de nous frictionner à l'aide de la peau de chat. Au bout d'un certain temps employé à cet exercice, approchons le doigt de la règle équilibrée. Aucune rupture d'équilibre ne se produira; l'électricité développée par le frottement à la surface de notre corps s'est écoulée dans le plancher. Maintenant, plaçons sur le sol quatre verres à boire en cristal épais et de bonne qualité, que nous aurons préalablement chauffés, pour les dessécher. Disposons, sur ces supports, une planchette un peu épaisse, montons sur cette espèce de tabouret et recommençons l'expérience. Si nous approchons le doigt de la règle, souvent il suffira d'un seul coup de peau de chat pour produire un effet d'attraction. Cet effet sera plus marqué si nous avons recouvert nos épaules d'un manteau de caoutchouc.

Non seulement, une personne ainsi électrisée pourra influencer un électroscope dont elle approchera le doigt, mais elle pourra le charger, et si la friction qu'elle a reçue est un peu forte, en approchant son doigt de la main de l'ami qui l'a rendue électrique, elle verra une étincelle jaillir entre les deux surfaces cutanées.

Il résulte de ces expériences qu'on ne saurait conserver la division établie par les anciens physiciens : en corps électriques et corps non électriques. Tous les corps peuvent acquérir de l'électricité par le frottement, seulement cette électricité adhère à la surface des corps s'ils sont isolants ou mauvais conducteurs ; elle s'écoule dans le sol quand ils sont bons conducteurs, à moins qu'ils ne soient séparés du sol par un corps isolant.

Répulsions électriques. — Dans toutes les expériences précédentes, un seul des corps mis en présence était électrisé, voyons ce qui va se produire lorsque les deux corps auront acquis de l'électricité sous l'influence du frottement.

Au support à étrier, suspendons un tube de gutta-percha ou un bâton de résine non frottés. Assurons-nous qu'il en est bien ainsi, c'est-à-dire qu'ils ne conservent aucune trace de l'électricité qui aurait pu leur être communiquée dans des expériences précédentes. On les essaie pour cela à l'électroscope, et au cas où l'électricité aurait persisté, on la détruit, en les passant vivement à travers la flamme d'une lampe à alcool. Enlevons alors du support le tube non frotté, et après l'avoir excité avec de la flanelle, remettons-le en place, approchons ensuite de l'extrémité opposée à celle que nous tenions dans la main un autre tube de gutta-percha électrisé de la même manière, immédiatement une vive répulsion se manifestera. Répétons toute l'expérience, en nous servant de deux tubes de verre frottés, le phénomène de la répulsion se produira. Nous constaterons, au contraire, une forte attraction, si l'on substitue à l'un des tubes de verre un bâton de résine ou de gutta-percha.

On voit que les corps chargés de la même électricité se repoussent, tandis que les corps chargés d'électricité contraire s'attirent. Le *vitreux* repousse le *vitreux* et attire le *résineux* ; le *résineux* repousse le *résineux* et attire le *vitreux*.

Ceci posé, il devient facile de comprendre les expériences suivantes :

1° Suspendons une plume légère à un fil de soie et approchons-en une baguette de verre frottée, il y aura attraction, mais aussitôt après la plume a pris l'électricité de la baguette, l'attraction est suivie d'une répulsion. L'aiguille électrique, aussitôt après qu'elle aura été attirée par la baguette de verre et qu'elle en aura subi le contact, éprouvera une répulsion, si après avoir éloigné la baguette on la rapproche de nouveau et lentement. Lorsqu'on se sert de corps légers, pour constater que l'attraction est suivie d'une répulsion, il faut de préférence n'employer que des corps dépourvus de pointes. Ainsi les fragments de papier doivent être découpés à l'emporte-pièce. On les verra alors danser, pendant un certain temps, entre la table sur laquelle ils sont placés et la baguette qui les attire. Avec des corps terminés en pointe, comme des barbes de plume, l'expérience est moins complète, la répulsion n'a pas lieu immédiatement.

2° On chauffe la planche de sapin et la feuille de papier dont il a été question plus haut; quand on juge les deux corps suffisamment chauds, on pose à plat la feuille sur la planche, on l'électrise en la frottant avec du caoutchouc. Alors, à l'aide d'un canif, on découpe dans la feuille de papier deux longues bandes, qu'on réunit en les tenant par une extrémité. Cela fait, on les sépare vivement de la tablette et on les lâche en l'air. On remarque qu'elles ne tombent pas à côté l'une de l'autre, mais qu'elles effectuent leur chute, en s'écartant fortement et en divergeant. On peut varier l'expérience en découpant, avec un canif, la bande de papier placée sur la tablette et frottée avec du caoutchouc, de façon à obtenir un certain nombre de lanières. Si on vient à réunir toutes ces lanières par une extrémité, elles se repoussent en formant une espèce de houppe, car elles sont chargées de la même électricité.

3° **Danse des pantins**. — Prenons un verre en cristal de bonne qualité, chauffons-le convenablement et frottons l'intérieur avec le coussin de soie enduit d'amalgame. Alors renversons ce verre sur un plateau métallique (fig. 215) contenant un certain nombre de boules en moelle de sureau, de manière à emprisonner ces corps lé-

Fig. 215. — Danse des pantins.

gers. Nous les verrons se mettre instantanément à osciller, à exécuter des mouvements, jusqu'à ce qu'ils aient enlevé presque toute l'électricité à la surface interne de l'espèce de cloche qui les recouvre. On active leur mouvement, en plaçant horizontalement la main à quelques centimètres au-dessus du fond du vase. On donne quelquefois, aux fragments de moelle, la forme de petits bonshommes, d'où le nom de *danse des pantins* sous lequel on désigne alors cette expérience.

On peut la modifier en déposant sur une grande surface métallique, un plateau de balance par exemple, un cer-

tain nombre de boules en moelle de sureau et en leur
présentant à distance un tube de verre frotté. L'attraction
tion se manifeste instantanément, elle est suivie d'une
répulsion, et le mouvement se produit pendant un certain
temps. On peut encore faire chauffer une lame de verre et
la placer horizontalement sur une table, en ayant soin d'en
faire reposer les deux extrémités opposées sur un livre.
On introduit sous la lame un peu de son sec, puis on la
frotte avec le coussin de soie ou la flanelle chaude. Le son
se met à danser dans le sens du frottement qu'on exerce.

Manière de distinguer les deux fluides l'un de l'autre. — En dehors des indications fournies par l'électroscope, on peut y arriver, en procédant ainsi : on recherche
quelle est la nature du mouvement attractif ou répulsif
que subit un corps électrisé, quand il est soumis à l'influence d'un corps chargé d'une électricité connue. Ainsi
un corps quelconque électrisé repousse ou est repoussé
par de la cire à cacheter frottée avec de la flanelle, ce
corps est chargé d'électricité négative; s'il repousse ou
s'il est repoussé par du verre frotté avec de la soie, l'électricité dont il est chargé est positive. Ainsi les lanières
de papier frottées avec du caoutchouc sont attirées par le
bâton de résine. Si l'on intercale entre deux lanières déjà
divergentes un tube de verre frotté, on observe une forte
répulsion et la divergence des feuilles est augmentée, et
cela doit être puisque l'électricité du verre aussi bien que
celle du papier sont de nature positive.

Le frotteur est lui-même électrisé, et son électricité quoique
de signe contraire est, pour tous les cas, égale en quantité
à l'électricité du corps frotté. On le démontre à l'aide des
expériences suivantes:

On se place sur le tabouret isolant, et après avoir saisi le tube de verre avec la main gauche recouverte d'un gant de soie, on frotte vivement ce tube avec le coussin enduit d'amalgame. Au bout de quelques passes, le corps a acquis sa charge maximum, mais bien que l'opérateur soit électrisé, s'il présente son doigt à la règle en équilibre, il ne pourra l'influencer et voici pourquoi. La quantité d'électricité répandue dans tout le corps de l'expérimentateur est trop faible pour produire une attraction, tandis que le tube attirera la règle, car le peu d'électricité qu'il a acquise, il la possède sous une forme concentrée.

Si l'expérimentateur désire augmenter l'électricité de son corps, il lui suffira, après avoir frotté le tube de verre, de prier un assistant de décharger ce tube en le touchant entièrement avec la main. En recommençant, une vingtaine de fois, ces deux opérations successives, électrisation par le coussin d'une part, décharge par la main de l'aide de l'autre, le doigt pourra produire un effet sur la règle en équilibre. Ici le tube a emporté à chaque passe une certaine quantité d'électricité avec lui, mais il a laissé dans le frottoir une quantité égale d'électricité contraire, cette quantité s'est accrue suffisamment pour que le frottoir ou la main qui le tient puissent donner une preuve irrécusable de l'existence du fluide.

Induction ou influence électrique. — Quand un corps électrisé est placé dans le voisinage d'un corps conducteur non électrisé, le fluide neutre de ce dernier est décomposé, l'une de ses électricités composantes est attirée, l'autre repoussée. Si l'on enlève le corps électrisé, les fluides séparés se recombinent et ce corps conducteur revenant à l'état neutre cesse d'être électrisé. Cette décomposition du fluide neutre, par la présence d'un corps électrisé, est appelée *électrisation par influence ou induction.*

Pour le démontrer, on place une règle en bois en équilibre sur un verre chauffé, destiné à servir de support. Sous une des extrémités de la règle on dispose quelques menus fragments de papier ou des feuilles d'or. On électrise alors le tube de verre, en le frottant vigoureusement et on le présente au-dessus de l'autre extrémité de la règle, sans la toucher; les corps légers sont instantanément attirés. La règle peut avoir 1 à 2 mètres de longueur.

Si, pendant qu'il est sous l'influence du corps électrisé, le corps influencé est touché avec le doigt, le fluide libre, qui est toujours du même genre que celui du corps électrisé, s'en échappe, et l'électricité contraire reste captive. En enlevant le corps inducteur, l'électricité captive devient libre et le conducteur reste finalement chargé d'électricité contraire à celle du corps qui l'a influencé. Nous avons déjà vérifié ce fait avec l'électroscope, mais il est possible de l'étudier d'une façon plus complète à l'aide des expériences suivantes.

Expériences sur l'induction électrique. — On commence par se munir d'un *plan d'épreuve*, c'est-à-dire d'un petit appareil propre à cueillir, s'il est possible d'employer cette expression, de faibles échantillons d'électricité, sur la surface des corps. Le plan d'épreuve consiste en un petit carré d'étain de 2 centimètres carrés environ E (fig. 216), qu'on fixe sur un brin de paille P destiné à servir de manche. Une fois le carré en place, on maintient son contact avec la paille à l'aide d'un peu de cire, et l'on isole cette espèce de manche en le fixant dans un bâton de cire à cacheter C. C'est par le bâton résineux qu'on tiendra l'instrument, la lame métallique sera appliquée d'abord sur le corps électrisé, puis présentée à l'électroscope.

Plaçons un œuf sur un verre à pied convenablement

chauffé, puis approchons environ à 2 centimètres de l'extrémité *a* (fig. 217), le tube de verre frotté. Alors le fluide négatif se porte en *a*, le fluide positif en *b*. Mais vient-on à enlever le tube de verre, les deux fluides se recombinent, l'œuf revient à l'état neutre. On s'en assure en le touchant, avec le plan d'épreuve, sur lequel l'électroscope ne révèlera aucune trace d'électricité. Si, au contraire, on touche avec le plan d'épreuve le point *b*, pendant que

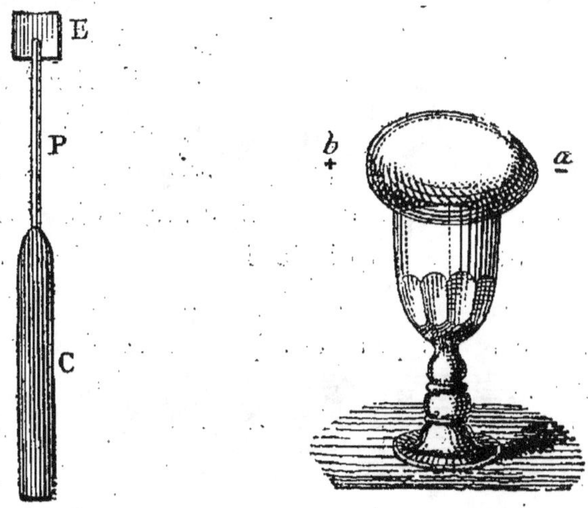

Fig. 216. — Plan d'épreuve.   Fig. 217. — Un œuf électrisé par influence.

le tube frotté est encore dans le voisinage du verre, ce plan d'épreuve se chargera d'électricité positive; au bout *a* il y aura de l'électrité négative. Il est facile de le démontrer par l'électroscope que l'on aurait chargé préalablement d'électricité positive, on constaterait d'abord un rapprochement des lames, puis une divergence. Touchons maintenant l'œuf, avec le doigt, tout en tenant le tube électrisé près de lui, enlevons le doigt, puis le tube, l'œuf restera chargé d'électricité négative.

Prenons maintenant deux œufs (fig. 218) et plaçons-les

sur deux verres bien séchés au feu, et mettons-les en contact par le petit bout. Portons le tube frotté dans le voisinage de a, et tout en laissant le tube dans cette position, éloignons l'un des verres. Enlevons le tube inducteur, le plan d'épreuve montrera que a est électrisé négativement et b positivement. Remettons les deux œufs en contact en A et approchons de nouveau le tube électrisé du point A, touchons ce point a, puis séparons les œufs, enlevons alors le tube de verre et le plan d'épreuve montrera que a est néga-

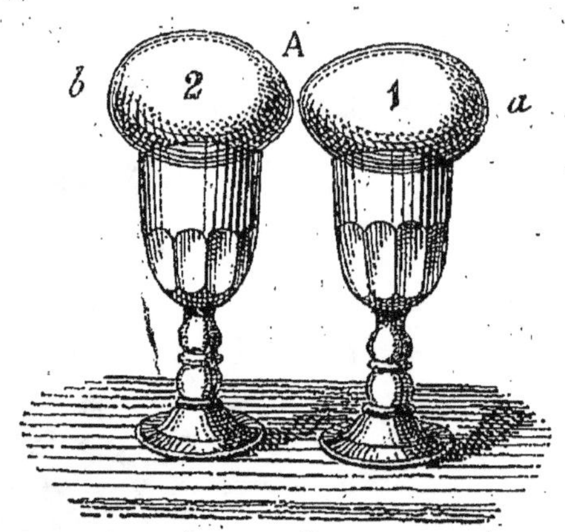

Fig. 218. — Deux œufs électrisés par influence.

tif et b neutre. L'électricité de ce dernier s'est échappée par le doigt, bien qu'on ait seulement touché le point a.

Expérience d'Æpinus. — On peut la réaliser sans frais de la manière suivante. On prend une carotte qu'on racle avec un couteau, pour lui enlever les fines racines qui la couvrent, et dont on arrondit l'extrémité aiguë. On la fixe alors par l'intermédiaire d'une aiguille, dans un bâton de cire à cacheter qui est fixé lui-même, par l'extrémité opposée, sur une petite planchette. Pour obtenir l'adhérence de la cire et du bois, il suffit d'enflammer le premier de ces corps, comme si on voulait cacheter une lettre et de l'appliquer verticalement sur la planchette. Après avoir approché un tube de verre frotté d'une des extrémités de la carotte, on touche l'autre bout avec le plan d'épreuve et l'on constate qu'il est chargé de fluide positif.

L'expérience d'Æpinus peut revêtir une autre forme originale. L'expérimentateur étant placé sur le tabouret isolant que nous avons décrit et son bras droit étant nu, il touche avec le doigt le plateau de l'électroscope ; il est évident que dans ce cas, il ne peut se produire aucune divergence. Mais vient-on à placer au-dessus du bras gauche et nu de l'opérateur un tube de verre frotté, la déviation se produit immédiatement.

Électrophore. — Pour le construire, on découpe dans une feuille de zinc ordinaire un cercle de 15 à 20 centimètres de diamètre. On chauffe le centre à l'aide d'une lampe à alcool ou d'une bougie, et l'on y fixe un bâton de cire à cacheter, qui après le refroidissement du métal va servir de manche isolant. Ce sera le *disque* de l'électrophore ; pour avoir le *gâteau* de l'instrument on prendra soit une lame d'ébonite, soit une feuille de caoutchouc vulcanisé, ou même un morceau de papier épais et chauffé. Le papier imperméable, brun d'un côté, noir de l'autre, qui sert aux emballages convient très bien pour cet usage.

Frottons vivement le gâteau avec de la flanelle ou avec une peau de chat, il contractera l'électricité négative. Sur ce gâteau électrisé, plaçons le disque, le contact entre les deux substances ne sera point intime, car une mince couche d'air les sépare. Or, à travers cette couche d'air, l'influence électrique va se manifester, il y aura sur le disque deux couches d'électricité, l'une inférieure positive, retenue captive ; l'autre supérieure négative et libre.

Si l'on vient à enlever le disque, les deux électricités contraires se recombineront et tout rentrera dans l'état normal. Mais si l'on place le doigt sur la surface électrisée du disque, l'électricité négative libre s'écoulera par le corps de l'expérimentateur, laissant derrière elle l'électricité positive à l'état captif. Alors, enlevons le disque par le manche et présentons-le à la règle équilibrée, il l'attirera avec force ; si on en approche le doigt, on en fera jaillir une étincelle.

On peut réaliser un électrophore en miniature avec une pièce de cinq francs, ou même avec une pièce de dix centimes. On fixe ce disque métallique à un peu de cire à cacheter qui va servir de manche isolant, puis on le pose sur une lame de caoutchouc électrisée par le frottement. Cela fait, on touche le disque avec le doigt, on l'enlève, on le présente à la règle en équilibre. Quelque grande que soit la règle, elle se mettra en mouvement sous l'influence du disque, et pourra exécuter un mouvement de rotation très prononcé sur elle-même.

Action des pointes. — Pour démontrer le pouvoir des pointes, Tyndall a institué l'expérience suivante. On fixe un bâton de cire à cacheter à une plaque de zinc ou de bois de façon que le bâton de résine se trouve dans une position verticale. Alors on fait chauffer une aiguille et on l'introduit au sommet du bâton de cire. Sur cette aiguille on plante une carotte dans une position horizontale. On a ainsi construit un conducteur se terminant par une pointe, surtout si l'on a planté une aiguille dans le sommet de la racine, ou si avec un canif on a eu soin de la rendre plus aiguë. On présente alors à cette extrémité le tube de verre électrisé par frottement. Au bout d'un instant, on enlève le tube et l'on constate que la carotte est exclusivement chargée de fluide positif, le négatif s'est écoulé dans l'atmosphère.

Expérience de Dufay. — L'influence des pointes permet d'expliquer les résultats de l'expérience suivante. Frottons un tube de verre et maintenons-le dans une position à peu près verticale, tandis qu'un aide laissera tomber dans le voisinage une feuille d'or. Approchons vivement le tube de la feuille d'or qui tombe, celle-ci se porte sur le tube, s'arrête brusquement, puis s'en éloigne. On peut ainsi faire voyager et chasser dans l'air cette lame métallique, pendant des heures entières, sans qu'elle tombe à terre. L'explication est facile : la feuille d'or a été d'abord induite par le tube et par suite attirée, alors elle s'est précipitée sur lui, mais par ses angles, ses pointes, ses bords, le fluide négatif s'est échappé laissant finalement la feuille électrisée positivement. Une répulsion va donc se manifester, puisque le tube et la feuille sont électrisés de la même façon.

Machine électrique. — Cottrell a indiqué le procédé suivant pour construire une machine électrique à bon marché. Son instrument est représenté par la figure 219.

On se procure un cylindre de verre C de vingt centimètres de long, sur huit centimètres de diamètre, muni d'une douille à chacune de ses extrémités. Par ces deux ouvertures on fait passer une tige de bois qu'on fixe solidement par un bouchon de liège et de la cire à cacheter et qu'on place dans deux trous percés dans les supports S et S'. On adapte à cet axe une manivelle destinée à lui communiquer un mouvement de rotation.

Sur l'un des côtés on place une pièce de bois B recouverte de papier d'étain, dans laquelle on a planté une série de pointes d'épingles. Cette armature est fixée sur le

plateau P à l'aide d'une tige de verre T. De l'autre côté et
sur un montant vertical on dispose un frotteur F consistant en un coussin formé par plusieurs doubles de soie
enduite d'amalgame. Ce coussin doit être assez épais pour
presser contre le cylindre de verre. On attache au frotteur

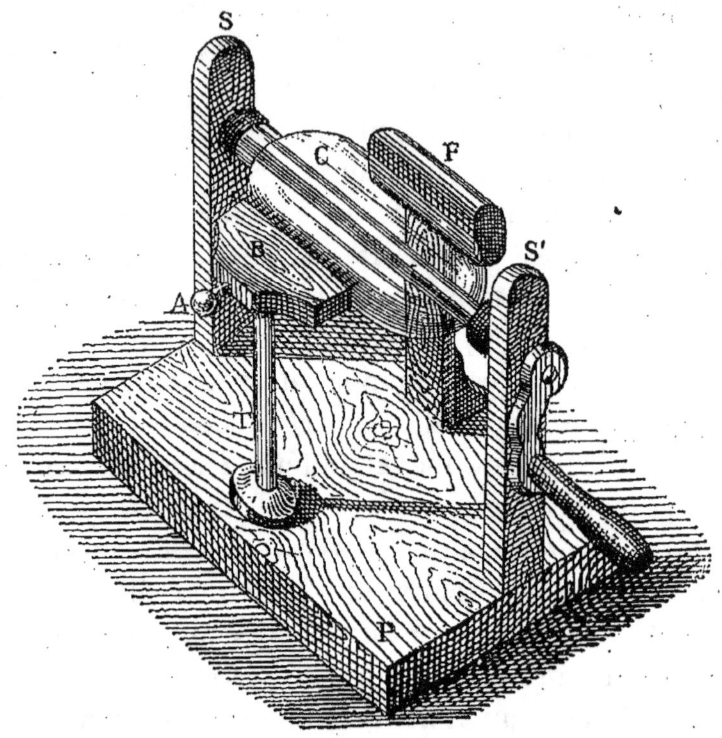

Fig. 219. — Machine électrique de Cottrell.

une bande de soie qui n'est pas représentée ici. Cette
bande de soie recouvre la partie supérieure du cylindre
presque jusqu'au niveau des pointes d'épingle. Un bouton
métallique A est fixé sur la pièce B.

Lorsqu'on tourne le cylindre de verre, celui-ci au contact du frotteur s'électrise positivement. En face du verre
électrisé se trouvent les pointes. Or, le cylindre agissant

par influence sur ces pointes, attire l'électricité négative qui se répand sur le verre électrisé ; par suite, le cylindre, en touchant de nouveau le frotteur, est à l'état neutre. Quant au fluide positif, il se répand sur le conducteur B et le bouton A. Toutes les parties de ce conducteur doivent être arrondies et dépourvues d'arêtes vives et de pointes. On peut substituer au manchon de verre une bouteille à eau gazeuse à fond plat. On perce, au fond de la bouteille, un trou d'un diamètre égal à l'ouverture du goulot. On obtient cette ouverture à l'aide d'un vieux tiers-point dont on a rendu les angles aigus à la meule, et auquel on communique un mouvement de rotation à l'aide d'un vilebrequin ; le tiers-point doit se terminer en grain d'orge et il faut le tremper, de temps en temps, dans l'essence de térébenthine.

Pendant que la machine est en mouvement, si on en approche une phalange de la main, l'électricité passe du conducteur au doigt sous forme d'étincelle. Grâce à la précaution que nous avons prise d'arrondir toutes les parties du conducteur, la déperdition d'électricité est peu considérable ; il en serait tout autrement si ce conducteur présentait des angles vifs, des arêtes non émoussées qui agiraient à la façon des pointes. On peut d'ailleurs donner une nouvelle preuve de cette déperdition de l'électricité par les pointes, à l'aide de l'expérience suivante.

Tourniquet électrique. — On confectionne à peu de frais un tourniquet électrique de la manière suivante. A l'aide d'un peu de cire à cacheter, on fixe perpendiculairement l'une à l'autre et par leur milieu, deux pailles d'une longueur de vingt-cinq centimètres. SS, S'S' (fig. 220). On enfile dans chaque paille un fil métallique fin et on en recourbe les bouts, aux extrémités des pailles, de manière à constituer un petit bras métallique pointu, placé dans le même plan que les deux pailles. Ce petit bras doit avoir de deux à trois centimètres de long ; avec un peu de gomme laque dissoute dans l'alcool, on fixe les pointes dans la position horizontale. On peut d'ailleurs remplacer les deux fils métalliques par des épingles enfoncées à chaque extrémité des pailles, de façon à ce que le système des quatres pointes soit placé dans le même plan horizontal.

A l'aide d'un brin de paille et d'un peu de cire à cache-

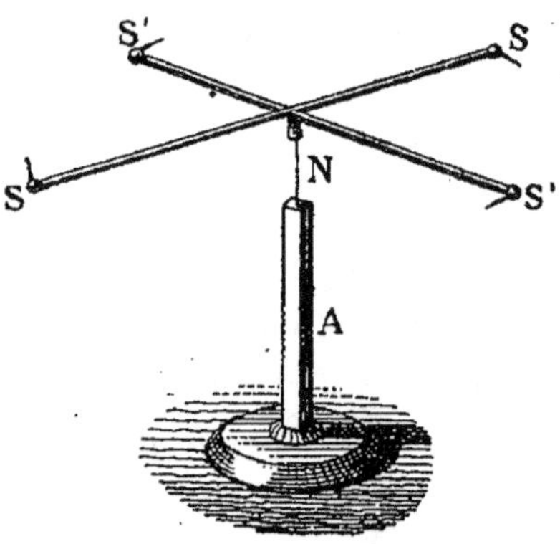

Fig. 220. — Tourniquet électrique.

ter, on forme, à l'intersection des deux tiges, une chape qui repose sur une aiguille montée sur un bâton de cire à cacheter. Si on relie ce petit appareil à la machine électrique à l'aide d'un fil métallique un peu fort et qu'on la fasse fonctionner, on voit immédiatement le tourniquet entrer en rotation, en sens contraire de la direction des pointes métalliques.

On peut également attacher au bouton un gros fil métallique qu'on recourbe en crochet. A ce crochet on fixe une houppe de papier formée de lanières minces. Dès que le cylindre se met en mouvement, les lanières divergent. En approchant d'elles la main fermée, elles se portent immédiatement vers le poing. Présente-t-on au-dessous de la houppe une aiguille un peu forte, les bandelettes se déchargent et retombent sans diverger.

Se place-t-on sur le tabouret isolant, en touchant le bouton A de la machine, pendant que le cylindre est en mouvement, et en tenant à la main une petite aiguille à coudre dont on tient l'extrémité masquée par le doigt indicateur, on n'observe qu'une faible divergence des lames si l'on approche ce doigt de l'électroscope. Mais vient-on à démasquer la pointe de l'aiguille, aussitôt ces lames divergent avec une extrême vivacité.

Bouteille de Leyde. — On peut la construire avec un verre en cristal de première qualité, une feuille de papier d'étain et un fort fil métallique. Dans l'intérieur et à l'extérieur du verre, on colle la lame d'étain qui doit arriver à deux ou trois centimètres du bord du verre (fig. 224). F est le fil métallique qui sert d'armature intérieure ; il se contourne à son extrémité inférieure en une spirale qu'on fixe, dans le fond du verre, à l'aide d'un peu de cire. Ce fil est surmonté, à l'autre extrémité B, d'un bouton qui peut être en métal, en bois ou en cire, mais dans ces deux derniers cas revêtu de papier d'étain.

Pour charger la bouteille, on relie l'armature extérieure avec le sol en la tenant à la main, et l'on présente le bouton au conducteur de la machine. Quelques tours de celle-ci suffisent pour charger la bouteille.

Il est facile de comprendre ce qui se passe ici. L'électricité libre de la machine agit par influence sur l'armature intérieure de la bouteille et la charge d'électricité positive. Cette armature réagissant, par influence, à travers le verre, sur l'armature extérieure, en décompose le fluide neutre et chasse dans le sol le fluide positif à travers le corps de l'expérimentateur. Le fluide négatif s'accumule ainsi dans l'armature extérieure, dissimulé par le fluide positif de l'armature intérieure; mais ces deux fluides ne sont pas en égale quantité, le fluide positif est toujours en léger excès dans l'armature intérieure.

Pour décharger la bouteille de Leyde, on met une des branches d'un *excitateur* en contact avec l'armature exté-

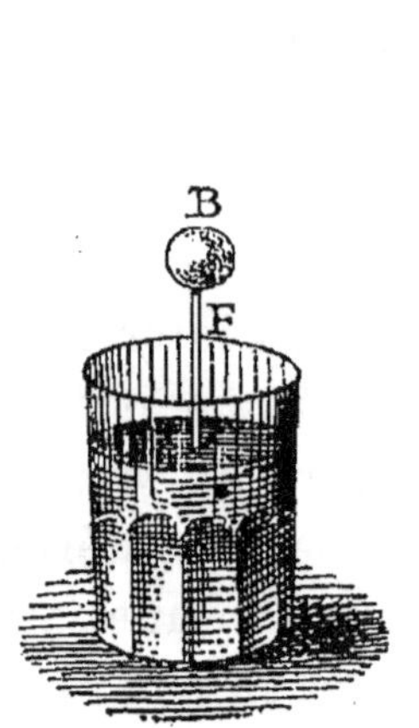

Fig. 221. — Bouteille de Leyde.

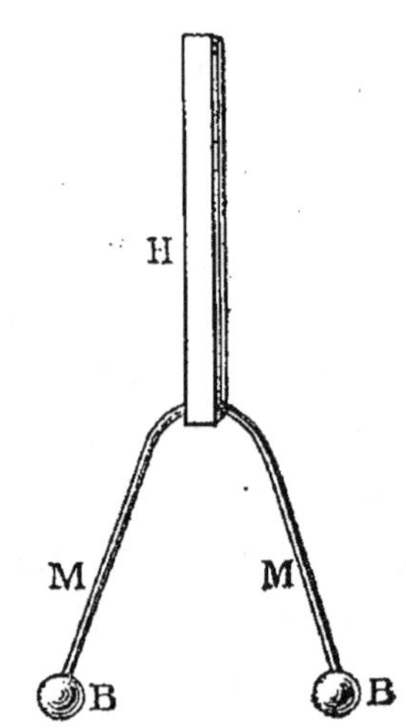

Fig. 222. — Excitateur à manche isolant.

rieure et l'on approche l'autre branche du bouton de l'armature intérieure. Avant qu'il y ait eu contact, l'électricité passe de l'excitateur au bouton sous la forme d'une étincelle.

Pour construire cet excitateur, on perce de part en part un bâton de cire à cacheter H (fig. 222). Par l'ouverture ainsi obtenue, on fait passer un gros fil de laiton MM, qu'on courbe en forme de fer à cheval. On le fixe dans son manche résineux en ramollissant convenablement celui-ci,

23.

par la chaleur, dans les environs du canal percé par l'alène. Aux deux extrémités du fil on fixe des sphères de métal B, ou des billes de bois, ou bien encore des sphères de cire BB recouvertes de papier d'étain.

Au lieu de décharger la bouteille de Leyde d'un seul coup, à l'aide de l'excitateur, on peut la décharger peu à peu en la touchant alternativement sur chacune de ses armatures. Pour cela, on la dépose sur un corps mauvais conducteur tel qu'une lame de verre bien sèche, ou bien une lame de caoutchouc ou de gutta-percha. Cela fait, on touche du bout du doigt la boule qui termine l'armature intérieure. Une faible étincelle se produit. Alors une petite partie de fluide négatif existera sur l'armature extérieure à l'état de tension ou de liberté ; en touchant du doigt cette armature, une nouvelle étincelle se manifestera. On continuera ainsi de suite jusqu'à cessation du phénomène, et la bouteille se trouvera déchargée.

Bouteille de Leyde vivante. — Tyndall a donné à la bouteille de Leyde une forme originale, à l'aide de laquelle on réalise un phénomène de commotion qui excite toujours vivement l'intérêt des expérimentateurs. Deux personnes sont nécessaires pour réaliser l'expérience. La première monte sur le tabouret isolant et place, à plat, sur sa main droite et bien sèche, une feuille de caoutchouc ; la deuxième pose sa main gauche, à plat, sur cette feuille. Les deux mains sont donc séparées par un corps isolant. Si maintenant l'opérateur isolé touche le bouton de la machine en mouvement, les deux expérimentateurs sentent bientôt dans la main un craquement, un chatouillement dus à l'attraction, à travers le caoutchouc, des deux électricités opposées. La bouteille de Leyde vivante est ainsi constituée. Pour la décharger, les deux opérateurs n'ont qu'à se donner l'autre main, ils éprouvent alors une commotion.

Poisson de Franklin. — A l'aide de la bouteille de Leyde, on peut donner à l'expérience de Dufay une forme des plus intéressantes et réaliser l'expérience du *poisson de Franklin*, également connue sous le nom de *tombeau de Mahomet*. Elle consiste à faire tenir un corps léger en équilibre au milieu de l'atmosphère, sous l'influence des attractions et des répulsions d'un corps électrisé. Pour cela on découpe, dans une feuille de papier à lettre, un quadrilatère présentant la forme de la carcasse en ficelle *adbc* du cerf-volant de la figure 88 et dont la grande diagonale est de deux à trois centimètres de long. On le présente alors au bouton de la bouteille de Leyde, où il reste suspendu dans un état d'immobilité presque complet. Cela se comprend, car l'attraction résultant de l'écoulement du fluide négatif par l'angle obtus l'emporte sur la répulsion qui résulte de l'écoulement du fluide positif par l'angle aigu, et cette attraction compense suffisamment le poids du papier, pour qu'il y ait équilibre. On peut se promener dans l'appartement où se fait l'expérience en tenant la bouteille de Leyde à la main; le poisson la suit docilement; seulement par suite du déplacement de l'air il exécute un mouvement de rotation rapide autour de son axe représenté par la grande diagonale.

Le nom de tombeau de Mahomet, que l'on donne parfois à cette expérience, fait allusion à la légende qui veut que le tombeau du prophète ait pu rester suspendu entre le ciel et la terre.

Figures de Lichtemberg. — Ces figures permettent de constater la distribution de l'électricité sur une surface, à l'aide de certains corps réduits en poudre très fine.

Ainsi du minium et du soufre en fleur, par leur frottement réciproque, vont contracter le premier l'électricité positive et le deuxième l'électricité négative. Ce résultat s'obtient aisément en projetant le mélange à l'aide d'un de ces soufflets qui servent à faire pénétrer les poudres insecticides dans les objets de literie. Or, si l'on frotte le gâteau de l'électrophore avec la peau de chat, et si l'on promène ensuite sur cette surface le bouton de la bouteille de Leyde, le gâteau sera positif sur certaines parties et négatif dans d'autres. Alors, en projetant, avec le soufflet, le mélange sur la surface ainsi préparée, on obtient un dessin rouge et jaune du plus bel effet, provenant de l'adhérence du minium sur les parties négatives, du soufre sur les parties positives.

Inflammations par la bouteille de Leyde. — On réalise, à l'aide de la bouteille de Leyde, l'inflammation de cer-

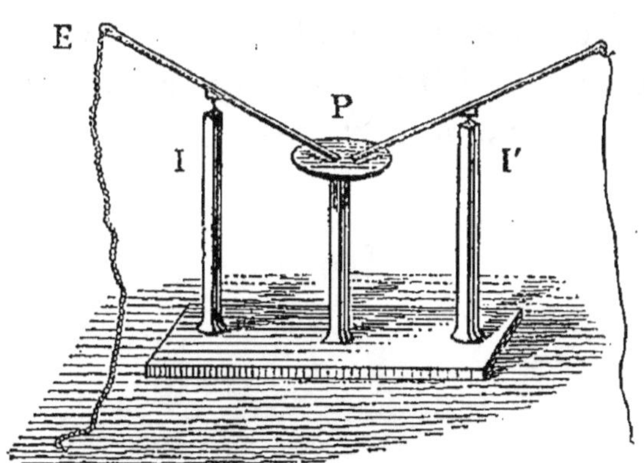

Fig. 223. — Excitateur universel.

taines substances, telles que le fulmicoton, le phosphore, l'amadou, la poudre de chasse. L'instrument à employer dans ce cas est l'excitateur universel que l'on peut construire soi-même de la façon suivante.

I et I' (fig. 223) sont deux baguettes isolantes en cire à cacheter, fixées sur une planchette et qui supportent deux bras de métal dont les extrémités peuvent se rejoindre au-dessus d'une petite tablette centrale P. Un des bras métalliques de l'excitateur est formé par un fil métallique E mis en communication avec le sol, les extrémités des deux bras sont entourées de poudre en P. Si l'on fait passer la décharge de la bouteille, sans la retarder par l'interposition d'un conducteur imparfait, la poudre est dispersée ; mais si l'on introduit dans le circuit un bout de corde mouillée, l'inflammation se produit au moment où éclate l'étincelle. On peut également enflammer la poudre de chasse à l'aide de la bouteille de Leyde vivante précédemment décrite. On place la poudre sur un petit plateau en communication avec le sol, la personne isolée, une fois électrisée, saisit avec la main libre une petite corde mouillée, à laquelle est attachée une balle de plomb, et laisse descendre cette balle tout près de la poudre jusqu'au moment où l'étincelle jaillit et détermine l'inflammation de la substance explosive.

CHAPITRE X

LE MAGNÉTISME. — L'ÉLECTRICITÉ DYNAMIQUE.

Magnétisme. — Un aimant est une barre d'acier trempé droite ou incurvée en fer à cheval, ou bien encore une aiguille d'acier trempé de forme variable, auxquelles, par des procédés que nous décrirons plus loin, on a communiqué la propriété d'attirer le fer et d'être attirées par lui. Cette propriété se rencontre dans certains minerais de fer ; de là la distinction entre les aimants artificiels et les aimants naturels. Les premiers sont d'un emploi plus fréquent que les seconds, car ils sont plus puissants et plus commodes, puisqu'on peut modifier à volonté leur forme et leur dimension.

Dans tout aimant se trouvent, vers les deux extrémités opposées, deux points dans lesquels semble s'être concentrée la propriété magnétique ; on les nomme *pôles de l'aimant.* Entre les deux pôles, ordinairement à égale distance de l'un et de l'autre, il existe une ligne sur laquelle il n'y a pas d'attraction. Elle est indiquée sur la figure 224 par une ligne perpendiculaire à l'axe du barreau ; on l'appelle *ligne neutre.* Il arrive pourtant quelquefois qu'un barreau aimanté présente, entre les pôles extrêmes, des pôles intermédiaires auxquels on donne le nom de *points conséquents.* Les uns et les autres se reconnaissent en roulant l'aimant dans la limaille de fer. Dans le premier cas, la limaille s'attache aux pôles, tandis que la ligne neutre n'en retient aucune parcelle; dans le deuxième cas, la barre présente un nombre pair ou impair de centres d'attraction. On remarque que les parcelles de fer qui ont été attirées sont disposées les unes à la suite des autres, de manière à former des filaments perpendiculaires à la surface de l'aimant et d'autant plus longs qu'ils sont plus près des pôles.

Expérience de Gilbert. — Spectre magnétique. — Pour mettre en relief l'existence des pôles et de la ligne neutre, Gilbert a indiqué l'expérience suivante : dans une planchette de bois présentant l'épaisseur du barreau aimanté, on creuse une cavité ayant la longueur et la largeur du

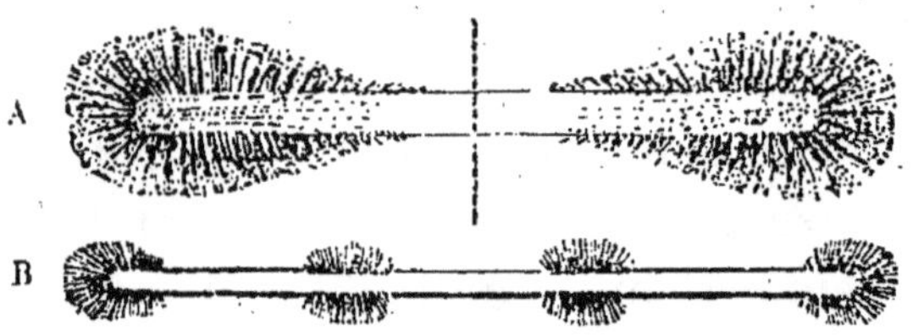

Fig. 224. — Pôles et points conséquents.

barreau. On loge l'aimant dans cette cavité, puis la planchette étant disposée sur une table horizontale, on la recouvre d'une feuille de carton mince, sur laquelle, à l'aide d'un petit tamis de soie, on fait tomber de la fine limaille de fer. Les parcelles métalliques (fig. 225), obéissant à l'attraction magnétique, s'arrangent régulièrement. En examinant ces courbes, on voit qu'elles indiquent nettement la tendance de la limaille à se porter vers les pôles et l'absence d'attraction de la part de la ligne neutre.

L'expérience de Gilbert prouve en outre que l'attraction magnétique s'exerce à travers le carton. Il en serait de même si on venait à changer la substance interposée; une lame de laiton, de bois, de cuir, etc., n'entraverait en rien l'action magnétique. Elle s'exerce à travers tous les corps connus, pourvu qu'ils ne soient pas magnétiques; aussi de Haldat s'est servi de cette propriété pour fixer, pour conserver le spectre magnétique. Il le produit sur une

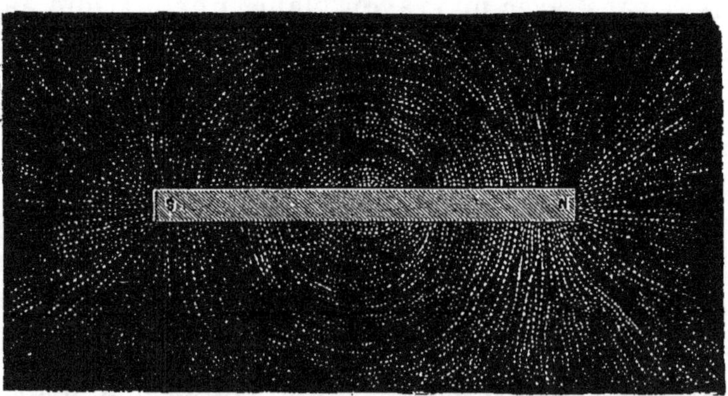

Fig. 225. — Spectre magnétique

lame de verre et applique dessus une feuille de papier enduite de colle d'amidon mêlée de gélatine. La limaille s'attache à la colle et reste parfaitement adhérente à la feuille de papier, quand le corps agglutinatif s'est desséché.

Action mutuelle des pôles des aimants. — Pour démontrer cette action, on prend une aiguille à tricoter un peu forte, on l'aimante, on la fait reposer, par sa partie moyenne, sur une petite planchette de liège flottant dans un vase rempli d'eau, de manière que l'aiguille reste en équilibre sur le flotteur. Au bout de quelques oscillations, une des extrémités de l'aiguille se dirige sensiblement vers le nord de la terre, et elle revient toujours dans cette position, par une série d'oscillations, si l'on vient à l'en écarter. L'axe de l'aiguille n'est point pourtant exactement contenu dans le plan du méridien géographique; il fait avec lui un angle variable suivant les localités. Le plan vertical qui passe par l'axe de l'aiguille est le *plan du méridien magnétique*.

Ce pôle, qui se dirige ainsi vers le nord, sera pour nous le pôle austral; l'autre extrémité constituera le pôle boréal. Faisons, avec un crayon blanc, une marque à ce pôle austral. Recommençons la même expérience avec une deuxième aiguille, et ici encore marquons le pôle austral. Alors présentons au pôle austral de la deuxième aiguille, que nous avons laissée sur le flotteur, le pôle austral de la première, nous constaterons une répulsion. Au contraire, si nous présentons le pôle boréal au pôle austral de l'aiguille flottante, c'est une attraction qui se manifestera. On peut donc, pour le moment, admettre que le magnétisme est un fluide double composé de deux fluides élémentaires, qui résident à la fois dans le même aimant; le premier dominant dans l'un des pôles, le second dans le pôle opposé. Chaque fluide agit par répulsion sur lui-même et par attraction sur le fluide contraire. Ces deux fluides peuvent se neutraliser instantanément, et l'aimant semble perdre, pour le moment, sa propriété attractive sur le fer. On le démontre par l'expérience suivante.

Expérience de la clef. — Paradoxe magnétique. — Prenons un barreau de fer aimanté et suspendons au pôle austral de cet aimant une petite clef de fer, puis couchons sur cet aimant un deuxième barreau aimanté aussi fort que le premier, mais de façon à ce que les pôles de nom contraire soient en regard et que le pôle austral qui supporte la clef déborde de quelques centimètres le pôle boréal du deuxième barreau; alors faisons glisser le deuxième aimant sur le premier : à un instant la neutralisation mutuelle des deux pôles se manifestera, et l'on verra la clef se détacher et tomber.

Procédés d'aimantation. — Nous avons supposé, dès le début de ce chapitre, que nos lecteurs avaient en leur possession un barreau aimanté; s'il n'en est point ainsi, voici comment avec un aimant on peut communiquer à un barreau d'acier la propriété magnétique.

Procédé par simple touche. — On pose le barreau d'acier trempé sur une table munie, près d'une de ses extrémités, d'un arrêt dont la hauteur est inférieure à l'épaisseur du barreau. Alors (fig. 226), tenant l'aimant dans

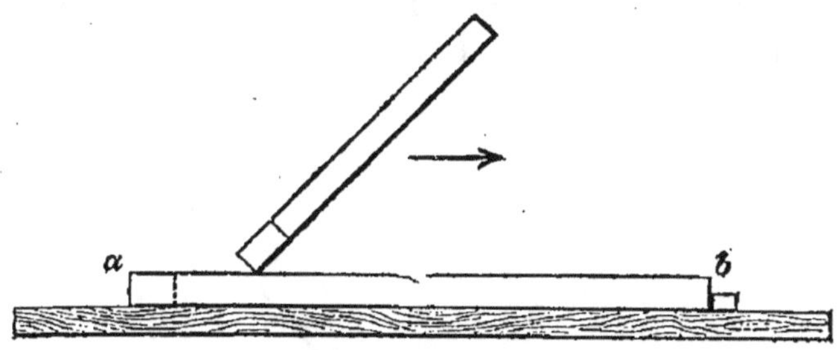

Fig. 226. — Aimantation par la simple touche.

une position inclinée, on le promène plusieurs fois sur le barreau, toujours dans la même direction, soit de *a* en *b*, en conservant toujours le même pôle en contact. Le barreau devient alors un aimant dont le pôle austral est en *a*. En changeant la direction du mouvement, ou encore le pôle en contact avec le barreau, on renverserait l'aimantation.

Aimantation par double touche. — Une autre méthode plus commode est l'aimantation par double touche. Ici l'aiguille à tricoter ou le barreau sont placés sur une table (fig. 227), et l'on prend deux aimants, un dans chaque main, que l'on tient par leurs pôles contraires; les autres pôles, c'est-à-dire l'austral de l'un et le boréal de l'autre, sont maintenus ensemble au centre du barreau d'acier.

On écarte ensuite les deux aimants et on les fait glisser à la fois, en sens inverse l'un de l'autre, depuis le milieu jusqu'à l'extrémité correspondante. On les soulève, on les replace au centre et l'on recommence. Quand cette opération a été faite un certain nombre de fois, le barreau d'acier est devenu un aimant plus ou moins puissant dont le pôle austral se trouve à l'extrémité du barreau sur lequel est passé le pôle boréal de l'aimant dont on s'est servi, et *vice versa*. On prend alors l'aimant ainsi obtenu et on marque le pôle austral d'un trait de lime; c'est à cause de cette particularité que les Anglais désignent le pôle austral ou nord sous le nom de *pôle marqué*.

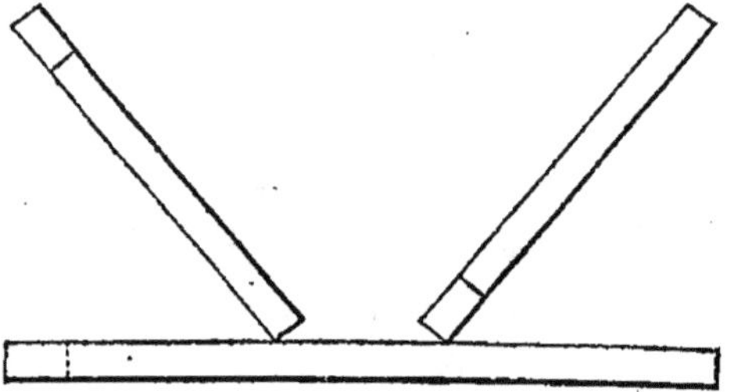

Fig. 227. — Aimantation par la double touche.

Pour vérifier si l'aimantation a été convenablement pratiquée, on roule l'aimant dans une boîte remplie de limaille de fer; dans ce cas la limaille est suspendue en grosses grappes à chaque extrémité, comme l'indique la figure 224 A. Il arrive pourtant quelquefois que les aimants obtenus par ce procédé possèdent, outre les deux pôles, les points conséquents représentés par la figure 224B.

Aimantation par la terre. — Un barreau d'acier aimanté, placé dans le plan du méridien magnétique, dans une position verticale, le pôle austral en bas, et capable d'exécuter un mouvement de rotation autour de son point de suspension qu'on aurait eu soin de faire coïncider avec son centre de gravité, ne restera point dans cette situation. Il subira de la part de la terre une action directrice et fera avec l'horizon un angle plus ou moins grand. Une aiguille ainsi disposée porte le nom d'*aiguille d'inclinaison*.

Eh bien! si l'on dispose, parallèlement à l'aiguille d'inclinaison, une longue barre de fer doux, ses deux fluides magnétiques naturels seront séparés ; il se formera un pôle austral à sa partie inférieure, un pôle boréal à sa partie supérieure. Mais la réunion des deux fluides sera aussi instantanée que leur séparation ; il suffira de retourner la barre pour que les deux fluides, l'austral et le boréal, se recombinent, puis se séparent de nouveau en sens inverse. Quelque vif que soit le mouvement de retournement imprimé à la barre, le pôle austral passager que nous avons fait naître sera toujours en bas et le pôle boréal en haut. Pour s'en convaincre, il suffira d'approcher de ce dernier le pôle boréal d'une aiguille aimantée mobile, la répulsion qu'éprouvera l'aiguille démontrera cette décomposition.

Il est facile, du moment que le fluide magnétique neutre a subi cette décomposition, de rendre la séparation permanente, après avoir soustrait le barreau à l'influence qui l'a transformé en aimant. Pour cela, la barre restant toujours en position, il suffit de frapper un ou deux coups de marteau sur son extrémité supérieure. L'aimantation ainsi communiquée n'est pas pourtant de longue durée ; elle disparaît au bout de quelque temps, mais il est facile de la faire renaître en employant le même procédé d'orientation d'une part et de percussion de l'autre. D'ailleurs le prix des aimants, dans le commerce, est aujourd'hui tellement peu élevé qu'il n'y pas grand avantage à les faire soi-même. Il existe pourtant un procédé d'aimantation fondé sur l'action exercée sur l'acier trempé, par les courants électriques qui est beaucoup plus commode que les précédents ; nous le ferons connaître plus loin.

Électricité dynamique. — Le point de départ de l'électricité dynamique est l'expérience que Galvani exécuta sur la grenouille, à la fin du siècle dernier.

Expérience de Galvani. — A l'aide d'une bonne paire de ciseaux pointus, on coupe une grenouille vivante en deux parties, au niveau des dernières vertèbres dorsales ; on la vide, on dissèque la peau, on passe la pointe des ciseaux sous les deux nerfs lombaires, qui apparaissent comme des fils blancs, de chaque côté de la colonne vertébrale. On enlève en deux coups, les deux vertèbres inférieures ; les nerfs lombaires sont mis à nu et forment le seul lien unissant encore les membres inférieurs à la colonne vertébrale, comme le montre la figure 228.

D'un autre côté, on prépare un arc métallique à l'aide d'une lame de cuivre de 2 à 3 millimètres de largeur, et d'une lame de zinc de même dimension, découpées dans une planche de l'un et de l'autre de ces métaux. On les décape à l'aide d'un morceau de papier à l'émeri, on contourne en boucle une de leurs extrémités et on les agrafe l'une dans l'autre. Cet arc métallique constituera l'*excitateur*.

On applique alors deux lames métalliques, l'une sur les muscles des jambes de la grenouille et l'autre sur les nerfs lombaires. A peine le contact est-il opéré, que les jambes et les cuisses se contractent et reprennent pour un instant leur fonction, comme si l'animal était encore vivant, Vient-on à rompre le contact pour le reproduire ensuite, les convulsions recommencent. Les mêmes effets se reproduisent parfois encore au bout de quelques heures ; le plus ordinairement ces mouvements convulsifs s'affaiblissent rapidement, ils s'éteignent au bout de 30 à 40 minutes et l'on n'observe plus que quelques palpitations de la substance musculaire.

C'est en discutant les conditions de cette expérience, en s'inscrivant en faux contre l'explication donnée par Galvani que Volta, marchant de découvertes en découvertes,

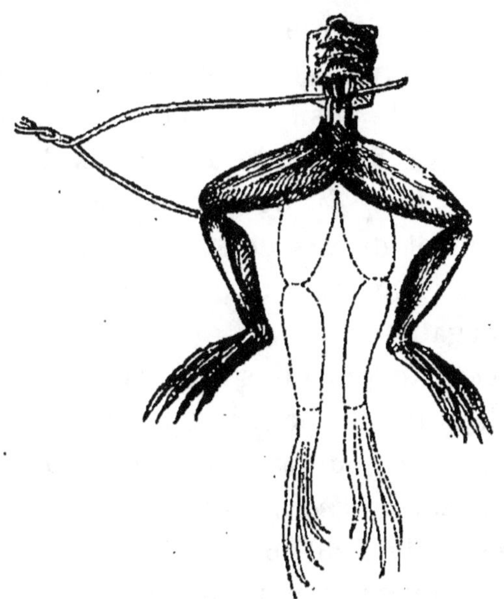

Fig. 228. — Expérience de Galvani.

de déductions en déductions, arriva à construire le plus merveilleux appareil que possède la physique, c'est-à-dire la pile électrique.

Élément voltaïque. — Toute pile électrique n'est que la réunion d'un certain nombre d'unités capables de développer de l'électricité et connues sous le nom d'*éléments de pile, d'éléments voltaïques*. Essayons de construire, à peu de frais, un pareil élément. Nous prendrons d'une part une pièce de dix centimes et de l'autre un disque de zinc un peu épais, de même diamètre. Ceci fait, nous placerons sur le disque de cuivre une rondelle de drap de même dimension, imbibée d'eau, dans laquelle on a versé $\frac{1}{16}$ d'acide sulfurique et $\frac{1}{20}$ d'acide azotique, et nous poserons le disque de zinc sur la rondelle de drap. Si maintenant, nous empilons toujours dans le même ordre, les uns sur les autres, un certain nombre de disques en cuivre, drap, zinc, nous aurons construit une *pile*. Le zinc, sous l'influence de l'acide qui l'attaque, s'électrise négativement, le cuivre contracte l'électricité positive. Attachons un fil métallique à chaque extrémité de la pile, les points d'attache de ces fils constitueront les *pôles* de la pile, et si alors nous établissons le contact de ces deux fils, ils seront immédiatement traversés par un *courant* marchant du cuivre positif au zinc négatif.

La *pile à colonne* que nous venons de décrire avait été construite à la suite des premiers travaux de Volta ; elle a subi de nombreuses modifications dans sa forme et l'on peut dire que l'*élément moderne*, réduit à sa plus simple expression, se compose (fig. 229) de deux lames, l'une AA en zinc, l'autre BB en cuivre ; si nous plongeons ces deux lames dans de l'eau acidulée par $\frac{1}{10}$ d'acide sulfurique, l'élément de pile (*élément voltaïque, couple hydro-électrique*) est constitué. Ici, le zinc, sous l'influence de l'acide qui l'attaque, contracte l'électricité négative, le cuivre s'électrise positivement. Soudons maintenant deux fils aux extrémités N et P des lames, ces extrémités sont les *pôles*, tandis que les fils sont les *rhéophores*, les *électrodes*. Si nous réunissons ces deux fils par leurs extrémités, nous jetterons ainsi une espèce de pont NEP entre le point N et le point P, et ce pont sera traversé par un courant marchant du pôle positif au pôle négatif, et le liquide I par un courant qui ira du zinc au cuivre. Ce fil conjonctif n'est pas électrisé à la façon ordinaire, il n'attire pas les corps légers, il n'est point pourtant à l'état naturel. Il est le siège d'un phénomène spécial, d'un mouvement continu de fluides qui constitue

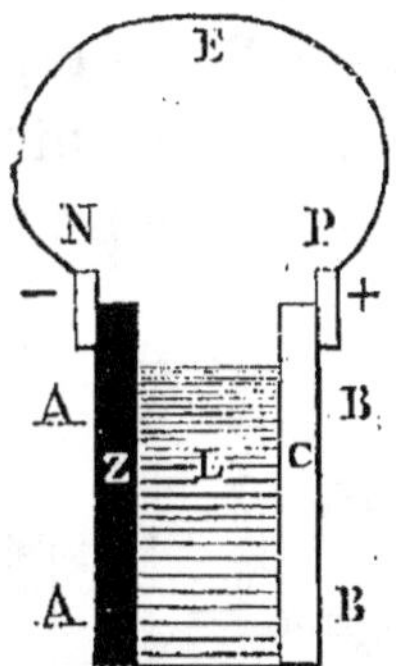

Fig. 229. — Éléments zinc et cuivre.

le courant, courant qui extérieurement à la pile circule du métal non attaqué au métal attaqué par l'acide, et dans le liquide du corps attaqué à celui qui ne l'est pas.

Pile à couronne de tasses. — En réunissant un certain nombre d'éléments voltaïques semblables aux précédents, on peut établir, à peu de frais, une pile qui va nous permettre de réaliser un grand nombre d'expériences curieuses. L'eau acidulée par l'acide sulfurique (eau 15 à 20 parties, acide sulfurique 1 partie) est placée dans une série de verres à boire; les vases en verre servant aux illuminations publiques conviennent aussi très bien pour cet usage. On réunit ces verres (fig. 230) par des espèces de ponts $a'b'$ $a''b''$, $a'''b'''$ formés d'une lame de zinc et d'une lame de cuivre de deux centimètres de large, d'une hauteur convenable et reliées par un gros fil métallique ou tout simplement soudées l'une à l'autre. De cette façon, le zinc a' du premier vase sera soudé au cuivre b' du second, le zinc a'' du deuxième couple au cuivre b'' du troisième, et ainsi de suite. Cette pile, imaginée par Volta, avait reçu de son auteur le nom de pile à *couronne de tasses*. Cette appellation rappelait l'arrangement circulaire que donnait ce physicien aux vases qui servaient à l'établir. Il est évident qu'on peut adopter tout autre arrangement, celui en lignes parallèles, par exemple, qui a l'avantage d'occuper un espace moins considérable. Pour pouvoir manœuvrer aisément les rhéophores on les fixe sur une *borne*, espèce de bou-

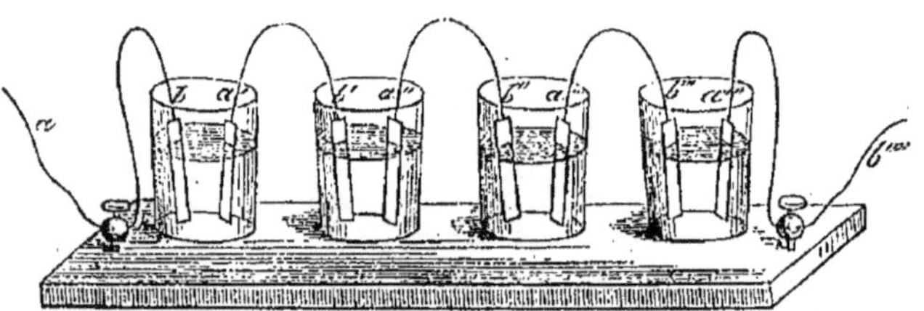

Fig. 230. — Pile à couronne de tasses.

ton à vis, planté sur la planchette qui supporte les éléments.

Une pile semblable ne tarderait pas à s'user, et à être complètement hors de service. En effet, le zinc du commerce plongé dans l'acide sulfurique étendu d'eau est attaqué avec une grande énergie, des bulles nombreuses de gaz hydrogène se manifestent à sa surface. Cette destruction rapide cesse du moment que le zinc a été amalgamé; l'attaque se produit seulement lorsque le *circuit est fermé*, ou, autrement dit, lorsque les deux pôles sont mis en communication par le fil conjonctif; c'est alors sur la surface du cuivre que s'observe le dégagement d'hydrogène. L'amalgamation du zinc est d'ailleurs une opération facile, il suffit de décaper le métal avec un fragment de papier à l'émeri, de le laver avec un peu d'eau acidulée par l'acide sulfurique et d'étendre le mercure à sa surface à l'aide d'un tampon de coton.

Elément de Wollaston. — Lorsqu'on veut développer, à l'aide d'un élément, une quantité considérable d'électri-

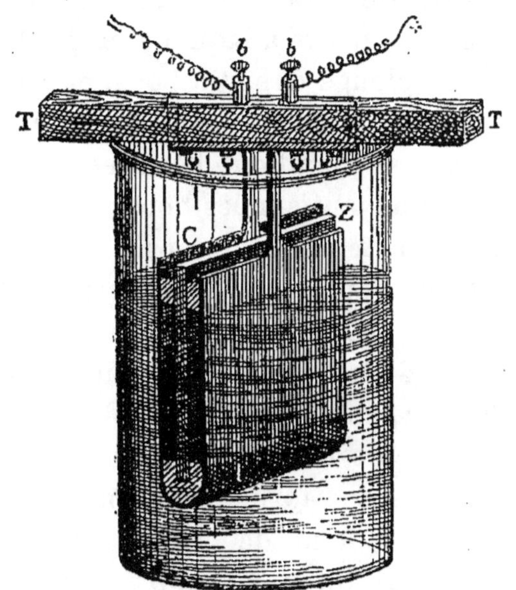

Fig. 231. — Élément de Wollaston.

cité, on emploie la disposition suivante, due à Wollaston.

Dans une lame de zinc, aussi épaisse que possible, on découpe un rectangle de quinze centimètres de hauteur sur dix centimètres de large. Tout autour de ce rectangle, on dispose (fig. 231) une feuille de cuivre qui l'enveloppe de toute part. Les deux lames, zinc et cuivre, doivent être aussi rapprochées que possible, sans être pourtant en contact; pour cela, on les sépare à l'aide de cales en bois et on les maintient dans cette position à l'aide d'un lien de chanvre ou de lin. La lame de cuivre présente, dans la partie où elle est contournée, une fente assez large qui permet au liquide de pénétrer aisément dans l'intervalle. A la partie supérieure de la lame qui est enveloppée et de la lame enveloppante on soude et on rive une bande de cuivre. Ces deux bandes se fixent, à l'aide de vis, à une traverse en bois, pénètrent à travers l'épaisseur de cette traverse, se recourbent ensuite l'une vers l'autre et finalement se terminent par une borne à laquelle on peut fixer les électrodes. Le tout plonge dans un bocal de verre, de grès ou de terre plein d'eau acidulée avec 1/10 d'acide sulfurique ; la traverse en bois maintient l'élément dans une position verticale en s'appuyant sur les bords du vase. Le zinc doit être amalgamé de temps en temps.

L'élément que nous venons de décrire suffit amplement aux expériences que nous indiquerons plus tard, mais à cette condition de les exécuter avec une certaine rapidité. En effet, l'action chimique s'y affaiblit rapidement, car le courant qui circule dans l'intérieur du vase, y décomposant le sulfate de zinc formé, détermine un dépôt de zinc métallique, sur la lame de cuivre. De là une diminution progressive dans l'intensité du courant, parce que le liquide se trouve placé entre deux couches de zinc dont les effets électriques sont dirigés en sens contraire et tendent à se détruire. Aussi toutes les fois que l'élément ne fonctionne pas, convient-il de le retirer du liquide excitateur, ce qui se fait sans peine en le saisissant par la traverse. Dans certaines expériences, il convient de substituer au liquide acide ordinaire, de l'eau tenant en dissolution 1/10 d'acide sulfurique et 1/20 de bichromate de potasse.

Si l'on voulait établir économiquement un élément de pile fonctionnant assez longtemps et avec une grande régularité, nous conseillerions la disposition suivante. Dans un petit vase à boire de la contenance de cinquante à soixante centimètres cubes, on dispose un fourneau de pipe, dont on a bouché l'ouverture inférieure, servant au passage de la fumée, avec un peu de cire molle. Dans le vase en verre on place une dissolution de sel marin; dans la pipe une dissolution de sulfate de cuivre qu'on maintient saturée par l'addition de quelques cristaux de ce sel; une lame de cuivre d'un centimètre de large environ plonge dans la pile; le vase en verre reçoit une lame de zinc aussi large que possible dont on augmente même la surface en la pliant sous forme de gouttière. Si l'on désire réunir plusieurs éléments semblables, on y parvient sans peine en fixant, à l'aide d'un grain de soudure, le cuivre de l'un au zinc de l'autre. Les pôles positif et négatif sont représentés par la lame de cuivre et la lame de zinc libres dans le premier et le dernier élément. Avec trois éléments semblables on décompose l'eau avec facilité.

Quelle que soit d'ailleurs la force de la pile employée, tous les points de contact de la pile et des fils qu'on interpose dans le circuit doivent être soigneusement décapés. C'est à cette condition seulement que le *passage du courant est assuré* et que les expériences peuvent être menées à bien. Quand on arrive à un insuccès, il faut le plus ordinairement l'attribuer à la non-observation de cette condition.

Les effets de l'électricité dynamique peuvent se diviser en effets physiologiques, chimiques, physiques.

Effets physiologiques. — On prend un petit poisson vivant, on le place sur une plaque de zinc mouillée avec de l'eau ordinaire et l'on dispose sur la tête de l'animal une pièce de monnaie en argent également mouillée. Alors avec un fil de métal courbé en forme d'arc, on établit une communication entre le zinc et l'argent. Le poisson était resté immobile tant que les deux métaux n'étaient pas en contact, mais du moment que ce contact a été établi par l'intermédiaire du fil, on voit l'animal éprouver de violentes contractions qu'on produit ou qu'on supprime à volonté, en établissant ou en rompant le contact.

Saveur et lueur galvaniques. — On place une plaque mince de zinc sur la surface supérieure de la langue et une pièce de deux francs sous sa surface inférieure. On laisse, pendant quelque temps, ces métaux en contact avec la langue, avant de les faire toucher l'un l'autre, de façon à ne pas confondre leur saveur propre avec celle qu'engendre leur contact. Si alors on fait déborder la langue par chacun des métaux et si on les fait se toucher, on éprouve une sensation de picotement et l'on perçoit un goût aigrelet assez semblable à celui que détermine dans la bouche la présence d'une goutte d'acide nitrique très étendu ; cette sensation se manifeste au point touché par le zinc ; on éprouve une saveur de lessive au point touché par l'argent. Si l'on fait l'expérience dans l'obscurité ou qu'on ferme les paupières, au moment où l'on opère le contact, on aperçoit une vive lueur, c'est la *lueur galvanique*.

Cette expérience peut être variée de plusieurs manières. On place une petite cuiller d'argent aussi haut que possible entre la gencive et la lèvre supérieure, et une petite lame de zinc entre la gencive et la lèvre inférieure. Aussitôt qu'on établit le contact entre les deux métaux, on éprouve une sensation vive, semblable à un éclair ou à un jet de lumière. Ou bien on place un gobelet d'argent plein d'eau sur une feuille de zinc; en plongeant la langue dans le gobelet on n'éprouve aucune sensation particulière, mais si en laissant toujours la langue dans l'eau, on touche le zinc avec les doigts mouillés, immédiatement on perçoit une sensation particulière et un goût acide.

Quand on fait communiquer les pôles d'une pile au moyen d'une partie du corps, on ressent une commotion d'autant plus forte que les éléments sont plus nombreux. L'étendue des éléments ne peut ici suppléer à leur nombre, et il est indispensable d'en employer une certaine quantité pour réaliser ces effets.

Lorsqu'après s'être légèrement mouillé les tempes avec de l'eau salée, on vient à y appliquer les deux rhéophores d'une pile à couronne de tasses de dix éléments, construite dans les conditions précédemment indiquées, on éprouve au moment du contact une piqûre plus ou moins vive; si alors on ferme les paupières et si on vient à rompre le contact, une lueur instantanée passe devant les yeux.

Si l'on adapte maintenant à chaque conducteur un cylindre de laiton ou une plaque un peu large du même métal, on éprouvera, si l'on vient à toucher les plaques de manière à placer le corps dans le circuit, un frémissement particulier dans les doigts. La sensation se renouvellera toutes les fois qu'après avoir abandonné un des conducteurs on viendra à le reprendre. Avec vingt éléments, un frémissement avec contraction pénètre jusqu'au poignet. Avec trente, la sensation se propage jusqu'au coude.

Effets chimiques. — Décomposition de l'eau. — Elle s'effectue au moyen du voltamètre qu'il est facile de construire soi-même. Pour cela, on se procure un de ces petits verres à expériences, qui se trouvent aisément dans le commerce; on le perce dans sa partie inférieure de deux ouvertures, de façon à permettre le passage de deux fils de platine d'un millimètre de diamètre environ, choisis de manière qu'ils s'élèvent d'une certaine hauteur dans le verre, et qu'ils présentent en dehors une longueur de quelques centimètres destinée à donner attache aux fils de la pile (fig. 232). On coule alors un peu de ciment hydraulique dans le fond du vase qu'on a eu soin de rendre assez rugueux pour augmenter l'adhérence. Quand le ciment est sec, on le recouvre d'une couche de paraffine fondue ; les deux fils doivent déborder la paraffine d'un centimètre environ et n'être éloignés l'un de l'autre que d'un centimètre. Quatre petits éléments, zinc et cuivre, suffisent à l'expérience qui marche pourtant plus rapidement, si l'on augmente le nombre des couples.

Le voltamètre étant rempli d'eau acidulée, et les deux fils de platine recouverts chacun par une petite cloche également pleine de ce liquide, on met les fils en communication avec les pôles de la pile. A l'instant, on voit se dégager, autour des fils, des bulles de gaz qui s'élèvent dans les cloches. Le gaz qui se dégage autour de l'électrode positive est de l'oxygène pur, celui qui se dégage autour du pôle négatif est de l'hydrogène dont le volume est le double de celui de l'oxygène. Pour s'assurer de la nature de ces gaz, on peut faire les expériences suivantes :

Lorsque la cloche à l'hydrogène est remplie, on la retire et on l'approche d'une bougie allumée ; le gaz qu'elle contient brûle avec une flamme peu éclairante et en produisant une légère explosion au moment où on l'enflamme.

Pour constater que l'autre cloche renferme de l'oxygène, on y introduit une allumette présentant quelques points en ignition, qui s'enflamme instantanément et brûle avec une grande vivacité.

Enfin en engageant dans une même cloche remplie d'eau acidulée, les deux fils de platine, on obtient un mélange des deux gaz qui fera explosion lorsque, la cloche étant pleine et retirée du voltamètre, on approchera une bougie enflammée de son ouverture. Avant de procéder à l'inflammation du mélange, il est bon d'entourer la cloche avec un linge pour éviter d'être blessé, au cas où elle viendrait à être brisée par l'explosion.

Décomposition des sels. — On peut la réaliser aisément avec six petits éléments, zinc et cuivre.

Décomposition de l'iodure de potassium. — 1° Dans un petit verre à expériences on introduit une dissolution d'iodure

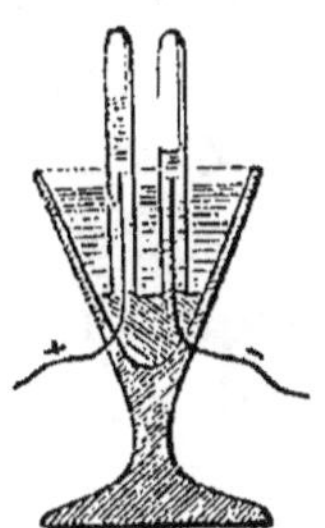

Fig. 232. — Voltamètre.

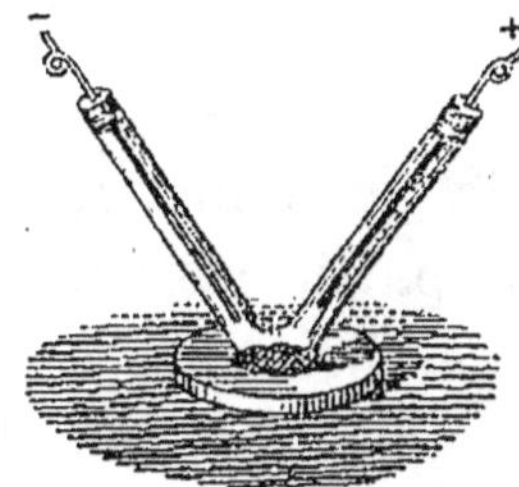

Fig. 233. — Tube en V pour la décomposition des sels.

de potassium et l'on y plonge les deux fils de la pile. Autour de l'électrode positive on voit immédiatement se former un dépôt brun d'iode mis en liberté. La décomposition de l'iodure de potassium peut aussi être effectuée d'une autre façon. Il suffit de tremper dans une dissolution de ce sel une bande de papier enduite d'empois d'amidon, de placer ce papier dans une soucoupe et de le mettre en contact avec les deux électrodes. On voit alors apparaître, au pôle positif, une tache bleue provenant de l'action qu'exerce sur l'amidon l'iode mis en liberté.

2° Décomposition du sulfate de soude. — On prend un tube d'un demi-centimètre de diamètre intérieur, on le courbe à la lampe de manière à lui donner la forme d'un V et l'on en coupe les branches de façon à ce que leur longueur soit de 4 à 5 centimètres. On fixe, avec un peu de cire à cacheter, le tube dans un bouchon de liège légèrement entaillé, de telle sorte qu'il soit maintenu dans une position verticale (fig. 233). On remplit alors ce tube avec une dissolution saturée de sulfate de soude, en ayant soin de ménager au sommet de chaque branche un vide d'un centimètre qu'on remplit avec un peu de liqueur saline mélangée de teinture de tournesol bleue. Avec une goutte de vinaigre, on fait passer au rouge la couleur du tournesol d'une des deux branches, et l'appareil est préparé pour l'expérience. On place alors l'extrémité de l'électrode positive dans la partie bleue, l'extrémité de l'électrode négative dans la partie rouge. Au bout de quelques minutes, la couleur des branches est changée, le bleu est devenu rouge, et réciproquement ; le sel s'est dédoublé en acide et en oxygène qui sont venus au pôle positif et en potassium et hydrogène qui se sont portés au pôle négatif. L'existence du potassium est essentiellement éphémère ; au contact de l'eau il se transforme en oxyde de potassium qui possède la propriété de bleuir la teinte de tournesol rougie. Il est commode de faire passer les deux fils servant à la décomposition à travers un bouchon de liège qui les retient en place, et de les terminer par une boucle qui sert à établir l'union avec les deux fils de la pile. Les fils plongeant dans l'intérieur du tube en V, seront autant que possible en platine.

Effets calorifiques et lumineux. — Pour ces expériences, on se servira de l'élément de Wollaston, en ayant soin de substituer à l'eau acidulée la liqueur au bichromate de potasse. On plongera rapidement l'élément dans le vase contenant la dissolution et on le retirera dès que l'effet cherché sera obtenu. Ces effets sont d'ailleurs instantanés.

1° On fixe à chacune des deux bornes qui sont adaptées à l'instrument un fil de cuivre de quelques centimètres de longueur et l'on réunit les extrémités libres de ces fils par un fil fin de platine. On a soin de bien décaper tous les points de contact et on fixe le fil de platine en l'enroulant plusieurs fois sur le cuivre. Le pont de platine qui réunit les deux rhéophores doit avoir un centimètre à un centimètre et demi. Dès que l'instrument est plongé dans le liquide, le fil de platine devient rouge de chaleur. Si l'on a contourné les rhéophores de façon à les faire arriver dans une petite capsule contenant soit du coton-poudre, soit de la poudre de chasse, soit encore du sulfure de carbone, ces corps s'enflamment au moment de la plongée. Une petite quantité de fulminate de mercure soumise à la même influence détone avec violence.

En substituant au fil de platine un fil de fer de $\frac{1}{10}$ de millimètre d'épaisseur ou un fil de laiton très fin, on en détermine la fusion.

2° On laisse l'élément plongé dans le liquide et l'on fait communiquer une des électrodes avec une capsule pleine de mercure ; on plonge alors l'autre électrode dans la capsule et on l'en retire immédiatement. Toutes les fois qu'on ferme ou que l'on rompt ainsi le circuit, il se produit une étincelle arrondie, d'un blanc éclatant qui s'accompagne d'un bruit particulier semblable à celui de l'étincelle électrique ordinaire.

Lorsqu'on attache à l'un des fils de la pile une lime et à l'autre fil une pointe d'acier et qu'on fait glisser cette pointe sur les rayures de la lime, il se forme de nombreux jets d'étincelles, résultant de parcelles de fer détachées qui brûlent et sont lancées dans toutes les directions.

3° **Lumière électrique.** — A l'aide d'une lime, on coupe en deux un de ces porte-crayon doubles en laiton, où le serrage s'obtient à l'aide de coulants mobiles. On décape soigneusement, en dedans et en dehors, avec du papier à l'émeri, chacune des moitiés obtenues, et on les soude à l'un des rhéophores de la pile. On engage alors dans chaque porte-crayon un cylindre de charbon taillé en pointe et on l'y fixe convenablement à l'aide du coulant. On doit employer de préférence le charbon extrait des cornues dans lesquelles on prépare le gaz de l'éclairage. On rapproche alors les deux pointes de charbon, jusqu'au moment où l'on voit s'élancer une vive étincelle entre les deux pointes. Six petits éléments, cuivre et zinc, plongés dans la dissolution de bichromate acidulée, suffisent pour arriver à ce résultat. En augmentant le nombre des éléments, on obtient un véritable jet de lumière et l'on peut rendre plus grande la distance qui sépare les deux cônes de charbon.

Action des courants sur les courants. — On la vérifie à l'aide des dispositions suivantes qui ont été indiquées par de la Rive et perfectionnées par A. Pinaud. Dans une plaque de liège, AB (fig. 234), on plante une lame de zinc et une lame de cuivre qui l'enveloppe sans la toucher ; un fil de cuivre *mnpq*, plié de différentes façons, suivant que les expériences l'exigent, est soudé au cuivre d'une part, et au zinc de l'autre ; on a soin d'envelopper d'un ruban de soie les parties du fil qui se touchent dans leur contour. Cet appareil, étant posé sur un bain d'eau acidulée par $\frac{1}{10}$ d'acide sulfurique, constitue un couple voltaïque flottant et mobile, dans lequel le courant passe du cuivre au zinc par l'intermédiaire du fil métallique, en marchant dans la direction indiquée par les flèches. Le courant fixe est formé par un long fil de cuivre qui réunit les deux pôles d'un élé-

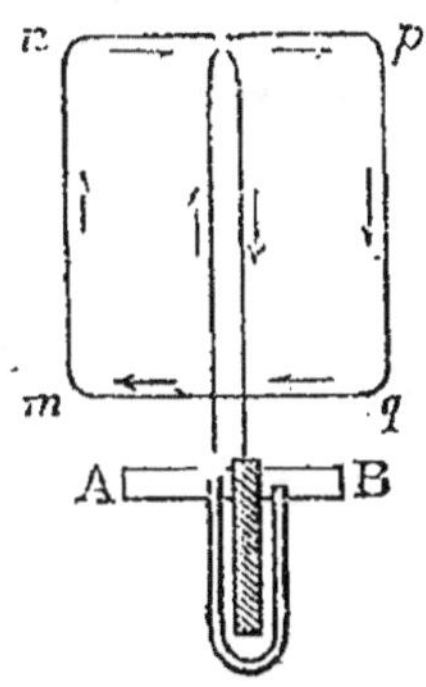

Fig. 234. — Équipage mobile.

ment de Wollaston chargé avec de l'eau acidulée, fil que l'on peut placer dans telle direction qu'on désire.

Première expérience. — Présentons le courant fixe rectiligne et vertical à l'un des côtés verticaux de l'équipage mobile de la figure 234, on obtiendra une attraction ou une répulsion suivant la direction relative des deux courants en présence et l'on reconnaîtra les deux lois suivantes :

1° Deux courants parallèles et de même sens s'attirent;

2° Deux courants parallèles et de sens contraire se repoussent.

L'attraction et la répulsion sont d'autant plus fortes que la distance est moindre.

Deuxième expérience. — Substituons à l'équipage mobile de la figure 234, celui représenté par la figure 235, dans lequel le courant, après s'être élevé verticalement

de m en n et de q en p redescend soit par une ligne sinueuse, soit par une ligne droite, et nous verrons qu'un
courant fixe est sans action sur un pareil conducteur. On
en conclut que l'action du courant ascendant est égale et
contraire à celle du courant descendant rectiligne ou sinueux, et on peut en déduire cette loi que l'action d'un courant rectiligne est identiquement la même que celle d'un
courant sinueux qui s'écarte peu du premier et qui se termine aux mêmes extrémités.

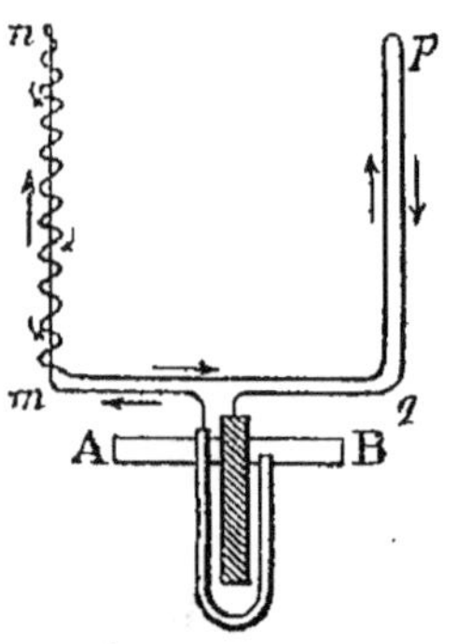

Fig. 235. — Équipage mobile pour les
courants sinueux.

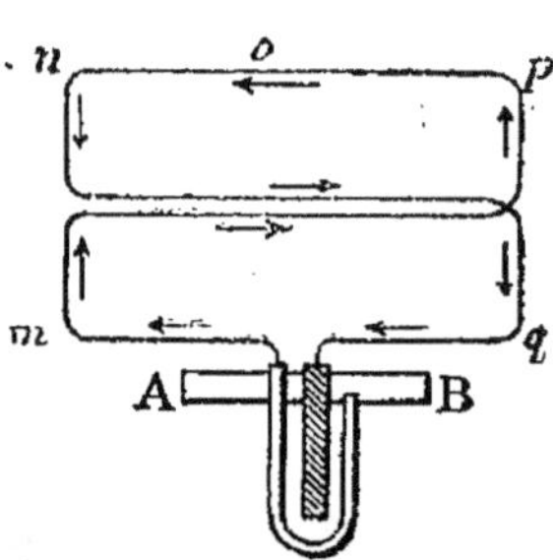

Fig. 236. — Équipage mobile pour
les courants angulaires.

Troisième expérience. — Prenons maintenant un fil
contourné comme celui de la figure 236 (disposition qui,
comme celle de la figure 234, a pour objet de détruire
l'action que la terre exerce sur les courants), et présentons au côté supérieur et horizontal np, un courant fixe
rectiligne et horizontal, en le disposant de manière que
ces deux fils forment un angle dont le sommet est à une
des extrémités n ou p du premier, le courant mobile s'approchera ou s'éloignera du courant fixe et l'on pourra ainsi
constater les deux lois suivantes :

1° Deux courants rectilignes, formant entre eux un angle
quelconque, s'attirent s'ils sont dirigés tous les deux vers

le sommet de l'angle ou s'ils s'en éloignent tous les deux.

2° Au contraire, ils se repoussent, si l'un d'eux marche vers le sommet de l'angle tandis que l'autre s'en éloigne.

Si dans les expériences précédentes l'action du fil métallique sur l'équipage mobile n'était pas assez marquée, on pourrait prendre pour courant rectiligne un des côtés d'un rectangle de bois, sur lequel on aurait enroulé, plusieurs fois de suite, une longue lame de cuivre recouverte d'un ruban de soie, et dont les extrémités seraient mises en communication avec les deux pôles de l'élément de Wollaston. On augmente ainsi l'énergie du courant.

Prenons maintenant un courant circulaire mobile tel que celui de la figure 216 et au-dessus de lui plaçons le

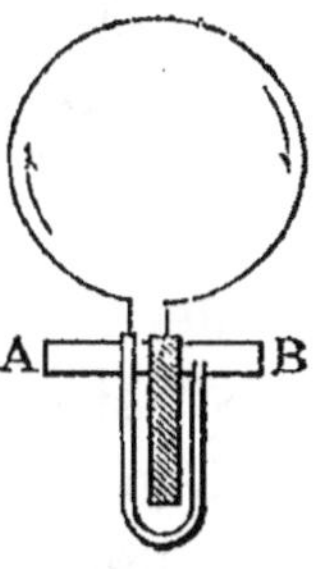

Fig. 237. — Équipage mobile formant un courant circulaire.

courant fixe, l'équipage mobile ne tardera pas à se mettre dans une position stable d'équilibre, dans un plan parallèle à ce courant fixe, et dans une position telle que le courant marche dans la même direction que lui.

Or, ce qui est vrai pour un seul courant circulaire mobile est nécessairement vrai pour un ensemble de courants circulaires juxtaposés situés dans les plans parallèles et mobiles autour d'un même axe vertical. Un pareil système porte le nom de *solénoïde* ou *cylindre électro-dynamique*.

Solénoïdes. — Pour construire un solénoïde flotteur,

on prend un cylindre de bois de 3 centimètres de diamètre environ, sur lequel on enroule d'avant en arrière, et
de droite à gauche, un fil de cuivre d'un millimètre de
diamètre, de manière à ce que les spirales soient séparées
les unes des autres par un intervalle d'un centimètre
environ. Lorsqu'on aura ainsi confectionné 14 ou 16 spirales, on fera sortir l'espèce de tube ainsi produit du mandrin qui lui a servi de support, puis on repliera dans
l'intérieur de ce tube creux, à gauche et à droite, les deux
extrémités du fil (fig. 238). Lorsqu'on est arrivé au milieu

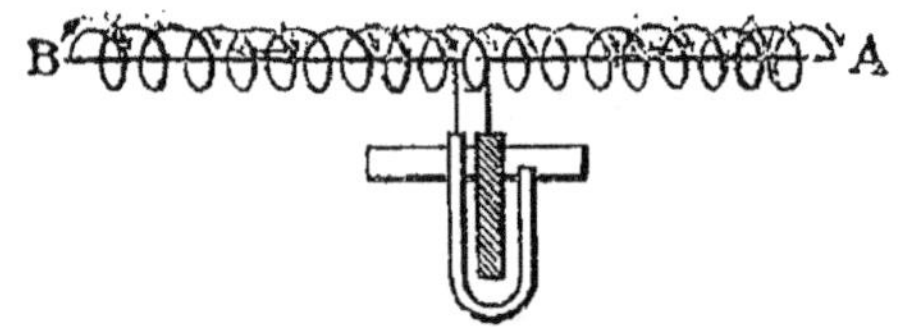

Fig. 238. — Solénoïde flotteur.

du tube, on fait sortir les deux bouts du fil rectiligne dans
l'intervalle qui sépare les deux spires médianes, on les
coude à angle droit, puis l'on soude l'extrémité du côté B
du cuivre d'un équipage mobile, l'extrémité qui vient de A
au zinc de cet équipage. On a soin d'envelopper le fil, avec
un ruban de soie, aux points de contact qu'il peut avoir
avec lui-même dans son parcours. On aura alors, en plongeant l'équipage mobile dans l'eau acidulée, un système
formé d'une partie rectiligne dans laquelle le courant marche dans la direction A B et une partie circulaire dans laquelle le courant va circuler de haut en bas, et en avant
du plan de figure.

Si maintenant, sur ce solénoïde, on vient à placer un
courant rectiligne parallèlement à sa longueur, le système
flotteur va tourner sur lui-même et tendra à se fixer, dans

un plan perpendiculaire au courant fixe, de façon que les courants dans la partie supérieure de chacune des spirales du solénoïde soient dirigés dans le même sens que le courant fixe.

Action de la terre sur les courants. — Lorsqu'un courant mobile, circulaire (fig. 237), ou rectangulaire (fig. 239) est abandonné à lui-même, il se place spontanément, après quelques oscillations, dans une position fixe. Quand il est arrivé à cette position d'équilibre, son plan est rigoureusement perpendiculaire au méridien magnétique et l'électricité se meut dans le fil conducteur de l'est à l'ouest, en

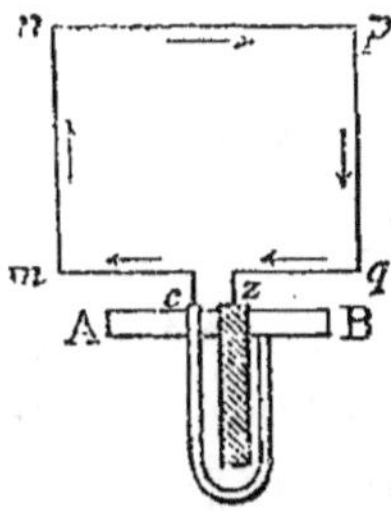

Fig. 239. — Courant rectangulaire mobile.

passant par la partie inférieure. La terre est la seule cause directrice que l'on puisse invoquer ici, et si l'on tient compte de l'action d'un courant rectiligne horizontal sur un courant rectangulaire, il semble que la terre agit sur ce courant mobile, comme si elle était sillonnée, à sa surface, par des courants électriques dirigés de l'est à l'ouest, perpendiculairement à la direction du méridien magnétique.

Prenons maintenant le solénoïde de la figure 238 et abandonnons-le à lui-même ; chacun de ces cercles va tendre à se placer perpendiculairement au méridien magnétique, de telle sorte que la partie inférieure des courants

rants soit dirigée de l'est à l'ouest. Il est évident que toutes ces forces concourent au même effet, et que l'axe du solénoïde sera situé dans le plan du méridien lui-même ou parallèle à l'aiguille aimantée flottant librement sur l'eau, d'une de nos précédentes expériences. On ne peut, dès ce moment, s'empêcher de reconnaître l'analogie qui existe entre les aiguilles et les barreaux aimantés d'une part, les solénoïdes de l'autre.

Puisqu'un solénoïde se comporte comme une aiguille aimantée, en appliquant aux deux extrémités de ce flotteur les dénominations adoptées pour les pôles d'un aimant, nous appellerons pôle austral d'un solénoïde celui qui est tourné vers le nord et pôle boréal celui qui est tourné vers le sud, quand le système est dans une position d'équilibre stable. Une aiguille très légère en fanon de baleine qu'on attacherait sur le solénoïde, dans un plan vertical passant par l'axe et qu'on munirait à celle de ses extrémités qui environne le pôle austral, d'une flèche de clinquant, indiquerait toujours, après quelques oscillations, le nord magnétique de la terre. Ce serait une *boussole de fortune*. Arago a donc pu dire avec raison, « *qu'à défaut d'aiguille aimantée, les navigateurs pourraient se diriger en observant les courants électriques.* »

Si les solénoïdes doivent leur direction à un fluide qui circule dans leurs spires, dans des plans perpendiculaires à leur axe, pourquoi les aimants ne seraient-ils pas des assemblages de courants dirigés dans des plans parallèles entre eux et perpendiculaires à l'axe magnétique de l'aimant ? C'est là l'hypothèse d'Ampère, et la suite de ces expériences va démontrer combien elle est logique, comment elle explique tous les faits et réunit, dans une commune interprétation, les causes du magnétisme et de l'électricité.

Électro-magnétisme. — Expérience d'Œrsted. — Lorsqu'on essaye de faire réagir sur l'aiguille aimantée, soit l'un soit l'autre pôle de la pile, on n'obtient aucune manifestation. Il n'en est plus de même si, à l'exemple d'Œrsted, on approche le conducteur interpolaire de l'aiguille aimantée. Voici comment on dispose l'expérience.

On aimante une aiguille à coudre longue et fine, on la graisse légèrement en la passant entre deux doigts enduits de suif, puis on la dépose doucement sur de l'eau ordinaire contenue dans une soucoupe. L'aiguille se place immédiatement dans le plan du méridien magnétique. On réunit alors les deux pôles d'un élément de Wollaston par un fil de cuivre assez long et d'un diamètre assez fort (un à deux millimètres) pour que le courant électrique qui doit le traverser ne puisse produire sur ce circuit qu'un échauffement insensible. Ce conducteur doit être redressé à la main, pour qu'il soit disposé en ligne droite sur une assez grande longueur. C'est cette partie du courant qu'on approche de l'aiguille aimantée, dans le plan du méridien magnétique. On remarque alors que l'aiguille éprouve une déviation d'autant plus considérable que le courant est plus rapproché et qu'elle se place à peu près perpendiculairement au conducteur. Les deux pôles pourtant ne se trouvent pas indifféremment d'un côté ou de l'autre, comme Ampère le premier l'a fait voir. Si, par exemple, l'électricité monte dans le fil du sud au nord, l'aiguille tourne, et son pôle nord vient se fixer à l'ouest ; lorsque l'électricité marche dans le fil du nord au sud, l'aiguille tourne, et son pôle nord vient se fixer à l'est.

Il est d'ailleurs facile de fixer à tout jamais dans son esprit le sens de cette déviation, en adoptant l'ingénieuse fiction indiquée par Ampère, c'est-à-dire en personnifiant le courant, en le représentant par un homme couché sur le fil conducteur, dans une position telle que le courant le parcoure des pieds à la tête et que sa face soit toujours tournée vers l'aiguille aimantée. Alors, en prenant la gauche et la droite de cet homme pour la gauche et la droite du courant, on voit que le pôle nord de l'aiguille est toujours dévié à gauche. Et ceci est vrai, quelle que soit la position du fil par rapport à l'aiguille. Que le courant soit horizontal et placé au-dessus ou au-dessous d'une aiguille convenablement suspendue, qu'il soit vertical ascendant ou descendant devant le pôle nord ou le pôle sud, il sera toujours facile de prévoir le sens de la déviation.

L'expérience d'Œrsted est l'analogue de celle que nous avons précédemment exécutée avec un solénoïde flotteur et un courant fixe ; elle est une nouvelle preuve des rapports qui existent entre l'électricité et le magnétisme.

Expérience de Boisgiraud.—Dans l'expérience d'Œrsted, nous avons vu l'aiguille aimantée se diriger, s'orienter sous l'influence du courant, nous allons maintenant, avec Boisgiraud, lui communiquer un mouvement de translation.

On fait flotter sur l'eau la même aiguille aimantée et graissée, elle ne tarde pas à se placer dans le plan du méridien magnétique. Alors, saisissant le fil de cuivre qui réunit les deux pôles d'un élément de Wollaston, on le place dans une direction perpendiculaire à celle de l'aiguille et on l'approche peu à peu de cette aiguille. Dès que la distance est suffisante, on voit l'aimant prendre un mouvement de translation, suivant sa propre direction. Supposons que le fil soit placé au-dessus de la moitié nord de l'aiguille, elle prendra un mouvement de translation dirigé du sud au nord dans le plan du méridien. Lorsque par suite de ce mouvement le milieu de l'aiguille est arrivé devant le fil, elle est encore animée d'une certaine vitesse, qui la fait dépasser cette position, mais sa vitesse ne tarde pas à diminuer, le mouvement change de sens et le mobile oscille de part et d'autre de cette position d'équilibre où il ne tarde pas à se fixer.

Aimantation. — Les courants ne se bornent pas à agir sur le magnétisme libre des aiguilles aimantées, leur action se manifeste également sur le fluide neutre des substances non aimantées telles que le fer et l'acier.

Première expérience. — Réunissons par un fil de cuivre les deux pôles d'un élément de Wollaston et présentons ce fil à de la limaille de fer. La limaille sera attirée avec force et s'enroulera autour du fil en formant une gaine de plusieurs millimètres d'épaisseur. Tant que le fil sera traversé par le courant, l'adhérence persistera ; elle sera détruite dès qu'on ouvrira le circuit.

Deuxième expérience. — Prenons un petit barreau cylindrique de fer doux, de 1 centimètre de diamètre et de 6 à 7 centimètres de longueur, autour de ce barreau enroulons un fil de cuivre de 1 millimètre d'épaisseur, de manière à lui faire décrire six ou huit spirales, en ayant soin d'interposer un morceau de soie entre le cuivre et le fer et de tenir les spirales éloignées les unes des autres. Aussitôt le fer doux se transformera en aimant, le pôle boréal étant placé à l'extrémité de la spire où le courant circule dans le même sens que les aiguilles d'une montre.

Troisième expérience. — Sur un tube de verre de 1/2 centimètre de diamètre et de 8 à 10 centimètres de largeur, enroulons un fil de cuivre dont les spires seront assez espacées pour ne pas se toucher. Si le fil est enroulé de droite à gauche et d'avant en arrière, l'hélice est dite *dextrorse ;* si le fil est enroulé de gauche à droite et toujours d'avant en arrière, elle prend le nom d'hélice *sinis trorse*. Introduisons alors, dans le tube, un fragment d'aiguille à tricoter de 6 à 8 centimètres de long et faisons communiquer, pendant un instant, les deux bouts de la spirale avec les pôles d'un élément de Wollaston, savoir, le bout initial de l'hélice avec le pôle positif, le bout final avec le pôle négatif; aussitôt l'aiguille est aimantée, le pôle boréal à l'entrée du courant, le pôle austral à la sortie. Avec une hélice sinistrorse le résultat eût été le même; seulement ici le pôle boréal correspond à la sortie, le pôle austral à l'entrée.

Action des aimants sur les courants. — L'action entre les courants et les aimants est réciproque. Il en résulte qu'un conducteur mobile parcouru par un courant se mettra en mouvement, lorsqu'on placera un courant fixe dans son voisinage. Ici encore on pourra déterminer soit une orientation, soit un mouvement de translation.

Pour bien comprendre ces expériences, on commence par tracer, à l'aide d'un crayon blanc, des séries de flèches sur les quatre faces du barreau aimanté, de telle façon que si le pôle boréal regarde la poitrine, ces flèches soient dirigées dans le sens des aiguilles d'une montre. En continuant le tracé jusqu'au pôle austral et en espaçant les flèches de 2 à 3 centimètres, on voit qu'à ce pôle la direction indiquée par les flèches est inverse de celle que suivent les aiguilles d'une montre. Ces flèches indiquent la direction des courants dont l'ensemble, d'après Ampère, constitue un barreau aimanté; ils sont tous contenus dans des plans parallèles entre eux et perpendiculaires à l'axe magnétique de l'aimant.

1° Action directrice ou orientation. — Prenons l'équipage mobile représenté par la figure 236, et, après l'avoir

25.

disposé dans l'eau acidulée, plaçons horizontalement un aimant au-dessus de sa partie supérieure et dans le même plan que le fil $m\,n\,o\,p\,q$. L'équipage ne tardera pas à tourner sur lui-même, jusqu'à ce qu'il se soit mis en croix avec l'aimant et que la direction du courant soit la même que celle des flèches sur la face du barreau la plus voisine de lui. Renversons les pôles de l'aimant, l'équipage fera une demi-révolution, pour retrouver une position stable d'équilibre. Cette expérience est l'inverse de celle d'OErsted.

2° Attraction et répulsion. — A. Au côté vertical pq ou $m\,n$ de l'équipage (fig. 234) et à la hauteur de son centre présentons un des pôles du barreau aimanté, on obtiendra une attraction ou une répulsion très vive suivant la direction des courants. Si les courants vont dans le même sens dans le fil conjonctif et la face du barreau la plus voisine, il y a attraction. S'ils vont en sens contraire, il y a répulsion.

B. Expérience de de la Rive. — En présentant chacun des pôles du barreau aimanté au centre du flotteur (fig. 239), on obtient alternativement des attractions et des répulsions. C'est l'inverse de l'expérience de Boisgiraud.

Ainsi tout démontre l'analogie des aimants et des courants, et s'il restait encore quelques doutes dans l'esprit de nos lecteurs, les expériences suivantes, exécutées avec les solénoïdes, viendraient les faire complètement disparaître.

Un solénoïde est un véritable aimant. En effet construisons un solénoïde comme nous l'avons dit plus haut ; mais au lieu de fixer les deux bouts du fil sur un élément zinc et cuivre, capable de flotter sur l'eau, laissons ces extrémités libres, pour pouvoir ensuite les mettre en communication avec les pôles d'un élément de Wollaston. Nous aurons ce que l'on appelle un *solénoïde à main* (fig. 240). Or un solé-

noïde semblable va se conduire comme un aimant, le pôle
boréal se trouvant à celle des extrémités où le courant
circule comme les aiguilles d'une montre, le pôle austral
à l'autre extrémité.

C'est bien un aimant, car :

Plongé dans la limaille de fer, il l'attire comme un véritable aimant.

Présenté à une aiguille aimantée, il l'attire ou la repousse suivant que les pôles mis en regard sont de nom
contraire ou de même nom.

Présenté au solénoïde flotteur de la figure 238, il déter-

Fig. 240. — Solénoïde à main.

mine des attractions et des répulsions suivant la nature
des pôles mis en regard.

Enfin ce solénoïde flotteur lui-même, mis en présence
d'un barreau aimanté, sera attiré ou repoussé suivant la
loi qui régit les attractions et les répulsions magnétiques.

CHAPITRE XI

Les gaz, par suite de leur expansibilité dans toutes les
directions, quand ils ne sont point maintenus par des
parois résistantes, présentent certaines difficultés dans
leur maniement. On triomphe de ces difficultés en exécutant, par l'intermédiaire d'un liquide, tel que l'eau, l'eau
salée, le mercure, les diverses opérations nécessaires pour
les recueillir, les transvaser, les faire réagir l'un sur
l'autre.

Cuve à eau. — Pour recueillir un gaz non soluble dans
l'eau, au moment de sa sortie des appareils producteurs,
on le dirige au moyen d'un tube dit *tube abducteur* dans
l'eau d'une cuve en bois ou en zinc munie d'une petite
planchette trouée dans laquelle on engage l'extrémité du
tube. Pour loger le gaz, on prend une cloche en verre que
l'on remplit d'eau par-dessus les bords ; on applique le plat
de la main sur l'ouverture, et l'on place ce vase sur la
planchette qui doit être recouverte par l'eau de la cuve. La
cloche reste remplie, même après que la main a été retirée,
par l'effet de la pression atmosphérique s'exerçant à la surface de l'eau de la cuve. Si la cuve est assez profonde, il

suffit de plonger la cloche dans l'eau, l'ouverture en haut. Le vase ne tarde pas à se remplir, on n'a plus qu'à le retourner, le soulever et à le maintenir dans la position verticale. La cuve à eau n'est pas indispensable, une simple terrine de grès peut la remplacer : alors, on place la cloche sur une espèce de soucoupe en terre cuite, connue sous le nom de *têt* (fig. 241) qu'on échancre par un de ses bords pour laisser passer le tube abducteur, puis qu'on perce d'une ouverture, dans la partie supérieure, pour le dégagement du gaz. On surmonte le têt ainsi disposé de la cloche destinée à loger le gaz (fig. 242). Au fur et à mesure que le

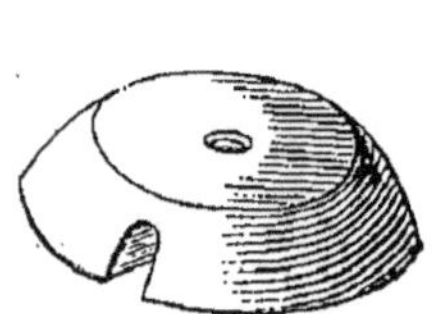

Fig. 241. — Têt à gaz.

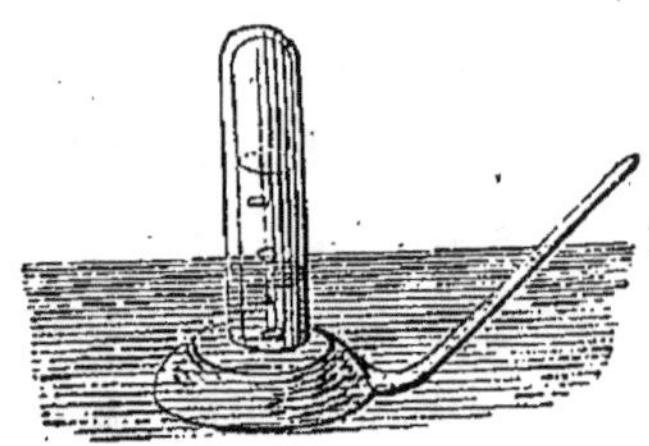

Fig. 242. — Têt à gaz avec tube abducteur et cloche.

corps gazeux pénètre dans la cloche, il déplace une partie du liquide et le vase est bientôt rempli.

Les premières portions du gaz qui s'échappent de l'appareil producteur sont toujours mélangées d'air; on doit les rejeter. Pour cela, dès qu'une cloche est pleine, on la remplace par une autre cloche remplie d'eau et on laisse perdre le gaz. On n'attendra point pour enlever la cloche qu'elle soit pleine de gaz, car elle pourrait se renverser et peut-être se briser par suite du mouvement que le gaz en se dégageant communique à l'eau. On doit la transporter hors de la terrine, aussitôt que l'eau de l'intérieur de la cloche sera descendue au niveau de l'eau extérieure.

On doit également enlever de la terrine ou de la cuve une quantité d'eau égale à celle que la cloche y a laissée, afin d'éviter que le liquide ne finisse par se répandre au dehors.

Quand on croit qu'une cloche est suffisamment pleine de gaz, on plonge dans l'eau, à la hauteur du têt, une soucoupe et on fait glisser le vase dessus ; on sort ainsi la cloche de la terrine, le gaz étant emprisonné par l'eau de la soucoupe (fig. 243). Si l'on veut employer le gaz immédiatement, on peut remplir complètement la cloche en la maintenant légèrement de la main droite sur le têt. Quand toute l'eau a été expulsée, on plonge la main gauche ouverte, la paume en dessus, dans l'eau de la terrine, et l'on fait glisser la cloche sur cette surface où on la maintient en la pressant légèrement de la main. Si l'on veut recueillir le gaz dans des bouteilles, on peut les boucher sous l'eau et les maintenir renversées ; il reste sur le bouchon un peu de liquide qui fait l'office de soupape et s'oppose à la déperdition des gaz.

Certains gaz ne peuvent être recueillis sur l'eau, car ils y sont solubles ; les chimistes, dans ce cas, se servent de mercure. Nous ne nous occuperons point ici de la préparation des gaz qui nécessitent l'emploi d'une cuve à mercure, appareil d'un prix élevé. Nous verrons plus loin qu'il est pourtant possible de recueillir, sans le secours de la cuve à mercure, des gaz solubles dans l'eau ; la chose est facile, pourvu que ces gaz présentent une densité soit inférieure soit supérieure à celle de l'air.

Pour transvaser les gaz, on remplit la cloche d'eau dans la terrine, puis on l'élève verticalement ; dans cette cloche on introduit, toujours sous l'eau, la douille d'un entonnoir et on le soutient de la main gauche ainsi que la cloche. Ceci étant fait, on saisit de la main droite la cloche conte-

nant le gaz à transvaser, l'ouverture en bas, et on l'introduit verticalement dans l'eau jusqu'à ce que l'extrémité
de l'ouverture soit au-dessous de l'entonnoir. Alors, inclinant peu à peu la cloche, on permet à l'eau de s'y introduire, d'en chasser le gaz qui, en vertu de sa pesanteur
spécifique moindre que celle de l'eau, déplace successivement les couches du liquide jusqu'à ce qu'il soit parvenu
à l'extrémité de la cloche supérieure, où il reste emprisonné. La manœuvre que nous venons d'indiquer devient
parfaitement intelligible si l'on examine la figure 244. Ici

Fig. 243. — Cloche pleine de gaz supportée
par une soucoupe remplie d'eau.

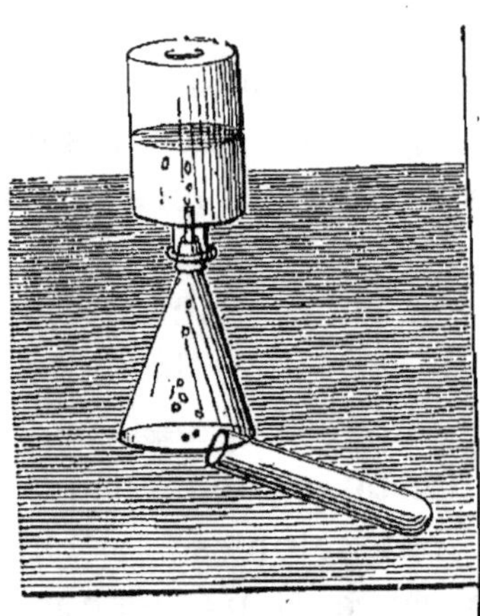

Fig. 244. — Transvasement d'un gaz.

seulement on a substitué un flacon à la cloche qu'il s'a-
gissait de remplir.

Dans quelques-unes des expériences que nous relatons,
il est indispensable d'opérer avec un gaz contenu dans une
vessie. Pour remplir ce récipient, on commence par le
ramollir à l'aide d'un séjour de quelques minutes dans
l'eau, puis on le fixe sur un ajutage muni d'un robinet.
Alors, portant le tout dans la cuve à eau, on ouvre le robi-

net, on comprime la membrane humide de façon à expulser la majeure partie de l'air contenu dans la poche, puis adaptant un entonnoir à la douille de l'ajutage ouvert, on transvase le gaz à la façon habituelle. On ferme le robinet dès que la vessie est suffisamment pleine. On peut également recevoir directement le gaz dans la vessie. Le gaz que l'on emprisonne ainsi est toujours mélangé d'une certaine quantité d'air, mais la chose est sans importance pour le genre d'expériences auquel il est destiné.

Préparation des gaz. — Nous allons indiquer la manière de préparer un certain nombre de gaz qui sont d'une obtention facile et dont plusieurs seront l'objet d'expériences. Les gaz dont nous nous occuperons sont : l'oxygène, l'hydrogène, l'azote, le protoxyde et le bioxyde d'azote, l'ammoniaque, l'acide carbonique, l'hydrogène bicarboné, l'acide sulfureux, l'acide sulfhydrique, le chlore.

Oxygène. — Le procédé le plus commode pour obtenir ce gaz consiste à chauffer peu à peu, avec précaution,

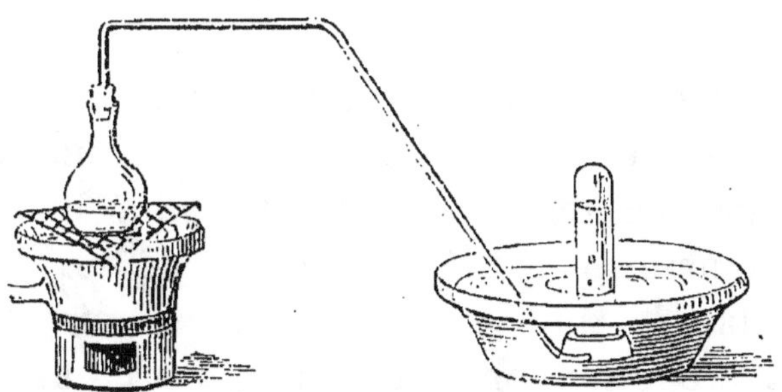

Fig. 245. — Préparation de l'oxygène.

dans un petit ballon, du chlorate de potasse jusqu'au rouge sombre (fig. 245). On emploie pour obtenir cette température soit du charbon de bois, soit la flamme d'une lampe à alcool, soit, et mieux encore, la flamme d'un bec de gaz. Il est bon d'envelopper le fond du ballon avec un morceau de toile métallique de fer, pour qu'il soit moins sujet à se briser. Le sel entre en fusion à une température de 370°; vers 400° il commence à se décomposer; on élève peu à peu la température; nous ne saurions trop insister sur la nécessité de ne pas chauffer trop brusquement. En le faisant, on s'expose à obtenir un dégagement tumultueux de gaz et à briser l'appareil.

Pour rendre la décomposition du sel plus facile et pour éviter l'emploi d'une température élevée, on le mélange, à l'avance, avec son poids d'oxyde rouge de manganèse ou d'oxyde noir de cuivre. Alors la décomposition s'effectue complètement à 240°. Le sable, la pierre ponce, l'oxyde rouge de fer peuvent remplacer les substances précédentes. 50 grammes de chlorate de potasse peuvent fournir 20 litres d'oxygène.

Hydrogène. — On l'obtient aisément en décomposant l'eau par l'intermédiaire de l'acide sulfurique et du zinc. L'appareil suivant est fort commode pour arriver à ce résultat.

Dans un flacon à deux tubulures, d'un litre environ de capacité (fig. 246), on introduit environ un demi-litre d'eau et du zinc à l'état de métal laminé qu'on trouve dans le commerce et qu'on coupe en petites bandes, ou bien à l'état de zinc grenaillé. Pour obtenir le zinc sous cette dernière forme, on le fond dans un creuset de terre et on coule la matière fondue dans une terrine pleine d'eau. Le métal prend alors la forme de grenailles irrégulières qui présentent une grande surface et sont par suite facilement attaquables par l'acide sulfurique. On adapte à l'une des tubulures un tube abducteur qui conduit le gaz sous une cloche pleine d'eau, on ferme l'autre avec un bouchon traversé par un tube droit à entonnoir, plongeant par sa partie inférieure dans l'eau du flacon. C'est par ce tube qu'on verse peu à peu l'acide sulfurique. La réaction se manifeste dès que l'acide a touché le zinc, il y a élévation de température, le gaz se dégage avec abondance, on ne le recueille qu'après que tout l'air a été expulsé du flacon. Pour cela, on en laisse perdre deux ou trois litres. Lorsque le dégagement de gaz se ralentit, on verse une nouvelle quantité d'acide par l'entonnoir. On opère ordinairement sur 60 grammes de zinc et 90 grammes d'acide sulfurique; on recueille ainsi 20 litres environ d'hydro-

Fig. 246. — Préparation de l'hydrogène.   Fig. 247. — Préparation de l'azote.

gène. Le mélange d'eau et d'acide sulfurique produit une élévation de température assez grande pour déterminer la rupture du flacon si l'acide n'était pas versé avec précaution.

Azote. — L'air atmosphérique étant un mélange d'oxygène et d'azote, toute substance qui, placée dans une atmosphère limitée, sera susceptible de la dépouiller de son oxygène, pourra servir à la préparation de l'azote.

Le procédé suivant est des plus simples; il n'exige comme instruments qu'une cloche de verre et une assiette.

Dans cette assiette on verse de l'eau sur laquelle on fait flotter un large bouchon de liège supportant une petite coupelle d'os, qui contient un fragment de phosphore (fig. 248). On enflamme le phosphore et on recouvre le tout de la cloche qui doit plonger dans l'eau de quelques centimètres. Le phosphore en brûlant absorbe l'oxygène de l'air et laisse l'azote pour résidu. La combustion continue tant qu'il reste de l'oxygène dans la cloche. Il se produit d'abondantes vapeurs blanches d'acide phosphorique, mais en moins d'une heure ces vapeurs ont disparu et l'acide s'est dissous dans l'eau. Pour recueillir l'azote, on porte tout l'appareil dans une grande terrine pleine d'eau et l'on transvase le gaz. On constate qu'au commencement de l'opération l'air se dilate et qu'il en sort une partie de l'appareil; bientôt après il y a diminution de volume et de l'air extérieur entre dans la cloche; l'opération n'est troublée en rien par cet incident.

On peut également obtenir ce gaz en introduisant dans une cloche pleine d'eau cinq volumes de bioxyde d'azote et quatre volumes d'air. Chaque bulle d'air en arrivant dans le bioxyde d'azote y produit d'abondantes vapeurs rutilantes qui disparaissent peu à peu, pendant que l'eau s'abaisse dans la cloche. On agite pour faciliter le mélange; quand l'air aura été introduit tout entier, la cloche ne contiendra plus que de l'azote.

Lorsqu'on ne veut préparer qu'une petite quantité d'azote, on peut adopter le procédé suivant : on prend un tube d'environ un mètre de long et d'un centimètre de diamètre intérieur; on le ferme à la lampe à l'une de ses extrémités, et quand il est refroidi on le remplit aux neuf dixièmes d'une dissolution de chlore, puis on achève de faire le plein avec une dissolution de gaz ammoniaque dans l'eau (ammoniaque liquide). On bouche alors le tube avec le doigt et on le renverse dans un verre rempli d'eau. L'ammoniaque, plus légère, se mêle au chlore et donne naissance à de très petites bulles d'azote qui gagnent peu à peu le sommet du tube. Dès que ce dégagement est terminé, on peut transvaser le gaz par le procédé précédemment indiqué, seulement la cuve à eau doit être très profonde, et par suite le procédé n'est guère applicable; il est seulement curieux en ce sens qu'il permet de produire un corps gazeux par le contact de deux corps liquides, sans le secours d'aucune intervention étrangère.

Protoxyde d'azote. — Pour préparer ce gaz on se servira de l'appareil représenté par la figure 245, qui nous a déjà servi pour l'obtention de l'oxygène. On introduit dans le ballon 30 grammes de nitrate d'ammoniaque bien sec; on chauffe légèrement d'abord, l'air se dégage, le sel entre en fusion et le gaz se produit; vers la fin de l'opération il faut chauffer assez fortement. L'azotate d'ammoniaque, formé d'azote, d'hydrogène et d'eau, se décompose à 210° en eau et en protoxyde d'azote. 30 grammes de nitrate donnent environ 8 litres de gaz. Nous insistons sur la nécessité d'un chauffage lent et régulier, si l'on veut que le gaz soit pur et pour ne pas s'exposer à une explosion.

Bioxyde d'azote. — On l'obtient en faisant réagir à froid l'acide nitrique très étendu sur des lames de cuivre coupées en menus morceaux. L'appareil producteur est le même que celui qui nous a servi pour l'hydrogène; le flacon à deux tubulures doit présenter une capacité d'un demi-litre; on y introduit environ 50 grammes de fragments de cuivre et de l'eau, de façon à ce qu'il soit rempli à moitié. On ferme ensuite la tubulure avec un bouchon traversé par un tube muni d'un entonnoir et plongeant dans le liquide. L'autre tubulure sert à fixer un tube abducteur qui conduit le gaz sur la cuve à eau. On verse par l'entonnoir environ 100 grammes d'acide azotique; la réaction se manifeste immédiatement. Ce gaz au contact de l'air donne des vapeurs rouges.

Ammoniaque. — On obtient le gaz ammoniaque en décomposant le chlorhydrate d'ammoniaque par la chaux vive. Le chlorhydrate d'ammoniaque exige, pour être décomposé, un peu plus de la moitié de son poids de chaux, mais il est préférable d'employer cette dernière substance en excès pour faciliter la réaction; on en recouvre même le mélange pour que le gaz obtenu soit sec. Ce gaz étant soluble dans l'eau doit être recueilli sur la cuve à mercure, mais à défaut de cet appareil on opère de la façon suivante : on munit le ballon où se produit le gaz d'un tube droit vertical, qu'on engage (fig. 248) dans un flacon qu'on tient renversé à l'extrémité supérieure du tube; on soulève doucement le flacon au fur et à mesure qu'il se remplit de gaz. Quand son ouverture est arrivée à l'extrémité du tube et qu'on juge l'opération terminée, on bouche hermétiquement le vase. Le dégagement du gaz se produit même à froid; on facilite la réaction en chauffant légèrement le ballon avec une lampe à alcool. Il n'est point inutile de faire remarquer que le gaz ammoniaque, même mélangé avec une grande quantité d'air, ne peut arriver aux fosses nasales sans déterminer une vive douleur; on doit donc éviter de le respirer.

Acide carbonique. — On se sert du même appareil que pour la préparation de l'hydrogène et du bioxyde d'azote. On introduit dans le flacon des fragments de marbre, on le remplit à moitié d'eau, puis on verse par le tube à entonnoir de l'acide chlorhydrique. Le dégagement de gaz est instantané. Il faut avoir soin, avant de verser l'acide, d'agiter le flacon pendant quelques instants, afin de chasser, par l'eau, les bulles d'air qui sont adhérentes aux fragments de marbre.

Hydrogène bicarboné. — Ce gaz se prépare en faisant réagir l'acide sulfurique sur l'alcool, dans un ballon muni

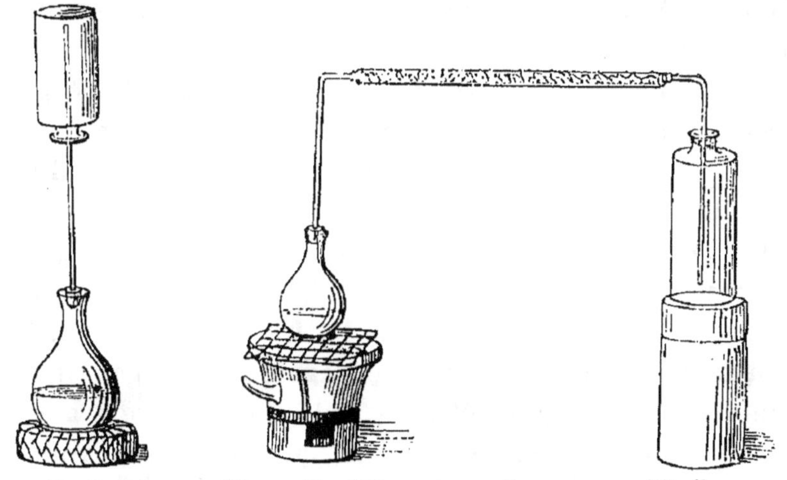

Fig. 248. — Manière de recueillir le gaz ammoniaque.   Fig. 249. — Appareil pour recueillir l'acide sulfureux sec.

de son tube abducteur. On opère sur cinquante parties d'alcool à 80° et à 90°, et trois cents parties d'acide sulfurique. On doit commencer par verser l'alcool dans le ballon et y ajouter l'acide sulfurique par petites portions, en agitant constamment. Pendant qu'on effectue le mélange, il est bon de tenir le ballon au-dessus d'une terrine pour recueillir le liquide qui se répandrait si le vase venait à se briser, ce qui arrive parfois à cause de l'élévation de température qu'entraîne le mélange des deux liquides. Cette température, d'abord peu élevée, acquiert son maximum par de nouvelles affusions d'acide sulfurique.

Le mélange, une fois refroidi, est versé dans le ballon qu'on aura eu soin de choisir de grande capacité (3 ou 4 litres) et au fond duquel on aura eu la précaution de placer préalablement un peu de sable. L'emploi du sable rend la décomposition plus régulière et empêche le boursouflement de la masse. On chauffe modérément. Quand la liqueur commence à noircir, il est bon d'arrêter l'opération, car à ce moment il se produit de l'acide carbonique et de l'acide sulfureux.

Acide sulfureux. — Pour le préparer, on fait réagir l'acide sulfurique concentré sur la tournure de cuivre. 50 grammes de cuivre exigent 300 grammes d'acide sulfurique. Les substances sont placées dans un ballon muni de son tube abducteur. On chauffe à l'aide d'un petit fourneau ; on enlève le feu dès que la réaction commence à se produire, sinon on s'expose à faire passer une partie de la matière par le tube de dégagement. Le gaz étant soluble dans l'eau doit être recueilli sur la cuve à mercure, à l'absence de laquelle on supplée par l'artifice suivant : le gaz en sortant du ballon traverse (fig. 249) un tube horizontal rempli de chlorure de calcium, où il se dessèche, mais ce tube n'est point indispensable. De là, le gaz se rend au fond d'un flacon dont il déplace peu à peu l'air, car sa densité est à peu près le double de celle de l'air atmosphérique.

Comme dans les expériences de décoloration, dont il sera question plus loin, la présence de l'azote n'est pas nuisible ; on peut préparer plus simplement l'acide sulfureux en enflammant un morceau de soufre, le plaçant sur un fragment de brique au centre d'une grande assiette que l'on recouvre d'une cloche. Quand la combustion est achevée, la cloche ne renferme plus que de l'azote et de l'acide sulfureux. Pour avoir l'acide sulfureux à l'état liquide, on se sert de l'appareil connu en chimie sous le nom d'appareil de Woolf.

Réduit à sa plus simple expression, l'appareil de Woolf se compose au moins de trois vases (fig. 250), le premier dans lequel le gaz se forme, le second où il se lave, le

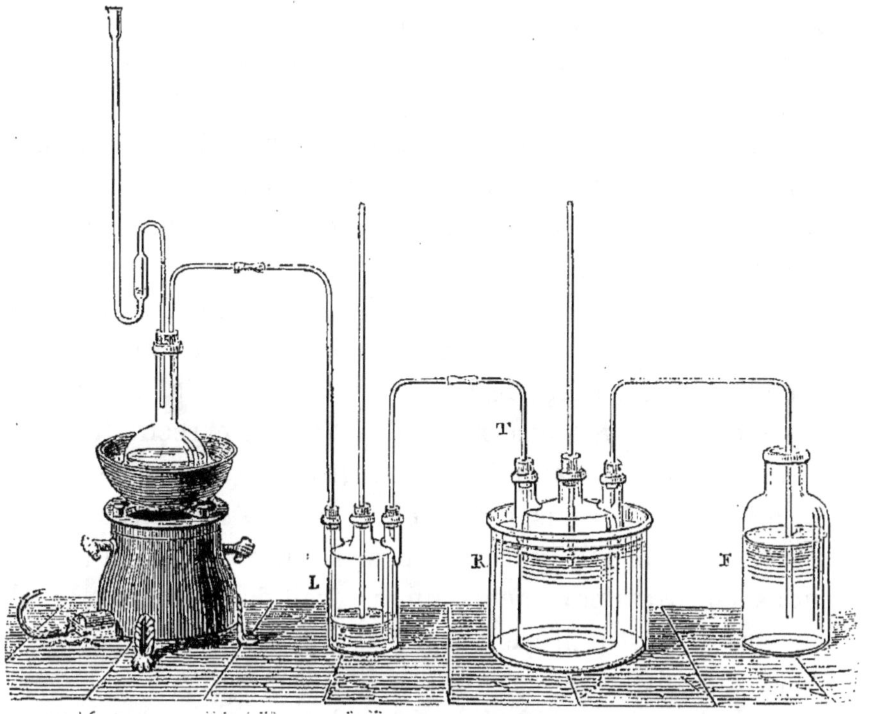

Fig. 250. — Appareil de Woolf.

troisième où il se dissout. Le tube médian des deux premiers flacons plonge à peine dans l'eau, les tubes de gauche descendent jusqu'au fond du liquide, les deux tubes de droite permettent au gaz de passer d'un flacon dans l'autre lorsque l'eau a épuisé son action dissolvante; le dernier tube est un tube recourbé qui conduit le gaz dans un flacon contenant un lait de chaux où il est absorbé. L'ensemble du tube en S qui surmonte le ballon et des tubes droits médians est destiné à s'opposer au phénomène connu sous le nom d'*absorption*. Ce phénomène se manifeste lorsque le vase producteur cesse de fonctionner en se refroidissant; alors l'air comprimant le liquide du dernier flacon tend à le faire passer dans l'avant-dernier et de celui-ci dans le précédent.

Acide sulfhydrique. — Pour obtenir ce corps on emploie le même appareil que pour la préparation de l'hydrogène. Dans un flacon à tubulure latérale rempli aux trois quarts d'eau, on introduit environ cent grammes de sulfure de fer et on verse, par le tube à entonnoir, de l'acide sulfurique.

Le sulfure de fer s'obtient en fondant ensemble, dans un creuset chauffé au rouge, des poids égaux de soufre et de limaille de fer. Lorsque la masse est refroidie, on la concasse en petits morceaux. Le gaz doit être recueilli sur la cuve à mercure, mais ici encore cette cuve ne nous sera pas nécessaire, car nous n'emploierons dans nos expériences que de l'acide sulfhydrique en dissolution dans l'eau. Nous nous servirons pour cela d'un appareil de Woolf semblable à celui qui est représenté par la figure 250. L'acide sulfhydrique étant un gaz vénéneux, il est indispensable soit de le brûler, soit de le faire absorber par un lait de chaux, lorsqu'il est arrivé à l'extrémité de l'appareil.

Chlore. — On introduit dans un ballon un mélange de 100 grammes de peroxyde de manganèse en poudre fine et 400 grammes d'acide chlorhydrique; en chauffant à une température de 30° à 40°, il se produit un gaz d'une couleur jaune verdâtre, d'une odeur spéciale qui, lorsqu'il n'est pas mélangé à une grande quantité d'air, irrite violemment les voies aériennes. Lorsque le gaz doit être sec, on lui fait d'abord traverser un tube horizontal rempli de chlorure de calcium comme celui de la figure 249, puis on le reçoit au fond d'un flacon dont il déplace l'air peu à peu. On reconnaît que le flacon est plein quand il a pris, dans toute sa hauteur, la teinte propre au chlore. Quand il n'y a aucun inconvénient à avoir ce gaz humide, on peut le recevoir sur l'eau, mais dans ce cas on en perd beaucoup, car il est soluble dans ce liquide; ou bien encore se servir pour le recueillir d'une solution saturée de sel marin qui le dissout en moindre quantité. Enfin, quand on veut obtenir le chlore en dissolution dans l'eau, on se sert d'un appareil de Woolf.

Combustion. — Dans son acception usuelle ce mot désigne la combinaison d'un corps avec l'oxygène de l'air, combinaison souvent accompagnée d'un dégagement de chaleur et de lumière. Dans un sens plus général, il désigne toute combinaison directe s'effectuant avec suffisamment d'énergie pour produire un phénomène analogue ; telle est, par exemple, la combustion du cuivre en feuilles minces dans le chlore. La combustion est dite *vive* quand elle s'accompagne d'incandescence ; un gaz à l'état de combustion, nous l'avons déjà dit, constitue une flamme. On provoque la combustion de plusieurs manières; le plus ordinairement on la détermine en approchant un corps fortement chauffé de la substance que l'on veut soumettre à l'expérience.

Expérience de Berthelot. — La température voulue pour produire l'inflammation varie avec les différents corps ; une température donnée capable d'enflammer une certaine substance sera impuissante à provoquer l'inflammation d'une deuxième substance différente de la première. Ainsi remplissons à moitié deux coquetiers, l'un avec de l'éther sulfurique et l'autre avec du sulfure de carbone, puis plongeons dans le premier un gros morceau de charbon incandescent. Le charbon va perdre son incandescence sans allumer le liquide, mais il conserve assez de chaleur pour que, porté vivement dans le deuxième coquetier, il détermine l'inflammation du sulfure de carbone.

Expérience de Davy. — L'expérience suivante démontre que tous les corps ne sont pas également combustibles. Dans un flacon à large ouverture introduisons, en le fixant à l'extrémité d'un fil de fer recourbé, un bout de bougie allumée, elle s'éteindra bientôt. Retirons-la, allumons-la de nouveau et descendons-la une deuxième fois ; elle s'éteint immédiatement, si l'on a eu soin de ne pas bouger le vase. Maintenant, prenons un appareil producteur de gaz hydrogène, recourbons deux fois à angle droit son tube abducteur après en avoir effilé l'extrémité ; puis avec les précautions que nous avons indiquées en étudiant l'harmonica chimique, allumons le gaz et descendons ce jet enflammé dans le flacon dont l'air était impuissant à entretenir la flamme d'une bougie. Le jet d'hydrogène enflammé ne s'éteindra qu'au bout d'un certain temps. Tout n'est pas dit pourtant : le milieu est encore capable d'entretenir certaines combustions. En effet, un fragment de soufre enflammé qu'on y descendra à l'aide d'une petite coupelle d'os fixée à un fil de fer pourra y brûler pendant quelques instants, et lorsqu'à son tour il sera éteint, il nous sera possible de lui substituer un fragment de phosphore enflammé qui pourra encore trouver, dans ce milieu vicié par les combustions précédentes, un reste d'oxygène lui permettant de brûler à son tour, mais pendant un temps plus court encore que celui des combustions antérieures.

Combustions éclatantes. — Certaines combustions se produisent au contact de l'air avec un éclat extraordinaire. Ainsi le magnésium brûle dans l'air avec un éclat tellement vif qu'on a proposé l'emploi de ce métal pour l'éclairage. Un fil de magnésium de 1/2 millimètre de diamètre, préalablement enflammé à la flamme d'une lampe, produit en brûlant autant d'éclat que soixante-quatorze bougies ordinaires, du poids de 100 grammes chacune. Si cette combustion s'effectuait dans l'oxygène, elle serait plus vive encore et produirait un éclat égal à cent dix bougies. Si l'on projette de la limaille de magnésium dans la flamme d'une lampe à alcool, on obtient de magnifiques étincelles qui brillent comme des étoiles.

Le zinc fondu dans un petit creuset, lorsqu'il est arrivé à la température de l'ébullition, s'enflamme et brûle avec une flamme blanche, très éclatante, en donnant naissance à de l'oxyde infusible qui se répand dans l'air en flocons légers et blancs.

L'antimoine chauffé au rouge vif dans un creuset donne également naissance à un brillant phénomène de combustion. Si l'on verse la matière fondue, d'une certaine hauteur sur le sol, le métal rejaillit en une multitude de gouttelettes qui s'oxydent avec chaleur et lumière en produisant des gerbes de brillantes étoiles. D'épaisses vapeurs blanchâtres résultant de cette oxydation; il faut éviter de les respirer, car elles sont vénéneuses.

Pyrophores. — Il n'est pas toujours nécessaire d'élever préalablement la température de certains corps pour en déterminer la combustion vive. Il suffit qu'ils soient dans un très grand état de division pour qu'ils prennent feu.

L'inflammation est produite par le dégagement de chaleur qui résulte de la condensation de l'air absorbé par leurs pores. Tel est le cas des *pyrophores* ou poudres prenant feu au contact de l'air. Il est facile d'expliquer leur inflammation ; en effet, par suite du mode de préparation, la surface de ces substances combustibles est énorme, tandis qu'au contraire leur masse et leur conductibilité sont peu considérables. En absorbant l'oxygène atmosphérique, elles déterminent la production d'une température élevée; la combustion une fois commencée se propage d'elle-même.

Pyrophore de Gay-Lussac. — On l'obtient en décomposant le sulfate de potasse par un excès de charbon divisé. Pour cela on mélange intimement vingt-sept parties et demie de sulfate de potasse avec quinze parties de noir de fumée préalablement calciné. On introduit le mélange dans une cornue de grès à laquelle on adapte un tube recourbé ayant une branche verticale longue de plus de 80 centimètres. L'extrémité de ce tube plonge dans un verre contenant une certaine quantité de mercure. On place la cornue dans un fourneau à réverbère et on la chauffe graduellement jusqu'au rouge vif, il se dégage des gaz en abondance et quand ce dégagement cesse, malgré l'intensité de la chaleur, l'opération est terminée. Si le bouchon qui maintient le tube a été convenablement percé et ajusté, on voit, au fur et à mesure que le refroidissement se produit, le mercure s'élever dans le tube vertical jusqu'à une certaine hauteur à laquelle il demeure stationnaire. Quand la cornue est refroidie, on introduit son extrémité dans un flacon bien sec et à l'aide de quelques secousses on fait passer le contenu d'un vase dans l'autre ; on ferme alors le flacon avec un bon liège.

26.

Le corps ainsi obtenu est tellement inflammable que, projeté dans l'air, il y brûle avec un éclat extraordinaire. Cet effet provient de plusieurs causes. Le pyrophore doit être considéré comme un mélange intime de polysulfure potassique, de potasse anhydre et de charbon. Au contact de l'air, le polysulfure potassique s'oxyde avec production de chaleur, la potasse en s'hydratant élève également la température de la masse légère et poreuse. Sous ces influences réunies, le charbon divisé qu'elle contient encore s'enflamme avec vivacité.

Pyrophore de Homberg. — Ce pyrophore n'est point aussi combustible que le précédent; on l'obtient en calcinant 75 grammes d'alun de potasse desséché, avec 4 grammes de noir de fumée ou avec un excès de glucose. On doit le considérer comme formé de polysulfure de potassium, de potasse anhydre, d'alumine et de charbon. C'est une substance noirâtre, pulvérulente, qui brûle à la manière de l'amadou; cet effet est dû à la grande combustibilité du sulfure de potassium, qui résulte de la décomposition de l'alun par le charbon, et à l'état de porosité du charbon et de l'alumine qui l'accompagnent. Ces corps poreux condensant brusquement l'air et la vapeur aqueuse, il en résulte dans la masse une élévation de température qui provoque l'inflammation du sulfure et du charbon. Le nom de ce pyrophore rappelle celui du chimiste qui l'a découvert en 1780.

Dans ces deux expériences la division de la matière est une des causes principales de l'inflammation. On peut mettre cette influence en évidence en faisant l'expérience suivante. On dissout un peu de phosphore dans du sulfure de carbone, et avec cette dissolution on imprègne un morceau de papier qui prend feu dès que le liquide s'est évaporé.

Combustion dans le gaz oxygène. — Prenons une cloche pleine de ce gaz, faisons-lui quitter la cuve à eau en la tenant fermée avec la main appliquée à plat sur l'ouverture, renversons-la alors, retirons la main et plongeons-y une allumette présentant quelques points en ignition (fig. 251) : à l'instant même cette allumette s'enflammera en répandant la plus vive lumière. Plaçons un petit charbon dans une cou-

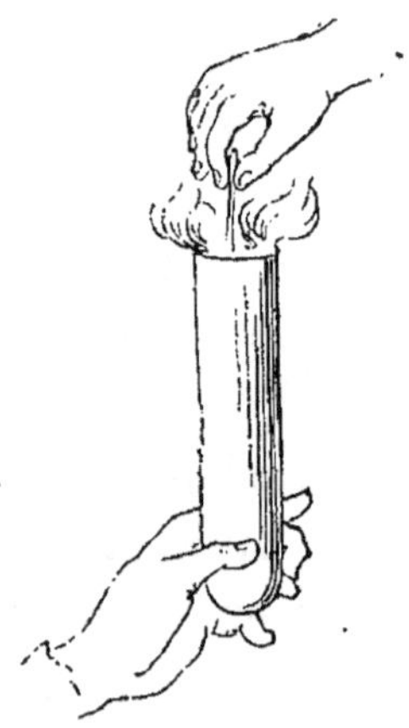

Fig. 251. — Combustion d'une allumette
dans le gaz oxygène.

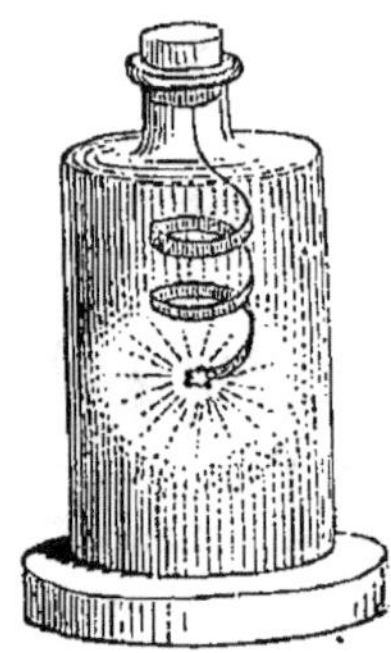

Fig. 252. — Combustion d'un ressort
d'acier dans le gaz oxygène.

pelle d'os fixée elle-même à l'extrémité d'un fil de fer qui traverse un large bouchon de liège. Enflammons le charbon, puis descendons-le dans un flacon rempli de gaz oxygène d'une contenance d'un litre environ. Une vive lumière va se manifester, et elle durera tant qu'il restera du charbon d'une part, de l'oxygène de l'autre. Le bouchon fixé à la tige de fer a pour objet de maintenir la coupelle sensible-ment au milieu du flacon. Le soufre, le phosphore placés dans les mêmes conditions donnent naissance à des phé-nomènes lumineux analogues. Le soufre brûle avec une flamme bleuâtre en produisant un gaz d'une odeur suffocante, l'acide sulfureux. Avec le phosphore, la lumière est tellement éblouissante que l'œil a de la peine à en supporter l'éclat ; on observe en même temps la production de vapeurs blanches d'acide phosphorique.

Plusieurs métaux brûlent vivement dans l'oxygène, tels sont le fer, le magnésium, et l'acier parmi les alliages. L'expérience avec ce dernier est facile à réaliser. On prend un ressort de montre, on le détrempe en le faisant chauffer jusqu'au rouge. Quand il est refroidi, on le déroule, on le décape avec du papier à l'émeri, on le contourne en tire-bouchon, on le plante dans la partie centrale d'un large bouchon de liège qui permettra de le suspendre dans l'intérieur du flacon. A la partie inférieure de cette lame d'acier on fixe un fragment d'amadou qu'on allume au moment de la plonger dans le flacon (fig. 252). Aussitôt l'amadou brûle avec un vif éclat, l'incandescence se communique au métal qui, à son tour, brûle successivement jusqu'à la partie voisine du bouchon, en lançant un grand nombre d'étincelles d'oxyde de fer fondu et en projetant une vive clarté. Il convient de laisser au fond du flacon une couche d'eau de 1 à 2 centimètres de hauteur, pour empêcher les globules incandescents de tomber encore brûlants sur le fond du vase. La rupture du flacon se produirait immanquablement sans cette précaution qui souvent même est impuissante à conjurer l'accident. La combustion est encore plus vive quand à la spirale d'acier on substitue une spirale de magnésium.

Combustion dans les autres gaz. — On peut renouveler avec le protoxyde d'azote la plupart des expériences que nous venons d'exécuter avec le gaz oxygène. Ainsi l'allumette à peine en ignition s'y rallume. Le charbon, le phosphore préalablement allumés, y brûlent avec éclat. Quant au soufre, il ne brûle qu'autant qu'il a été fortement chauffé et qu'il est bien allumé.

L'allumette, placée dans les conditions précédentes, ne s'enflamme pas quand on la plonge dans une cloche remplie de bioxyde d'azote, mais un charbon bien incandescent continue à brûler dans ce gaz avec vivacité. Le phosphore y brûle aussi avec un éclat comparable à celui qui se manifeste quand ce corps est porté enflammé dans le gaz oxygène. Le soufre enflammé s'éteint dans le bioxyde d'azote, mais quand on fait tomber dans ce gaz quelques gouttes de sulfure de carbone et qu'on approche de la cloche une bougie allumée, le mélange brûle avec une flamme bleue. En faisant cette expérience, on ne doit point oublier que le sulfure de carbone est un corps très inflammable et qu'il faut user des plus grandes précautions toutes les fois qu'on est appelé à s'en servir.

Le chlore, dans son contact avec les différents corps, détermine des phénomènes d'incandescence comparables par leur intensité, à ceux que nous avons signalés pour l'oxygène.

Ainsi un morceau de phosphore placé dans une petite coupelle d'os et préalablement enflammé brûle avec une flamme verdâtre quand on l'introduit dans un flacon plein de chlore. Un fil de fer mince et préalablement chauffé brûle aussi dans ce gaz. Un fil de cuivre tourné en spirale et chauffé à une extrémité que l'on plonge ensuite dans un flacon contenant du chlore gazeux, y brûle complètement en produisant du chlorure de cuivre qu'on voit tomber en gouttelettes incandescentes au fond du flacon. On opère d'ailleurs comme pour la combustion du ressort d'acier dans l'oxygène. Une lame mince de clinquant semblable à celle qu'on emploie pour les fausses dorures

devient incandescente quand on la plonge dans le chlore
gazeux. Un fragment de potassium introduit à la température ordinaire dans un vase plein de ce gaz, s'y enflamme
spontanément. De l'arsenic, de l'antimoine réduits en
poudre fine et projetés dans un flacon plein de chlore, y
brûlent en donnant lieu à la formation de gerbes d'é-
tincelles.

On évitera, dans ces expériences, de respirer les vapeurs
de chlorure d'arsenic ou de chlorure d'antimoine formés.
D'ailleurs dans toutes les manipulations qui portent sur
le chlore, l'expérimentateur devra se rappeler que ce gaz
est impropre à la respiration, que, respiré même en petite
quantité et dilué dans l'atmosphère, il provoque une vive
irritation des voies respiratoires, avec toux douloureuse,
que si l'on reste longtemps exposé à son action, il peut
occasionner des crachements de sang.

Le gaz ammoniaque fournit, dans son contact avec le
chlore, un phénomène de combustion remarquable. Pour
faire l'expérience, on fait arriver dans un flacon plein de
chlore un tube effilé par lequel se dégage du gaz ammoniac. Le jet s'enflamme spontanément. Il se produit de
l'azote et des fumées blanches de chlorhydrate d'ammoniaque.

Un mélange d'hydrogène bicarboné et de chlore est
également combustible; il y a ici dépôt de charbon et
formation de vapeurs piquantes d'acide chlorhydrique.
Voici comment on opère. On commence par remplir sur
la cuve à eau une grande cloche à pied avec de l'hydrogène bicarboné, de manière à ce que le gaz occupe le tiers
de la hauteur du vase; on achève de remplir avec le
chlore. On bouche alors la cloche avec une lame de verre,
et on la remet sur son pied. Le chlore, obéissant à

sa densité plus grande, gagne le fond du vase en se mêlant à l'autre gaz. Tout étant ainsi disposé, on approche une bougie de l'éprouvette ; aussitôt apparaît une flamme rouge qui descend régulièrement, pendant qu'au-dessus se forme un nuage noir de charbon très divisé, entraîné par l'acide chlorhydrique qui se dégage. Une partie de ce charbon se dépose en poussière impalpabe sur les parois du verre.

Combustion dans le soufre. — Le fer, le cuivre chauffés brûlent avec incandescence dans la vapeur de soufre. Quand on projette de la planure de cuivre dans un ballon contenant du soufre en ébullition, la combinaison se fait avec chaleur et lumière. Du soufre et du plomb chauffés légèrement dans un ballon de verre s'unissent avec un tel dégagement de chaleur que le fond du ballon devient incandescent. Si l'on chauffe dans un petit tube de verre quatre parties de soufre et sept parties de limaille de fer bien fine et non oxydée, il se produit une vive lumière et une élévation de température qui n'est nullement en rapport avec la chaleur employée pour fondre le soufre. On peut même déterminer une élévation notable de température en faisant un mélange intime de six parties de fer en limailles, quatre parties de soufre et humectant le tout avec de l'eau chaude. Lorsque la masse est un peu forte, l'élévation de température est considérable et peut aller jusqu'à déterminer l'incandescence du produit. En plaçant, à un mètre environ sous terre, un mélange de 15 kilogrammes de fer et de soufre dans les proportions indiquées et en l'humectant convenablement, il se manifeste, au bout de quelque temps, une véritable éruption. Une partie de l'eau est vaporisée et des parcelles de sulfure de fer sont lancées dans l'air, où elles prennent feu.

Cette expérience curieuse est désignée sous le nom d'expérience du *volcan artificiel* de Lémery, du nom du chimiste qui l'a instituée. Il est presque inutile de dire qu'elle n'a aucune analogie avec la cause qui produit le phénomène des éruptions volcaniques.

Combustion par les nitrates. — Un certain nombre de sels d'une décomposition facile peuvent donner naissance à de brillantes combustions. En première ligne figurent les azotates.

L'azotate d'ammoniaque, projeté dans un creuset rouge de feu, s'enflamme en produisant une vive lueur. L'azotate de potassium est un véritable magasin d'oxygène d'un transport et d'un maniement facile. Ce sel projeté en poudre plus ou moins fine sur des charbons ardents, scintille, *fuse,* c'est-à-dire fond en laissant échapper son oxygène et en déflagrant.

Parmi les azotates, c'est surtout celui de potassium dont on se sert pour produire des phénomènes de combustion.

Un mélange de trois parties d'azotate de potassium (*nitre* ou *salpêtre*) et une partie de charbon de bois pulvérisé étant projeté dans une cuiller de fer rouge de feu, déflagre violemment. On arriverait à produire une véritable explosion, si l'on opérait sur une masse un peu forte.

La lumière que produit, en brûlant, un mélange de deux parties de nitre et une partie de soufre est tellement vive que l'œil peut à peine en supporter l'éclat. L'expérience suivante montre quelle chaleur on peut obtenir en employant à la fois le soufre, le nitre et une substance combustible, la sciure de bois, par exemple. On prend :

Nitre	3 parties.
Soufre	1 —
Sciure de bois	1 —

On mélange intimement ces trois substances, de manière à avoir une matière homogène.

En entourant une pièce métallique avec cette poudre et en enflammant celle-ci, le métal ne tarde pas à fondre, d'où le nom de *poudre de fusion* ou de *fondant de Baumé* que porte ce mélange. L'effet s'explique par la rapidité de la combustion et par la transformation du métal en un sulfure plus fusible encore. Le fondant de Baumé est souvent employé dans les usines pour fondre de grosses pièces de bronze que l'on désire séparer en plusieurs parties ; cette expérience, peu de nos lecteurs sont à même de l'exécuter, mais en voici une autre plus facile que nous leur proposons. On place, dans une coquille de noix, une pièce de vingt centimes ou plus économiquement un petit disque de laiton de même diamètre et on l'entoure avec de la poudre de fusion qu'on a soin de bien tasser dans la coquille. On enflamme alors la poudre et, lorsque la combustion est terminée, on constate que le métal est fondu, sans que la coquille de noix soit détruite ; elle est à peine charbonnée à l'intérieur.

Un autre exemple de combustion par les nitrates nous est fourni par le nitrate de cuivre. On prend une feuille d'étain rectangulaire de 18 centimètres de long sur 12 centimètres de large environ. Au centre de ce rectangle on place huit grammes de nitrate de cuivre finement pulvérisé, de manière à lui faire occuper un espace de 4 centimètres carrés environ. On humecte légèrement le nitrate avec de l'eau, puis on replie la lame d'étain sur elle-même, en ayant soin d'emprisonner de toute part le nitrate et de bien assurer le contact des deux substances. Au bout de quelques minutes, la feuille s'échauffe, une partie du nitrate devenue liquide s'échappe à travers les joints et une abondante vapeur rougeâtre se fait jour par les fissures de la lame, accompagnée d'étincelles d'étain enflammé et de petits jets de feu.

Gaz impropres à la combustion. — La majeure partie des gaz est impropre à la combustion, mais il y a lieu de les séparer en deux classes, les uns combustibles, tels que l'hydrogène, le gaz des marais, l'oxyde de carbone, les autres tout à la fois incombustibles et incapables d'entretenir la combustion.

L'*hydrogène* est un gaz combustible, avons-nous dit ; pour le démontrer, il faut soulever, avec précaution, une cloche

Fig. 253. — Inflammation de l'hydrogène.

pleine de ce gaz, au-dessus de l'eau dans laquelle elle est plongée, et y mettre le feu avec une allumette enflammée (fig. 253). Si l'on plongeait l'allumette dans le gaz même, elle s'éteindrait aussitôt ; en effet, un gaz inflammable par lui-même ne peut entretenir la combustion, il ne peut être à la fois combustible et comburant. On peut donner à cette expérience une autre forme ; l'appareil producteur de l'hydrogène est mis en relation avec un fourneau de pipe qui plonge dans de l'eau de savon, une bulle se produit, qui, en vertu de sa légèreté spécifique, s'élève dans l'atmosphère ; il suffit d'en approcher un corps en ignition pour en déterminer l'inflammation.

L'*acide carbonique* est impropre à la combustion, une allumette enflammée s'éteint immédiatement lorsqu'on la plonge dans ce corps. On se sert souvent de la grande densité de l'acide carbonique pour montrer, d'une manière très élégante, qu'il éteint les corps en combustion. Pour cela, on dispose au fond d'une cloche à pied une bougie allumée, puis on remplit une autre cloche semblable d'acide carbonique et on verse le gaz sur la bougie, absolument comme on verserait de l'eau : la flamme s'éteint immédiatement. Cette expérience démontre à la fois la grande densité de l'acide carbonique et l'inaptitude de ce gaz à entretenir la combustion. On peut d'ailleurs donner d'autres preuves de la densité de ce gaz. Ainsi on prend un sac de papier assez grand, on l'ouvre comme si on voulait le remplir, puis on le place sur le plateau d'une balance sensible, on fait la tare ; alors on verse de l'acide carbonique dans ce sac absolument comme on y verserait de l'eau et l'équilibre ne tarde pas à être rompu. On pourrait également remplir d'acide carbonique une grande cloche de verre renversée et y faire tomber des bulles de savon remplies d'air, ces bulles restent comme suspendues à la surface du vase.

On démontre les propriétés non comburantes de l'*acide sulfureux* par les procédés que nous venons d'indiquer pour l'acide carbonique. L'*azote* éteint la combustion, aussi a-t-il été longtemps confondu avec l'acide carbonique ; il s'en distingue parce qu'en introduisant de l'eau de chaux dans une éprouvette pleine de ce gaz, le liquide reste limpide, tandis qu'avec l'acide carbonique, il y a immédiatement production d'un trouble blanc. Le *chlore* est également un gaz impropre à la combustion. Une bougie allumée qu'on plonge dans une cloche remplie de ce gaz brûle pendant quelque temps avec une flamme verte en bas, rouge en haut, et s'éteint après avoir changé de couleur.

Combustion dans les liquides. — Faire sortir des flammes d'un liquide est une expérience qui surprend toujours ceux qui la voient pour la première fois, et que les chimistes peuvent réaliser de plusieurs manières.

Combustion du potassium. — On prend une terrine en terre ou en grès, on la remplit d'eau aux deux tiers, et on y projette un fragment de potassium gros comme un petit pois, après avoir eu soin de l'essuyer avec un morceau de papier à filtrer, pour le débarrasser de l'huile de naphte dans laquelle on tient ce métal plongé, afin d'assurer sa conservation. Le potassium, plus léger que l'eau, nage à la surface du liquide, et immédiatement il fond en un globule brillant qui s'entoure d'une flamme violette, et il se met à tournoyer avec un mouvement très rapide. Au bout de quelque temps, la flamme s'éteint, et il reste un petit globule incandescent qui ne tarde pas à éclater, en projetant des fragments à distance. On n'aura point à craindre d'être atteint par ces projections, en employant un vase aux deux tiers plein d'eau, car les bords empêcheront les fragments de sortir du vase.

On pourrait obtenir également l'inflammation du sodium, mais il faudrait employer de l'eau gommée au lieu d'eau ordinaire, ou placer le métal sur un fragment de papier joseph mouillé ; ici, la flamme produite est jaune.

Combustion de l'hydrogène phosphoré. — On projette, dans un verre à pied rempli d'eau, un fragment de phosphure de calcium ; dès que ce composé a touché l'eau, on voit des bulles nombreuses se produire au sein du liquide, se dégager et venir s'enflammer à la surface en produisant une couronne de vapeurs blanches qui s'élargit à mesure qu'elle s'élève dans l'air; ces couronnes ou *aréoles* sont fort régulières quand l'air est tranquille. Si l'on ne possédait point de phosphure de calcium, il serait possible de réaliser ces aréoles d'une autre façon : on ferait, avec de la chaux éteinte et un peu d'eau, des boulettes au centre desquelles on introduirait un fragment de phosphore. Ces boulettes seraient placées dans un petit ballon (fig. 254)

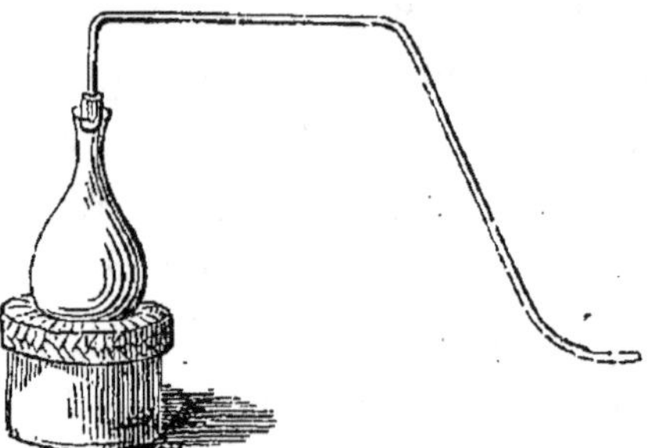

Fig. 254. — Préparation de l'hydrogène phosphoré.

qu'on achèverait de remplir avec de la chaux éteinte, afin qu'il y restât le moins d'air posssible. On chauffe alors lentement le ballon et on laisse perdre, dans l'air, une petite quantité de gaz qui s'enflamme en y arrivant; on adapte alors au flacon un tube abducteur dont on fait arriver l'extrémité dans une terrine pleine d'eau. Chaque bulle qui se dégage dans l'air s'enflamme et produit une aréole. On ne doit point oublier, en faisant cette préparation, que le phosphore est une substance éminemment inflammable, pouvant prendre feu par le frottement et que les brûlures qu'il occasionne sont très douloureuses. Pour éviter les accidents, on prendra un bâton de phosphore sortant de l'eau qui a servi à le conserver, et pendant qu'il est encore humide, on le coupera en fragments convenables avec des ciseaux, en ayant soin de faire tomber les fragments ainsi obtenus dans un vase rempli d'eau ; il est même préférable de couper le phosphore sous l'eau. Ce sont ces fragments que l'on introduit encore. humides dans les boulettes de chaux.

Les aréoles qui se manifestent dans cette expérience constituent un spectacle assez curieux pour qu'on ait essayé de les réaliser par d'autres moyens. Voici deux procédés : on prend un verre à boire, on le remplit de fumée de tabac, puis on le couvre d'une feuille de papier dont on rabat les bords pour les fixer solidement au pied du verre, de façon que la fumée soit complètement emprisonnée. Alors, avec une épingle quelconque, on pique la partie du papier qui obture le verre et l'on frappe légèrement avec l'ongle sur cette surface ; à chaque petit coup sec il s'échappe une couronne de fumée par la petite ouverture obtenue par le passage de l'épingle.

Babinet a indiqué le procédé suivant. On arme un pistolet avec une simple capsule, puis on insuffle dans le canon de la fumée de tabac. En écrasant la capsule avec le chien, il sort du canon une bulle de gaz qui, dirigée sur une surface polie, une glace, par exemple, frappe ce corps et rebondit sur elle-même, comme le ferait un corps solide, en s'élargissant en aréole.

Inflammation de l'essence de térébenthine. — On place dans une tasse à café deux ou trois petites cuillerées d'essence de térébenthine, puis une quantité double d'acide nitrique fumant préalablement mélangé avec un quart environ d'acide sulfurique. Au moment du contact, on entend un bruit perçant, et l'on constate une vive inflammation, avec production de fumées noires et épaisses. Pour réaliser cette expérience sans danger, on aura soin de se placer à une distance d'environ un mètre du vase dans lequel on produit la réaction, et de verser la liqueur acide dans l'essence en ayant soin de fixer à l'extrémité d'un bâton la fiole qui la contient. Quatre à cinq secondes suffisent pour déterminer l'inflammation; si elle tardait à se produire, on verserait de l'acide nitrique sur la couche demi-solide qui se serait manifestée à la partie supérieure du liquide, couche à laquelle sa forme particulière a valu le nom de *champignon philosophique.*

Toutes les combustions que nous venons de passer en revue, bien qu'engendrées par le contact d'une ou plusieurs substances liquides, se sont produites dans l'air; mais on peut produire, à l'aide du phosphore et des corps oxydants, de véritables combustions au sein de l'eau, Voici deux expériences de ce genre :

A. On commence par remplir une vessie avec du gaz oxygène, puis on place au fond d'un verre à pied, d'une tasse à café, d'un vase quelconque, quelques fragments humides de phosphore qu'on recouvre immédiatement avec de l'eau à 50°. On fait alors arriver l'oxygène par un tube délié adapté à la vessie, ce qui est facile en pressant celle-ci. Immédiatement on voit de brillants éclairs traverser le liquide, tandis que des flocons rougeâtres flottent au milieu de sa masse.

B. On place dans un verre à pied une petite quantité d'eau, et du chlorate potassique en proportion plus grande que le liquide ne peut en dissoudre (le chlorate potassique est soluble dans trente parties d'eau), et quelques fragments de phosphore. On plonge ensuite au fond du vase l'extrémité effilée d'un petit entonnoir par lequel on fait écouler de l'acide sulfurique concentré. Dès que celui-ci est parvenu dans la dissolution, il s'échauffe, réagit sur le sel et le phosphore, en déterminant aussitôt la production de nombreux jets de lumière au sein du liquide. En ajoutant au phosphore quelques petits fragments de phosphure de calcium, des jets de feu d'une belle couleur vert émeraude se produisent au fond du vase, tandis que des éclairs jaunâtres viennent éclater à la surface du liquide.

Flammes colorées. — Les flammes que nous avons produites dans les expériences précédentes ne présentaient pas toutes la même coloration. C'est ainsi que l'hydrogène brûlait avec une flamme pâle, le potassium avec une flamme violette, le sodium avec une flamme jaune.

Il est facile d'obtenir des flammes de couleurs variées en associant certaines substances à des matières combustibles, telles que le nitrate de potasse, la poudre à canon, le picrate d'ammoniaque, l'alcool. C'est ainsi qu'avec la poudre à canon, la limaille de fer donne de brillantes étincelles rouges et blanches, plus vives et plus nombreuses encore avec les limailles d'acier et de fonte.

La limaille de cuivre procure une flamme verte; celle de zinc une belle couleur bleue verdâtre; le sulfure d'antimoine une flamme bleue pâle.

Le succin, la colophane et le sel marin produisent un feu jaune.

Le noir de fumée, une couleur rouge de diverses nuances.

Le vert-de-gris, un vert léger.

Le sulfate de cuivre, associé au sel ammoniac, un vert olive.

L'azotate de strontium, un rouge pourpre magnifique.

L'oxalate de sodium, un très beau jaune.

Le sulfure d'arsenic, un blanc très éclatant.

Le camphre, une flamme très blanche et très aromatique.

Le mica jaune, de très belles étincelles jaunes. On l'emploie pour produire les pluies d'or dans les feux d'artifice.

Le lycopode, une couleur rose et une flamme étendue. C'est cette dernière substance qu'on emploie sur les théâtres à cause de sa grande inflammabilité (Girardin). Nous avons déjà parlé de cette inflammabilité des spores du lycopode.

Le picrate d'ammoniaque fond et brûle sans manifester de tendance à l'explosion; aussi est-il employé pour produire les feux suivants :

Feux à gerbe d'or.		*Feux rouges.*	
Picrate d'ammoniaque....	50	Picrate d'ammoniaque...	54
— de fer..........	50	Azotate de strontium...	46
Feux verts éclatants.		*Feux blancs éclatants.*	
		Picrate d'ammoniaque....	51
Picrate d'ammoniaque...	48	Azotate de baryum.......	26
Azotate de baryum......	54	— de strontium....	23

Il est très facile de préparer ces feux, il suffit de pulvériser finement les corps séparément, de les mélanger ensuite avec soin dans un mortier, et d'en remplir de petites boîtes rondes en carton; on communique le feu à la masse à l'aide d'une petite mèche de coton trempée dans de l'eau gommée d'abord, puis roulée dans de la poudre de chasse qu'on aura écrasée, sur une feuille de papier, à l'aide d'un couteau de bois.

Les flammes colorées sont encore plus faciles à obtenir à l'aide de l'alcool.

Flamme jaune.

Alcool à 90°............................. 30
Sel marin....... 8

On pulvérise finement le sel marin et on le fait dissoudre dans l'alcool. La solution une fois préparée, on la place dans une soucoupe chaude et on l'enflamme. Dans un appartement complètement obscur, cette flamme communique un aspect livide au visage de tous les assistants.

Rouge carmin.

Alcool à 90°............... 35
Chlorure de strontium.. 10

Rouge.

Alcool à 90°........... 35
Sulfure de mercure (cinabre)................. 10

Orange.

Alcool à 90°........... 35
Chlorure de calcium..... 10

Vert émeraude.

Alcool à 90°............ 35
Nitrate de cuivre........ 10

Vert.

Alcool à 90°........... 35
Acide borique.......... 10

CHAPITRE XII

Phosphorescence. — On appelle ainsi la propriété que possèdent quelques corps de répandre une faible lueur sans dégagement sensible de chaleur. La phosphorescence ne se produit, dans certains cas, qu'en présence de l'oxygène atmosphérique ; elle n'est par suite que le résultat de l'oxydation ; mais dans d'autres circonstances le dégagement de lumière se manifeste sans l'intervention de ce gaz. La phosphorescence peut être naturelle ou provoquée par différents moyens.

Phosphorescence spontanée. — Pour la mettre en évidence le procédé le plus facile consiste à tracer sur un mur, dans l'obscurité, des traits avec un bâton de phosphore ; ces traits restent lumineux pendant quelque temps et ne s'effacent que lorsque la petite quantité de phosphore, qui est restée adhérente au mur, a disparu par évaporation et par combustion.

On peut rendre l'eau lumineuse dans l'obscurité ; pour cela, on remplit aux deux tiers un flacon avec de l'eau à 50°, et l'on y fait tomber quelques fragments de phosphore. Quand la fusion du phosphore est complète, on ferme hermétiquement le flacon et on lui imprime un mouvement rapide et saccadé jusqu'à ce que l'eau soit revenue à la température ordinaire. On trouve alors, à la partie inférieure du vase, une poudre d'un blanc jaunâtre. En agitant le vase, les particules de phosphore y restent en suspension, et si on le débouche dans l'obscurité l'eau paraît lumineuse.

Si le flacon dans lequel on a placé le phosphore est suffisamment spacieux (120 à 180 grammes) et qu'on ait eu le soin de ménager au-dessus de l'eau un certain espace vide, ce vase produira une clarté suffisante pour que, pendant la nuit, on puisse lire l'heure sur le cadran d'une montre. En rebouchant le flacon la clarté disparaîtra, mais elle reparaîtra de suite si on l'ouvre de nouveau. Par les temps froids, il convient d'échauffer la bouteille avant de l'ouvrir, en la tenant pendant un moment dans les mains. On peut se servir de cette eau phosphorée pour tracer des figures et des caractères lumineux ; le visage, les mains au contact de ce liquide deviennent lumineux dans l'obscurité ; l'expérience est sans danger, à condition de se servir exclusivement du liquide.

Phosphorescence naturelle. — Elle peut être constatée dans plusieurs circonstances. Les poissons de mer deviennent phosphorescents après la mort, avant de tomber en putréfaction. L'eau de mer, dans les régions intertropicales, devient lumineuse sous l'influence du choc des rames et de la pression que la proue des navires exerce contre la lame, ainsi que dans le sillage des bâtiments. Certains insectes sont phosphorescents. Le plus connu parmi eux est le lampyre ou ver luisant (*Lampyris splendidula*) (fig. 255). C'est chez la femelle seule que l'on rencontre la phosphorescence. Si l'on met un ver luisant, renversé sur une table, on voit que l'émission de la lumière est intermittente, elle s'éteint parfois pour briller de nouveau. Cette phosphorescence est indépendante de l'animal, car elle continue après avoir détaché de son corps un ou plusieurs anneaux. On voit même de longues traînées de lumière se développer dans une matière jaunâtre contenue dans les derniers anneaux, quand on vient à écraser l'insecte. Cette phosphorescence paraît due à une véritable combinaison entre l'oxygène et la matière de l'animal, car elle cesse dans les

Fig. 255. — Lampyre mâle et femelle.

milieux dépourvus d'oxygène. Certains végétaux jouissent aussi de la propriété de répandre une lueur phosphorescente, pendant les nuits d'été ; on le constate sur les fleurs de couleur jaune telles que la capucine, le soleil, le souci ; les lames d'un champignon, l'agaric de l'olivier, sont également phosphorescents.

Phosphorescence artificielle. — On peut la provoquer de plusieurs manières et, suivant la nature du corps, la lueur qu'il émettra sera blanche, jaune, verte, bleue, rouge. Parmi les moyens à employer pour arriver à ce résultat nous citerons :

1 **L'élévation de température.** — Ainsi, les variétés colorées de fluorure de calcium (spath fluor), les écailles d'huître, le sulfate de potassium, le sulfate de quinine, etc., deviennent lumineux quand on les chauffe convenablement. Le fluorure de calcium grossièrement pulvérisé et étendu sur une pelle échauffée au-dessous du rouge devient instantanément lumineux dans l'obscurité.

2° **Les actions mécaniques.** — Le nitrate d'uranium cristallisé et bien sec devient phosphorescent quand on le brise. Le même sel renfermé dans un flacon donne par l'agitation de magnifiques jeux de lumière. Deux morceaux de sucre frottés dans l'obscurité deviennent phosphorescents.

3° **L'insolation.** — La plupart des composés calcaires luisent après avoir été exposés au soleil, si on les transporte ensuite dans l'obscurité. Nous citerons le carbonate et le sulfate de calcium, la variété de fluorure de calcium connue sous le nom de chlorophane, les pétrifications, les coquilles, les perles, comme présentant plus particulièrement cette propriété.

On désigne quelquefois sous le nom de *phosphores* certaines substances chimiques, autres que le phosphore proprement dit et jouissant de la propriété d'être lumineuses dans l'obscurité ; tels sont les *phosphores de Canton*, de *Bologne*, de *Homberg*.

Phosphore de Canton. — C'est du monosulfure de calcium, que le physicien anglais John Canton apprit à préparer vers le milieu du siècle dernier.

On le prépare en calcinant, pendant une heure environ et dans un grand feu de charbon, une certaine quantité d'écailles d'huître. On obtient ainsi de la chaux vive, dont on sépare les parties colorées ou souillées de cendres; on la passe à travers un tamis de soie; on ajoute à trois parties de cette poudre une partie de soufre en fleur et on renferme avec soin le mélange dans un creuset luté avec son couvercle. On place alors ce creuset dans un fourneau, on l'entoure de charbons incandescents, et quand il est arrivé à la chaleur rouge, on le maintient dans cet état pendant une heure et demie. La matière contenue dans le creuset est fondue au bout de ce temps-là; on la fait sortir du creuset en la coulant et en séparant les scories. Le produit doit être conservé dans un flacon à l'émeri bien sec.

Avec 250 grammes de ce corps qu'on aura exposé, pendant quelques minutes, aux rayons solaires ou à la lumière diffuse, la phosphorescence sera telle que, dans un endroit obscur, on pourra lire l'heure à une montre, si l'on a eu soin de fermer les yeux pendant une ou deux minutes. On se sert également du phosphore de Canton, pour rendre les peintures lumineuses. On mélange ce corps en poudre fine avec la couleur et de la gomme; un enduit ainsi préparé reste lumineux dans l'obscurité quand il a subi pendant le jour l'action de la lumière. Deux couches légères font plus d'effet qu'une couche épaisse. On peut substituer la flamme du magnésium à la lumière solaire; ainsi il suffit de faire brûler le soir un fil de magnésium dans une chambre dont les murs ont été revêtus d'un enduit de monosulfure de calcium pour que, pendant plusieurs heures, on constate que les parois sont devenues lumineuses.

Phosphore de Bologne. — Cette préparation doit son nom au minerai avec lequel on l'obtenait primitivement, le sulfate de baryum que l'on retirait du mont Paterno, près de Bologne. Ce n'est autre chose que du sulfure de baryum et sa préparation est des plus simples. En effet, on l'obtient en calcinant, au rouge blanc, dans un petit creuset, des cylindres, de l'épaisseur du doigt environ, préparés avec cinq parties de sulfate de baryum, une partie de charbon, de la colle et de la farine. Les cylindres, avant d'être placés dans le creuset, doivent être suffisamment secs et résistants.

Si l'on expose le phosphore de Bologne à la lumière, et si on le porte ensuite promptement dans un lieu obscur, on voit la masse comme en feu, sans que pourtant il y ait de chaleur sensible. Cet effet ne se manifeste qu'autant que la substance aura subi l'action de la lumière. La lumière diffuse suffit; l'action directe des rayons solaires paraît nuisible.

Phosphore de Homberg. — On donnait autrefois ce nom au chlorure de calcium fondu. Ce sel exposé à la lumière et porté ensuite dans l'obscurité paraît lumineux. *Le phosphore de Beaudouin* n'est autre chose que l'azotate de calcium fondu, il répand une lumière blanche. Il rappelle le nom de celui qui, le premier, constata cette propriété.

Matières explosives. — On donne ce nom à des substances de natures diverses, gazeuses, liquides, ou solides, qui ont pour propriété essentielle de pouvoir, par une réaction bruyante et rapide, se transformer en une masse gazeuse considérable et portée à une haute température, dès qu'une cause initiale, telle que la chaleur ou un choc, vient à les influencer avec une intensité suffisante. Ce phénomène de transformation porte le nom d'*explosion* et de *détonation*. Nous allons passer en revue les principaux de ces phénomènes :

Oxygène et hydrogène. — L'oxygène et l'hydrogène peuvent s'unir directement sous l'influence de la chaleur communiquée au mélange, soit par un corps incandescent, soit par une étincelle électrique. Leur union donne lieu à une explosion, si l'air est frappé par la flamme produite et s'il peut rentrer dans l'appareil.

Pour faire l'expérience, on choisit un petit flacon à parois épaisses et à ouverture étroite, et muni d'un bouchon de liège capable de le fermer exactement ; on le remplit d'eau, puis en employant la manœuvre représentée par la figure 244, on y introduit 2 vol. d'hydrogène et 1 vol. d'oxygène. Ce mélange est désigné sous le nom de *gaz tonnant*. On bouche ensuite le flacon sous l'eau, on l'en retire et on le couvre soigneusement avec un linge plusieurs fois replié, afin d'éviter d'être atteint par les éclats de verre, si le vase venait à se rompre. Alors, le tenant horizontalement, on le débouche et on enflamme le contenu, en présentant l'ouverture à la flamme d'une bougie. On aura soin de diriger l'explosion dans une partie de l'appartement vide de spectateurs, car il pourrait se faire que des éclats de verre vinssent à s'échapper du linge et fussent projetés en avant. Si l'on avait fait cette expérience avec des gaz bien secs, transvasés sur le mercure, on verrait que les parois du vase sont humides après l'explosion. Cette humidité résulte de l'eau formée par la combinaison des deux gaz.

On peut donner à cette expérience une autre forme. Dans une terrine remplie d'eau de savon, ou mieux dans un mortier de bronze ou de fer plein d'eau savonneuse, on fait arriver le gaz tonnant contenu dans une vessie à laquelle on a adapté un tube de verre effilé à la lampe, de manière à constituer de nombreuses bulles gazeuses, à la surface du liquide. Pour cela, il suffit de plonger l'extrémité de ce tube dans l'eau de savon et de comprimer légèrement la vessie : la surface de l'eau se couvre aussitôt de bulles auxquelles on met le feu avec un papier enflammé attaché à l'extrémité d'un long bâton. Toutes les bulles s'enflammant simultanément produisent une forte détonation.

Hydrogène et chlore. — Pour faire exploser ce mélange sans danger, on remplit un flacon avec un volume égal des deux gaz, en ayant soin d'opérer à la lumière diffuse. Le flacon est placé dans une bassine de cuivre et recouvert d'une étoffe noire un peu épaisse, à laquelle on attache une ficelle suffisamment longue. L'opérateur place alors la bassine sur sa tête, en ayant soin de la maintenir de la main gauche à l'aide de deux liens fixés aux anses, puis il se dirige, soit dans une cour, soit dans un jardin déserts, vers un endroit frappé par les rayons solaires. Arrivé là, il enlève brusquement l'étoffe noire ; aussitôt il se produit une détonation dont l'intensité est en rapport avec le volume du mélange sur lequel on a opéré.

Les débris du flacon pulvérisé par la violence de l'explosion restent dans la bassine. On emploie en général un quart de litre de chacun des deux gaz. On produit également la détonation en plaçant le mélange dans un flacon à ouverture ordinaire et en l'enflammant à l'aide d'une bougie. On doit prendre les mêmes précautions que pour le gaz tonnant. Dans ces deux expériences le produit de la combustion est de l'acide chlorhydrique.

Hydrogène bicarboné et oxygène. — Un mélange d'un volume d'hydrogène bicarboné avec trois volumes d'oxygène constitue un gaz éminemment explosif. Ce mélange enfermé dans un petit flacon et enflammé par une bougie détone le plus souvent avec une violence telle que le vase est brisé. Il est presque inutile de dire que l'on doit se mettre à l'abri des accidents en suivant la méthode indiquée pour l'inflammation du gaz tonnant.

Iodure d'azote. — Pour préparer ce corps, on place dans des verres de montre de petites quantités d'iode finement pulvérisé et l'on verse dessus de l'ammoniaque concentrée. Au bout d'un quart d'heure la réaction est terminée. On jette alors la matière noirâtre obtenue sur un petit filtre, on la lave rapidement avec un peu d'eau, et la substance retenue par le filtre est l'iodure d'azote.

Ce corps ne détone pas en général, tant qu'il est humide ; on doit néanmoins le manier avec prudence, car il suffit parfois de le toucher avec une baguette de verre, alors qu'il est encore dans les verres de montre pour en déterminer l'explosion. Si au contraire il est sec, il détone par le plus léger frottement; celui d'une barbe de plume suffit. La détonation de l'iodure d'azote se produit même en projetant ce corps sur l'eau, et l'on peut dire qu'il est intangible. Il arrive même parfois que l'explosion est spontanée, surtout lorsque la température est de 25° à 30°. Il importe, lorsqu'on a préparé plusieurs doses d'iodure d'azote, de les placer, pendant leur dessiccation, à une certaine distance les unes des autres, car souvent l'explosion spontanée d'une des doses suffit pour amener celle des doses voisines. Nous ne saurions trop recommander la prudence dans la préparation de ce singulier composé ; l'expérience n'est sans danger qu'autant qu'on opère sur de très faibles quantités d'iode, 5 à 10 centigrammes au plus.

Poudre de chasse. — Les effets de la poudre de chasse sont trop connus pour qu'il soit nécessaire de les rappeler longuement. On sait que lorsqu'elle brûle dans un espace limité, elle produit des gaz qui, portés à une température élevée, par la chaleur de la combustion, acquièrent une grande force expansive et par suite exercent sur la paroi de l'arme une pression énorme qu'on utilise pour lancer le projectile. Lorsque la poudre n'est point comprimée et qu'on vient à la porter à la température de 300° environ, dans une cuiller de fer, elle brûle sans détonation. On peut faire l'expérience sans danger avec 3 ou 4 grammes de poudre.

La poudre de chasse est formée de :

<pre>
Nitrate de potassium................. 76.9
Soufre...............................   9.6
Charbon.............................. 13.5
</pre>

Si l'on substitue au charbon du carbonate de potassium et si l'on emploie les trois corps mélangés dans les proportions suivantes :

<pre>
Nitrate de potassium..................... 30
Carbonate de potassium.................. 20
Soufre................................. 10
</pre>

on obtient une substance qui, placée dans les mêmes conditions de température que la poudre, va donner, en opérant sur 3 ou 4 grammes, une détonation semblable à celle d'un coup de pistolet. Il est bon de dessécher préalablement les matières avant de les mélanger et de se tenir à l'écart, pour ne pas être atteint par la matière enflammée, qui est parfois projetée hors de la cuiller, par suite de la violence de l'explosion.

En faisant un mélange de 100 parties d'azotate de potassium et de 60 parties d'acétate de sodium, ou bien d'azotate de sodium et d'acétate de potassium, on prépare une poudre blanche qui est comparable à la poudre noire par la violence et l'instantanéité de l'explosion.

Poudres au chlorate de potassium. — Le chlorate de potassium mélangé avec des corps combustibles tels que le
soufre, le charbon, le phosphore, les métaux pulvérisés, la
résine en poudre, la sciure de bois, donne lieu à des poudres qui s'embrasent et détonent avec la plus grande facilité, soit par le choc, soit par la chaleur. On opère le plus
ordinairement sur trois parties de chlorate et une partie
d'un des corps que nous venons d'indiquer. On détermine
l'explosion soit en choquant le mélange, avec un pilon,
dans un mortier de fonte ou de bronze, soit en le frappant
fortement avec un marteau sur une enclume. Il est bon,
quand on exécute ces expériences, de recouvrir la main
qui donne le choc, avec un gant et de ne jamais employer
au delà de 10 à 15 centigrammes de chlorate.

Pour le phosphore, on modifie ainsi la manipulation. On
pulvérise, dans un mortier de porcelaine, 10 centigrammes
de chlorate, et après l'avoir placé sur une feuille d'étain,
on en fait un petit tas au centre duquel on place un morceau de phosphore deux fois gros comme la tête d'une
épingle. On replie alors les bords de la lame, de façon à
emprisonner les substances qui en recouvraient le centre,
et l'on porte le petit paquet, ainsi obtenu, sur une enclume. En laissant tomber, sur le mélange ainsi préparé,
un marteau un peu lourd, il se produit une violente explosion. Comme des particules de phosphore enflammé sont
souvent lancées avec force à une certaine distance, il est
bon de mettre les mains et le visage à l'abri de ce danger
de brûlure.

En mélangeant dans un mortier :

Chlorate de potassium...................... 6
Soufre...................................... 1
Charbon.................................... 1

on obtient des explosions d'une violence extrême. Quand on opère sur de très faibles quantités, quelques centi-grammes de chacun des corps, on détermine des détona-tions successives qui imitent des coups de fouet et font jaillir hors du vase des flammes rouges ou purpurines d'un bel effet.

Argent fulminant (*ammoniure, amidure, azoture d'argent*). — Pour le préparer, on opère sur 20 à 30 centigrammes d'argent de coupelle qu'on place dans un petit ballon de verre et sur lequel on verse de l'acide azotique très pur et un peu étendu d'eau distillée. On active la réaction en chauffant doucement avec une lampe à alcool. Quand la dissolution est refroidie, on y verse de l'eau de chaux qui y détermine un dépôt abondant. On sépare ce dépôt, en le jetant sur un filtre, où on le laisse sécher complètement. On prend alors une quantité minime de ce produit qu'on place dans un verre de montre et on l'additionne d'une quantité d'ammoniaque liquide suffisante pour produire une bouillie claire. Peu à peu le produit devient noir, on sépare alors le liquide surnageant, on répartit, sur plusieurs morceaux de papier joseph, de petites quantités de la poudre ainsi obtenue et on la laisse sécher spontané-ment.

L'argent fulminant fait explosion avec une violence extraordinaire, quand on le comprime avec un corps dur, même alors qu'il est encore humide. Quand il est sec, il suffit quelquefois de le toucher avec une barbe de plume, de laisser tomber dessus une goutte d'eau pour qu'il explose. « Je dois dire aux jeunes lecteurs dont la curiosité pourrait être piquée par les effets violents de cette prépa-ration, qu'elle a causé des malheurs, même entre les mains de chimistes expérimentés et prudents. On risquerait sa

vie si l'on essayait de l'introduire dans un flacon de verre. »
(Berzélius.)

Fulminate d'argent. — On prépare ce corps en traitant
2 grammes 25 centigrammes d'argent fin, par 45 grammes
d'acide azotique à 40°. Le tout est placé dans un ballon
d'un litre. Quand l'argent est dissous, on ajoute au liquide
60 grammes d'alcool à 85° et l'on porte à l'ébullition. La
liqueur ne tarde pas à se troubler, et il s'y dépose de nombreux cristaux aiguillés et blancs; on éloigne alors le ballon
du feu et l'on y ajoute, par petites portions, 40 autres grammes d'alcool. Peu à peu le fulminate se dépose, on le lave
sur un filtre avec de l'eau distillée. Le ballon doit être
spacieux, car autrement la liqueur pourrait déborder, et si
le fulminate venait à sécher sur les parois externes du
vase, il exploserait au moment où l'on voudrait le détacher.
On doit éviter d'approcher du ballon les corps enflammés
tels que les lampes ou les bougies, car on pourrait déterminer l'inflammation du liquide et une explosion certaine.

Les plus grandes précautions doivent être prises dans la
préparation de ce sel; non seulement il faut éviter de le
toucher avec des baguettes de verre ou d'autres corps durs,
mais il convient, lorsqu'il est encore humide, de le frac-
tionner en petites doses de 2 à 5 centigrammes qu'on dispose sur du papier à filtrer. On peut placer ces fragments
de papier sur des assiettes que l'on fait chauffer au bain-
marie, ou à la vapeur qui se dégage d'un vase plein d'eau
en ébullition.

Le fulminate d'argent détone par le choc, sous l'influence
de la chaleur, de l'électricité, de l'acide sulfurique. 10 centigrammes projetés sur des charbons ardents produisent
autant de bruit qu'un coup de pistolet. Par suite de cette

facilité à faire explosion, ce fulminate est employé à la confection de certains jouets.

Pois fulminants. — Ce sont de petits globes de verre creux très minces, comme ceux des perles artificielles; on y introduit, au moyen d'une plume, une très petite quantité de fulminate, alors qu'il est encore humide. On remplit le globe de sable et on l'entoure avec un petit morceau de papier très mince sur lequel on a étendu un peu de solution de gomme. On prépare également les pois fulminants avec de petits cornets de papier fort dans lesquels on place du verre en poudre avec un peu de fulminate, on les ferme en collant une bande de papier sur l'ouverture. Les *bombes fulminantes* sont des globes de la grosseur d'une noisette, qui renferment environ 1 décigramme d'argent fulminant; on les prépare comme les pois. On fait exploser tous ces jouets en les lançant avec force contre la terre ou en les écrasant avec le pied; il faut s'abstenir de cette dernière manœuvre avec les bombes, si leur volume est un peu considérable, car leur explosion est très violente.

Cartes fulminantes. — Elles s'obtiennent en dédoublant, à l'aide d'un canif, un morceau de carte et en introduisant, entre les parties ainsi séparées, un peu d'argent fulminant; on recolle alors les portions dédoublées. Ces cartes présentées à la flamme d'une bougie font explosion et l'éteignent.

Chandelle fulminante. — Pour rendre une chandelle fulminante, on l'allume d'abord pour amollir la mèche, on l'éteint ensuite et l'on introduit un peu de fulminate entre les fils de la mèche que l'on a épanouie quand elle est froide. Le fulminate étant en place, on rapproche les fils en les serrant légèrement. Lorsqu'on allume une pareille chandelle elle détone avec force.

Ces deux dernières expériences peuvent entraîner certains dangers. Chacun est libre de les réaliser pour son propre compte, mais pratiquées sans le consentement de la personne qui communique le feu au fulminate, elles constituent une plaisanterie d'un goût douteux dont nous engageons nos lecteurs à s'abstenir.

Papiers fulminants. — Un des emplois les plus habituels du fulminate d'argent est celui des papiers fulminants, qui sont bien connus par suite de l'usage qu'on en fait pour accompagner les dragées, dans ces sucreries connues sous le nom de *papillotes*. Voici comment on confectionne ces papiers, d'après Berzélius. On coupe avec des ciseaux des bandes de papier d'une longueur quelconque et de la largeur de 1 à 2 centimètres. A l'aide d'un peu de colle ou d'une dissolution de gomme, on fixe sur le bout de chaque bande une petite quantité de verre en poudre grossière, dans un espace d'environ 6 millimètres. On répand un peu d'argent fulminant sur les bandes, tant au-dessus de l'endroit où se trouve la poudre de verre que sur la place humectée par l'eau de gomme, puis on laisse les bandes sécher à l'air. Une fois sèches, on en prend deux, on les place l'une sur l'autre, en tournant les parties armées en dedans, de manière à ce qu'elles soient très rapprochées l'une de l'autre, sans cependant se toucher. Le bout de chaque extrémité armée est muni d'une enveloppe mince qui presse contre l'autre bande, mais sans les empêcher de glisser par-dessus. En tirant ensuite les bandes dans le sens de la longueur, les parties chargées de poudre fulminante détonent fortement par la friction qu'elles subissent. On emportait jadis en voyage des bandes ainsi préparées qu'on attachait à la porte de la chambre à coucher de manière à être réveillé par la détonation qui se produisait inévitablement si l'on ouvrait la porte. On substitue souvent au papier des lanières de parchemin qui sont plus difficiles à déchirer et qui, par suite, peuvent avoir moins de largeur.

Berzélius, après avoir signalé les dangers qu'entraîne le maniement du fulminate d'argent, termine son étude par l'anecdocte suivante destinée à servir d'exemple aux jeunes lecteurs :

« Un opticien en voyage qui se servait probablement de fulminate d'argent pour préparer le papier dont il vient d'être question avait fait venir une petite boîte de cette poudre à l'endroit où il s'était arrêté. A la poste, on voulut voir ce que contenait cette boîte, et quand l'opticien y remit le couvercle, la poudre fit explosion probablement parce qu'il en était resté une petite quantité entre le couvercle et la boîte. La main de l'opticien fut presque totalement enlevée et l'on trouva des fragments d'os sous la table, dont le dessus quoique épais de plusieurs pouces fut percé. Des fragments de la boîte paraissaient, en plusieurs endroits, avoir pénétré dans la poitrine du malheureux qui mourut au bout de onze jours. Aucun des employés de la poste ne fut atteint, et malgré la violence de la détonation qui les priva de l'ouïe pendant quelque temps, il n'y eut point de vitre brisée, effet qu'aurait infailliblement produit une explosion bien plus faible causée par la poudre ordinaire. »

Fulminate de mercure. — On le prépare en faisant dissoudre, dans un ballon de verre, d'un demi-litre de capacité, 2 grammes de mercure, dans 24 grammes d'acide nitrique, à 40°; l'opération se fait à froid, mais si la température ambiante est froide, on aide la réaction en chauffant légèrement au bain-marie. La dissolution s'effectue avec production de vapeurs rouges; quand elle est terminée et que le liquide est froid, on verse peu à peu, dans le ballon, vingt-quatre grammes d'alcool à 90° et l'on chauffe au bain-marie jusqu'à l'ébullition, dont on modère la vivacité en ajoutant, de temps en temps, une certaine quantité d'alcool mis en réserve. Quand la dissolution commence à se troubler et à dégager d'abondantes vapeurs blanches, on cesse de chauffer et on abandonne le liquide à lui-même. Par le refroidissement, on obtient d'abondants cristaux d'un blanc-jaunâtre qu'on jette sur un filtre et qu'on lave jusqu'à ce qu'ils ne soient plus acides. L'eau dont on a séparé les cristaux contient toujours un peu de fulminate qu'on pourrait séparer en concentrant le liquide et en laissant cristalliser, mais par mesure de prudence, nous conseillons de la perdre. Pour cela, on l'étend d'une grande quantité d'eau ordinaire et on la répand sur le sol. Le fulminate peut être abandonné à lui-même, sur le filtre recouvert d'une lame de verre, jusqu'à ce qu'il soit parfaitement sec.

Le fulminate de mercure (*mercure fulminant d'Howard*) détone par la chaleur ou la pression avec une violence considérable que chacun peut apprécier en sachant que les amorces des fusils de chasse ou de guerre ne contiennent que quinze à trente milligrammes de ce sel. Il faut donc le manier avec de grandes précautions. On n'est pas sûr pourtant de le faire détoner par le choc du bois contre bois, tandis que le frottement de deux baguettes de bois, l'action d'une température de 186°, celle de l'électricité ou de l'acide sulfurique, produisent toujours ce résultat.

Or fulminant. — Ce composé s'obtient en faisant dissoudre de l'or pur dans l'eau régale. La solution une fois complète, on l'étend de quatre fois son volume d'eau distillée et on y ajoute graduellement de l'ammoniaque jusqu'à cessation de précipité, et on abandonne l'opération à elle-même pendant quelques heures. On recueille alors le précipité sur un filtre, on le lave à l'eau bouillante jusqu'à ce que la liqueur qui passe ne trouble plus la dissolution de nitrate d'argent ; puis on le fait sécher sur du papier dans un endroit chaud, dont la température ne puisse pourtant pas atteindre celle de l'eau bouillante.

Ce corps présente une couleur brune jaunâtre tirant sur le pourpre. Après la dessiccation, il détone très facilement avec un grand bruit, accompagné d'une faible flamme. L'explosion se produit soit en le chauffant au delà du point d'ébullition de l'eau, soit par un fort coup de marteau, et dans ce cas, si l'or fulminant est en quantité un peu considérable, il peut percer la plaque métallique, sur laquelle on l'a placé pour le choquer. Il détone également quand on le triture dans un mortier. La préparation de l'or fulminant est dangereuse ; on ne doit le conserver que sous l'eau et encore cette pratique n'est-elle pas sans péril. A plus forte raison faut-il éviter de le renfermer dans un flacon de verre, car une parcelle retenue dans le col du vase ne manquerait pas de faire explosion et d'y faire participer tout le contenu, au moment où l'on serrerait le bouchon.

Cristallisation. — Nous avons déjà examiné la cristallisation à propos des infiniment petits (Voyez chapitre I); nous savons qu'un grand nombre de corps, et surtout ceux du règne minéral, sont susceptibles de revêtir des formes géométriques particulières (cubes, octaèdres, rhomboèdres, prismes) auxquelles on a donné le nom de *cristaux*. Le travail interne à la suite duquel les molécules des corps contractent ces formes particulières s'appelle *cristallisation*.

Les conditions les plus favorables à la cristallisation sont celles qui déterminent le passage de l'état fluide à l'état solide. Il faut, soit à l'aide de la chaleur, soit d'un dissolvant, écarter les particules des corps et leur permettre ensuite de se déposer fort lentement et dans des circonstances invariables. Si l'on néglige ces précautions, les cristaux sont irréguliers et mêlés confusément. Il faut également éviter d'agiter un corps en train de cristalliser, sinon on entrave la production des cristaux réguliers.

Parmi les procédés employés pour produire la cristallisation, nous signalerons : la fusion, la sublimation, la solution, la sursaturation.

Cristallisation par fusion. — Cristallisation des métaux. — Cristallisation du bismuth. — On fait fondre du bismuth dans un têt en terre d'une capacité de 100 à 150 centimètres cubes, et on laisse alors refroidir tranquillement, jusqu'à ce qu'il se produise une légère croûte à la surface. A l'aide d'un fer pointu et chaud, on pratique dans la croûte, à deux extrémités opposées, une petite ouverture. on verse la portion liquide par une de ces ouvertures, aussi lentement que possible ; l'air pénètre, au fur et à mesure, par l'autre ouverture. Quand le têt est refroidi, on enlève la croûte supérieure en la coupant avec des cisailles aussi près que possible des bords. On aperçoit alors la cavité tapissée de cristaux très brillants, plus ou moins réguliers, suivant la quantité de métal employé, et la dextérité avec laquelle on a séparé la partie liquide de celle qui commençait à se solidifier. On peut faire cristalliser le soufre par le même procédé.

Moiré métallique. — On donne ce nom aux cristaux d'étain qui recouvrent les feuilles de fer-blanc et qu'on a fait apparaître revêtus des reflets les plus brillants au

28.

moyen d'une liqueur acide. Ces cristaux d'étain préexistent, ils se sont formés, quand on a plongé, dans un bain d'étain fondu, les feuilles de fer laminé qui sont ainsi devenues du *fer-blanc*. Ils sont seulement masqués par une pellicule métallique; en enlevant cette espèce de voile avec un acide, ils paraissent avec tout leur éclat. On peut d'ailleurs, en regardant une feuille de fer-blanc ordinaire, après l'avoir frottée avec une étoffe de laine, reconnaître les contours de la cristallisation et prévoir ainsi quel sera le dessin du moiré.

Le moiré s'obtient avec une des liqueurs suivantes :

Nº 1. Eau régale............... 1	Nº 3. Acide sulfurique......... 1
Eau ordinaire........... 1	Eau...................... 2
Nº 2. Acide nitrique.......... 1	Nº 4. Acide chlorhydrique..... 1
Eau................... 2	Eau...................... 1

On peut étendre ces mélanges d'eau.

On verse le mélange froid ou un peu chaud dans une terrine de grès ou une cuvette en porcelaine, on y plonge une feuille de fer-blanc froid ou chaud qu'on lave avec une brosse ou une éponge imbibée d'acide. Le moiré apparaît en moins d'une minute, lorsque l'acide est chaud ou peu étendu. Dans le cas contraire, il ne se montre qu'au bout de cinq et même dix minutes.

Aussitôt que le moiré s'est manifesté avec son aspect éclatant et qu'il s'est formé à la surface du fer-blanc quelque tache grise ou noire, on lave promptement la plaque avec de l'eau de pluie ou mieux un peu d'eau distillée aiguisée de quelques gouttes d'acide sulfurique.

Il importe de saisir le moment précis du lavage, car si on l'exécute trop tôt, le moiré n'a pas d'éclat; il est terne si l'on procède trop tard à cette opération. Cela fait, on lave convenablement les feuilles dans de l'eau de pluie, on les fait égoutter et sécher, puis on les recouvre d'une couche d'eau gommée ou d'un vernis transparent. Quand on se sert d'un vernis coloré et transparent, on obtient parfois des effets assez satisfaisants pour l'œil.

Cristallisation par voie de substitution chimique. — Certains métaux, lorsqu'ils sortent de leur combinaison par suite de la substitution d'un autre métal, sont capables de donner de petits cristaux qui se groupent les uns avec les autres et produisent des agglomérations de paillettes, de fibres, de baguettes, etc., enlacées les unes avec les autres et imitant grossièrement la disposition des branches et des feuilles des végétaux, d'où le nom d'*arbres* qu'on donne à ces agglomérats cristallins. Les principaux sont les *Arbres* de *Saturne*, de *Diane*, de *Jupiter*, ces appellations rappellent les noms que les anciens chimistes donnaient au *plomb*, à l'*argent*, à l'*étain*.

Arbre de Saturne. — On commence par préparer avec l'acétate de plomb (sel de Saturne) une partie, et l'eau distillée, trente parties, une solution qu'on filtre et qu'on place dans un flacon à large ouverture, d'une contenance d'environ trois litres, on attache au bouchon, au moyen de fils de laiton, une lame de zinc qui plonge dans cette solution jusqu'aux trois quarts de sa hauteur, en ayant soin de faire descendre quelques-uns des fils bien au-dessous de la lame de zinc. Peu à peu, la lame et les fils se recouvrent de paillettes de plomb très brillantes qui augmentent incessamment et produisent des ramifications très bizarres.

Arbre de Diane. — On peut l'obtenir par plusieurs procédés.

1° **Procédé de Lemery.** — On fait dissoudre une partie d'argent de coupelle dans trois parties d'acide nitrique pur, on filtre cette solution, on l'introduit dans un verre à pied et on l'étend de vingt parties d'eau distillée, on ajoute alors deux parties de mercure et l'on abandonne le tout au repos. Au bout de quelques semaines, on trouve tout le fond du vase rempli de nombreux filaments métalliques.

2° **Procédé de Homberg.** — Il permet d'obtenir l'arbre de Diane plus rapidement. On commence par préparer un amalgame d'argent en triturant, dans un mortier de verre ou de porcelaine, 7^{gr},75 de mercure pur et 15^{gr},30 d'argent fin, on fait dissoudre cet amalgame dans 122 grammes d'acide bien pur, on étend la dissolution de 750 grammes d'eau distillée ; on agite et l'on conserve à part ce liquide dans un flacon bien bouché. Pour préparer l'arbre de Diane avec ce liquide, on en verse 30 grammes dans un verre conique à pied et on y jette gros comme un pois d'amalgame d'argent ayant la composition que nous venons d'indiquer. On ne tarde pas à voir s'élever, au-dessus de l'amalgame, une foule de filaments métalliques qui grandissent à vue d'œil et s'entrelacent de mille façons.

3° **Procédé de Baumé.** — On mêle ensemble six parties d'une solution d'argent dans l'acide nitrique pur et quatre parties d'une solution de mercure dans le même acide, l'une et l'autre complètement saturées, on y ajoute trente parties d'eau distillée et l'on verse le tout dans un verre à expérience contenant six parties d'un amalgame fait avec cinq parties de mercure et une partie d'argent. Au bout de quelques heures, on aperçoit, à la surface de l'amalgame, un précipité en forme de végétation.

La formation de l'arbre de Diane est due à la précipitation de l'argent par le mercure, elle a lieu quand le mélange contient une quantité de mercure plus grande que celle qui est nécessaire pour la précipitation complète de l'argent, sans que toutefois il y en ait assez pour que la végétation soit dissoute; il faut employer une quantité de mercure double de celle qui est nécessaire pour précipiter strictement l'argent. Le corps qui cristallise est de l'amalgame d'argent.

Arbre de Jupiter. — On commence par préparer une dissolution de protochlorure d'étain. Pour cela on place, dans un ballon d'un demi-litre, 30 grammes environ d'étain en grenaille, sur lequel on verse de l'acide chlorhydrique concentré, et l'on chauffe légèrement. On a soin d'employer un excès de métal. Lorsque le dégagement d'hydrogène résultant de la réaction vient à cesser, on verse le liquide dans une petite cloche à pied, et l'on y introduit une baguette de zinc de la grosseur d'un tuyau de plume et bien unie, dont une des extrémités repose sur le fond du vase. L'étain se précipite immédiatement, le long de la baguette d'étain, sous forme de feuilles fines et de couleur blanche qui prennent, après quelques instants, l'éclat métallique; l'effet est très rapide, mais au bout d'un certain temps la liqueur se trouble et l'arbre commence à se détruire. Pour conserver l'arborisation, on décante la liqueur et on la remplace par de l'eau distillée.

On pourrait multiplier les exemples de cristallisation des métaux; nous terminerons en relatant l'expérience suivante. Dans une dissolution de sulfate de cuivre, on introduit un bâton de phosphore récemment fondu; au bout de douze heures, on trouve que le cylindre, qui primitivement était jaune, s'est recouvert d'une couche brillante et cristalline de cuivre métallique.

Cristallisation par sublimation. — L'acide benzoïque nous fournit un remarquable exemple de cristaux obtenus par ce procédé. On place (fig. 256), dans un camion en terre vernissée, une certaine quantité de benjoin concassé.

On tend dessus une feuille de papier à filtrer qu'on colle sur
les bords. Cette feuille forme la base d'un cône de carton
dont l'ouverture est fixée sur les bords du camion, à l'aide
d'une bandelette de papier qu'on fait adhérer avec de la
colle d'amidon. On chauffe lentement pendant trois ou
quatre heures : on trouve, après le refroidissement, sur les

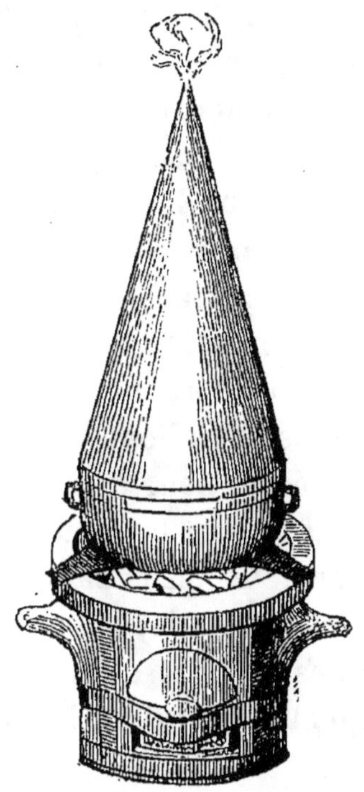

Fig. 256. — Cristallisation de l'acide benzoïque.

parois du cône et sur le diaphragme, des aiguilles blanches et soyeuses d'acide benzoïque.

La sublimation s'opère souvent à la température ordinaire. Il est facile de constater que le camphre, l'iode,
enfermés dans des flacons bouchés à l'émeri, se volatilisent
à la température ordinaire et donnent naissance à des
cristaux qui se déposent à la partie supérieure du vase.

Un composé de l'iode, l'*iodure de cyanogène*, est également dans ce cas et peut être l'objet d'une expérience remarquable. On prend une partie de cyanure de mercure et deux parties d'iode que l'on broie dans un mortier; au bout de quelques minutes de trituration la masse a pris une teinte rouge-vermillon du plus vif éclat. Si alors on emprisonne dans un flacon de verre bouché à l'émeri cette poudre rouge qui est un mélange d'iodure de mercure et d'iodure de cyanogène, ce dernier corps qui est très volatil va se séparer de la masse et se déposer sur les parois du flacon en belles aiguilles d'un blanc de neige.

Cristallisation par dissolution. — C'est le procédé le plus généralement adopté pour produire la cristallisation des sels; il consiste à mettre l'eau en contact avec une quantité de sel plus considérable que celle qu'elle peut dissoudre quand elle est bouillante, à porter le liquide à la température de l'ébullition, à le filtrer quand il est encore bouillant et à recevoir la solution dans un vase de verre ou de grès verni, où on l'abandonne à elle-même. Par le refroidissement le sel cristallise.

On dit qu'une eau est *saturée* d'un sel, à une température donnée, lorsqu'elle ne peut plus dissoudre la plus petite quantité de ce sel, à cette même température; *l'eau mère* est le liquide qui baigne les cristaux, lorsque par suite d'un abaissement de température, elle en laisse déposer. On considère comme saturée une eau qui a laissé déposer des cristaux en se refroidissant.

Dans l'industrie, quand on opère sur de grandes quantités de sels que l'on veut faire cristalliser, on cherche à développer autant que possible la surface sur laquelle les cristaux doivent se déposer. Pour cela, on emploie des baguettes d'osier tendues en travers des vases où se produit la cristallisation. Ces surfaces deviennent pour les cristaux des centres d'attraction, et ils ne tardent pas à s'y déposer en grande abondance et d'une façon régulière. Cette propriété des cristaux d'adhérer sur les corps étrangers placés dans les dissolutions saturées sert de base à la récréation suivante.

On prend une corbeille en osier ou en fil de fer à réseau très large (fig. 257), on la suspend dans un grand vase con-

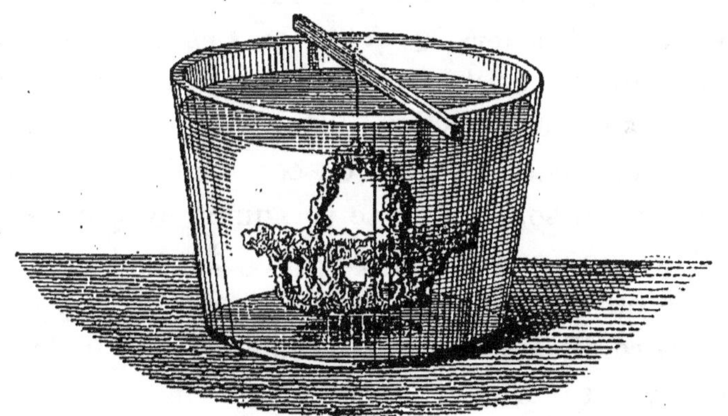

Fig. 257. — Cristallisation de l'alun.

tenant une solution saturée d'alun, en ayant soin de recouvrir le panier d'une couche de liquide de quelques centimètres de hauteur et l'on abandonne l'opération à elle-même, dans un local où la température ne subit pas de brusques variations et où l'atmosphère n'est pas agitée. Si l'on se sert d'un panier en fil de fer, on aura soin de rendre le fil rugueux, à l'aide d'une lime, pour faciliter l'adhérence des cristaux.

Le sel se dépose avec la couleur blanche qui lui est propre, mais il est facile de communiquer à ces cristaux des colorations artificielles, en ajoutant préalablement, à la solution d'alun, certaines matières colorantes et filtrant avant l'introduction du panier. Ainsi, par l'addition d'une infusion de garance ou de cochenille, les cristaux sont *cramoisis*. On obtiendra des cristaux :

Jaunes, avec le chlorure de fer liquide ou l'infusiou de racine de Sanguinaire du Canada ;

Noirs, avec l'encre de Chine délayée dans la gomme arabique ;

Bleus, avec l'indigo dissous dans l'acide sulfurique ;

Bleu-pâles, avec le sulfate de cuivre.

Cristaux réguliers, procédé de Leblanc. — Lorsqu'on veut obtenir des cristaux très réguliers, on se sert du procédé suivant dû à Leblanc. Supposons que l'on désire obtenir des cristaux d'alun, on commencera par préparer, à froid, une dissolution de ce sel, qu'on évaporera à feu nu jusqu'à ce qu'une goutte du liquide, déposée sur une lame de verre ou sur une soucoupe de porcelaine, y cristallise par le refroidissement. On laisse alors refroidir le liquide ; des cristaux se forment et gagnent le fond du vase. On sépare l'eau mère surnageante et on la place dans un vase à fond plat où, au bout de quelques jours, elle donne des cristaux isolés dont on verra, avec le temps, augmenter le volume. On choisit les plus réguliers, on les place dans un vase à fond plat, à quelque distance les uns des autres et l'on verse par dessus une certaine quantité de dissolution concentrée d'alun obtenue par le procédé que nous venons d'indiquer. En commençant, il faut avoir soin de changer, au moins une fois par jour, avec une baguette de verre, la position de chaque cristal, afin que toutes les faces soient alternativement exposées à l'action du liquide, action qui ne peut se faire sentir sur le côté par lequel le solide repose sur le fond du vase. Peu à peu, les cristaux s'accroissent, on choisit de nouveau les plus parfaits et on continue à les *nourrir* avec un nouveau liquide saturé, jusqu'à ce qu'ils aient acquis la dimension que l'on souhaite. Dans tous les cas, il ne faut pas attendre pour changer le liquide qu'il se soit trop dépouillé d'alun, car alors le cristal, au lieu d'augmenter, diminuerait de volume. C'est surtout sur les bords et les angles que l'altération commence.

La chimie enseigne que, dans l'alun ordinaire, qui est un sulfate double de potassium et d'aluminium, on peut remplacer l'aluminium par du fer, du manganèse ou du chrome, sans changer le rapport des éléments de ce sel ni sa forme cristalline. Il en résulte que les aluns de fer, de manganèse, de chrome, cristallisant comme l'alun ordinaire, il sera possible, par la méthode de Leblanc, de nourrir un cristal d'alun ordinaire avec une dissolution d'alun de chrome et réciproquement. Pour cela, on porte un cristal d'alun ordinaire, aussi régulier que possible, dans une dissolution saturée d'alun de chrome dont la couleur est d'un violet foncé, le cristal blanc d'alun ordinaire se recouvre alors d'une couche d'alun de chrome parfaitement régulière. A son tour, le cristal violet d'alun de chrome pourra se revêtir d'une pellicule cristalline blanche et il sera possible de superposer un nombre indéfini de couches d'alun de deux couleurs.

Une cristallisation plus ou moins régulière peut se produire dans une dissolution saline, au contact d'un sel qui n'a aucune analogie chimique avec celui qui est en dissolution, par suite d'un phénomène de double décomposition. Ainsi, prenons une dissolution faible de silicate de potasse et laissons tomber dans le liquide quelques cristaux de sulfate de cuivre ou de sulfate de fer; au bout de quelque temps il s'est produit dans le liquide une volumineuse arborisation. Lorsqu'on a employé du sulfate de cuivre, les cristaux sont verts ; quand on s'est servi du sulfate de fer, les cristaux sont bruns, et quand on mélange les sulfates, les cristaux sont bruns ou verdâtres, et, l'imagination aidant, leur ensemble présente l'image d'une forêt en miniature. Cette arborisation offre de plus ceci de particulier que toutes les fibres ou branches, quel que soit le point de l'horizon vers lequel elles se dirigent, se présentent sous le même angle par rapport à l'horizontale, et cet angle semble d'autant plus aigu que la dissolution est plus dense.

Sursaturation. — Le procédé de cristallisation par dissolution est celui qui est le plus fréquemment employé. Dans l'immense majorité des cas, l'évaporation ou le refroidissement de la dissolution, ont pour effet de forcer le sel à reprendre la forme solide. Quelquefois pourtant, le sel ne se dépose pas, bien que par suite de l'abaissement de température, la dissolution soit saturée ; c'est là le phénomène de la *sursaturation*. Mais vienne à se présenter telle circonstance qui détermine une rupture d'équilibre au sein du liquide, immédiatement le sel cristallise et tout se prend en masse. Citons quelques exemples de ce remarquable phénomène.

1° **Expérience de Gernez**. — On place dans une fiole une solution saturée à chaud de sulfate de sodium, on fait bouillir le liquide pendant quelques instants, de façon à entraîner au fond de la fiole et dissoudre les cristaux qui auraient pu rester adhérents aux parties supérieures du vase. On ferme alors l'ouverture avec un peu de papier humide et l'on abandonne le tout au refroidissement. La liqueur reste limpide, mais vient-on à y introduire une parcelle cristalline de sulfate de sodium, on voit la cristallisation se produire et se propager rapidement du cristal introduit jusqu'à la paroi du vase. Parfois la cristallisation se produit au moment où l'on enlève le papier qui recouvrait la fiole, c'est qu'il est tombé alors dans le liquide une parcelle de sulfate de sodium existant en suspension dans l'atmosphère de l'appartement où l'on exécute l'expérience.

2° Cristallisation du nitrate de calcium. — On étale sur une plaque de verre une solution sirupeuse et froide de nitrate de calcium, et on trace des lignes dans ce liquide avec une aiguille trempée préalablement dans du nitrate de calcium solide et cristallisé. Les points touchés apparaissent immédiatement avec un aspect terne, les lignes qui résultent de leur réunion se manifestent sur le verre, comme si cette plaque avait été dépolie en ce point, puis ces lignes deviennent le centre de magnifiques cristaux aiguillés qui vont en s'irradiant, jusqu'à ce que la cristallisation se soit propagée dans tout le sel.

3° Expérience de Peligot. — Elle démontre également et d'une manière plus élégante encore, l'influence d'un cristal sur la formation des cristaux de la même substance. Voici comment on l'exécute. Dans une petite capsule de porcelaine chauffée à l'aide d'une lampe à alcool, on place environ cinquante grammes d'hyposulfite de sodium qu'on arrose d'une très petite quantité d'eau distillée, à peine suffisante pour empêcher le contact direct du sel encore solide avec la paroi du vase. Le sel ne tarde pas à fondre dans son eau de cristallisation ; au bout de quelques instants d'ébullition, on verse le liquide bouillant dans un tube de verre fermé à l'un de ses bouts, préalablement chauffé avec de l'eau bouillante et qu'on a soin de maintenir dans une position verticale. On prépare de la même façon une dissolution bouillante d'acétate de sodium cristallisé, que l'on verse, avec précaution, sur la dissolution d'hyposulfite de façon à ce que les deux liquides ne se mélangent pas. On laisse refroidir le tout et l'on a ainsi deux dissolutions sursaturées superposées, l'inférieure d'hyposulfite, la supérieure d'acétate. Si maintenant on laisse tomber un cristal d'hyposulfite dans le liquide inférieur, à travers le liquide supérieur, on voit l'hyposulfite se solidifier au contact du cristal et la cristallisation s'étendre de proche en proche, tandis que l'acétate reste liquide. Quand elle est terminée, on trempe un fil de laiton mouillé dans de l'acétate de sodium pulvérulent et l'on porte ce fil dans l'acétate de sodium liquide : la cristallisation est instantanée, et les cristaux obtenus offrent un aspect essentiellement différent de ceux de l'hyposulfite.

Les précipités. — Les doubles décompositions des sels entre eux, les décompositions que ces substances éprouvent soit au contact des bases, soit au contact des alcalis, sont aujourd'hui parfaitement connues. Elles s'expliquent et même peuvent se prévoir à l'aide des lois de Berthollet; mais ces changements instantanés qui se manifestent au contact de deux corps, ce trouble que leur mélange apporte à deux dissolutions complètement limpides, avaient excité l'admiration des anciens chimistes. Aussi n'avaient-ils point hésité à donner le nom de *miracle chimique* à la double décomposition qui se produit quand on mélange du chlorure de calcium et du carbonate de potassium. Du carbonate de calcium se précipite, et la plasticité de ce sel est telle, surtout si les dissolutions sont très concentrées, qu'on peut l'arrondir en boules ayant assez de cohésion pour pouvoir rouler sur une table. Il n'y a ici assurément rien de miraculeux, mais ces doubles décompositions prennent un cachet spécial quand on réalise des précipités colorés en employant des solutions incolores. Voici l'indication de quelques précipités qu'on peut obtenir en employant des liqueurs incolores :

Précipités blancs. — Carbonate de sodium et sels de calcium, de baryum, de strontium, d'étain, de plomb, de bismuth ; acide sulfurique et sels de baryum, de strontium, de plomb ; phosphate de sodium et sels de baryum, de strontium, de plomb.

Précipités jaunes. — Acide sulfhydrique ou sulfhydrate d'ammonium avec les sels de cadmium, les sels d'étain au maximum d'oxydation, les arséniates et les arsénites solubles. Potasse et chlorure mercurique. Nitrate d'argent et arsénite de potassium. Acétate de plomb et iodure de potassium. Nitrate d'argent et phosphate de sodium.

Précipités jaune-orangé. — Acide sulfhydrique ou sulfhydrate d'ammonium et sels d'antimoine.

Précipités rouges. — Chlorure mercurique et carbonate ou iodure potassique. Nitrate d'argent et arséniate de potassium.

Précipltés noirs. — Acide sulfhydrique ou sulfhydrate d'ammonium et sels de bismuth, d'argent, de mercure au minimum, de mercure au maximum : dans ce dernier cas le précipité est d'abord blanc, puis orangé, puis noir.

Précipités bruns. — Acide sulfhydrique et protochlorure d'étain. Potasse caustique et nitrate d'argent.

Lorsqu'un des liquides est coloré, on peut, en y versant un liquide incolore ou coloré, obtenir des précipités dont la couleur est ou n'est point celle des corps entrés en réaction. Ainsi on obtient des précipités :

Blancs. — Avec la potasse et les sels de protoxyde de manganèse qui sont rosés, ainsi qu'avec les sels de protoxyde de fer qui sont vert clair ; ce dernier précipité verdit rapidement au contact de l'air et finit par devenir ocreux.

Bruns. — Avec la potasse et les sels de peroxyde de fer qui sont jaunes plus ou moins foncé ; le ferrocyanure de potassium et les sels de cuivre ; le ferricyanure de potassium et les sels d'argent ; le sulfate ferreux et les sels d'or.

Bleus plus ou moins foncé. — Avec la potasse et les sels de protoxyde de cobalt qui sont d'un rouge groseille. Avec l'ammoniaque et les sels de cuivre qui sont bleus. Avec le ferrocyanure de potassium et les sels ferriques.

Verts plus ou moins foncé. — Avec la potasse et les sels de nickel qui sont verts. Avec le ferrocyanure de potassium et les sels de nickel et ceux de cobalt. Avec l'arsénite de sodium et le sulfate de cuivre.

Rouge de sang. — Avec le ferrocyanure de potassium et les sels d'urane qui sont jaunes.

Une autre expérience qui mériterait peut-être plus encore le nom de miracle chimique que celle qui est connue sous cette appellation est la suivante. On approche l'un de l'autre deux verres contenant le premier une dissolution d'ammoniaque (ammoniaque liquide), le second une dissolution d'acide chlorhydrique ; on voit aussitôt se former d'abondantes fumées blanches dues à la production d'un composé solide, le chlorhydrate d'ammoniaque. On donne quelquefois à cette expérience la forme suivante. On rince deux verres, l'un avec de l'acide chlorhydrique, l'autre avec de l'ammoniaque, puis on renverse le premier sur le second de manière à ce que les deux ouvertures se correspondent. Aussitôt les vapeurs blanches se forment et finissent par se condenser, en une croûte cristalline, sur la paroi des vases. Nous ferons remarquer que les liquides qui sont l'objet de cette expérience sont odorants tous les deux et que par leur combinaison ils donnent naissance à un composé inodore.

Liquides colorés. — Quelquefois les dissolutions, colorées ou non, ne produisent pas par leur mélange des précipités, mais elles donnent naissance à des corps restant en solution et communiquant au liquide une teinte autre que celle des liquides que l'on a fait réagir. Citons quelques exemples.

Si, dans un vase rempli à moitié d'une dissolution de nitrate de cuivre assez étendue pour ne pas présenter de coloration bleue sensible, on vient à verser de l'ammoniaque, le mélange prendra une coloration bleue qui disparaîtra par l'addition de quelques gouttes d'acide sulfurique, d'acide nitrique ou d'acide chlorhydrique.

Dans un verre contenant une solution de sulfate ferrique qui est à peine coloré en jaune, faisons tomber quelques gouttes de sulfo-cyanure de potassium, aussitôt le liquide contracte une coloration rouge de sang. De même, si l'on met en contact de la teinture bleue de tournesol avec de l'acide sulfurique, la teinte bleue se transformera en rouge pelure d'oignon. Une dissolution de perchlorure de fer, dont la couleur est jaune, contracte une teinte rouge quand on l'additionne d'un peu d'acétate de potassium également en dissolution. Une dissolution de nitro-prussiate de sodium assez étendue pour présenter une teinte à peine jaunâtre, se colore en violet, au contact de quelques gouttes de sulfure de potassium ou de tout autre sulfure alcalin. Une dissolution aqueuse d'iode mélangée avec de l'empois d'amidon très clair donne une belle coloration bleue. Au contact du ferricyanure de potassium, une dissolution de sulfate ferrique prend une légère coloration brun-verdâtre. Une dissolution très étendue et incolore de protochlorure d'étain se transforme en un liquide d'une coloration pourpre, quand on y fait tomber quelques gouttes de chlorure d'or.

Mais le corps le plus remarquable par les changements de coloration qu'il manifeste sous l'influence de certains agents est le manganate de potassium.

Expérience de Scheele. — Pour préparer le manganate de potassium, on calcine fortement, pendant une heure environ, dans un fourneau à réverbère et dans un creuset couvert un mélange d'une partie de bioxyde de manganèse (oxyde noir de manganèse) et trois parties d'azotate de potassium, on obtient ainsi une matière verte qui n'est autre chose que du manganate de potassium impur.

Prenons une pincée de la substance refroidie, portons-la dans un verre à boire et versons dessus une petite quantité d'eau, on aura une liqueur verdâtre qui, par l'addition d'une grande quantité d'eau, passera au pourpre, et petit à petit au rouge. Un phénomène analogue se produit lorsqu'on ajoute quelques gouttes d'acide sulfurique à la solution verte du manganate de potassium : la liqueur se colore en rouge. Verse-t-on dans la solution rouge une solution de sulfate ferreux, une décoloration instantanée se produit. Ce sont ces changements de couleur qui avaient fait donner, autrefois, au manganate de potassium le nom de *caméléon minéral*.

Couleurs végétales. — Les couleurs végétales sont facilement impressionnées par les agents chimiques : tantôt ces couleurs s'effacent rapidement, tantôt elles font place à d'autres nuances ou à d'autres teintes. Il est même possible d'opérer ces changements sur des fleurs, sans altérer profondément leur tissu, si bien que la fleur, tout en ayant perdu sa couleur primitive, conserve encore sa forme. Voici les principales méthodes employées dans ce cas.

1° Acide azotique étendu d'eau. — On plonge la fleur dans ce liquide, en la tenant par son pédoncule ; au bout d'un instant d'imbibition, on la retire, on la laisse égoutter jusqu'à ce que la modification se soit produite ; on la porte alors dans l'eau pure et on la lave, en l'agitant, jusqu'à ce qu'on ait fait disparaître l'excès d'acide, puis on la suspend pour la faire sécher. On communique ainsi :

Aux fleurs blanches.........	une coloration jaune citron.	
— rouges.............	—	jaune orangé.
— violettes..........	—	incarnat.
— bleues (Aconit. Pied d'alouette).......	—	rouge cramoisie.
— jaunes	—	jaune plus vive ou une couleur verte.

2° Dissolution faible de potasse ou de soude.

Les fleurs rouges tournent au violet vineux.
     — bleues   —   au jaune foncé ou orangé ou au vert.
     — jaunes   —   au jaune-orangé ou ne sont que faiblement altérées.

3° Acide sulfureux, liquide ou gazeux. — On prend une rose rouge ordinaire, entièrement épanouie et on l'expose à la vapeur du soufre enflammé, ou bien encore on la plonge dans une dissolution d'acide sulfureux. Si l'on a laissé la fleur adhérente à son pédoncule et si l'on se sert de ce pédoncule pour placer la fleur dans un vase rempli d'eau, au bout de cinq ou six heures, elle aura repris sa couleur primitive, qu'on peut lui restituer plus rapidement encore en l'immergeant dans une dissolution faible d'acide sulfurique qui chasse l'acide sulfureux. Il est facile de décolorer les violettes par le même procédé, c'est-à-dire en les exposant aux vapeurs d'acide sulfureux. La matière colorante de ces fleurs n'est pas non plus détruite dans cette expérience, car leurs pétales deviennent rouges sous l'influence des acides, verts par l'action des alcalis, absolument comme s'ils n'avaient pas été décolorés.

4° **Chlore liquide ou gazeux.** — L'action décolorante du chlore sur les couleurs végétales est des plus énergiques; il suffit de plonger un bouquet de violettes dans un vase rempli de ce gaz, pour que la décoloration de ces fleurs soit instantanée. L'expérience réussit également avec une dissolution aqueuse de chlore.

Cette action de certaines substances sur les couleurs végétales est utilisée par les chimistes qui font servir ces couleurs comme réactifs. Ainsi le sirop de violettes est employé pour reconnaître les acides et les alcalis; il en est de même de la teinture de tournesol. On se sert aussi quelquefois du suc de choux rouges; c'est ce suc qu'emploient les charlatans pour faire apparaître dans le même vase, et comme par magie, une liqueur bleue, rouge, verte ou incolore. Le procédé, d'une exécution bien facile, consiste à rincer le verre dans lequel on doit verser le suc du chou rouge avec de l'eau ordinaire, ou bien de l'eau acidulée, ou bien de l'eau alcaline (lessive), ou bien encore avec une dissolution de chlore ou d'un hypochlorite alcalin (eau de Javelle). Quelquefois le matériel employé est plus simple encore et l'opérateur se contente de faire couler le suc de chou le long de son doigt préalablement trempé dans un des liquides que nous venons d'indiquer.

CHAPITRE XIII

LES ÉCRITURES SECRÈTES.

On donne le nom de *Cryptographie*, de *Polygraphie*, de *Stéganographie*, d'*Obscurographie* à l'art qui consiste à dérober à autrui la connaissance de ce qu'on a tracé sur le papier.

Tantôt on dissimule l'existence de l'écriture à l'aide des encres *sympathiques* (1), tantôt on essaye avec plus ou moins de succès de jeter un voile impénétrable sur un écrit qui pourrait tomber entre des mains indiscrètes. Dans ce cas, on fait usage de signes quelconques dont les correspondants conviennent entre eux et au moyen desquels ils désignent les lettres de l'alphabet. Chacun des correspondants possède cet alphabet secret et s'en sert, autant pour chiffrer que pour déchiffrer l'écriture mystérieuse qui résulte de l'emploi de ces signes. C'est à cause de l'usage que l'on fait parfois, comme signes, des chiffres arabes, que l'on donne parfois aussi le nom de *chiffre* à ce genre particulier d'écriture secrète.

Chiffres chiffrants et déchiffrants. — Pour les relations diplomatiques, on emploie ce que l'on appelle les *chiffres chiffrants* et *déchiffrants*. Le premier est un livre partagé en colonnes ; à gauche on inscrit les lettres de l'al-

(1) Voyez Héraud, *Les Secrets de la Science de l'Industrie et de l'Économie domestique*, Paris, 1879.

phabet, les syllabes, les mots, les phrases dont l'agent diplo-
matique aura besoin pendant le cours de sa mission ; dans
celle à côté, se trouvent placés en regard les nombres, les
chiffres ou caractères par lesquels le ministre a jugé à
propos de désigner la lettre, la syllabe, le mot, la phrase.
Pour le chiffre déchiffrant, on marque dans la colonne à
gauche tous les nombres dont le chiffre chiffrant est composé, depuis le plus faible jusqu'au plus élevé dans l'ordre
naturel, les signes, les caractères de convention adoptés
pour la circonstance; la deuxième colonne renferme les
lettres, phrases ou mots correspondants.

Le chiffre chiffrant sert à écrire la dépêche, le chiffre
déchiffrant à la lire.

Méthodes de cryptographie. — Les méthodes de cryptographie suivantes peuvent être d'une application journalière, lorsque des particuliers ont un intérêt quelconque à
soustraire leur correspondance à la curiosité des intermédiaires.

Correspondance à l'aide d'un livre. — La méthode la
plus simple et la plus indéchiffrable consiste à convenir d'un
livre d'une même édition et de trois chiffres, le premier
indiquant la page du livre choisi, le deuxième la ligne où
se trouve le mot, le troisième le rang qu'occupe le mot
dans cette ligne. Ainsi 402-17-6 indiquera au correspondant qu'il doit chercher, dans le volume choisi, à la
page 402 et à la dix-septième ligne, le sixième mot qui est,
je suppose : *partez*. Il est certain que c'est là un procédé
indéchiffrable, mais il est évident aussi qu'il se prête mal
à une correspondance un peu longue. Aussi est-il peu
usité.

Correspondance à l'aide d'un jeu de cartes. — On
commence par convenir de l'ordre dans lequel les cartes

d'un jeu seront placées pour établir la correspondance. Ce travail préparatoire portera non seulement sur l'arrangement à donner aux couleurs, mais encore sur la disposition des cartes d'une même couleur. On dispose alors le jeu dans l'ordre convenu; on écrit une lettre sur chaque carte, puis quand le jeu est épuisé, une deuxième lettre à côté de la première et ainsi de suite; on peut ajouter à la fin des lettres *nulles*, si le nombre des lettres *vraies* n'est pas un multiple exact de celui des cartes. Cela fait, on bat le jeu très soigneusement et on l'expédie. On comprendra que la sécurité donnée par cette méthode est sinon absolue, du moins très grande, quand on saura que trente-deux cartes peuvent se combiner de

$$263,130,836,933,693,530,167,218,012,160,000,000$$

façons différentes.

A. Méthodes par transposition. — 1° Transposition à l'aide d'un nombre. — Les lettres de la dépêche sont d'abord écrites dans leur ordre naturel sur un certain nombre de lignes d'un nombre déterminé de caractères, puis on les recopie dans un ordre convenu. C'est le nombre indiquant cet ordre qui constitue la *clef*. Comme la somme des lettres du texte *en clair* doit former un multiple du nombre des colonnes horizontales, on ajoute, s'il y a lieu, le nombre de nulles nécessaire pour remplir la colonne finale; ce nombre est de six, dans l'exemple suivant.

Soit la dépêche :

Une hausse sur les blés est imminente. Achetez.

On disposera d'abord les lettres de la dépêche comme dans le tableau A

A	1	2	3	4	5	6	7	8	9	10	11
1	u	n	c	h	a	u	s	s	e	s	u
2	r	l	e	s	b	l	é	s	e	s	t
3	i	m	m	i	n	e	n	t	e	a	c
4	h	o	t	e	z	r	n	o	r	s	t

Prenant alors un tableau semblable au tableau B, qui porte en tête l'arrangement convenu des onze premiers nombres, on y écrira chaque lettre de la première rangée horizontale de A, à la place que lui assigne le rang qu'elle occupait dans ce premier tableau, puis on passera à la deuxième rangée et ainsi de suite :

B	2	11	9	8	5	3	10	1	7	6	4
	n	u	e	s	a	e	s	u	s	u	h
	l	t	e	s	b	e	s	r	e	l	s
	m	c	c	t	n	m	a	i	n	e	i
	c	t	r	o	z	t	s	h	n	r	c

Il ne restera plus qu'à recopier chaque ligne horizontale, les unes à la suite des autres. Il sera bon, pour éviter les erreurs, de séparer les signes par groupes de 4 ou de 5. La dépêche chiffrée est alors ainsi exprimée :

nues, aesu, suhl, tesb, esre, lsmc, etnm, aine, ielr, ozts, hnre.

2° **Méthode dite du télégraphe aérien sur une combinaison de trois chiffres.**

	1	2	3
321.	tnll.	nours	uttua
231.	nert.	imaa.	eiuu
213.	vxse.	suar.	aqln
312.	tenl	cdee	uuue
132.	cess.	ixsp.	dutt.

On trace un tableau semblable au précédent, et l'on place trois chiffres à la tête des trois colonnes verticales, puis les autres combinaisons que l'on peut former avec ces trois chiffres, c'est-à-dire 1, 2, 3, — 1, 3, 2 — 2, 1, 3 — 2, 3, 1 — 3, 1, 2 — 3, 2, 1, dans un ordre convenu, au commencement d'autant de lignes horizontales. Supposons que l'on veuille chiffrer, par exemple, par cette méthode, les deux vers suivants de Lafontaine :

Un tiens vaut, ce dit-on, mieux que deux tu l'auras :
L'un est sûr, l'autre ne l'est pas.

On placera la lettre *u* du premier mot *un* dans la colonne marquée 3, parce que 3 est le premier chiffre de la combinaison 3-2-1, puis *n* dans la colonne marquée 2 et *t* dans la colonne marquée 1. Alors la quatrième lettre *i* sera portée sur la deuxième ligne horizontale et dans la deuxième colonne verticale, car c'est la place donnée à cette lettre par la combinaison 2-3-1 ; de même 3 étant le deuxième chiffre de cette combinaison, *e* se place sur la même ligne dans la colonne verticale 3, la lettre *n* dans la première et ainsi de suite. Quand toutes les lettres seront ainsi placées, il ne restera plus qu'à recopier, en ayant soin d'écrire en tête de la dépêche un signe faisant connaître qu'on a employé une combinaison de trois ou de quatre chiffres disposés dans un ordre convenu d'avance. Le cryptogramme ainsi transcrit deviendrait :

        uttua nours tull eiuu imaa nort aqln suar vxso
        uuue cdee tenl dutt ixsp eess.

Pour déchiffrer une semblable missive on se munit d'un tableau semblable au précédent. Puis les trois premières lettres de la dépêche ayant été placées dans la première colonne horizontale dans l'ordre renversé, puisque c'est la combinaison 3-2-1 qui a présidé à la distribution des lettres, on inscrira le premier mot dans la troisième colonne, le second dans la deuxième, le troisième dans la première ; le quatrième dans la troisième colonne sous le premier mot, le cinquième dans la deuxième colonne sous le deuxième mot, le sixième dans la première colonne sous le troisième mot et ainsi successivement jusqu'à la fin. Cette opération faite, on extrait toutes les lettres du tableau, dans le même ordre où elles y ont été placées et en les portant les unes après les autres sur des lignes horizontales : les mots sont alors faciles à séparer et à lire.

3° **Emploi des grilles en châssis.** — Ce procédé est simple, facile et rapide. Il repose également sur le principe de la transposition des lettres ; chacun des correspondants se munit d'un papier un peu fort, entaillé de distance en distance, sur la longueur des lignes, de manière à obtenir une découpure plus ou moins régulière. On aura soin, quand on emploiera le châssis, de lui faire occuper toujours la même position ; pour cela une des faces portera à la partie supérieure un signe quelconque qui servira de repère. On place le châssis sur une feuille de papier en ayant soin de mettre le repère en haut et en évidence. Alors on inscrit dans chacune des lacunes les mots ou les lettres que l'on veut transmettre. Cela fait, on lève le châssis, et dans les intervalles qui existent entre chaque mot ou chaque lettre, on écrit d'autres mots ou d'autres lettres afin de remplir les vides. Les mots, autant que possible, doivent être choisis de manière à former un sens avec ceux que l'on a écrits dans les ouvertures de la grille, sinon le subterfuge serait trop facile à découvrir.

La personne qui reçoit cet écrit applique un châssis semblable sur chaque page, le remplissage disparaît alors et les mots utiles restent seuls visibles.

Une grille quelconque étant donnée, on pourra en augmenter la surface, en l'employant d'abord comme il vient d'être dit, puis en lui faisant exécuter un mouvement de rotation sur l'un de ses bords, soit verticaux, soit horizontaux d'après un ordre convenu entre les correspondants.

L'intercalation des mots propres à dénaturer le sens peut se faire sans avoir recours aux grilles ; on peut, par exemple, disposer l'écriture de telle façon que le sens d'une missive soit diamétralement opposé, suivant qu'on lit ou qu'on ne lit pas les lignes de rang pair. Telle est la lettre amphibologique suivante écrite par madame de Saint-André à Louis Ier de Bourbon, prince de Condé, après la conjuration d'Amboise, en 1560, pour l'engager à persister dans ses dénégations. Cette lettre lue en entier ne brille pas, à coup sûr, par la sentimentalité ; elle informe brutalement le prince du sort probable qui l'attend et l'invite à se préparer à la mort. Lorsqu'au contraire, on la lit en passant les lignes de rang pair, elle contient un avis important adressé à un ami :

Lettre de madame de Saint-André.

« Croyez-moi, prince, préparez-vous à la mort ; aussi bien vous sied-il mal de « vous défendre. Qui veut vous perdre est ami de l'État. On ne peut rien voir de « plus coupable que vous. Ceux qui, par un véritable zèle pour le roi, « vous ont rendu si criminel étaient honnêtes gens et incapables d'être « subornés. Je prends trop d'intérêt à tous les maux que vous avez faits, en « votre vie, pour pouvoir vous taire que l'arrêt de votre mort n'est plus « un si grand secret. Les scélérats (car c'est ainsi que vous nommez ceux « qui ont osé vous accuser) méritaient aussi justement récompense que vous « la mort qu'on vous prépare ; votre seul entêtement vous persuade que votre seul « mérite vous a fait des ennemis, et que ce ne sont pas vos crimes « qui causent votre disgrâce. Niez avec votre effronterie accoutumée, « que vous ayez eu aucune part à tous les criminels projets de « la conjuration d'Amboise. Il n'est pas comme vous vous l'êtes imaginé, im-« possible de vous en convaincre ; à tout hasard, recommandez-vous à Dieu.

B. **Méthode par inversion.** — Elle présente deux cas, ou bien chaque lettre de l'alphabet est constamment représentée, dans le corps de l'écrit, par la même lettre, on dit alors que le système est à *simple clef*, ou bien on change d'alphabet à chaque lettre, alors on a le système à *double clef*.

Système à simple clef. — Il consiste soit à remplacer les lettres de l'écrit réel par d'autres signes conventionnels, soit à changer les lettres de l'alphabet ordinaire d'après une clef convenue. On désigne souvent ce système sous le nom de *méthode de Jules César.*

Emploi de signes conventionnels. — Ces signes peuvent être des caractères algébriques, astronomiques, grecs, etc., peu importe. Comme exemple de ce genre, nous mentionnerons l'alphabet suivant, dit alphabet des francs-maçons,

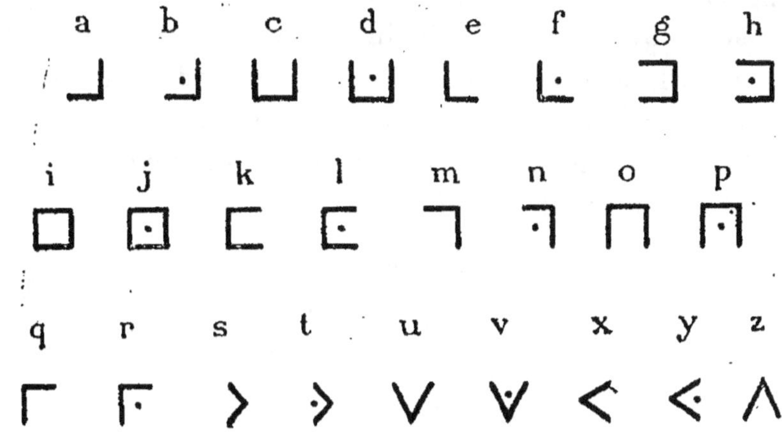

Fig. 258. — Alphabet maçonnique.

que l'on construit ainsi (fig. 259 et 260) :

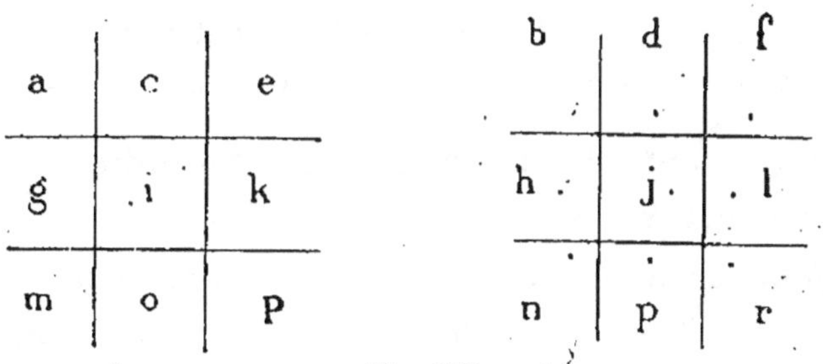

Fig. 259.

On voit que les figures qui n'ont pas de points représentent les lettres de l'alphabet d'ordre impair, celles qui sont munies d'un point correspondent à des lettres d'ordre pair. On rend quelquefois la missive plus difficile à lire en liant entre eux les signes formés de barres à angle droit,

Fig. 260.

mais un instant d'examen suffit pour découvrir le stratagème employé.

Procédé ordinaire. — Ordinairement on se sert de l'alphabet ordinaire transposé d'une façon indiquée soit par un *nombre* de clef, soit par un *mot* de clef.

Soit 5723416, le nombre de clef choisi, on ordonnera l'alphabet cryptographique de la manière suivante :

$$
\begin{array}{ccccccc}
5 & 7 & 2 & 3 & 4 & 1 & 6 \\
e & g & b & c & d & a & f \\
l & n & i & j & k & h & m \\
s & u & p & q & r & o & t \\
x & y & z & v & & &
\end{array}
$$

et l'on écrira :

$$
\begin{array}{cccccccccccccccccccccccccc}
A & B & C & D & E & F & G & H & I & J & K & L & M & N & O & P & Q & R & S & T & U & V & X & Y & Z \\
e & g & b & c & d & a & f & l & n & i & j & k & h & m & s & u & p & q & r & o & t & x & y & z & v
\end{array}
$$

On passe aisément du mot de clef au nombre de clef par le procédé suivant.

Soit *Quimper*, le mot de clef, on inscrit sous chaque lettre du mot le chiffre qui correspond au rang des lettres, dans l'ordre alphabétique. Ainsi :

$$
\text{Quimper} = \frac{e\ i\ m\ p\ q\ r\ u}{1\ 2\ 3\ 4\ 5\ 6\ 7} = 5723416
$$

Ce nombre est le nombre de clef.

Si la même lettre se trouvait répétée, on compterait les répétitions comme autant de lettres se suivant alphabétiquement. Ainsi :

$$\text{Perpignan} = \frac{a\ e\ g\ i\ n\ n\ p\ p\ r}{1\ 2\ 3\ 4\ 5\ 6\ 7\ 8\ 9} = 729843516$$

Déchiffrement des cryptogrammes à simple clef. — A. Études préliminaires. — On ne peut parvenir à interpréter l'écriture ainsi chiffrée que par l'examen minutieux des mots de la langue employée. Il convient donc de scruter soigneusement le mode de formation de tous les mots qui composent cette langue, de rechercher quels sont les mots d'une lettre (*monogrammes*) de deux (*bigrammes*) et enfin de trois lettres (*trigrammes*); de connaître ceux qui sont les plus usités, d'examiner ceux qui présentent une particularité dans leur construction, de tenir compte des lettres redoublées et de celles qui précèdent ou suivent les redoublements. Il est donc indispensable d'avoir toujours présentes à l'esprit les considérations suivantes :

Monogrammes. — Dans la langue française, les deux seules lettres qu'on puisse rencontrer séparément sont *a* et *y*, très rarement on rencontre l'interjection *o*.

Si deux monogrammes se suivent, l'un sera *y* et l'autre *a* et *vice versa* (*il y a, on y a, à y faire*). On peut aussi rencontrer des monogrammes d'une consonne avec apostrophe, *l' d' n'*.

Bigrammes. — Voici le tableau des bigrammes :

ah	as	ci	en	ex
ai	bu	do	es	fi
an	ça	du	et	ha
as	ce	eh	eu	hé

he	me	oh	se	su
il	mi	on	si	ut
je	mû	or	ta	va
la	n'a	os	te	vu
le	ne	où ou	tu	
lû	ni	pu	un	
ma	nu	sa	us	

auxquels on peut ajouter les notes de musique ut (do), ré, mi, fa, la, si.

Il résulte de ce tableau que si dans un bigramme :

La première lettre est A, la deuxième sera H, I, N, S, U, pour faire *ah, ai, an, as, au.*

Si la première lettre est E, la deuxième sera H, N, S, T, U, X, pour faire *eh, en, es, et, eu, ex,* et il est probable que la deuxième lettre est T quand le signe représentatif de cette lettre est souvent répété à la fin des mots.

Si la première lettre est I, la seconde est L, pour faire *il.*

Si la première lettre est O, la deuxième est H, N, R, S, U, pour faire *oh, on, or, os, ou, où.*

Si la première lettre est U, la seconde sera généralement N, pour faire *un,* et quelquefois S, T, comme dans *us, ut.*

Si la première lettre est B, la seconde sera U, comme dans *bu.*

Si la première lettre est C, la seconde sera E, comme dans *ce,* et quelquefois A, I, comme dans *ça, ci.*

Si la première lettre est D, la seconde sera ordinairement E, comme dans *de* ou U, comme dans *du.*

Nous pourrions multiplier les exemples. Réciproquement, si la deuxième lettre d'un bigramme est A, la première sera, C, L, M, S, T, V, comme dans *ça, la, ma, sa, ta, va.*

Si c'est un E, la première sera, C, D, J, L, M, N, S, T, comme dans *ce, de, je, le, me, ne, se, te.*

Si c'est un H, le mot sera forcément *ho*.

Si c'est un I, le premier sera, A, C, F, N, S, comme dans *ai*, *çi*, *fi*, *ni*, *si*.

Si c'est un U, le premier sera, D, L, N, O, S, T, V, comme dans *du*, *lu*, *nu*, *ou*, *où*, *su*, *tu*, *vu*, et ainsi de suite. Il est facile de compléter ces exemples par l'examen du tableau précédent.

Trigrammes. — Les mots de trois lettres doivent également ment fixer l'attention du déchiffreur. Ils sont peu nombreux. Nous en donnons un tableau assez complet. Les mots que l'on rencontre le plus ordinairement sont écrits en italique.

Principaux trigrammes.

A	bai	coi	E	for
	bal	col		fou
aga	ban	coq	eau	fur
age	bas	cor	ébé	fût
ail	bat	cou	écu	
air	bec	cri	élu	G
ais	bel	cru	ému	
ait	bey		épi	gai
ame	bis	D	ère	gaz
ami	blé		*est*	git
ana	boa	*des*	été	glu
âne	bol	dey	eux	gré
ans	bon	dis		gué
api	but	dit	F	gui
ara	bru	dix		
arc		dol	fat	H
arc	C	dom	fée	
ars		don	fer	haï
art	cal	dos	feu	hue
avé	cap	dot	fil	hué
axe	car	d'où	fin	hum
	cas	dru	fis	
	cep	duc	fit	I
B	*cet*	duo	foi	
	cil	dur	fol	ici
bac				

ide
île
ils

J

j'ai
jan
jas
jet
jeu
jus

L

lac
las
les
lie
lié
lin
lis
lit
loi
lui
lut
lys

M

mai
mal
mat

mer
mes
mue
mil
mis
moi
mol
mon
mot
mou
mue
mur

N

nef
net
nez
nid
nie
nié
nom
non
nos
nue
nul

O

ode
œil
oie
ore
ose

ôte
ôté
ouf
oui

P

pal
pan
par
pas
peu
pic
pie
pin
pis
pli
pot
pré
pur
pus

Q

que
qui

R

ras
rat
rez
roc

roi
rot
ris
rit
riz
rue
rut

S

sac
sas
sec
sel
ses
sis
six
soc
soi
sol
son
sot
sou
suc
sud
sué
sur
sus

T

tan
tas

tel
tes
têt
thé
tic
tir
toi
ton
tôt
tue
tuf

U

une
uni
usé

V

val
van
ver
vie
vif
vil
vin
vis
vol
vos
vue

Trigrammes dont la première lettre est la même que la troisième.

aga
ana
ara
ebé

ère
été
ici
non

sas
ses
sis
sus

têt
tôt

Si dans un trigramme E est la deuxième lettre, le mot sera le plus souvent *cet, des, les, mes, tes*.

Si E est final, le trigramme sera généralement *que* ou *une*.

Si É est initial et final, le mot sera le plus ordinairement *été*.

Si E est la deuxième lettre, et si la première est la même que la troisième, c'est le mot *ses*.

Le mot *bée* et *fée* sont les seuls qui prennent deux E.

Tétragrammes. — Les mots de quatre lettres ou tétragrammes sont trop nombreux pour que nous puissions en donner ici la liste; nous indiquerons seulement ceux d'entre eux présentant quelques particularités capables d'éveiller l'attention du déchiffreur.

Mots finissant par un *C*.

avec	donc

Mot avec trois *E*

épée

Mots commençant et finissant par la même lettre

Choc	être	ruer	sots	tant
cric	fief	sais	sous	toit
croc	grog	sans	suis	tort
dard	irai	sois	tact	tout
ente	nain	sous	tait	trot
épie				

Mots commençant et finissant par la même lettre avec une lettre doublée au milieu.

Elle	erre	esse

Mots dans lesquels la première lettre est la même que la troisième.

Amas	ceci	gage	pape	pope	rire	têtu
aval	êtes	nonc	pipe	rare	tâté	vive

Mots dans lesquels la deuxième lettre est la même que la quatrième.

Aéré	feue	géré	mêlé	père	sève
ànou	fève	hèle	mené	pesé	sexe
bête	fini	jeté	mère	rêne	solo
cène	gala	lèse	midi	rêve	vené
état	gelé	levé	pelé	semé	vexé
fête	gêné	loto	pêne	séné	zélé

Mots avec un redoublement final.

Idée	nuée	ruée	suée	tuée

Mots composés des deux mêmes syllabes.

Coco	dada	dodo	même	papa	tête

Mots plus usités de cinq lettres.

1° *Avec trois semblables.*

avala	ébène	élève	épelé	étêté

2° *Avec trois semblables dont deux redoublées.*

Assis	errer	nenni	nonne

3° *Avec un redoublement entre deux lettres semblables.*

Annal	bette	créer	femme	gréer	selle	terre
appas	celle	dette	ferré	messe	senne	verre
appât	cesse	effet	fesse	nette	serre	vesse
belle	cette	elles	gemme	pelle	telle	

4° *Avec deux mêmes lettres répétées.*

Aérer	échec	papal	téter	verve
cacao	maman	sensé	texte	

5° *Avec deux redoublements successifs.*

Allée	année	innée

Mots de six lettres avec trois semblables.

Les lettres semblables sont le plus ordinairement les voyelles A et E, ou les consonnes T et S.

Ananas	élégie	évêque	référé	répété
avança	élever	éventé	rejeté	révéré
décédé	enlevé	excédé	relevé	statut
décelé	entêté	exercé	remède	sursis
déféré	épeler	hébété	remêlé	tantôt
démêlé	espèce	infini	relevé	végété
démené	espéré	recèle	repère	vénéré
dételé	évêché			

Quand les trois lettres semblables sont des consonnes, le plus souvent, il y a un redoublement.

Tels sont les mots :

Accroc	basses	dessus	fesses	narrer	serrer
assise	carrer	erreur	fieffé	passés	tassés
barrer	cassis	ferrer	messes	sassés	tissus

Les redoublements des consonnes se présentent quelquefois avec trois voyelles, comme dans les mots *amassa*, *amarra*, *emmené*.

Les mots qui ont deux redoublements sont rares, nous citerons :

Allées	années	déesse	innées	réelle	vallée

L'examen des mots de plus de six lettres nous entraînerait trop loin.

Certains mots ont une construction spéciale qui appelle immédiatement sur eux l'attention. Nous citerons les mots :

Bonbon	cancan	chercher	coucou	joujou	quelque

Les lettres redoublées doivent être prises en considération par le déchiffreur ; ce sont ordinairement les consonnes :

bb	dd	gg	mm	pp	ss
cc	ff	ll	nn	rr	tt

Si les lettres redoublées sont des consonnes, le signe suivant est forcément des voyelles. Mais les lettres redoublées peuvent être aussi les voyelles E, O, comme dans *créer*, *réélu*, *coopérer*, *zoophyte*.

Les mots redoublés peuvent également mettre sur la voie. Si les mots ont quatre lettres et se suivent, ce seront : *nous nous*, ou bien *vous vous*. Si les deux mots ont cinq lettres, ce sera *faire faire*.

Lorsque trois consonnes se suivent, l'une d'elles est forcément une H, comme dans *Phlégéton*, *phrase*. On peut trouver quatre consonnes de suite comme dans *phthisie*, *diphthongue*, mais ces mots sont rares.

L'apostrophe, lorsqu'elle n'a pas été supprimée, constitue un moyen précieux d'arriver à reconstituer l'alphabet dont on s'est servi. En effet, l'apostrophe est toujours suivie d'une voyelle. Si le mot qui suit l'apostrophe est de deux lettres, ce sera l'un des suivants :

l'an	j'en	m'en	s'il	l'on	d'os
l'en	t'es	s'on	d'or	l'or	

Si l'apostrophe sépare en deux un mot de quatre lettres, ce sera ordinairement :

Qu'au   qu'en   qu'il   qu'on   qu'or   qu'un.

Mais dans tous les cas, s'il est permis d'hésiter sur la deuxième partie du mot, la première sera toujours *qu'*.

On doit également rechercher quelles sont les lettres qui se reproduisent le plus souvent.

Un travail semblable portant sur un certain nombre de lignes en prose, prises dans un ouvrage de littérature, permet de classer les signes d'après leur ordre de fréquence. C'est ainsi, d'après Vesin de Romanini, que dans un corps d'écrit de 1,200 lettres, les signes seront partagés de la manière suivante :

E	190 fois		O	73 fois		Q	7 fois	
U	109	—	T	70	—	H	7	—
S	103	—	D	59	—	X	7	—
R	99	—	M	26	—	F	5	—
A	88	—	C	25	—	J	2	—
N	84	—	B	15	—	Y	2	—
I	83	—	V	13	—	Z	1	—
L	74	—	G	10	—	K	0	—

L'ordre de fréquence serait donc le suivant : *e, u, s, r, a, n, i, l, o, t, d, m, c, b, v, g, q, h, x, f, j, y, z, k.*

Il ne faudrait pourtant pas croire que cet ordre se réalise toujours rigoureusement; les différences ne sont pourtant jamais bien sensibles. A en juger par le nombre des minuscules simples qui entrent dans la *casse* de l'imprimeur, l'ordre serait un peu différent, et l'on aurait : *e, s, a, t, i, o, n, u, r, l, d, c, m, p, q, f, v, b, g, h, j, x, y, z, k;* mais il est juste de dire que les lettres avec accent telles que *à, é, è*, etc., les lettres doubles telles que *æ, œ, fi, ff, fl, ffl*, ainsi que les majuscules qui entrent dans la composition de la casse permettent d'expliquer jusqu'à un certain point ces différences. Ceci posé :

B. **Comment peut-on déchiffrer un cryptogramme ?** — Il n'existe pas de règles propres à l'art de déchiffrer, c'est, on l'a dit avec raison, à la sagacité de chacun, qu'il appartient de créer, suivant les circonstances, les moyens propres à arriver au but désiré. Pour déchiffrer, il est indispensable de connaître la langue dans laquelle le document a été écrit; on a bien prétendu que la chose n'était pas nécessaire, et l'on a donné des preuves à l'appui de ce dire; sans nier la possibilité d'un pareil travail, il nous paraît bien difficile. Il faut aussi que la plupart des caractères se trouvent plus d'une fois dans l'écrit.

M. Vesin, qui a écrit un excellent traité sur ce sujet, donne les conseils suivants : « Un écrit étant donné à déchiffrer, il faut s'entourer autant que possible des documents qui peuvent mettre sur la voie : nom probable de la personne qui écrit, nom de la personne à qui la missive est adressée, des villes d'où elle est partie et où elle est adressée ; date, sujet de la dépêche, formule finale, enfin tout ce que contient ordinairement une lettre indépendamment de son objet spécial et dont le plus insignifiant pourra fournir sans étude un commencement de clef. »

Ceci fait, on examinera les petits mots, la répétition plus ou moins fréquente des différentes lettres, les mots qui par leur construction offrent quelques chances pour être découverts, les redoublements, les diphthongues. Alors on commencera par établir un catalogue des caractères qui composent le chiffre et l'on marquera combien de fois chacun est répété. Si l'auteur du cryptogramme s'est servi d'un chiffre à simple clef, on trouvera :

Les E par le signe qui se reproduit le plus souvent, car dans la langue française, l'E est le signe le plus fréquent. — Les mots finissant de préférence par la lettre E, lorsque cette lettre sera l'avant-dernière d'un mot, ce mot se terminera d'ordinaire par une des consonnes R ou S, quelquefois par un N, comme dans *bien, mien, tien, sien*. Quand la lettre E est l'antépénultième, le mot se termine d'ordinaire par NT ou UX, comme dans *souvent, heureux*. Lorsque cette lettre E est la dernière et la troisième avant-dernière lettre d'un mot, le mot se terminera en *ence* ou en *ente* ou en *euse*, comme dans *prudence, descente, heureuse*. Il y a quelques exceptions telles que *cèdre, genre, prêtre*.

Lorsque, dans un mot de trois lettres, la première, est un E, le mot est ordinairement *est*, quelquefois *eux*. Si E est la deuxième lettre, le mot sera communément : *cet*, *des*, *les*, *mes*, *tes*. Si cette lettre est finale, le mot sera généralement *que* ou *une*. Si l'avant-dernière lettre d'un mot est E et que le dernier signe de ce mot soit le même que le chiffre final du mot de trois lettres qui le précède, cela indique probablement qu'on parle au pluriel et les deux signes finaux seraient dans ce cas des S. Exemple : *tes peines*, *mes affaires*. La lettre E est la seule qui se répète à la fin d'un mot.

Les lettres A, I, O, U, se rencontrent aussi fréquemment, car il ne peut pas y avoir de mots sans voyelles. Parmi les diphthongués AI, AU, EU, OI, OU, la dernière est celle qu'on rencontre le plus souvent, on la trouve dans un grand nombre de mots de quatre lettres : *cour*, *tout*, *pour*, *jour*.

Après B on trouve comme consonne	L ou R
— C — —	H, L, R
— D — —	R
— F — —	L, R
— G — —	L, N, R
— P — —	L, R
— S — —	C, P, T, Q
— T — —	R
— V — —	R

Dans le corps ou au commencement d'une syllabe, les lettres L, J, M, N, R sont toujours suivies d'une voyelle.

Q est toujours suivi d'un *u*.

H dans le corps d'un mot est toujours précédé de C et quelquefois de P ou de T : *Achat*, *phrase*, *thèse*.

Les T et les Q doivent être pris en sérieuse considération, à cause de la fréquence des *et* ainsi que des *que* et des *qui* dans un corps d'écriture un peu long.

Essayons maintenant de mettre ces principes en pratique. Soit à déchiffrer la missive suivante :

1	2	3	4	5	6	7	8
ft	ot	bzva	hpa	hzki	nt	yzytoj	np

9	10	11	12	13	14	15
hzaavlvnvjt	mt	jt	itqibzvi	p	np	ypvazo

16	17	18	19	20	21	22	23
p	qpkat	mt	yzo	mthpij	gkv	taj	hizqspvo

Avant de commencer la traduction, on transcrit à part l'écrit à déchiffrer, on note le nombre de chacun des signes de même valeur au fur et à mesure qu'on les trouve. Dans la missive ci-dessus il y a 88 lettres, savoir :

7 a	1 f	3 k	8 p	0 u
2 b	1 g	1 l	3 q	8 v
0 c	5 h	3 m	0 r	0 x
0 d	6 i	4 n	1 s	4 y
0 e	5 j	5 o	13 t	8 z

Le *t* qui est répété ici treize fois est très probablement un E, cette hypothèse est d'autant plus fondée que nous voyons ce signe *t* employé dans les bigrammes 1, 2, 6, 10, 11, 18. Marquons donc un E au-dessus de tous les *t*.

Ceci fait, comme il importe de choisir tout d'abord un mot pouvant être exactement reconnu, nous prendrons le vingt-deuxième mot et nous le ferons égal à *est*, mot qui parmi les trigrammes est celui qui se rencontre le plus souvent. La suite de nos recherches va nous apprendre si cette hypothèse est exacte.

Les mots n° 13 et 16 représentent évidemment des A.

Nous reconnaissons par suite les valeurs E, A, S, T des signes *t*, *p*, *a*, *j*. Inscrivons ces lettres à leur place. Il n'est point difficile alors de reconstituer le mot n° 4, c'est : *pas*.

En rapprochant ce mot de celui n° 20, on en conclut que ce n° 20 signifie : *départ*. Inscrivons les lettres ainsi reconnues à leur place, grâce à elles les mots n° 10, 11, 18 se trouveront facilement.

Dans le mot n° 5, on connaît la première et la dernière lettre ; on voit à la suite de quelques tâtonnements que c'est *pour*. En appliquant l'ensemble des données précédentes au mot n° 17, on reconnaît qu'il signifie : *cause*. Dès lors à l'aide des deux nouveaux signes découverts on trouve aisément le sens des mots n° 12 et n° 3 ; la valeur de I de *v* et V de *b* nous apparaît, et les mots n°ˢ 9, 21, 23 se lisent aisément. Des données ainsi acquises on déduira les mots n°ˢ 2, 7, 15, 19. Quant aux bigrammes n°ˢ 1, 6, 8, 14, ils s'interprètent sans peine, et l'on arrive alors à la phrase suivante :

Je ne vois pas pour le moment la possibilité de te recevoir à la maison, à cause de mon départ qui est prochain.

Manière de rendre les cryptogrammes plus difficiles à lire. — Il est certain que l'exemple précédent était d'une lecture très facile, les mots d'une, de deux, de trois lettres y sont fréquents ; il n'en est pas toujours ainsi, la recherche est alors un peu plus laborieuse, mais le résultat est toujours assuré. Pourtant il peut se faire que les moyens précédemment indiqués soient d'une application très difficile, lorsque le chiffreur a employé certains artifices propres à dérouter les recherches. Voici les procédés les plus usités dans ce cas :

1° On fera usage de certains signes qui n'auront aucune valeur et qu'on placera, à tort et à travers, dans le courant de l'écrit. Il est incontestable que si le chiffreur, après avoir compté les E de sa missive, y introduisait un signe sans valeur, et cela un nombre de fois plus considérable que le signe représentatif de E, on mettrait le déchiffreur dans l'embarras.

2° On altérera légèrement l'orthographe ; ainsi on remplacera certaines lettres par une ou plusieurs autres ayant à peu près la même valeur, on écrira CU au lieu de *q ;* CS au lieu de *x*, SS pour *z*, I pour *y*, F pour *ph* et réciproquement. On supprimera les lettres redoublées, et la lettre H.

3° On éludera les règles de l'orthographe toutes les fois que la chose sera sans inconvénient. On s'abstiendra soigneusement des monosyllabes, des voyelles isolées, des signes de ponctuation, des accents, des traits d'union, des majuscules. On pourra également, après avoir supprimé les intervalles, grouper les mots d'une manière arbitraire. Néanmoins dans ce cas, si l'écrit est un peu long, un déchiffreur habile pourra reconstituer certains mots découpés s'ils se reproduisent plusieurs fois et cette indication amènera à la découverte du sens.

4° De même aussi on pourra faire usage d'abréviations convenues à l'avance et entremêler les mots français de mots empruntés à des langues étrangères. L'écriture de droite à gauche, à la mode arabe, déroutera singulièrement les recherches. Enfin un bon procédé est celui qui consiste à exprimer la même lettre par divers signes.

L'emploi des nombres 1, 2, 3, 4, 5, 6, 7, 8, 9, 10, 20, 30, 40, etc., donne à l'écriture secrète un aspect particulier qui peut dérouter un novice, mais il est évident qu'en remplaçant ces nombres par des signes quelconque on pourra toujours rendre au cryptogramme l'aspect que présentent d'ordinaire ces sortes d'écrits. D'ailleurs ceux qui font usage des méthodes cryptographiques ne doivent point oublier, s'ils compliquent par trop leurs procédés,

qu'à moins d'apporter une attention soutenue dans la ré-
daction, il courent le risque de rendre leur pensée aussi
obscure à leurs correspondants qu'aux intermédiaires in-
discrets.

II. — **Interversion des lettres de l'alphabet.** — Lorsque
l'auteur du cryptogramme s'est borné à intervertir les
lettres de l'alphabet, le travail du déchiffreur est singulièrement facilité par l'emploi du cadran. Voici en quoi
consiste cet instrument.

On trace, sur un carton, un cercle qu'on divise en vingt-
cinq secteurs égaux sur chacun desquels on inscrit une
des vingt-cinq lettres de l'alphabet, dans leur ordre habituel. Cela fait, on découpe sur un deuxième morceau de
carton un second cadran d'un diamètre moindre, et on
l'applique sur le premier, de façon à ce qu'ils aient un
centre commun, autour duquel le deuxième pourra facilement tourner. On divise également ce cadran en vingt-
cinq secteurs égaux portant chacun une des lettres de
l'alphabet. Si alors on met les deux lettres A en regard, il
est évident que les B, les C, les D, etc., des deux cadrans
seront en regard les uns des autres.

Si maintenant l'on vient à déranger la position primitive
des lettres, si l'on met, par exemple, le G mobile sous l'A
fixe, les lettres B, C, D, E du premier correspondent aux
lettres H, I, J, K du deuxième. Si les deux correspondants
sont convenus de cette mutation, l'auteur de la dépêche
n'aura qu'à rechercher les *signes vrais* de l'écrit sur le cadran fixe et leur substituer les signes correspondants du
cadran mobile. Veut-on, par exemple, dans la mutation,
que nous venons de signaler, dissimuler le mot : France,
on écrira *lygtik*.

Pour déchiffrer la dépêche, le correspondant, qui est

muni d'un cadran semblable ajustera l'une sur l'autre les lettres A et G et lisant les signes de la dépêche sur le cadran mobile, il leur substituera les signes vrais du cadran fixe.

Lorsqu'on soupçonne qu'un cryptogramme a été écrit par ce procédé, sa lecture devient facile, il suffit en effet de chercher quelle est, dans l'écrit, la lettre du cadran mobile correspondant à l'E vrai, et alors la lecture ne présente aucune difficulté. Ainsi dans l'exemple suivant :

juigz syup kfz cu eulv iugfetj 'z afli ku sfemzuck.

l'U étant répété sept fois sur quarante et une lettres indique l'E. On placera donc l'U intérieur en regard de l'E extérieur et on lira sans peine :

Serons chez toi le neuf, réponds si jour te convient.

Système à double clef. — On a donné ce nom à un chiffre (chiffre carré, chiffre indéchiffrable, chiffre par excellence) qui serait le plus parfait de tous, pour le secret des correspondances, s'il n'était d'une exécution très lente.

Il a été employé par Napoléon Ier. Les proclamations adressées à la France et à l'armée, lors du retour de l'Ile d'Elbe, étaient écrites avec ce chiffre. La phrase de clef était : *la France et ma famille.*

Le procédé consiste à faire usage d'un tableau à double entrée, analogue à la table de Pythagore et que voici :

Chiffre carré ou tableau de Vigenère.

	A	B	C	D	E	F	G	H	I	J	K	L	M	N	O	P	Q	R	S	T	U	V	X	Y	Z
A	a	b	c	d	e	f	g	h	i	j	k	l	m	n	o	p	q	r	s	t	u	v	x	y	z
B	b	c	d	e	f	g	h	i	j	k	l	m	n	o	p	q	r	s	t	u	v	x	y	z	a
C	c	d	e	f	g	h	i	j	k	l	m	n	o	p	q	r	s	t	u	v	x	y	z	a	b
D	d	e	f	g	h	i	j	k	l	m	n	o	p	q	r	s	t	u	v	x	y	z	a	b	c
E	e	f	g	h	i	j	k	l	m	n	o	p	q	r	s	t	u	v	x	y	z	a	b	c	d
F	f	g	h	i	j	k	l	m	n	o	p	q	r	s	t	u	v	x	y	z	a	b	c	d	e
G	g	h	i	j	k	l	m	n	o	p	q	r	s	t	u	v	x	y	z	a	b	c	d	e	f
H	h	i	j	k	l	m	n	o	p	q	r	s	t	u	v	x	y	z	a	b	c	d	e	f	g
I	i	j	k	l	m	n	o	p	q	r	s	t	u	v	x	y	z	a	b	c	d	e	f	g	h
J	j	k	l	m	n	o	p	q	r	s	t	u	v	x	y	z	a	b	c	d	e	f	g	h	i
K	k	l	m	n	o	p	q	r	s	t	u	v	x	y	z	a	b	c	d	e	f	g	h	i	j
L	l	m	n	o	p	q	r	s	t	u	v	x	y	z	a	b	c	d	e	f	g	h	i	j	k
M	m	n	o	p	q	r	s	t	u	v	x	y	z	a	b	c	d	e	f	g	h	i	j	k	l
N	n	o	p	q	r	s	t	u	v	x	y	z	a	b	c	d	e	f	g	h	i	j	k	l	m
O	o	p	q	r	s	t	u	v	x	y	z	a	b	c	d	e	f	g	h	i	j	k	l	m	n
P	p	q	r	s	t	u	v	x	y	z	a	b	c	d	e	f	g	h	i	j	k	l	m	n	o
Q	q	r	s	t	u	v	x	y	z	a	b	c	d	e	f	g	h	i	j	k	l	m	n	o	p
R	r	s	t	u	v	x	y	z	a	b	c	d	e	f	g	h	i	j	k	l	m	n	o	p	q
S	s	t	u	v	x	y	z	a	b	c	d	e	f	g	h	i	j	k	l	m	n	o	p	q	r
T	t	u	v	x	y	z	a	b	c	d	e	f	g	h	i	j	k	l	m	n	o	p	q	r	s
U	u	v	x	y	z	a	b	c	d	e	f	g	h	i	j	k	l	m	n	o	p	q	r	s	t
V	v	x	y	z	a	b	c	d	e	f	g	h	i	j	k	l	m	n	o	p	q	r	s	t	u
X	x	y	z	a	b	c	d	e	f	g	h	i	j	k	l	m	n	o	p	q	r	s	t	u	v
Y	y	z	a	b	c	d	e	f	g	h	i	j	k	l	m	n	o	p	q	r	s	t	u	v	x
Z	z	a	b	c	d	e	f	g	h	i	j	k	l	m	n	o	p	q	r	s	t	u	v	x	y

Voici la manière de se servir de cette table. Supposons que le mot de clef choisi soit : Paris, et que l'on doive transmettre à son correspondant le mot : *fuyez*. On commence par écrire le mot *Paris* en espaçant les lettres qui le composent et sous chacune de ces lettres on place dans leur ordre celles du mot : *fuyez*.

P a r i s
F u y e z

Cela fait, on recherche la lettre P ; dans la première ligne horizontale des majuscules, puis la lettre F dans la première colonne verticale des majuscules, on trouve la lettre U à l'intersection de ces deux lignes ; on l'inscrit à part. De même, à l'intersection de A et de U on trouve U, on inscrit cette lettre, puis R et Y donnent P ; I et E donnent M et enfin par S et Z on trouve R. Le mot *fuyez* devient ainsi :

uupmr

En d'autres termes, on regarde chacune des lettres *vraies* de la missive comme des chiffres d'un multiplicande et chacune des lettres du mot de clef comme un multiplicateur. C'est le produit de ces deux quantités qui figure dans la missive. Or, si au lieu d'un mot, on se sert d'une phrase de clef, il est évident que chacune des lettres de la missive pourra revêtir vingt-cinq formes différentes, et l'on comprend, sans peine, la difficulté qui résulte d'une pareille complication ; surtout si par surcroît de précaution on n'espace pas les mots.

Pour déchiffrer, on écrit d'abord la missive et en dessous le mot de la phrase de clef.

u u p m r
P a r i s.

On cherche le signe U dans la colonne verticale qui a pour titre P et l'on trouvera à gauche, parmi les majuscules de la colonne verticale, la lettre vraie correspondante c'est-à-dire F, et ainsi de suite.

Le chiffre carré a subi de nombreuses modifications plus ou moins heureuses (système dit de Saint-Cyr, systèmes de Beaufort, de Gronsfeld, système à clef variable). Est-il réellement inexpugnable, comme on l'a cru pendant longtemps? Non. Mais les méthodes ingénieuses qui ont été proposées pour déchiffrer les dépêches écrites avec ce procédé, sont un peu abstraites et à ce titre ne sauraient figurer dans ce livre.

L'intérêt qui s'attache à la lecture des écrits formés de signes secrets ne pouvait manquer d'exciter l'attention des romanciers, et nous rappellerons que la cryptographie a fourni à certains de ces auteurs des situations émouvantes, dramatiques même. Ainsi Balzac, dans son *Histoire des Treize*, a fait connaître *la grille* à bien des personnes auxquelles les procédés cryptographiques étaient inconnus. Rappelons la scène. Il s'agit d'un mari jaloux qui vient consulter un employé du ministère des affaires étrangères, nommé Jacques, pour connaître le contenu d'une lettre adressée à sa femme.

« C'est une lettre à grille.... Attends, dit Jacques. »

« Il laissa Jules dans le cabinet et revint assez promptement.

« Niaiserie, mon ami. C'est écrit avec une vieille grille « dont se servait l'ambassadeur du Portugal sous M. de « Choiseul, lors du renvoi des Jésuites... Tiens, voici. »

« Jacques superposa un papier à jour régulièrement « découpé comme une de ces dentelles que les confiseurs « mettent sur leurs dragées et Jules put alors lire facile-« ment les phrases qui restèrent à découvert. »

Dans le *Scarabée d'or*, le romancier américain, Edgar Poë, a finement analysé les investigations nécessitées pour d'échiffrer un document dont la lecture devait amener la découverte d'un trésor; la méthode de Jules César était censée avoir été employée par l'auteur du cryptogramme.

Enfin, dans un de ses derniers romans scientifiques, l'ingénieux et savant Jules Verne n'a point négligé ce moyen d'exciter la curiosité du lecteur. Dans la *Jangada*, il s'agit d'un innocent qui va subir la peine capitale. Le juge Jarriquez, après maints efforts pour interpréter un cryptogramme où la valeur de la lettre change suivant le chiffre arbitraire qui la commande, parvient à découvrir le nombre qui avait présidé à la formation du document et acquiert ainsi la preuve de l'innocence de l'accusé.

CHAPITRE XIV

RÉCRÉATIONS ARITHMÉTIQUES. — DEVINER UN OU PLUSIEURS NOMBRES PENSÉS. — PROPRIÉTÉS DE CERTAINS NOMBRES. — LES CARRÉS MAGIQUES, LE JEU DU TAQUIN. — LA NUMÉRATION BINAIRE.

Deviner un nombre que quelqu'un aura pensé. — **1re Méthode**. — Faites tripler le nombre pensé, puis priez de prendre la moitié de ce triple s'il est pair; s'il est impair faites ajouter 1 pour prendre la moitié du tout. Faites tripler cette moitié et chercher combien de fois le nombre 9 y est contenu. Faites multiplier par 2 le quotient ainsi obtenu; le résultat de la multiplication sera le nombre pensé. Au cas où il n'aurait pas été possible au début de l'opération de prendre exactement la moitié du triple, il faudrait ajouter l'unité au chiffre auquel on parvient à la fin (Bachet).

Démonstration. — Si l'on a pensé un nombre pair $2n$, on a fait les opérations suivantes :

$$2n \times 3 = 6n \qquad 6n : 2 = 3n \qquad 3n \times 3 = 9n$$
$$9n : 9 = n \qquad 2 \times n = 2n$$

Si l'on a pensé un nombre impair $2n + 1$, on a opéré ainsi :

$$(2n + 1)\,3 = 6n + 3 \quad 6n + 3 + 1 = 6n + 4 \quad (6n + 4) : 2 = 3n + 2$$
$$(3n + 2)\,3 = 9n + 6 \quad (9n + 6) : 9 = n \quad 2\,(n + 1) = 2n + 1$$

Exemples :

Le nombre pensé est..	8	Le nombre pensé est..	7
Le triple............	24	Le triple............	21
La moitié du triple....	12	La moitié du triple + 1.	11
Le triple............	36	Le triple............	33
Le quotient par 9.....	4	Le quotient par 9.....	3
Le double............	8	Le double plus l'unité.	7

2ᵉ Méthode. — Après avoir fait doubler le nombre pensé, on prie d'ajouter 5 à ce double, puis de multiplier le tout par 5. On fait ensuite ajouter 10 au produit et multiplier le tout par 10. Alors on demande quel est le nombre ainsi obtenu, on retranche 350, le chiffre ou les chiffres qui représentent les centaines constituent le nombre pensé (Bachet).

Démonstration. — Soit n le nombre pensé, on aura

$$n \times 2 + 5 = 2n + 5 \; ; \qquad (2n + 5)\,5 = 10n + 25$$
$$10n + 25 + 10 = 10n + 35 \; ; \qquad (10n + 35)\,10 = 100n + 350$$
$$100n + 350 - 350 = 100n \; ; \qquad 100n : 100 = n$$

Exemple : Soit 7 le nombre pensé.

Le double est.....................	14
Le double plus 5................	19
Le produit par 5................	95
La somme de ce produit plus 10...	105
Le produit par 10................	1050
La différence entre 1050 et 350....	700
Le chiffre des centaines..........	7

3° Méthode. — Au triple du nombre pensé on fait ajouter 1, puis on prie de multiplier la somme par 3 et d'ajouter le nombre pensé au produit. En soustrayant 3 de la somme trouvée, le reste sera le décuple du nombre pensé, il suffira donc pour avoir ce nombre d'effacer un zéro à la droite de ce reste.

Démonstration. — Soit n le nombre pensé, les opérations exécutées sont les suivantes :

$$(3n + 1)\,3 = 9n + 3 \quad ; \qquad 9n + 3 + n = 10n + 3$$
$$10n + 3 - 3 = 10n \quad ; \qquad 10n : 10 = n$$

On aurait pu faire soustraire 1 du nombre pensé au lieu de l'y faire ajouter. On procéderait de la même façon, si ce n'est qu'au lieu de soustraire 3 de la somme trouvée, on ajouterait ce nombre.

Démonstration :

$$(3n - 1)\,3 = 9n - 3 \qquad 9n - 3 + n = 10n - 3$$
$$10n - 3 + 3 = 10n \qquad 10n : 10 = n$$

Exemples :

1° *En ajoutant* 1		2° *En soustrayant* 1	
Soit 7 le nombre pensé.		Soit 7 le nombre pensé.	
Le triple..............	21	Le triple..............	21
Le triple plus l'unité.....	22	Le triple moins l'unité....	20
Le produit par 3.........	66	Le produit par 3..........	60
Le produit augmenté de 7.	73	Le produit augmenté de 7.	67
Le produit diminué de 3..	70	Le produit augmenté de 3.	70
Le dixième de 70.........	7	Le dixième de 70.........	7

Il serait possible de multiplier ces exemples. Les lecteurs que ce genre de problèmes intéresserait, trouveraient à satisfaire amplement leur curiosité en lisant l'article *Arithmétique* dans le Dictionnaire encyclopédique des amusements des sciences mathématiques et physiques, ainsi que les *Problèmes plaisants et délectables* de Bachet.

Deviner deux ou plusieurs nombres que quelqu'un aura pensé. — La solution est facile lorsque chacun des nombres pensés n'est pas plus grand que neuf; c'est la seule que nous donnerons.

Après avoir fait ajouter l'unité au double du premier nombre, on prie l'interlocuteur de multiplier le tout par 5 et d'ajouter au produit le second nombre. S'il y en a un troisième, on fait doubler cette première somme, on y ajoute l'unité, l'on prescrit de multiplier le tout par 5 et d'y ajouter le troisième nombre. S'il y en a un quatrième, on procède de même, en faisant doubler la somme précédente, ajoutant l'unité, multipliant par 5 et ajoutant le quatrième nombre.

Cela fait, on demande quel est le résultat de ces différentes opérations et de ce résultat on soustrait 5 s'il n'y a que deux nombres; 55 s'il y en trois; 555 s'il y en a quatre et ainsi de suite; le restant sera composé de chiffres dont le premier à gauche sera le premier nombre pensé, le second le deuxième et ainsi de suite.

Démonstration. — Soit a, b, c, d, etc., les nombres pensés.

1° Pour deux nombres, on aura : a; $2a$; $2a+1$; $(2a+1)5$; $10a+5+b$.

$$10a+b+5-5=10a+b;$$

2° Pour trois nombres, on aura : $10a+b+5$; $20a+2b+10$; $20a+2b+11$; $(20a+2b+11)5$; $100a+10b+55$; $100a+10b+c+55$.

$$100a+10b+c+55-55=100a+10b+c;$$

3° Pour quatre nombres, on aura : $100a+10b+c+55$; $200a+20b+2c+110$; $200a+20b+2c+111$; $(200a+20b+2c+111)5$; $1000a+100b+10c+555$.

$$1000a+100b+10c+d+555-555=1000a+100b+10c+d$$

Ce problème a la plus grande analogie avec les deux suivants.

31.

Deviner deux dés sans les voir. — Faites jeter deux dés et priez la personne qui les a jetés de doubler le nombre des points de l'un d'eux, puis d'y ajouter 5, de multiplier la somme produite par 5 et d'ajouter au produit le nombre de points de l'autre dé. Faites-vous alors indiquer le montant, dont vous retrancherez 25, le reste sera un nombre de deux chiffres dont le premier à gauche représente les points du premier dé et le deuxième le nombre des points du deuxième dé.

<table>
<tr><td>Soient a et b les points du premier et du second dé ; on a :</td><td>Soient 4 le nombre des points du premier et 6 celui du second, on aura :</td></tr>
<tr><td>

$2a$

$2a + 5$

$(2a + 5)\,5 = 10a + 25$

$10a + 25 + b$

$10a + 25 + b - 25 = 10a + b.$
</td><td>

8

$8 + 5$

$(8 + 5)\,5 = 40 + 25$

$40 + 25 + 6$

$40 + 25 + 6 - 25 = \mathbf{46}$
</td></tr>
</table>

L'introduction du chiffre 5 a eu tout simplement pour effet de détourner l'attention de l'interlocteur ; en réalité on s'est borné à le forcer de constituer avec les deux points amenés un nombre de deux chiffres dans lequel le point du premier représente les dizaines et celui du deuxième les unités.

Jeu de l'anneau. — On le pratique en faisant intervenir un nombre de personnes qui ne doit pas excéder 9. On propose de deviner quelle personne a pris un anneau, puis à quelle main, à quel doigt, à quelle phalange elle l'a placé.

Pour cela, on assigne aux diverses personnes les chiffres 1, 2, 3, 4, 5, 6, 7, 8, 9 ; on donne à la main droite le chiffre 1, à la main gauche le chiffre 2, les doigts sont désignés par les chiffres 1, 2, 3, 4, 5 en commençant par le pouce, les phalanges par les chiffres 1, 2 et 3, en commençant par celle qui est la plus rapprochée de la main, le pouce aura seulement les chiffres 1 et 2. Il est alors facile de voir que le problème consiste à deviner quatre nombres pris au hasard et n'excédant pas 9.

Pour fixer les idées, supposons que la cinquième personne, après avoir pris l'anneau, l'ait placé à gauche, au quatrième doigt et à la première phalange. Les opérations que l'on fera consistent :

1° A former le double du premier nombre plus l'unité..... 11
   le produit par 5.......................... 55
   la somme de 55 et du deuxième nombre..... 57
   le double de 57.......................... 114
   le double de 57 plus l'unité.............. 115
   le produit par 5.......................... 575
   la somme de 575 et du troisième nombre..... 579
   le double de 579.......................... 1,158
   le double de 579 plus l'unité.............. 1,159
   le produit par 5.......................... 5,795
   la somme de 5,795 et du quatrième nombre.. 5,796
2° A prendre la différence entre 5,796 et 555 :
   Différence................ **5,241**

Ici encore toutes les opérations n'ont eu pour but que de déguiser le procédé employé, procédé qui consiste à faire multiplier par 10 le chiffre exprimant le rang de la personne, puis à ajouter au produit le chiffre qui incombe à la main et à multiplier le tout par 10, puis à ajouter au produit le chiffre qui indique le doigt et à multiplier par 10, et enfin à ajouter à ce total le nombre révélateur de la phalange.

Trouver la différence entre deux nombres dont le plus grand est inconnu. — On formera un nombre composé d'autant de fois le chiffre 9 qu'il y a de chiffres dans le plus petit que l'on connaît, on retranchera de ce multiple de 9 le plus petit nombre, puis on priera l'interlocuteur d'ajouter secrètement à cette différence le plus grand des deux nombres qui est resté inconnu à l'opérateur, on se fera indiquer cette somme, de laquelle on retranchera le premier chiffre à gauche, alors en augmentant le nombre d'une unité, on aura la différence des deux nombres et par suite le plus grand.

Exemple. — Soit 65 et 21 les deux nombres :

$$
\begin{array}{rr}
\text{On dit : } 99 - 21 = & 78 \\
\text{En ajoutant} & 65 \\
\hline
\text{On a} & 143
\end{array}
$$

effaçant 1 et forçant le dernier chiffre d'une unité, on a 44, qui est la différence entre 65 et 21.

Il est évident que tout l'artifice est de forcer l'interlocuteur à retrancher, sans qu'il s'en doute, le plus petit nombre du plus grand ; seulement, pour dérouter son attention, au lieu de lui faire exécuter l'opération fort simple $65 - 21 = 44$; on l'oblige à effectuer le calcul suivant :

$$99 - 21 + 65 - 100 + 1 = 65 - 21 = 44.$$

Deviner combien il y a de points en trois cartes choisies (Bachet). — On fait choisir trois cartes dans un jeu de cinquante-deux, en annonçant que les as et les basses cartes seront comptées pour leur valeur, le valet pour 11, la dame pour 12, le roi pour 13. On invite alors l'interlocuteur à ajouter à chacune de ces cartes, autant de cartes parmi les restantes qu'il en faudra pour aller à 15, en partant du point qu'elles marquent.

Exemple. — Soit 6, 9 et 12 les cartes choisies.

$$
\begin{array}{lr}
\text{Le complément de 6 à 15 est} & 9 \\
\text{—} \qquad 9 \text{ à } 15 & 6 \\
\text{—} \qquad 12 \text{ à } 15 & 3 \\
\text{Ajoutons à ce nombre les trois cartes prises} & 3 \\
\hline
\text{Total.........} & 21
\end{array}
$$

Cette manipulation ayant été effectuée à l'insu de l'opérateur, il se fera indiquer le nombre des cartes restantes qui est de 31 dans l'exemple choisi. Il multiplie alors 15 par 3, nombre de cartes prises, ce qui fait 45, il y ajoute 3, nombre de cartes prises, ce qui donne 48. Il retranche 48 de 52 nombre de cartes du jeu, la différence est 4. Ceci fait, il retranche 4 du nombre 31 qu'on lui a fait connaître, la différence $31 - 4 = 27$ représente le nombre des points contenus dans les cartes prises.

Démonstration. — Soit n le nombre des cartes, soit a, b, c les nombres des points que représentent les cartes choisies et p le nombre qu'on accomplit en ajoutant à chacun des nombres a, b, c un certain nombre de cartes dont chacune ne compte que pour 1. Le nombre des cartes qu'on ajoute à a est $p\text{-}a$, celui qu'on ajoute à b est $p\text{-}b$, celui qu'on ajoute à c est $p\text{-}c$; si l'on ajoute les trois cartes primitivement choisies et le nombre r des cartes restantes, on aura le nombre n de toutes les cartes et par suite l'égalité

$$(p - a) + (p - b) + (p - c) + 3 + r = n.$$

d'où l'on tire

$$3p - a - b - c = n - 3 - r$$

et

$$a + b + c = 3p + 3 + r - n.$$

Si l'on fait $n = 52$ et $p = 15$, on aura :

$$a + b + c = r - 4$$

Autre exemple. — Prenons seulement deux cartes, le 4 et le 13 (roi).

<pre>
        Le complément de   4 à 15 est   11
            —   de 13 à 15   2
Ajoutons à ces nombres les deux cartes prises 2
                                         ————
                    Total.......... 15
</pre>

Il reste 52 cartes moins 15, c'est-à-dire 37 cartes. Multiplions 15 par 2, on a 30, ajoutons le nombre 2 des cartes prises, on a 32. La différence entre 52 et 32 = 20. Retranchons 20 de 37, nombre de cartes restantes, le reste 17 sera le nombre des points des cartes prises. En effet :

$$(p - a) + (p - b) + 2 + r = n$$

d'ou l'on tire

$$2p - a - b = n - 2 - r$$

et

$$a + b = 2p + 2 + r - n$$

Or $n = 52$ et $p = 15$, on aura donc

$$a + b = 32 + r - 52$$
$$a + b = r - 20.$$

Trois cartes ayant été présentées à trois personnes, deviner celle que chacune a prise. — Soient A, B, C les cartes présentées et secrètement choisies. Ces cartes sont susceptibles de six arrangements :

1re PERSONNE.	2e PERSONNE.	3e PERSONNE.	NOMBRE DE JETONS.
A	B	C	35
A	C	B	36
B	A	C	37
C	A	B	39
B	C	A	40
C	B	A	41

On remettra préalablement 12 jetons à la première personne, 24 à la seconde, 36 à la troisième, et on en mettra une certaine quantité à la disposition des expérimentateurs. On priera ensuite la personne qui a reçu 12 jetons d'y ajouter un nombre de jetons égal à la moitié de ceux que possède le détenteur de la carte A, au tiers de ceux que possède celui qui a la carte B, au quart de ceux que possède celui qui a la carte C. Puis on lui demande quelle somme elle a obtenue. Or, il est facile de calculer les six résultats possibles qui sont :

$$35, 36, 37, 39, 40, 41$$

On voit par le tableau que pour les deux premiers chiffres, la carte A est à la première personne, pour les deux suivants, elle est à la seconde et pour les deux derniers elle est à la troisième.

Ce problème peut encore être résolu de la façon suivante :

Soient A, E, I trois objets, et 1, 2, 3, les chiffres par lesquels on désigne les personnes. On donnera un jeton à la première personne, 2 à la seconde, 3 à la troisième. On déposera 12 jetons sur une table et alors, passant dans une pièce voisine, on invitera les expérimentateurs à se partager, à votre insu, les trois objets, puis on priera la personne qui a le premier objet A de prendre autant de jetons qu'elle en a, tandis que la personne qui a le deuxième objet E en prendra trois fois autant qu'elle en a. On demandera alors combien il reste de jetons sur la table. Or, ce reste est nécessairement un des nombres 1, 2, 3, 5, 6, 7, suivant que les objets ont été distribués dans l'ordre indiqué par le tableau suivant, c'est-à-dire suivant qu'ils présentent une des six combinaisons possibles des trois lettres A, E, I

1ʳᵉ PERSONNE.	2ᵉ PERSONNE.	3ᵉ PERSONNE.	RESTES.
I A I A E	A I E E I	E E A I A	1 2 3 5 6
E	A	I	7

et on rapportera ces nombres aux paroles suivantes :

1	2	3	5	6	7
Il a	jadis	brillé	dans ce	petit	État.

en appliquant les syllabes, deux par deux, successivement aux divers restes.

On remarquera que dans chacun de ces groupes de syllabes, il y a toujours deux des trois lettres a, e, i, disposées de telle façon qu'on peut en conclure immédiatement la manière dont les objets ont été distribués.

Reste-t-il, par exemple, 6 jetons, le nombre 6 correspondant au mot *petit* indiquera que la première personne a pris e, la deuxième i et, par suite, la troisième a. De même le mot *jadis*, correspondant au reste 2, indique que a est en la possession de la première personne, i de la deuxième et par suite e de la troisième.

On pourrait donner plus de piquant à cette récréation en considérant un nombre quelconque d'objets, inférieur au nombre des personnes. Ainsi on peut faire prendre trois objets par trois personnes faisant partie d'un groupe de cinq personnes. Voici dans ce cas comment on opère.

Après avoir fait ranger les personnes et leur avoir donné respectivement 1, 2, 3, 4, 5 jetons, on demande que la personne qui a le premier objet prenne sur la table autant de jetons qu'elle en a et que la personne qui a le deuxième objet en prenne 5 fois autant qu'elle en a, et que la personne qui a le troisième objet en prenne 25 fois autant qu'elle en a, et comme elles peuvent avoir besoin pour cela de $5 \times 25 + 4 \times 5 + 3 \times 1 = 148$ jetons, on en mettra 149 sur la table.

Mais le problème devient assez compliqué, car il présente soixante cas différents.

Une personne ayant dans sa main un nombre pair de jetons et dans l'autre un nombre impair, deviner en quelle main est le nombre pair. — On fait multiplier le nombre de la main droite par 2 et celui de la main gauche par 3 et l'on prie d'ajouter les deux produits obtenus. Si la somme formée et que l'on a demandé à connaître donne un nombre impair, les jetons pairs sont dans la main droite et les impairs dans la gauche. Si ce total est pair, ce sera le contraire (Bachet).

Démonstration. — Soit $2\,n$ le nombre pair de jetons, alors $2n + 1$ sera le nombre impair. Supposons que la main droite contienne les jetons pairs, on aura, après avoir effectué les multiplications et les additions indiquées,

$$2n \times 2 + (2n + 1)\, b = 4n + 6n + 3 = 10n + 3 \text{ (nombre impair)}.$$

Si les jetons impairs sont dans la main droite, on aura :

$$(2n + 1)\,2 + 2n \times 3 = 4n + 2 + 6n = 10n + 2 \text{ (nombre pair)}.$$

Exemple. — Le nombre des jetons dans la main droite est 8, celui des jetons de la main gauche est 7. On a $8 \times 2 = 16$; $7 \times 3 = 21..$; $16 + 21 = 37$ nombre impair. Si au contraire il y avait eu 7 jetons à droite et 8 à gauche, il viendrait $7 \times 2 = 14$ et $8 \times 3 = 24$, d'où $24 + 14 = 38$, nombre pair.

On résoudrait de la même façon le problème suivant: *Une personne tenant une pièce d'or dans une main et une d'argent dans l'autre, trouver en quelle main est l'or et en quelle est l'argent.*

On ferait tenir à la personne une pièce d'or de 20 francs et une d'argent de 5 francs et on l'engagerait à multiplier par 2 la valeur en francs de la pièce contenue dans la main droite et par 3 la valeur de la pièce emprisonnée dans la main gauche.

Soit l'or à droite et l'argent à gauche, le produit de la multiplication doit être impair, car $20 \times 2 + 5 \times 3 = 40 + 15 = 55$. Si l'argent est à droite et l'or à gauche, le produit sera pair, car $5 \times 2 + 20 \times 3 = 10 + 60 = 70$.

Une personne ayant dans ses mains un nombre égal de jetons, trouver combien il y en a en tout. — Priez-la de faire passer un nombre de jetons, 4, par exemple, d'une main dans l'autre et demandez-lui alors le rapport qui existe entre ces deux quantités.

Supposons que ce rapport soit $\frac{12}{4}$. Alors on multipliera $\frac{12}{4}$ par le nombre 4 de jetons passés d'une main dans l'autre et l'on ajoutera au produit 4, ce qui donne $\frac{12 \times 4}{4} + 4 = \frac{48}{4} + 4 = \frac{48 + 16}{4} = \frac{64}{4} = 16$. Diminuez alors le rapport $\frac{12}{4}$ d'une unité, il devient $\frac{12}{4} - \frac{4}{4} = \frac{8}{4} = 2$. Divisez 16 par 2, le quotient 8 sera le nombre de jetons contenus dans chaque main.

Prenons un autre exemple. Au lieu de faire passer 4 jetons, d'une main dans l'autre, n'en faisons passer que 3 et supposons que le rapport indiqué par l'interlocuteur soit de $\frac{20}{14}$. Multiplions par 3, on aura $\frac{60}{14}$, en ajoutant 3 à ce nombre, on a : $\frac{60}{14} + \frac{42}{14} = \frac{102}{14}$. Diminuons d'une unité le rapport $\frac{20}{14}$, on a $\frac{20}{14} - \frac{14}{14} = \frac{6}{14}$. Or $\frac{102}{14} : \frac{6}{14} = \frac{102}{6} = 17$. Il y avait donc 17 jetons dans chaque main.

Démonstration. — Soit x le nombre cherché, p celui qu'on ajoute d'une part et que l'on retranche de l'autre. Cette opération effectuée, il y aura dans une main $x + p$ et dans l'autre $x - p$. Le rapport entre ces deux quantités est $\frac{x+p}{x-p} = \frac{m}{n}$. Or les opérations indiquées consistent à multiplier le rapport $\frac{m}{n}$ par le nombre de jetons p passés d'une main dans l'autre, puis à y ajouter ce même nombre p, ce que l'on écrit ainsi : $p\left(\frac{m}{n}+1\right)$

et enfin à diviser ce nombre par $\frac{m}{n} - 1$. Le quotient est $p\left(\frac{m+n}{m-n}\right)$.

On résoudra donc aisément le problème : 1° en formant une fraction dont le numérateur est formé par le numérateur du rapport augmenté du dénominateur, tandis que le dénominateur est formé par ce même numérateur du rapport diminué du dénominateur ; 2° en multipliant la fraction ainsi obtenue par le nombre de jetons qui ont voyagé d'une main dans l'autre.

Plusieurs nombres, pris suivant leur série naturelle, étant disposés en rond, deviner celui que quelqu'un aura pensé (Bachet).

12

11   1

10   2

9   3

8   4

7   5

6

Exemple. — Soit, les nombres de 1 à 12 :

Une personne ayant pensé un de ces nombres, dites-lui d'en toucher un autre ; au nombre touché ajoutez 12 qui est le plus grand des nombres contenus dans le cercle, et dites à la personne qu'à partir du nombre qu'elle touche, elle compte mentalement à rebours, sur le cercle, depuis le nombre qu'elle a pensé jusqu'à la somme que vous avez obtenue et en touchant à mesure chacun des nombres du cercle. Le nombre sur lequel elle s'arrêtera sera le nombre pensé.

Si 9 est le nombre pensé et 5 le nombre touché, on dira : $5 + 12 = 17$, et à partir de 5, on fera compter à rebours sur le cadran jusqu'à 17, en disant $9 - 10 - 11 - 12 - 13 - 14 - 15 - 16 - 17$. Le nombre 9, qui correspond à 17 appelé en dernier lieu, est bien le nombre pensé.

Si 5 était le chiffre pensé et 9 le chiffre touché, on dirait $12 + 9 = 21$, on compterait à rebours en partant du chiffre 9 et l'on dirait $5 - 6 - 7 - 8 - 9 - 10 - 11 - 12 - 13 - 14 - 15 - 16 - 17 - 18 - 19 - 20 - 21$. Le nombre 21 appelé en dernier lieu tombera sur 5, chiffre pensé.

L'explication est bien simple. C'est comme si l'on avait dit : *« Comptez 12 à partir du chiffre pensé et vous aurez ce chiffre. »* L'addition n'est employée que pour déguiser ce dont on s'apercevrait tout de suite, et cette addition ne peut troubler en rien les résultats, puisqu'on fait immédiatement retrancher du total le nombre pensé, d'où il résulte qu'on ne peut jamais compter au delà de 12.

On peut varier cette récréation en employant une montre et en proposant à une personne de deviner l'heure à laquelle elle se propose de se lever le lendemain.

Pour cela on regarde sur la montre l'heure actuelle, à laquelle on ajoute le nombre 12. On fait alors compter ce total en partant de l'heure indiquée par la montre, en rétrogradant, c'est-à-dire en prenant les heures à rebours et en ayant soin de faire commencer non par 1, mais par l'heure à laquelle doit s'effectuer le lever. Le dernier nombre compté commence avec l'heure du lever.

Ainsi la montre marque 5 heures et la personne désire se lever le lendemain matin à six heures : on ajoute 12 à 5, ce qui fait 17. Alors on fait compter mentalement à rebours jusqu'à 17, en commençant par le chiffre 5 de la montre, et en disant 6-7-8... 17.

Le dernier nombre appelé coïncidera avec 6, heure choisie pour le lever.

Le même jeu peut s'exécuter avec des cartes choisies depuis l'as jusqu'au 10, par exemple.

On les disposerait en cercle et l'on opérerait de la même façon, si ce n'est qu'au lieu de 12, c'est 10 qu'on ajouterait au nombre indiqué par la carte touchée. Pour mieux dissimuler l'artifice, on retourne les cartes après les avoir arrangées en cercle, dans l'ordre naturel des chiffres et en notant avec soin le point du cercle où est le premier nombre, c'est-à-dire l'as.

Propriétés du nombre 9. — Le nombre 9 possède les propriétés suivantes : 1° La somme des chiffres des neuf premiers multiples de 9 est toujours égale à 9. Pour vérifier cette propriété, on dispose le calcul comme nous l'avons fait dans la page suivante, en multipliant 9 par 1, puis par 2, et mettant en évidence ce résultat que le produit 18, c'est-à-dire 1 + 8, est égal à 9 et ainsi de suite.

$$9 \times 1 = 9 = 9$$
$$9 \times 2 = 18 \ldots 1+8 = 9$$
$$9 \times 3 = 27 \ldots 2+7 = 9$$
$$9 \times 4 = 36 \ldots 3+6 = 9$$
$$9 \times 5 = 45 \ldots 4+5 = 9$$
$$9 \times 6 = 54 \ldots 5+4 = 9$$
$$9 \times 7 = 63 \ldots 6+3 = 9$$
$$9 \times 8 = 72 \ldots 7 \times 2 = 9$$
$$9 \times 9 = 81 \ldots 8+1 = 9$$

On pourrait prolonger indéfiniment ces exemples, et l'on trouverait que les chiffres des produits additionnés entre eux donnent toujours 9 ou un multiple de 9, tels sont 108-117-126-135-144…1008…1017…6786.

L'ordre des chiffres qui constituent les multiples par 6-7-8-9 est l'inverse des multiples par 5-4-3-2. La somme de ces différents multiples est 405 qui, divisé par 9, donne pour quotient 45, c'est-à-dire $4+5=9$. En ajoutant les chiffres qui constituent les différents multiples de 9 considérés comme représentant des unités simples, on obtient 81 qui est le carré de 9. En ajoutant ce nombre 81 à 405, somme des neuf premiers multiples de 9, on obtient 485 qui, divisé par 9, donne pour quotient 54, c'est-à-dire $5+4=9$.

Le nombre de permutations dont les neuf premiers nombres (1, 2, 3,... 9) sont susceptibles est de 362,880, dont les chiffres ajoutés ensemble font 27, c'est-à-dire $2+7=9$. Le quotient de 362,880 par $9 = 40320$, c'est-à-dire $4+0+3+2+0=9$.

De Mairan a indiqué une autre propriété singulière du nombre 9. Si l'on change l'ordre des chiffres qui expriment un nombre, la différence entre ces deux nombres changés d'ordre sera toujours 9 ou un multiple de 9. Soit par exemple le nombre 32, changeons l'ordre des chiffres, on aura 23. Or la différence entre 32 et 23 est 9. Le nombre 57 renversé donne 75, la différence entre 75 et 57 est 18 ou 2 fois 9. Cette propriété se retrouve également entre les carrés des nombres direct et permuté. Soit, par exemple, 42 et 24. Le carré de 42 est 1764, le carré de 24 est 576. La différence entre 1764 et 576 est $1188 = 132 \times 9$. Si l'on passe au cube, on voit que celui de 42 est 74088, et que celui de 24 est égal à 13824; leur différence 60264 sera encore un multiple de 9, et cependant ils ne sont point formés des mêmes chiffres; il en serait de même pour les autres puissances de 42 et de 24.

Un nombre de trois chiffres étant donné, deviner la valeur d'un des trois chiffres qu'on aurait secrètement effacé. — Cette récréation repose sur une des propriétés du nombre 9 que nous venons de faire connaître.

On inscrira sur un morceau de papier les différents multiples de 9, tels que 18, 27, 36..... 99, 108, 117, 126..... 198..... jusqu'à 999. On priera une personne de choisir deux de ces nombres, de telle façon qu'en les additionnant on ait un nombre de trois chiffres, puis d'ôter de leur somme le chiffre qu'il lui plaira. Cela fait, on demandera la somme des chiffres restants et l'on ajoutera à ce montant autant d'unités qu'il faudra pour le rendre égal à 9 ou à 18. Le chiffre ainsi traité sera celui que la personne avait effacé.

Si l'on avait choisi les nombres 162 et 279, leur somme est 441. Si l'on ôte le chiffre central, la somme des chiffres extrêmes est 5 : pour arriver à 9 il faut ajouter 4, qui est précisément le chiffre enlevé.

Supposons que l'on ait choisi 171 et 288 dont la somme est 459, on verra qu'en enlevant le premier chiffre 4, la somme $5 + 9 = 14$. Il faut donc pour arriver à 18, ajouter 4 qui est le chiffre ôté.

Nous ferons remarquer que le chiffre doit être toujours un signe significatif, c'est-à-dire un chiffre autre que zéro. Quand la somme trouvée est égale à 9 ou à 18, c'est qu'on aura justement enlevé le chiffre 9. Ainsi $198 + 396 = 594$. Enlevons 9, on aura $5 + 4 = 9$, donc le chiffre enlevé est 9. De même $360 + 639 = 999$. Enlevons un des trois 9, le reste $= 18$, donc le chiffre effacé était 9.

Propriété du nombre 11. — Ce nombre possède cette propriété que si on le multiplie par les termes de la progression arithmétique 1, 2, 3, 4, 5, 6, 7, 8, 9, on obtient toujours un produit de deux chiffres semblables.

11	11	11	11	11	11	11	11	11
1	2	3	4	5	6	7	8	9
11	22	33	44	55	66	77	88	99

C'est sur cette propriété qu'est fondé le jeu de *piquet à cheval* ou de *piquet sans carte*.

Piquet à cheval. — Deux joueurs conviennent de compter l'un après l'autre, en ajoutant tour à tour un nombre à un nombre initial quelconque. La condition expresse est que le nombre partiel qu'on convient d'ajouter sera inférieur à 11. Le gagnant est celui qui arrive le premier à appeler le nombre 100.

Soient A et B les deux joueurs.

Le joueur A, appelé à parler le premier, arrivera sûrement à 100 et empêchera son adversaire B d'y parvenir, s'il a le tableau précédent présent à l'esprit, et s'il appelle d'abord le nombre 1. En effet, dans ce cas, B étant forcé de choisir un nombre n'excédant pas 10, ne pourra pas arriver au nombre 12, dont A s'emparera immédiatement. Dès lors, A nommera successivement les nombres 23, 34, 45, 56, 67, 78, 89, et du moment qu'il sera parvenu à ce dernier terme, il arrivera sans peine à appeler le nombre 100, quel que soit le nombre choisi par B.

Il est d'ailleurs évident que cette récréation n'est possible qu'autant qu'un des partenaires ignore le calcul qui en fait la base, car s'il en était autrement, celui qui parlerait le premier serait sûr de gagner. Mais si B ignore l'artifice du jeu, A, pour déguiser le procédé dont il use, pourra prendre indistinctement toutes sortes de nombres dans les premiers coups, pourvu qu'à la fin de la partie, il s'empare des deux ou trois derniers nombres qui lui assurent la victoire.

D'ailleurs, il est facile de généraliser cette règle, en remarquant que les nombres dont il convient de s'emparer sont des multiples de 11 augmentés d'une unité et qu'on obtient ce nombre 11 en ajoutant l'unité à 10, le plus grand nombre partiel dont il est permis de disposer. Il résulte de là que quels que soient 1° le nombre partiel qu'on convient d'ajouter, 2° le nombre total de points auquel il faut parvenir, il suffira pour gagner la partie de diviser ce total par le plus fort nombre partiel augmenté de 1 et de noter le reste de la division. Alors les multiples de ce nombre partiel augmenté de 1 auxquels on ajoutera le reste de la division seront justement les nombres dont il faut s'emparer pour assurer le gain de la partie.

Ainsi, je suppose qu'on joue la partie en 53 points et qu'on ne puisse ajouter plus de 7, nous diviserons 53 par $7+1$ le quotient est 6 et le reste 5, nous en conclurons que les nombres dont il faut s'emparer sont les multiples de 8 augmentés de 5.

$$5 = 8 \times 0 + 5$$
$$13 = 8 \times 1 + 5$$
$$21 = 8 \times 2 + 5$$
$$29 = 8 \times 3 + 5$$
$$37 = 8 \times 4 + 5$$
$$45 = 8 \times 5 + 5$$

et que 5 est le nombre que A doit nommer d'abord s'il veut être vainqueur.

Propriété du nombre 37. — Ce nombre multiplié par 3, ou par un multiple de 3 jusqu'à 27, a la propriété de donner pour produit trois chiffres absolument semblables.

$$37 \times 3 = 111 \quad \text{or} \quad 3 \times 1 = 3$$
$$37 \times 6 = 222 \quad\quad\quad 3 \times 2 = 6$$
$$37 \times 9 = 333 \quad\quad\quad 3 \times 3 = 9$$
$$37 \times 12 = 444 \quad\quad\quad 3 \times 4 = 12$$
$$37 \times 15 = 555 \quad\quad\quad 3 \times 5 = 15$$
$$37 \times 18 = 666 \quad\quad\quad 3 \times 6 = 18$$
$$37 \times 21 = 777 \quad\quad\quad 3 \times 7 = 21$$
$$37 \times 24 = 888 \quad\quad\quad 3 \times 8 = 24$$
$$37 \times 27 = 999 \quad\quad\quad 3 \times 9 = 27$$

Il résulte de là que l'on peut toujours abréger la multiplication de 37 par un multiple de 3 inférieur à 27. Il suffit de multiplier le dernier chiffre du multiplicande par le dernier chiffre du multiplicateur, et d'écrire trois fois le dernier des chiffres qui constituent ce produit. De plus, en multipliant par 3 le dernier chiffre du produit on reconstitue toujours le chiffre qui représentait le multiplicateur. On pourra donc se borner à diviser le multiplicateur par 3 et à écrire trois fois à côté l'un de l'autre le quotient de la division.

Exemple. — Soit à multiplier 37 par 15, on dira $\frac{15}{3} = 5$. Donc $37 \times 15 = 555$.

Carrés magiques. — On donne ce nom à des carrés divisés en plusieurs autres petits carrés égaux ou cases dans lesquels on inscrit les termes d'une progression, de telle façon que tous les chiffres d'une même rangée, tant en long qu'en large ou en diagonale, ajoutés ensemble, donnent toujours la même somme, ou bien, multipliés entre eux, donnent le même produit.

Il résulte de cette définition qu'il y a deux sortes de carrés magiques, suivant qu'ils sont formés par les termes d'une progression arithmétique ou d'une progression géométrique. Ces carrés sont dits *pairs* ou *impairs* selon qu'ils contiennent un nombre pair ou impair de cases. Nous nous occuperons seulement des carrés arithmétiques.

Carrés arithmétiques impairs. — Pour faire un carré arithmétique impair de 25 cases, par exemple, on commence par tracer un carré de 25 cases ABCD (fig. 261), puis on ajoute, sur chacun des côtés, des carrés des cases qui iront en diminuant, 3 et 1, dans l'exemple choisi. Alors on inscrit dans la case la plus élevée le numéro 1, et en descendant à droite suivant la diagonale, les chiffres 2, 3, 4, 5. Après cela, on inscrit 6 dans la case située à gauche et en bas de 1 et suivant la diagonale 7, 8, 9, 10. Puis, toujours d'après le même principe, les chiffres 11, 12, 13, 14, 15 d'une part, 16, 17, 18, 19, 20, puis, 21, 22, 23, 24, 25 de l'autre.

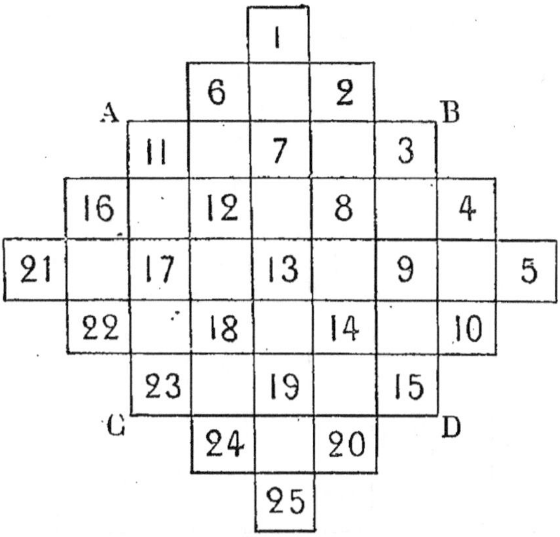

Fig. 261. — Carré arithmétique de 25 cases.

Pour combler les vides du carré, on inscrit dans le carré ABCD (fig. 262), tous les chiffres qui figurent dans les cases additionnelles en suivant la règle suivante

A B

11	24	7	20	3
4	12	25	8	16
17	5	13	21	9
10	18	1	14	22
23	6	19	2	15

C D

Fig. 262. — Carré arithmétique de 25 cases.

« Tout chiffre, sans quitter sa rangée verticale ou horizontale, sera placé dans la case vide la plus éloignée de celle qu'il occupe, en ayant soin d'opérer sur les bandes additionnelles les plus rapprochées du carré. » En faisant ainsi on obtient le carré de 25. Dans ce carré, le chiffre 13, terme moyen de la progression 1, 2, 3, 4, 5....... 25, occupe le centre et l'addition de tous les chiffres d'une même

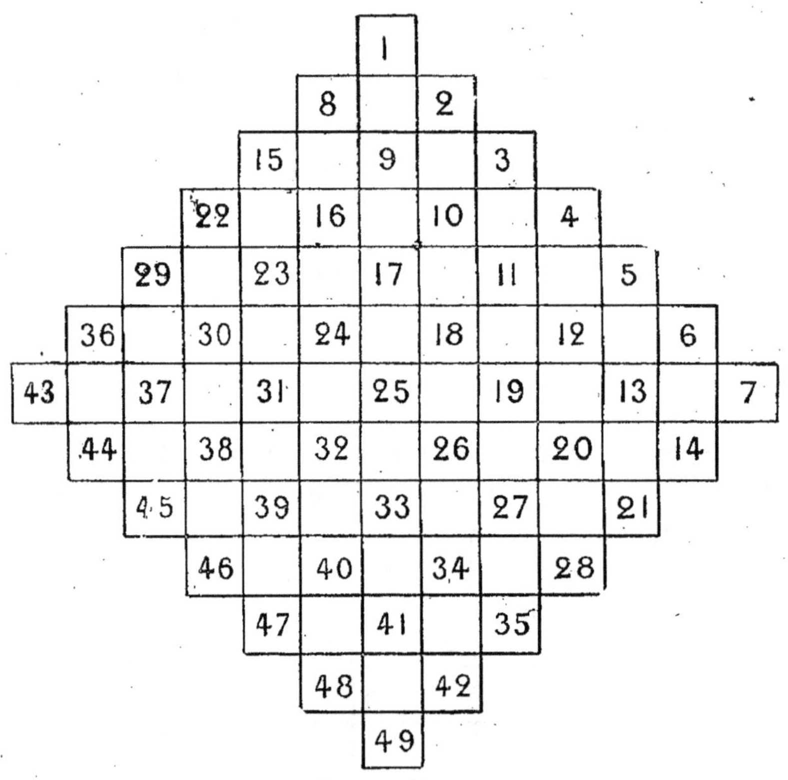

Fig. 263. — Carré arithmétique de 49 cases.

rangée verticale, horizontale ou diagonale donne toujours 65, nombre qui est le produit de 13, terme moyen de la progression, par 5, racine de 25.

On appliquerait le même principe pour faire tout autre carré, celui de 49 par exemple, dont toutes les rangées donnent 175, produit de 25, terme moyen de la progression 1, 2, 3..... 49, par 7, racine de 49 (fig. 263 et 264).

Pour faire un carré magique, il n'est pas nécessaire de

22	47	16	41	10	35	4
5	23	48	17	42	11	29
30	6	24	49	18	36	12
13	31	7	25	43	19	37
38	14	32	1	26	44	20
21	39	8	33	2	27	45
46	15	40	9	34	3	28

Fig. 264. — Carré arithmétique de 49 cases.

commencer par l'unité, on peut choisir tout autre nombre naturel, 7 par exemple, et poursuivre la série naturelle

				7				
			12		8			
		17		13		9		
	22		18		14		10	
27		23		19		15		11
	28		24		20		16	
		29		25		21		
			30		26			
				31				

Fig. 265. — Carré arithmétique commençant par 7.

(fig. 265 et 266) jusqu'à ce qu'on ait rempli toutes les cases.

De même au lieu de la série naturelle on peut prendre des nombres en progression arithmétique.

17	30	13	26	9
10	18	31	14	22
23	11	19	27	15
16	24	7	20	28
29	12	25	8	21

Fig. 266. — Carré arithmétique commençant par 7.

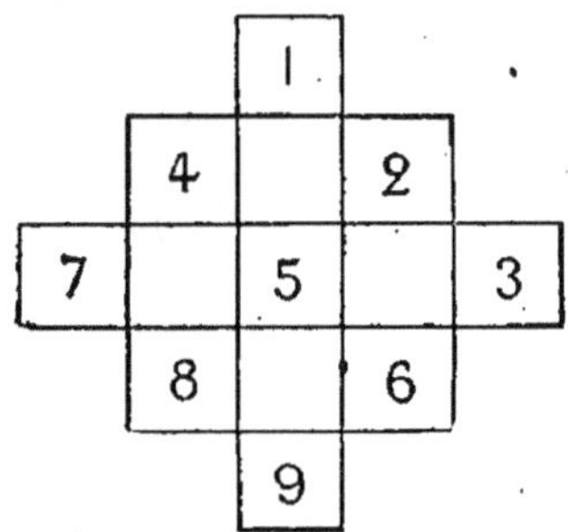

Fig. 267. — Carré arithmétique de 9 cases.

Le mode de formation des carrés arithmétiques impairs étant connu, on peut résoudre, avec facilité, la question suivante :

4	9	2
3	5	7
8	1	6

Fig. 268. — Carré arithmétique de 9 cases.

	A				B
A	1	15	14	4	B
C	12	6	7	9	D
E	8	10	11	5	F
G	13	3	2	16	H

Fig. 269. — Carré arithmétique pair.

Disposer en trois rangées les neuf premières cartes d'un jeu de 52, depuis l'as jusqu'au neuf, de telle sorte que tous les points de chaque rangée pris en long, en large ou en diagonale forment toujours la même somme (Bachet).

Il suffit pour cela de faire un carré magique, avec la série naturelle 1-2-3-4-5-6-7-8-9 (fig. 267 et 268).

On trouvera toujours le nombre 15, quel que soit le sens choisi, et on placera, par suite, les cartes à la place que leur assigne le carré.

Carrés arithmétiques pairs. — Les carrés magiques pairs sont assez difficiles à construire, sauf celui de 16 chiffres. Voici de quelle manière on procède dans ce cas (fig. 269). Après avoir tracé un carré de 16 cases, on placera les chiffres 1-4-6-7-10-11-13-16, dans les cases que leur assigne leur ordre naturel. Pour remplir les cases vides, on inscrira dans la bande GH, et de droite à gauche, 2 et 3, puis dans la bande EF, et toujours de droite à gauche, 5 et 8; dans la bande CD, 9 et 12; dans la bande AB, 14 et 15. Le carré formé de cette façon est tel que chaque bande et chaque diagonale donnent toujours le nombre 34.

Le carré une fois obtenu, il est facile d'en construire plusieurs autres. Il suffira d'écrire, sur quatre bandes de carton, les chiffres de chaque colonne verticale et de juxtaposer ces bandes dans un ordre quelconque. Pourtant, en faisant cette opération on verra que tous ces carrés ne sont pas complètement magiques, car si on trouve toujours le nombre 34 dans l'ordre horizontal ainsi que dans l'ordre vertical, souvent la somme des chiffres des diagonales n'est pas 34.

Nous citerons parmi les carrés réellement magiques construits par ce procédé les combinaisons suivantes.

	1re bande.	2e bande.	3e bande.	4e bande.
1°	4, 14, 15, 1	9, 7, 6, 12	5, 11, 10, 8	16, 2, 3, 13
2°	14, 4, 1, 15	7, 9, 12, 6	11, 5, 8, 10	2, 16, 13, 3
3°	15, 1, 4, 14	6, 12, 9, 7	10, 8, 5, 11	3, 13, 16, 2

On peut également écrire, sur des bandes, les chiffres des colonnes horizontales, et l'on formerait, par exemple, les carrés magiques suivants :

	1re bande.	2e bande.	3e bande.	4e bande.
4°	8, 10, 11, 5	13, 3, 2, 16	1, 15, 14, 4	12, 6, 7, 9
5°	12, 6, 7, 9	13, 3, 2, 16	1, 15, 14, 4	8, 10, 11, 5
6°	13, 3, 2, 16	12, 6, 7, 9	8, 10, 11, 5	1, 15, 14, 4

Application des carrés arithmétiques pairs. — Ces carrés permettent de résoudre aisément la question sui-

1	14	7	12
8	11	2	13
10	5	16	3
15	4	9	6

Fig. 270 — Carré arithmétique pair.

vante. « Etant données les quatre quatrièmes majeures d'un jeu de carte, les disposer dans un carré de seize cases,

As de Cœur	Roi de Trèfle	Dame de Carreau	Valet de Pique
Valet de Carreau	Dame de Pique	Roi de Cœur	As de Trèfle
Roi de Pique	As de Carreau	Valet de Trèfle	Dame de Cœur
Dame de Trèfle	Valet de Cœur	As de Pique	Roi de Carreau

Fig. 271. — Arrangement des quatre quatrièmes majeures.

de façon que, dans chaque bande horizontale, verticale et diagonale, on trouve, dans un ordre quelconque, un as, un roi, une dame et un valet, et en même temps un cœur, un carreau, un pique et un trèfle.

On commence par assigner aux cartes les numéros sui-vants :

1 As de cœur.	9 As de pique.
2 Roi de cœur.	10 Roi de pique.
3 Dame de cœur.	11 Dame de pique.
4 Valet de cœur.	12 Valet de pique.
5 As de carreau.	13 As de trèfle.
6 Roi de carreau.	14 Roi de trèfle.
7 Dame de carreau.	15 Dame de trèfle.
8 Valet de carreau.	16 Valet de trèfle.

Construisons ensuite le carré magique représenté par la figure 270.

Si l'on place, dans le carré, les cartes au rang que leur assigne leur numéro, on a l'arrangement de la figure 271.

Jeu du taquin. — La construction du carré de 16 chiffres donne plusieurs solutions du jeu du taquin (*the puzzle*)

Fig. 272. — Arrangement des dés dans la boîte du taquin.

jeu arithmétique imaginé en Amérique en 1878 et qui, en France, a été, pendant quelques années, l'objet d'un véritable engouement. C'est une boîte carrée dans laquelle on place 16 dés cubiques numérotés de 1 à 16. Le problème consiste à disposer les dés de telle façon que la somme des chiffres qu'ils indiquent soit toujours 34, quel que soit le sens considéré.

Cette récréation n'est point la seule qu'on puisse exécuter avec le taquin. On place les dés dans la boîte, dans une position quelconque, on enlève le n° 16, puis par le glisse-

ment des dés et sans qu'ils quittent le fond de la boîte, on
les ramène dans l'ordre régulier, de manière à avoir l'arrangement représenté par la figure 272. Ceci posé, on peut
se demander : 1° combien il peut se présenter de positions
initiales, lorsqu'on vient à placer les dés, au hasard, dans la
boîte; 2° si l'on peut passer d'une position initiale quelconque à la position finale fondamentale.

En soumettant au calcul les permutations qui peuvent
se réaliser entre 15 dés cubiques et la case vide, on trouve
qu'il existe plus de vingt trillions de positions initiales ou
plus exactement 20, 922, 789, 888, 008 positions.

Si on laisse toujours la même case à découvert, le nombre des positions initiales est seize fois plus petit, c'est-à-
dire

$$1,307,674,368,000$$

Ce nombre est encore considérable, aussi a-t-on pu dire,
avec raison, que le taquin est un jeu à combinaisons tou
jours nouvelles.

1	2	3	4
5	6	7	8
9	10	11	12
13	14	15	

Fig. 273. — Taquin.
Tableau A.

4	3	2	1
8	7	6	5
12	11	10	9
	15	14	13

Fig. 274. — Taquin.
Tableau B.

Quant au deuxième problème, il comporte deux solutions : tantôt, en effet, on peut passer de la position initiale à la position finale fondamentale (fig. 273), et l'on
arrive, par suite, pour la dernière rangée horizontale, à
l'ordre 13-14-15, tandis que d'autres fois on obtient l'ordre

13-15-14. Dans ce dernier cas, il est toujours possible de ramener les cubes dans l'ordre du tableau B (fig. 274), qui est symétrique de A.

Reste à savoir comment on peut indiquer d'avance et avant d'avoir opéré le déplacement des dés, quelle est celle des deux solutions 13-14-15 ou 13-15-14 qui interviendra, quel est par suite celui des deux tableaux A et B que l'on doit former.

Plusieurs méthodes élégantes ont été proposées pour arriver à ce résultat. Une des plus faciles est celle des cycles. Voici en quoi elle consiste :

On peut diviser les permutations dont une série de nombres est susceptible en deux classes également nombreuses. La première, outre la série des nombres arrangés dans leur ordre naturel, comprend la permutation provenant d'un nombre pair de dérangements (permutations de première classe); la deuxième renferme les permutations résultant d'un nombre impair de dérangements (permutations de deuxième classe). Or, une permutation appartiendra à la première classe si la somme des cycles d'ordre *pair* est 0 ou pair ; elle sera de la deuxième classe si ce nombre est *impair*.

Le tableau A correspond aux permutations de première classe, le tableau B à celles de seconde. Quant aux cycles, voici le moyen de les construire :

Considérons un arrangement quelconque.

3, 6, 4, 15, 2, 8, 11, 10, 13, 9, 12, 7, 5, 1, 14

On inscrira au-dessus de chacun de ces chiffres la série des nombres naturels de 1 à 15.

1	2	3	4	5	6	7	8	9	10	11	12	13	14	15
3,	6,	4,	15,	2,	8,	11,	10,	13,	9,	12,	7,	5,	1,	14

On verra alors qu'au-dessous du nombre impair 1 se trouve le nombre 3, au-dessous de 3 le nombre 4, au-dessous de 4 le nombre 15, au-dessous de 15 le nombre 14. au-dessous duquel on retrouve le point de départ 1. On formera ainsi les cycles suivants :

```
Premier cycle....  1, 3, 4, 15. 14        (5) cycle impair.
Deuxième cycle...  2, 6, 8, 10, 9, 13, 5  (7)    —
Troisième cycle... 7, 11, 12             (3)    —
```

Le nombre des cycles pairs est égal à 0 ; le tableau A est donc applicable.

Autre exemple :

$$8, 3, 5, 9, 2, 11, 4, 6, 12, 7, 1, 13, 15, 14, 10$$

On écrira :

```
1   2   3   4   5   6   7   8   9   10  11  12  13  14  15
8,  3,  5,  9,  2,  11, 4,  6,  12, 7,  1,  13, 15, 14, 10
```

et l'on formera les cycles suivants :

```
Premier cycle....   1, 8, 6, 11           (4) cycle pair.
Deuxième cycle ..   2, 3, 5              (3) cycle impair.
Troisième cycle...  4, 9, 12, 13, 15, 10, 7  (7)    —
Quatrième cycle..   14                   (1)    —
```

Le nombre des cycles pairs est impair, on arrive donc à la solution 13-15-14 et l'arrangement du tableau B convient à ce cas.

Numération binaire. — Tout système de numération est fondé sur l'emploi d'unités de divers ordres dont chacune contient la précédente un certain nombre de fois. On appelle base d'un système de numération, le nombre d'unités de chaque ordre qui est nécessaire pour former une unité d'un ordre supérieur. Dans notre système habituel de numération, la base est 10 ; il nécessite l'emploi de neuf signes significatifs et d'un zéro. Le système de numération le plus simple qu'on puisse imaginer est le système binaire, c'est-à-dire celui dont la base est 2. Deux signes, 1 et 0, suffisent pour écrire tous les nombres dans ce système, à condition de faire cette convention que tout chiffre placé immédiatement à la gauche représentera des unités deux fois plus fortes. Les trente-deux premiers nombres, dans ce système, sont représentés par les signes suivants :

Tableau I.

1	1	9	1 001	17	10 001	25	11 001
2	10	10	1 010	18	10 010	26	11 010
3	11	11	1 011	19	10 011	27	11 011
4	100	12	1 100	20	10 100	28	11 100
5	101	13	1 101	21	10 101	29	11 101
6	110	14	1 110	22	10 110	30	11 110
7	111	15	1 111	23	10 111	31	11 111
8	1 000	16	10 000	24	11 000	32	100 000

Maintenant, à l'aide de ce premier tableau, formons le tableau suivant :

Tableau II.

5	4	3	2	1
16	8	4	2	1
17	9	5	3	3
18	10	6	6	5
19	11	7	7	7
20	12	12	10	9
21	13	13	11	11
22	14	14	14	13
23	15	15	15	15
24	24	20	18	17
25	25	21	19	19
26	26	22	22	21
27	27	23	23	23
28	28	28	26	25
29	29	29	27	27
30	30	30	30	29
31	31	31	31	31
16	8	4	2	1

Pour cela, dans la première colonne à droite, portons tous les nombres qui, dans le système binaire, se terminent par l'unité ; puis dans la deuxième colonne tous les nombres, qui, toujours dans le système binaire, ont l'unité pour deuxième chiffre, dans la troisième colonne, ceux dont le troisième chiffre est l'unité, et ainsi de suite. Le tableau ainsi formé, on le présente à une personne qu'on invite à penser un nombre jusqu'à 31 et à indiquer ensuite dans quelles colonnes ce nombre se trouve écrit. Il suffira, pour deviner le nombre, d'écrire à la suite, et de droite à gauche, 1 pour toute colonne dans laquelle le nombre pensé se trouve écrit et 0 pour toute colonne dans laquelle ce nombre n'est pas écrit.

On a ainsi représenté le nombre dans le système binaire. Soit par exemple 14 le nombre pensé, on écrira d'après les indications données par l'interlocuteur 1110, c'est-à-dire 8 + 4 + 2.

Mais il est facile de simplifier le calcul grâce aux considérations suivantes :

« Tout nombre entier, s'il est pair, est une puissance de 2 ou la somme de plusieurs puissances différentes de 2. S'il est impair, il est également une puissance de 2 ou la somme de plusieurs puissances de 2 plus l'unité. »

En effet, soient par exemple les nombres 28 et 29 écrits dans le système binaire, on aura

$$11\,100 = 2^4 + 2^3 + 2^2 = 16 + 8 + 4 = 28$$
$$11\,101 = 2^4 + 2^3 + 2^2 + 1 = 16 + 8 + 4 + 1 = 29$$

car tout nombre écrit dans le système binaire est la somme des valeurs des chiffres significatifs 1 qui entrent dans son écriture, lesquels à partir du second ordre expriment des puissances de la base 2, toutes différentes les unes des autres. Or, par suite de la manière dont le tableau II a été construit, les nombres impairs de 1 à 31 sont contenus dans la première colonne ; les deuxième, troisième, quatrième colonnes renferment le nombre 2 à la première, deuxième, troisième puissance. Donc, du moment qu'un nombre figure dans une ou plusieurs de ces colonnes, il suffira, pour le deviner, d'additionner les puissances de **2** que l'on aura inscrites au bas de chaque colonne et d'ajouter l'unité, s'il y a lieu. On présentera donc chaque carton, l'un après l'autre, en demandant s'il contient le nombre pensé et l'on fera la somme des chiffres inscrits au bas de chacun des cartons où le nombre se trouve. On construit ainsi le nombre pensé.

Éventail mystérieux. — Pour varier le jeu on pourra deviner des noms au lieu de deviner des nombres, pour cela on affectera un nom : Auguste, Denise, Louis, Marie, etc., à chacun des nombres précédemment écrits, et l'on inscrira les noms dans chaque carton à côté du nombre qui lui est assigné. En connaissant les cartons où se trouve le nom choisi, on connaîtra le nombre qui correspond à ce nom et par suite on n'aura qu'à regarder dans l'un de ces cartons le nom qui se trouve à côté de ce nombre.

On écrit ordinairement les chiffres ou les noms sur des cartons que l'on présente en les tenant ouverts en éventail, à la personne avec laquelle on exécute cette récréation ; d'où le nom d'*éventail mystérieux* donné à l'ensemble des cinq cartons.

———————

CHAPITRE XV

Le calendrier est trop connu pour qu'il soit nécessaire de le décrire longuement. Il consiste en un catalogue de tous les jours de l'année rangés en ordre, avec leurs principales divisions en semaines et en mois; il renferme l'indication des jours où l'Église honore les saints, les confesseurs, les martyrs. On y trouve, en outre, les renseignements relatifs aux commencements des saisons et des diverses phases de la lune. Or, les personnes qui consultent le calendrier pour connaître le moment précis des phases de la lune sont frappées du désaccord qui existe, le plus ordinairement, entre la réalité et les indications données par ce recueil. La vraie nouvelle lune n'y est indiquée qu'à un ou deux jours près, et cela se comprend, car le but du calendrier est moins de donner les époques des phases de la lune que de fixer la date des fêtes mobiles.

Pour établir le calendrier d'une année, il faut trouver le quantième du jour où tombe la fête de Pâques cette année. Ce jour une fois fixé, les autres fêtes mobiles se rangent sans difficulté à leur place. Or, d'après la tradition religieuse, la résurrection du Christ ayant suivi de près l'équinoxe, on voulut célébrer Pâques vers l'époque où arrive ce phénomène astronomique. D'un autre côté, la résurrection ayant suivi une pleine lune, on jugea convenable de faire intervenir la marche de ce satellite dans la fixation de la fête de Pâques. Pour cela, le concile de Nicée, en 325, supposa que, dans toutes les années, l'équinoxe du printemps (c'est-à-dire le moment où le soleil passant de l'hémisphère austral dans l'hémisphère boréal traverse l'équateur) arrivait le 21 mars. Ceci posé, on cherche quel jour, après l'équinoxe, la première pleine lune a lieu, et le dimanche de Pâques est celui qui suit immédiatement cette pleine lune.

Or la lune pascale est loin d'être la même que la lune astronomique. La dernière est réelle, la première tout à fait fictive, imaginaire. Dès lors, rien d'extraordinaire de les voir en désaccord. Eût-il mieux valu prendre pour guide la lune vraie au lieu de la lune moyenne ? Arago, qui a examiné cette question, fait remarquer que le temps théorique où la lune vraie est nouvelle, dépend des tables astronomiques employées, qui vont sans cesse en se perfectionnant ; le résultat annoncé sur certaines tables eût été démenti par des tables nouvelles ; l'époque de la fête de Pâques n'aurait pas ainsi été déterminée à l'avance avec certitude. « Cet inconvénient légitime complètement le choix qu'on a fait d'une lune moyenne pour régler la fête de Pâques. » Il est à regretter pourtant qu'au moment de la réforme du calendrier en 1582, l'Église n'ait point enlevé au jour de Pâques le caractère de fête mobile et ne l'ait point fixé invariablement au premier dimanche d'avril. Clavius, un des savants qui secondèrent Grégoire XIII pour la réforme du calendrier, reconnaît que l'Église aurait eu le droit d'agir ainsi.

Gauss, en se conformant aux règles prescrites par l'Église, a indiqué les formules suivantes, à l'aide desquelles on détermine le jour où l'on devra célébrer la fête de Pâques.

Formules de Gauss. — 1° Divisez le nombre de l'année dont il s'agit par 19 et appelez a le reste;

2° Divisez le même millésime par 4 et appelez b le deuxième reste;

3° Divisez le même nombre par 7 et appelez c le troisième reste;

4° Divisez 19 fois a plus 23 par 30 et appelez d le quatrième reste;

5° Divisez 2 fois b, plus 4 fois c, plus 6 fois d, plus 4 par 7 et appelez e le cinquième reste.

Le jour de Pâques sera le 22 plus d, plus e de mars, ou, si cette quantité dépasse 31, ce sera le d, plus e, moins 9 en avril.

Calculons d'après cette formule la date du jour de Pâques en 1883 et en 1884.

1883	1884
$a = 2$	$a = 3$
$b = 3$	$b = 0$
$c = 0$	$c = 1$
$d = 1$	$d = 20$
$e = 2$	$e = 2$

Donc le jour de Pâques est le 22 + 1 + 2 de mars, c'est-à-dire le 25 mars.

Donc le jour de Pâques est le 22 + 20 + 2 de mars, c'est-à-dire le 44 mars, mais la chose étant impossible, il faut prendre la deuxième formule 20 + 2 — 9 en avril, c'est-à-dire le 13 avril.

Cette formule peut servir jusqu'à l'année 1899. Pour le vingtième et le vingt et unième siècle il faudra remplacer 19 fois a, plus 24 et 2 fois b, plus 4 fois c, plus 6 fois d, plus 4, par 2 fois b, plus 4 fois c, plus 7 fois d, plus 5.

Mais le plus ordinairement ce n'est pas de cette manière que l'on établit la date du jour de Pâques; on se sert, pour fixer cette date, de certaines données connues sous le nom d'*épactes*, de *nombres d'or*, de *lettres dominicales*.

Épacte. — On appelle ainsi l'âge de la lune au 31 décembre, à minuit, ou ce qui revient au même au 1ᵉʳ janvier, c'est-à-dire le nombre de jours écoulés depuis la nouvelle lune. A l'aide de l'épacte, on peut calculer les nouvelles lunes et par suite les pleines lunes dont les dates fixent la célébration de Pâques.

Le mois lunaire ou lunaison est l'intervalle de temps qui sépare deux nouvelles lunes consécutives; ce mois est d'environ 29 jours et demi. L'année lunaire est donc égale à $29,5 \times 12 = 354$ jours. L'année solaire étant de 365 jours un quart environ, il s'ensuit que l'année solaire dépasse l'année lunaire de 11 jours. En effet $365 - 354 = 11$. Ceci posé, il devient facile de calculer l'épacte.

Supposons que le 1ᵉʳ janvier la lune ait été nouvelle à minuit, il est clair qu'à la fin de l'année, c'est-à-dire le 31 décembre, la nouvelle lune aura 11 jours; l'année d'après, à la même époque, l'âge de la lune sera de 22 jours. Donc 0, 11, 22 seront les épactes de ces trois années. Au 1ᵉʳ janvier de la quatrième année, l'âge de la lune serait de $22 + 11 = 33$, ce qui veut dire qu'on a compté une treizième lunaison dans l'année précédente, et que 3 est l'épacte de la quatrième année.

Ajoutant ainsi toujours 11 à l'épacte d'une année et retranchant 30 lorsque la somme dépasse ce nombre, on obtient l'épacte de l'année suivante. Ainsi la série des épactes correspondant à une suite de 19 années est

*	XVII	XXIII
XI	XXVIII	IV
XXII	IX	XV
III	XX	XXVI

XIV	I	VII
XXV	XII	XVIII
VI		

Nombre d'or. — Un astronome grec, Méton, avait cru pouvoir établir entre la durée de l'année solaire et celle des lunaisons un rapport simple. Suivant lui, 19 années astronomiques formaient un nombre de jours égal à celui qui compose 235 mois lunaires synodiques (c'est-à-dire à des mois lunaires alternativement composés de 29 et de 30 jours), en sorte qu'après une période de dix-neuf ans, la terre et la lune devaient se retrouver dans les mêmes conditions par rapport au soleil. Le cycle commence lorsque l'épacte est égale à 0, c'est-à-dire lorsque la nouvelle lune tombe le 1er janvier. Il est donc facile de faire un tableau de coïncidence entre les nombres d'or et les épactes.

Nombres d'or.	Épactes.	Nombres d'or.	Épactes.
1	*	11	XX
2	XI	12	I
3	XXII	13	XII
4	III	14	XXIII
5	XIV	15	IV
6	XXV	16	XV
7	VI	17	XXVI
8	XVII	18	VII
9	XXVIII	19	XVIII
10	IX		

Comme les nombres d'or ne dépassent pas 19, il manque comme épactes correspondantes les nombres XXIX, X, XXI, II, XIII, XXIV, V, XVI, XXVII, VIII, XIX, XXX. S'ils se présentent, dans les calculs, on les remplace par le chiffre inférieur.

Pour trouver le nombre d'or, le cycle lunaire ayant commencé l'année avant notre ère, on ajoute 1 au millésime de l'année (car l'année de la naissance de Jésus-Christ avait 2 de nombre d'or), et l'on divise par 19; le reste obtenu fait connaître le nombre d'or et par suite l'épacte. S'il reste 0 ou 19, le nombre d'or de l'année sera 19. Ainsi le nombre d'or de l'année 1883 est de 3, car $\frac{1883+1}{19} = 99 \times 19 + 3$, et l'épacte est XXII.

Lettre dominicale. — Ces lettres sont au nombre de 7, savoir A, B, C, D, E, F, G; chacune peut être considérée comme représentant un chiffre, savoir, A $=$ 1, B $=$ 2, C $=$ 3 etc., et indique le rang qu'occupe, dans la première semaine de janvier, le premier dimanche de l'année. Ainsi une année dont la lettre dominicale est G verra son premier dimanche le 7 janvier et commence par conséquent par un lundi. Les années bissextiles comptent deux lettres dominicales, l'une commençant en janvier et finissant en février, l'autre pour mars et les mois suivants jusqu'à la fin de décembre.

A l'aide du nombre d'or, de l'épacte et de la lettre dominicale, il est toujours possible de trouver le quantième du mois où tombe la fête de Pâques. Prenons pour exemple l'année 1883, nous avons vu que le nombre d'or est 3, l'épacte XXII; la lettre dominicale est G.

Cherchons quel jour tombe la pleine lune qui suit le 20 mars. On sait que 14 jours séparant la nouvelle de la pleine lune : en ajoutant 14 à la date de la nouvelle lune, on aura la date de la pleine lune. Or,

La nouvelle lune de janvier est le 9
—   de février   le 7
—   de mars   le 9

donc la pleine lune de mars sera le 23, donc Pâques a été le dimanche après le 23 mars ; reste à savoir le quantième de ce dimanche. On y arrive par la lettre dominicale qui était G, ce qui veut dire que l'année a commencé par un lundi. Or, dans les années non bissextiles, le 1er avril a toujours, dans le rang des jours semainiers, le même rang que le 7 janvier, jour que la lettre dominicale fait connaître ; donc le jour de Pâques sera sept jours avant le 1er avril, c'est-à-dire le 25 mars.

Pour l'année 1884, l'épacte est III, la lettre dominicale FE. En raisonnant de la même manière, nous verrions que

La nouvelle lune de janvier est le 28
—   de février   le 27
—   de mars   le 27.

Donc la pleine lune de mars sera le $27 + 14 = 41$, c'est-à-dire le 10 avril, et Pâques le dimanche suivant. Or, dans les années bissextiles, le 1er avril a toujours dans les jours semainiers le même rang que le 1er janvier, jour que la lettre dominicale E fait connaître. Le premier dimanche d'avril sera donc le 6, et Pâques arrivera 7 jours après, c'est-à-dire le 13.

Limites extrêmes que peut occuper la fête de Pâques. — Pour fixer la date la plus rapprochée du commencement de l'année, où la fête de Pâques puisse se célébrer, il suffit de remarquer que le dimanche de Pâques est celui qui suit immédiatement la pleine lune qui apparaît après l'équinoxe du 21 mars. Or il résulte de là que Pâques ne peut pas arriver plus tôt que le 22 mars. En effet, si la lune se trouve pleine le 21 mars et que ce jour soit un samedi, le lendemain sera le dimanche de Pâques. L'autre limite ou la date la plus tardive où l'on puisse célébrer cette même fête est le 25 avril. En effet, si la pleine lune de mars tombe le 20, ce ne sera pas la lune pascale ; cette pleine lune arrivera le 18 avril, et si c'est un dimanche, la fête de Pâques ne pourra être célébrée que le 25 avril.

Pendant la durée du dix-neuvième siècle la fête de Pâques a été célébrée une seule fois le 22 mars, c'est en 1818 ; elle sera célébrée une seule fois le 25 avril, ce sera en 1886. Du 22 mars au 25 avril, ces deux termes compris, il y a 35 jours. Pâques peut donc occuper 35 places différentes dans l'année, ainsi que les fêtes mobiles qui sont séparées de cette date par un nombre déterminé de jours.

Coïncidence de la Saint-Jean et de la Fête-Dieu. — La Fête-Dieu se célèbre soixante et un jours après Pâques, les deux jours de ces fêtes étant compris dans le décompte. Or, la fête de saint Jean tombant le 24 juin, il faut, pour que la Fête-Dieu tombe aussi ce jour-là, que soixante et un jours se soient écoulés de Pâques au 24 juin, c'est-à-dire que Pâques soit arrivé le 25 avril. Cette coïncidence des deux fêtes est tellement rare qu'elle est proverbiale dans certaines provinces de la France. Elle se produira, pour la première fois, pendant le dix-neuvième siècle en l'année 1886. Le vingtième siècle la présentera aussi une fois en 1943.

Durée minima et maxima du carnaval. — Si Pâques tombe le 22 mars, il se sera écoulé, depuis le commencement de l'année, quatre-vingts jours si l'année est ordinaire, quatre-vingt-un jours si elle est bissextile, or la fête des Cendres se célébrant quarante-six jours avant Pâques, la durée minima du carnaval est $80 - 46 = 34$ jours, ou $81 - 46 = 35$ jours, suivant que l'année est ou n'est pas bissextile.

Si Pâques tombe le 25 avril, il se sera écoulé depuis le 1er janvier, cent quatorze ou cent quinze jours suivant que l'année est ou n'est pas bissextile. Donc la durée maxima du carnaval est de $114 - 46 = 68$, ou bien $115 - 46 = 69$ jours.

Récréations géométriques. — Pantographe. — Nous avons indiqué, dans le chapitre de la lumière, un instrument pouvant faciliter la reproduction de certains dessins; c'est le spectrographe. Voici maintenant un autre procédé, fondé sur l'utilisation des propriétés des triangles semblables, qui permet de copier des estampes, des gravures, sans connaître l'art du dessin. On peut également,

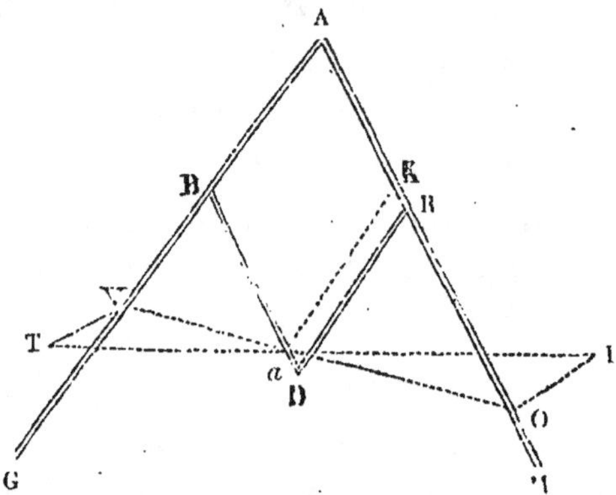

Fig. 275. — Pantographe.

grâce à ce procédé, réduire cette copie à telle proportion que l'on désire, à la moitié, au quart de l'original, ou bien encore l'amplifier dans des conditions définies. L'instrument qui permet d'obtenir ces résultats porte le nom de *pantographe* ou de *singe* (fig. 275).

Envisagé dans ses parties essentielles, le pantographe est formé de deux grandes règles AG et AH et de deux petites, BD et DR, mobiles autour de leurs points d'assemblage, au moyen de rivets convenablement placés en ces points. L'instrument ne donne de bons résultats qu'autant que le parallélogramme qui résulte de cette juxtaposition des règles se rapproche de la régularité géométrique.

Lorsqu'on veut exécuter un dessin à peu près à la même

grandeur que l'original, on dispose l'instrument dans la position où il est représenté dans la figure 275. En a, c'est-à-dire sur un point de la règle BD assez rapproché de D, on place le centre de rotation qui consiste, par exemple, en une pointe de Paris convenablement assujettie sur la table, à l'aide d'un coup de marteau. Tout le système pourra tourner autour du point a comme pivot. On place en o le traçoir, c'est-à-dire la pointe qui suit le dessin à reproduire et en V le crayon destiné à fournir la reproduction. Ces trois points o, a, V doivent être en lignes droites, et avant d'enfoncer la pointe dans la table, on devra placer le traçoir au centre de la gravure à reproduire et V au centre du papier.

Joignons les trois points o, a, V : on aura deux triangles semblables, si l'on mène aK, parallèle à BA. Dans ces deux triangles VBa et aKo, on a les rapports $\frac{Ka}{BV} = \frac{oa}{aV}$, par suite le crayon tracera toujours des figures semblables à celles formées par le traçoir, car le rapport $\frac{oa}{aV}$ restera constant, puisque les deux premiers termes sont constants quels que soient les angles du parallélogramme ABDR.

Si le traçoir est déplacé, par exemple le long d'une ligne telle que oI, le crayon décrira VT, cette dernière ligne sera plus petite que la première dont elle dérive. Il est facile de voir qu'au fur et à mesure que le point de rotation a se rapprochera de B, on obtiendra des réductions de plus en plus petites de la ligne oI. En divisant convenablement la ligne BD, on pourra obtenir telle réduction que l'on désire, en observant pourtant cette règle que les extrémités du traçoir, du crayon ainsi que le point de rotation soient sur la même ligne droite, cette condition est de rigueur quelles que soient les parties du pantographe occupées par ces trois points.

Si le point de rotation était en D et si l'on plaçait le traçoir et le crayon à des distances BV et R*o* que l'on prendrait égales aux côtés du parallélogramme, on obtiendrait
un dessin de la même grandeur que le modèle donné.

Si le point de rotation est porté sur la branche AG à une
distance AV = 2BA; si le traçoir est en D et le crayon au
point *o*, en faisant AR = R*o*, on aura un dessin deux fois
plus grand que le dessin donné. Il est préférable pourtant
de ne pas employer le pantographe à des amplifications.

Démonstration du carré de l'hypoténuse. — On sait que
la démonstration du carré de l'hypoténuse, telle qu'elle

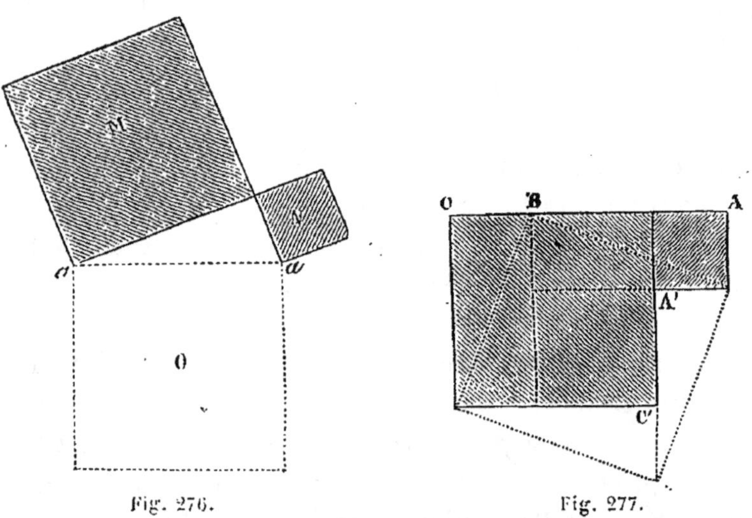

Fig. 276.   Fig. 277.

Démonstration du carré de l'hypoténuse.

nous a été laissée par les Grecs consiste à construire un
triangle rectangle dans lequel l'hypoténuse *aa* (fig. 276) est
horizontale; on forme un carré O sur ce côté, du sommet
de l'angle droit on abaisse une perpendiculaire sur la base
de ce carré, et l'on démontre que les deux rectangles ainsi
obtenus l'un grand, l'autre petit, sont respectivement
égaux aux carrés M et N, construits le premier sur le

grand côté, le deuxième sur le petit côté de l'angle droit.
Voici une autre démonstration.

Au lieu de disposer les deux carrés en les engageant par
le sommet, on les engage par le flanc comme dans la
figure 277. Pour cela on prend AB égal au côté du plus
grand des deux carrés et l'on achève la construction indiquée par la figure. Il est clair qu'on forme ainsi quatre
triangles rectangles parfaitement égaux, or si maintenant
on enlève de cette figure les deux triangles situés à gauche et au-dessus et qu'on les ajoute à droite et au-dessous,
c'est-à-dire en mettant le sommet A en A' et le sommet C
en C', il est clair que ce déplacement n'aura rien changé à
l'étendue de la surface, seulement la figure, au lieu de présenter, comme primitivement, deux carrés, n'en présentera
plus qu'un, celui qui est rayé et qui a justement pour
côté l'hypoténuse. Donc le carré construit sur l'hypoténuse
est égal à la somme des carrés construits sur les deux autres côtés du triangle rectangle.

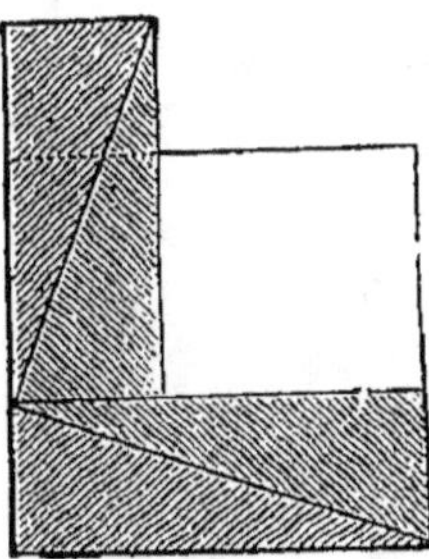 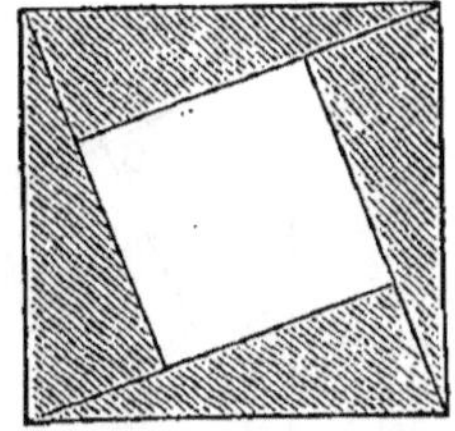

Fig. 278.   Fig. 279.
Démonstration du carré de l'hypoténuse.

Autre démonstration. — On taille quatre équerres de
papier et on les dispose comme l'indique la figure 278. Ce
sera là le carré de l'hypoténuse. Otons deux équerres
que nous placerons sur le côté des deux autres, il en ré-

sultera deux carrés (fig. 279), l'un petit, entièrement ombré, c'est le carré fait sur le petit côté de l'angle droit, l'autre grand, formé d'un carré et de quatre triangles, qui est le carré construit sur le grand côté de l'angle droit.

Pour arriver à cette démonstration, nous avons construit des carrés avec des triangles, lorsque le nombre des triangles employés est peu considérable, on arrive sans peine à construire un carré, il n'en est plus de même quand le nombre des triangles rectangles donnés est un peu élevé. Ainsi, on peut, par exemple, se poser cette question :

Faire un carré parfait avec vingt triangles rectangles dans lesquels la base est le double de la hauteur. — La

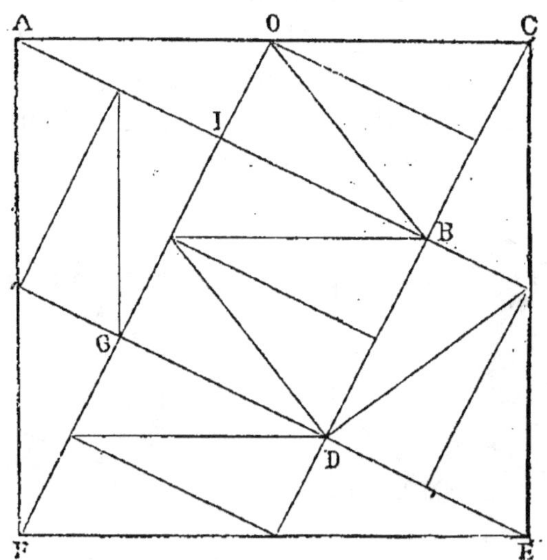

Fig. 280. — Carré formé de vingt triangles rectangles.

figure 280 donne la solution du problème, mais il est facile de se rappeler cet arrangement en sachant qu'on peut considérer cette figure comme étant formée d'un carré médian BDGI entouré de quatre triangles rectangles égaux dont la base est double de la hauteur. Ces triangles ABC, CDE, EGF, FIA sont eux-mêmes formés d'un trapèze tel que OCBI par exemple et d'un triangle AOI qui, placés différemment, pourraient donner un carré égal à celui du milieu. Par conséquent, ce problème revient à construire un grand carré avec cinq petits carrés formés chacun de quatre triangles rectangles.

Nous remarquerons que dans la figure 280, un trapèze quelconque tel que IOCB étant formé de trois triangles égaux, on peut considérer le carré ACEF comme résultant de la juxtaposition de cinq trapèzes et de cinq triangles. Donc, en découpant dans une lame de bois ou dans une feuille de carton cinq triangles rectangles tels que AIO dans lequel le côté IO est la moitié de AI, et cinq trapèzes rectangles dans lesquels le côté IO est la moitié de BC ou de AI, on pourra former un carré parfait. Ce jouet a fait son apparition quelque temps après le taquin, sous le nom de *Jeu du mathématicien dans l'embarras*.

Les arrangements des carrés. — Le jeu du Parquet. — Une chose a ne peut être arrangée que d'une manière. Deux choses peuvent être arrangées entre elles de deux manières; ainsi les lettres a et b donnent les arrangements ab et ba. Les arrangements de trois choses a, b, c sont au nombre de six, savoir abc, acb, cab, bac, bca, cba, c'est-à-dire $1 \times 2 \times 3$. Quatre choses s'arrangent de vingt-quatre façons, c'est-à-dire qu'on a : $1 \times 2 \times 3 \times 4$. Cinq choses donnent $1 \times 2 \times 3 \times 4 \times 5$ soit 120 arrangements ; en désignant par n le nombre des choses et par N le nombre des arrangements on a :

$$N = 1 \times 2 \times 3 \times \dots \times n$$

L'arrangement de deux choses, si elles sont parfaitement

identiques, ne donnant naissance qu'à deux combinaisons, il semble qu'il est inutile de chercher si de semblables arrangements peuvent être de quelque utilité, dans l'art de la décoration. Il n'en est rien pourtant. De simples combinaisons de carreaux partagés en deux triangles de couleur différente (fig. 281) donnent lieu aux effets les plus

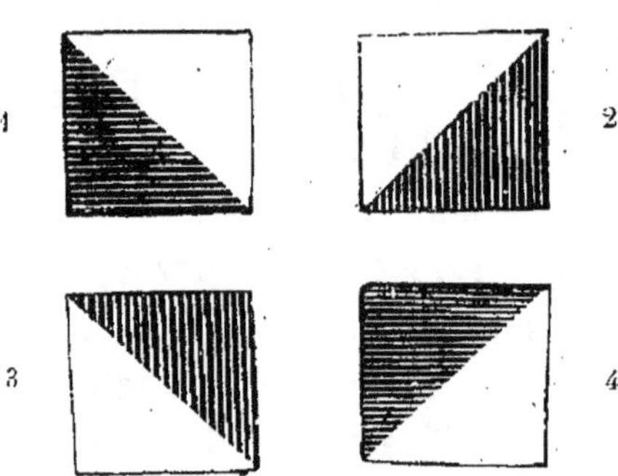

Fig. 281. — Carreaux de deux couleurs différentes.

agréables, dont on pourrait tirer un parti avantageux pour le carrelage des appartements, pour le placage, pour la mosaïque.

On voit que suivant la situation qu'un carreau peut prendre, il forme quatre dessins différents qui néanmoins peuvent se réduire à deux, puisque dans le n° 1 et le n° 3 d'une part, le n° 2 et le n° 4 de l'autre, les diagonales étant dirigées dans le même sens, les numéros placés l'un au-dessus de l'autre ne diffèrent que par la transposition des parties claires et ombrées.

De la combinaison de deux carreaux, il résultera 64 arrangements différents, car sur chacun des quatre côtés des carreaux représentés par la figure 281, on peut placer un autre carreau dans quatre positions; on a donc en tout $4 \times 4 \times 4$ ou 64 arrangements. Mais de ces 64 arrangements il y en a encore une moitié qui ne fait que répéter l'autre dans le même sens, ce qui les réduit à 32; on les réduirait à 10, si on n'avait pas égard à la situation.

Il serait également possible de combiner 3, 4, 5 carreaux

Fig. 282. — Figures du jeu du parquet.

les uns avec les autres, on trouverait que ces trois carreaux peuvent fournir entre eux 128 dessins, que 4 en formeraient 256.

Si maintenant, prenant ces 256 figures, on les combine

2 à 2, 3 à 3 et ainsi de suite, on aura une prodigieuse quantité de compartiments. Il est certain que c'est là, pour le carrelage et le parquet, une source presque intarissable d'ornements. Ce sont ces combinaisons qui font l'objet du *jeu du Parquet*. Ce jeu consiste en une petite table garnie d'un rebord et capable de recevoir 64 ou 100 petits carrés, mi-partis noirs et blancs que l'on essaye de combiner de la façon la plus agréable. La figure 282 représente quelques-unes des combinaisons qu'on peut obtenir avec 64 carrés mi-partis blancs et noirs.

Quadrille de dominos. — On donne ce nom à des arrangements tels que les points égaux se trouvent placés quatre par quatre et forment, par suite, des carrés semblables à ceux de la figure 283. On examinant cette figure, on voit que la première rangée horizontale contient quatre grands carrés formés chacun par quatre petits carrés, que la deuxième et la troisième renferment toutes les deux trois grands carrés, et enfin que la quatrième en comprend quatre ; en tout quatorze grands carrés. Un dé double est disposé à chacun des angles.

Pour noter ce quadrille, nous inscrirons, les uns à la suite des autres, le nombre de points que présente l'un quelconque des petits carrés entrant dans la composition de chacun des grands, nous commencerons par le premier grand carré à gauche, et quand nous aurons épuisé la première rangée horizontale, nous procéderons de la même manière pour les autres, en ayant soin de la séparer de la précédente par un trait horizontal. Ainsi, le quadrillé précédent sera représenté par :

2, 0, 1, 5 — 4, 6, 0 — 5, 6, 3 — 3, 2, 1, 4

Nous aurions pu également placer aux angles les quatre

dominos les plus faibles, et l'on obtiendrait alors la disposition

$$0, 2, 3, 1 - 1, 4, 5 - 6, 4, 0 - 2, 5, 6, 3$$

Ce quadrille n'est pas le seul possible. En soumettant ce problème à une discussion approfondie, on démontre

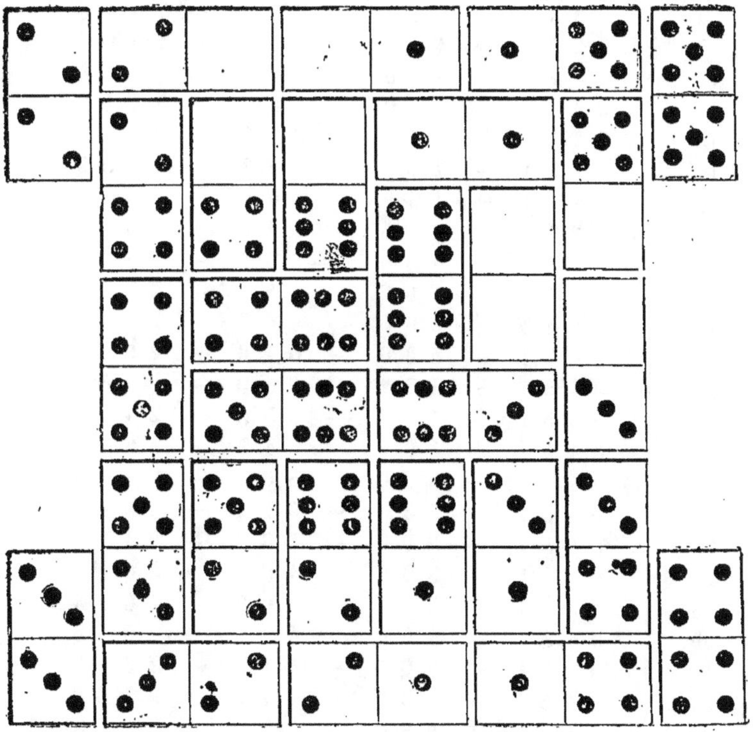

Fig. 283. — Quadrille de dominos.

qu'on peut obtenir trente-quatre solutions, dans lesquelles on trouve toujours, aux quatre angles, les double blanc, as, deux et trois, les autres dés occupant des positions variables (Delannoy).

Voici ces solutions :

N°s d'ordre.				
1	0 2 3 1	1 4 5	6 4 0	2 5 6 3
2	0 2 4 1	1 3 5	6 4 0	2 5 6 3
3	0 2 4 1	1 5 6	3 4 0	2 6 5 3
4	0 2 4 1	1 5 6	3 5 0	2 6 4 3
5	0 2 4 1	3 5 0	1 5 6	2 6 4 3
6	0 4 5 1	1 3 2	6 5 0	2 4 6 3
7	0 4 5 1	1 6 2	3 5 0	2 4 6 3
8	0 4 5 1	1 6 2	3 6 0	2 4 5 3
9	0 2 3 1	4 5 0	6 5 6	2 1 4 3
10	0 2 3 1	4 5 4	6 5 6	2 1 0 3
11	0 3 2 1	4 5 0	6 5 6	2 4 1 3
12	0 3 4 1	5 6 0	4 6 2	2 5 1 3
13	0 2 3 1	1 4 5	6 4 0	2 5 6 3
14	0 2 3 1	1 4 5	6 4 6	2 5 0 3
15	0 2 4 1	1 3 5	6 4 0	2 5 6 3
16	0 2 4 1	1 3 5	6 4 6	2 5 0 3
17	0 3 2 1	4 5 0	6 5 6	2 4 1 3
18	0 3 4 1	5 6 0	4 5 2	2 6 1 3
19	0 3 4 1	5 6 0	4 6 2	2 5 1 3
20	0 4 2 1	5 3 0	6 4 6	2 5 1 3
21	0 4 3 1	1 5 2	6 5 0	2 4 6 3
22	0 4 5 1	1 3 2	6 5 0	2 4 6 3
23	0 4 5 1	3 6 0	5 4 2	2 6 1 3
24	0 4 5 1	3 6 0	5 6 2	2 4 1 3
25	0 4 5 1	6 3 0	5 4 2	2 6 1 3
26	0 4 5 1	6 3 0	5 6 2	2 4 1 3
27	0 3 4 1	5 6 0	4 5 2	2 6 1 3
28	0 3 4 1	5 6 5	4 0 2	2 6 1 3
29	0 4 3 1	5 6 0	4 1 2	2 6 5 3
30	0 4 3 1	5 6 5	4 1 2	2 6 0 3
31	0 4 5 1	6 3 0	4 1 2	2 5 6 3
32	0 4 5 1	6 3 0	5 6 2	2 4 1 3
33	0 4 5 1	6 3 6	4 1 2	2 5 0 3
34	0 4 5 1	6 3 6	5 0 2	2 4 1 3

Maintenant inscrivons les chiffres à l'aide desquels nous avons représenté la valeur des petits carrés, dans leur ordre naturel :

0 1 2 3 4 5 6

puis au-dessous les mêmes chiffres dans un ordre quelconque

$$6\ 5\ 4\ 3\ 2\ 0\ 1$$

Il est évident que si dans une des solutions précédentes on remplace chaque chiffre par le chiffre correspondant, on obtiendra encore un quadrille. Ainsi la notation :

$$0\ 2\ 3\ 1\ -\ 1\ 4\ 5\ -\ 6\ 4\ 0\ -\ 2\ 5\ 6\ 3$$

de la deuxième solution deviendrait

$$6\ 4\ 2\ 5\ -\ 5\ 3\ 0\ -\ 1\ 3\ 6\ -\ 4\ 0\ 1\ 2$$

Le nombre de quadrilles dérivés d'un quelconque des trente-quatre quadrilles que nous venons d'indiquer serait par suite égal à celui des arrangements que peuvent présenter sept objets, c'est-à-dire à

$$1 \times 2 \times 3 \times 4 \times 5 \times 6 \times 7 = 5040$$

Or, en multipliant le nombre 5,040 par 34, nombre des solutions, on arrive au chiffre énorme de 171,360. Voilà donc un nouvel exemple du nombre considérable de combinaisons que peut donner un nombre limité d'objets.

Les solides géométriques réguliers. — Leur représentation à l'aide du carton. — Un polyèdre est un solide limité de tout côté par des plans, qui en sont les *faces;* l'intersection de ces plans constitue les *arêtes.* On appelle angles *solides* ceux qui résultent de l'intersection d'au moins trois plans. Le plus simple des polyèdres est le *tétraèdre,* car il faut au moins quatre plans pour limiter un solide. Lorsqu'un polyèdre présente un petit nombre de faces, le tétraèdre, le cube par exemple, il est facile de se le représenter, de compter par suite, ses arêtes, ses angles; mais lorsque le solide se complique un peu, ce n'est point sans un certain effort intellectuel que l'on arrive à se rendre compte de tous ces détails. La représentation en bois, en plâtre, du polyèdre, devient alors d'un grand secours. Il n'est point donné à tous d'exécuter convenablement ces modèles dont la plupart sont d'un si grand secours pour l'étude des formes cristallisées des substances minérales ; mais il en est quelques-uns qui peuvent se construire avec un carton peu épais que l'on découpe convenablement. Ce sont les polyèdres qui ont toutes les faces égales entre elles, savoir : le cube, le tétraèdre et l'octaèdre réguliers, l'icosaèdre et le dodécaèdre pentagonal.

Cube ou hexaèdre régulier. — C'est un solide qui a les faces carrées, 8 angles trièdres égaux, 12 arêtes égales.

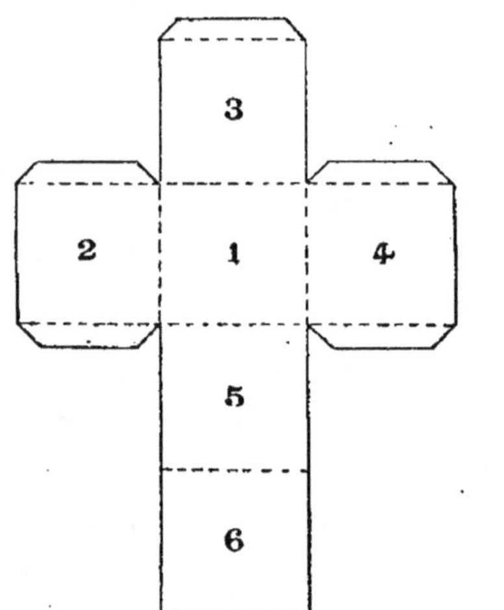

Fig. 284. — Construction du cube.

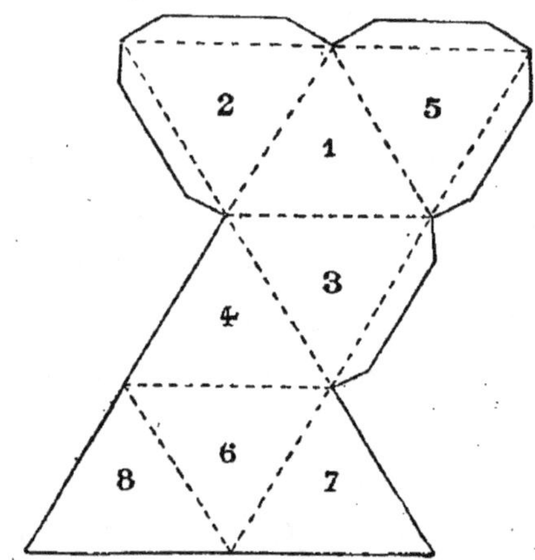

Fig. 285. — Construction de l'octaèdre régulier.

Pour le construire on commence par choisir un papier fort, le grand raisin par exemple, ou du carton bristol, sur lequel on trace un dessin semblable à celui de la figure 284 et constitué par 6 carrés égaux disposés en forme de croix, en ayant soin de laisser sur les bords des carrés 3, 2, et 4 des marges destinées au collage ; on coupe avec des ciseaux la figure qui a été ainsi préparée, puis on plie les parties qui doivent être pliées ; pour cela on les rabat sur une règle de bois que l'on place tour à tour sur les lignes ponctuées. Si le papier était un peu épais, on le couperait légèrement, avec un canif, le long de la partie ponctuée. On procède alors au collage, soit avec une solution épaisse de gomme arabique, soit avec la colle d'amidon ou de farine de blé, en ne mettant de la colle que sur la marge réservée à cet effet. Si les carrés

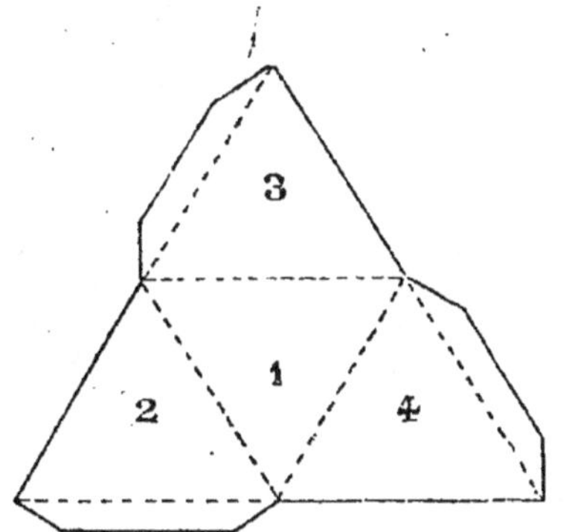

Fig. 286. — Construction du tétraèdre régulier.

ont été tracés tous égaux, si le pliage a été irréprochable, ces différentes parties formeront par leur réunion un tout parfaitement correct.

Octaèdre régulier (fig. 285). — 8 faces qui sont des triangles équilatéraux, 12 arêtes égales, 6 angles solides à 4 faces.

Tétraèdre régulier (fig. 286). — 4 faces qui sont des triangles équilatéraux, 6 arêtes égales, 4 angles solides à 2 faces.

Icosaèdre (fig. 287). — 20 faces qui sont des triangles

équilatéraux, 30 arètes égales, 12 angles solides égaux et
à 5 faces.

Dodécaèdre pentagonal (fig. 288). — 12 faces qui sont

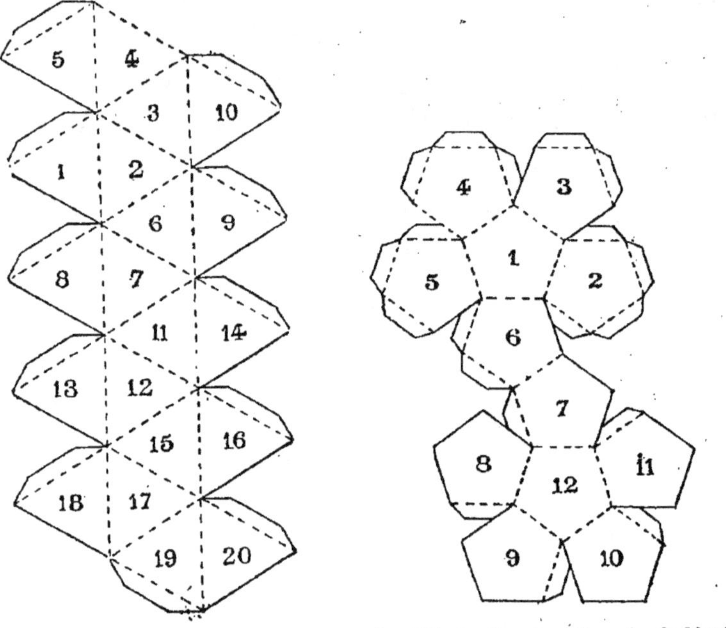

Fig. 287. — Construction
de l'icosaèdre.

Fig. 288. — Construction du dodécaèdre
pentagonal.

des pentagones réguliers, 30 arètes égales, 20 angles solides égaux, à 3 faces.

CHAPITRE XVI

Jeu du Baguenaudier. — Le baguenaudier ou baguenodier est un petit appareil dont peu de personnes soup-
çonnent l'intérêt. Cependant ce joujou dont la contexture
varie à chaque instant est la représentation des propriétés
d'un système de numération dont nous avons déjà parlé,
le système binaire, et de la théorie des combinaisons ou arrangements dont il vient d'être question.

Cet instrument (fig. 289) se compose de deux parties

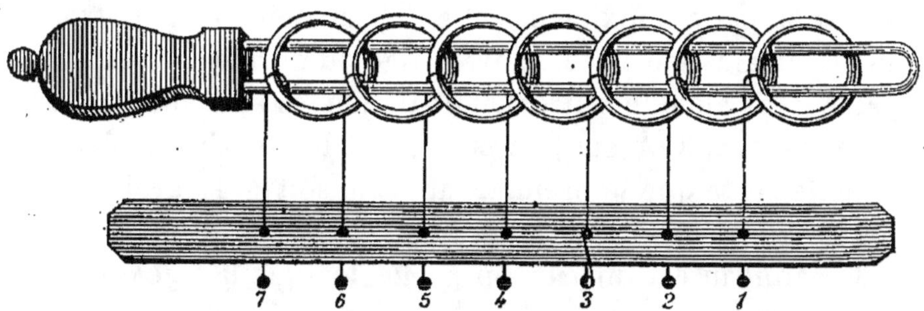

Fig. 289. — Jeu du baguenaudier.

principales : la *navette* et le *système des anneaux*. La navette est formée par un fil métallique ayant la forme d'un
rectangle et très allongé. Pour pouvoir la manier convenablement, on munit une de ses extrémités d'une poignée
que l'on tient dans la main gauche, pendant qu'on déplace
les anneaux avec la main droite.

Le système des anneaux est formé de trois parties : 1° d'anneaux égaux dont le diamètre est à peu près le double de la largeur de la navette et dont l'épaisseur est environ le quart de celle-ci ; par conséquent on peut faire passer la navette à travers l'anneau, tout aussi bien qu'un seul anneau, et même deux pris ensemble, à travers la navette ; 2° d'une petite planchette rectangulaire en bois léger ou en ivoire. Elle est percée sur sa longueur de trous équidistants, en nombre égal à celui des anneaux de l'instrument ; 3° de petites tiges ou verges métalliques, en nombre égal à celui des anneaux ; l'une des extrémités de chaque tige passe librement dans un des trous de la planchette, derrière laquelle cette tige est retenue par un crochet ; l'autre extrémité entoure l'un des anneaux.

Le système est agencé de telle sorte que chacune des tiges qui retient l'anneau se trouve passée dans l'intérieur de l'anneau suivant. Ainsi la tige du premier anneau est passée dans le deuxième, celle du deuxième dans le troisième et ainsi de suite, mais la tige du dernier anneau ne passe dans aucune autre. On distingue les anneaux par les nombres 1, 2, 3, 4, etc., en supposant la planchette placée de telle sorte que le premier anneau soit à la droite du joueur.

Un anneau est dit *levé* ou *monté*, lorsque la tige qui lui correspond est passée dans l'intérieur de la navette et que la navette est passée dans l'intérieur dans l'anneau ; on dit que l'anneau est *baissé* ou *descendu* dans le cas contraire. On dit que le baguenaudier est monté lorsque tous ses anneaux sont levés, et il est démonté lorsque tous ses anneaux sont baissés. Alors la navette est libre de tous ses anneaux.

Le baguenaudier que l'on trouve le plus ordinairement

dans le commerce est à 7 anneaux. C'est celui qu'on doit préférer, car le nombre des opérations à faire, pour monter ou démonter l'instrument, double continuellement par l'addition d'un anneau.

D'après l'auteur anonyme de la *Théorie du baguenodier par un clerc de notaire lyonnais*, on fait sans peine 64 changements par minute : ainsi pour dégager la navette, lorsque tous les anneaux sont levés il faut avec :

5 anneaux	21 changements,	soit 20 secondes.
7 —	85 —	1 m. 20 s.
9 —	341 —	5 m. 20 s.
11 —	1,365 —	21 m. 20 s.
13 —	5,461 —	1 h. 25 m. 20 s.
15 —	22,369,621 —	5,825 h. 25 m. 20 s.

Lorsqu'on tient horizontalement dans la main gauche le baguenaudier complètement monté, il est facile de voir que le premier anneau peut être baissé aisément. Il suffit pour cela de prendre ce premier anneau de la main droite, de tirer la navette à gauche et de passer l'anneau dans l'intérieur de la navette. On le monte en exécutant l'opération inverse. Lorsqu'on a ainsi baissé le premier anneau, il est impossible de déplacer le second, on ne peut que baisser le troisième, ou le remonter par l'opération inverse. Du moment qu'on aura ainsi baissé le premier et le troisième anneau, il sera impossible d'aller plus loin.

Cette simple expérience nous permet de conclure : 1° que quelle que soit la position du reste des anneaux, il est toujours possible de baisser le premier s'il est monté, de le monter s'il est baissé ; 2° qu'un anneau de rang quelconque ne peut être déplacé, c'est-à-dire monté ou baissé, qu'autant qu'il se trouve immédiatement placé à la gauche d'un anneau monté et que celui-ci soit le seul anneau monté à la droite de l'anneau considéré.

Les deux premiers anneaux font exception : on peut les monter ou les baisser simultanément dans une position quelconque des autres anneaux de l'appareil ; mais si on les monte tous deux simultanément, on doit ensuite baisser le premier.

Les tableaux des pages 608 et 609 représentent la marche à suivre pour démonter le baguenaudier ou le monter. Après avoir épuisé les déplacements indiqués par la colonne 1, on passe à ceux signalés par la colonne 2, et ainsi de suite.

Nous avons indiqué au bas de chaque colonne, la phase du jeu à laquelle on est arrivé, par une ligne horizontale ; les anneaux passés dans la navette sont représentés par des points placés au-dessus de la ligne dans leur situation respective ; les anneaux dépassés par des points placés au-dessous. L'opérateur pourra ainsi vérifier, à la fin de chaque colonne, qu'il n'y a pas d'erreur commise et sera, par suite, en mesure de la réparer avant de passer à la colonne suivante.

Marche du cavalier sur les soixante-quatre cases de l'échiquier. — Ce problème consiste à faire parcourir au cavalier les soixante-quatre cases de l'échiquier, en autant de sauts et par conséquent sans se poser deux fois sur la même case. Il a excité la curiosité de mathématiciens célèbres tels qu'Euler, Bernouilli, Mairan, Moivre, qui ont cherché les lois qui réglaient cette marche, ainsi qu'une formule pour la déterminer. Ces recherches n'eurent pas un succès complet. C'est seulement en 1840 que Roget a trouvé la solution du problème dans toute son étendue, c'est-à-dire une règle générale et une méthode certaine

Démontage du baguenaudier.

	1	2	3	4	5	6
Baissez	1-3	1-3	1-3	1-3	1-3	1-3
Montez	1	1	1	1	1	1
Baissez	1-2-5	1-2-7	1-2	1-2-6	1-2-5	1-2
Montez	2-1	2-1	5-2-1	2-1	2-1	
Baissez	1	1	1	1	1	
Montez	3-1	3-1	3-1	3-1	3-1	
Baissez	1-2-4	1-2	1-2-4	1-2	1-2-4	
Montez	2-1	4-2-1	2-1	4-2-1	2-1	

	1	2	3	4	5	6
Montez	2-1	5-2 1	6-2-1	2-1	7-2-1	5-2-1
Baissez	1	1	1	1	1	1
Montez	3-1	3-1	3-1	3-1	3-1	3-1
Baissez	1-2	1-2-4	1-2	1-2-4	1-2	
Montez	4-2-1	2 1	4-2-1	2-1	4-2-1	
Baissez	1-3	1-3	1-3	1-3	1-3	
Montez	1	1	1	1	1	
Baissez	1-2	1-2	1-2-5	1-2	1-2	

pour faire parcourir au cavalier toutes les cases de l'échiquier, en partant d'une case désignée, pour finir à une autre case désignée, sans passer deux fois sur la même case, la dernière case devant toujours être d'une couleur différente de la première. *Or, cela peut se faire de 20,160 manières différentes.* Ceux de nos lecteurs, que la chose intéresse particulièrement, trouveront dans le journal *la Régence* de 1856, p. 366, un exposé complet de la méthode par laquelle l'abbé Durand arrive à la solution du problème.

Nous donnons deux solutions qu'il est facile de retenir par cœur, la première est due à Euler, la seconde à Moivre.

Pour exécuter ces marches sans confusion, il faut à chaque pas marquer la case que quitte le cavalier. On couvrira donc toutes les cases, chacune d'un jeton et on ôtera le jeton à mesure que le cavalier aura passé sur la case, ou bien au contraire, on mettra un jeton sur chaque case à mesure que le cavalier aura passé dessus.

Ces deux solutions, figures 290 et 291, présentent une certaine analogie, car toutes deux supposent le cavalier placé d'abord dans une des cases angulaires de l'échiquier; mais la solution de Moivre est plus aisée à retenir, car elle consiste à remplir autant que possible les deux bandes d'enceinte et à ne se jeter sur la troisième que lorsqu'il n'y a nul autre moyen de passer de la place où l'on est sur l'une des deux premières; règle qui permet la marche du cavalier depuis son premier pas jusqu'au cinquantième, et même au delà, car de la case marquée 50, il n'y a de choix, pour se placer, qu'en faveur de celles qui sont marquées 51 et 63, mais la case 51 étant plus proche de la bande doit être préférée, et alors le cavalier franchit 52,

53, 54, 55, 56, 57, 58, 59, 60, 61. Arrivé là, il est indifférent qu'on le pose sur celle marquée 64, car de là il ira

42	57	44	9	40	21	46	7
55	10	41	58	45	8	39	20
12	43	56	61	22	59	6	47
63	54	11	30	25	28	19	38
32	13	62	27	60	23	48	5
53	64	31	24	29	26	37	18
14	33	2	51	16	35	4	49
1	52	15	34	3	50	17	36

Fig. 290. — Solution d'Euler.

sur la pénultième 63 et il finira par 62, ou bien qu'il aille à 62 pour passer à 63 et finir par 64.

34	49	22	11	36	39	24	1
21	10	35	50	23	12	37	40
48	33	62	57	38	25	2	13
9	20	51	54	63	60	41	26
32	47	58	61	56	53	14	3
19	8	55	52	59	64	27	42
46	31	6	17	44	29	4	15
7	18	45	30	5	16	43	28

Fig. 291. — Solution de Moivre.

On peut dire que dans cette solution, la marche du cavalier est toujours contrainte, ce qui permet de ne pas l'oublier.

Si l'on représente la marche du cavalier par des lignes, on trouve qu'il trace dans son parcours des dessins très variés et souvent d'une symétrie remarquable, mais si, comme nous venons de le faire, on représente la marche du cavalier au moyen de chiffres, on voit que dans tous les

48	55	4	29	10	53	6	27
3	30	49	54	5	28	11	52
56	47	32	9	50	13	26	7
31	2	57	46	33	8	51	12
44	19	40	1	14	25	34	63
39	58	45	18	41	64	15	24
20	43	60	37	22	17	62	35
59	38	21	42	61	36	23	16

Fig. 292. — Marche du cavalier.

arrangements, les chiffres se trouvent toujours disposés alternativement pairs et impairs sur toutes les cases parallèles aux côtés de l'échiquier et qu'ils sont tous pairs ou impairs sur les lignes parallèles aux diagonales, ceci résulte de la marche du cavalier. De plus, parfois il se produit de singuliers phénomènes. Ainsi, dans les solutions indiquées par les figures 292 et 293, les numéros représentant la marche seront toujours disposés de manière à présenter une différence de 32 entre tous ceux des côtés opposés et à égale distance du centre. Ainsi on a, dans la figure 292, $48 - 16 = 32$; $62 - 30 = 32$; $64 - 32 = 32$; $46 - 14 = 32$;

$49 - 17 = 32$; $60 - 28 = 32$; et dans la figure 293, $54 - 22 = 32$; $36 - 4 = 32$; $38 - 6 = 32$; $52 - 20 = 32$; $55 - 23 = 32$; $53 - 21 = 32$.

Dans ces deux figures, on trouve que la somme des deux

54	61	10	35	16	59	12	33
9	36	55	60	11	34	17	58
62	53	38	15	56	19	32	13
37	8	63	52	39	14	57	18
50	25	46	7	20	31	40	5
45	64	51	24	47	6	21	30
26	49	2	43	28	23	4	41
1	44	27	48	3	42	29	22

Fig. 293. — Marche du cavalier.

chiffres à égale distance des angles et des côtés opposés, fait des nombres égaux, ainsi figure 292

$$55 + 3; \ 6 + 52; \ 20 + 38, \ 35 + 23 = 58$$
$$4 + 56; \ 53 + 7; \ 39 + 31, \ 24 + 36 = 60$$

et de même, figure 293

$$61 + 9; \ 12 + 58; \ 26 + 44, \ 41 + 29 = 70$$
$$10 + 62; \ 59 + 13; \ 45 + 27, \ 30 + 42 = 72$$

Jeu du solitaire. — Ce jeu est ainsi nommé parce qu'il se joue seul. Il est composé d'un plateau de bois de forme octogone et percé de 37 trous, dans l'ordre indiqué par la figure 294, savoir : 3 au premier rang, 5 au deuxième, 7 aux troisième, quatrième, cinquième, 5 au sixième, 3 au

septième rang. Ces trous sont remplis par de petites chevilles d'os ou d'ivoire appelées *fiches* qui s'enlèvent à volonté. Depuis quelques années, on a substitué à la planchette octogone une tablette circulaire présentant des

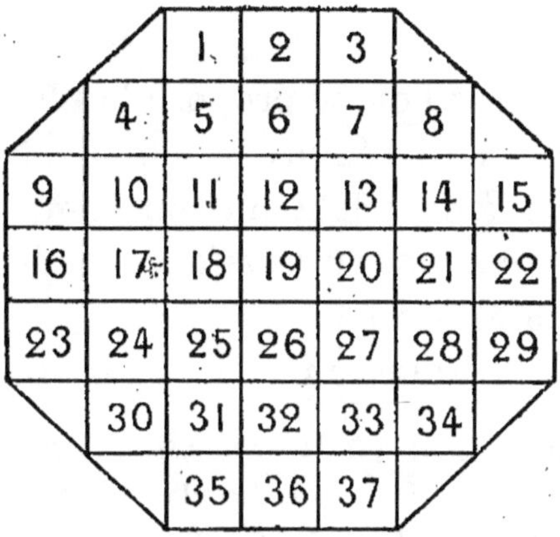

Fig. 204. — Jeu du solitaire.

creux hémisphériques dans lesquels on loge des billes. On
peut remplacer le solitaire par un damier avec ses pions,
ou mieux par une feuille de carton octogone, dont chaque
case porte les numéros indiqués par la figure.

La règle du jeu consiste en ceci, qu'une fiche en prend
une autre lorsqu'elle peut passer dessus en ligne droite
horizontale ou verticale, pour venir se loger dans une case
vide, absolument comme au jeu de dames un pion prend
un autre pion. On commence par enlever une fiche quelconque, afin d'avoir un trou vide dans lequel on puisse
placer une fiche et enlever celle sur laquelle on passe. On
continue de prendre ainsi toutes les fiches jusqu'à la dernière. La difficulté du jeu consiste à faire un choix tel
qu'on puisse terminer comme nous venons de le dire.

Nous représenterons les différentes marches dont il est

question plus bas, par une fraction dont le numérateur indique le point de départ de la fiche qui prend et dont le dénominateur fait connaître la case d'arrivée. Ainsi la fraction $\frac{3}{1}$ indique que la case 1 étant vide, la fiche 3 prendra la fiche 2 dans le sens horizontal, en venant se placer dans la case 1.

Le problème que l'on se propose le plus ordinairement de résoudre consiste à réduire le solitaire à une seule fiche, après avoir enlevé une fiche du jeu complet. Ce genre de problème porte le nom de *réussite*.

Exemples de réussite :

Problème I. — Enlever 1 et finir par 20.

$$\frac{3}{1} \quad \frac{12}{2} \quad \frac{8}{6} \quad \frac{2}{12} \quad \frac{4}{6} \quad \frac{18}{5} \quad \frac{1}{11} \quad \frac{16}{18} \quad \frac{18}{5} \quad \frac{9}{11} \quad \frac{5}{18} \quad \frac{30}{17} \quad \frac{26}{24}$$

$$\frac{24}{10} \quad \frac{36}{26} \quad \frac{35}{25} \quad \frac{26}{24} \quad \frac{23}{25} \quad \frac{25}{11} \quad \frac{12}{26} \quad \frac{10}{12} \quad \frac{6}{19} \quad \frac{34}{32} \quad \frac{20}{33} \quad \frac{33}{31} \quad \frac{19}{32}$$

$$\frac{31}{33} \quad \frac{37}{27} \quad \frac{22}{20} \quad \frac{20}{33} \quad \frac{29}{27} \quad \frac{33}{20} \quad \frac{20}{7} \quad \frac{15}{3} \quad \frac{7}{20}$$

Problème II. — Enlever 1 et finir par 37.

$$\frac{3}{1} \quad \frac{12}{2} \quad \frac{13}{3} \quad \frac{15}{13} \quad \frac{4}{6} \quad \frac{18}{5} \quad \frac{1}{11} \quad \frac{31}{18} \quad \frac{18}{5} \quad \frac{20}{7} \quad \frac{3}{13} \quad \frac{33}{20} \quad \frac{20}{17} \quad \frac{9}{11} \quad \frac{16}{18}$$

$$\frac{23}{25} \quad \frac{22}{20} \quad \frac{29}{27} \quad \frac{18}{31} \quad \frac{31}{33} \quad \frac{34}{32} \quad \frac{20}{33} \quad \frac{37}{27} \quad \frac{5}{18} \quad \frac{18}{20} \quad \frac{20}{33} \quad \frac{33}{31} \quad \frac{2}{12} \quad \frac{8}{6} \quad \frac{6}{19}$$

$$\frac{19}{32} \quad \frac{36}{26} \quad \frac{30}{32} \quad \frac{26}{36} \quad \frac{35}{37}$$

Problème III. — Enlever 29 et finir par 32.

$$\frac{27}{29} \quad \frac{37}{27} \quad \frac{26}{28} \quad \frac{29}{27} \quad \frac{24}{26} \quad \frac{35}{25} \quad \frac{26}{24} \quad \frac{23}{25} \quad \frac{12}{26} \quad \frac{14}{12} \quad \frac{3}{13} \quad \frac{12}{14} \quad \frac{15}{13} \quad \frac{10}{12} \quad \frac{1}{1}$$

$$\frac{12}{10} \quad \frac{9}{11} \quad \frac{26}{28} \quad \frac{21}{19} \quad \frac{34}{21} \quad \frac{22}{20} \quad \frac{36}{26} \quad \frac{18}{5} \quad \frac{16}{18} \quad \frac{2}{12} \quad \frac{4}{6} \quad \frac{12}{2} \quad \frac{20}{7} \quad \frac{8}{6}$$

$$\frac{26}{24} \quad \frac{30}{17} \quad \frac{2}{12} \quad \frac{12}{26} \quad \frac{17}{19} \quad \frac{19}{32}$$

Il est évident qu'on peut s'exercer à résoudre les trois problèmes précédents en sens inverse, ainsi, par exemple, on pourrait renverser le problème I en enlevant 20 et en finissant par 1.

Dans la série des problèmes suivants, on prend pour point de départ le solitaire entièrement couvert, à l'exception d'une case, et l'on se propose d'obtenir une figure donnée, après un certain nombre de coups.

Problème IV. — Le lecteur au milieu de ses amis. — Le solitaire est couvert, à l'exception de la case 19.

$$\frac{6}{19}\ \frac{4}{6}\ \frac{18}{5}\ \frac{6}{4}\ \frac{9}{11}\ \frac{24}{10}\ \frac{11}{9}\ \frac{26}{24}\ \frac{35}{25}\ \frac{24}{26}$$

$$\frac{27}{25}\ \frac{33}{31}\ \frac{25}{35}\ \frac{29}{27}\ \frac{14}{28}\ \frac{27}{29}\ \frac{19}{21}\ \frac{7}{20}\ \frac{21}{19}$$

Il reste 17 fiches, savoir : une dans la case 19, les seize autres dans le pourtour.

Problème V. — Le corsaire. — Le solitaire étant entièrement couvert, on enlève la fiche 3, la fiche 2 représente le corsaire.

$$\frac{13}{3}\ \frac{15}{13}\ \frac{28}{14}\ \frac{8}{21}\ \frac{29}{15}\ \frac{20}{7}\ \frac{3}{13}\ \frac{12}{14}\ \frac{15}{13}\ \frac{10}{12}\ \frac{24}{10}\ \frac{26}{24}\ \frac{36}{26}$$

$$\frac{1}{11}\ \frac{11}{25}\ \frac{9}{11}\ \frac{12}{10}\ \frac{4}{17}\ \frac{16}{18}\ \frac{25}{11}\ \frac{23}{25}\ \frac{26}{24}\ \frac{30}{17}\ \frac{35}{25}\ \frac{34}{32}$$

Le corsaire 2 prend successivement les neuf fiches, 6, 11, 17, 25, 27, 21, 13, 19, 32, et vient en 36 où il est pris par 37 qui vient en 35.

Problème VI. — Le tricolet. — Le solitaire étant entièrement couvert, on enlève la fiche 19.

$$\frac{6}{19}\ \frac{10}{12}\ \frac{19}{6}\ \frac{2}{12}\ \frac{4}{6}\ \frac{17}{19}\ \frac{31}{18}\ \frac{19}{17}\ \frac{16}{18}\ \frac{30}{17}$$

$$\frac{21}{19}\ \frac{7}{20}\ \frac{19}{21}\ \frac{22}{20}\ \frac{8}{21}\ \frac{32}{19}\ \frac{28}{26}\ \frac{19}{32}\ \frac{36}{26}\ \frac{34}{32}$$

Il reste sur le jeu seize fiches dont huit sur les angles et huit autres formant une croix autour de la case centrale 19 qui est vide.

Dans les problèmes suivants, on place des fiches dans des cases données, et il faut, tout en se conformant à la règle, les prendre toutes, à l'exception d'une seule.

Problème VII. — La croix de six fiches. — On dispose six fiches sur les cases 6, 11-12-13-19-26 ; il faut les réduire à une fiche au centre du solitaire. On obtient ce résultat à l'aide des cinq coups suivants :

$$\frac{12}{14}\ \frac{26}{12}\ \frac{11}{13}\ \frac{14}{12}\ \frac{6}{19}$$

Problème VIII. — La croix de neuf fiches. — On dispose neuf fiches sur les cases 6-12-17-18-19-20-21-26-32. Il faut réduire à une seule fiche au centre du solitaire.

$$\frac{26}{36}\ \frac{12}{26}\ \frac{17}{19}\ \frac{19}{32}\ \frac{21}{19}\ \frac{36}{26}\ \frac{26}{12}\ \frac{6}{19}$$

Problème IX. — Le triangle. — On dispose neuf fiches sur 12-18-19-20-24-25-26-27-28 ; réduire à une seule fiche au centre du solitaire.

$$\frac{27}{13}\ \frac{13}{11}\ \frac{25}{27}\ \frac{28}{26}\ \frac{19}{32}\ \frac{11}{25}\ \frac{24}{26}\ \frac{32}{19}$$

Problème X. — La cheminée. — Onze fiches en 1-2-3-5-6-7-11-12-13-18-20.

$$\frac{12}{10}\ \frac{1}{11}\ 1\ \frac{18}{5}\ \frac{1}{11}\ \frac{10}{12}\ \frac{6}{8}\ \frac{20}{7}\ \frac{8}{6}\ \frac{6}{19}$$

Problème XI. — Le calvaire. — Quinze fiches en 2-6-10-11-12-13-14-19-26-31-32-33-35-36-37.

$$\frac{35}{25}\ \frac{37}{27}\ \frac{26}{28}\ \frac{36}{26}\ \frac{25}{27}\ \frac{28}{26}$$

Après six coups, on retrouve la croix de neuf fiches du problème VIII, seulement ici le centre de la croix est sur la case 12 par laquelle on termine. La solution est alors :

$$\frac{19}{32}\ \frac{6}{19}\ \frac{10}{12}\ \frac{12}{26}\ \frac{14}{12}\ \frac{32}{19}\ \frac{19}{6}\ \frac{2}{12}$$

Problème XII. — **La pyramide**. — Seize fiches en 2-5-6-7-10-11-12-13-14-16-17-18-19-20-21-22.

Solution :

$$\frac{13}{27}\ \frac{22}{20}\ \frac{27}{13}\ \frac{13}{3}\ \frac{3}{1}\ \frac{11}{25}\ \frac{16}{18}\ \frac{25}{11}\ \frac{5}{7}\ \frac{19}{6}\ \frac{7}{5}\ \frac{10}{12}\ \frac{1}{11}\ \frac{11}{13}\ \frac{14}{12}$$

La dernière fiche reste sur 12.

La roulette. — C'est un cylindre dont la partie supérieure disposée en plan incliné est divisée en 37 secteurs. Chaque secteur correspond à un numéro. Le cylindre repose sur un pivot; on le met en mouvement à l'aide de deux branches en cuivre entre-croisées au centre même de la roulette (fig. 295). Aussitôt que le cylindre a été mis en mouvement, on lance une bille d'ivoire dans une galerie circulaire qui domine légèrement la plaque mobile, où elle fait, en sens inverse, un certain nombre de circuits jusqu'à ce que son impulsion se trouvant peu à peu ralentie, elle quitte le rebord et rencontre le cylindre, dont le choc lui communique un mouvement désordonné; pour plus de hasard la route que doit suivre la bille est aussi parsemée d'obstacles de nature à produire des sauts capricieux. Les numéros se trouvent isolés les uns des autres par de petites cloisons de cuivre; ils sont dans la partie la plus basse, de façon à ce que la bille se loge nécessairement dans une des cases, et alors le numéro de cette case est gagnant, ainsi que les chances qui en dépendent. A Monaco, le seul endroit où l'on joue encore publiquement à la roulette, l'appareil n'a qu'un zéro, d'où il suit que la circonférence est divisée en 37 sections égales, l'une pour le zéro, les autres pour les numéros 1 à 36.

Des roulettes à deux zéros se vendent encore assez fréquemment chez les marchands de jouets.

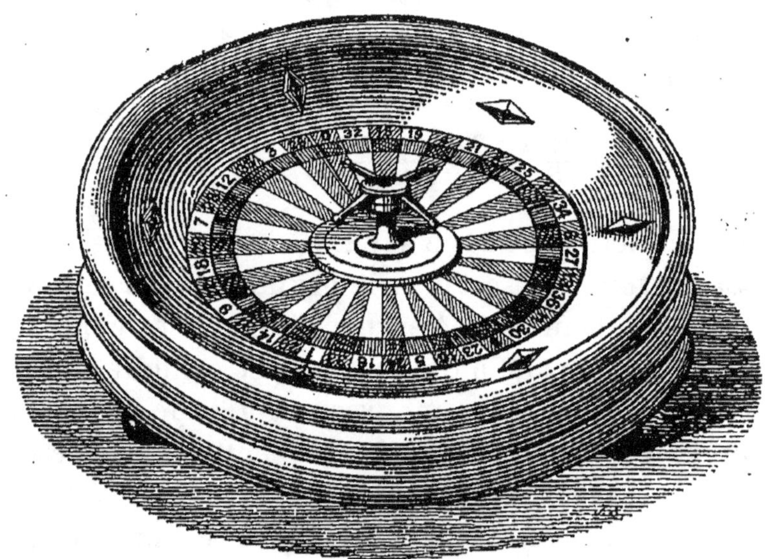

Fig. 295. — La roulette.

Les numéros ne sont point disposés sur le cylindre dans leur suite naturelle ; à gauche du zéro sont les chiffres 26-35-28-29-22-31-20-33-24 qui sont *passe*, entrecoupés par 3-12-7-18-9-14-1-16 et 5 qui sont *manque*. A droite, on trouve 32-19-21-25-34-27-36-30-23 qui sont *passe*, entrecoupés par 15-4-2-17-6-13-11-8-10 qui sont *manque*. Le zéro est teinté d'ordinaire en violet ; à partir de ce zéro et en montant vers la droite les numéros sont alternativement rouges et noirs.

La différence de couleur sert à jouer sur la chance simple, rouge ou noire; jouer sur manque et passe consiste à

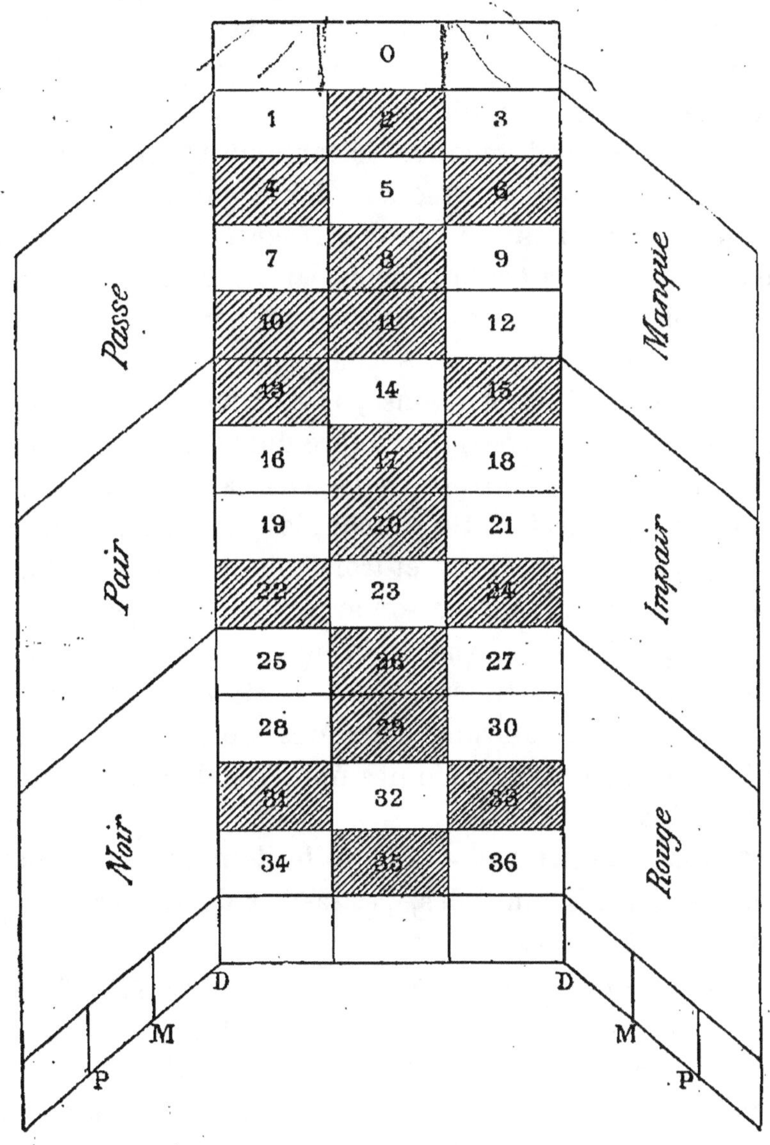

Fig. 296. — Table de la roulette.

passer sur les 18 premiers numéros, contre les 18 derniers ou inversement; on peut également parier contre ou pour les pairs et les impairs. Ces trois manières de jouer constituent les six *chances simples*. La chance simple donne la moitié des numéros au ponte, la banque a l'autre moitié et le zéro en plus ; le joueur reçoit, en cas de gain, un bénéfice égal à la mise.

Le drap vert qui recouvre la table où repose la roulette (fig. 296) est marqué avec des lignes jaunes. La couleur rouge y est le plus souvent représentée par un losange peint en rouge, la couleur noire par un losange à encadrement noir. Les numéros se succèdent, par rangées de trois, dans leur ordre naturel. A chaque douzaine correspond une des chances simples, ainsi passe et manque sont inscrits transversalement avec la première douzaine, pair et impair avec la seconde, noire et rouge avec la troisième. Au bas du tableau, à droite et à gauche, les lettres P. M. D signifient première, deuxième et troisième dizaine et indiquent où le joueur doit placer son argent s'il veut jouer sur ces chances. Entre ces divisions et juste à la suite des numéros, trois compartiments sont destinés à recevoir les enjeux sur l'une ou sur l'autre des trois colonnes de numéros. Le zéro est en tête des numéros dans un compartiment séparé.

Chances multiples. — Il y a huit manières de ponter sur les chances multiples, c'est-à-dire de recevoir un gain supérieur à la mise.

1° **En plein.** — Jouer en plein consiste à placer l'enjeu sur un numéro quelconque, 35 par exemple. Si ce numéro sort, la banque rembourse 35 fois la mise ; c'est juste, car abstraction faite du zéro, le joueur avait contre lui 35 chances de perte.

2° **A cheval.** — Dans cette manière de jouer, on place l'enjeu à cheval sur la ligne qui sépare deux numéros contigus. Le joueur ayant contre lui dix-sept chances, la banque paye dix-sept fois l'enjeu.

3° **La transversale pleine à trois numéros.** — On joue sur les trois numéros qui constituent une rangée transversale. On mise sur la ligne qui sépare les numéros des chances simples. Le joueur a ainsi onze chances contre lui, puisqu'il y a douze transversales; on lui rembourse, s'il gagne, onze fois sa mise.

4° **En carré.** — On joue sur quatre numéros contigus formant un carré, en misant à l'intersection des lignes qui séparent les quatre numéros. Huit chances contraires, par suite, remboursement de huit fois la mise en cas de gain.

5° **Sur le zéro et la première transversale 1-2-3.** — On place l'enjeu sur la première ligne transversale tout au bord. La banque couvre huit fois la mise.

6° **Le sixain ou transversale à six numéros.** — On parie sur six numéros appartenant à deux transversales contiguës, en plaçant l'enjeu sur la ligne qui sépare les deux transversales, à l'un ou à l'autre bout. Cinq chances contraires, on reçoit cinq fois la mise en cas de gain.

7° **La colonne.** — Formée par douze numéros dans le sens longitudinal du tableau; on mise dans le compartiment vide au bas de la colonne. Deux chances opposées: le gain sera le double de l'enjeu.

8° **La douzaine.** — On joue en mettant à la fois sur les douze premiers numéros, 1 à 12, ou bien sur les douze suivants, 13 à 24, ou bien sur les douze derniers, 25 à 36. On place la mise dans un des compartiments marqués P. M. D. Le risque étant de deux contre un, le gain sera aussi de deux pour un.

Somme toute, le joueur n'est payé qu'au prorata des chances contraires. Lorsque le zéro sort, la mise des chances simples devient neutre et le coup suivant décide de son sort. Le joueur gagne-t-il, il rentre purement en possession de sa mise. Est-ce la banque, la mise lui appartient ; le joueur a le droit de réclamer immédiatement après le *refait* la moitié de sa mise et d'éviter *qu'elle soit en prison*. Si le zéro sort une deuxième fois, chaque mise des chances simples se trouve réduite au quart de sa valeur primitive, et le joueur doit avoir deux coups de gain consécutifs, pour rentrer en possession de son enjeu.

Voilà tout le mécanisme du jeu. Il est, comme on le voit, bien facile à saisir et quand on le connaît il est encore plus facile d'y perdre des sommes considérables, et voici pourquoi. Quelqu'un qui joue d'une manière suivie ne pourra lutter longtemps contre la banque, même si le refait est modéré, car le calcul des probabilités ne peut être ici d'aucun secours au joueur. Dans la sortie des numéros, il n'y a que des évènements sans suites, sans liens, sans conséquences. Aujourd'hui le hasard a groupé les unités d'une certaine façon, demain il les amènera dans un autre ordre inconnu, échappant à toute prévision. Ici le passé ne permet pas de deviner l'avenir.

De plus, la banque possède sur le joueur trois avantages : le refait, l'énormité du capital, son impassibilité.

1º La banque prélève à la roulette un droit, un impôt dont la justice est incontestable, il faut faire face aux frais de l'entreprise. Cette commission est de 2, 70 p. 100 sur les chances multiples et de 1, 35 p. 100 sur les chances simples. Elle est donc relativement faible, mais comme elle se renouvelle incessamment, elle ruine ceux qui jouent d'une façon continue.

2º La banque expose, à chaque coup, une somme insignifiante eu égard au capital dont elle dispose. De plus, les joueurs mettent leurs enjeux sur presque toutes les chances et dans des proportions sensiblement égales, c'est seulement la différence entre ces enjeux que la banque perd ou gagne, et serait-elle en perte vis-à-vis d'un joueur heureux, le refait ne tarderait pas à remédier à cela.

3° La banque joue d'une façon impassible, elle ne commet pas les fautes dont sont coutumiers la plupart des joueurs soit par inhabileté, soit par ignorance ou passion; elle profite de tous les entraînements.

Si donc vous avez jeté quelque argent sur le tapis vert de Monaco et si la chance vous a été favorable, ne la sollicitez pas outre mesure et retirez-vous avec votre gain. Si vous perdez, *ne courez pas après votre argent;* mais il y a un conseil préférable à suivre et que fort probablement vous ne suivrez pas, c'est celui de ne pas jouer.

Jeu du trente et quarante. — Ce jeu est plus simple que la roulette, c'est quelque chose comme le jeu de croix ou pile, pair ou impair, rouge ou noir. La donnée étant un peu trop simple, pour donner un peu plus d'attrait au jeu on a été conduit à ajouter aux deux chances du rouge et du noir, deux autres chances opposées entre elles, *couleur* et *inverse*.

Le trente et quarante se joue entre un banquier et un nombre indéterminé de parieurs, à l'aide de six jeux de 52 cartes, formant un total de 312 cartes et de 2040 points. Le banquier tire, de ces six jeux convenablement battus, un certain nombre de cartes, jusqu'à ce que la somme de leur point ait atteint ou dépassé 31, sans pourtant arriver au delà de 40. Les figures comptent pour 10, et chacune des autres cartes pour le nombre de points dont elle est marquée. Après ce *premier tirage*, le banquier en fait un *second*, en se conformant aux mêmes conditions. L'en-

semble de ces deux tirages forme un *coup*, et l'on joue
une suite de coups semblables jusqu'à épuisement total des
312 cartes. Le premier tirage, ou si l'on aime mieux la

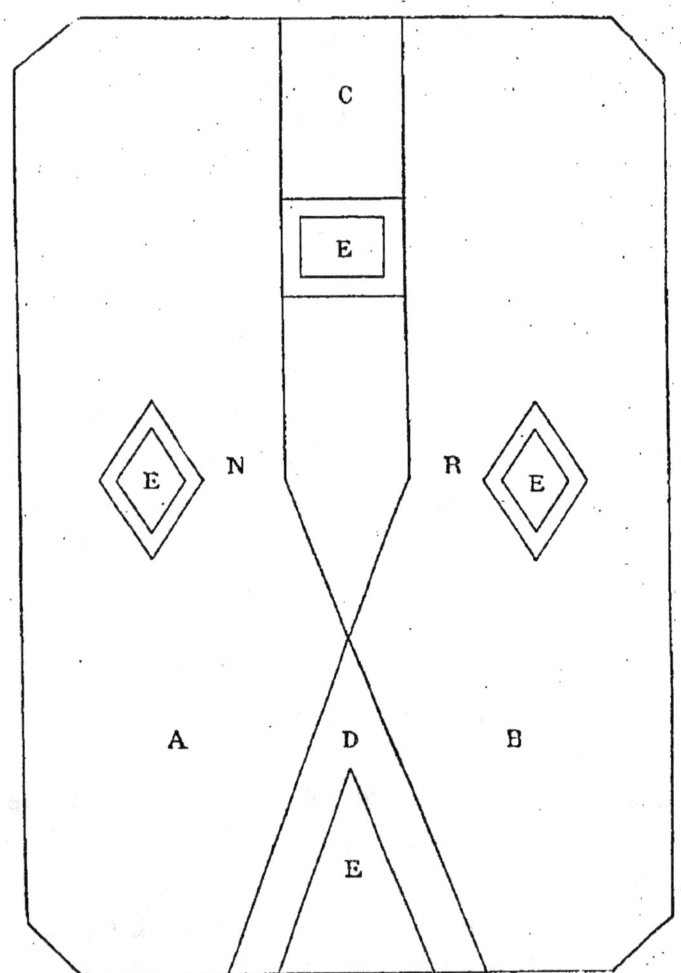

Fig. 297. — Table du trente et quarante.

première rangée de cartes étalées sur la table, est pour la
couleur *noire*, le deuxième tirage pour la couleur *rouge*.
Les joueurs, avant qu'un coup ait commencé, parient in-

dividuellement contre le banquier. Les chances à courir sont au nombre de quatre, comme nous l'avons dit: 1° la noire, c'est-à-dire la première série des cartes découvertes par le banquier; les mises se placent sur le côté de la table marqué de la lettre N (fig. 297). 2° La rouge, désignée sur le tapis, par la lettre R et qui dépend de la deuxième série de cartes.

3° Pour courir la chance appelée couleur, on place l'argent dans le compartiment marqué par la lettre C. Le gain ou la perte se détermine par la première carte de la première série combinée avec le point de la série gagnante. Si à la première série la carte est noire et que la première série ait gagné, on dit que *noir gagne* et *couleur et rouge perdent*.

4° La chance opposée à la couleur est l'*inverse* ou *contre-couleur*. Pour la deuxième série, si la première carte tirée est rouge et que cette série ait gagné le point, alors *rouge et couleur gagnent*, et *noir* et *inverse perdent*, c'est-à-dire que la chance de la couleur et de l'inverse dépend de la première carte tirée par chaque série combinée avec le gain ou la perte de la série noire ou rouge. L'argent se place dans le compartiment marqué D.

Le tirage gagnant est celui qui amène le point le plus voisin du 31, ainsi par exemple, le point de la première rangée est-il 35 et celui de la deuxième est-il 37, les joueurs qui ont parié pour la noire gagnent, tandis que ceux qui ont parié pour la rouge perdent. Les joueurs gagnants reçoivent une somme égale à leur mise; le banquier prend l'argent de ceux qui ont parié pour le tirage qui a perdu. Le coup est nul, lorsque deux tirages amènent des points égaux comme 32 et 32, 33 et 33, etc.; seulement lorsque le coup se compose de deux 31 il constitue un *refait* et les enjeux sont emprisonnés. Pour cela, on les enferme dans les losanges de rouge et de noir du grand tableau, dans le carré du milieu de la couleur ou dans le petit triangle de l'inverse, qui sont désignés, dans la figure, par la lettre E. Tout joueur est libre de réclamer la moitié de sa mise après un refait ; il peut aussi, s'il le désire, jouer le coup suivant non seulement sur la même chance que précédemment, mais sur l'une des autres. Seulement en cas de gain il n'est pas payé, c'est là la commission du banquier. Un second refait survient-il sans intervalle, la masse est mise en prison plus étroitement, c'est-à-dire que la masse ne vaut plus que le quart de sa valeur primitive et qu'il faut deux coups de gain consécutifs pour la libérer. Le premier coup terminé, on procède à un deuxième et le jeu se continue ainsi tant qu'il y a des cartes ; tout coup commencé et qui ne peut être terminé faute de cartes est nul de plein droit.

On ne gagne jamais au trente et quarante. — Si le gain est parfois possible, ce n'est qu'à la condition expresse et formelle de ne pas être joueur, de lever la séance si l'on est en gain, de *faire charlemagne*. Dans un jeu continu, on doit perdre infailliblement.

En effet, lorsque le double 31 se présente, le banquier prélevant la moitié des mises de tous les joueurs, son avantage est égal, à chaque coup, à la demi-somme de la mise multipliée par la probabilité du double 31. Or la probabilité trouvée par Poisson est, à très peu près, égale à $\frac{22}{1000}$ et par conséquent l'avantage du banquier est égal au $\frac{11}{1000}$ de chaque mise. Donc en prenant les $\frac{11}{1000}$ de la somme qui se joue annuellement au trente et quarante, on aura le bénéfice de la banque. Or, lorsque la ferme des jeux existait en France, la somme annuelle qui se jouait au trente et quarante, non compris les coups nuls, était de 270 millions, ce qui donnait à l'administration un bénéfice probable de 2,760,000 francs, rien que de ce chef. La roulette à cette époque produisait 5 millions de bénéfices ; la totalité des mises à ces deux jeux s'élevait à 300 et tant de millions et la totalité des bénéfices à 7,700,000 francs. Mais, ajoute Poisson, qui a fait ces calculs, « il s'en faut de beaucoup que la quantité de numéraire employé chaque année à jouer soit comparable à cette somme. Les joueurs rapportent le lendemain au jeu ce que le hasard leur a fait gagner la veille. L'argent du jeu, avant d'être absorbé par la banque, passe un grand nombre de fois des mains qui gagnent dans celles qui perdent, et il n'est sans doute pas exagéré de supposer que le même argent est mis, terme moyen, 12 ou 15 fois chaque année sur la table des jeux. Dans cette hypothèse, la somme actuellement employée à jouer se trouve réduite à environ 24 millions, ou au triple bénéfice de la ferme ; celui qui joue d'habitude et qui n'aura perdu, au bout de l'année, que le tiers de l'argent qu'il a consacré au jeu n'aura eu ni bonheur ni malheur ; sa perte tout entière aura servi à payer les frais du jeu. Cela explique comment on peut bien rencontrer quelqu'un qui n'ait joué qu'un petit nombre de fois et qui se soit retiré avec un bénéfice, mais jamais personne qui ait fait fortune dans les maisons de jeu, le prélèvement continuel, en faveur de la banque, devant conduire tous les joueurs à une ruine certaine et, comme on voit, très rapide. »

Jeu de la roulette foraine. — On trouve, dans *le Dictionnaire encyclopédique des amusements des sciences mathématiques et physiques*, la description d'une loterie dite ambulante ou foraine qui se jouait avec sept dés marquant chacun depuis 1 jusqu'à 16. Ce jeu constitue une véritable duperie ; depuis il a reparu sous d'autres formes. Voici celle qu'il revêt aujourd'hui :

Le cylindre de la roulette présente 25 coches, dans lesquelles peuvent se loger 5 billes. Ces coches constituent 5 groupes portant des numéros de 1 à 5. Les billes sont lancées dans la galerie, rebondissent, et quand le calme s'est établi, elles se retrouvent logées dans une des cavités. On additionne alors le nombre des points qu'indiquent les numéros des coches. C'est le chiffre ainsi obtenu qui constituera le gain ou la perte.

Voyons quelles sont les chances que se réserve l'industriel. Les cinq billes peuvent produire des nombres variant de 5, point minimum, à 25, point maximum, en tout $25 - 4 = 21$ nombres. Le loteur déclare se réserver 8 chances de gain, il abandonne les autres aux joueurs. De premier abord, les chances paraissent en faveur du joueur. Un examen un peu attentif prouve qu'il n'en est rien.

En effet, le calcul démontre que les cinq billes lancées dans la roulette peuvent se combiner de 3125 façons. D'un autre côté, si l'on cherche la proportion suivant laquelle les nombres, provenant de l'addition des points, peuvent se produire, on trouve que :

5 et 25 se produisent chacun		1 fois soit		2 fois.
6	24	—	5	—	10	—
7	23	—	15	—	30	—
8	22	—	35	—	70	—
9	21	—	70	—	140	—
10	20	—	121	—	242	—
11	19	—	185	—	370	—
12	18	—	255	—	510	—
13	17	—	320	—	640	—
14	16	—	365	—	730	—
15		—	381	—	381	—

Total.......... 3125 fois.

Or les nombres que se réserve le loteur sont 11 — 12 — 13 — 14 — 16 — 17 — 18 — 19, c'est-à-dire ceux qui se présentent le plus souvent et qui constituent 2250 chances en sa faveur. Ajoutons à ces chances 380 autres, obtenues par cette condition que le chiffre 15 n'aura de valeur qu'autant qu'il sera le résultat de la sortie des cinq 3, on voit que le joueur, sur 3125 combinaisons, ne dispose que de 3125 — (2250 + 380) ou 3125 — 2630 = 475, ce qui fait à peu près 6,5 p. 100 des chances.

Le plus ordinairement les lots qui incombent aux numéros 5 et 25 $\left(\frac{1}{3125}\right.$ des chances$\left.\right)$ ont une certaine valeur, ils servent d'appât ; la valeur des lots va en diminuant pour 6 et 24, 7 et 23, 8 et 22, 9 et 21, 10 et 20, 11 et 19, où elle acquiert son minimum ; souvent même les objets dont la sortie de ces derniers numéros amène le gain, ont une valeur inférieure à celle de la mise exigée des joueurs.

Or le loteur proclamant toujours au début de la partie qu'il ne se réserve que huit chances, les dupes ne manquent pas et apprennent, à leurs dépens, que l'on perd presque toujours dans ce jeu où l'on croyait devoir presque toujours gagner.

Craignez la roulette ordinaire, mais ne jouez jamais à la roulette foraine.

FIN.

FIN DE LA TABLE DES FIGURES.

8251-83. — Corbeil. Typ. et stér. Crété.

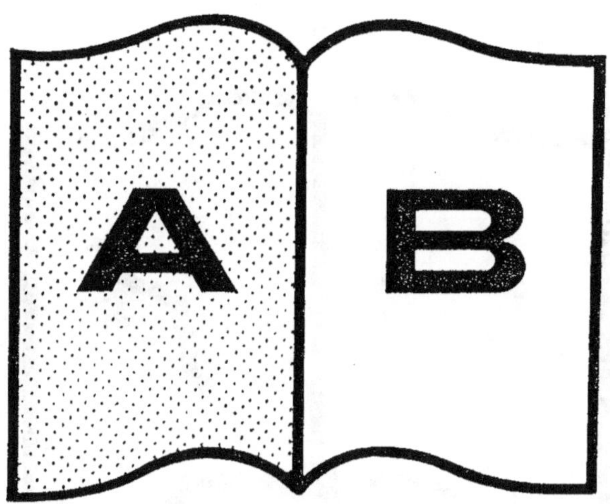

Contraste insuffisant

NF Z 43-120-14

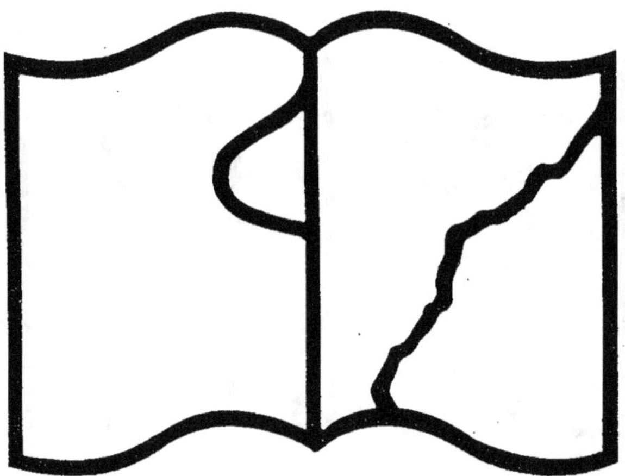

Texte détérioré — reliure défectueuse

NF Z 43-120-11